四川省"十二五"普通高等教育本科规划教材
普通高等学校机械基础课程规划教材

理论力学

(第二版)

主　编　胡文绩　华　蕊　杨　强
副主编　陈晓峰　邱清水　邵　兴
　　　　彭俊文　唐学彬
参　编　曹吉星　高红霞　袁　权
　　　　王亦恩　曾全英

华中科技大学出版社
中国·武汉

内容简介

本书是按照教育部高等学校力学基础课程教学指导分委员会最新制定的《理论力学课程教学基本要求(试行)》(B类)编写的。全书共三篇，分别为静力学篇、运动学篇和动力学篇。本书内容又可分为基础部分和专题部分。基础部分包括静力学部分的静力学公理与物体的受力分析、平面汇交力系与平面力偶系、平面任意力系、考虑摩擦的平衡问题、空间力系等，运动学部分的点的运动学、刚体的基本运动、点的合成运动、刚体的平面运动等，以及动力学部分的质点动力学的基本方程、动量定理、动量矩定理、动能定理、达朗贝尔原理等；专题部分有动力学部分的虚位移原理、碰撞问题和振动理论基础。全书配有大量的思考题和习题。

本书可作为普通高等学校工科机械、土建、交通、水利水电等专业理论力学课程的教材，也可作为高职高专、成人高校机械、土建、交通、水利水电等专业的教材，还可作为相关技术人员的参考用书。本书适用学时数为48～64个。

图书在版编目(CIP)数据

理论力学/胡文绩，华蕊，杨强主编. —2版. —武汉：华中科技大学出版社，2018.6(2022.8重印)
普通高等学校机械基础课程规划教材
ISBN 978-7-5680-4040-2

Ⅰ.①理… Ⅱ.①胡… ②华… ③杨… Ⅲ.①理论力学-高等学校-教材 Ⅳ.①O31

中国版本图书馆CIP数据核字(2018)第123266号

理论力学(第二版)　　胡文绩　华　蕊　杨　强　主编
Lilun Lixue(Di-er Ban)

策划编辑：万亚军　　封面设计：刘　卉
责任编辑：姚同梅　　责任监印：周治超

出版发行：华中科技大学出版社(中国・武汉)　　电话：(027)81321913
武汉市东湖新技术开发区华工科技园　　邮编：430223
录　　排：华中科技大学惠友文印中心
印　　刷：武汉市洪林印务有限公司
开　　本：710mm×1000mm　1/16
印　　张：22.5
字　　数：479千字
版　　次：2022年8月第2版第6次印刷
定　　价：48.00元

第二版前言

本书初版于2010年出版。初版使用了七年，于2014年被评为四川省"十二五"普通高等教育本科规划教材。

为了顺应高校力学基础课程教学改革趋势，践行以学生为本的教育理念，我们联合多所高校，包括西华大学、太原理工大学、宁夏大学、河南工业大学、佛山科学技术学院等，共同进行了此次教材再版修订工作。在本次修订中，我们还开展了数字化资源建设工作，力图将"互联网＋"的思维融入教材之中，实现教材的多元化、立体化。

本次修订的主要工作内容如下：

(1) 对各章内容进行了勘误。

(2) 静力学部分适当增加了力学建模知识，并在思考题里面有所体现。

(3) 适当增加了纸质书上的习题。

(4) 增加了大量的二维码数字化资源，包括：

①各章微课内容，以方便学生在课堂之外学习。

②大量例题、思考题，供学生阅读。

③在线测试习题，如选择题、填空题等，并可实现网上自动评判。

④各章重难点总结。

⑤各章思考题参考答案。

⑥部分典型习题的详细解答。

第二版教材将是由纸质部分和数字化部分组合而成的立体化教材，其中数字化资源可以由学生分别扫描各章中相应的二维码获取(二维码资源使用说明见书末)。

参加本次再版修订工作的有：西华大学胡文绩(第1、2、16章)，佛山科学技术学院华蕊(第9、12章)，太原理工大学杨强(第13、17章)，宁夏大学陈晓峰(第5、14章)，西华大学邱清水(第3、15章)，河南工业大学邵兴(第6、8章)，西华大学彭俊文(第10、11章)、唐学彬(第4、7章)。参加教材数字化资源建设工作的老师除了以上各位老师之外，还有西华大学曹吉星、高红霞、袁权、王亦恩和曾全英。

本书由胡文绩、华蕊、杨强担任主编，由陈晓峰、邱清水、邵兴、彭俊文和唐学彬担任副主编。

由于我们的水平有限，书中缺点和错误在所难免，恳请读者提出批评和指正。

编　者
2018年5月

第一版前言

为了适应新形势下“教育面向大众化，人才培养应用型”的我国高等教育发展需要，我们在总结多年来教学实践的基础上，为探索普通工科院校的教学改革与实践，编写了这本适合普通工科院校的理论力学教材。本教材为四川省“十二五”普通高等教育本科规划教材。

目前，适合普通工科院校使用的中少学时理论力学教材较少，其可供选择的余地不大。由此，我们编写了这本教材。本教材在满足教育部高等学校力学基础课程教学指导分委员会制定的《理论力学课程教学基本要求（试行）》（B类）的基础上，具备以下特点：

（1）注重基本理论、基本概念和基本方法；

（2）重视工程实例的介绍；

（3）注重力学模型的建立；

（4）内容易于理解、难度适当。

本书例题较多，由浅入深，方便读者参考。在每章后有小结、思考题和习题，在书末附有习题参考答案。带有“*”部分的内容和习题可按各专业需求自行选取。

为了方便教学，本书还配有供教师用的免费课件及其他教学资源，如有需要，可向华中科技大学出版社索取（电子邮箱：171447782@qq.com）。

本书适合于普通工科院校机械、土建、交通、水利水电、材料等本科专业，也可供专科相关专业选用，或作为自学、函授教材。

参加本书编写的有：西华大学胡文绩（第1、2、16章），佛山科学技术学院华蕊（第9、12章），太原理工大学杨强（第13、17章），宁夏大学陈晓峰（第5、14章），南通理工学院张维祥（第6、8章），西华大学邱清水（第3、15章），西华大学彭俊文（第10、11章），西华大学唐学彬（第4、7章），西华大学高红霞（第11章图形处理，习题答案整理），西华大学曾全英（第3章图形处理，部分稿件校核），安徽工程大学姜忠宇（第10章图形处理，部分稿件校核）。全书由胡文绩统稿并任主编，华蕊、杨强、陈晓峰、张维祥及邱清水任副主编。

由于我们的水平有限，缺点和错误在所难免，恳请读者批评和指正。

编　者

2010年6月

目　录

第二篇 运 动 学

第三篇　动　力　学

绪 论

1. 理论力学的研究对象

理论力学是研究物体机械运动一般规律的一门科学。

所谓机械运动，是指物体在空间的位置随时间变化的过程。机械运动是自然界和工程技术中最为常见的一种运动。物体的平衡是机械运动的特殊情况，理论力学也研究物体的平衡问题。

理论力学研究的内容是速度远小于光速（3×10^8 m/s）的宏观物体的机械运动，它以伽利略和牛顿所建立的基本定律为基础，属于古典力学的范畴。由于近代物理学的重大发展，人们发现，许多力学现象不能用古典力学加以解释。对于速度接近于光速的物体以及微观粒子的运动，需要用相对论和量子力学的观点才能合理解释。这说明了古典力学的局限性。但是，对于速度远小于光速的宏观物体的运动，古典力学具有足够的精确性。同时，在古典力学基础上诞生的各种近代力学也正在迅速发展。因此，无论是在现代科学技术的研究，还是在大量的工程实际问题和日常生活中，理论力学都具有非常重要的作用。

2. 理论力学的任务及其内容

理论力学是一门理论性较强的课程。学习本课程的任务是：一方面，学会运用力学基本知识直接解决工程实际问题；另一方面，为学习一系列的后续课程打下重要的理论基础，如材料力学、结构力学、弹塑性力学、流体力学、机械原理、机械零件、飞行力学、振动理论、断裂力学及许多专业课程等，都要以理论力学为基础。

本课程的内容包括以下三部分。

静力学——研究物体的平衡规律，同时也研究力的一般性质及其合成法则。

运动学——研究物体运动的几何性质，而不考虑物体运动的原因。

动力学——研究受力物体的运动变化与作用力之间的关系。

3. 理论力学的研究方法

理论力学的研究方法是从实践出发，经过抽象、综合、归纳，建立公理，再应用数学演绎和逻辑推理而得到定理和结论，形成理论体系，然后再通过实践来证实理论的正确性。

观察和实践是理论力学发展的基础，抽象化和数学演绎是形成理论力学概念和理论体系的主要方法。由于我们观察到的物体是复杂多样的，不易从中抓住事物的本质，因此必须在各种现象中抓住起决定性作用的主要因素，撇开次要的、局部的、偶然性的因素，这样才能深入事物的本质，明确事物间的内在联系。这就是力学中普遍采取的抽象化方法。抽象化的力学模型也称为力学的理想模型。例如：忽略物体在受力下的变形，得到刚体的模型；忽略摩擦对物体运动的影响，得到理想约束的模型；忽略物体的几何尺寸，得到质点的模型。采用这种抽象化、理想化的方法，一方面可简化所研究的问题，另一方面能更深刻地反映出事物的本质。当然，任何抽象化的模型都是相对的，当条件改变后，原来的模型就不一定适用了，必须再考虑影响问题的新的因素，建立新的模型。例如，在建立刚体平衡规律之后，考虑物体变形的特征就得到弹、塑性物体的模型。

通过抽象化，将观察、实践得来的经验加以分析、综合和归纳，建立最基本的公理和定律，作为本课程的理论基础；再根据这些公理，考虑到各种不同的条件，通过数学演绎和逻辑推理的方法，得到一系列的定理和结论，建立起系统的理论。

数学方法在理论力学的发展中起到了重要的作用。计算机技术的发展和普及，使得现代计算机不仅能完成力学问题中大量的繁杂的数值计算，而且在逻辑推理、公式推导等方面也是极有效的工具。

从实践中得到理论，再将理论运用于实践，以此来解释世界、改造世界，并使理论不断得到验证和发展，理论力学便不断趋于完善。

第一篇　静　力　学

静力学是研究物体在力系作用下的平衡规律的科学。

所谓**物体的平衡**，是指物体相对于周围物体保持其静止或匀速直线平移的状态。由于一切物体都在运动，所谓平衡也只是相对的和暂时的。在一般工程技术问题中，就是指物体相对于地球的平衡，特别是指相对于地球的静止。

在静力学中，所有物体都被视为刚体。所谓**刚体**，是指在任何情况下都不变形的物体。这一特征表现为刚体内任意两点的距离永远保持不变。刚体只是一个为了研究方便而把实际物体抽象化后得到的理想化的力学模型。在静力学中研究的对象主要是刚体，因此有时静力学又称为刚体静力学。

所谓**质点**，是指具有一定质量而其形状和大小可以忽略不计的物体。所谓**质点系**，是指由多个质点组成的系统。质点和质点系也都是理想模型。把物体视为刚体、质点还是质点系，需要视研究的问题而定。在力学中被视为质点的物体的大小是相对而言的。刚体是由无限个质点组成的不变质点系，但当刚体的尺寸对问题的研究不起主要作用时，也可将其抽象化为质点。由若干个刚体组成的系统也是质点系，即物体系统，简称物系。

所谓**力系**，是指作用于物体上的一群力。力系可分为平面力系和空间力系，各包括汇交力系、力偶系、平行力系和任意力系。

若力系的作用结果使物体保持平衡或运动状态不变，则这种力系称为**平衡力系**。

所谓**力系的平衡条件**，是指要使物体保持平衡，作用于物体上的力系应满足的条件。

力是物体间相互的机械作用，其作用效应是使物体的机械运动状态发生改变。力对物体作用的效应一般可分为两个方面：一是改变物体的运动状态，二是改变物体的形状。前者称为力的外效应或运动效应，后者称为力的内效应或变形效应。理论力学的研究对象主要是刚体，故只研究力的外效应，即运动效应。

实践表明，力对物体的作用效应取决于三方面的因素，即力的大小、方向和作用点，通常称为力的三要素。由此可见，力是矢量。通常用倾斜的黑体字母 $\boldsymbol{F}$ 表示力，而用普通字母 F 表示力的大小（又称模）。力的单位在国际单位制（SI）中是牛顿（N）或千牛顿（kN），1 000 N＝1 kN。

在静力学中，我们将研究以下内容：

（1）物体的受力分析；

（2）力系的简化；

（3）力系的平衡条件及其应用。

第 1 章　静力学公理与物体的受力分析

本章包括静力学公理及物体的受力分析等基本内容，是研究静力学的基础。首先介绍作为静力学基础的几个公理，然后阐述工程中常见的约束和约束力，最后论述物体的受力分析方法并介绍如何作受力图。

1.1　静力学公理

公理是人类经过长期的缜密观察和经验积累而得到的结论，它无须证明而为大家所公认。

公理 1　二力平衡公理

作用于刚体上的两个力，使刚体保持平衡的必要和充分条件是：这两个力大小相等、方向相反且作用于同一直线上。如图 1-1 所示，有

$$\boldsymbol{F}_A = -\boldsymbol{F}_B$$

公理 1 揭示了作用于物体上最简单的力系平衡时所必须满足的条件。对于刚体，这个条件是必要而充分的；若是变形体，则仅为必要条件。

由公理 1 可知，平衡力系中的任何力的作用线均与力系中其他力的合力的作用线在同一直线上。

工程上常遇到只受两个力作用而平衡的构件，称为二力构件或二力杆，如图 1-2 所示。

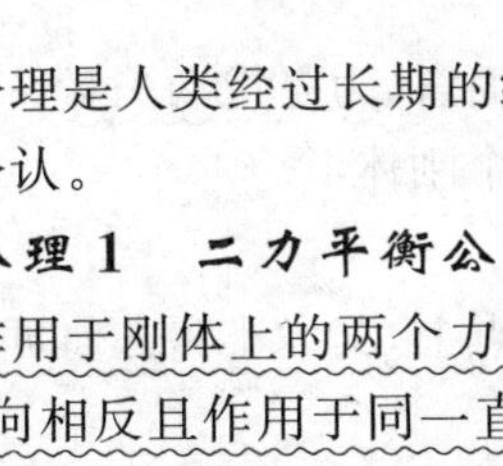

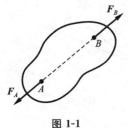

图 1-1

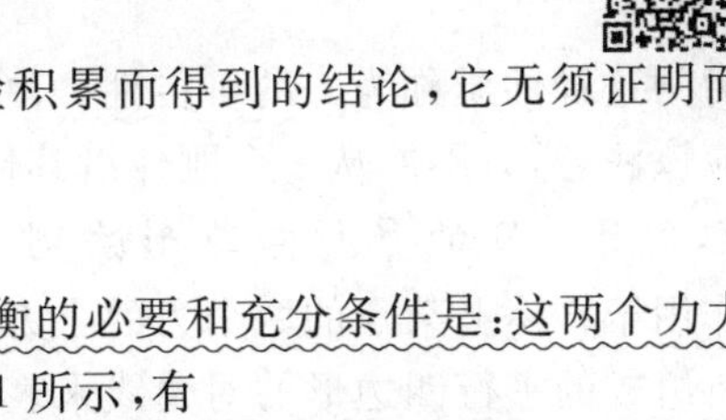

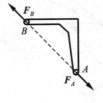

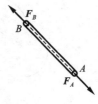

图 1-2

公理 2　加减平衡力系公理

在作用于刚体的任意力系上添加或取去任意平衡力系，不改变原力系对刚体的效应。这个公理是研究力系等效替换的重要依据。

推论　力的可传性原理

作用于刚体上某点的力，可沿其作用线移至刚体内任意一点，而不改变该力对刚体的作用。

证明　设力 $\boldsymbol{F}$ 作用于刚体上的 A 点，如图 1-3(a)所示。沿其作用线任选一点

B,欲使力 $\boldsymbol{F}$ 从 A 点移至 B 点,根据加减平衡力系公理,可在 B 点添加上一对平衡力 $\boldsymbol{F}_1$ 和 $\boldsymbol{F}_2$,使 $\boldsymbol{F}_2=-\boldsymbol{F}_1=\boldsymbol{F}$,如图 1-3(b)所示。由于力 $\boldsymbol{F}$ 和 $\boldsymbol{F}_1$ 也是一个平衡力系,故可除去。这样,只剩下一个力 $\boldsymbol{F}_2$ 作用于 B 点,如图 1-3(c)所示,显然它与原来作用于 A 点的力等效,即相当于原来的力 $\boldsymbol{F}$ 从刚体上的 A 点沿着它的作用线移至 B 点。

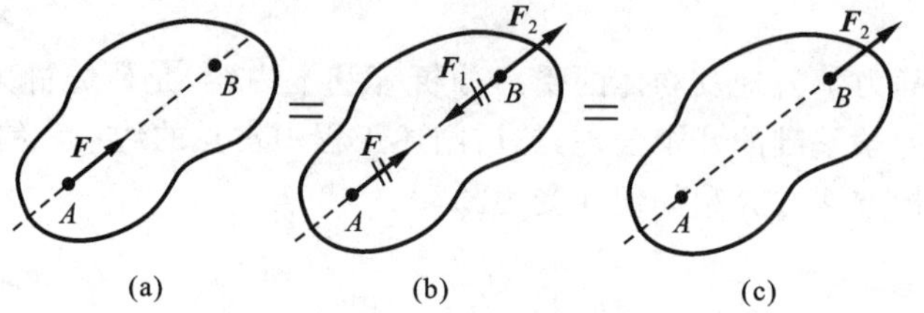

图 1-3

力的这种性质称为力的可传性。由此可见,对刚体而言,力是滑动矢量。

应该注意,力不能从一个刚体沿其作用线移至另一个刚体上。

公理 3　力的平行四边形法则

作用于物体上某点的两个力的合力,也作用于同一点上,其大小和方向可由这两个力所组成的平行四边形的对角线来表示。

设有力$\boldsymbol{F}_1$ 和$\boldsymbol{F}_2$ 作用于刚体上的 A 点,如图 1-4(a)所示,则其合力用矢量式表示为

$$\boldsymbol{F}_{\mathrm{R}}=\boldsymbol{F}_1+\boldsymbol{F}_2$$

即合力等于两个分力的矢量和(或几何和)。此式反映了力的方向性特征。应注意两点:一是要区别矢量相加与数量相加的不同;二是合力必须用平行四边形法则确定。

合力也可用作力三角形的方法确定,如图 1-4(b)、(c)所示。力三角形的两个边分别为力矢$\boldsymbol{F}_1$ 和$\boldsymbol{F}_2$,第三边即代表合力 $\boldsymbol{F}_{\mathrm{R}}$,而合力的作用点仍在 A 点。

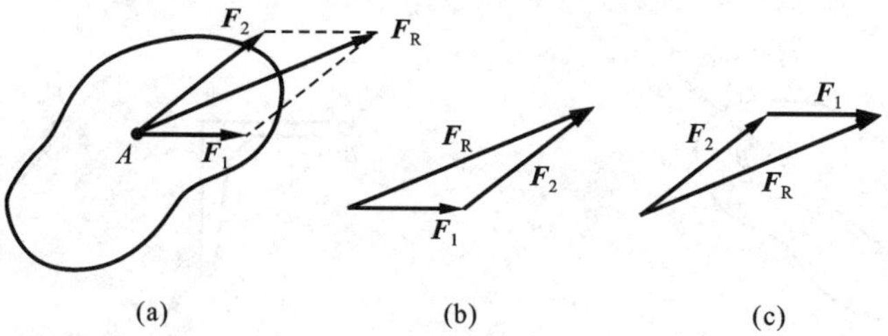

图 1-4

公理 3 是复杂力系简化的重要基础。

推论　三力平衡汇交定理

作用于刚体上三个相互平衡的力,若其中两个力的作用线汇交于一点,则此三个力必在同一平面内,且第三个力的作用线通过汇交点。

证明　如图 1-5 所示,在刚体上 A、B、C 三点分别作用有互相平衡的力 $\boldsymbol{F}_A$、$\boldsymbol{F}_B$、$\boldsymbol{F}_C$。按刚体上力的可传性,将 $\boldsymbol{F}_A$ 和 $\boldsymbol{F}_B$ 移至汇交点 O 处,由力的平行四边形法则求得其合力 $\boldsymbol{F}_{\mathrm{R}}$,则力 $\boldsymbol{F}_C$ 必与 $\boldsymbol{F}_{\mathrm{R}}$ 平衡。再由二力平衡条件可知,力 $\boldsymbol{F}_C$ 的作用线必与

合力 $\boldsymbol{F}_R$ 的作用线重合。因此，力 $\boldsymbol{F}_C$ 的作用线亦在力 $\boldsymbol{F}_A$ 和 $\boldsymbol{F}_B$ 所组成的平行四边形平面里。于是定理得证。

有时，用此定理来确定第三个力作用线的方位较为方便。

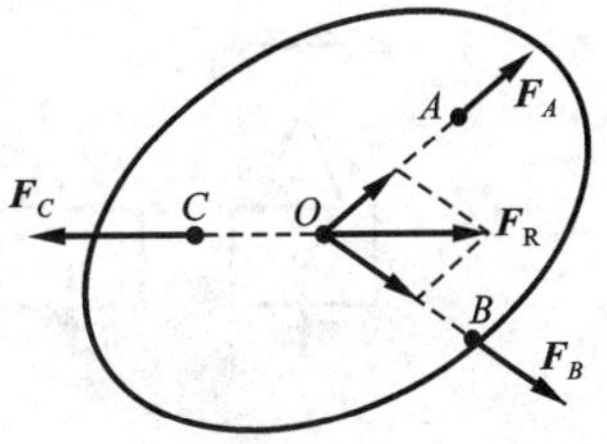

图 1-5

公理 4　作用和反作用定律

两物体间相互作用的力总是同时存在，且其大小相等、方向相反，沿着同一直线，分别作用在两个物体上。这个公理概括了物体间相互作用的关系，表明作用力和反作用力总是成对出现的。已知作用力就可知反作用力。

公理 4 是分析物体和物体系统时必须遵循的原则。需要强调的是，作用力和反作用力不是一对平衡力。

公理 5　刚化原理

变形体在某一力系作用下平衡，若将它刚化成刚体，其平衡状态保持不变。

这个公理提供了把变形体看作刚体模型的必要条件。也就是说，对处于平衡状态的变形体，总可以把它视为刚体来研究，而处于平衡状态的刚体，变成变形体后不一定能平衡。当研究对象里有变形体（如柔性体）时，常常用到公理 5。

1.2　约束及其约束力

当物体的位移在空间不受任何限制时，该物体称为自由体。而有些物体的位移在空间受到一定限制，则称为非自由体，如沿铁轨行驶的火车、吊起的货物、机床上做直线运动的车刀等。对非自由体的位移起限制作用的周围物体称为约束（或约束体），如铁轨对于火车、吊车对于货物、机床对于车刀等都是约束。

约束会阻碍物体的运动，改变物体的运动状态，因此约束必然承受物体的作用力，同时给予物体以反作用力，这种阻碍物体运动的反作用力称为约束力。约束力的方向必与该约束所能够阻碍的位移方向相反。应用这个准则，可以确定约束力的方位或作用线的位置。约束力属于被动力，而一些促使物体运动或产生运动趋势的力称为主动力，如物体上受到的各种载荷（如重力、风力、切削力、顶板压力等）。在静力学中，主动力一般已知，主动力和约束力组成平衡力系，可利用平衡条件求约束力。

下面介绍几种工程上常用的简单约束类型和确定约束力方向的方法。

1. 柔性体约束

对于绳索、胶带、链条等物体，忽略其刚度，不计重量，视为绝对柔软，便可将其归类为柔性体约束。柔性体约束的特点是只能承受拉力，不能抗弯和承受压力，故它给物体的约束力是拉力，作用在接触点，方向沿着柔性体轴线背离物体，如图 1-6 所示。拉力通常用 $\boldsymbol{F}$ 或 $\boldsymbol{F}_T$ 表示。

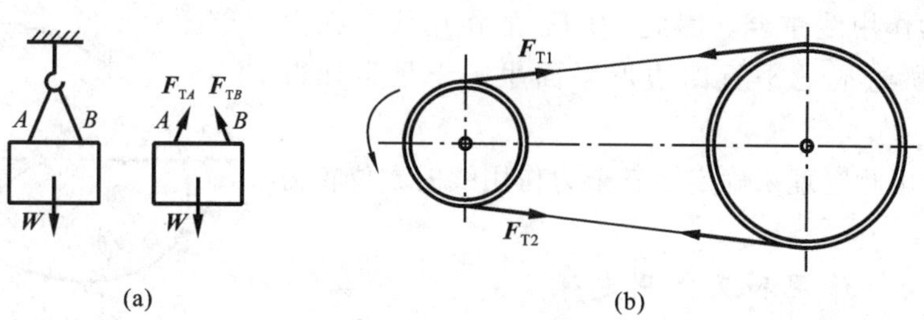

图 1-6

2. 光滑接触面约束

当物体间表面的摩擦对问题的研究不起主要作用时,可认为接触面为理想光滑表面,约束为光滑接触面约束。当忽略摩擦时,机床中的导轨对工作台、相互啮合的一个齿轮对另一个齿轮等的约束,都可视为光滑接触面约束。

这类约束的特点是只能承受压力,即限制物体沿接触面公法线并向约束体内部的位移,故它给物体的约束力是压力,作用在接触点,方向沿着公法线指向物体。压力一般用 $\boldsymbol{F}$ 或 $\boldsymbol{F}_N$ 表示,如图 1-7 所示。

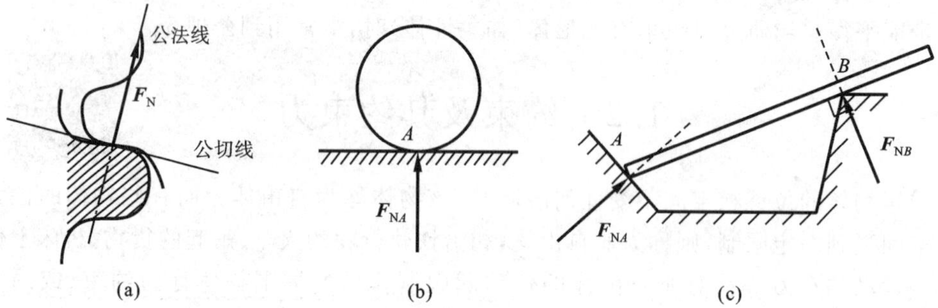

图 1-7

3. 光滑铰链约束

光滑铰链约束有多种形式,这里主要介绍光滑圆柱铰链、固定铰链支座、滚动支座。

1) 光滑圆柱铰链

如图 1-8(a)所示曲柄连杆机构,C 处为光滑圆柱铰链。光滑圆柱铰链简称圆柱铰,是连接两个构件的圆柱形零件,通常称为销钉。这类约束由一个圆柱形销钉插入两个物体的圆孔中构成。其特点是可使具有同样孔径的两个构件 AC、BC 绕销钉轴线相对转动,也可以一起移动,但不可相互脱离,如图 1-8(b)、(c)所示。考虑铰孔内光滑,并忽略空隙时,构件受到的光滑圆柱铰链的约束力为压力,作用在垂直于圆柱销的平面内,过圆柱销中心,指向不定,如图 1-8(d)所示。为了方便计算,常将约束力按正交方式分解,如图 1-8(e)所示。

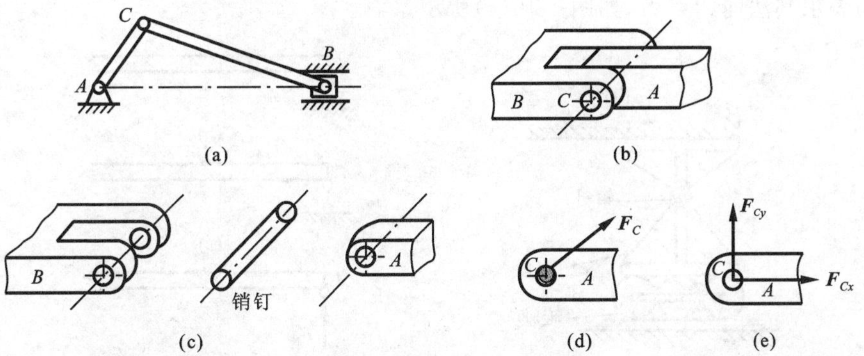

图 1-8

2）固定铰链支座

如果光滑圆柱铰链与底座连接，固定在地面或支架上，则称为固定铰链支座，简称铰支座，如图 1-9(a)、(b)所示，图 1-9(c)是其简图。其特点是物体只能绕销钉轴线转动，不能在垂直于销钉轴线的平面内任意移动，故约束力在垂直于销钉轴线的平面内，其作用线过销钉中心，方向不定。一般情况下，可假设约束力为正交的两个力 $\boldsymbol{F}_{Ax}$、$\boldsymbol{F}_{Ay}$，如图 1-9(d)所示。

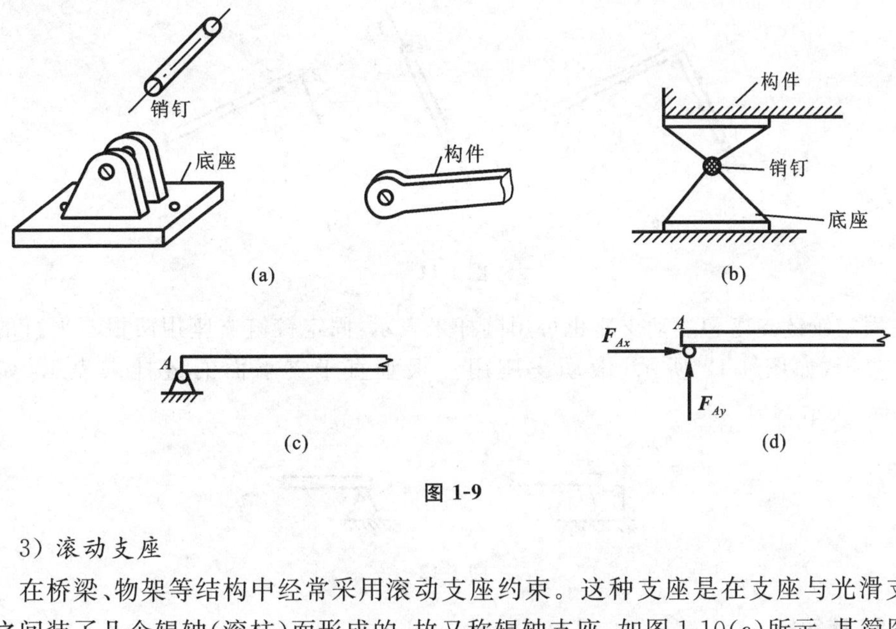

图 1-9

3）滚动支座

在桥梁、物架等结构中经常采用滚动支座约束。这种支座是在支座与光滑支承面之间装了几个辊轴（滚柱）而形成的，故又称辊轴支座，如图 1-10(a)所示，其简图如图1-10(b)所示。滚动支座与固定铰链支座相比，不同之处在于其可以让构件沿支承面有微小移动，以防构件由于温度变化而产生结构跨度的自由伸长与缩短。所以，辊轴支座的约束力应垂直于支承面，通过销钉中心，指向不定（一般为双面约束）。通常

用 F_N 表示其法向约束力,如图 1-10(c)所示。

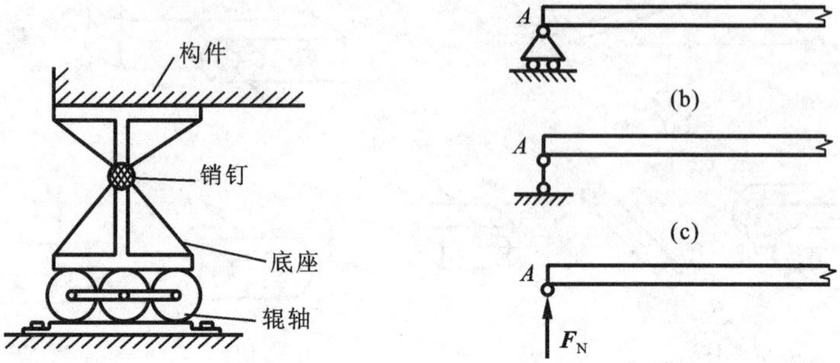

(a)　(b)　(c)　(d)

图 1-10

4. 链杆约束

链杆是指两端用光滑铰链与其他构件连接且不考虑自重的刚杆,如图 1-11(a)所示。链杆常被用来作为拉杆或撑杆。由于其只在两端受力,故为二力杆,既能受拉又能受压。约束力的作用点在铰链孔处,作用线沿两端连线,指向不确定,如图 1-11(b)所示。

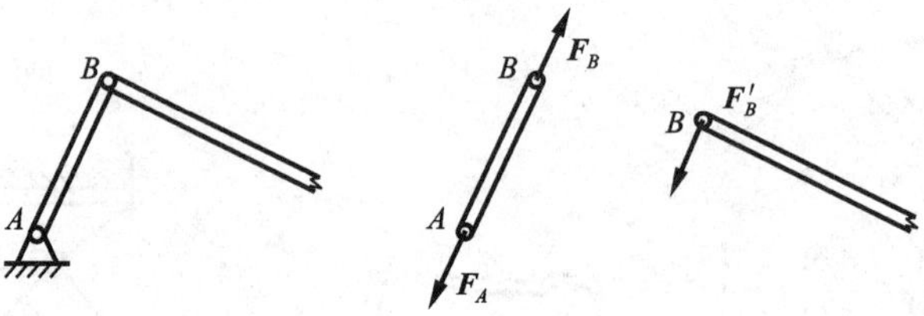

(a)　(b)

图 1-11

固定铰链支座和滚动支座也可用链杆来表示:固定铰链支座用两根不平行的链杆来表示,如图 1-12 所示;滚动支座用一根垂直于支承面的链杆来表示,如图 1-10(c)所示。

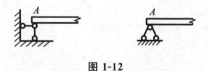

图 1-12

5. 球铰链

通过圆球和球壳把两个构件连接在一起的约束称为球铰链,如图 1-13(a)所示。其简图如图 1-13(b)所示。它使构件的球心不能有任何移动,但是可以绕球心任意转动。如忽略摩擦,其约束力是通过球心与接触点连线,指向不定的一个空间约束力，可用三个正交分力 $\boldsymbol{F}_x$、$\boldsymbol{F}_y$、$\boldsymbol{F}_z$ 表示，如图 1-13(c)所示。

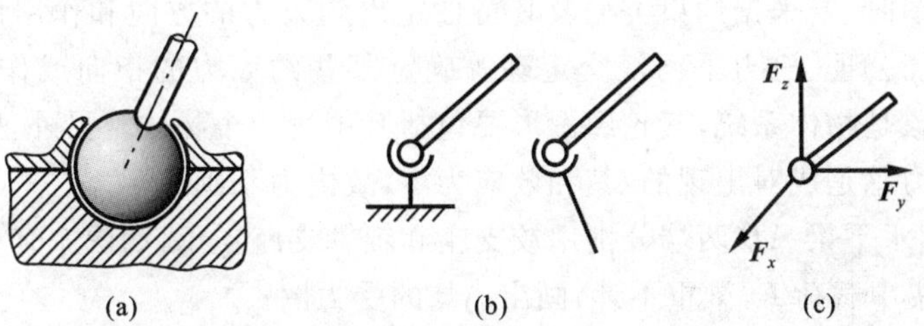

图 1-13

6. 径向轴承与止推轴承

径向轴承只能限制轴的径向位移，不能限制其沿轴向的位移，其约束力与固定端支座的约束力类似。径向轴承的简图和约束力如图 1-14(a)所示。止推轴承既限制轴的径向位移，又限制轴沿轴向的位移。因此，它比径向轴承多一个沿轴向的约束力，即其约束力有 $\boldsymbol{F}_x$、$\boldsymbol{F}_y$、$\boldsymbol{F}_z$ 三个分量。止推轴承的简图和约束力如图 1-14(b)所示。

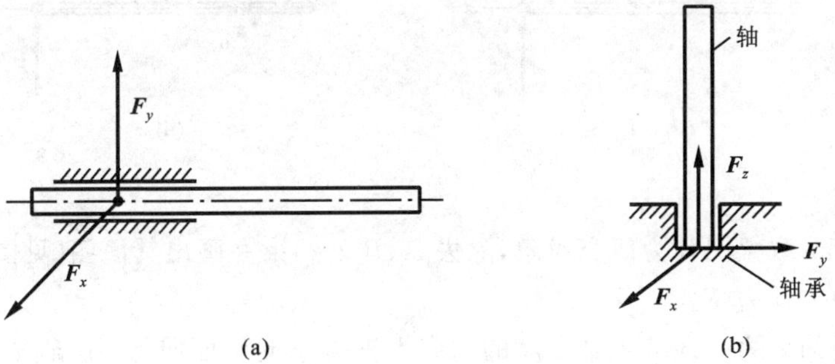

图 1-14

1.3　物体的受力分析与受力图

静力学的主要研究任务之一是求约束力，这就需要对物体进行受力分析，然后根据平衡条件求解。所谓物体的受力分析，就是确定物体受力个数、各力的作用位置与方向的分析过程。

前面已经提到，作用于物体上的力分为主动力和约束力两类，主动力一般已知。为了便于求出约束力，应隔离物体画受力图，即把须研究的对象与周围的约束体分离开来，这种被解除了约束的物体称为分离体。将作用于分离体上的所有主动力和约束力以力矢表示在简图上，这种表示物体受力的简明图示称为受力图。

恰当地选取研究对象，正确地画出受力图，是解决力学问题的关键。一般来说，作图步骤如下。

(1) 根据已知条件和题意确定研究对象，画出其轮廓图形。

(2) 明确研究对象受到哪些物体的作用后,先画出主动力,然后画出约束力。

作受力图时,要根据约束类型及其特性定出约束力的方向和作用位置。有时要根据二力平衡公理、三力平衡汇交定理等确定某些约束力的指向或作用线的方位。如果研究对象是物体系统,其轮廓图形要包括其中每一个物体。另外,应该注意到物体系统中内力总是成对出现的,其和效应为零,故内力不画。

例 1-1 水平梁 AB 两端分别用铰支座和辊轴支座支承,如图 1-15(a)所示,在点 C 处作用一集中载荷 $\boldsymbol{F}$,梁重不计,画出 AB 的受力图。

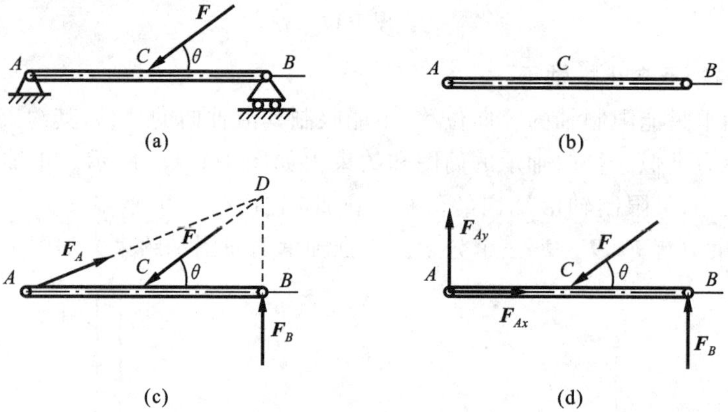

图 1-15

解 (1) 取梁 AB 为研究对象,除去 A、B 处约束并画出其简图(见图 1-15(b))。

(2) 画主动力 $\boldsymbol{F}$。

(3) 画约束力。B 端辊轴支座的约束力垂直于支承面向外,用 $\boldsymbol{F}_B$ 表示。A 端是固定铰链支座,其约束力在这里可有两种表示方法:一种是根据三力平衡汇交定理,将 $\boldsymbol{F}_A$ 作用线汇交于力 $\boldsymbol{F}$ 和 $\boldsymbol{F}_B$ 的汇交点 D 处,如图 1-15(c)所示;另一种是将 A 端约束力分解为相互垂直的两个分力 $\boldsymbol{F}_{Ax}$、$\boldsymbol{F}_{Ay}$,如图 1-15(d)所示。

例 1-2 重为 $\boldsymbol{W}$ 的细直杆 AB 搁在台阶上,与地面上 A、D 两点接触,在 E 点用绳索 EK 将杆 AB 与墙壁相连,如图 1-16(a)所示。略去摩擦,试作直杆的受力图。

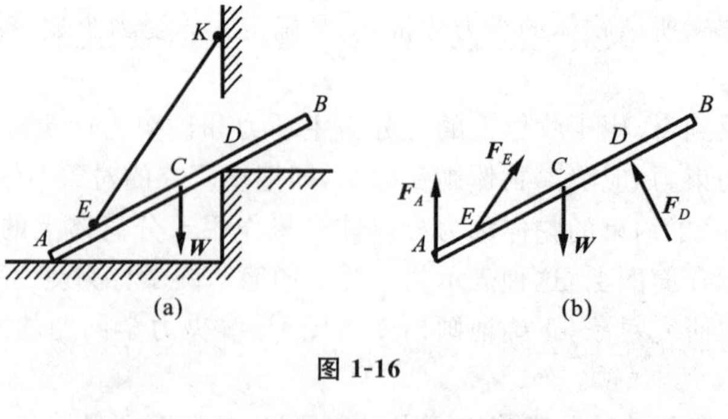

图 1-16

解　(1) 取直杆为研究对象,除去 A、D、E 处的约束。

(2) 画上主动力 $\boldsymbol{W}$。

(3) 根据光滑接触的约束性质,画上 A、D 两点处约束力。约束力 $\boldsymbol{F}_A$ 和 $\boldsymbol{F}_D$ 应分别垂直于地面与直杆,指向直杆;绳索作用于直杆的约束力 $\boldsymbol{F}_E$ 是沿着绳索中心线的拉力。直杆的受力情况如图 1-16(b)所示。

例 1-3　如图 1-17(a)所示,三铰拱桥由左、右两拱铰接而成。设各拱自重不计,在拱 AC 上作用有载荷 $\boldsymbol{F}$。试分别画出 AC 和 CB 的受力图及整个三铰拱桥的受力图。

解　(1) 先分析拱 BC 的受力。拱 BC 自重不计,只在 B、C 两处受铰链约束,为二力构件,故约束力 $\boldsymbol{F}_C$ 和 $\boldsymbol{F}_B$ 分别作用于 C、B 两点,作用线沿 B、C 连线,指向假设如图1-17(b)所示。

(2) 取拱 AC 为研究对象。先画上主动力 $\boldsymbol{F}$,C 处约束力$\boldsymbol{F}'_C$与拱 BC 的 C 处约束力 $\boldsymbol{F}_C$ 是一对作用力和反作用力,有$\boldsymbol{F}'_C=-\boldsymbol{F}_C$。$A$ 点处的约束力有两种表示法:一是直接表示为互相垂直的两个分量$\boldsymbol{F}_{Ax}$、$\boldsymbol{F}_{Ay}$,如图 1-17(c)所示;二是将主动力 $\boldsymbol{F}$ 和 C 处约束力$\boldsymbol{F}'_C$的作用线汇交于一点 D,根据三力平衡汇交定理,作出力 $\boldsymbol{F}_A$,如图 1-17(d)所示。

(3) 取三铰拱桥为研究对象。去掉 A、B 处约束后画简图,在 A、B 铰链处画上约束力,如图 1-17(e)所示。

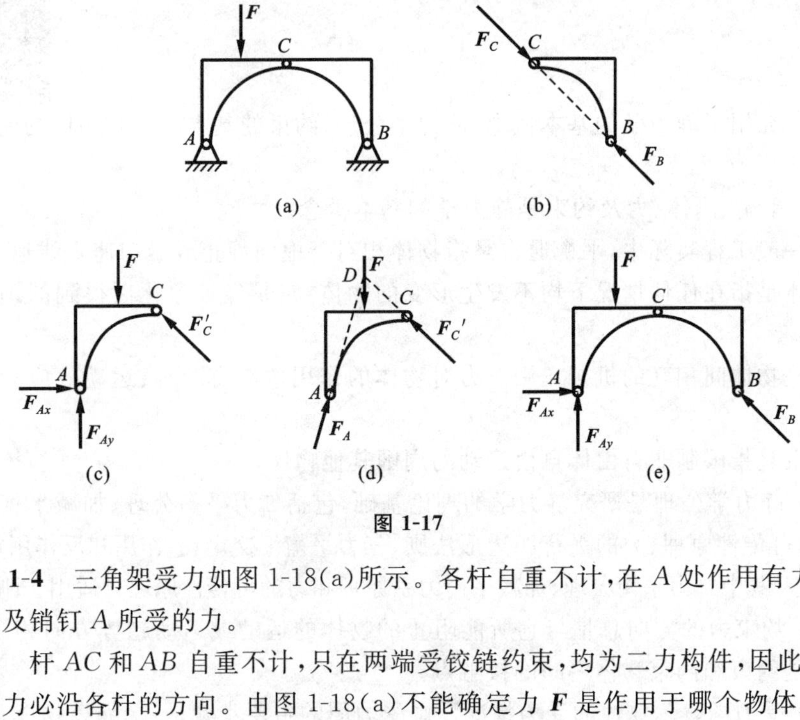

图 1-17

例 1-4　三角架受力如图 1-18(a)所示。各杆自重不计,在 A 处作用有力 $\boldsymbol{F}$。试求二杆及销钉 A 所受的力。

解　杆 AC 和 AB 自重不计,只在两端受铰链约束,均为二力构件,因此 B、C 处的约束力必沿各杆的方向。由图 1-18(a)不能确定力 $\boldsymbol{F}$ 是作用于哪个物体上,一般都假定其作用于销钉上。这样,销钉在哪个物体上,力 $\boldsymbol{F}$ 便画在哪里。具体受力分析方法如下。

(1) 将销钉 A 放置于杆 AC 上,杆 AB 上没有销钉。这样,销钉 A 和杆 AC 之间的力为内力。内力成对出现,合力为零,因此不画。此时杆 AC、AB 的受力如图 1-18(b)所示。

(2) 将销钉 A 放置于杆 AB 上,杆 AC 上没有销钉。这样,销钉 A 和杆 AB 之间的力为内力。此时杆 AB、AC 的受力如图 1-18(c)所示。

(3) 单独取销钉 A 为研究对象。销钉 A 受到力 $\boldsymbol{F}$、杆 AB 和杆 AC 的约束力的作用。销钉 A 的受力如图 1-18(d)所示。

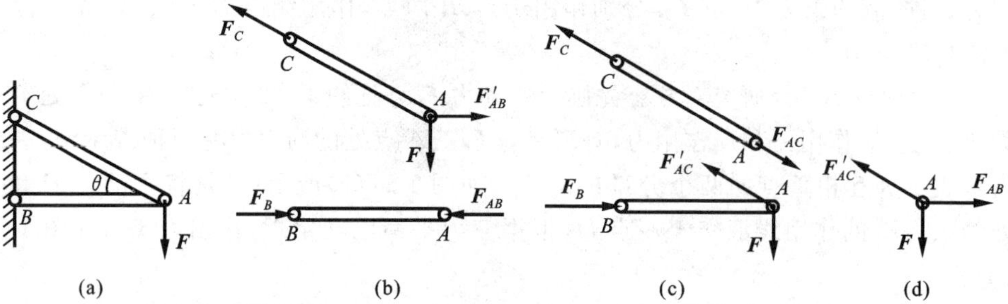

图 1-18

小　　结

本章介绍了静力学的基本概念、静力学公理、约束的基本类型和物体的受力分析方法。

(1) 平衡、刚体、力及约束是静力学的基本概念。

在一般工程实际中,平衡通常是指物体相对于地面静止或做匀速直线运动。

刚体是指在任何情况下均不发生形变的物体,它是经抽象化后得到的理想化力学模型。

力是物体间相互的机械作用。力对物体的作用效应有两种:运动效应和变形效应。

约束是指限制非自由体自由运动的周围其他物体。

(2) 静力学公理是研究静力学的理论基础,包括二力平衡公理、加减平衡力系原理、力的可传性原理、力的平行四边形法则、三力平衡汇交定理、作用和反作用定律、刚化原理等,其中二力平衡公理、加减平衡力系原理和力的可传性原理只适用于刚体。

(3) 约束力的方向总是与它所能阻止的物体的运动或运动趋势方向相反,其作用点就是约束和约束物体之间的接触点。

(4) 受力图表示物体的受力情况。画受力图的主要步骤是:①隔离物体;②画主动力；③画约束力。正确画出物体的受力图，是成功地解决力学问题的第一步。

思　考　题

1-1　说明下列式子的意义和区别：

(1) $\boldsymbol{F}_1=\boldsymbol{F}_2$；(2) $F_1=F_2$；(3) 力 $\boldsymbol{F}_1$ 等效于力 $\boldsymbol{F}_2$。

1-2　区别 $\boldsymbol{F}_R=\boldsymbol{F}_1+\boldsymbol{F}_2$ 和 $F_R=F_1+F_2$ 两个等式的意义。

1-3　如图 1-19 所示，可否将力从 A 点沿其作用线移至 B 点？

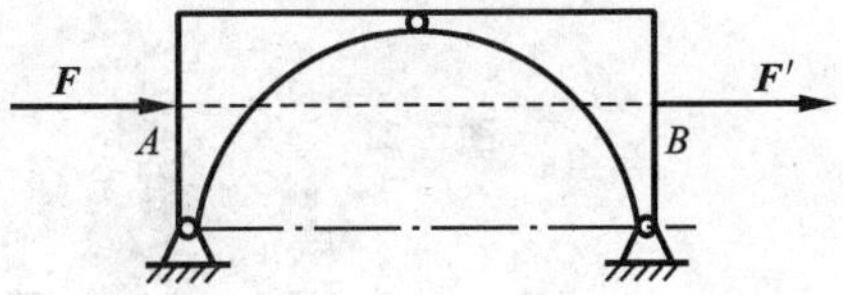

图 1-19

1-4　什么叫二力构件？只在两点受力的构件是否就是二力构件？二力构件所受力与构件的形状有关吗？

1-5　说明二力平衡公理、加减平衡力系原理、力的可传性原理等的适用条件。

1-6　图 1-20 中各物体的受力图是否有错误？若有错误，应如何改正？

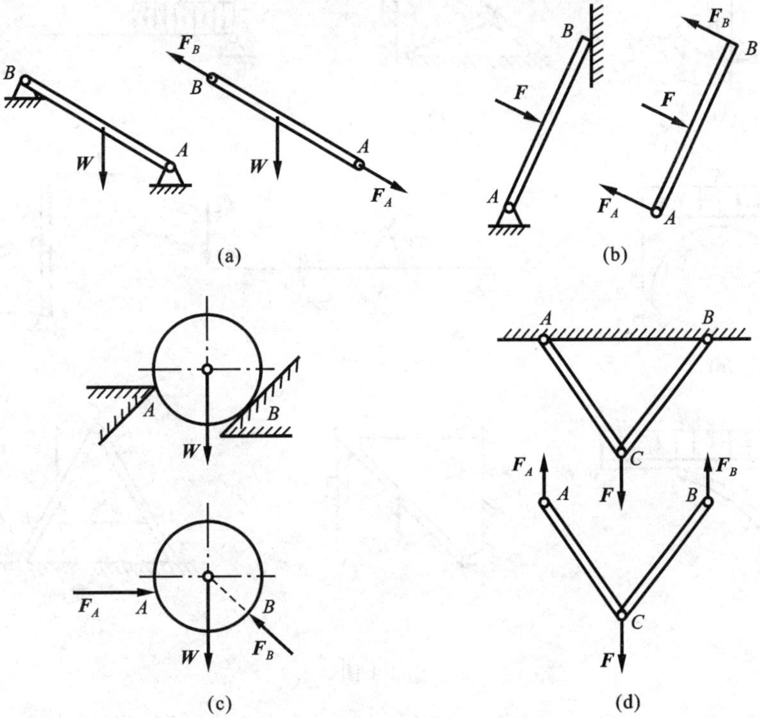

图 1-20

1-7　一条水渠上横向放置长度略大于水渠宽度的矩形预制板以方便行人过渠。试将该问题抽象成力学模型,并画出预制板的受力图。

1-8　两人抬一水桶于扁担正中,试将该问题抽象成力学模型,并画出扁担的受力图。

1-9　刚体上 A 点受力 $\boldsymbol{F}$ 作用,如图 1-21 所示,问:能否在 B 点加一个力,使刚体平衡?

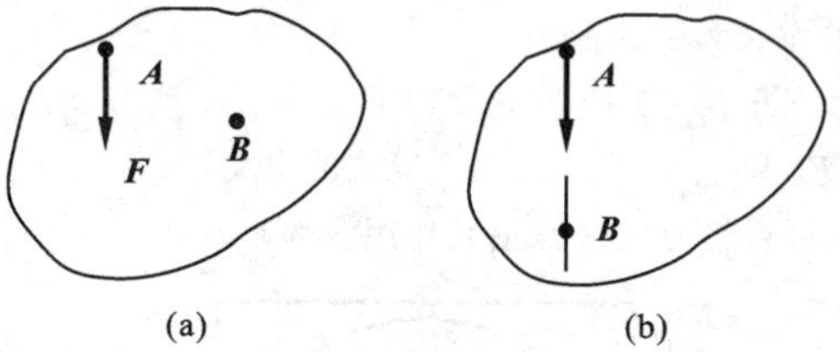

图 1-21

习　题

1-1　画出下列图中各物体的受力图,未标重力的物体的自重不计。假设各接触处均光滑。

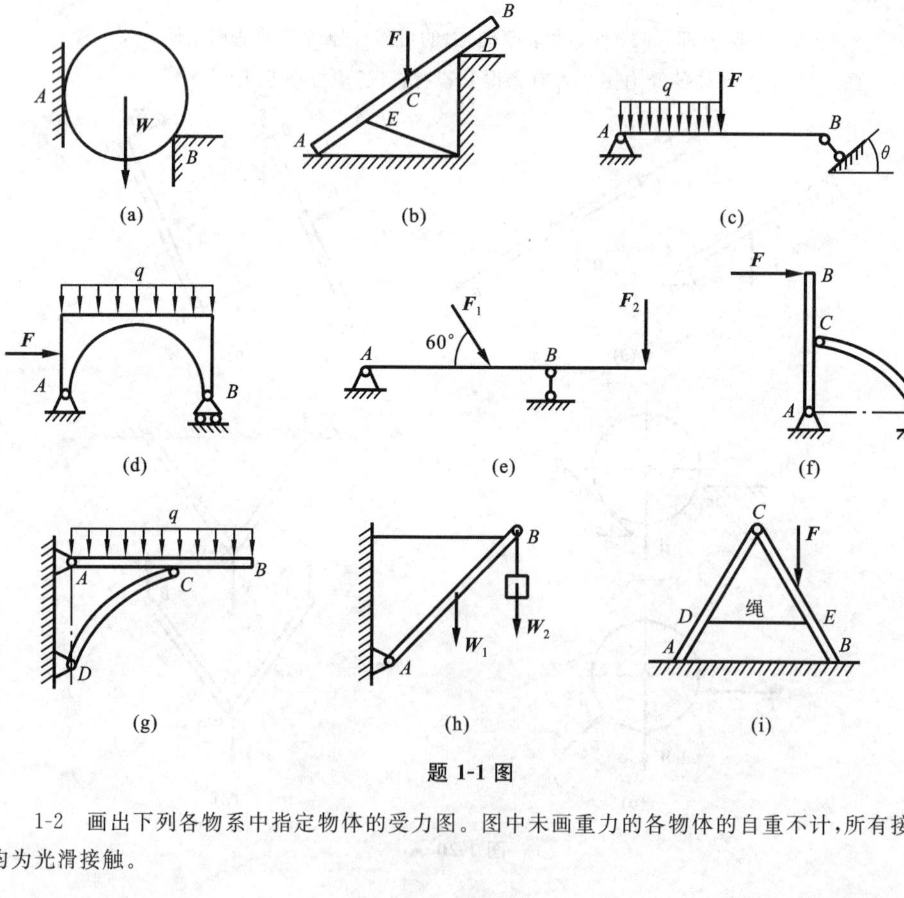

题 1-1 图

1-2　画出下列各物系中指定物体的受力图。图中未画重力的各物体的自重不计,所有接触处均为光滑接触。

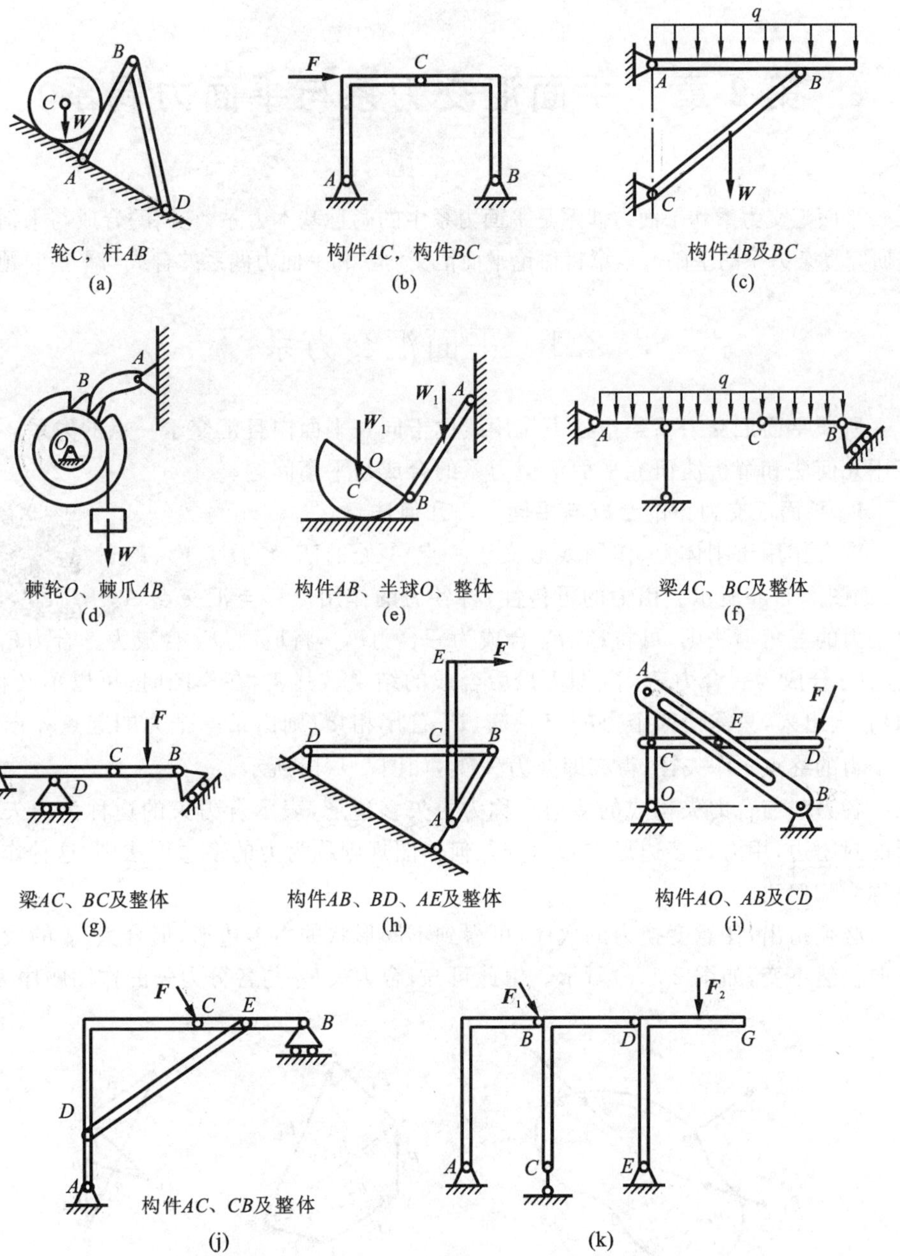

轮C，杆AB (a)

构件AC，构件BC (b)

构件AB及BC (c)

棘轮O、棘爪AB (d)

构件AB、半球O、整体 (e)

梁AC、BC及整体 (f)

梁AC、BC及整体 (g)

构件AB、BD、AE及整体 (h)

构件AO、AB及CD (i)

构件AC、CB及整体 (j)

(k)

题 1-2 图

第 2 章　平面汇交力系与平面力偶系

平面汇交力系和平面力偶系是平面力系中的两种基本力系，它们的合成与平衡理论是研究复杂力系的基础。本章将讨论平面汇交力系和平面力偶系的合成与平衡问题。

2.1　平面汇交力系

所谓**平面汇交力系**是指各力作用线位于同一平面内且汇交于一点的力系。本节将用几何法和解析法研究平面汇交力系的合成与平衡问题。

1. 平面汇交力系的合成与平衡——几何法

设有作用于刚体上、作用线汇交于一点 A 处的四个力$\boldsymbol{F}_1$、$\boldsymbol{F}_2$、$\boldsymbol{F}_3$、$\boldsymbol{F}_4$，如图 2-1(a)所示。由力的可传性，将各力的作用点移至汇交点 A。根据力的三角形法则，可将$\boldsymbol{F}_1$、$\boldsymbol{F}_2$ 合成为一合力$\boldsymbol{F}_{R1}$，将$\boldsymbol{F}_{R1}$与$\boldsymbol{F}_3$ 合成为一合力$\boldsymbol{F}_{R2}$，将$\boldsymbol{F}_{R2}$、$\boldsymbol{F}_4$ 合成为一合力$\boldsymbol{F}_R$，$\boldsymbol{F}_R$即为最后合成的结果。其实，在作图时，可以不必将$\boldsymbol{F}_{R1}$和$\boldsymbol{F}_{R2}$画出来，只需使四个力$\boldsymbol{F}_1$、$\boldsymbol{F}_2$、$\boldsymbol{F}_3$、$\boldsymbol{F}_4$ 首尾相接，则由第一个力的起点 a 向最末一个力的终点 e 作矢径，得$\overrightarrow{ae}$即合力矢$\boldsymbol{F}_R$，如图 2-1(b)所示。

各力矢与合力矢构成的多边形称为力矢多边形，表示合力矢的边称为力矢多边形的封闭边，用力矢多边形求合力的几何作图规则称为力的多边形法则，这种作图方法称为几何法。

必须指出，任意变换力的次序，可得到不同形状的力多边形，但合力$\boldsymbol{F}_R$ 的大小和方向仍然不变，如图 2-1(c)所示。由此可知，合力矢$\boldsymbol{F}_R$ 与各分力矢的作图顺序无关。

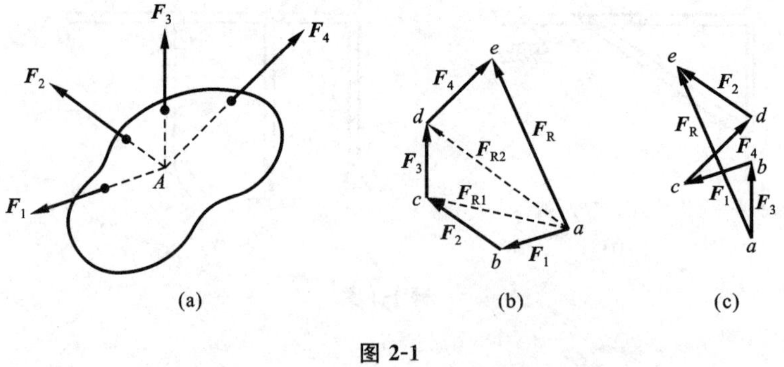

图 2-1

将上述方法推广到由 n 个力组成的平面汇交力系的情况，得结论如下：平面汇交力系合成的结果是一个合力，合力的作用线通过各力作用线的汇交点，其大小和方向可由力矢多边形的封闭边来表示，即等于各力矢的矢量和，亦即

$$\boldsymbol{F}_R = \boldsymbol{F}_1 + \boldsymbol{F}_2 + \cdots + \boldsymbol{F}_n = \sum \boldsymbol{F} \tag{2-1}$$

当力矢多边形自行封闭，即图 2-1(b)中 a、e 点重合时，表示力系的合力$\boldsymbol{F}_R$ 为零，于是该力系平衡；反之，若平面汇交力系平衡，则合力$\boldsymbol{F}_R$ 为零，力矢多边形将自行封闭。所以，平面汇交力系平衡的必要与充分条件是：力系中各力矢构成的力矢多边形自行封闭，或各力矢的矢量和等于零，即

$$\boldsymbol{F}_R = 0 \quad 或 \quad \sum \boldsymbol{F} = 0 \tag{2-2}$$

根据封闭的力矢多边形的几何关系，用三角公式解出所要求的未知力的方法，称为求解平面汇交力系平衡问题的几何法。

例 2-1　如图 2-2(a)所示，门式刚架在 C 点受到力 $F=30$ kN 作用，不计刚架自重，求支座 A、B 的约束力。

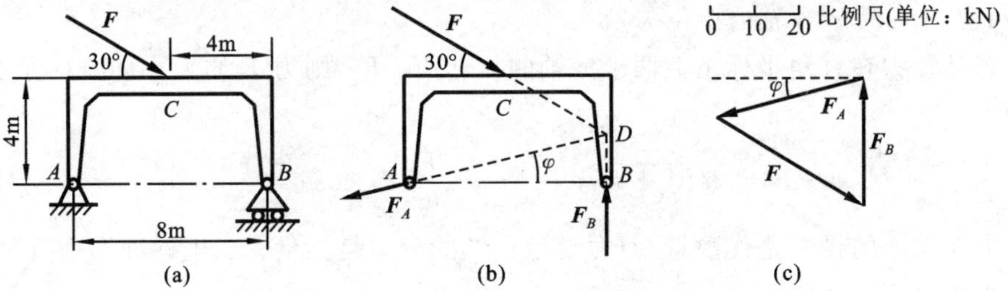

图 2-2

解　方法一：刚架受三力作用平衡。B 处是辊轴支座，约束力 $\boldsymbol{F}_B$ 垂直于支承面，反力作用线与力 $\boldsymbol{F}$ 的作用线交于 D 点。根据三力平衡汇交原理，A 处约束力的作用线也交于 D 点，受力图如图 2-2(b)所示。选取适当的比例尺，作出自行封闭的力矢三角形，三角形的形状如图 2-2(c)所示。量得

$$F_B = 20\ \text{kN},\quad F_A = 27\ \text{kN}$$

方法二：由图 2-2(b)可知，

$$DB = (4 - 4\sqrt{3}/3)\ \text{m} = 1.69\ \text{m}$$

$$\tan\varphi = 1.69/8 = 0.21,\quad \varphi = 12.12^\circ$$

再参考图 2-2(c)，亦可由三角关系计算出

$$F_B = \frac{\sin 42.12^\circ}{\sin 77.88^\circ}F = 20.54\ \text{kN},\quad F_A = \frac{\sin 60^\circ}{\sin 77.88^\circ}F = 26.57\ \text{kN}$$

2. 平面汇交力系的合成与平衡——解析法

解析法建立在力在坐标轴上的投影的基础上，下面对这一概念加以分析。

1) 力在直角坐标轴上的投影

如图 2-3 所示，已知力 $\boldsymbol{F}$ 与平面内正交轴 x、y 的夹角分别为 θ、β，则力在轴上的投影分别为

$$\left.\begin{aligned} F_x &= F\cos\theta \\ F_y &= F\cos\beta = F\sin\theta \end{aligned}\right\} \tag{2-3}$$

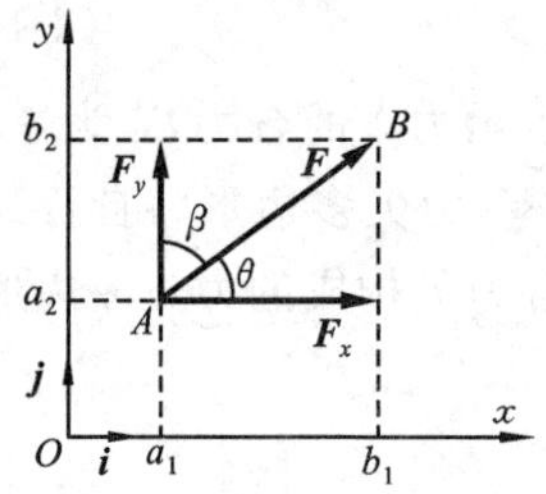

图 2-3

即力在某轴上的投影等于力的大小乘以力与坐标轴正向间夹角的余弦。力的投影是代数量,正负看夹角 θ、β 的大小:当夹角是锐角时,力的投影为正;当夹角是钝角时,力的投影为负。F_x 在图上表示为线段 a_1b_1,F_y 在图上表示为线段 a_2b_2,将线段 a_1b_1 或 a_2b_2 冠以适当的正负号,为力在 x、y 轴上的投影。

将力在正交轴 x、y 上分解,其分力与力的投影之间有以下关系:

$$\boldsymbol{F}_x = F_x\boldsymbol{i}, \quad \boldsymbol{F}_y = F_y\boldsymbol{j}$$

由此,力的解析表达式为

$$\boldsymbol{F} = F_x\boldsymbol{i} + F_y\boldsymbol{j} \tag{2-4}$$

其中 $\boldsymbol{i}$、$\boldsymbol{j}$ 分别为 x、y 轴的单位矢量。

若已知力在直角坐标系上两坐标轴的投影 F_x、F_y,则力 $\boldsymbol{F}$ 的大小和方向余弦分别为

$$F = \sqrt{F_x^2 + F_y^2}, \quad \cos\theta = \frac{F_x}{F}, \quad \cos\beta = \frac{F_y}{F} \tag{2-5}$$

力在轴上的投影是代数量,而力沿坐标轴的分力是矢量。当坐标轴不垂直时,二者的大小是不一样的。

2) 平面汇交力系合成的解析法

平面汇交力系合成的解析法是以合力投影定理为依据的。设由 n 个力组成的平面汇交力系汇交于 O 点,在 O 点建立平面直角坐标系 Oxy,如图 2-4(a)所示。由平面汇交力系合成的几何法,已得出

$$\boldsymbol{F}_\mathrm{R} = \boldsymbol{F}_1 + \boldsymbol{F}_2 + \cdots + \boldsymbol{F}_n = \sum \boldsymbol{F}$$

设合力在 x、y 轴上的投影分别为 $F_{\mathrm{R}x}$、$F_{\mathrm{R}y}$,力系中各力在 x、y 轴上的投影分别为 F_{1x}、F_{1y},F_{2x}、F_{2y},…,F_{nx}、F_{ny},则

$$F_{\mathrm{R}x}\boldsymbol{i} + F_{\mathrm{R}y}\boldsymbol{j} = \sum F_x\boldsymbol{i} + \sum F_y\boldsymbol{j}$$

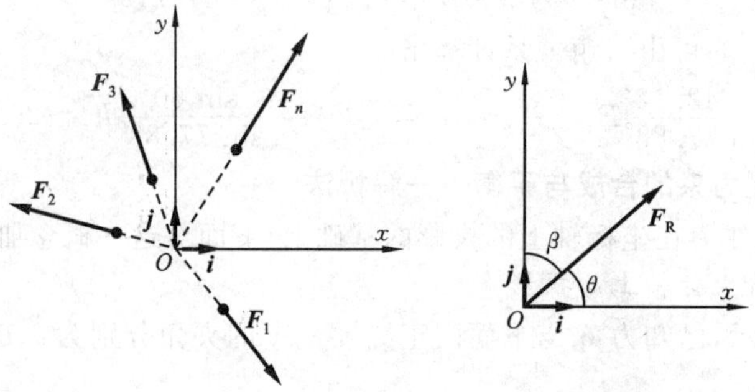

(a)　　(b)

图 2-4

比较等式两边，可得

$$\left.\begin{aligned} F_{Rx} &= F_{1x} + F_{1x} + \cdots + F_{nx} = \sum F_x \\ F_{Ry} &= F_{1y} + F_{1y} + \cdots + F_{ny} = \sum F_y \end{aligned}\right\} \tag{2-6}$$

由式(2-6)及图 2-4(b)得合力$\boldsymbol{F}_R$ 的大小和方向：

$$\left.\begin{aligned} F_R &= \sqrt{F_{Rx}^2 + F_{Ry}^2} = \sqrt{\left(\sum F_x\right)^2 + \left(\sum F_y\right)^2} \\ \cos\theta &= \frac{F_{Rx}}{F_R}, \quad \cos\beta = \frac{F_{Ry}}{F_R} \end{aligned}\right\} \tag{2-7}$$

由式(2-6)可得**合力投影定理**：合力在某轴上的投影，等于其分力在同一轴上的投影的代数和。

上述投影定理不光对力矢适用，对其他矢量也同样适用，那么，相应的**矢量投影定理**可表述为：合矢量在某轴上的投影，等于其分矢量在同一轴上的投影的代数和。

例 2-2　刚体受汇交于一点 O 的四个力作用，各力大小分别为 $F_1 = 2$ kN，$F_2 = 3$ kN，$F_3 = 1$ kN，$F_4 = 2.5$ kN，方向如图 2-5 所示。试求合力的大小和方向。

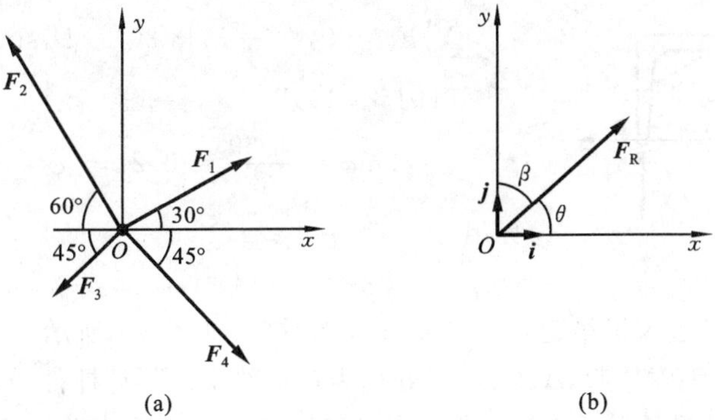

图 2-5

解　建立直角坐标系 Oxy，合力 $\boldsymbol{F}_R$在坐标轴上的投影为

$$F_{Rx} = \sum F_x = F_1\cos 30^\circ - F_2\cos 60^\circ - F_3\cos 45^\circ + F_4\cos 45^\circ = 1.29\ \text{kN}$$

$$F_{Ry} = \sum F_y = F_1\sin 30^\circ + F_2\sin 60^\circ - F_3\sin 45^\circ - F_4\sin 45^\circ = 1.12\ \text{kN}$$

合力的大小为

$$F_R = \sqrt{(F_{Rx})^2 + (F_{Ry})^2} = \sqrt{(1.29)^2 + (1.12)^2}\ \text{kN} = 1.71\ \text{kN}$$

方向余弦为

$$\cos\theta = \frac{F_{Rx}}{F_R} = \frac{1.29}{1.71} = 0.754, \quad \cos\beta = \frac{F_{Ry}}{F_R} = \frac{1.12}{1.71} = 0.655$$

则合力与 x、y 轴的夹角（见图 2-5(b)）分别为

$$\theta = 41.02^\circ, \quad \beta = 49.08^\circ$$

合力作用线过汇交点 O。

3）平面汇交力系平衡的解析法

从前面知道，平面汇交力系平衡的必要与充分条件是该力系的合力$\boldsymbol{F}_{\mathrm{R}}$等于零。由式(2-7)，则有

$$F_{\mathrm{R}}=\sqrt{F_{\mathrm{R}x}^{2}+F_{\mathrm{R}y}^{2}}=\sqrt{\left(\sum F_{x}\right)^{2}+\left(\sum F_{y}\right)^{2}}=0$$

亦即

$$\left.\begin{aligned}\sum F_{x}=0\\ \sum F_{y}=0\end{aligned}\right\}\tag{2-8}$$

由此可知，平面汇交力系平衡的解析条件是：力系中各力在各个坐标轴上投影的代数和分别等于零。式(2-8)称为平面汇交力系的平衡方程，其中包含两个独立的方程，可以求解两个未知量。

例 2-3　用解析法求解例 2-1。

解　建立直角坐标系 Axy(见图 2-6)，列出平面汇交力系的平衡方程，有

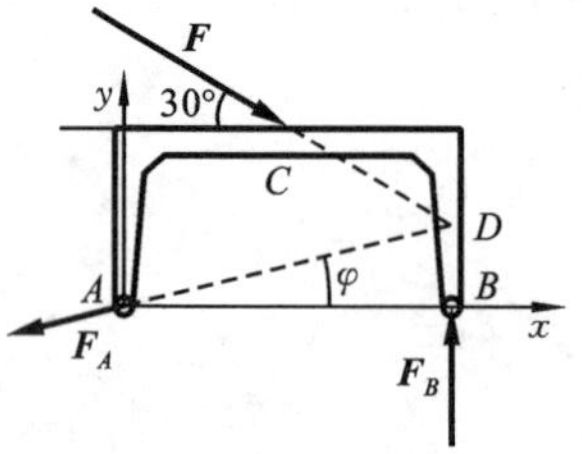

图 2-6

$$\sum F_{x}=0,\quad F\cos 30^{\circ}-F_{A}\cos\varphi=0$$

$$\sum F_{y}=0,\quad -F\sin 30^{\circ}-F_{A}\sin\varphi+F_{B}=0$$

由例 2-1 已知

$$\sin\varphi=\frac{1.69}{8}=0.21,\quad \varphi=12.12^{\circ}$$

算出

$$F_{B}=20.54\ \mathrm{kN},\quad F_{A}=26.57\ \mathrm{kN}$$

例 2-4　简易起重机吊起重 $W=20$ kN 的重物，如图 2-7 所示。重物通过卷扬机上绕过滑轮 B 的钢索吊起，A、C、D 三处均为铰链约束。不计杆件 AB、CB 和滑轮的重量及摩擦，不计滑轮尺寸。试计算杆件 BC 和杆件 AB 所受的力。

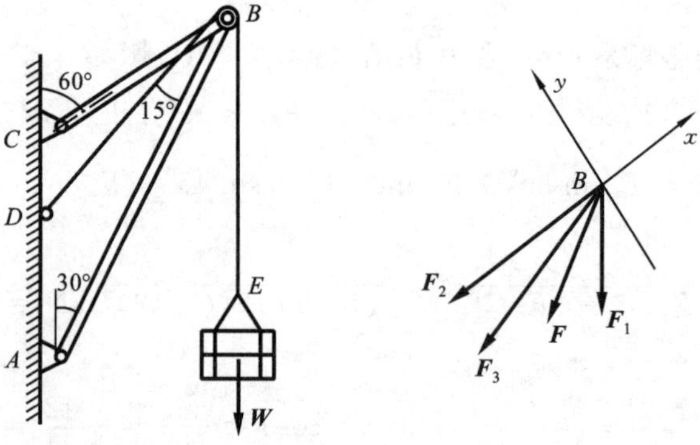

(a)　　(b)

图 2-7

解　由于不计杆件的自重，两根杆件都为二力杆，均沿杆受力。以滑轮 B 为研

究对象。其受到的力有：钢索 BE 的拉力 $\boldsymbol{F}_1$、杆件 BC 的拉力 $\boldsymbol{F}_2$、钢索 BD 的拉力 $\boldsymbol{F}_3$、杆件 AB 的约束力 $\boldsymbol{F}$。设杆件 AB 对滑轮的约束力 $\boldsymbol{F}$ 为拉力，方向假设如图 2-7(b)所示。

选取如图 2-7(b)所示坐标系，根据平面汇交力系的平衡方程，有

$$\sum F_x = 0,\quad -F_2 - F_3\cos 15^\circ - F\cos 30^\circ - F_1\cos 60^\circ = 0$$

$$\sum F_y = 0,\quad -F_3\sin 15^\circ - F\sin 30^\circ - F_1\sin 60^\circ = 0$$

因为不计滑轮的摩擦力，所以 $F_3 = F_1 = W = 20\ \text{kN}$，代入方程得

$$F_2 = 9.65\ \text{kN},\quad F = -45\ \text{kN}$$

由于 $F = -45\ \text{kN}$，所以杆件 AB 受压。

通过以上分析，可以把平面汇交力系平衡问题的解题步骤归纳如下。

(1) 由题意选好研究对象。

(2) 分析研究对象的受力情况，画受力图。

(3) 用几何法或解析法求解未知量。

几何法的具体步骤是：选取适当的比例尺，画封闭的力多边形，用比例尺和量角器量出未知量，或者用三角公式计算。

解析法的具体步骤是：建立直角坐标系，用平衡方程求解。

2.2　平面力对点之矩的概念与计算

力对刚体的作用效应分为移动和转动。力对刚体的移动效应用力矢来度量；力对刚体的转动效应用力矩来度量，即力矩是度量力使刚体绕某点或某轴转动的强弱程度的物理量。

1. 平面力对点之矩

如图 2-8 所示，平面上作用一力 $\boldsymbol{F}$，在平面内任取一点 O，称为**矩心**，点 O 到力的作用线的垂直距离 h 称为**力臂**，则在平面问题中力对点之矩的定义如下。

平面力对点之矩是一个代数量，它的大小为力的大小与力臂的乘积，它的正负可按如下方法确定：力使物体绕矩心做逆时针转动时，矩为正；反之，矩为负。力对点之矩记为 $M_O(\boldsymbol{F})$，计算公式为

$$M_O(\boldsymbol{F}) = \pm Fh \tag{2-9}$$

由图 2-8 可见，力对点之矩的大小也可用三角形面积的两倍表示，即

$$M_O(\boldsymbol{F}) = \pm 2A_{\triangle OAB}$$

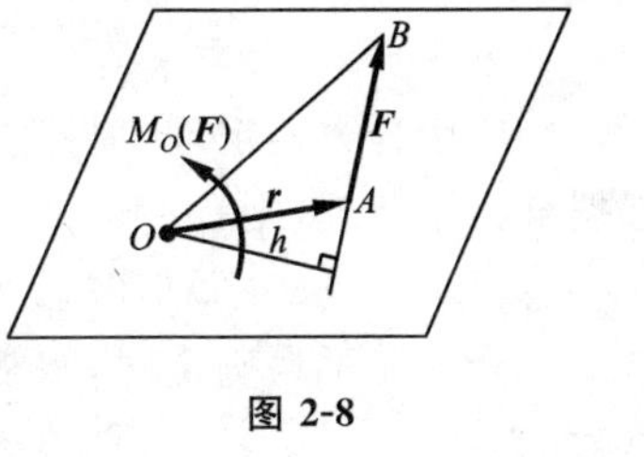

图 2-8

当力的作用线过矩心时，因力臂为零，则力矩为零；当力为零时，矩为零。力矩的单位常用 N·m 或 kN·m 表示。

2. 合力矩定理

合力矩定理:平面汇交力系的合力对平面内任一点之矩等于各分力对该点之矩的代数和。即

$$M_O(\boldsymbol{F}_R)=\sum M_O(\boldsymbol{F}_i) \tag{2-10}$$

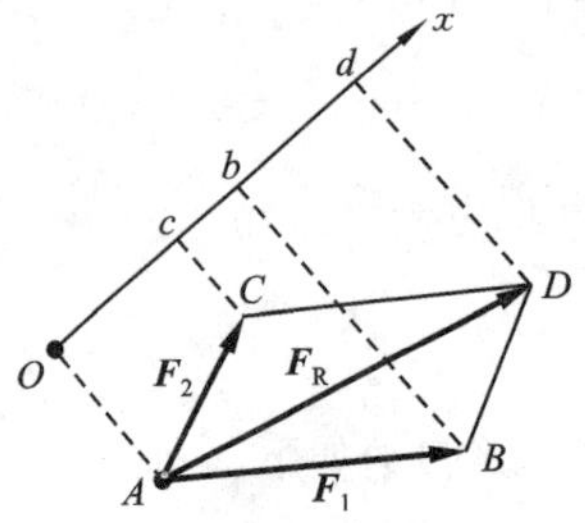

图 2-9

证明 设作用于 A 点的力 $\boldsymbol{F}_1$ 和 $\boldsymbol{F}_2$ 的合力为 $\boldsymbol{F}_R$(见图 2-9)。取平面内任意一点 O 为矩心,过 O 点作 x 轴垂直于 OA,并过点 B、C、D 分别作 x 轴的垂线,与 x 轴相交于 b、c、d 三点,则 Ob、Oc、Od 分别为力 $\boldsymbol{F}_1$、$\boldsymbol{F}_2$ 和 $\boldsymbol{F}_R$ 在 x 轴上的投影。由合力投影定理有

$$Od=Ob+Oc$$

由公式(2-9)可知,

$$M_O(\boldsymbol{F}_1)=2A_{\triangle AOB}=OA\cdot Ob$$

同理

$$M_O(\boldsymbol{F}_2)=2A_{\triangle AOC}=OA\cdot Oc$$

$$M_O(\boldsymbol{F}_R)=2A_{\triangle AOD}=OA\cdot Od$$

则

$$M_O(\boldsymbol{F}_R)=M_O(\boldsymbol{F}_1)+M_O(\boldsymbol{F}_2)$$

例 2-5 作用于齿轮的啮合力 $F_n=1\ \text{kN}$,节圆直径 $D=160\ \text{mm}$,压力角 $\alpha=20°$(见图 2-10(a))。试求啮合力 F_n对轮心 O 的矩。

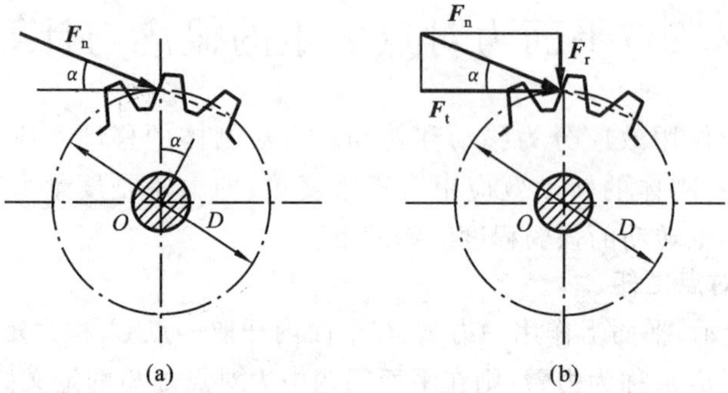

图 2-10

解 方法一

应用力矩计算公式,由几何关系可知,力臂 $d=\dfrac{D}{2}\cos\alpha$,则

$$M_O(\boldsymbol{F}_n)=-F_n\cdot d=-75.2\ \text{N}\cdot\text{m}$$

方法二

应用合力矩定理。将啮合力 $\boldsymbol{F}_n$分解为圆周力 $\boldsymbol{F}_t$和径向力 $\boldsymbol{F}_r$(见图 2-10(b)),根据合力矩定理,则有

$$M_O(\boldsymbol{F}_n)=M_O(\boldsymbol{F}_t)+M_O(\boldsymbol{F}_r)=-75.2\ \text{N}\cdot\text{m}$$

当力臂不易确定时,常常采用合力矩定理来求解力矩,这是一种简单而又行之有效的方法。

2.3 平面力偶理论

1. 力偶与力偶矩

在生活和实践中，常见到一些物体同时受到大小相等、方向相反、作用线不共线的一对力作用的情况，如人用双手转动方向盘(见图 2-11(a))，用双手攻螺纹(见图 2-11(b))，用两根手指拧水龙头开关，两个工人开、合水闸门等。

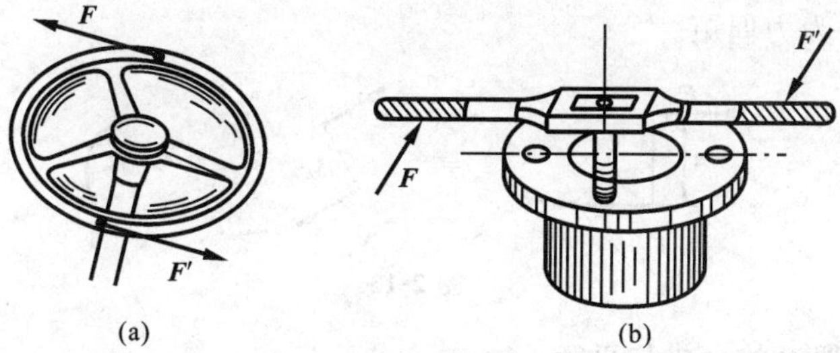

图 2-11

力学中，把作用在同一物体上大小相等、方向相反、作用线不重合的两个平行力所组成的力系称为**力偶**，记为($\boldsymbol{F},\boldsymbol{F}'$)。两力作用线所确定的平面称为力偶的作用面，两力作用线间的垂直距离称为力偶臂。

力偶是作用于刚体上的一对力，与单个力不同，其性质如下。

(1) 力偶既不能合成为一个力，本身又不平衡，是一个基本的力学量。

(2) 力偶要产生转动效应。力偶的转动效应可用**力偶矩**来度量。

如图 2-12 所示，力偶的两力对平面内任意点 O 之矩的代数和就是力偶矩，即

$$M_O(\boldsymbol{F},\boldsymbol{F}') = M_O(\boldsymbol{F}) + M_O(\boldsymbol{F}') = F(d+x) - F'x = Fd$$

由此可见，力偶矩的大小与力及力偶臂的大小有关，而与矩心的位置无关。力偶在平面内的转向不同，作用效应也不同。由此可知，平面力偶矩是代数量。其符号为 $M(\boldsymbol{F},\boldsymbol{F}')$，简记为 M，即

$$M(\boldsymbol{F},\boldsymbol{F}') = M = \pm Fd \tag{2-11}$$

结论：平面力偶矩是代数量，其绝对值等于力与力偶臂的乘积。正负号表示力偶的转向，其规定与力矩相同：力偶使物体的转向为逆时针时取正，反之取负。

力偶矩的单位是 N·m。由图 2-12 可见，力偶矩的大小也可用三角形面积的两倍来表示，即

$$M = \pm 2A_{\triangle ABC} \tag{2-12}$$

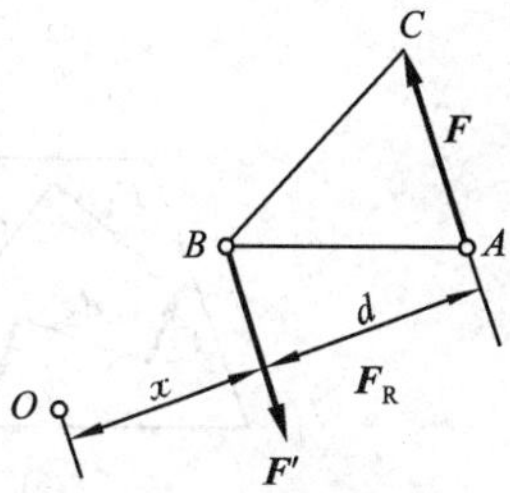

图 2-12

2. 同平面力偶的等效定理

力偶的作用只改变刚体的转动状态，而力偶对刚体的转动效应是用力偶矩来度量的，因此可得如下定理：同平面内的两个力偶，若力偶矩相等，则两力偶彼此等效。

由上述定理可以得出两个推论：

(1) 力偶可在其作用面内任意转移，而不改变它对刚体的作用效应；

(2) 只要保持力偶矩的大小和力偶的转向不变，可以同时改变力偶中力的大小和力偶臂的长短，而不会改变力偶对刚体的作用效应。

由此可见，确定力偶作用效应的唯一特征量是力偶矩。常用如图 2-13 所示的符号表示力偶，M 为力偶矩。

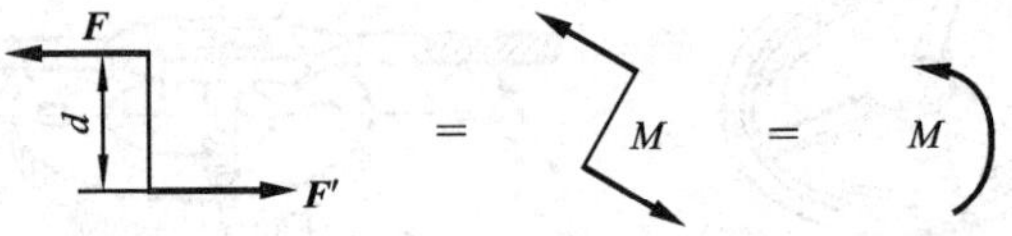

图 2-13

3. 平面力偶系的合成与平衡

作用面共面的力偶系称为**平面力偶系**。由力偶的性质已知，力偶的作用效应是转动，力偶矩体现转动的强弱程度，求合成就是求合力偶矩。

设同一平面内有两个力偶($\boldsymbol{F}_1$、$\boldsymbol{F}_1'$)、($\boldsymbol{F}_2$、$\boldsymbol{F}_2'$)，力偶臂分别为 d_1、d_2，如图 2-14(a) 所示，则力偶矩分别为

$$M_1 = F_1 d_1, \quad M_2 = F_2 d_2$$

在力偶作用面内取任意线段 $AB=d$，在保持各力偶矩不变的条件下，将各力偶臂的长度改变为 d，于是各力偶的力的大小改变为

$$F_{1d} = \frac{F_1 d_1}{d}, \quad F_{2d} = \frac{F_2 d_2}{d}$$

改变两力偶的转向，使它们的力偶臂均与 d 重合，则原来的平面力偶系转变为两个共线力系(见图 2-14(b))。将两个共点力系分别合成，得到两个分别在 A 点、B 点的力 $\boldsymbol{F}$、$\boldsymbol{F}'$(见图 2-14(c))，其大小为

$$F = F_{1d} - F_{2d}$$
$$F' = F'_{1d} - F'_{2d}$$

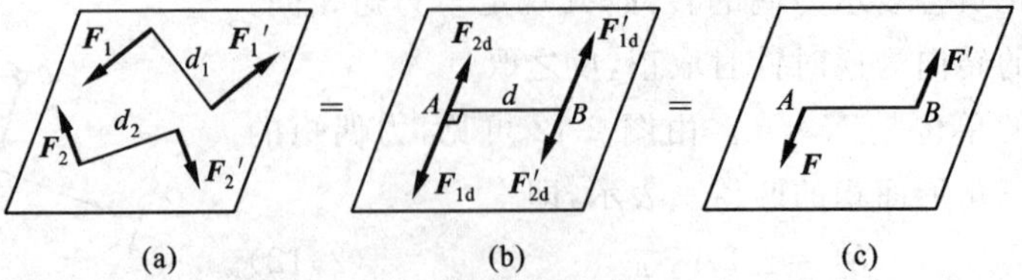

图 2-14

可见，$\boldsymbol{F}$、$\boldsymbol{F}'$大小相等、方向相反，是原来两个力偶的等效力偶，其力偶矩为

$$M = Fd = (F_1 - F_2)d = F_{1d}d - F_{2d}d = F_1 d_1 - F_2 d_2 = M_1 + M_2$$

即合成的结果是一个合力偶，合力偶矩为原来两个力偶矩的代数和。

推广到由 n 个力偶组成的平面力偶系，有

$$M = M_1 + M_2 + \cdots + M_n = \sum M_i \tag{2-13}$$

即平面力偶系合成的结果是一个合力偶，合力偶矩等于力偶系中各力偶矩的代数和。

在图 2-14 所示的平面力偶系中，若 $F = F' = 0$，则该力偶系平衡，而合力偶矩等于零；反之，若已知合力偶矩等于零，即 $F = 0$，或力偶臂 $d = 0$，力偶系都平衡。推广到由 n 个力偶组成的平面力偶系，上述分析同样成立。于是得到平面力偶系平衡的必要充分条件：力偶系中各力偶矩的代数和等于零。即

$$M = M_1 + M_2 + \cdots + M_n = \sum M_i = 0 \tag{2-14}$$

式(2-14)称为平面力偶系的平衡方程，利用它可以求解一个未知量。

例 2-6　已知两个同平面的力偶作用如图 2-15 所示，求力偶的合效应。

解　力偶的合效应即为转动效应，其力偶矩为

$$M = (10 \times 2 + 30 \times 1.5)\,\text{kN} \cdot \text{m} = 65\ \text{kN} \cdot \text{m}$$

方向为逆时针。

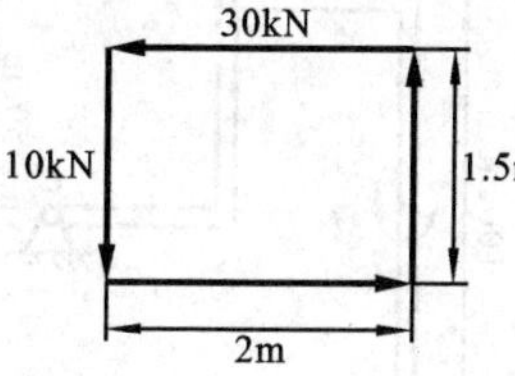

图 2-15

例 2-7　在简支梁 AB 上作用一力偶矩为 M 的力偶，如图 2-16(a)所示。梁长 l，不计梁自重。求支座 A、B 处约束力。

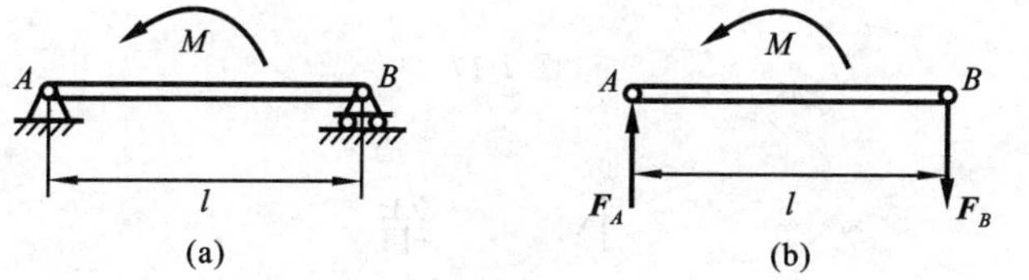

图 2-16

解　取梁 AB 为研究对象。作用于梁上的力只有矩为 M 的力偶和支座 A、B 处的约束力。B 处约束力垂直于支承面，方向假设向下。根据力偶只能与力偶平衡的性质，A 处反力与 B 处约束力必然组成力偶，与力偶矩为 M 的力偶平衡。故 A 处约束力沿竖直线指向上(见图 2-16(b))。由平面力偶系的平衡方程

$$\sum M = 0,\quad F_A l - M = 0$$

解得

$$F_A = F_B = \frac{M}{l}$$

方向如图 2-16(b)所示。

例 2-8 如图 2-17(a)所示结构中,各构件自重忽略不计,在构件 AB 上作用一力偶,其力偶矩为 500 kN·m,求 A、C 两点的约束力。

解 构件 BC 只在 B、C 两点受力,处于平衡状态,因此 BC 是二力杆,其受力如图 2-17(b)所示。

由于构件 AB 上有矩为 M 的力偶,故构件 AB 在铰链 A、B 处的一对作用力 $\boldsymbol{F}_A$、$\boldsymbol{F}'_B$ 构成一力偶,与矩为 M 的力偶相平衡(见图 2-17(c))。由平面力偶系的平衡方程 $\sum M_i = 0$,得

$$-F_A d + M = 0$$

则有
$$F_A = F'_B = \frac{500}{\sqrt{1^2 + 0.5^2 - (\sqrt{2}/4)^2}}\ \text{kN} = 471.40\ \text{kN}$$

由于 F_A、F'_B 为正值,可知二力的实际方向正为图 2-17(c)所示方向。

根据作用力与反作用力的关系,可知 $F_C = F'_B = 471.40$ kN,方向如图 2-17(b)所示。

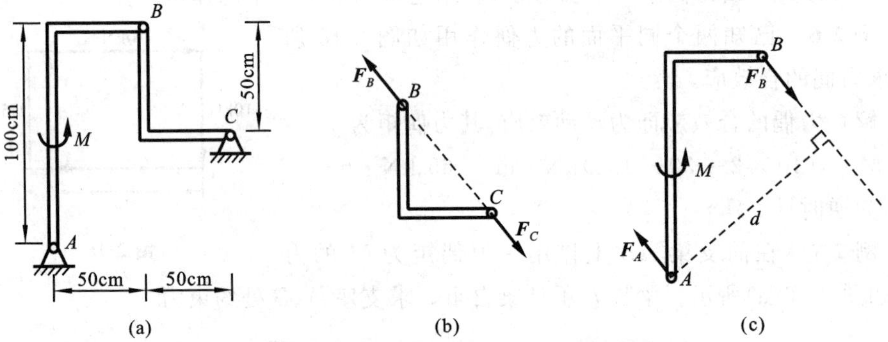

图 2-17

小 结

(1) 平面汇交力系合成与平衡的几何法 将平面汇交力系用力矢多边形来表示,其合力是力矢多边形的封闭边,合力的作用线过力系的汇交点。

平面汇交力系平衡的几何条件:力矢多边形首尾相接,自行封闭。

(2) 平面汇交力系合成与平衡的解析法 合力 $\boldsymbol{F}_R$ 的大小和方向余弦分别为

$$F_R = \sqrt{\left(\sum F_x\right)^2 + \left(\sum F_y\right)^2}$$

$$\cos\theta = \frac{F_{Rx}}{F_R}, \quad \cos\beta = \frac{F_{Ry}}{F_R}$$

平面汇交力系平衡的解析条件:各力在两坐标轴上投影的代数和分别等于零,即 $\sum F_x = 0$, $\sum F_y = 0$。这是两个独立的平衡方程,可求得两个未知量。

(3) 平面力对点之矩为 $M_O(\boldsymbol{F})=\pm Fh$，一般以逆时针方向为正，顺时针方向为负。

(4) 合力矩定理：平面汇交力系的合力对平面内任一点之矩等于所有各分力对同一点之矩的代数和，即

$$M_O(\boldsymbol{F}_{\mathrm{R}})=\sum M_O(\boldsymbol{F}_i)$$

(5) 力偶由等值、反向、不共线的两个平行力组成，它没有合力，不能与一个力相平衡，力偶只能和力偶相平衡。

(6) 力偶对物体的作用效应取决于力矩的大小和转向，力偶矩与矩心的选择无关，它对平面内任意一点的矩均等于力偶矩。一般以逆时针转向为正，反之为负，即

$$M=\pm Fd$$

(7) 同平面内力偶的等效定理：同平面内两个力偶，若矩相等，则二力偶彼此等效。

(8) 同平面的几个力偶，可以合成为一个力偶，合力偶的矩等于各个力偶矩的代数和，即

$$M=M_1+M_2+\cdots+M_n=\sum M_i$$

(9) 平面力偶系的平衡条件是 $\sum M_i=0$。

思　考　题

2-1　已知物体受平面汇交力系作用，其力矢多边形如图 2-18(a)、(b)所示，试说明各力的关系。

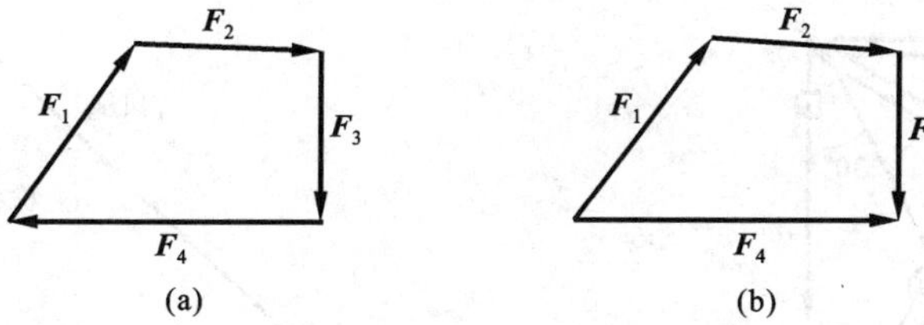

图 2-18

2-2　三力汇交于一点，但不共面，这三个力能互相平衡吗？

2-3　用解析法求平面汇交力系的合力时，若取不同的直角坐标轴，所求得的合力是否相同？用解析法求解平面汇交力系的平衡问题时，若取的坐标轴不互相垂直，建立的平衡方程 $\sum F_x=0$，$\sum F_y=0$ 满足力系的平衡条件吗？

2-4　分析一下平面汇交力系的特殊情况：共线力系的平衡方程。

2-5　什么情况下力对点之矩为零？如何确定力矩的转向？

2-6　力偶矩的大小为什么与矩心的选择无关？试比较力矩与力偶矩的异同。

2-7 司机操作方向盘驾驶汽车时,可用双手对方向盘施加一力偶,也可以单手对方向盘施加一个力。用这两种方式能否得到同样的效果?若能得到同样的效果,这能否说明一个力与一个力偶等效?为什么?

习　　题

2-1 如图所示四个支架,在销钉上作用有一竖直力 $\boldsymbol{F}$。若各杆件自重不计,请分析 AB、AC 杆件所受的力,并说明是拉力还是压力。

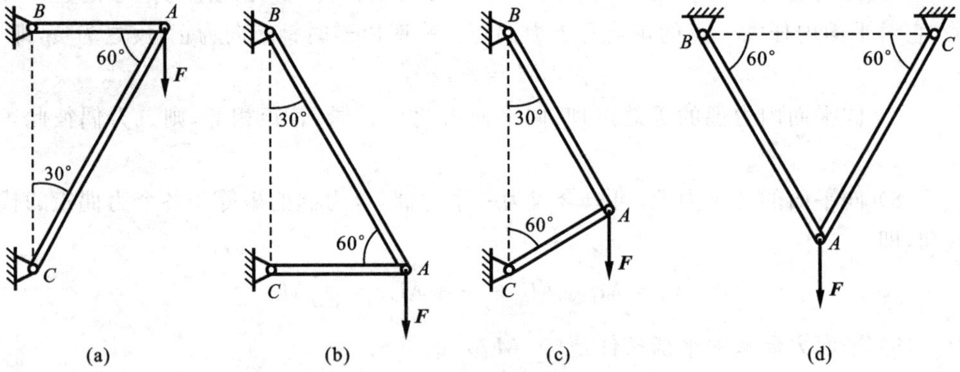

题 2-1 图

2-2 一重物重 $W=20$ kN,用绳子挂在支架的滑轮 B 上,绳子的另一端连在绞车 D 上,如图所示。转动绞车,物体便能升起。若滑轮的大小不计且所有接触点都是光滑的,A、B、C 三处均为铰链连接。当重物处于平衡状态时,求拉杆 AB 和支杆 BC 所受到的力。

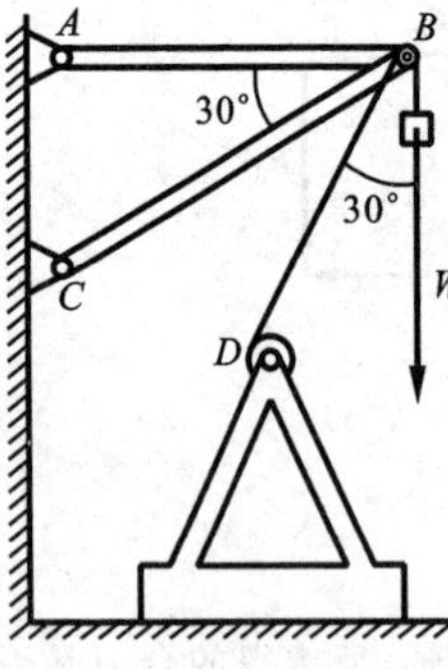

题 2-2 图

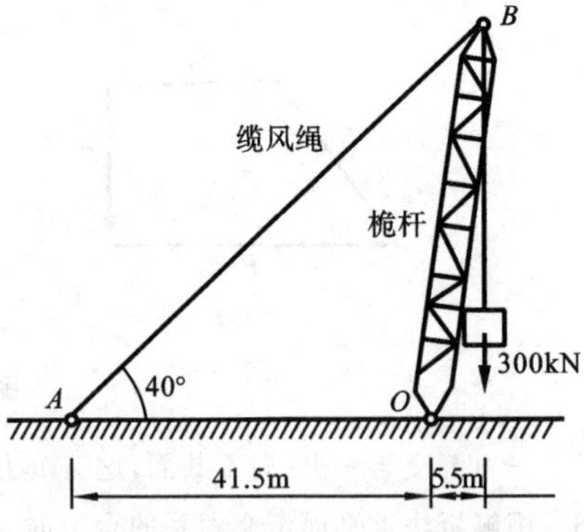

题 2-3 图

2-3 如图所示,格构式独角桅杆吊起重为 $W=300$ kN 的重物。试求缆风线 AB 的拉力及桅杆 OB 所受的压力,桅杆自重不计。

2-4 如图所示三铰拱刚架,受水平力 $\boldsymbol{F}$ 的作用。求铰链支座 A、B 和铰链 C 的约束力。

2-5 电动机重 $W=5$ kN,放在水平梁 AC 的中央,如图所示。梁的 A 端以铰链固定,另一端以撑杆 BC 支撑。如忽略梁和撑杆的重量,求撑杆的内力和铰链 A 处的约束力。

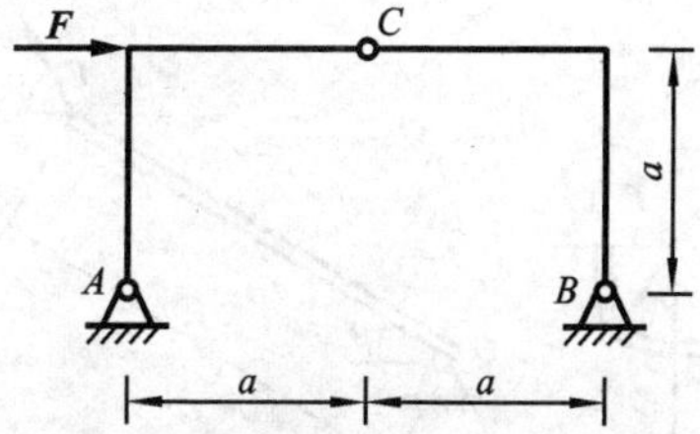

题 2-4 图

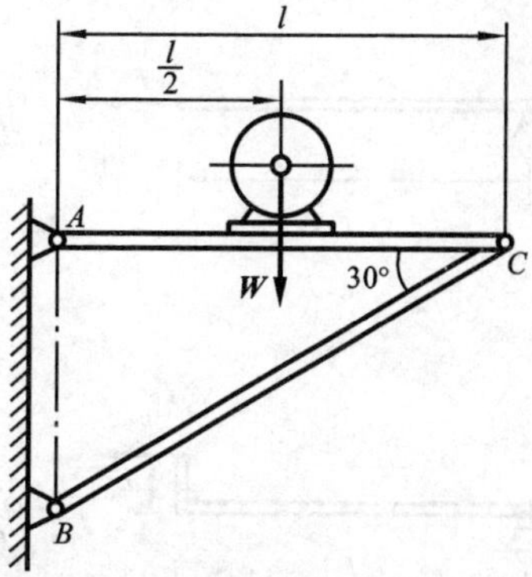

题 2-5 图

2-6　如图所示铰接的四连杆机构 $ABCD$，其中 CD 边是固定的。在铰链 A 和 B 上分别作用有力 $\boldsymbol{F}_1$、$\boldsymbol{F}_2$，方向如图所示。该机构在图示位置平衡，若不计各杆件自重并忽略各处摩擦，求力 $\boldsymbol{F}_1$ 和 $\boldsymbol{F}_2$之间的关系。

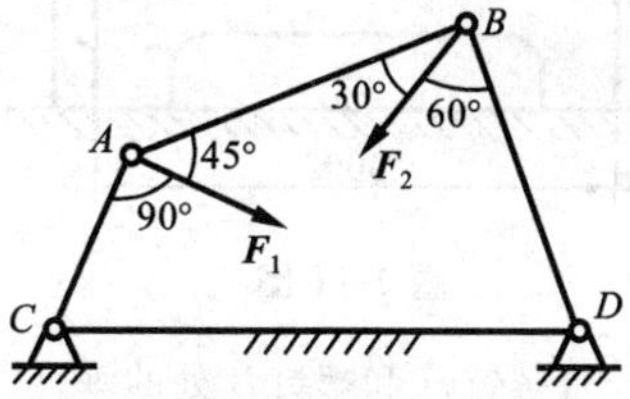

题 2-6 图

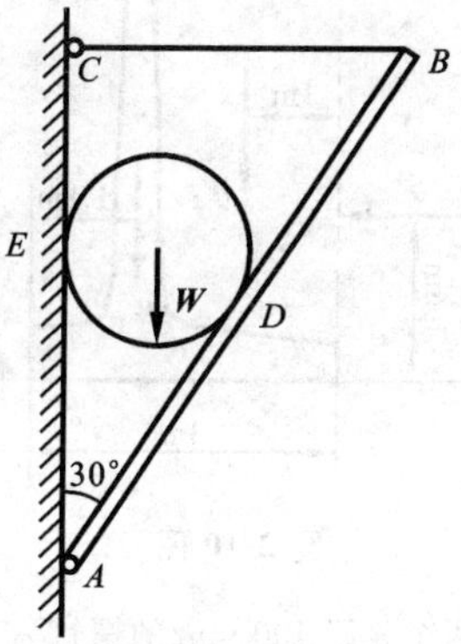

题 2-7 图

2-7　自重为 $\boldsymbol{W}$ 的圆柱搁置在倾斜的面板 AB 与墙面之间，且杆件 AB 与墙面成 30°夹角。圆柱与板的接触点 D 是 AB 的中点，假定各接触点都是光滑的。请分析绳子 BC 的拉力和铰链 A 点处的约束力。

2-8　夹具中所用的增力机构如图所示。已知推力 $\boldsymbol{F}_1$ 作用于 A 点，夹紧平衡时杆 AB 与水平线的夹角为 φ。求对工件的夹紧力 $\boldsymbol{F}_2$ 和 $\varphi=10°$时的增力倍数$\dfrac{F_2}{F_1}$。

2-9　分别计算图示各种情况下力对点 O 之矩。

2-10　图示薄壁钢筋混凝土挡土墙，已知墙重 $W_1=75$ kN，覆土重 $W_2=110$ kN，水平土压力 $F=90$ kN，求使墙绕前趾 A 倾覆的力矩 M_q 和使墙趋于稳定的力矩 M_w。

2-11　减速箱的两个外伸轴上分别作用有力偶，其力偶矩为 $M_1=6$ kN · m，$M_2=2$ kN · m，减

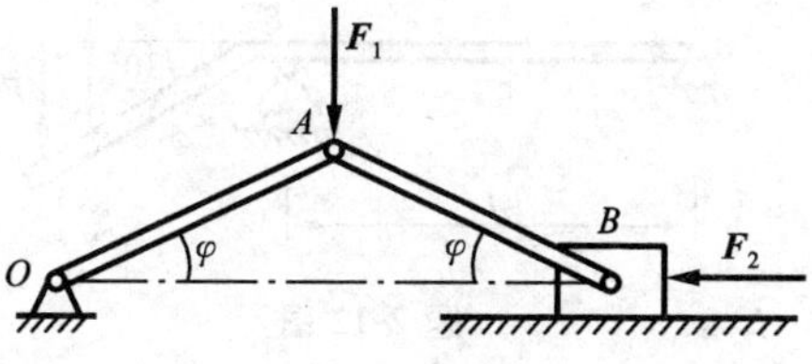

题 2-8 图

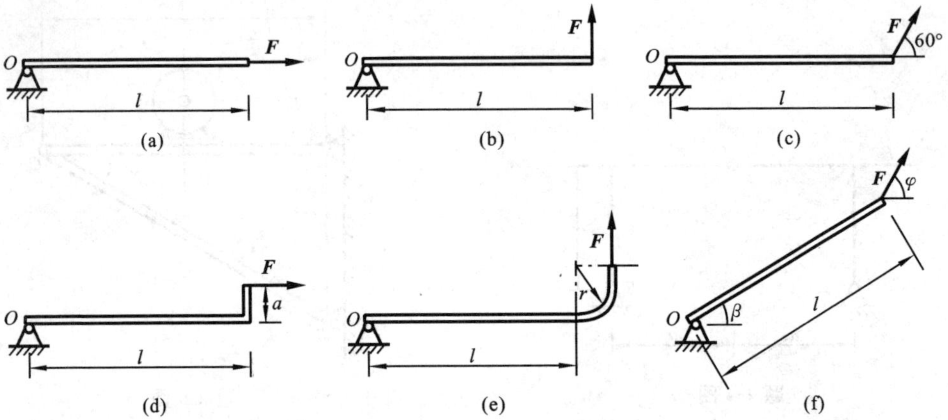

题 2-9 图

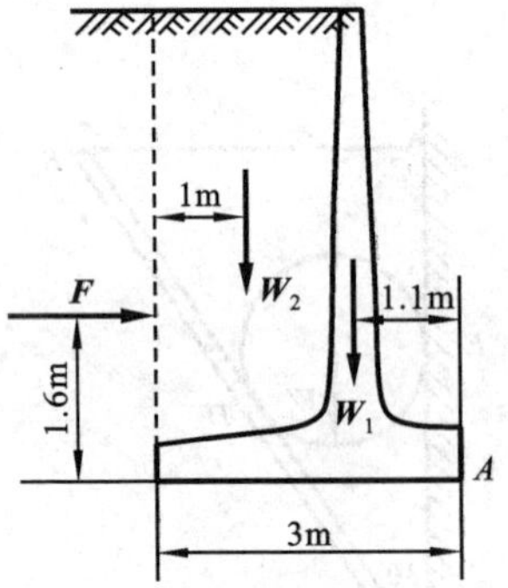

题 2-10 图

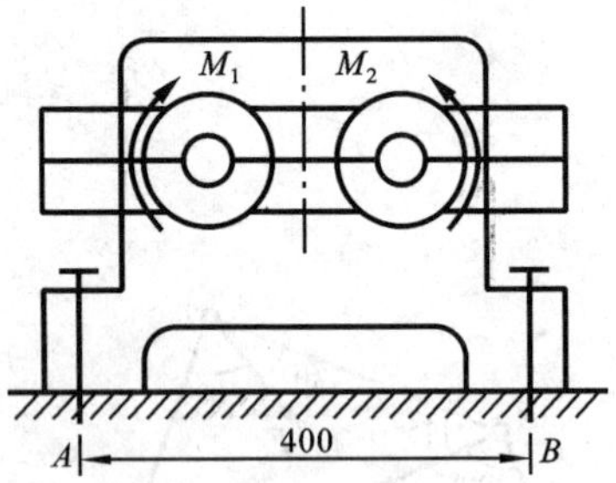

题 2-11 图

速箱用两个相距 400 mm 的螺钉 A 和螺钉 B 固定在地面上。求螺钉 A 和螺钉 B 处的垂直约束力。

2-12　折梁的支承和载荷如图所示,不计梁的自重。求支座 A、B 处的约束力。

2-13　四连杆机构在图示位置平衡,已知 $OA=40$ cm,$O_1B=60$ cm,作用在曲柄 OA 上的力偶矩大小为 $M_1=1$ N·m,不计杆重。求作用在杆件 O_1B 上的力偶矩 M_2 的大小及杆件 AB 所受到的力。

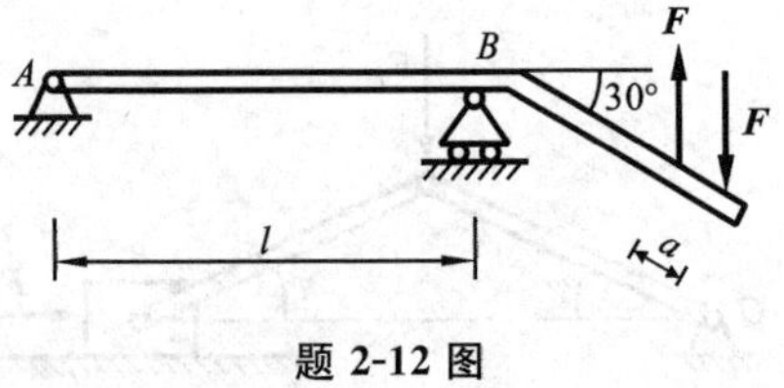

题 2-12 图

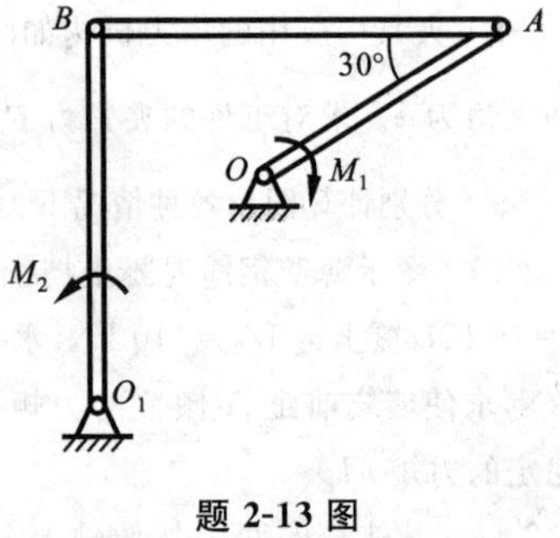

题 2-13 图

2-14　在图示结构中,各构件的自重略去不计,在构件 BC 上作用一力偶矩为 M 的力偶,各构

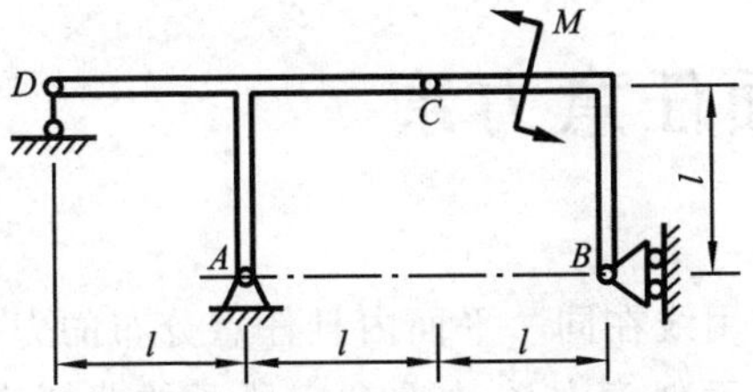

题 2-14 图

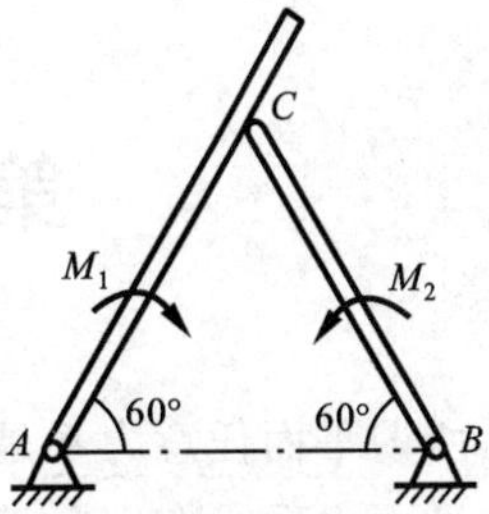

题 2-15 图

件尺寸已在图中标示出来。求支座 A 的约束力。

2-15　杆件 AB 和 BC 在 C 处光滑接触，它们分别受到力偶矩为 M_1 和 M_2 的力偶的作用，转向如图所示。问：比值 $\frac{M_1}{M_2}$ 为多大时，机构才能处于平衡状态？

2-16　如图所示，杆 AB 的两端用光滑铰链与两轮中心 A、B 连接，并将它们置于互相垂直的两光滑斜面上。两轮重均为 W，杆 AB 重量不计，试求平衡时角 θ 之值。若轮 A 的重量 $W_A=300$ N，欲使平衡时杆 AB 在水平位置，轮 B 的重量 W_B 应为多少？

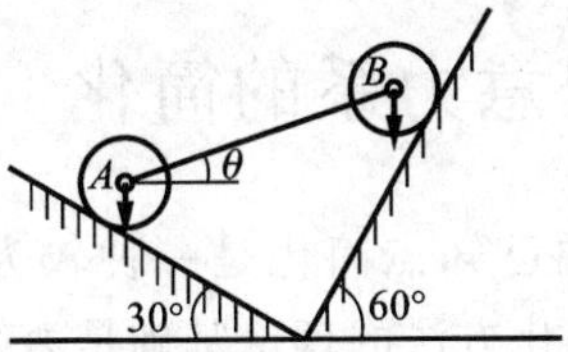

题 2-16 图

第 3 章　平面任意力系

所谓平面任意力系是指力系中各力的作用线在同一平面内且任意分布的力系，简称平面力系。在实际工程中经常会遇到平面任意力系，如图 3-1 所示的曲柄连杆机构受力 $\boldsymbol{F}$，力偶矩为 M_1、M_2 的力偶及支座反力 $\boldsymbol{F}_{Ax}$、$\boldsymbol{F}_{Ay}$ 和 $\boldsymbol{F}_{\mathrm{N}}$ 的作用，这些力及力偶构成平面任意力系。

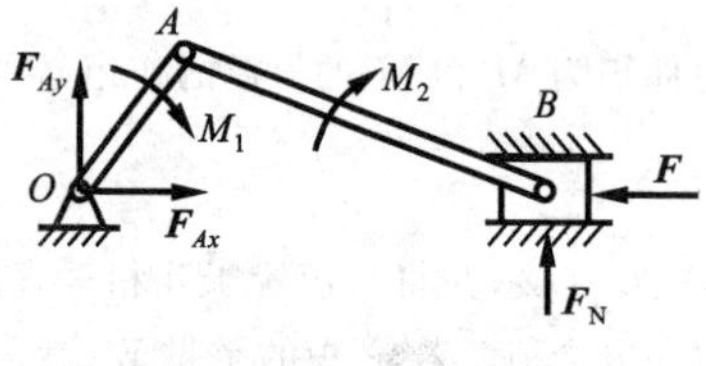

图 3-1

本章将详细论述平面任意力系的简化与平衡问题，主要内容包括力线平移定理，平面任意力系的简化及结果分析，平面任意力系的平衡条件、平衡方程及其应用，物体系的平衡，静定与静不定的概念，平面桁架的内力分析等。

3.1　平面任意力系的简化　主矢与主矩

平面任意力系向作用面内已知点简化是一种较为简便并且具有普遍性的力系简化方法。此简化方法的理论基础是力线平移定理。

1. 力线平移定理

力线平移定理：施加于刚体上点 A 的力 $\boldsymbol{F}$ 可以平移到刚体上任一点 B 处，但必须附加一个力偶，这个附加力偶的矩等于原来作用于 A 点的力 $\boldsymbol{F}$ 对新作用点 B 之矩。

证明　如图 3-2(a)所示，力 $\boldsymbol{F}$ 作用在刚体上的 A 点处。在刚体上任意选取一点 B，并根据加减平衡力系公理在点 B 处添加一对平衡力 $\boldsymbol{F}'$、$\boldsymbol{F}''$，同时使得 $\boldsymbol{F}'=-\boldsymbol{F}''=\boldsymbol{F}$，如图 3-2(b)所示。显然这三个力与原来的力 $\boldsymbol{F}$ 等效，且这三个力又可视为一个作用在点 B 的力 $\boldsymbol{F}'$（大小和方向与原来的力 $\boldsymbol{F}$ 相同）和一个力偶（$\boldsymbol{F}$,$\boldsymbol{F}''$），这个力偶称为附加力偶（见图 3-1(c)）。显然，附加力偶的矩为 $M=Fd=M_B(\boldsymbol{F})$，定理得证。

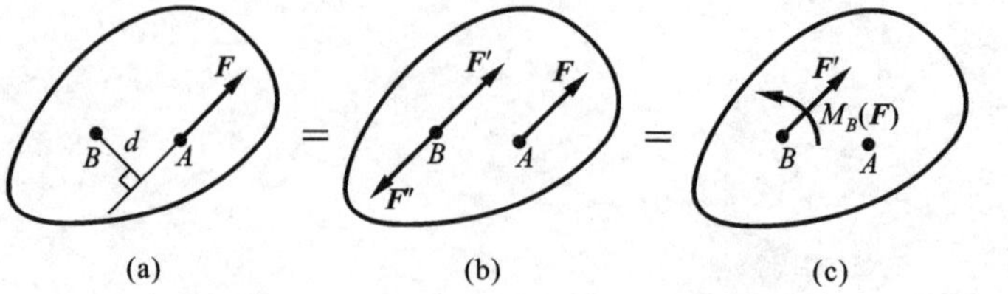

图 3-2

需要注意以下两点。

(1) 按力线平移定理，在平面内的一个力和一个力偶，可以用一个力等效替换。

(2) 在力线平移定理的证明中，并未假定刚体处于平衡状态。很显然，力线平移定理不仅在静力学中适用，在动力学中也同样适用。

2. 平面任意力系向一点的简化及主矢与主矩

设作用于刚体上的平面任意力系 $\boldsymbol{F}_1, \boldsymbol{F}_2, \cdots, \boldsymbol{F}_n$，如图 3-3(a)所示。为了简化这个力系，在力系的作用面内任意选取一点 O，称为简化中心，按力线平移定理，将各力平移到点 O，这样得到一汇交于点 O 的平面汇交力系 $\boldsymbol{F}'_1, \boldsymbol{F}'_2, \cdots, \boldsymbol{F}'_n$ 和一矩分别为 $M_1, M_2, \cdots, M_n$ 的附加平面力偶系(见图 3-3(b))。这样，按平面汇交力系和平面力偶系的合成方法，平面任意力系的合成问题可得到解决。

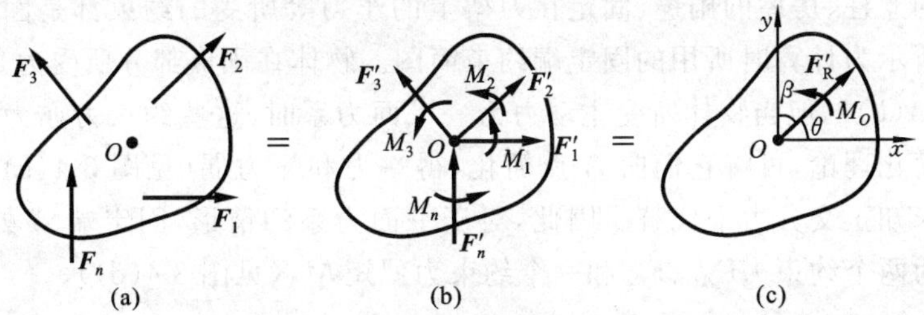

图 3-3

经简化后的平面汇交力系 $\boldsymbol{F}'_1, \boldsymbol{F}'_2, \cdots, \boldsymbol{F}'_n$ 可以合成为一个力 $\boldsymbol{F}'_R$，其作用线通过简化中心 O(见图 3-3(c))。因各力矢 $\boldsymbol{F}'_i = \boldsymbol{F}_i (i=1,2,\cdots,n)$，故

$$\boldsymbol{F}'_R = \boldsymbol{F}'_1 + \boldsymbol{F}'_2 + \cdots + \boldsymbol{F}'_n = \sum \boldsymbol{F}'_i = \sum \boldsymbol{F}_i \tag{3-1}$$

合力矢 $\boldsymbol{F}'_R$ 称为该平面任意力系的主矢，它等于平面任意力系中原来各力的矢量和，与简化中心位置的选取无关。

经简化后的附加平面力偶系可以合成为一个合力偶，它的矩 M_O 等于各附加力偶矩的代数和，即

$$M_O = M_1 + M_2 + \cdots + M_n = \sum M_O(\boldsymbol{F}_i) \tag{3-2}$$

合力偶矩 M_O 称为该平面任意力系对于简化中心 O 的主矩，它等于原来各力对简化中心 O 之矩的代数和。力系对简化中心的主矩 M_O 一般与简化中心的位置的选取有关。为了书写方便，式(3-1)和式(3-2)中等号右边的下标 i 可以省略不写。

可见，在一般情况下，将平面任意力系向作用面内点 O 简化，可得一个力和一个力偶矩。这个力称为该力系的主矢，作用线通过简化中心 O；这个力偶矩称为该力系对于点 O 的主矩。

如在点 O 处建立直角坐标系 Oxy(见图 3-2(c))，则按合力投影定理有

$$F'_{Rx} = F'_{1x} + F'_{2x} + \cdots + F'_{nx} = \sum F'_{ix} = \sum F_x$$

$$F'_{Ry} = F'_{1y} + F'_{2y} + \cdots + F'_{ny} = \sum F'_{iy} = \sum F_y$$

因此主矢$\boldsymbol{F}'_R$的大小及其方向余弦分别表示为

$$\left.\begin{aligned} F'_R &= \sqrt{(F'_{Rx})^2+(F'_{Ry})^2}=\sqrt{\left(\sum F_x\right)^2+\left(\sum F_y\right)^2} \\ \cos\theta &= \frac{\sum F_x}{\sum F'_R}, \quad \cos\beta=\frac{\sum F_y}{F'_R} \end{aligned}\right\} \tag{3-3}$$

3. 固定端(或插入端)约束

固定端(或插入端)是一种常见的典型约束,力系向一点简化的理论可应用于这类约束的分析。所谓固定端约束是指物体的一部分固嵌于另一物体内所构成的约束,这种约束限制了物体在约束处沿任何方向的移动和绕任意轴的转动。例如,公路两边路牌的立柱、房屋的雨篷、固定在刀架上的车刀等所受的约束都是固定端约束。图 3-4(a)所示为计算时所用的固定端约束简图。物体在固嵌部分所受力是比较复杂的(见图 3-4(b)),但当物体所受主动力为一平面力系时,这些约束力亦为平面力系,根据力系简化理论,可将它们向 A 点简化,得一力和一力偶(见图 3-4(c))。这个力可用两个未知正交分力来代替。因此,对于平面力系的情形,固定端 A 处的约束作用可简化为两个约束力$\boldsymbol{F}_{Ax}$、$\boldsymbol{F}_{Ay}$和一个约束力偶矩 M_A(见图 3-4(d))。

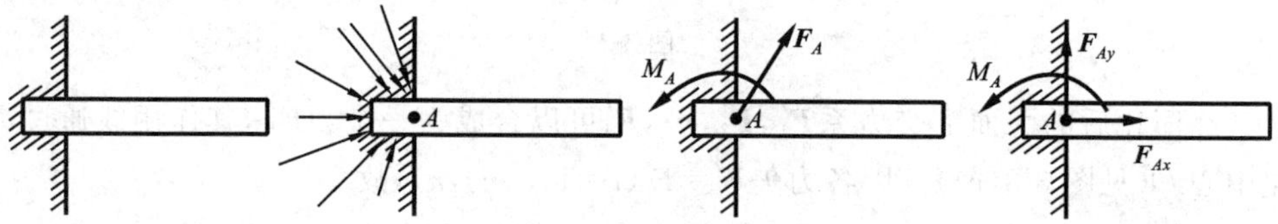

(a) (b) (c) (d)

图 3-4

4. 平面任意力系的简化结果分析

将平面力系向简化中心 O 简化,得到一个作用于 O 点的力$\boldsymbol{F}'_R$和一个力偶矩 M_O 后,还可按不同情况进一步简化。

(1) $\boldsymbol{F}'_R=\boldsymbol{0}, M_O\neq 0$ 此时力系简化为一合力偶,其力偶矩为 $M_O=\sum M_O(\boldsymbol{F})$。因力系的主矢等于零,即原力系等效于一个力偶系,故主矩与简化中心位置的选择无关。

(2) $\boldsymbol{F}'_R\neq\boldsymbol{0}, M_O=0$ 此时力系简化为一合力$\boldsymbol{F}'_R$,且$\boldsymbol{F}'_R=\sum \boldsymbol{F}_i$,合力作用线通过所选定的简化中心 O,原力系等效于一个汇交于简化中心 O 的汇交力系。

(3) $\boldsymbol{F}'_R\neq\boldsymbol{0}, M_O\neq 0$ 此时力系简化为一合力$\boldsymbol{F}_R$,且$\boldsymbol{F}_R=\sum \boldsymbol{F}_i$,合力作用线到简化中心的距离为 $d=M_O/F_R$。至于合力$\boldsymbol{F}_R$ 的作用线在原简化中心 O 的哪一侧,则取决于主矢$\boldsymbol{F}'_R$的方向和主矩 M_O 的方向。若主矩为逆时针方向($M_O>0$),则合力$\boldsymbol{F}_R$的作用线位于从 O 点出发,沿主矢$\boldsymbol{F}'_R$箭头方向看过去的右侧(见图 3-5);反之,则$\boldsymbol{F}_R$的作用线位于从 O 点出发,沿主矢$\boldsymbol{F}'_R$箭头方向看过去的左侧。

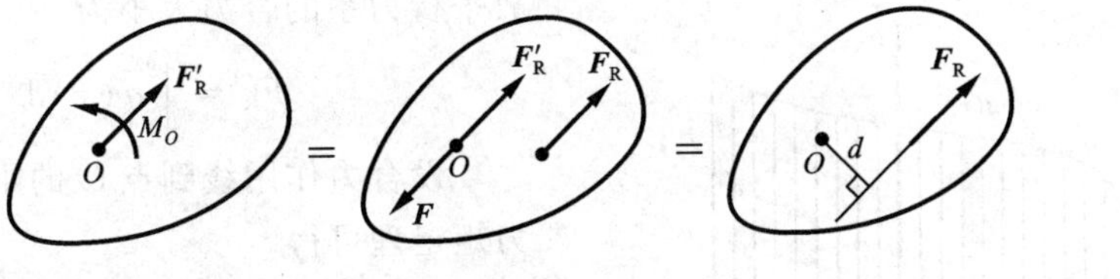

图 3-5

由图 3-5 易见，合力$\boldsymbol{F}_R$ 对点 O 的矩为

$$M_O(\boldsymbol{F}_R) = F_R d = M_O$$

利用式(3-2)，可得

$$M_O(\boldsymbol{F}_R) = \sum M_O(\boldsymbol{F}) \tag{3-4}$$

这就表明：若平面任意力系可合成为一合力，则其合力对作用面内任意一点之矩等于力系中各力对于同一点之矩的代数和。这就是平面任意力系的合力矩定理。

应用合力矩定理可以导出力 $\boldsymbol{F}$ 对坐标原点 O 之矩的解析表达式。如图 3-6 所示，设力 $\boldsymbol{F}$ 沿坐标轴方向分解为两个分力 $\boldsymbol{F}_x$ 和 $\boldsymbol{F}_y$，根据合力矩定理有

$$M_O(\boldsymbol{F}) = M_O(\boldsymbol{F}_x) + M_O(\boldsymbol{F}_y)$$

并且

$$M_O(\boldsymbol{F}_x) = -yF_x, \quad M_O(\boldsymbol{F}_y) = xF_y$$

其中，F_x、F_y 为力 $\boldsymbol{F}$ 在坐标轴上的投影，x、y 为力 $\boldsymbol{F}$ 作用线上任意一点的坐标。于是得力 $\boldsymbol{F}$ 对于 O 点之矩为

$$M_O(\boldsymbol{F}) = xF_y - yF_x \tag{3-5}$$

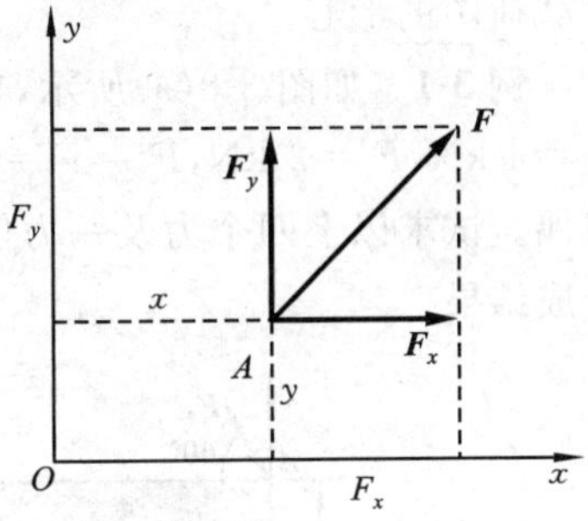

图 3-6

式(3-5)适用于任何象限。若力 $\boldsymbol{F}$ 为力系的合力，则式(3-5)也可表示合力作用线的直线方程。

(4) $\boldsymbol{F}'_R=0, M_O=0$　由平衡定理可知，此时原力系为一平衡力系，对此将在下节详细讨论。

5. 平面平行分布载荷的合成

平面平行分布载荷是指平行分布的表面力或体积力，通常是指连续分布的同向平行力系。平行分布载荷在工程中极为常见，某些平行分布载荷可以简化为沿直线分布的平行力，称为线载荷。下面仅就最简单的线载荷的合成问题进行讨论。

线载荷的大小以某处单位长度上所受的力来表示，称为线载荷在该处的集度，通常用 q 表示，单位为 N/m 或 kN/m。线载荷是平行力系的特殊情况，可用力系简化的方法进行处理。线载荷下表示力的分布情况的图称为载荷图。

如图 3-7 所示，同向平行力作用在 x 轴上的 ab 段，其载荷集度可表示为 x 的函数 $q(x)$，则在 x 处长为 $\mathrm{d}x$ 的微段上的力的大小为

$$\mathrm{d}F = q(x)\mathrm{d}x$$

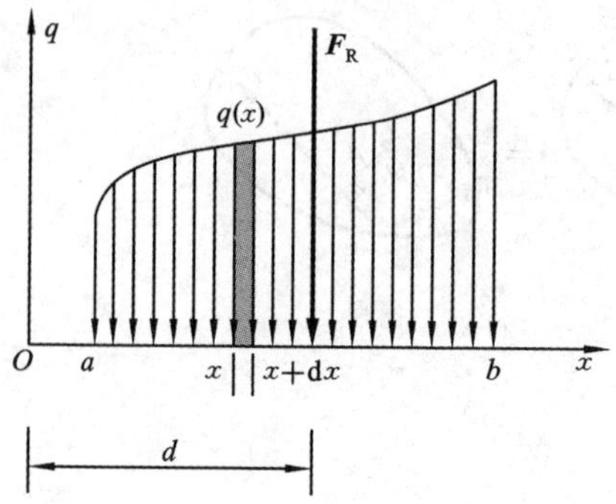

图 3-7

故平行力系的合力大小为

$$F_R = \int_a^b q(x)\,\mathrm{d}x \tag{3-6}$$

设合力作用线到点 O 的距离为 d，由合力矩定理可得

$$F_R d = \int_a^b x q(x)\,\mathrm{d}x$$

因此

$$d = \frac{\int_a^b x q(x)\,\mathrm{d}x}{\int_a^b q(x)\,\mathrm{d}x} \tag{3-7}$$

根据式(3-6)和式(3-7)即可求得线载荷的合力大小及合力作用线的位置。不难看出，式(3-6)正好表示载荷图的面积，而式(3-7)表示载荷图的形心到点 O 的水平距离。由此得出如下结论：平行分布载荷的合力大小等于载荷图的面积，合力作用线通过载荷图的形心。

例 3-1　如图 3-8(a)所示，在长方形平板的四个角点上分别作用着四个力，其中 $F_1=4$ kN，$F_2=2$ kN，$F_3=F_4=3$ kN，平板上还作用着一力偶矩为 $M=2$ kN·m 的力偶。试求以上四个力及一力偶构成的力系向 O 点简化的结果，以及该力系的最后合成结果。

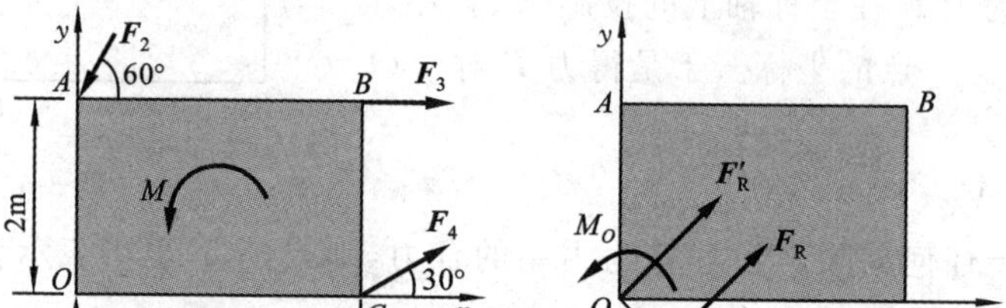

图 3-8

解　(1) 求主矢 $\boldsymbol{F}'_R$，建立如图 3-8(a)所示的坐标系，有

$$F'_{Rx} = \sum F_x = -F_2\cos 60^\circ + F_3 + F_4\cos 30^\circ = 4.598\ \text{kN}$$

$$F'_{Ry} = \sum F_y = F_1 - F_2\sin 60^\circ + F_4\sin 30^\circ = 3.768\ \text{kN}$$

所以，主矢为

$$F'_R = \sqrt{F'^2_{Rx} + F'^2_{Ry}} = 5.945\ \text{kN}$$

主矢的方向

$$\cos(\boldsymbol{F}'_R, \boldsymbol{i}) = \frac{F'_{Rx}}{F'_R} = 0.773,\quad \angle(\boldsymbol{F}'_R, \boldsymbol{i}) = 39.3^\circ$$

$$\cos(\boldsymbol{F}'_R, \boldsymbol{j}) = \frac{F'_{Ry}}{F'_R} = 0.634, \quad \angle(\boldsymbol{F}'_R, \boldsymbol{j}) = 50.7°$$

(2) 求主矩，有

$$M_O = \sum M_O(\boldsymbol{F}) = M + 2F_2\cos60° - 2F_3 + 3F_4\sin30° = 2.5\ \text{kN} \cdot \text{m}$$

由于主矢和主矩都不为零，故最后的合成结果是一个合力 $\boldsymbol{F}_R$，如图 3-8(b)所示，$\boldsymbol{F}_R = \boldsymbol{F}'_R$，合力 $\boldsymbol{F}_R$ 到 O 点的距离为

$$d = \frac{M_O}{F'_R} = 0.421\ \text{m}$$

例 3-2　水平梁 AB 受如图 3-9 所示的分布载荷作用，梁长为 L。试求分布载荷对 A 点的矩。

解　图 3-9 所示梯形线性分布载荷可以看成矩形和三角形线性分布载荷的组合，由式(3-6)可得其合力分别为

$$F_{R1} = q_1 L, \quad F_{R2} = \frac{1}{2}(q_2 - q_1)L$$

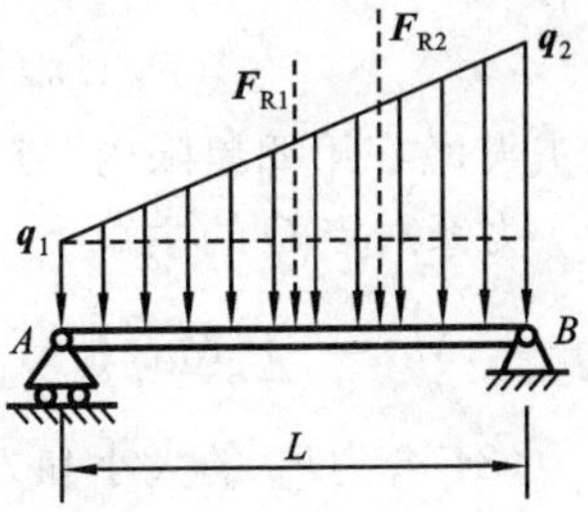

图 3-9

由式(3-7)可得矩心 A 到 $\boldsymbol{F}_{R1}$ 的距离为 $\frac{L}{2}$，到 $\boldsymbol{F}_{R2}$ 的距离为 $\frac{2L}{3}$，故

$$M_A = -F_{R1} \cdot \frac{L}{2} - F_{R2} \cdot \frac{2L}{3} = -\frac{1}{6}(q_1 + 2q_2)L^2$$

例 3-3　考虑一小型砌石坝的 1 m 长坝段(见图 3-10)，将所受的重力和静水压力简化到中央对称面内，得到重力 $\boldsymbol{W}_1$、$\boldsymbol{W}_2$ 和按三角形分布的静水压力。已知 $h = 8$ m，$a = 1.5$ m，$b = 1$ m，$W_1 = 600$ kN，$W_2 = 300$ kN，单位体积的水重 $\gamma = 9.8\ \text{kN/m}^3$。求：(1) 将重力和水压力向 O 点简化的结果；(2) 合力与基线 Ox 的交点到点 O 的距离 x，以及合力作用线方程。

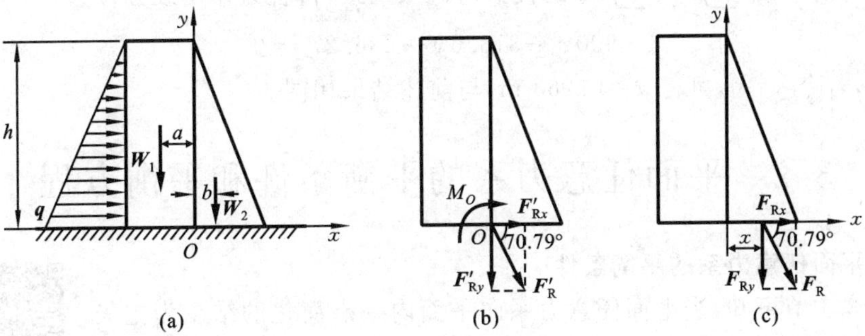

图 3-10

解　从坝体受力分析来看，这是一个平面任意力系的简化问题。

(1) 求主矢,以点 O 为简化中心。

$$F'_{Rx}=\sum F_x=\frac{1}{2}qh=\frac{1}{2}\gamma h^2=313.6\ \text{kN}$$

$$F'_{Ry}=\sum F_y=-W_1-W_2=-900\ \text{kN}$$

因此,主矢 $\boldsymbol{F}'_R$ 的大小为

$$F'_R=\sqrt{\left(\sum F_x\right)^2+\left(\sum F_y\right)^2}=953.1\ \text{kN}$$

主矢 $\boldsymbol{F}'_R$ 的方向余弦为

$$\cos\left(\boldsymbol{F}'_R,\boldsymbol{i}\right)=\frac{\sum F_x}{F'_R}=0.329,\quad \cos\left(\boldsymbol{F}'_R,\boldsymbol{j}\right)=\frac{\sum F_y}{F'_R}=-0.944$$

则有

$$\angle\left(\boldsymbol{F}'_R,\boldsymbol{i}\right)=\pm 70.79^\circ,\quad \angle\left(\boldsymbol{F}'_R,\boldsymbol{j}\right)=180^\circ\pm 19.21^\circ$$

故主矢 $\boldsymbol{F}'_R$ 在第四象限内,与 x 轴的夹角为 -70.79°。

力系对点 O 的主矩

$$M_O=\sum M_O(\boldsymbol{F}_i)=-\frac{1}{2}\gamma h^2\times\frac{h}{3}+W_1a-W_2b=-236.27\ \text{kN}\cdot\text{m}$$

(2) 合力 $\boldsymbol{F}_R$ 的大小和方向与主矢 $\boldsymbol{F}'_R$ 相同。其作用线位置的 x 值可根据合力矩定理求得(见图 3-10(c))。由于 $M_O(\boldsymbol{F}_{Rx})=0$,故

$$M_O=M_O(\boldsymbol{F}_R)=M_O(\boldsymbol{F}_{Rx})+M_O(\boldsymbol{F}_{Ry})=F_{Ry}x$$

代入数据,解得

$$x=\frac{M_O}{F_{Ry}}=\frac{-236.27\ \text{kN}\cdot\text{m}}{-900\ \text{kN}}=0.263\ \text{m}$$

设合力作用线上任一点的坐标为 (x,y),将合力作用于此点(见图 3-10(c)),则合力 $\boldsymbol{F}_R$ 对坐标原点的矩的解析表达式为

$$M_O=M_O(\boldsymbol{F}_R)=xF_{Ry}-yF_{Rx}=x\sum F_y-y\sum F_x$$

将已求得的 M_O、$\sum F_x$、$\sum F_y$ 的代数值代入上式,得合力作用线方程为

$$900x+313.6y-236.27=0$$

上式中,若令 $y=0$,可得 $x=0.263$ m,与前述结果相同。

3.2 平面任意力系的平衡条件和平衡方程

1. 平面任意力系的平衡条件

由 3.1 节可知,当平面任意力系向平面内一点简化的结果为主矢和主矩同时为零时,平面任意力系平衡,于是得平面任意力系平衡的充分和必要条件:力系的主矢和对面内任意一点 O 的主矩同时为零,即

$$\boldsymbol{F}'_R=\boldsymbol{0},\quad M_O=0 \tag{3-8}$$

显然,主矢等于零,表明力系不可能合成为一个力;主矩等于零,表明力系不可能合成为一个力偶,因此原力系必为平衡力系。故式(3-8)为平面任意力系平衡的充分条件。

由 3.1 节可知,若平面任意力系的主矢和对任意点的主矩不同时为零,则力系可合成为一力或一力偶,这样刚体是不能保持平衡的。欲使刚体在某平面任意力系的作用下保持平衡,则该力系的主矢和对任意点的主矩必须同时为零,因此式(3-8)是平面任意力系平衡的必要条件。

2. 平面任意力系的平衡方程

将式(3-8)投影到直角坐标系,并应用合力投影定理,于是有

$$\left.\begin{aligned}\sum F_x &= 0\\ \sum F_y &= 0\\ \sum M_O(\boldsymbol{F}) &= 0\end{aligned}\right\} \tag{3-9}$$

式(3-9)称为平面任意力系的平衡方程。该式表明,平面任意力系平衡的解析条件是:力系中所有力在作用面内任意两个直角坐标轴上投影的代数和分别等于零,各力对作用面内任一点之矩的代数和也等于零。式(3-9)包含三个相互独立的方程,可求出三个未知量。由于式中只含有一个力矩方程,因此式(3-9)也称一矩式平衡方程。

式(3-9)中的投影轴和矩心是可以任意选取的。在实际中,适当选择矩心和投影轴可以简化计算。一般来说,矩心应该选多个力的交点,尤其是选未知力的交点,所选取的投影轴则应尽可能与该力系中多数力的作用线平行或垂直。

平面任意力系的平衡方程除了式(3-9)外,还有两种形式。

1) 二矩式平衡方程

$$\left.\begin{aligned}\sum F_x &= 0\\ \sum M_A(\boldsymbol{F}) &= 0\\ \sum M_B(\boldsymbol{F}) &= 0\end{aligned}\right\} \tag{3-10}$$

其中,A 和 B 是力系作用面内的任意两点,但 A、B 两点连线与 x 轴不垂直。

如平面力系满足式(3-10),则该力系必平衡。首先,力系如满足平衡方程 $\sum M_A(\boldsymbol{F})=0$,则表明力系不可能简化为一力偶,其简化结果只可能是作用线通过 A 点的一合力或者合力为零。其次,力系如又满足方程 $\sum M_B(\boldsymbol{F})=0$,可以确定,该力系有一作用线通过 A、B 两点的合力或者平衡。最后,如力系又满足方程 $\sum F_x=0$,那么力系如有合力,则此合力必与 x 轴垂直。式(3-10)的附加条件完全排除了力系简化为一个合力的可能性。这就表明,只要满足式(3-10)且连线 AB 不垂直于投影轴的附加条件,则力系必平衡。

2) 三矩式平衡方程

$$\left.\begin{aligned}\sum M_A(\boldsymbol{F})=0\\ \sum M_B(\boldsymbol{F})=0\\ \sum M_C(\boldsymbol{F})=0\end{aligned}\right\}\tag{3-11}$$

其中,A、B、C 三点不共线。这一结论请读者自行证明。

以上讨论了平面任意力系的三种不同形式的平衡方程,在解决实际问题时可以根据具体条件选择某一种形式。

对于力系中各力的作用线相互平行的平面平行力系(见图 3-11),如选 Oxy 坐标系的 y 轴与各力平行,则不论力系是否平衡,各力在 x 轴上的投影都恒等于零,即 $\sum F_x\equiv 0$。因此,平面平行力系的平衡方程数目只有两个,即

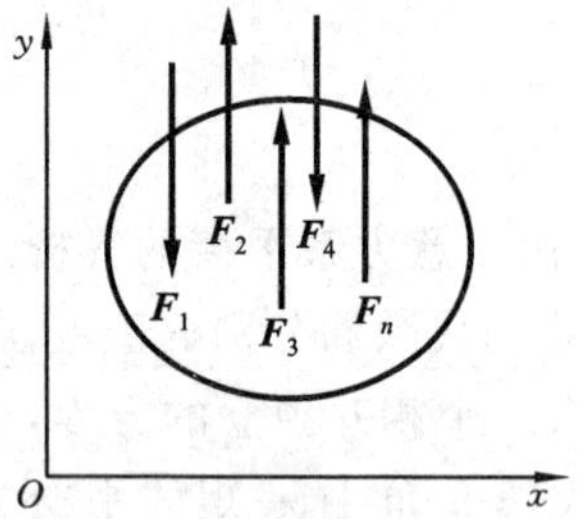

图 3-11

$$\left.\begin{aligned}\sum F_y=0\\ \sum M_O(\boldsymbol{F})=0\end{aligned}\right\}\tag{3-12}$$

或

$$\left.\begin{aligned}\sum M_A(\boldsymbol{F})=0\\ \sum M_B(\boldsymbol{F})=0\end{aligned}\right\}\tag{3-13}$$

其中,A、B 两点的连线不与各力的作用线平行。

3. 平面任意力系平衡方程的应用

力系平衡方程主要用于求解单个物体或物体系统平衡时的未知约束力,也可用于求解物体的平衡位置和确定主动力之间的关系。应用平衡方程解题的大致步骤如下:

(1) 选取研究对象,画出受力分析图;

(2) 选取坐标系,列出平衡方程;

(3) 求解方程组。

下面就单个物体的平衡问题举例说明平衡方程的应用。

例 3-4　简易起吊装置如图 3-12(a)所示,机重 $W_1=20$ kN,可绕竖直轴 AB 转动;重为 $W_2=40$ kN 的重物在 $\boldsymbol{F}_T$的作用下匀速上升,均布载荷集度 $q=5$ kN/m。不计摩擦与滑轮的尺寸,求在轴承 A 和止推轴承 B 处的约束力。

解　选择 ABC 整体为研究对象,受力如图 3-12(b)所示。其上有均布载荷、主动力 $\boldsymbol{W}_1$、$\boldsymbol{W}_2$ 和 $\boldsymbol{F}_T$,轴承 A 处的水平约束力 $\boldsymbol{F}_A$,止推轴承 B 处的约束力$\boldsymbol{F}_{Bx}$和$\boldsymbol{F}_{By}$。

取坐标系如图 3-12(b)所示,列平面任意力系的平衡方程,即

$$\sum F_x=0,\quad F_A+F_{Bx}-F_T\sin 30^\circ=0$$

$$\sum F_y=0,\quad F_{By}-W_1-W_2-3q-F_T\cos 30^\circ=0$$

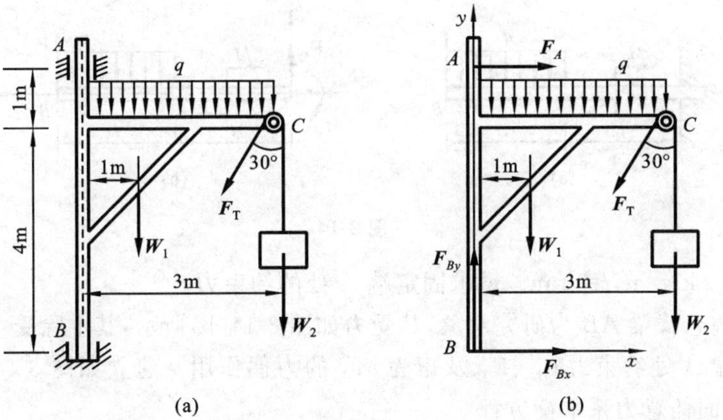

图 3-12

$$\sum M_B(\boldsymbol{F})=0,\quad -5F_A-W_1-3W_2-4.5q-3F_T\cos30^\circ+4F_T\sin30^\circ=0$$

式中 $F_T=W_2=40$ kN,由以上方程可解得

$$F_A=-37.28\ \text{kN},\quad F_{Bx}=57.28\ \text{kN},\quad F_{By}=109.64\ \text{kN}$$

$\boldsymbol{F}_A$为负值,表明它的真实方向与所假设的方向相反,即应指向左。

例 3-5　图 3-13(a)所示为一水平横梁,梁的 A 端为固定铰支座,B 处为滚动铰支座。梁长为 $3a$,自重不计,已知梁受集度为 q 的均布载荷及 $M=qa^2$ 的逆时针力偶作用。试求 A、B 两处的支座约束反力。

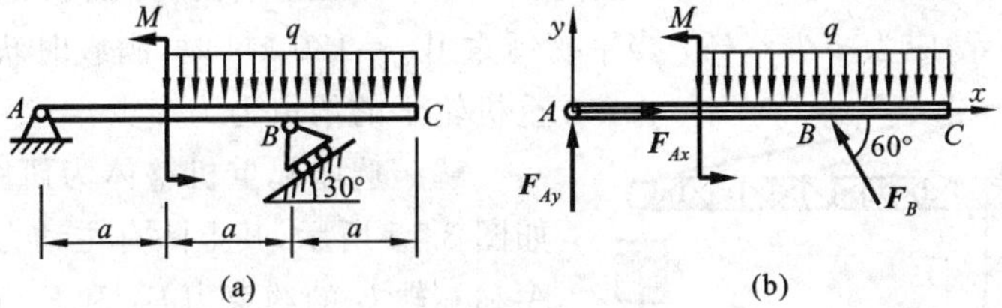

图 3-13

解　选梁 AB 为研究对象,其受力如图 3-13(b)所示。梁 AB 上作用有集度为 q 的均布载荷、矩为 M 的力偶,约束力$\boldsymbol{F}_{Ax}$、$\boldsymbol{F}_{Ay}$及$\boldsymbol{F}_B$,列平面任意力系的平衡方程

$$\sum F_x=0,\quad F_{Ax}-F_B\cos60^\circ=0$$

$$\sum F_y=0,\quad F_{Ay}-2qa+F_B\sin60^\circ=0$$

$$\sum M_A(\boldsymbol{F})=0,\quad 2F_Ba\sin60^\circ+M-4qa^2=0$$

联立求解得

$$F_{Ax}=\frac{\sqrt{3}}{2}qa,\quad F_{Ay}=\frac{1}{2}qa,\quad F_B=\sqrt{3}qa$$

例 3-6　一悬臂梁所受载荷及尺寸如图 3-14(a)所示。其中 $M=20$ kN·m,$F=$

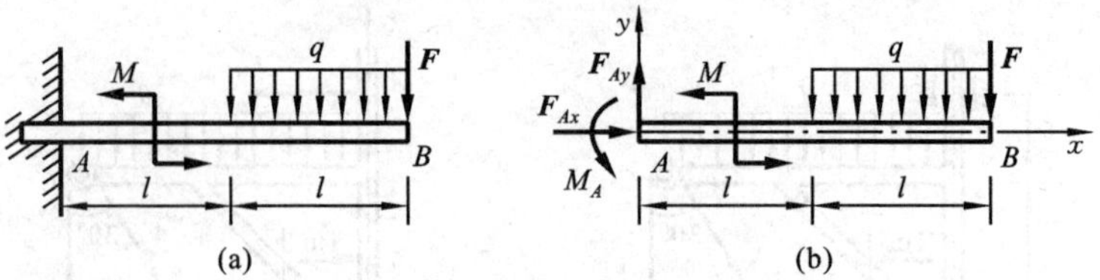

图 3-14

10 kN, $q=5$ kN/m, $l=2$ m。试求固定端 A 处的约束力。

解　选悬臂梁 AB 为研究对象，其受力如图 3-14(b)所示，其上除受主动力外，还受在固定端 A 处约束力 $\boldsymbol{F}_{Ax}$、$\boldsymbol{F}_{Ay}$ 及矩为 M_A 的力偶作用。建立如图 3-14(b)所示坐标系，列平面任意力系平衡方程

$$\sum F_x = 0,\quad F_{Ax} = 0$$

$$\sum F_y = 0,\quad F_{Ay} - ql - F = 0$$

$$\sum M_A(\boldsymbol{F}) = 0,\quad M_A + M - \frac{3}{2}ql^2 - 2Fl = 0$$

将已知数据代入，求解可得

$$F_{Ax} = 0,\quad F_{Ay} = 20\ \text{kN},\quad M_A = 50\ \text{kN}\cdot\text{m}$$

例 3-7　塔式起重机如图 3-15 所示。机架重 $W_1=400$ kN，作用线通过塔架的中心。最大起重量 $W_2=200$ kN，最大悬臂长为 12 m，轨道 AB 的间距为 4 m。平衡锤重 W_3 到机身中心线距离为 6 m。试问：(1) 为保证起重机在满载和空载时都不翻倒，平衡锤重 W_3 应为多少？(2) 当平衡锤重 $W_3=180$ kN 时，满载时轨道 A、B 给起重机轮子的约束力为多少？

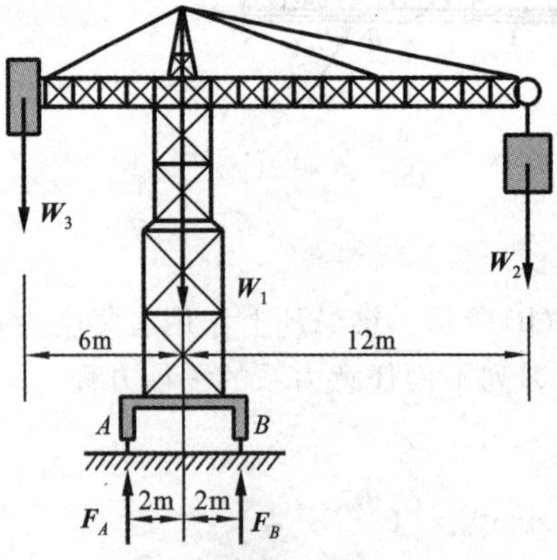

图 3-15

解　选取起重机整体为研究对象。受力如图 3-15 所示，其上除有主动力外，还受左轨 A 和右轨 B 的约束力 $\boldsymbol{F}_A$ 和 $\boldsymbol{F}_B$ 作用。这些力组成平面平行力系。

(1) 若平衡锤重量过轻，则起重机将会绕 B 点向右翻倒，左轨 A 不会受压力。若平衡锤重量过重，则起重机将会绕 A 点向左翻倒，右轨 B 不会受压力。因此满载时，起重机不能绕 B 点翻倒，临界情况下 $F_A=0$，列平衡方程，可得

$$\sum M_B(\boldsymbol{F}) = 0,\quad 8W_3 + 2W_1 - 10W_2 = 0$$

可解出 W_3 的最小重量为

$$W_3 = 150\ \text{kN}$$

空载时，$W_2=0$，起重机不能绕 A 点翻倒，临界情况下 $F_B=0$，列平衡方程，可得

$$\sum M_A(\boldsymbol{F}) = 0,\quad 4W_3 - 2W_1 = 0$$

可解出 W_3 的最大重量为

$$W_3 = 200\ \mathrm{kN}$$

故为保证起重机在满载和空载时都不翻倒，应有 150 kN$\leqslant W_3 \leqslant$200 kN。

(2) 当平衡锤重 180 kN 且起重机满载时，根据平面平行力系的平衡方程可得

$$\sum M_B(\boldsymbol{F}) = 0,\quad 8W_3 + 2W_1 - 4F_A - 10W_2 = 0$$

$$\sum F_y = 0,\quad F_A + F_B - W_1 - W_2 - W_3 = 0$$

解得

$$F_A = 60\ \mathrm{kN},\quad F_B = 720\ \mathrm{kN}$$

3.3　物体系统的平衡　静定与静不定问题

1. 物体系统的平衡及静定与静不定的概念

实际工程中的组合构架、曲柄、连杆、连续梁、桁架等都是由若干个物体组成的平衡体系。这些由若干个物体用一定的方式连接起来所组成的系统称为**物体系统**，简称**物系**。所谓物系的平衡是指组成物系的每一个物体都处于平衡状态。物系的平衡问题是静力学的重点应用问题之一。

求解物系的平衡问题时，可选取整个系统，某个局部(系统内几个相互连接的刚体)或单个物体作为研究对象，列出平衡方程求解。对于一个给定的物系，其独立的平衡方程数目是一定的。例如对于一个由 n 个物体组成的物系，若每一个物体都受平面任意力系作用，则可对每一个物体列出 3 个独立的平衡方程，总共有 $3n$ 个独立的平衡方程。如物系中有物体受平面汇交力系或平面平行力系作用，则系统的独立平衡方程数目要相应减少。

在物系的平衡问题中，当物系的未知约束力数目小于或等于独立平衡方程个数时，所有未知约束力都能由静力平衡方程求解得到，这样的问题称为**静定问题**，对应的系统称为**静定结构**。这里所讲的未知约束力，包含物体系所受的外部约束力和物体系内部各物体之间的相互作用力。在工程实际中，有时为了提高结构的刚度和坚固性，常常增加多余的约束，因而使这些结构的未知约束力数目多于独立平衡方程数目，未知约束力就不能全部由静力平衡方程求出，这样的问题称为**静不定问题**或**超静定问题**，对应的结构称为**静不定结构**或**超静定结构**。

如图 3-16 所示简支梁和悬臂梁，均受平面任意力系作用，均有 3 个相互独立的平衡方程。在图 3-16(a)和图 3-16(b)中，均只有三个未知约束力，故是静定的；而在图 3-16(c)和图 3-16(d)中，均有 4 个未知约束力，因此是静不定的。

2. 物体系的平衡问题应用举例

物体系平衡问题的解题步骤与单个物体平衡问题是类似的，不同之处在于对物

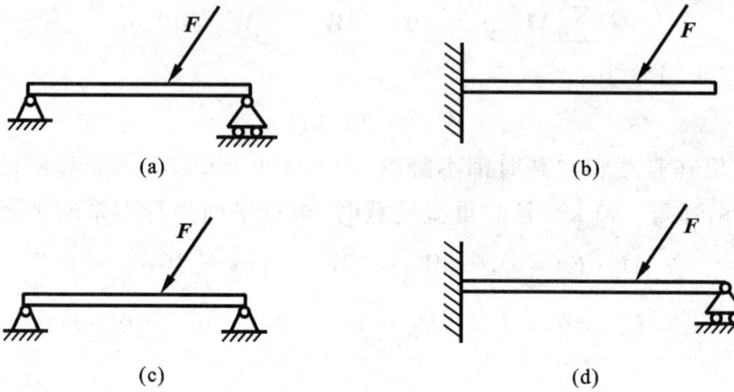

图 3-16

体系的平衡需要多次选取研究对象。研究对象的选取要从分析已知力和未知约束力之间的联系入手,通常先选整个系统或某个受已知力作用的局部作为研究对象,求出部分未知约束力之后,再依次选取相关联的某一部分或某个物体作为研究对象,直到求出全部待求量为止。下面举例说明。

例 3-8　如图 3-17(a)所示,一组合梁 AC 和 CD 用铰链连接,其支承状况和载荷状况如图所示。已知 $l=1$ m,均布载荷集度 $q=15$ kN/m,力偶矩 $M=10$ kN·m。试求 A、B、D 支座及铰链 C 的约束力。

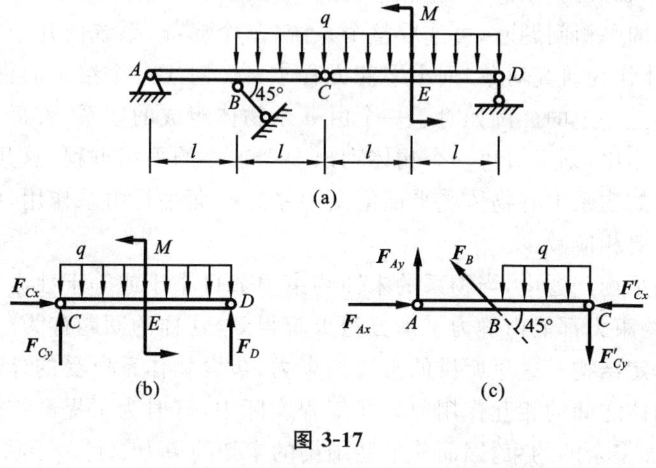

图 3-17

解　本题要求全部约束反力,故可分别取 CD 和 AC 为研究对象。

(1) 取梁 CD 为研究对象,所受力中主动力为均布载荷和矩为 M 的力偶,约束力为 $\boldsymbol{F}_{Cx}$、$\boldsymbol{F}_{Cy}$ 及 $\boldsymbol{F}_D$,如图 3-17(b)所示。由平面任意力系的平衡方程,可得

$$\sum F_x = 0,\quad F_{Cx} = 0$$

$$\sum F_y = 0,\quad F_{Cy} - 2ql + F_D = 0$$

$$\sum M_C(\boldsymbol{F}) = 0,\quad -2ql^2 + M + 2F_D l = 0$$

代入数值求解得

$$F_{Cx}=0,\quad F_{Cy}=20\ \text{kN},\quad F_D=10\ \text{kN}$$

(2) 取梁 AC 为研究对象，所受力有均布载荷和约束力$\boldsymbol{F}_{Ax}$、$\boldsymbol{F}_{Ay}$、$\boldsymbol{F}_B$、$\boldsymbol{F}'_{Cx}$及$\boldsymbol{F}'_{Cy}$，如图 3-17(c)所示。由平面任意力系的平衡方程，可得

$$\sum F_x=0,\quad F_{Ax}-F_B\cos45^\circ-F'_{Cx}=0$$

$$\sum F_y=0,\quad F_{Ay}+F_B\sin45^\circ-ql-F'_{Cy}=0$$

$$\sum M_A(\boldsymbol{F})=0,\quad F_Bl\sin45^\circ-1.5ql^2-2F'_{Cy}l=0$$

联立求解得

$$F_{Ax}=62.5\ \text{kN},\quad F_{Ay}=-27.5\ \text{kN},\quad F_B=88.39\ \text{kN}$$

本题也可以整体为研究对象，求解$\boldsymbol{F}_{Ax}$、$\boldsymbol{F}_{Ay}$及$\boldsymbol{F}_B$，请读者自行完成。

例 3-9　连续梁由 AC 和 CE 两部分在 C 点用铰链连接而成，梁所受载荷及约束情况如图 3-18(a)所示，其中 $M=10\ \text{kN}\cdot\text{m}$，$F=30\ \text{kN}$，$q=10\ \text{kN/m}$，$l=1\ \text{m}$。求固定端 A 和支座 D 的约束力。

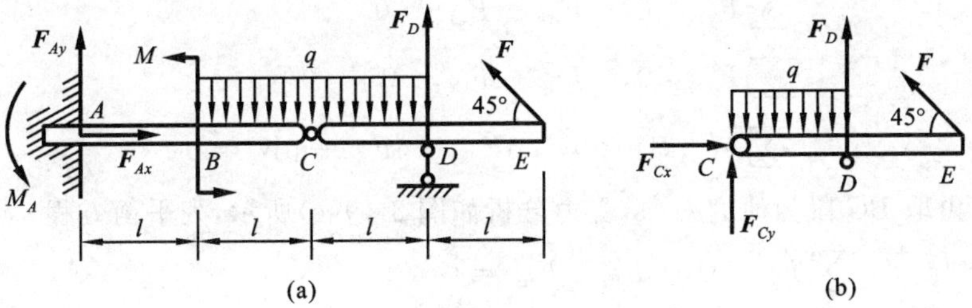

图 3-18

解　先以整体为研究对象，其受力如图 3-18(a)所示。其上除受主动力外，还受固定端 A 处的约束力$\boldsymbol{F}_{Ax}$、$\boldsymbol{F}_{Ay}$和矩为 M_A 的约束力偶，支座 D 处的约束力$\boldsymbol{F}_D$ 作用。列平衡方程有

$$\sum F_x=0,\quad F_{Ax}-F\cos45^\circ=0$$

$$\sum F_y=0,\quad F_{Ay}-2ql+F\sin45^\circ+F_D=0$$

$$\sum M_A(\boldsymbol{F})=0,\quad M_A+M-4ql^2+3F_Dl+4Fl\sin45^\circ=0$$

以上三个方程中包含四个未知量，需补充方程。现选 CE 为研究对象，其受力如图 3-18(b)所示。以 C 点为矩心，列力矩平衡方程有

$$\sum M_C(\boldsymbol{F})=0,\quad -\frac{1}{2}ql^2+F_Dl+2Fl\sin45^\circ=0$$

联立求解得

$$F_{Ax}=21.21\ \text{kN},\quad F_{Ay}=36.21\ \text{kN},\quad M_A=57.43\ \text{kN}\cdot\text{m},F_D=-37.43\ \text{kN}$$

例 3-10　三铰拱桥尺寸如图 3-19(a)所示，由左、右两段通过铰链 C 连接起来，

又用铰链 A、B 与基础相连接。已知每段重 $W=40$ kN,重心分别在 D、E 处,且桥面受一集中载荷 $F=10$ kN 作用,位置如图所示。设各铰链都是光滑的,求各铰链中的力。

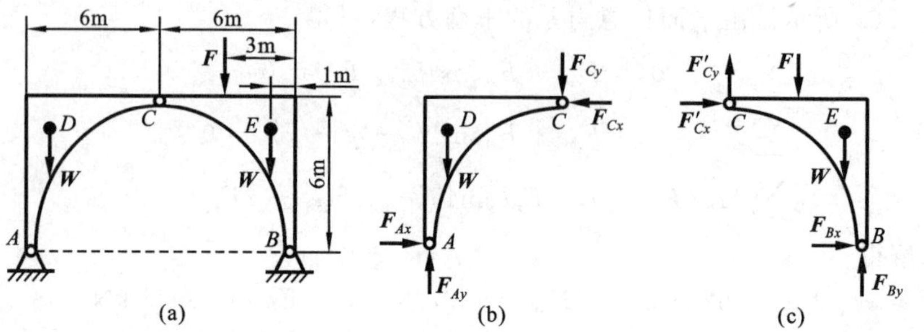

图 3-19

解　本题要求所有铰链的约束力,故可以依次选取每一物体进行研究。

(1) 取 AC 段为研究对象,受力分析如图 3-19(b)所示,列平衡方程

$$\sum F_x = 0,\quad F_{Ax} - F_{Cx} = 0$$

$$\sum F_y = 0,\quad F_{Ay} - F_{Cy} - W = 0$$

$$\sum M_C(\boldsymbol{F}) = 0,\quad 6F_{Ax} - 6F_{Ay} + 5W = 0$$

(2) 再取 BC 段为研究对象,受力分析如图 3-19(c)所示,列平衡方程

$$\sum F_x = 0,\quad F'_{Cx} + F_{Bx} = 0$$

$$\sum F_y = 0,\quad F'_{Cy} + F_{By} - F - W = 0$$

$$\sum M_C(\boldsymbol{F}) = 0,\quad -3F - 5W + 6F_{By} + 6F_{Bx} = 0$$

(3) 联立求解得

$$F_{Ax} = -F_{Bx} = F_{Cx} = 9.2\ \text{kN},\quad F_{Ay} = 42.5\ \text{kN},\quad F_{By} = 47.5\ \text{kN},\quad F_{Cy} = 2.5\ \text{kN}$$

例 3-11　如图 3-20(a)所示结构由 AB、CD 和 DE 三根杆组成。杆 AB 和 CD 在中点 O 处用光滑铰链连接,DE 的 E 端作用一竖直力 $\boldsymbol{F}$,杆 AB 和 DE 在 B 处光滑接触。已知 $F=20$ kN,不计各杆自重,尺寸如图所示。求铰链 O 的约束力。

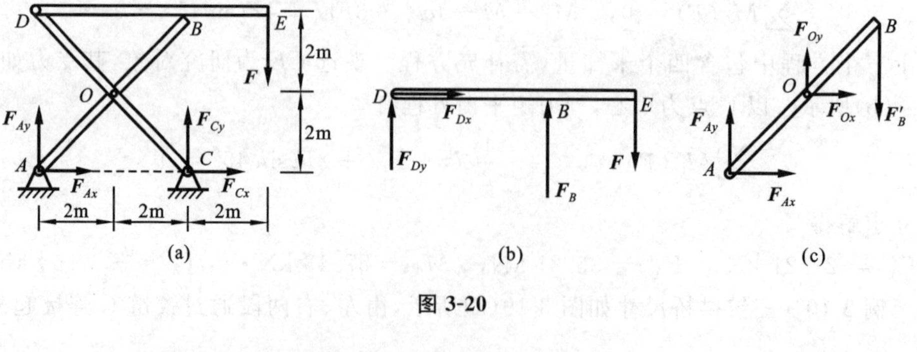

图 3-20

解　本题只需求解铰链 O 的约束力，可依次选择整体、DE 及 AB 为研究对象。

(1)选整体为研究对象，整体受力如图 3-20(a)所示，以 C 为矩心求 $\boldsymbol{F}_{Ay}$，即

$$\sum M_C(\boldsymbol{F}) = 0, \quad -4F_{Ay} - 2F = 0$$

可求得

$$F_{Ay} = -10 \text{ kN}$$

(2) 选杆 DE 为研究对象，杆 DE 受力如图 3-20(b)所示，以 D 为矩心求 $\boldsymbol{F}_B$，即

$$\sum M_D(\boldsymbol{F}) = 0, \quad 4F_B - 6F = 0$$

可求得

$$F_B = 30 \text{ kN}$$

(3) 选杆 AB 为研究对象，杆 AB 受力如图 3-20(c)所示，列平衡方程

$$\sum F_y = 0, \quad F_{Ay} + F_{Oy} - F'_B = 0$$

$$\sum M_A(\boldsymbol{F}) = 0, \quad 2F_{Oy} - 2F_{Ox} - 4F'_B = 0$$

注意到 $F'_B = F_B = 30$ kN，于是解得

$$F_{Ox} = -20 \text{ kN}, \quad F_{Oy} = 40 \text{ kN}$$

本题中，若要求支座 C 的反力，则怎样选择研究对象较简便？请读者自行分析。

例 3-12　往复式水泵如图 3-21(a)所示。电动机作用在齿轮Ⅰ上的转矩为 M，通过齿轮Ⅱ带动曲柄滑块机构 O_2AB。已知 $r_1 = 100$ mm，$r_2 = 150$ mm，$O_2A = 100$ mm，$AB = 500$ mm，齿轮的压力角为 20°。当曲柄 O_2A 位于竖直位置时，作用在活塞上的工作阻力为 $F = 800$ N，求这时的转矩 M，以及连杆 AB 所受到的力和 O_1 及 O_2 处轴承的约束力。各零件自重及摩擦均略去不计。

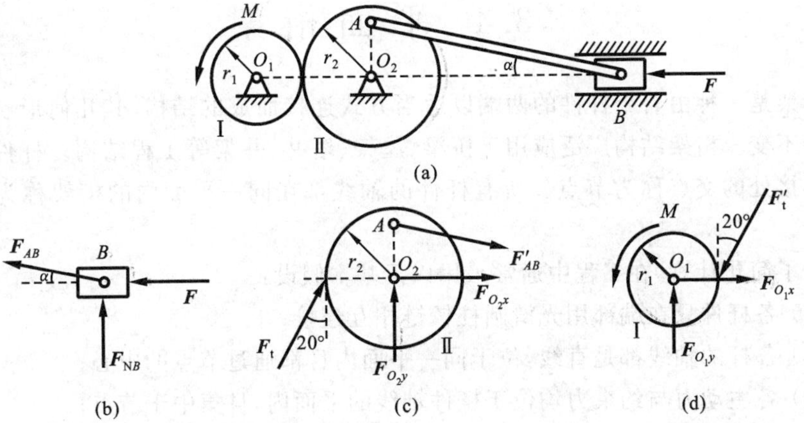

图 3-21

解　(1) 取滑块 B 为研究对象，其受力如图 3-21(b)所示，列平衡方程

$$\sum F_x = 0, \quad -F_{AB}\cos\alpha - F = 0$$

由几何关系,可解得

$$\sin\alpha = \frac{1}{5}$$

故

$$\cos\alpha = \frac{2\sqrt{6}}{5}$$

因此,可解得

$$F_{AB} = -816.5\ \text{kN}$$

(2) 取齿轮Ⅱ为研究对象,其受力如图 3-21(c)所示,列平衡方程

$$\sum F_x = 0,\quad F_{O_2x} + F'_{AB}\cos\alpha + F_t\sin20^\circ = 0$$

$$\sum F_y = 0,\quad F_{O_2y} - F'_{AB}\sin\alpha + F_t\cos20^\circ = 0$$

$$\sum M_{O_2}(\boldsymbol{F}) = 0,\quad -F'_{AB}\cos\alpha \cdot O_2A - F_t\cos20^\circ \cdot r_2 = 0$$

代入数据,解得

$$F_t = 567.6\ \text{kN},\quad F_{O_2x} = 605.9\ \text{kN},\quad F_{O_2y} = -696.6\ \text{kN}$$

(3) 取齿轮Ⅰ为研究对象,其受力如图 3-21(d)所示,列平衡方程

$$\sum F_x = 0,\quad F_{O_1x} - F'_t\sin20^\circ = 0$$

$$\sum F_y = 0,\quad F_{O_1y} - F'_t\cos20^\circ = 0$$

$$\sum M_{O_1}(\boldsymbol{F}) = 0,\quad -F'_t\cos20^\circ \cdot r_1 + M = 0$$

代入数据,解得

$$M = 53.3\ \text{kN}\cdot\text{m},\quad F_{O_1x} = 194.1\ \text{kN},\quad F_{O_1y} = 533.3\ \text{kN}$$

*3.4 平面桁架

桁架是一种由若干杆件的两端以适当方式连接而成的结构,其几何形状在受力时保持不变。桁架结构广泛应用于桥梁、屋架、塔井、井架等工程结构。杆件轴线在端部连接处的交点称为节点。所有杆件的轴线都在同一平面内的桁架称为平面桁架。

为了简化计算,在工程中通常采用以下基本假设:

(1) 各杆件只在端部用光滑圆柱铰链相互连接;

(2) 各杆的轴线都是直线,位于同一平面内且都通过节点的中心;

(3) 各主动力与约束力均位于杆件轴线的平面内,且集中于节点;

(4) 杆件的重力均不计,或按一定的方式分配到两端的节点上。

满足以上基本假设的平面桁架称为理想桁架,其特点是桁架中的每一根杆均可看成二力杆,只承受拉力或压力,这样便于按材料力学性能选择材料和设计杆件截面。按理想桁架计算模型计算出的近似值,一般能符合工程实际中的需要。

在桁架的初步设计中，需要求出在载荷作用下桁架各杆的内力，作为确定杆件截面尺寸和材料选择的依据。计算桁架杆件内力的方法有节点法和截面法。

节点法以节点为研究对象。每个节点都受平面汇交力系作用，可列两个独立的平衡方程，可求解两个未知量。通常，节点法从只有两个未知量的节点开始，逐次研究各节点，直到求出全部待求量为止。

截面法则是用一个或几个截面将桁架截开，选择其中一部分作为研究对象。这样选择的研究对象通常受平面任意力系作用，可列三个独立的平衡方程，可求解三个未知量。

桁架内力分析时，一般先求支座反力，然后再用节点法或截面法求杆件的内力。杆件的未知内力通常假设为拉力，当计算结果为负时，表明该杆受压。

例 3-13　平面桁架的尺寸和支座如图 3-22 所示，其中 $l=2\text{m}$。在节点 D 处受一向下的集中载荷 $F=20\ \text{kN}$ 作用。求各杆的内力。

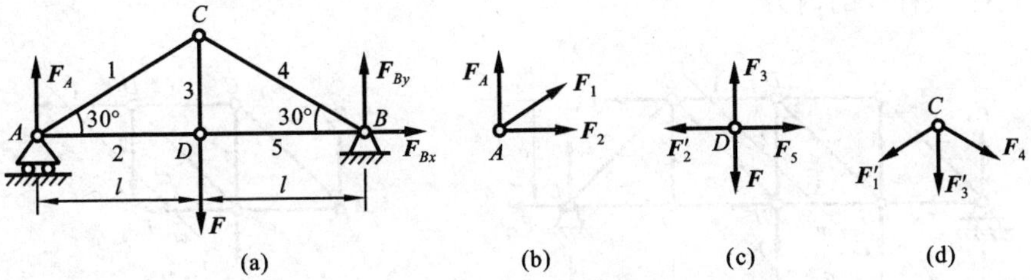

图 3-22

解　采用节点法求各杆内力。

(1) 以整体为研究对象进行受力分析，如图 3-22(a)所示，由平面一般力系的平衡方程得

$$\sum M_B(\boldsymbol{F})=0,\quad Fl-2F_Al=0$$

解得

$$F_A=10\ \text{kN}$$

(2) 以节点 A 为研究对象进行受力分析，如图 3-22(b)所示，由平面汇交力系的平衡方程得

$$\sum F_x=0,\quad F_1\cos30^\circ+F_2=0$$

$$\sum F_y=0,\quad F_A+F_1\sin30^\circ=0$$

解得

$$F_1=-20\ \text{kN},\quad F_2=10\sqrt{3}\ \text{kN}$$

(3) 以节点 D 为研究对象进行受力分析，如图 3-22(c)所示，由平面汇交力系的平衡方程得

$$\sum F_x = 0,\quad F_5 - F_2' = 0$$

$$\sum F_y = 0,\quad F_3 - F = 0$$

解得

$$F_3 = 20\ \text{kN},\quad F_5 = 10\sqrt{3}\ \text{kN}$$

(4) 以节点 C 为研究对象，进行受力分析，如图 3-22(d)所示，由平面汇交力系的平衡方程得

$$\sum F_x = 0,\quad -F_1'\cos 30^\circ + F_4\cos 30^\circ = 0$$

解得

$$F_4 = -20\ \text{kN}$$

例 3-14　平面桁架的尺寸和支座如图 3-23 所示，其中 $a=1$ m。在节点 G、H、E 处分别受集中载荷 $F_1=20$ kN、$F_2=10$ kN、$F_3=20$ kN 的作用，方向如图 3-23 所示。求杆 1、杆 2、杆 3 的内力。

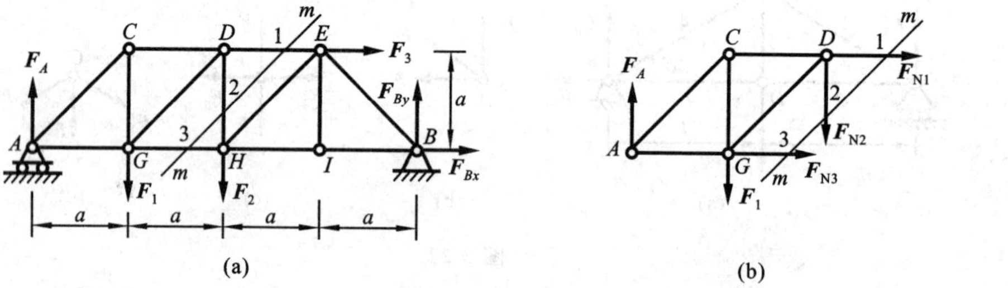

图 3-23

解　本题只需求杆 1、杆 2、杆 3 的内力，故可利用截面法求解。

(1) 选整体为研究对象，其受力如图 3-23(a)所示。以 B 为矩心，列力矩平衡方程得

$$\sum M_B(\boldsymbol{F}) = 0,\quad -4F_A a + 3F_1 a + 2F_2 a - F_3 a = 0$$

解得

$$F_A = 15\ \text{kN}$$

(2) 用截面 m—m(见图 3-23(a))将杆 1、杆 2、杆 3 同时断开，选择 m—m 截面左半部分为研究对象，其受力如图 3-23(b)所示，则根据平面任意力系的平衡方程可得

$$\sum F_x = 0,\quad F_{N1} + F_{N3} = 0$$

$$\sum F_y = 0,\quad F_A - F_1 - F_{N2} = 0$$

$$\sum M_G(\boldsymbol{F}) = 0,\quad -F_A a - F_{N2} a - F_{N1} a = 0$$

解得

$$F_{N1} = -10\ \text{kN},\quad F_{N2} = -5\ \text{kN},\quad F_{N3} = 10\ \text{kN}$$

小 结

(1) 力线平移定理：在刚体内部平移一个力的同时必须附加一个力偶，附加力偶的矩等于原来的力对新作用点的矩。

(2) 平面任意力系向作用面内任一点 O 简化，一般情况下，可得到一个力和一个力偶。这个力等于该力系中各力的矢量和，称为该力系的主矢，即 $\boldsymbol{F}'_R=\sum \boldsymbol{F}$，作用线通过简化中心 O。这个力偶等于该力系中各力对简化中心 O 的矩的代数和，称为该力系的主矩，即 $M_O=\sum M_O(\boldsymbol{F})$。

(3) 平面任意力系向一点简化，可能出现如表 3-1 所示四种情况。

表 3-1

主 矢	主 矩	合成结果	说 明
$\boldsymbol{F}'_R\neq 0$	$M_O=0$	合力	此力为原力系的合力，合力作用线通过简化中心
	$M_O\neq 0$	合力	合力作用线至简化中心的距离 $d=M_O/F'_R$
$\boldsymbol{F}'_R=0$	$M_O\neq 0$	力偶	此力偶为原力系的合力偶，主矩与简化中心的位置无关
	$M_O=0$	平衡	

(4) 平面任意力系平衡的充分和必要条件是 $\boldsymbol{F}'_R=0, M_O=0$。

(5) 平面任意力系的平衡方程为三个独立的方程，具体形式如表 3-2 所示。

表 3-2

形 式	一 矩 式	二 矩 式	三 矩 式
平衡方程	$\sum F_x=0$ $\sum F_y=0$ $\sum M_O(\boldsymbol{F})=0$	$\sum F_x=0$ $\sum M_A(\boldsymbol{F})=0$ $\sum M_B(\boldsymbol{F})=0$	$\sum M_A(\boldsymbol{F})=0$ $\sum M_B(\boldsymbol{F})=0$ $\sum M_C(\boldsymbol{F})=0$
附加条件	x 轴与 y 轴不平行	x 轴不得垂直于 A、B 的连线	A、B、C 三点不得共线

(6) 其他各种平面力系都是平面力系的特殊情形，它们的平衡方程如表 3-5 所示。

表 3-3

力系名称	平衡方程	独立方程的数目
共线力系	$\sum F_i=0$	1
平面力偶系	$\sum M_i=0$	1
平面汇交力系	$\sum F_x=0, \sum F_y=0$	2
平面平行力系	$\sum F_i=0, \sum M_O(\boldsymbol{F})=0$	2

(7) 物体系总的独立平衡方程数目是一定的，它等于各个物体独立平衡方程数目

的总和。求解物体系平衡问题时,可以从物体系的整体开始,也可以从某一物体开始,逐个突破,还可以整体和局部配合考虑。总之,应尽量避免解联立方程,力求计算简便。

思　考　题

3-1　某平面力系向 A、B 两点简化的主矩皆为零,此力系简化的最终结果可能是一个力吗?可能是一个力偶吗?可能平衡吗?

3-2　平面汇交力系向汇交点以外一点简化,其结果可能是一个力吗?可能是一个力偶吗?可能是一个力和一个力偶吗?

3-3　某平面力系向同平面内每点简化的结果都相同,此力系简化的最终结果可能是什么?

3-4　在平面汇交力系的平衡方程中,可否取两个力矩方程,或一个力矩方程和一个投影方程?这时,其矩心和投影轴的选择分别有什么限制?

3-5　如何理解平面任意力系只有三个独立的平衡方程?为什么说任何第四个方程只是前三个方程的线性组合?

3-6　在刚体上 A、B、C 三点分别作用有 $\boldsymbol{F}_1$、$\boldsymbol{F}_2$、$\boldsymbol{F}_3$ 三个力,各力的方向如图 3-24 所示,大小恰好与等边三角形 ABC 的边长成比例。该力系是否平衡?为什么?

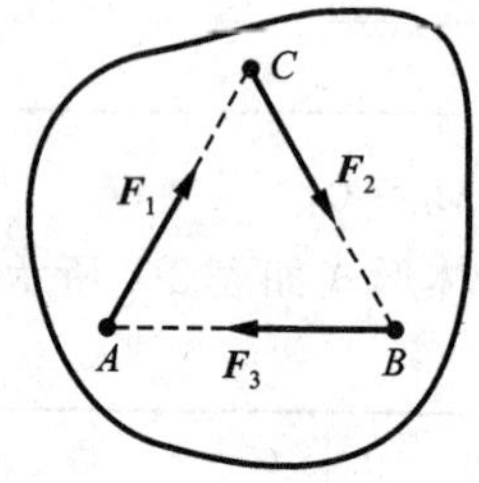

图 3-24

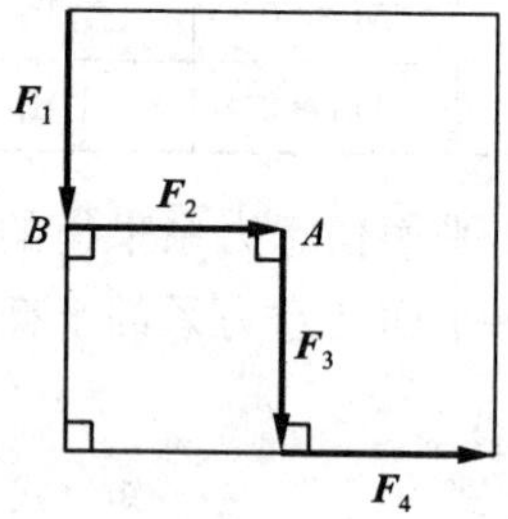

图 3-25

3-7　设一力系如图 3-25 所示,且 $F_1=F_2=F_3=F_4$。试问,该力系向 A 点和 B 点简化的结果各是什么?二者是否等效?

3-8　图 3-26 所示的三铰拱,在构件 BC 上受一矩为 M 的力偶(见图3-26(a))或一力 $\boldsymbol{F}$(见图3-26(b))作用。当求铰链 A、B、C 的约束反力时,能否将力偶矩 M 或力 $\boldsymbol{F}$ 分别移到构件 AC 上?为什么?

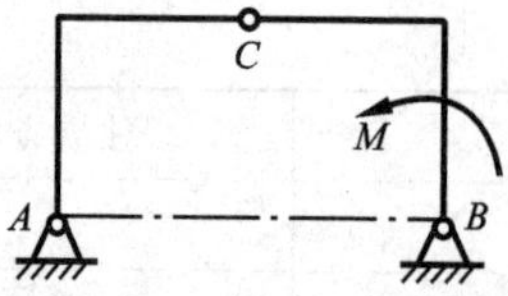

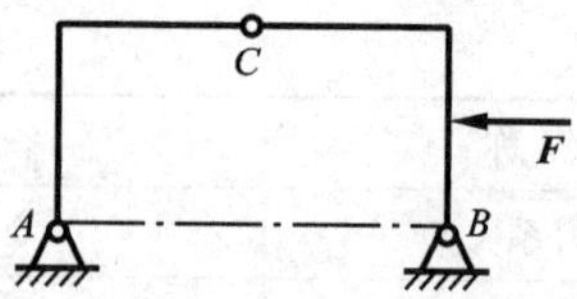

图 3-26

3-9　如何判断静定与静不定问题?图 3-27 所示六种情形中哪些是静定问题,哪些是静不定问题?为什么?

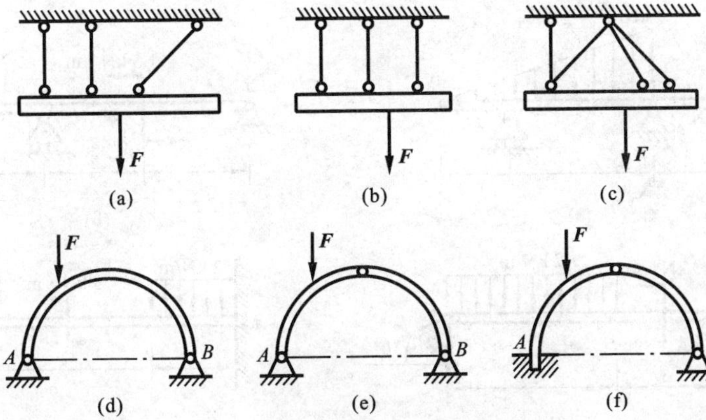

图 3-27

习　　题

3-1　求图示平面任意力系向坐标原点简化的结果。(图中坐标长度单位为 m)

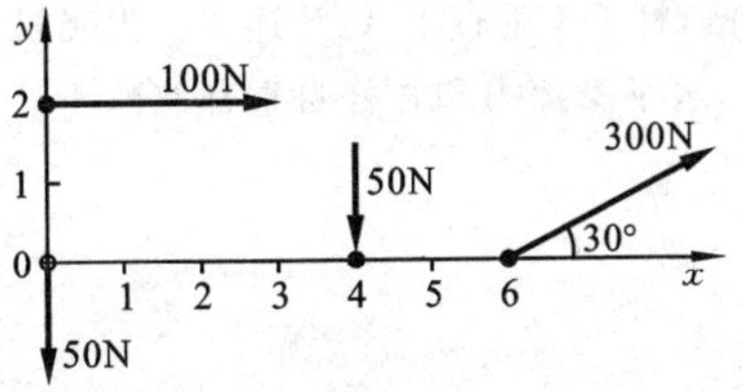

题 3-1 图

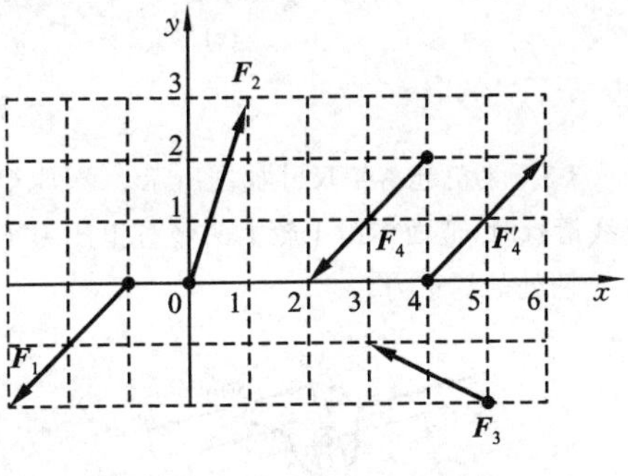

题 3-2 图

3-2　已知一平面任意力系的各力作用方向如图所示，且 $F_1=150$ N，$F_2=200$ N，$F_3=300$ N，$F_4=F'_4=200$ N。求该力系向坐标原点的简化结果，并求力系合力与原点的距离 d。(图中坐标长度单位为 m)

3-3　求题图中平行分布力的合力及其对 A 点之矩。

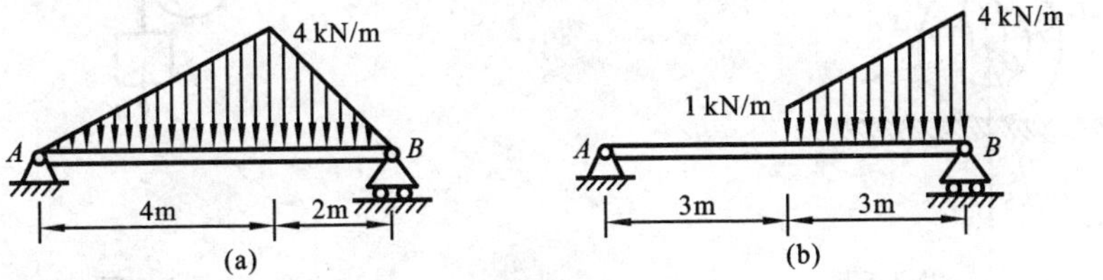

题 3-3 图

3-4　求下列各梁的支座约束力。(图中长度单位为 m)

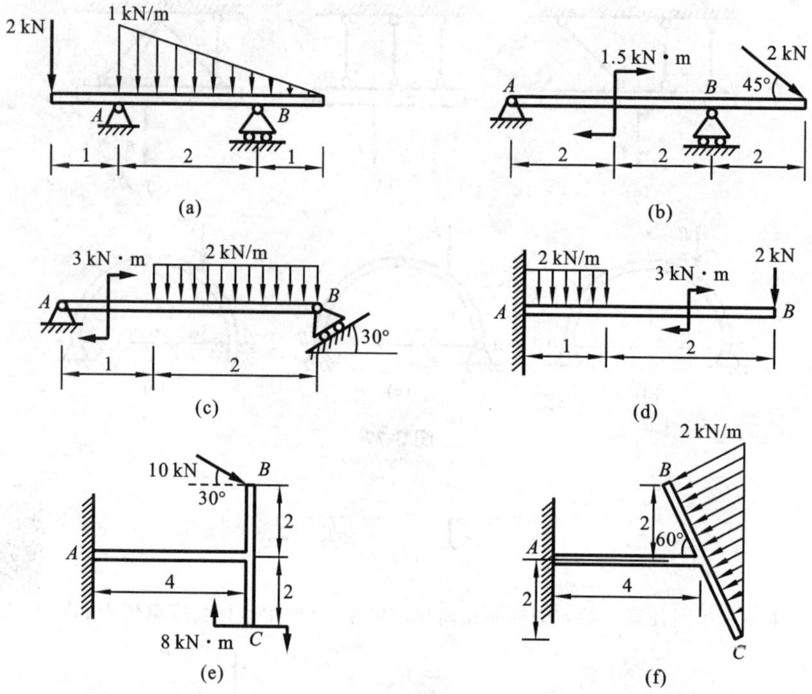

题 3-4 图

3-5　飞机起落架尺寸如图所示。A、B、C 处均为铰链，杆 OA 垂直于 A、B 连线。当飞机等速直线滑行时，地面作用于轮上的竖直正压力 $F_N = 30$ kN，水平摩擦力和各杆自重都忽略不计。求 A、B 两处的约束力。

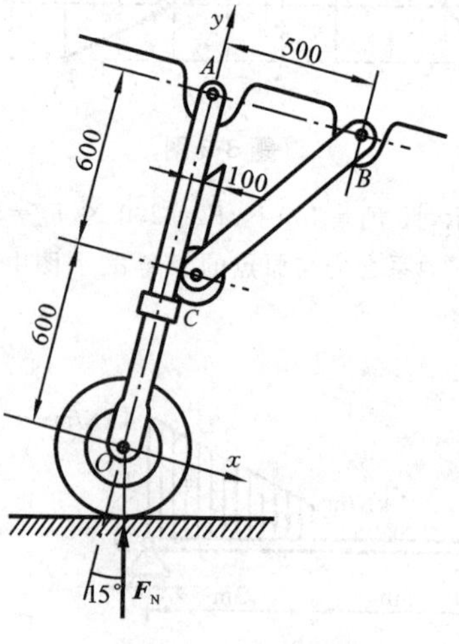

题 3-5 图

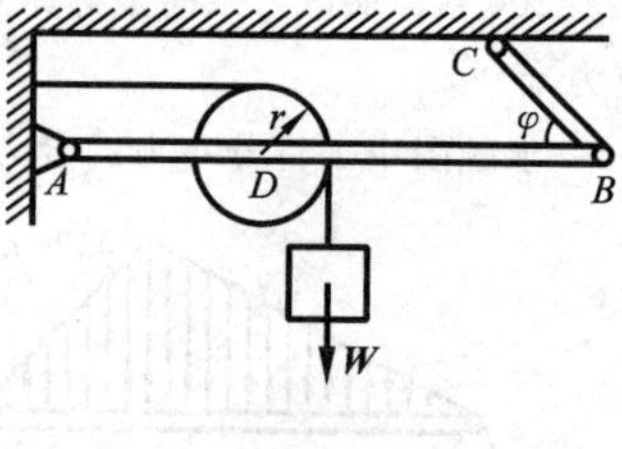

题 3-6 图

3-6　水平梁 AB 由固定铰支座 A 和拉杆 BC 所支持，如图所示。在梁上 D 处用销子安装一半径 $r=0.1$ m 的滑轮。有一跨过滑轮的绳子，其一端水平地系于墙上，另一端悬挂一重 $W=1\ 800$ N

的物块，$AD=0.3\ \text{m}$，$BD=0.5\ \text{m}$，$\varphi=45°$，且不计梁、杆滑轮和绳的重量。求铰链 A 和杆 BC 对梁的约束力。

3-7　静定多跨梁的载荷及尺寸如图所示，求支座反力和中间铰处压力。（图中长度单位为 m）

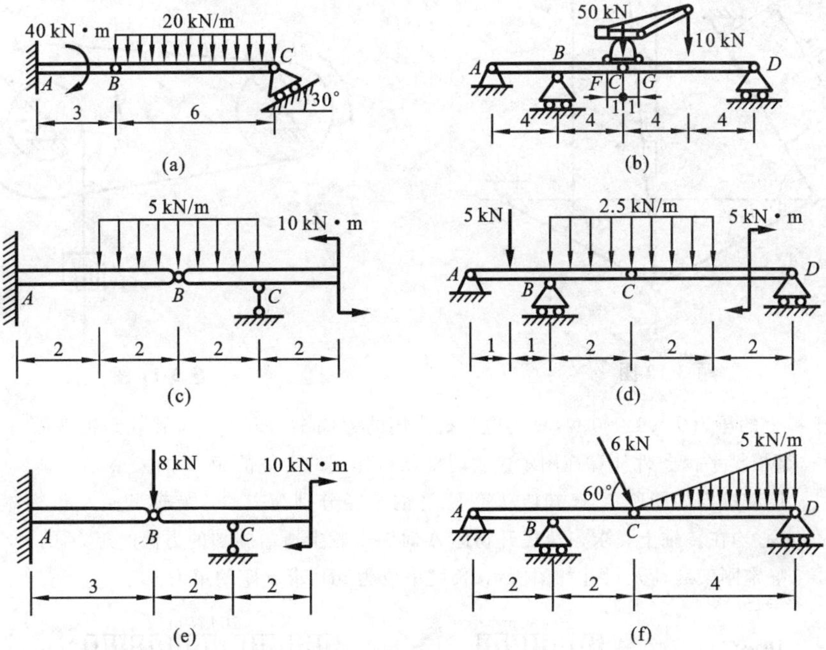

题 3-7 图

3-8　如图所示，一重为 $\boldsymbol{W}$ 的均质球半径为 R，放在墙与杆 AB 之间。杆的 A 端与墙面铰接，B 端用水平绳子 BC 拉住。杆长为 l，其与墙面的夹角为 θ。杆重不计，求绳子 BC 的拉力，并问 θ 为何值时，绳子的拉力最小。

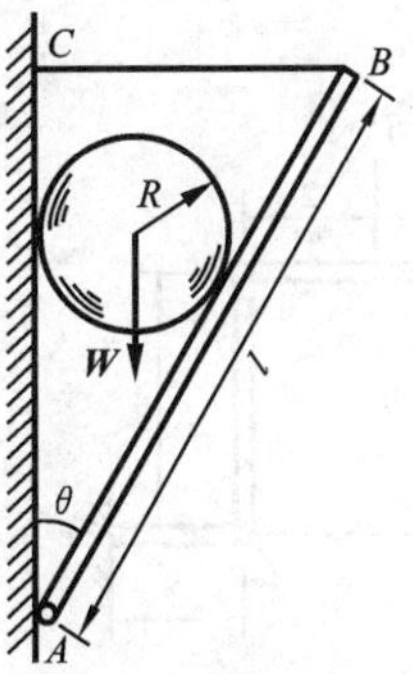

题 3-8 图

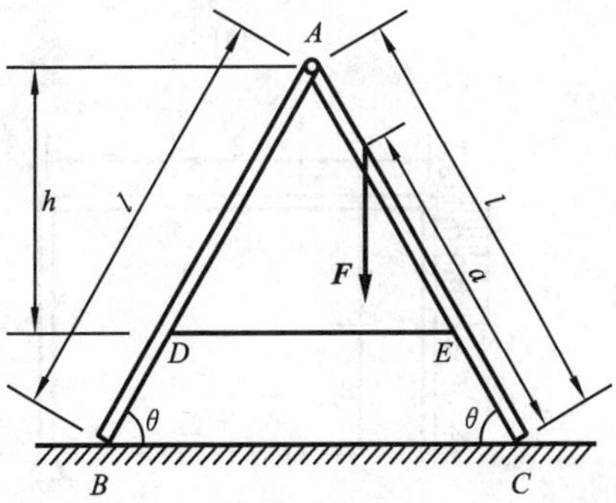

题 3-9 图

3-9　梯子的两部分 AB 和 AC 在 A 点铰接，梯子上 D、E 两点处用水平绳子连接。梯子放在光滑的水平面上，其一边作用有一竖直集中力 $\boldsymbol{F}$，如图所示。梯子自重不计，求绳子的拉力。

3-10　如图所示为一轧碎机的工作原理图，其中 $AB=BC=CD=600\ \text{mm}$，$OE=100\ \text{mm}$。设

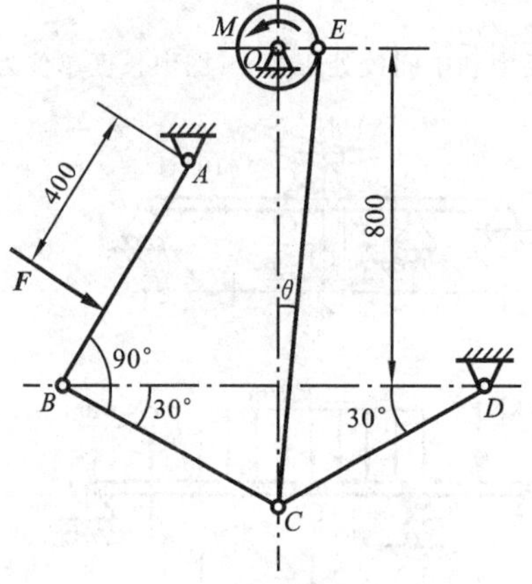

题 3-10 图

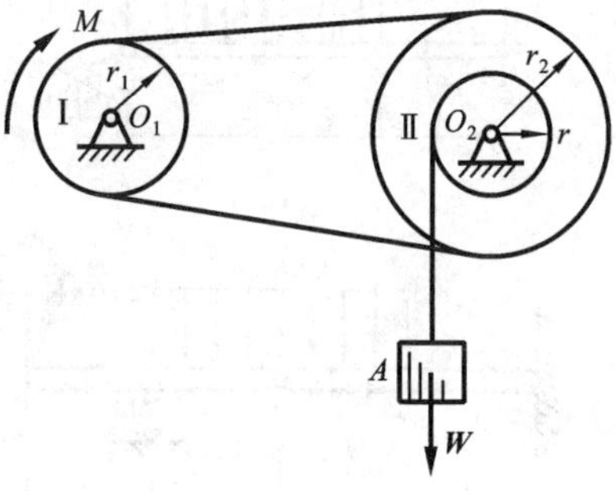

题 3-11 图

石块施于板上的压力 $F=1\ 000$ N,M 为电动机作用的力偶矩。设图示位置轧碎机平衡,不计算各杆的重量,试根据平衡条件计算在图示位置时电动机作用的力偶的矩 M 的大小。

3-11　传动机构如图所示,已知传动轮Ⅰ、Ⅱ的半径分别为 r_1、r_2,鼓轮半径为 r,物体 A 重为 $\boldsymbol{W}$,两轮的重心均在转轴上。求匀速提升物体 A 时在Ⅰ轮上所需施加的力偶的矩 M 的大小。

3-12　静定刚架载荷及尺寸如图所示(长度单位为 m),求支座约束力。

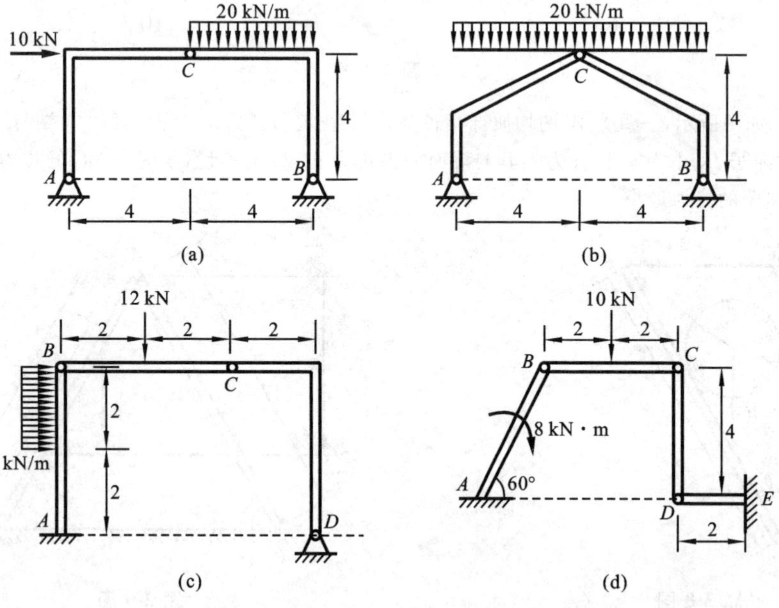

题 3-12 图

3-13　结构由杆 AB、AC 和 DH 铰接而成,如图所示,杆 DH 上的销子 E 可在杆 AC 的光滑槽内滑动。已知在水平杆 DH 上的 H 点作用有竖直力 $\boldsymbol{F}$,不计各杆自重。求铰支座 C 的反力。

3-14　结构由杆 AB、BC 和 DH 铰接而成,如图所示,各杆自重不计。已知:$F=2$ kN,$a=3$m,

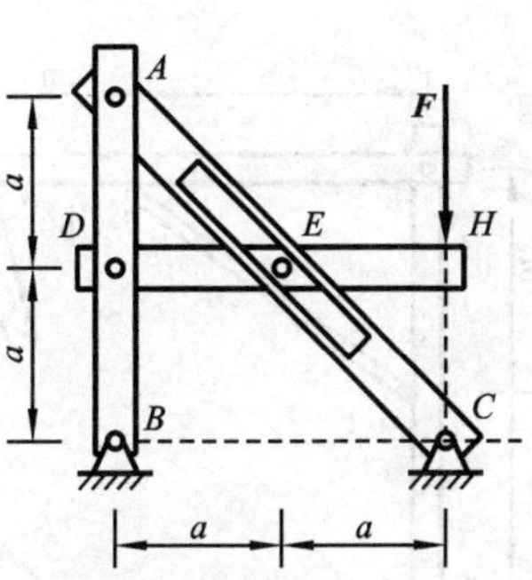

题 3-13 图

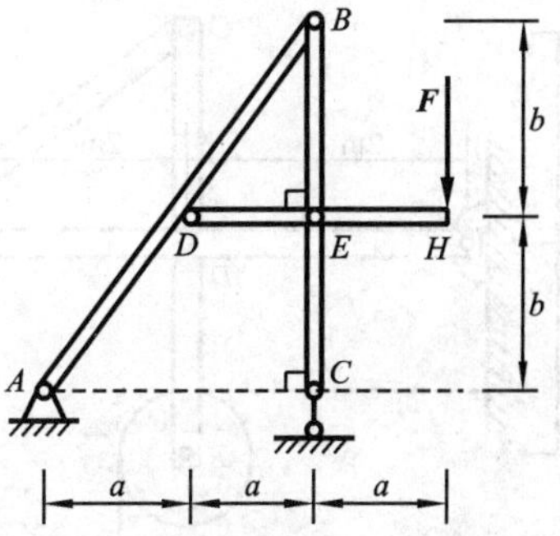

题 3-14 图

b=4 m。求销钉 B 对 BC 杆的作用力。

3-15　直杆 AB、CD 和直角折杆 EDH 铰接成如图所示构架。已知水平力 F=1 200 N，各杆自重不计，H 点支持在光滑水平地面上，A 与地面铰接。求铰链 B 的约束反力。

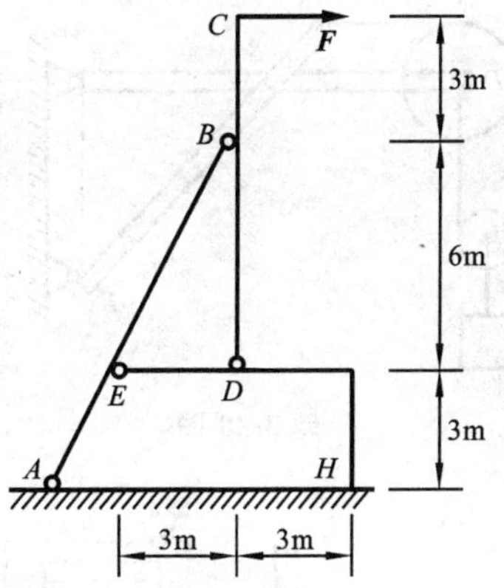

题 3-15 图

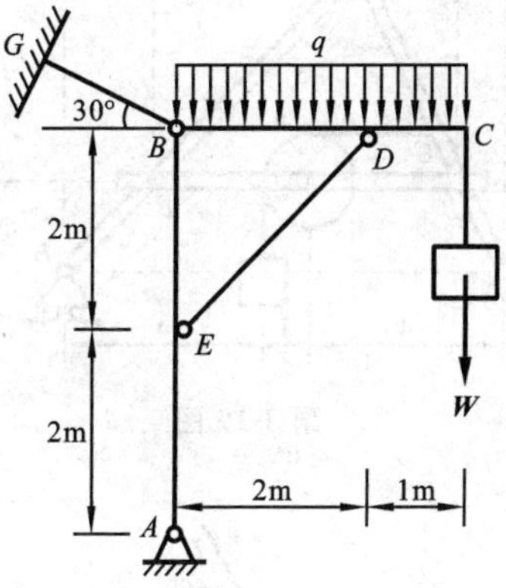

题 3-16 图

3-16　支架尺寸如图所示，BC 杆受载荷集度 q=100 N/m 的均布载荷作用，其 C 端悬挂一重量为 W=500 N 的物体，BG 为不可伸长的绳子。不计各杆及绳子自重，求支座 A 的约束反力及撑杆 DE 所受的压力。

3-17　图示构架中，重物重 1 200 N，由细绳跨过半径 R=0.5 m 的滑轮 E 而水平系于墙上。各杆尺寸如图所示，不计杆件和滑轮的重量。求支承 A 和 B 处的约束力。

3-18　在图示结构中，B、C、D 处为铰链，A 处为固定端，载荷 F=10 kN。试求固定端 A 处的约束力及杆 BD 所受的力。

3-19　图示支架中，各处均用铰链连接，滑轮上吊的物体重 180 N，各部分尺寸如图所示，尺寸单位为 m。求支座 A 和 H 的约束力及杆 AD 对杆 DH 的作用力。

*3-20　图示铰链支架由杆 AD 和杆 CE 以及滑轮组成，滑轮 D 的半径 R=15 cm，滑轮 H 的半径 $r=R/2$，B 处为铰链连接，图中尺寸单位为 m。在滑轮 H 上吊有重 1 000 N 的物体。求支座 A 和 E 的约束力。

*3-21　一结构由构件 AC、CDB、DE 铰接而成，如图所示。各构件自重和所有接触处的摩擦均不计。已知 a=2 m，F=5 kN，M=8 kN · m，q=4 kN/m。求支座 A、B、E 的反力。

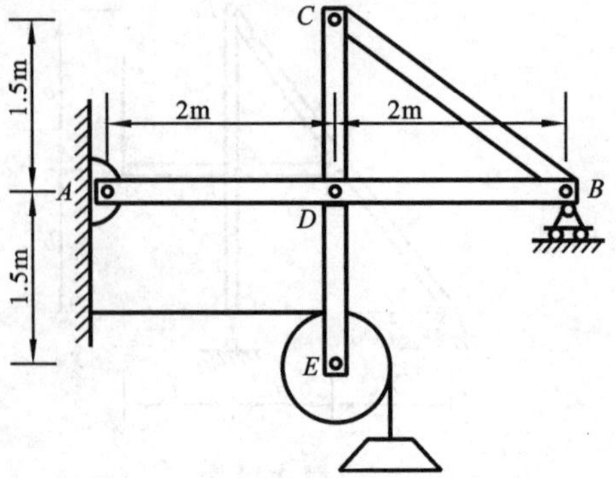

题 3-17 图

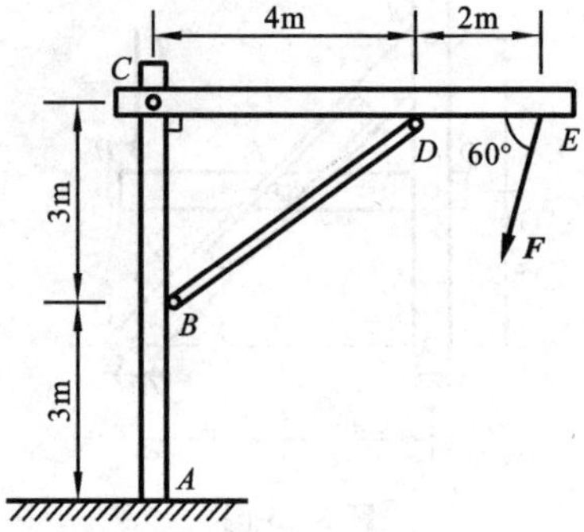

题 3-18 图

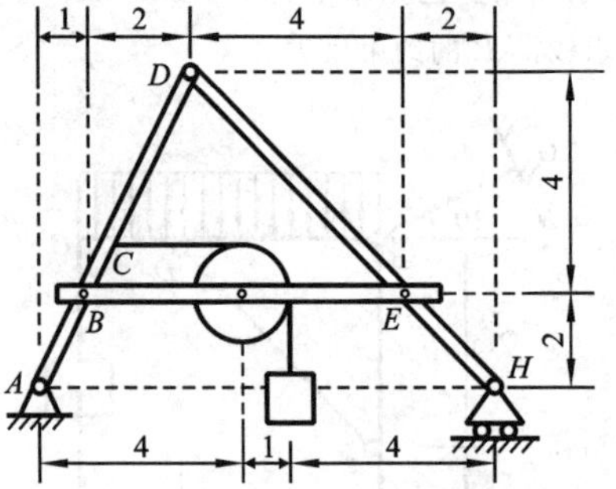

题 3-19 图

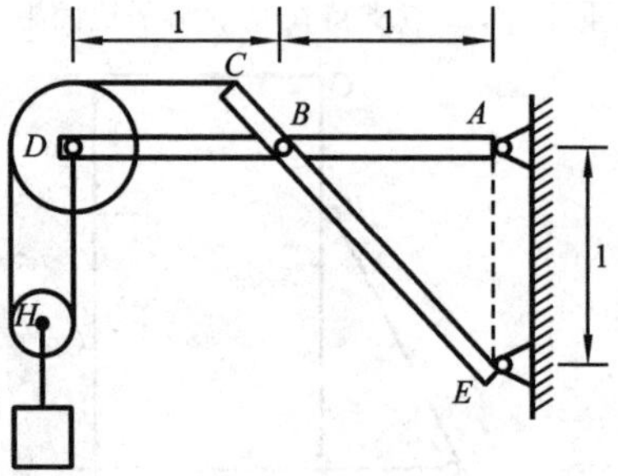

题 3-20 图

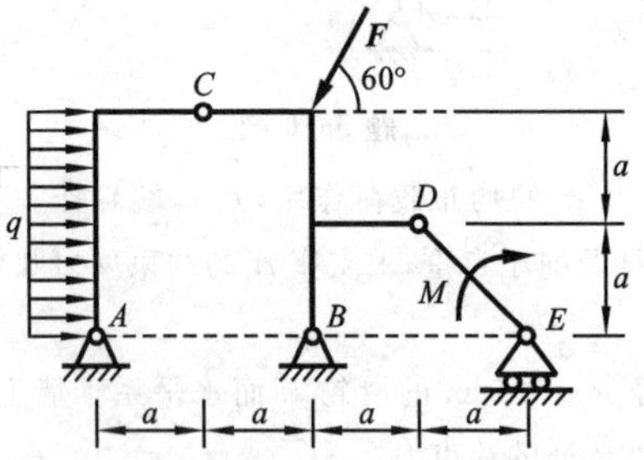

题 3-21 图

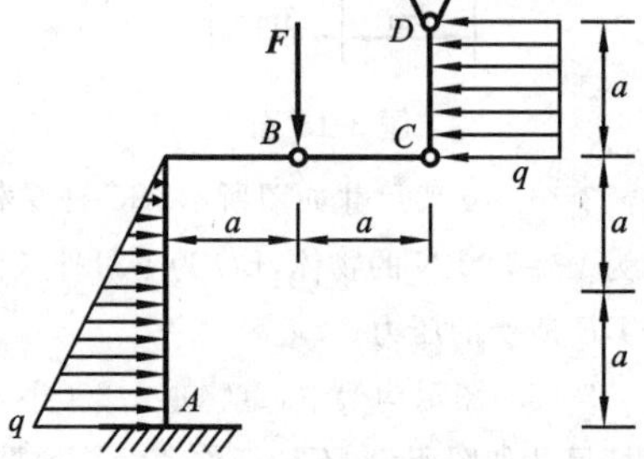

题 3-22 图

*3-22 一结构如图所示。已知 $a=1$ m,$q=2$ kN/m,$F=4$ kN,不计各杆自重和所有摩擦。求固定端 A 的约束力和销钉 B 对杆 BC 与杆 AB 的作用力。

3-23 组合结构的载荷及尺寸如图所示,长度单位为 m。求支座约束力和杆 1、杆 2、杆 3 的内力。

3-24 平面桁架如图所示。设两主动力大小 $F=10$ kN,分别作用在节点 A 和节点 B 上,$a=1.5$ m,$h=3$ m。求杆 1、杆 2、杆 3 和杆 4 所受的内力。

3-25 平面桁架受力如图所示,已知 $F=10$ kN,各杆的长度相等。求杆 1、杆 2、杆 3 的内力。

3-26 平面桁架受力如图所示,已知 $AG=AD=GD=GC=CE=ED=DB=BE=a$,求杆 CD

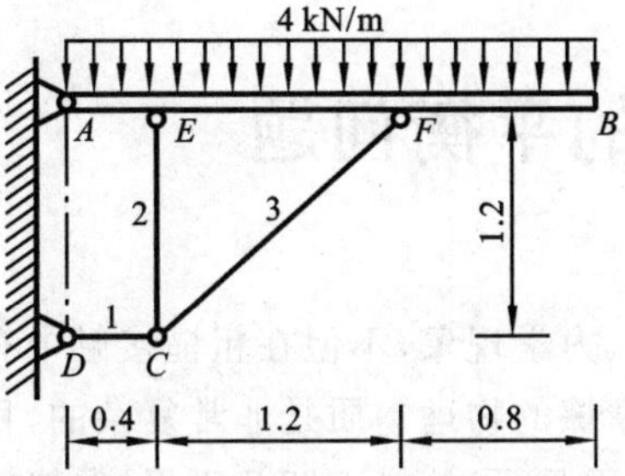

题 3-23 图

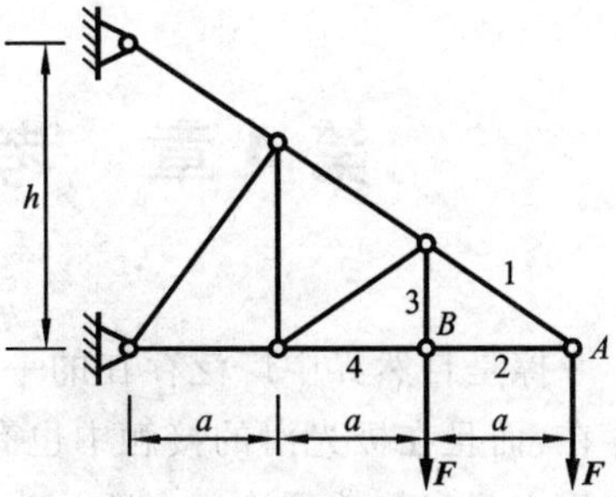

题 3-24 图

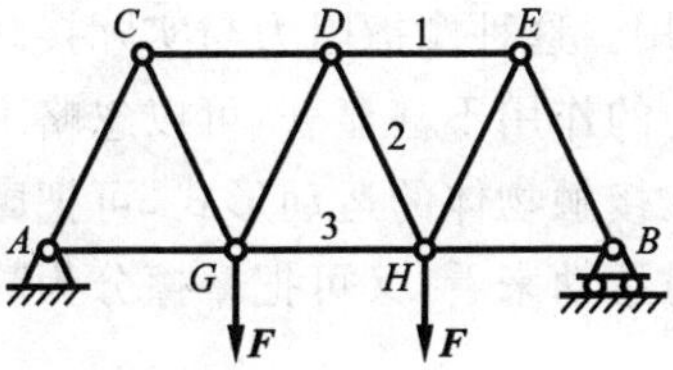

题 3-25 图

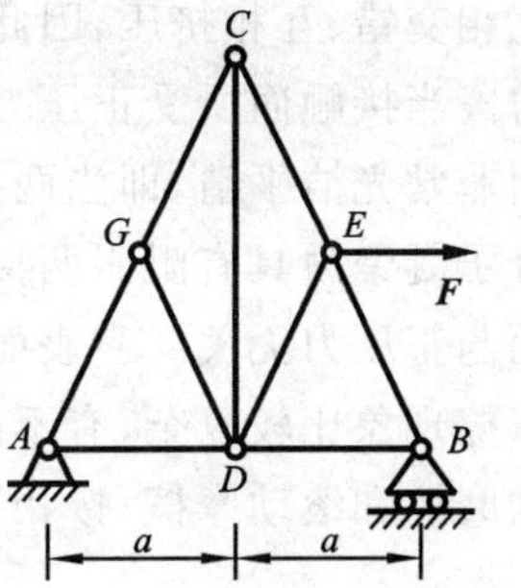

题 3-26 图

的内力。

3-27 平面桁架受力如图所示，求 CD、CB、EG 三杆的内力。

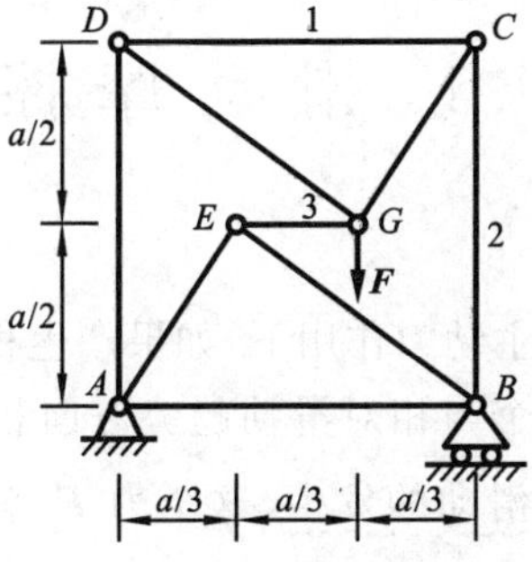

题 3-27 图

第 4 章　考虑摩擦的平衡问题

摩擦是自然界中广泛存在的一种复杂的物理、力学现象，不但在粗糙接触中有摩擦存在，而且在极光滑的接触中也有摩擦存在。摩擦的物理本质是非常复杂的，目前尚未建立起完整的理论。一般认为摩擦产生的原因是：①接触面凹凸不平；②接触面间存在分子吸引力。如凹凸不平的表面在正压力的作用下接触时，表面凹凸不平之处就互相交错、互相挤压，因此当两接触面有相对滑动趋势时，在接触面上就产生摩擦阻力。当接触面所受正压力愈大或凹凸不平的程度愈大时，摩擦阻力也愈大。如接触面非常光洁平滑，即当两接触面上的分子的距离很小时，两接触面上分子的吸引力或分子凝聚力具有阻碍两接触面相对滑动的作用。这种摩擦阻力与实际接触面积有关而与正压力无关。当表面比较粗糙时，凝聚力的作用不甚显著，可以忽略不计。

摩擦现象比较复杂，有不同分类方式。按相互接触物体的运动形式，可把摩擦分为滑动摩擦和滚动摩擦；按相互接触物体有无相对运动来看，又可把摩擦分为静摩擦和动摩擦。

在不同的情况下，摩擦对人们可能是有利的，也可能是有害的。趋利避害是研究摩擦的目的。本章主要研究静滑动摩擦，介绍摩擦角和自锁的概念，从宏观的角度研究摩擦对物体产生的作用力，即**摩擦力**，重点是解决带摩擦力的物系平衡问题。

4.1　滑 动 摩 擦

1. 滑动摩擦力

如图 4-1 所示，物体 A 在主动力作用下，如果产生相对滑动趋势，周围物体（图示为约束面）会对该物体产生一个与相对滑动趋势方向相反的力 $\boldsymbol{F}_s$，它总是力图阻止相对滑动的发生，这个力 $\boldsymbol{F}_s$ 就是**静滑动摩擦力**，简称**静摩擦力**。$\boldsymbol{F}_s$ 沿接触点的切线，其方向总是与相对运动趋势方向相反。实验表明，摩擦力的大小随主动力的增大而增大，当物体即将滑动（将动未动）时，摩擦力达到最大值，因此有

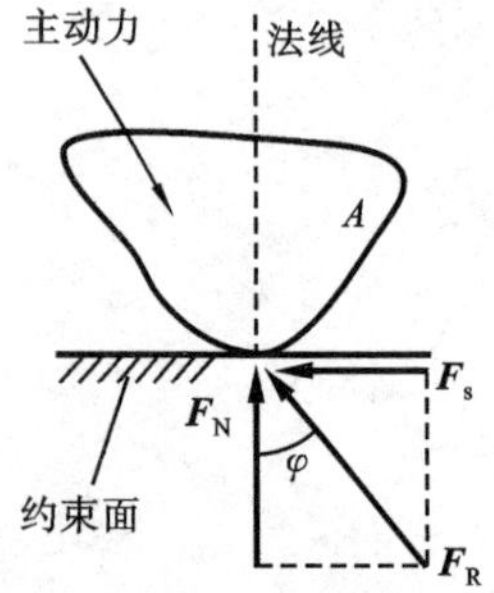

图 4-1　滑动摩擦

$$0 \leqslant F_s \leqslant F_{max} \tag{4-1}$$

其中，最大摩擦力 F_{max} 称为**临界摩擦力**（或**最大静滑动摩擦力**）。物体处于平衡的临界状态，称为**临界平衡状态**。F_{max} 的值由**库仑静摩擦定律**（又称**静摩擦定律**）决定，即

$$F_{max} = f_s F_N \tag{4-2}$$

式中：F_N 为正压力；f_s 为**静摩擦因数**，是一个无量纲的常数，取决于物体的材料。

当滑动摩擦力达到最大值时，若主动力再继续加大，接触面之间将出现相对滑动。此时，接触物体之间仍作用有阻碍相对滑动的力，这种力称为**动滑动摩擦力**，简称**动摩擦力**，以 $\boldsymbol{F}_d$ 表示。此时摩擦定律(4-2)仍然近似成立，其中的摩擦因数符号需要改动，即

$$F_d = f_d F_N \tag{4-3}$$

式中：F_d 为动滑动摩擦力；f_d 为**动摩擦因数**，它与接触物体的材料和表面情况有关。一般情况下，动摩擦因数小于静摩擦因数，即 $f_d < f_s$。常用材料间的摩擦因数可参见书末附表 1。

值得指出的是，以上关于摩擦的规律针对的只是常规情况，如物体表面没有做特殊的光洁处理、没有涂润滑油或接触面之间没有喷撒增大摩擦力的介质。在机器中，往往用降低接触面的粗糙度或加入润滑剂等方法，使动摩擦因数降低，以减小摩擦和磨损。

2. 摩擦角与自锁

1) 摩擦角

如图 4-2 所示，法向的约束力和切向的静滑动摩擦力的合力 $\boldsymbol{F}_R$ 称为**全约束反力**，它与接触面法线间有一个夹角 φ，当摩擦力达到最大时，夹角 φ 也达到最大，记作 φ_m，称为摩擦角。显然有

$$\tan\varphi_m = f_s \tag{4-4}$$

因此，对于确定的两种材料，摩擦角为常值。

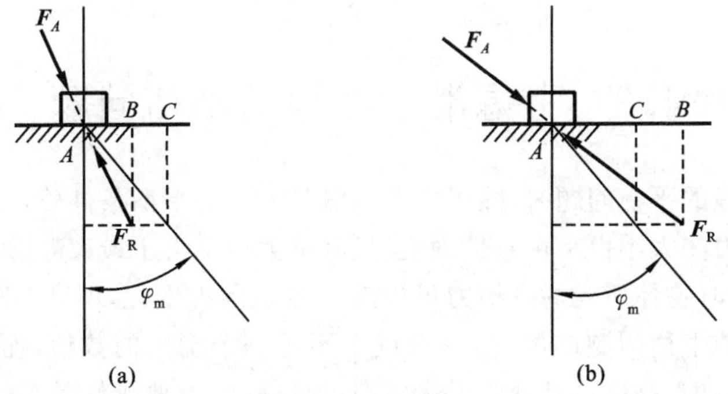

图 4-2

2) 自锁现象

可以从几何的角度来解释一个很重要的物系平衡现象。如图 4-2(a)所示，主动力 $\boldsymbol{F}_A$ 的作用线在摩擦角内，物系平衡时，全约束反力 $\boldsymbol{F}_R$ 中需要的摩擦力大小可以表示为线段 AB 的长度，而接触面可以提供的最大摩擦力的大小可以表示为线段 AC 的长度，线段 AC 的长度大于线段 AB 的长度，因此接触面总能提供保持平衡所需的摩擦力，进而使物体处于平衡状态。当主动力即合力 $\boldsymbol{F}_A$ 的方向、大小改变时，只要

$\boldsymbol{F}_A$ 的作用线在摩擦角内，C 点总是在 B 点右侧，物体总是保持平衡，这种平衡现象称为**摩擦自锁**。反之，对于如图 4-2(b)所示情况，主动力合力 $\boldsymbol{F}_A$ 的作用线在摩擦角外，此时接触面所能提供的最大摩擦力(线段 AC)小于保持平衡所需的摩擦力(线段 AB)，因此物体不平衡。

自锁现象在生活和工程设施中很常见。如图 4-3(a)所示为一螺杆，假定与螺杆连接的物体对螺纹接触面的作用力沿螺杆轴线方向。由图 4-3(b)、(c)可见，螺纹可以看成绕在一圆柱体上的斜面，螺纹升角 α 就是斜面的倾角，螺杆与被连接物体的关系可以等效为在斜面上放置一个物体，物体受到的主动力(即连接力)为 $\boldsymbol{F}$，如图 4-3(c)所示。因此，螺纹连接的自锁条件为

$$\alpha \leqslant \varphi_m \tag{4-5}$$

即螺旋升角 α 要小于摩擦角 φ_m。如果螺杆和连接件均由钢制成，摩擦因数取有润滑情况的下限值 0.1，则摩擦角 $\varphi_m = 5°43'$。螺旋千斤顶是利用螺纹连接自锁现象制成的起重装置，其螺杆的升角 $\alpha = 4° \sim 4.5°$。

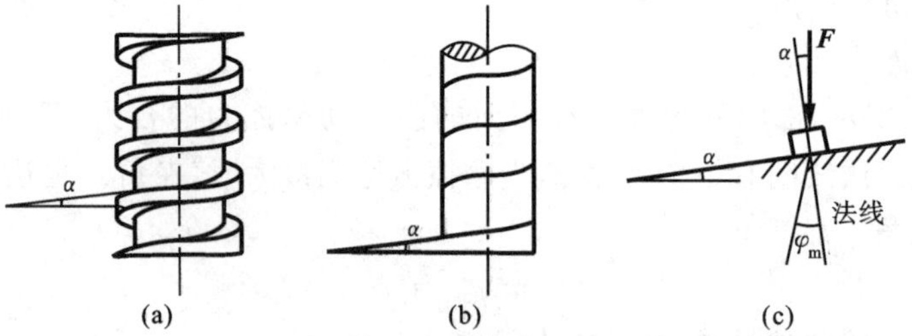

图 4-3

4.2　考虑滑动摩擦的平衡问题

求解有摩擦的平衡问题时，除了应考虑满足力系的平衡条件外，还应考虑摩擦力的计算。摩擦力的大小由平衡条件确定，且其最大值不大于最大静滑动摩擦力的值。也就是说，平衡时物体所受的摩擦力可以在一定范围内变化，即 $0 \leqslant F_s \leqslant F_{max}$。这就决定了有摩擦的平衡问题的解答，一般说来不是一个确定的数值，而是一个取值范围。在这个范围内，物体总是处于平衡状态，所以称其为平衡范围。

求解有摩擦的平衡问题，可以用解析法，也可以用几何法。用解析法时，极限摩擦力的方向总是与物体的相对滑动趋势方向相反，不能随意假设。而对于没有达到极值的摩擦力，方向是未知的，可以预先假设，其真实方向由平衡方程确定。若其值为正，则其真实方向与假设方向相同；若其值为负，则其真实方向与假设方向相反。而用几何法求解时，摩擦力的假设方向必须是其真实方向。

例 4-1　重为 W 的物块放在倾角为 α 的斜面上，在物块上作用一水平力 $\boldsymbol{F}$。设 α 大于摩擦角 φ_m，静摩擦因数为 f_s。试求使物块保持静止所需力 F。

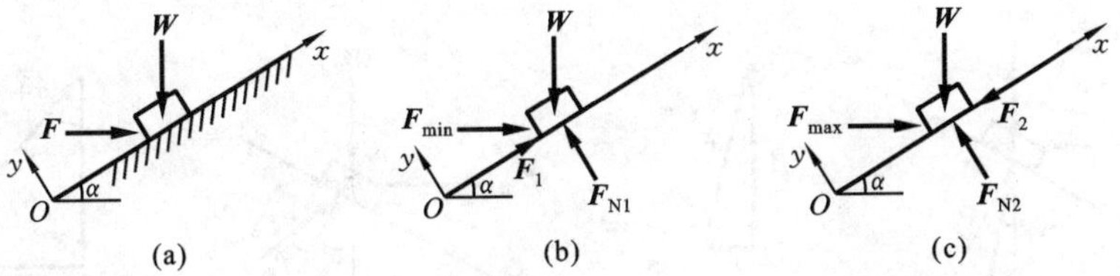

图 4-4

解　因 $\alpha>\varphi_m$，如 F 太小，则物块将下滑；如 F 过大，又将使物块上滑，所以需要分两种情形加以讨论。

先求恰能维持物块不致下滑所需的力 F_{min}。这时摩擦力向上，如图 4-4(b)所示。列平衡方程

$$\sum F_x=0,\quad F_{min}\cos\alpha+F_1-W\sin\alpha=0 \qquad ①$$

$$\sum F_y=0,\quad F_{N1}-F_{min}\sin\alpha-W\cos\alpha=0 \qquad ②$$

由式②有

$$F_{N1}=F_{min}\sin\alpha+W\cos\alpha \qquad ③$$

将 $F_1=f_sF_{N1}$ 及式③代入式①，得

$$F_{min}=\frac{\sin\alpha-f_s\cos\alpha}{\cos\alpha+f_s\sin\alpha}W$$

再求不使物块向上滑动的力 F_{max}。这时摩擦力向下，如图 4-4(c)所示。列平衡方程

$$\sum F_x=0,\quad F_{max}\cos\alpha-F_2-W\sin\alpha=0 \qquad ④$$

$$\sum F_y=0,\quad F_{N2}-F_{max}\sin\alpha-W\cos\alpha=0 \qquad ⑤$$

由式④、式⑤及 $F_2=f_sF_{N2}$，得

$$F_{max}=\frac{\sin\alpha+f_s\cos\alpha}{\cos\alpha-f_s\sin\alpha}W$$

可见，要使物块在斜面上保持静止，力 $\boldsymbol{F}$ 必须满足

$$\frac{\sin\alpha-f_s\cos\alpha}{\cos\alpha+f_s\sin\alpha}W\leqslant F\leqslant\frac{\sin\alpha+f_s\cos\alpha}{\cos\alpha-f_s\sin\alpha}W$$

这就是所求的平衡范围。

如利用摩擦角求解本题，则上面结果很容易得到。当 $\boldsymbol{F}$ 有最小值时，物体受力如图 4-5(a)所示，其中 $\boldsymbol{F}_R$ 是斜面对物块的全约束力。这时 $\boldsymbol{W}$、$\boldsymbol{F}_{min}$ 及 $\boldsymbol{F}_R$ 三力平衡，力三角形应闭合，如图 4-5(b)所示。于是得到

$$F_{min}=W\tan(\alpha-\varphi_m)$$

当 F 有最大值时，物块受力如图 4-5(c)所示，力三角形如图 4-5(d)所示，于是有

$$F_{max}=W\tan(\alpha+\varphi_m)$$

应当注意，当 F 在上述范围内而未达到极限值时，摩擦力不等于 f_sF_N，而是由平衡条件决定，摩擦力的方向也由平衡条件决定。

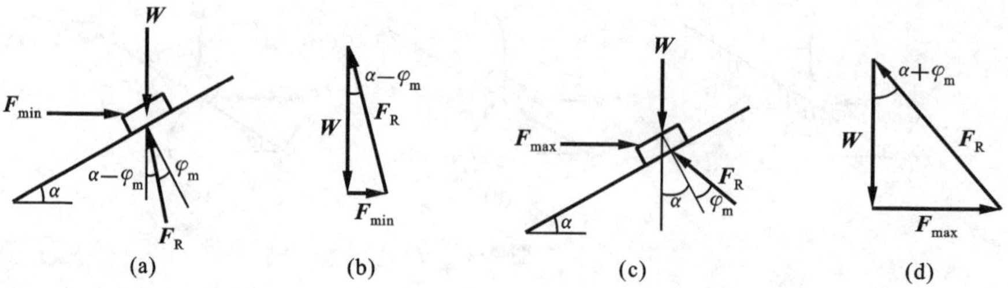

图 4-5

例 4-2 制动器如图 4-6(a)所示。已知重物 M 重量为 W,制动块与鼓轮间的摩擦因数为 f_s,各部分尺寸已知。试求使鼓轮保持静平衡时手柄上所作用的最小力 F_{min}。

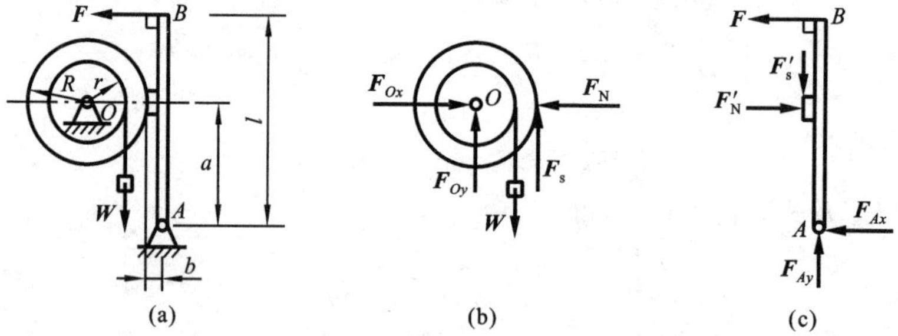

图 4-6

解 鼓轮在重力 $\boldsymbol{W}$ 的作用下有转动的趋势。手柄受力 $\boldsymbol{F}$ 作用,制动块紧压鼓轮,使鼓轮静止不动。因此,鼓轮与制动块之间存在着正压力 $\boldsymbol{F}_N$($\boldsymbol{F}'_N$)和摩擦力 $\boldsymbol{F}_s$($\boldsymbol{F}'_s$)。

对鼓轮列静力平衡方程,得

$$\sum M_O(\boldsymbol{F}) = 0,\quad F_sR - Wr = 0 \tag{①}$$

对手柄列静力平衡方程,得

$$\sum M_A(\boldsymbol{F}) = 0,\quad Fl - F'_Na + F'_sb = 0 \tag{②}$$

补充方程

$$F'_N = F_N,\quad F'_s = F_s \tag{③}$$

当鼓轮处于要转动而未转动的临界平衡状态时,静滑动摩擦力 $\boldsymbol{F}_s$ 达到最大值 F_{smax},而主动力 $\boldsymbol{F}$ 达到最小 F_{min},即

$$F_s = f_sF_N \tag{④}$$

$$F = F_{min} \tag{⑤}$$

由式①和式②解得

$$F_s = \frac{Wr}{R} \tag{⑥}$$

$$F = \frac{F'_{N}a - F'_{s}b}{l} \qquad ⑦$$

将式④、式⑤代入式⑥、式⑦，即得

$$F_{\min} = \frac{Wr}{Rlf_{s}}(a - f_{s}b)$$

例 4-3　梯子 AB 靠在墙上，其重为 $W=200$ N，如图 4-7所示。梯长为 l，梯子与水平面的夹角为 $\theta=60°$。已知接触面间的摩擦因数为 0.25。今有一重 650 N 的人沿梯上爬，问人所能达到的最高点 C 到 A 点的距离 s 为多少？

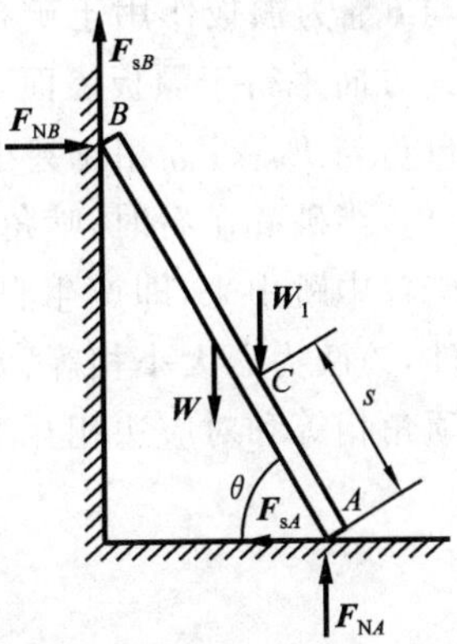

图 4-7

解　整体受力如图 4-7 所示，设 C 点为人所能达到的极限位置，此时

$$F_{sA} = f_{s}F_{NA}, \quad F_{sB} = f_{s}F_{NB}$$

$$\sum F_{x} = 0, \quad F_{NB} - F_{sA} = 0$$

$$\sum F_{y} = 0, \quad F_{NA} + F_{sB} - W - W_{1} = 0$$

$$\sum M_{A}(\boldsymbol{F}) = 0, \quad -F_{NB}l\sin\theta - F_{sB}l\cos\theta + W\frac{l}{2}\cos\theta + W_{1}s\cos\theta = 0$$

联立求解得

$$s = 0.456l$$

例 4-4　颚式破碎机的动颚与固定颚板之间的夹角称为啮角。当动颚靠近固定颚板时，位于两颚板之间的矿石被粉碎；当动颚离开固定颚板时，已破碎的矿石在重力作用下经排矿口排出，如图 4-8(a)所示。已知矿石与颚板间的摩擦角为 φ_{m}，不计矿石自重，问：要保证矿石能被颚板夹住时不致上滑，则啮角 α 应为多大？

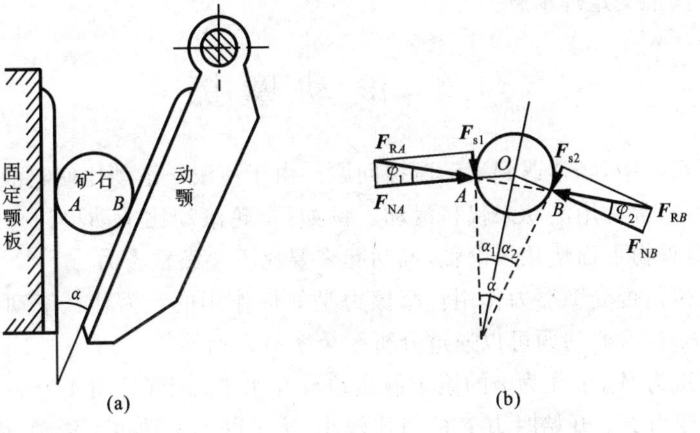

图 4-8

解　设矿石的形状为球形，当颚板压紧矿石时，其受力如图 4-8(b)所示，力 $\boldsymbol{F}_{NA}$

与$\boldsymbol{F}_{NB}$为颚板作用于矿石的压碎力,其方向垂直于颚板表面,力$\boldsymbol{F}_{s1}$与$\boldsymbol{F}_{s2}$为摩擦力,其方向平行于颚板表面,而力$\boldsymbol{F}_{RA}$与$\boldsymbol{F}_{RB}$分别为$\boldsymbol{F}_{NA}$和$\boldsymbol{F}_{s1}$、$\boldsymbol{F}_{NB}$和$\boldsymbol{F}_{s2}$的合力。矿石的自重与F_{RA}、F_{RB}相比甚小,可略去不计。

当破碎矿石时,啮角α应该保证矿石能被夹住,既不向上滑动也不从破碎机的给矿口中跳出来,即产生自锁。由于矿石仅受$\boldsymbol{F}_{RA}$、$\boldsymbol{F}_{RB}$两力的作用,根据二力平衡条件,该两力必大小相等、方向相反、沿同一直线AB。由图4-8(b)所示的几何关系,对顶角相等和对应边相互垂直,可得

$$\varphi_1 = \angle OAB, \quad \varphi_2 = \angle OBA$$

$$\angle OAB = \angle OBA = \frac{\alpha}{2}$$

所以

$$\varphi_1 + \varphi_2 = \alpha$$

由于自锁平衡时,全反力的作用线应在摩擦角域内,即

$$\varphi_1 \leqslant \varphi_m, \quad \varphi_2 \leqslant \varphi_m$$

故

$$\alpha = \alpha_1 + \alpha_2 \leqslant 2\varphi_m$$

可见,为了使破碎机正常地进行破碎工作,啮角α应该小于2倍的摩擦角。颚式破碎机的啮角一般在17°～24°范围内。

由以上各例的解题过程,可以得到求解摩擦问题的基本方法和步骤如下。

(1) 根据题意选取适当的研究对象,画受力图。

(2) 列静力平衡方程。

(3) 列摩擦力的补充方程,求解未知量。由于摩擦力有一个取值范围,因此,一般需要解不等式。用几何法求解时,主动力和全约束反力的数目不应多于三个,此时可用三力平衡汇交定理求解。

4.3 滚动摩擦

在工程实际中,经常遇到滚动摩擦问题。由于使滚子滚动比使它滑动省力,所以在工程实际中,常常用滚动来代替滑动。例如:车轮滚动比滑动更让人省力;搬运笨重物体时,在重物下面垫几根滚轴,推动起来要比不垫滚轴省力。

滚动物体是否受摩擦力作用?摩擦力是如何作用的?为什么滚动比滑动省力?其特点是什么?这些问题可以通过分析一个实验来回答。

设一重量为W,半径为r的滚子静止地放在水平面上(见图4-9(a))。在其中心O作用一个变力$\boldsymbol{F}$。开始时力$\boldsymbol{F}$的值比较小,滚子既不滚动也不滑动,而是静止在水平面上,说明这时滚子处于平衡状态。作用在滚子上的力有重力$\boldsymbol{W}$、拉力$\boldsymbol{F}$、法向反力$\boldsymbol{F}_N$和静滑动摩擦力$\boldsymbol{F}_s$,如图4-9(b)所示。由平面一般力系的平衡方程可得

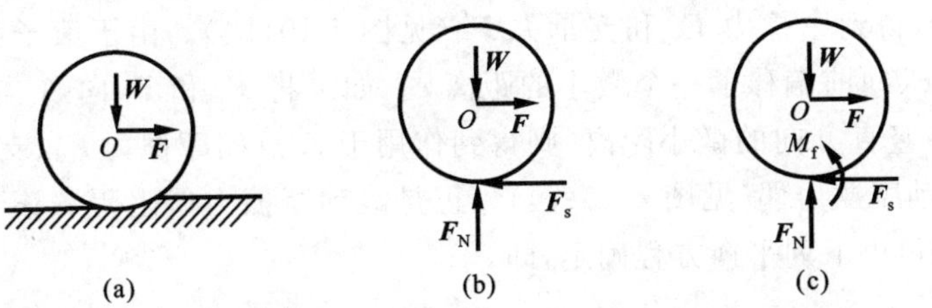

图 4-9

$$\sum F_x = 0,\quad F - F_s = 0$$

$$\sum F_y = 0,\quad F_N - W = 0$$

解得

$$F_s = F,\quad F_N = W$$

由上述结果可知，只要拉力 $\boldsymbol{F}$ 的值不超过最大静滑动摩擦力 $\boldsymbol{F}_{max}$ 的值，滚子就不会向前滚动。但是，拉力 $\boldsymbol{F}$ 和静滑动摩擦力 $\boldsymbol{F}_s$ 又组成一个力偶，其力偶矩为 Fr。由图 4-9(b)中可以看出，如果没有其他力偶存在，则不论力偶矩 Fr 多么小，在它的作用下，滚子都将滚动。现在滚子不动，就说明一定还存在另一个矩为 M_f 的力偶，其转向与 Fr 的转向相反，且与 Fr 平衡，阻止滚子的滚动(见图 4-9(c))，M_f 称为**滚动摩擦力偶**。此时有

$$\sum M_A(\boldsymbol{F}) = 0,\quad M_f - Fr = 0$$

解得

$$M_f = Fr$$

由此可得，在滚子上作用的是一个平衡力系，所以滚子静止不动。

那么，阻碍滚子滚动的滚动摩擦是如何产生的呢？我们知道，在现实中，刚体是不存在的。在外力作用下，滚子和其支承面都将产生微小的变形，它们不是以一个点而是一条曲线(就平面图形而言)接触。为了便于分析，假定滚子是刚体，仅支承面发生变形。这样，在滚子中心受到竖直和水平力时，地面对它产生的反作用力如图 4-10(a)所示。

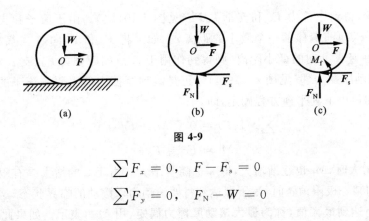

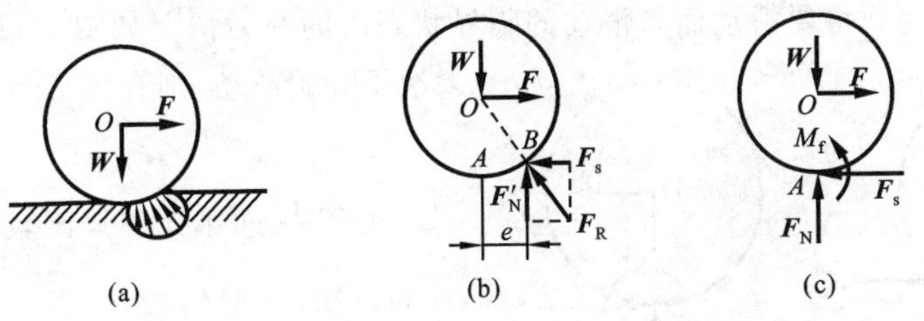

图 4-10

简化这些分布力，得到一个作用于 B 点的合力 $\boldsymbol{F}_R$。将合力 $\boldsymbol{F}_R$ 沿水平方向和竖

直方向分解，得到摩擦力 $\boldsymbol{F}_s$ 和支承力 $\boldsymbol{F}'_N$（见图 4-10(b)）。由于滚子和支承面的变形，支承力 $\boldsymbol{F}'_N$ 向前偏移了一个微小的距离 e。如果将 $\boldsymbol{F}_s$ 和 $\boldsymbol{F}'_N$ 向 A 点简化，并略去 A、B 两点在竖直方向的微小距离，则得到作用于 A 点的摩擦力 $\boldsymbol{F}_s$、支承力 $\boldsymbol{F}_N$ 和矩为 M_f 的滚动摩擦力偶（见图 4-10(c)）。正是滚动摩擦力偶阻碍着滚子的滚动。其大小和转向可由下列平衡方程确定，即

$$\sum M_A(\boldsymbol{F}) = 0, \quad M_f - Fr = 0$$

$$M_f = Fr = \boldsymbol{F}'_N e$$

当 F 逐渐增大时，M_f 也逐渐增大，即 e 也随着增大。由于 e 的增大是有限的，因此，当 e 增大到某一极限值 δ 时，滚子即达到将要滚动而未滚动的临界状态，这时的滚动摩擦力偶矩达到最大值，称为**最大滚动摩擦力偶矩**，用 M_{max} 表示。如果此时 F 再增加一个微小的量，滚子就从静止开始滚动。滚子开始滚动后，滚动摩擦力偶仍然存在。一般认为，滚动时的滚动摩擦力偶矩与最大摩擦力偶矩相等。

从上述讨论可知，滚动摩擦力偶矩 M_f 的大小在零和最大值之间变化，即

$$0 \leqslant M_f \leqslant M_{max} \tag{4-6}$$

实验表明，最大滚动摩擦力偶矩 M_{max} 与支承面法向反力 F_N 的大小成正比，即

$$M_{max} = \delta F_N \tag{4-7}$$

这就是滚动摩擦定理。式中 δ 称为滚动摩擦系数，是一个具有长度量纲的量，常用单位是毫米(mm)。由式(4-7)可以看出，系数 δ 相当于力偶臂，它是法向反力沿滚子滚动方向偏离滚子最低点的最大距离。由实验可知，滚动摩擦系数 δ 与滚子和支承面的材料性质有关。常用材料的滚动摩擦系数可参见书末附表 2。

下面讨论滚子的滚动与滑动之间的关系。

设滚子达到将要滚动而未滚动的临界状态时的受力情况如图 4-11(a)所示。如果滚子开始滚动，则有

$$F_1 r \geqslant M_{max} = \delta F_N$$

或

$$F_1 \geqslant \frac{\delta F_N}{r} \tag{4-8}$$

设滚子达到将要滑动而未滑动的临界状态时的受力情况如图 4-11(b)所示。如果滚子开始滑动，则有

$$F_2 \geqslant f_s F_N \tag{4-9}$$

由于 $\dfrac{\delta}{r}$ 远小于 f_s，比较式(4-8)和式(4-9)可知，一般情况下，F_1 总是先达到临界值，因此，使滚子滚动要比使它滑动容易得多。由此可知，搬运重物时，在它下面垫几根滚轴，推动起来要比不垫滚轴省力得多。

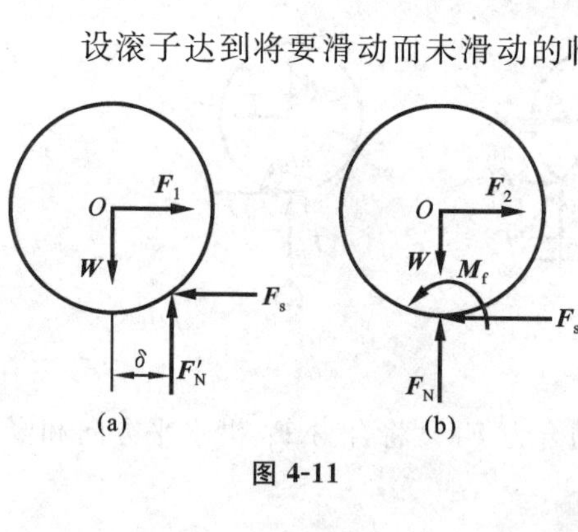

图 4-11

例 4-5　半径为 R 的圆轮，在其顶点作用有水平向右的力 $\boldsymbol{F}$，轮与水平面间的滚动摩擦系数为 δ。问：当主动力 $\boldsymbol{F}$ 使圆轮只滚动而不滑动时，轮与水平面间的滑动摩擦因数 f_s 应该满足什么条件？

解　取轮 O 为研究对象。由轮 O 的运动趋势画出其受力图，如图 4-12 所示。

列出轮 O 的平衡方程，得

$$\sum F_x = 0, \quad F - F_s = 0 \qquad ①$$

$$\sum M_O(\boldsymbol{F}) = 0, \quad M_f - FR - F_s R = 0 \qquad ②$$

当轮 O 只滚动不滑动时，有

$$M_f = \delta F_N \qquad ③$$

$$F \leqslant F_{max} \qquad ④$$

联立求解式①至式④，且由 $F_s = f_s F_N$ 得

$$f_s F_N \geqslant F = \frac{\delta F_N}{2R}$$

即

$$f_s \geqslant \frac{\delta}{2R}$$

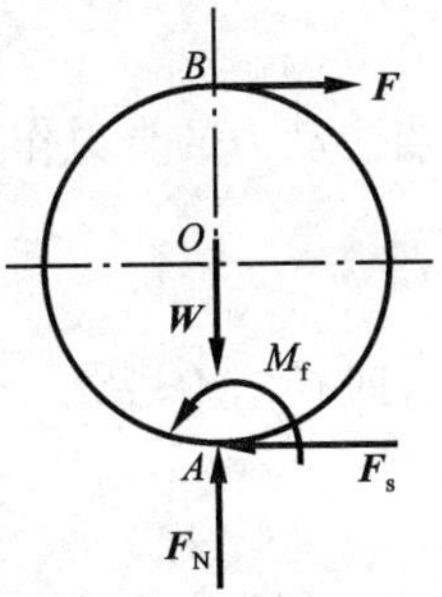

图 4-12

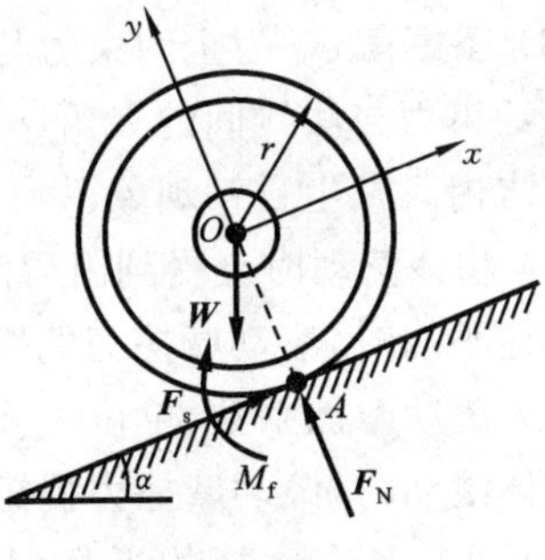

图 4-13

例 4-6　如图 4-13 所示，半径为 r、重为 W 的车轮，放置在倾斜的铁轨上。已知铁轨倾角为 α，车轮和铁轨间的滚动摩擦系数为 δ。求车轮的平衡条件。

解　取车轮为研究对象，受力如图 4-13 所示。根据平衡条件可列出

$$\sum F_y = 0, \quad F_N - W\cos\alpha = 0$$

$$\sum M_A(\boldsymbol{F}) = 0, \quad -M_f + Wr\sin\alpha = 0$$

由以上两式解得

$$M_f = Wr\sin\alpha, \quad F_N = W\cos\alpha$$

由于 $M_f \leqslant M_{max} = \delta F_N$，因此得

$$Wr\sin\alpha \leqslant \delta W\cos\alpha$$

即

$$\tan\alpha \leqslant \frac{\delta}{r}$$

这就是使车轮平衡所必须满足的条件。

由这一关系可以导出滚动摩擦系数。当车轮开始沿铁轨向下滚动时,滚动摩擦力偶矩 M_f 到达最大值 M_{max},设此时倾角为 θ,则有

$$\delta = r\tan\theta$$

小　　结

(1) 摩擦现象分为滑动摩擦和滚动摩擦两类。

(2) 滑动摩擦力是在两个物体相互接触的表面之间有相对滑动趋势或有相对滑动时出现的切向约束力。两接触表面之间有相对滑动趋势时出现的切向约束力称为静滑动摩擦力,有相对滑动时出现的切向约束力称为动滑动摩擦力。

① 静滑动摩擦力的方向与接触面间相对滑动趋势的方向相反,其值满足 $0 \leqslant F_s \leqslant F_{max}$。静摩擦定律为 $F_{max} = f_s F_N$,其中 f_s 为静摩擦因数,F_N 为法向约束力。

② 动滑动摩擦力的方向与接触面间相对滑动的速度方向相反,其大小为 $F_d = fF_N$,其中 f 为动摩擦因数,一般情况下略小于静摩擦因数 f_s。

(3) 摩擦角 φ_m 为全约束力与法线间夹角的最大值,且有 $\tan\varphi_m = f_s$。

全约束力与法线间的夹角 φ 的变化范围为 $0 \leqslant \varphi \leqslant \varphi_m$,当主动力的合力作用线在摩擦角之内时发生自锁现象。

(4) 物体滚动时会受到阻碍滚动的滚动摩擦力偶作用。

物体平衡时,滚动摩擦力偶矩 M_f 随主动力的大小变化,即 $0 \leqslant M_f \leqslant M_{max} = \delta \boldsymbol{F}_N$,其中 δ 为滚动摩擦系数,单位为 mm。

物体滚动时,滚动摩擦力偶矩近似等于 M_{max}。

(5) 求解具有摩擦的平衡问题,除直接应用平衡方程和物理条件($F_s \leqslant f_s F_N$,$M_f \leqslant \delta F_N$)解不等式方程外,通常是考虑临界平衡状态时需求量的值,分析清楚是最大值还是最小值,解等式方程,然后根据问题的具体情况考虑其范围。利用摩擦角和平衡的几何条件解题有时较为简便。

思　考　题

4-1　人骑自行车在道路上行驶。自行车后轮受主动力作用而前行,试分别画出自行车前轮和后轮的受力图。

4-2　物块 A 放在物块 B 上,物块 A 与墙之间用一连杆连接,各接触面间的摩擦因数相同(见图 4-14)。在下面三种情况下,若要使物块 B 滑动,试判断哪个作用力最大,哪个作用力最小。

4-3　汽车行驶时,车轮与地面间是哪种摩擦力?汽车的发动机经一系列机构驱动后轴的车轮顺时针转动,说明作用于前、后轮上的摩擦力的方向和作用。

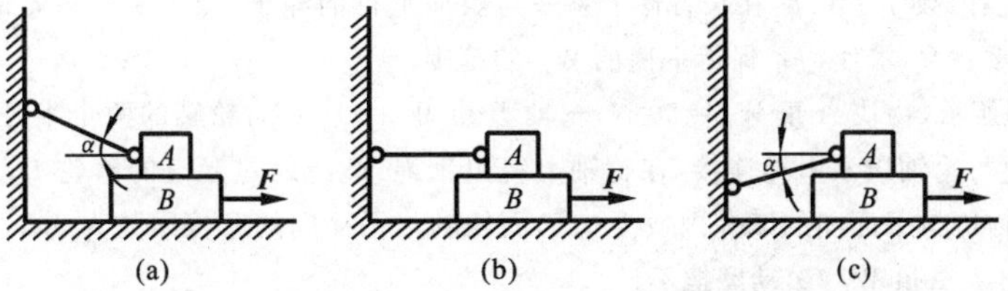

图 4-14

习　题

4-1　物块重 $W=100$ N,放在与水平面成30°角的斜面上,物块受一水平力 $\boldsymbol{F}$ 作用,如图所示。设物块与斜面间的静摩擦因数 $f_s=0.2$。求物块在斜面上平衡时所需力 $\boldsymbol{F}$ 的大小。

4-2　物块质量为 10 kg,用水平力 $\boldsymbol{F}$ 将它压在竖直的墙上。设 $F=490$ N,摩擦因数 $f_s=0.3$,问:摩擦力是多少?

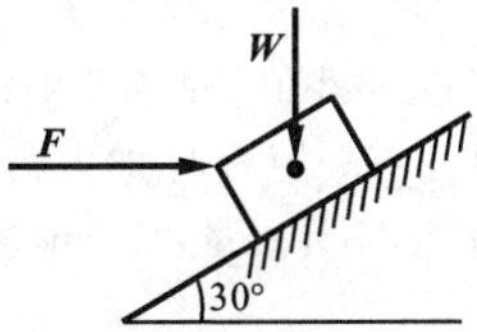

题 4-1 图

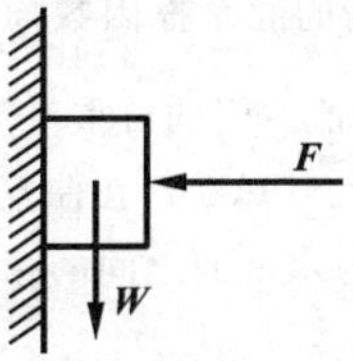

题 4-2 图

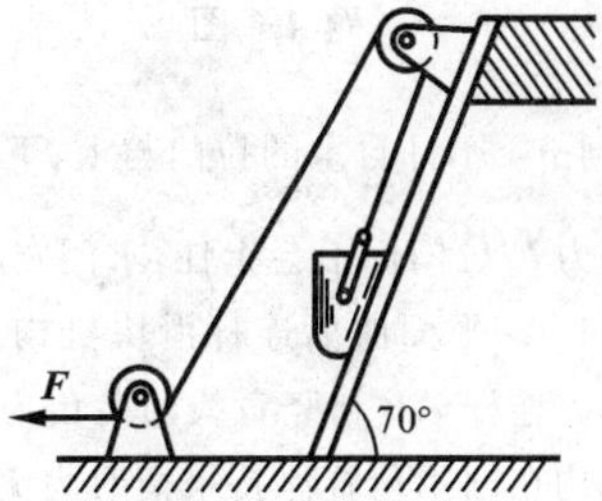

题 4-3 图

4-3　图示运送混凝土的装置,料斗连同混凝土总重 25 kN,料斗和轨道间的动摩擦因数为 0.3。求料斗匀速上升时绳子的拉力 F_1 及匀速下降时绳子的拉力 F_2。

4-4　图示油压抱闸装置,已知油塞直径 $d=45$ mm,油压 $p=100\ \text{N/cm}^2$,制动块与轮间的摩擦因数 $f_s=0.3$,不计活塞、杠杆自重及制动块厚度的影响,求制动块对轮 O 能产生的最大制动力矩。

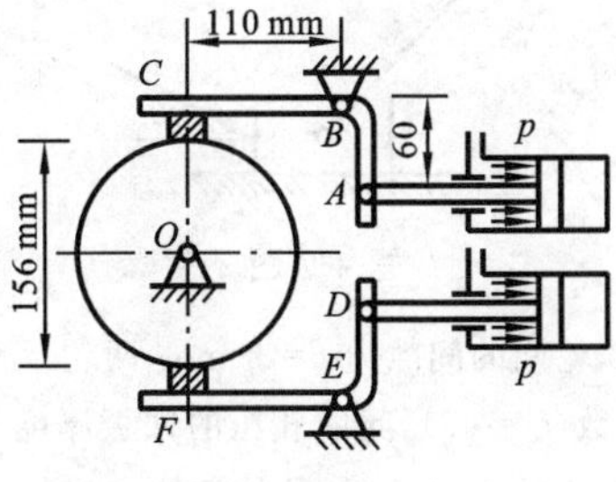

题 4-4 图

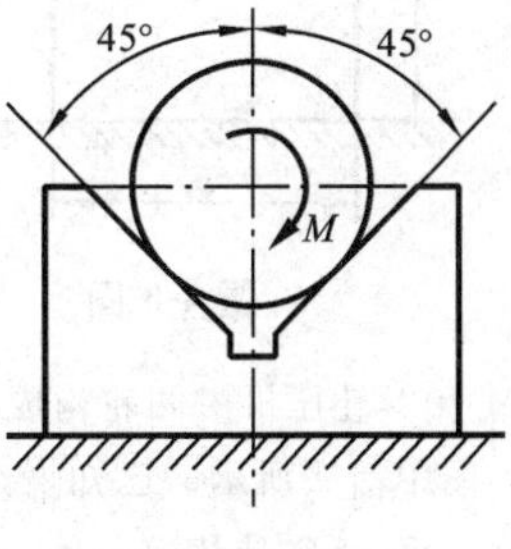

题 4-5 图

4-5　欲转动一放在 V 形槽中的钢棒料,需作用一矩为 $M=15\ \text{N}\cdot\text{m}$ 的力偶,已知棒料重400 N,直径为 25 cm。求棒料与槽间的摩擦因数 f_s。

4-6　如图所示的均质长方体 A,宽 1 m、高 2 m,重量 $W_A=10$ kN,置于 30°的斜面上,长方体与斜面间的摩擦因数 $f_s=0.8$，在长方体上系一与斜面平行的绳子，绳子绕过一光滑的滑轮，下端挂一重 W_B 的重物 B，求使物系保持平衡的 W_B 的范围。

4-7　如图所示，物块 A 重 $W_A=50$ N，轮轴 B 重 $W_B=100$ N，轮轴的两个半径为 $R=10$ cm，$r=5$ cm。物块与轮轴以水平绳连接，在轮轴上绕以细绳，此绳跨过光滑的滑轮 D，在其端点上系一重物 C。如物块与平面间的摩擦因数为 0.5，而轮轴与平面间的摩擦因数为 0.2，求使物系平衡时，重物 C 的最大重量 W_C（滚动摩擦不计）。

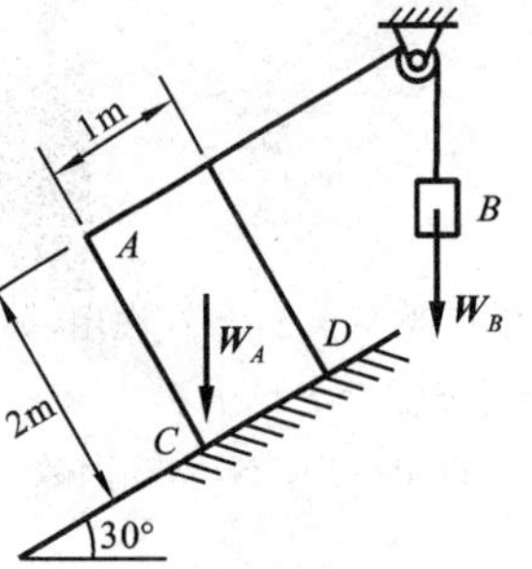

题 4-6 图

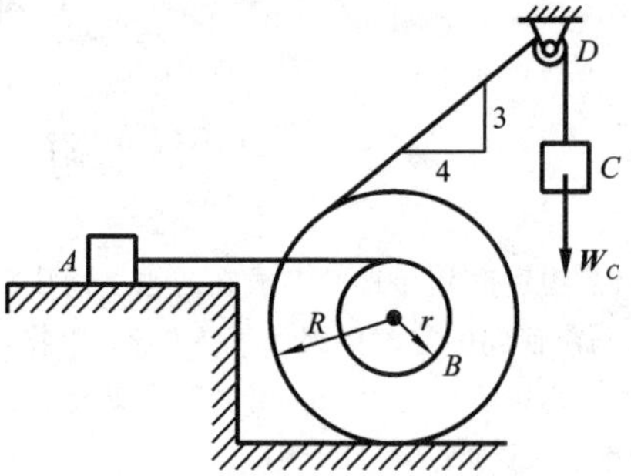

题 4-7 图

4-8　不计自重的拉门与上、下滑道之间的静摩擦因数均为 f_s，门高为 h。若在门上 $\frac{2}{3}h$ 处用水平力 $\boldsymbol{F}$ 拉门而不会卡住，求门宽 b 的最小值。门的自重对不卡住的门宽最小值是否有影响？

4-9　平面曲柄连杆滑块机构如图所示。$OA=l$，在曲柄 OA 上作用有一矩为 M 的力偶，OA 水平。连杆 AB 与竖直线的夹角为 θ，滑块与水平面之间的摩擦因数为 f_s，不计重量，且 $\tan\theta>f_s$。求机构在图示位置保持平衡时力 $\boldsymbol{F}$ 的大小。

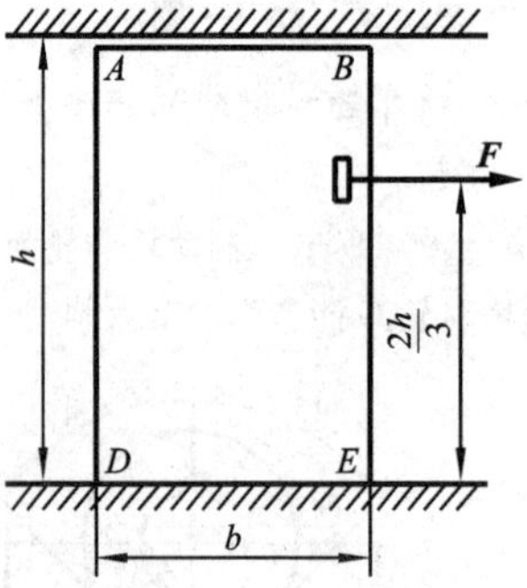

题 4-8 图

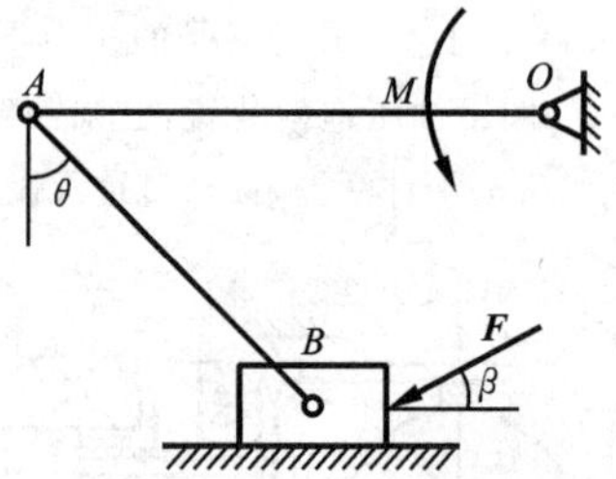

题 4-9 图

4-10　轧压机由两轮构成，两轮的直径均为 $d=500$ mm，轮间的间隙为 $a=5$ mm，两轮反向转动，如图中箭头所示。已知烧红的铁板与铸铁轮间的摩擦因数 $f_s=0.1$，问能轧压的铁板厚度 b 是多少？（提示：欲使机器工作，则铁板必须被两转轮带动，亦即作用在铁板 A、B 处的法向反作用力和摩擦力的合力必须水平向右。）

4-11　鼓轮利用双闸块制动器制动，设在杠杆的末端作用有大小为 200 N 的力 $\boldsymbol{F}$，方向与杠杆相垂直，如图所示。已知闸块与鼓轮的摩擦因数 $f_s=0.5$，又 $2R=O_1O_2=KD=DC=O_1A=KL=O_2L=0.5$ m，$O_1B=0.75$ m，$AC=O_1D=1$ m，$ED=0.25$ m，自重不计。求作用于鼓轮上的制动力矩。

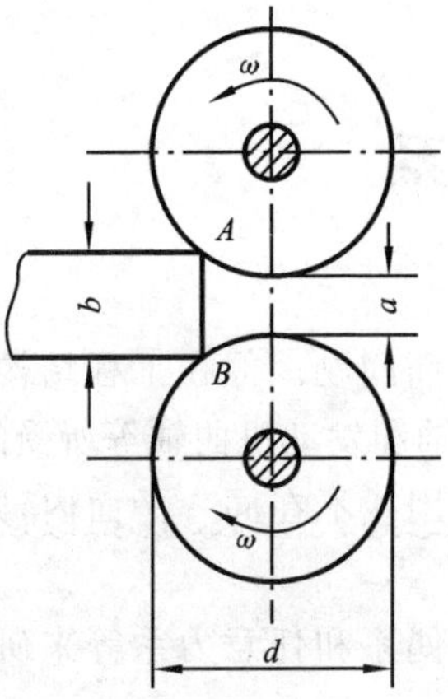

题 4-10 图

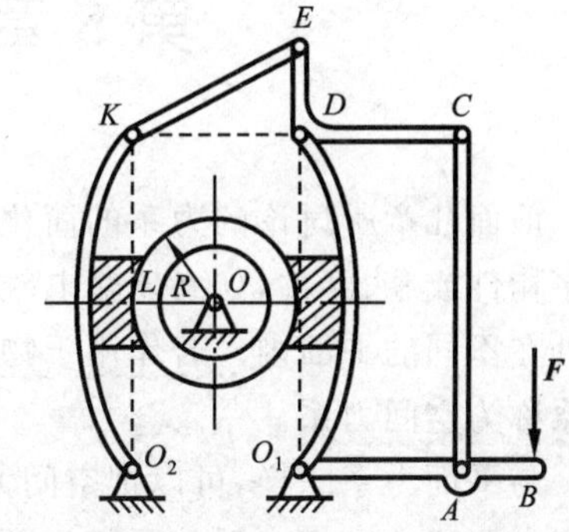

题 4-11 图

4-12　均质长板 AD 重为 W，长为 4 m，用一短板 BC 支撑，如图所示。若 $AC=BC=AB=3$ m，BC 板的自重不计。问：A、B、C 处摩擦角各为多大才能使结构保持平衡？

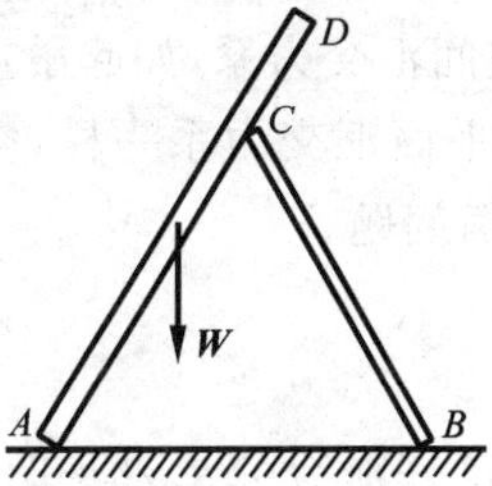

题 4-12 图

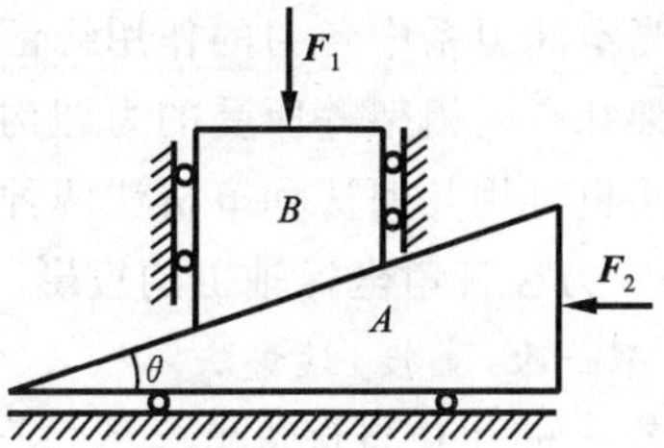

题 4-13 图

4-13　尖劈顶重装置如图所示。B 块受力 $\boldsymbol{F}_1$ 的作用，A 与 B 间的摩擦因数为 f_s（其他有滚珠处表示光滑）。如不计 A 和 B 的重量，求使系统保持平衡的力 $\boldsymbol{F}_2$ 的大小。

4-14　圆柱滚子重 3 kN，半径为 30 cm，放在水平面上。若滚动摩擦系数 $\delta=0.5$ cm，求 $\alpha=0°$ 及 $\alpha=30°$ 两种情况下，拉动滚子所需的拉力 $\boldsymbol{F}$ 的值。

4-15　一半径为 R、重为 W_1 的轮静止在水平面上，如图所示。在轮上半径为 r 的轴上缠有细绳，此细绳跨过滑轮 A，在端部系一重为 W_2 的物体。绳的 AB 部分与竖直线成 θ 角。求轮与水平面接触点 C 处的滚动摩擦力偶矩、滑动摩擦力和法向反作用力。

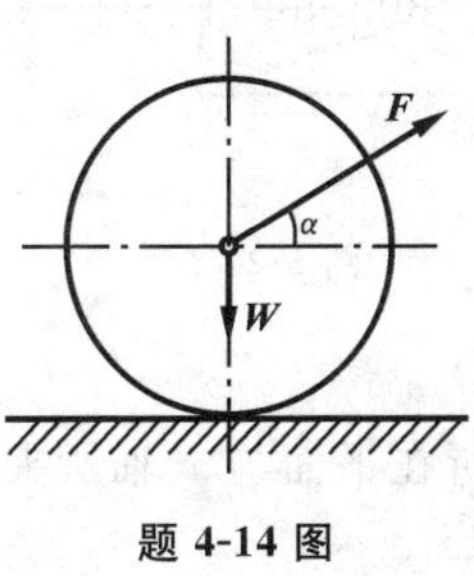

题 4-14 图

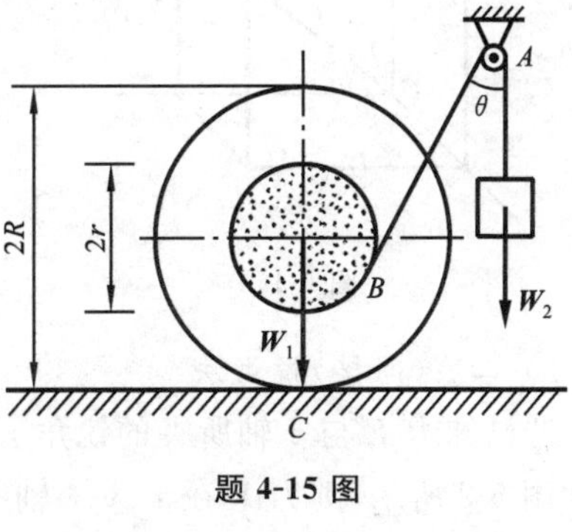

题 4-15 图

第5章　空间力系

前面几章所讨论的力系的简化和平衡问题均属于平面问题。但在工程结构中，许多构件或零、部件，如高压输电线塔、起重设备、车床主轴和发动机曲轴等所受的力都处在不同的平面内。若作用于物体的力系中各力的作用线不在同一平面内，则此力系称为空间力系。

与平面力系一样，可以把空间力系分为汇交力系、力偶系和任意力系等来研究。本章主要研究空间力系的平衡问题。

5.1　空间汇交力系

当空间力系中各力的作用线汇交于一点时，称其为空间汇交力系，如起吊重物的三脚架和空间桁架等所受的力即构成空间汇交力系。与平面汇交力系一样，空间汇交力系也可用几何法和解析法两种方法来求解合力和平衡问题。

1. 力在直角坐标轴上的投影

1）一次（直接）投影法

若已知力 $\boldsymbol{F}$ 与直角坐标系 $Oxyz$ 中各轴正向间的夹角分别为 α、β、γ（见图 5-1），则力 $\boldsymbol{F}$ 在 x、y、z 轴上的投影分别为

$$\left.\begin{aligned} F_x &= F\cos\alpha \\ F_y &= F\cos\beta \\ F_z &= F\cos\gamma \end{aligned}\right\} \tag{5-1}$$

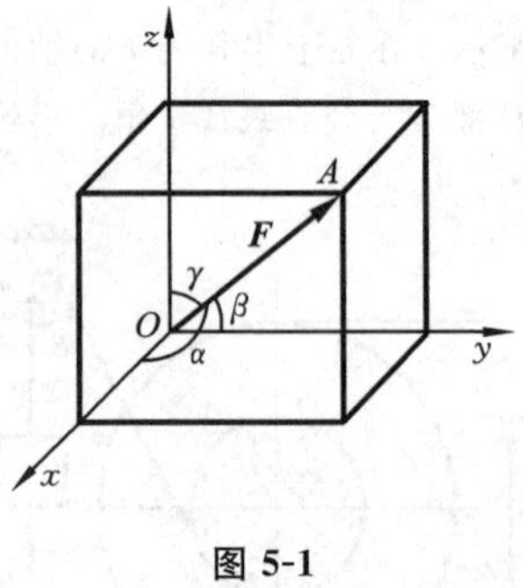

图 5-1

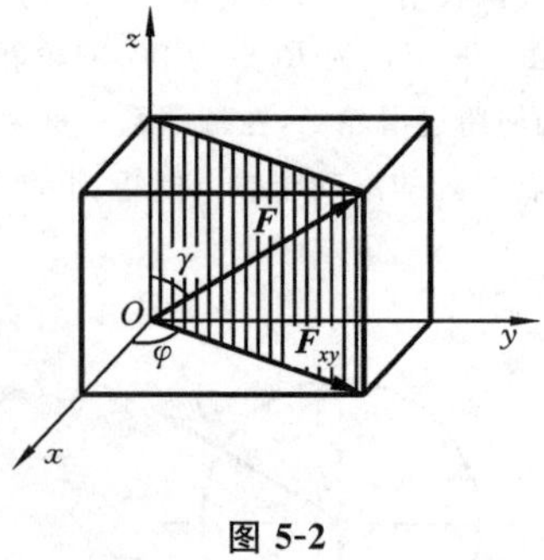

图 5-2

2）二次（间接）投影法

若已知力 $\boldsymbol{F}$ 与 z 轴所夹的锐角 γ，以及力 $\boldsymbol{F}$ 和 z 轴所在平面与 x 轴所夹的锐角 φ，如图 5-2 所示，则力 $\boldsymbol{F}$ 在 x、y、z 轴上的投影分别为

$$\left.\begin{aligned} F_x &= F\sin\gamma\cos\varphi \\ F_y &= F\sin\gamma\sin\varphi \\ F_z &= F\cos\gamma \end{aligned}\right\} \tag{5-2}$$

例 5-1 如图 5-3 所示的圆柱斜齿轮，其上受啮合力 $\boldsymbol{F}$ 的作用。已知斜齿轮的齿倾角(螺旋角) β 和压力角 α，试求力 $\boldsymbol{F}$ 在 x、y、z 轴上的投影。

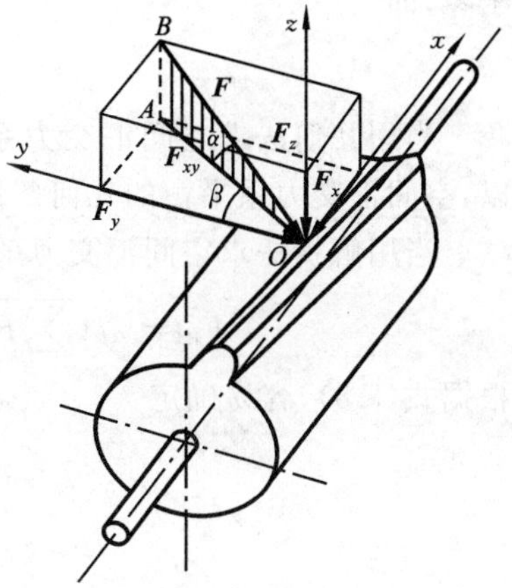

图 5-3

解 根据已知条件，采用二次投影法。

将力 $\boldsymbol{F}$ 向 z 轴和 Oxy 平面投影，得

$$F_z = -F\sin\alpha$$

$$F_{xy} = F\cos\alpha$$

将力 $\boldsymbol{F}$ 向 x、y 轴投影，得

$$F_x = -F_{xy}\sin\beta = -F\cos\alpha\sin\beta$$

$$F_y = -F_{xy}\cos\beta = -F\cos\alpha\cos\beta$$

2. 空间汇交力系的合成与平衡

1) 空间汇交力系的合成

可用几何法和解析法两种方法来求解空间汇交力系的合力。

用几何法对空间汇交力系进行合成时，需应用力的多边形法则。将各力矢量首尾相连，构成空间力多边形，力多边形的封闭边即为合力矢。空间汇交力系的合力等于各分力的矢量和，合力的作用线通过力系的汇交点。即

$$\boldsymbol{F}_{\mathrm{R}} = \sum \boldsymbol{F}_i \tag{5-3}$$

当用解析法求解空间汇交力系的合力时，可以将适用于平面汇交力系的合力投影定理推广至空间汇交力系，即合力在任一轴上的投影等于力系中各力在同一轴上投影的代数和。亦即

$$\left.\begin{aligned} F_{\mathrm{R}x} &= \sum F_{ix} \\ F_{\mathrm{R}y} &= \sum F_{iy} \\ F_{\mathrm{R}z} &= \sum F_{iz} \end{aligned}\right\} \tag{5-4}$$

反之，如果能够计算出空间汇交力系的各力在 x、y、z 轴上投影的代数和，则合力的大小和方向随之确定。

合力的大小为

$$F_{\mathrm{R}} = \sqrt{F_{\mathrm{R}x}^2 + F_{\mathrm{R}y}^2 + F_{\mathrm{R}z}^2} = \sqrt{\left(\sum F_{ix}\right)^2 + \left(\sum F_{iy}\right)^2 + \left(\sum F_{iz}\right)^2} \tag{5-5}$$

合力的方向余弦为

$$\cos\alpha = \frac{\sum F_{ix}}{F_{\mathrm{R}}}, \quad \cos\beta = \frac{\sum F_{iy}}{F_{\mathrm{R}}}, \quad \cos\gamma = \frac{\sum F_{iz}}{F_{\mathrm{R}}} \tag{5-6}$$

式中：α、β、γ 分别为合力 $\boldsymbol{F}_{\mathrm{R}}$ 的作用线与三个坐标轴正向间的夹角。

2) 空间汇交力系的平衡

由前所述,空间汇交力系可合成为一个合力,但如果此汇交力系是一平衡力系,则该合力必须为零。因此,空间汇交力系平衡的必要与充分条件是:该力系的合力等于零,即

$$\boldsymbol{F}_R = \sum \boldsymbol{F}_i = \boldsymbol{0} \tag{5-7}$$

当用几何法求空间汇交力系的合力时,式(5-7)表现为力多边形自行封闭。所以,空间汇交力系平衡的几何条件是:力系的力多边形自行封闭。

当用解析法求空间汇交力系的合力时,式(5-7)等同于

$$F_R = \sqrt{(\sum F_{ix})^2 + (\sum F_{iy})^2 + (\sum F_{iz})^2} = 0 \tag{5-8}$$

根据式(5-8),容易确定

$$\left.\begin{aligned} \sum F_{ix} &= 0 \\ \sum F_{iy} &= 0 \\ \sum F_{iz} &= 0 \end{aligned}\right\} \tag{5-9}$$

即空间汇交力系平衡的解析条件是:力系中各力在三条坐标轴上投影的代数和分别等于零。式(5-9)称为空间汇交力系的平衡方程。

空间汇交力系有三个独立的平衡方程,可以求解三个未知量。

例 5-2　用三脚架 $ABCD$ 和绞车起吊重 $W=30$ kN 的重物,如图 5-4 所示。三脚架的各无重杆在 D 点用铰链相接,另一端铰接在地面上。各杆与绳索 DE 都与地面成 60°角,ABC 为一等边三角形。求平衡时各杆所受的力。

解　(1) 确定研究对象,画受力图。

取铰链 D 及重物为分离体。其上受重力 $\boldsymbol{W}$、绳索拉力 $\boldsymbol{F}_T$ 以及三个二力杆的约束反力 $\boldsymbol{F}_A$、$\boldsymbol{F}_B$、$\boldsymbol{F}_C$ 的作用。受力图如图 5-4(a)所示。由受力图可以看出,此五个力组成一空间汇交力系。

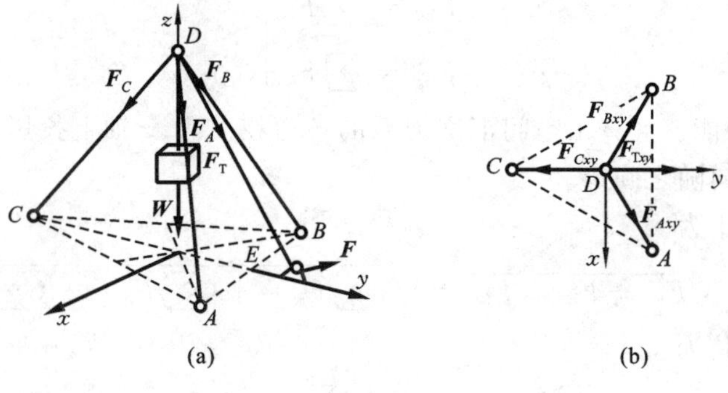

图 5-4

(2) 列平衡方程,求解未知量。

选坐标系如图 5-4 所示，列写平衡方程。根据已知条件，$\boldsymbol{F}_A$、$\boldsymbol{F}_B$、$\boldsymbol{F}_C$和$\boldsymbol{F}_T$在投影时需采用二次投影法，如图 5-4(b)所示。

$$\sum F_{ix}=0,\quad F_A\cos60°\cos30°-F_B\cos60°\cos30°=0$$

$$\sum F_{iy}=0,\quad F_A\cos60°\sin30°+F_B\cos60°\sin30°-F_C\cos60°+F_T\cos60°=0$$

$$\sum F_{iz}=0,\quad -F_A\sin60°-F_B\sin60°-F_C\sin60°-W-F_T\sin60°=0$$

其中 $F_T=W$，代入平衡方程后解得

$$F_A=F_B=-31.5\ \text{kN},\quad F_C=-1.5\ \text{kN}$$

5.2　力对点之矩和力对轴之矩

1. 力对点之矩以矢量表示——力矩矢

在平面力系中力对点之矩是一个代数量，确定了力矩的大小和转向，即可描述力对物体的转动效应。但在空间力系中，不仅要确定力矩的大小和转向，还需要考虑力矩的作用面。例如，图 5-5 中所示的飞机，其所受力中，作用在机翼上的力 $\boldsymbol{F}$ 使飞机绕其重心发生侧倾，作用在尾翼上的力 $\boldsymbol{F}_T$ 使飞机俯仰。

因此，在空间力系中，对于力对点之矩，除了要确定力矩的大小和转向外，还应明确其作用面。作用面是由力的作用线与矩心所组成的平面。于是，具有大小、转向和作用面三个要素的力对点之矩就可以用矢量来描述，称为力矩矢，用 $\boldsymbol{M}_O(\boldsymbol{F})$表示，如图 5-6 所示。该力矩矢通过矩心 O，垂直于力矩作用面。其方向按右手法则确定：右手半握拳，使四指弯曲的方向与力绕矩心的转动方向相同，则拇指所指的方向即为力矩矢的方向。

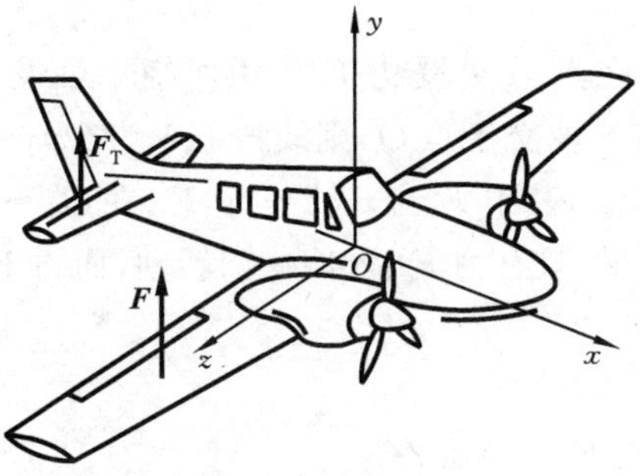

图 5-5

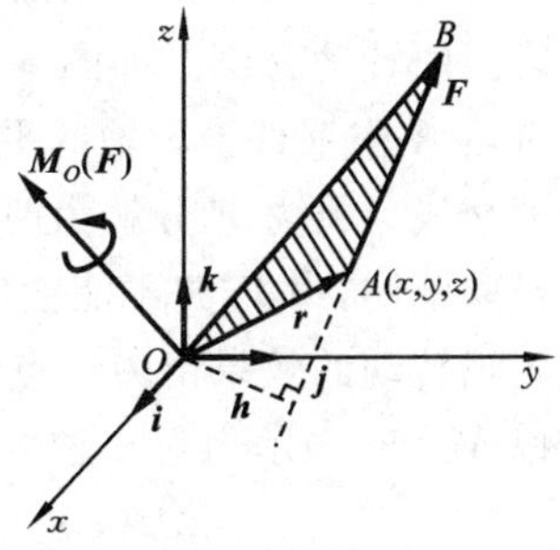

图 5-6

力矩矢的大小为　　$M_O(\boldsymbol{F})=Fh=2A_{\triangle OAB}$

设 $\boldsymbol{r}$ 为从矩心 O 指向力的作用点 A 的矢径，则矢量积 $\boldsymbol{r}\times\boldsymbol{F}$ 的大小为

$$|\boldsymbol{r}\times\boldsymbol{F}|=Fh=2A_{\triangle OAB}$$

该矢量积的方向也与力 $\boldsymbol{F}$ 对点 O 的力矩矢方位相同，所以有

$$\boldsymbol{M}_O(\boldsymbol{F}) = \boldsymbol{r} \times \boldsymbol{F} \tag{5-10}$$

式(5-10)为力对点之矩的矢积表达式，即力对点的矩等于矩心到该力作用点的矢径与该力的矢量积。

以矩心 O 为原点，作直角坐标系 $Oxyz$，如图 5-6 所示。设力作用点 A 的坐标为 $A(x,y,z)$，力在三个坐标轴上的投影分别为 F_x、F_y、F_z，则矢径 $\boldsymbol{r}$ 和力 $\boldsymbol{F}$ 分别可表示为

$$\boldsymbol{r} = x\boldsymbol{i} + y\boldsymbol{j} + z\boldsymbol{k}$$
$$\boldsymbol{F} = F_x\boldsymbol{i} + F_y\boldsymbol{j} + F_z\boldsymbol{k}$$

代入式(5-10)，采用行列式形式，有

$$\boldsymbol{M}_O(\boldsymbol{F}) = \boldsymbol{r} \times \boldsymbol{F} = \begin{vmatrix} \boldsymbol{i} & \boldsymbol{j} & \boldsymbol{k} \\ x & y & z \\ F_x & F_y & F_z \end{vmatrix}$$
$$= (yF_z - zF_y)\boldsymbol{i} + (zF_x - xF_z)\boldsymbol{j} + (xF_y - yF_x)\boldsymbol{k} \tag{5-11}$$

式(5-11)即为力对点之矩的解析表达式。可以看出，单位矢量 $\boldsymbol{i}$、$\boldsymbol{j}$、$\boldsymbol{k}$ 前面的三个系数，分别表示了力矩矢 $\boldsymbol{M}_O(\boldsymbol{F})$ 在三个坐标轴上的投影，即

$$\left.\begin{aligned} [\boldsymbol{M}_O(\boldsymbol{F})]_x &= yF_z - zF_y \\ [\boldsymbol{M}_O(\boldsymbol{F})]_y &= zF_x - xF_z \\ [\boldsymbol{M}_O(\boldsymbol{F})]_z &= xF_y - yF_x \end{aligned}\right\} \tag{5-12}$$

当矩心位置变化时，力矩矢的大小和方位随之变化，所以力矩矢的始端必须在矩心，不可任意挪动，即力矩矢是定位矢量。

2. 力对轴之矩

在生产和生活实际中，经常遇到刚体绕定轴转动的实例，为此，引入力对轴之矩来度量力使物体绕某轴转动的效果。

以门的转动为例。如图 5-7(a)所示，门在点 A 处受力 $\boldsymbol{F}$ 作用而绕 z 轴发生转动。过点 A 作垂直于 z 轴的平面 Oxy，并与 z 轴交于点 O，则线段 OA 为 Oxy 平面与门的交线。将力 $\boldsymbol{F}$ 分解为两个分力 $\boldsymbol{F}_z$ 和 $\boldsymbol{F}_{xy}$，其中 $\boldsymbol{F}_z$ 与 z 轴平行，$\boldsymbol{F}_{xy}$ 在 Oxy 平面内。经验证明，力 $\boldsymbol{F}_z$ 并不能使门产生转动效果，只有力 $\boldsymbol{F}_{xy}$ 才能使门转动，而力 $\boldsymbol{F}_{xy}$ 使门绕 z 轴转动的效果由力对点 O 的矩来确定。

以 $M_z(\boldsymbol{F})$ 表示力对 z 轴的矩，由图 5-7(b)有

$$M_z(\boldsymbol{F}) = M_O(\boldsymbol{F}_{xy}) = \pm F_{xy}h = \pm 2A_{\triangle OAB} \tag{5-13}$$

由此，将力对轴之矩定义如下：力对轴之矩是力使刚体绕该轴转动效果的度量，是一个代数量，其大小等于该力在垂直于该轴的平面上的投影对此平面与该轴的交点的矩；其正负号由右手法则给定，以右手四指表示力使物体绕轴转动的方向，拇指的指向与轴的正向相同时取正号，反之取负号。

可见，空间力对轴之矩最终可转化为平面力对点之矩。

在以下两种情况下力对轴之矩等于零：①力与轴平行时($F_{xy}=0$)；②力与轴相交

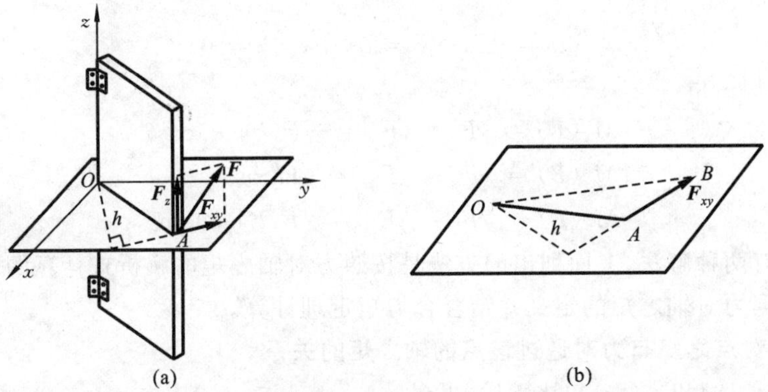

图 5-7

时($h=0$)。概括而言,力与轴在同一平面时,力对轴之矩等于零。

力对轴之矩的单位为 N·m。

力对轴之矩也可以用解析式表示。设力 $\boldsymbol{F}$ 在三个坐标轴上的投影分别为 F_x、F_y、F_z,力作用点 A 的坐标为(x,y,z),如图 5-8 所示。根据式(5-13),得

$$M_z(\boldsymbol{F}) = M_O(\boldsymbol{F}_{xy}) = M_O(\boldsymbol{F}_x) + M_O(\boldsymbol{F}_y) = xF_y - yF_x$$

同理可得其余二式,于是有

$$\left.\begin{aligned} M_x(\boldsymbol{F}) &= yF_z - zF_y \\ M_y(\boldsymbol{F}) &= zF_x - xF_z \\ M_z(\boldsymbol{F}) &= xF_y - yF_x \end{aligned}\right\} \tag{5-14}$$

以上是计算力对轴之矩的解析表达式。

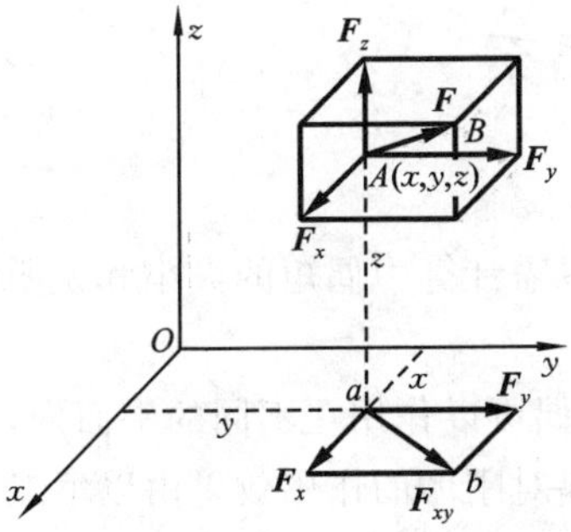

图 5-8

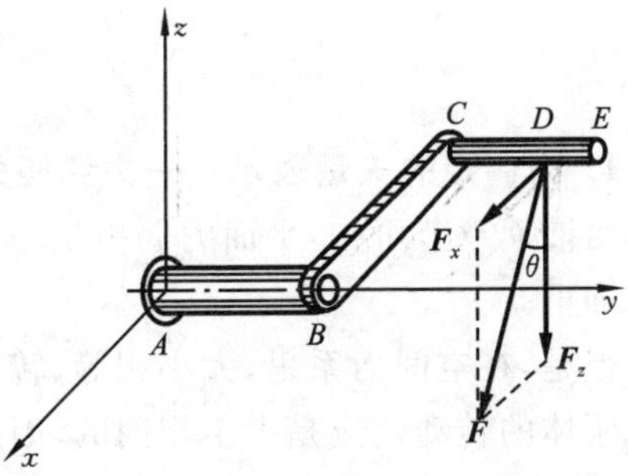

图 5-9

例 5-3　如图 5-9 所示,手柄 $ABCE$ 位于平面 Axy 内,D 处有一力 $\boldsymbol{F}$,作用在垂直于 y 轴的平面内,力 $\boldsymbol{F}$ 偏离竖直线的角度为 θ。如果 $CD=a$,杆 BC 平行于 x 轴,杆 CE 平行于 y 轴,AB 和 BC 的长度都等于 l。试求力 $\boldsymbol{F}$ 对 x、y、z 三轴的矩。

解　力 $\boldsymbol{F}$ 在 x、y、z 轴上的投影分别为

$$F_x = F\sin\theta, \quad F_y = 0, \quad F_z = -F\cos\theta$$

力 $\boldsymbol{F}$ 作用点 D 的坐标为

$$x=-l,\quad y=l+a,\quad z=0$$

代入式(5-14),得

$$\begin{aligned} M_x(\boldsymbol{F}) &= yF_z - zF_y = -F(l+a)\cos\theta \\ M_y(\boldsymbol{F}) &= zF_x - xF_z = -Fl\cos\theta \\ M_z(\boldsymbol{F}) &= xF_y - yF_x = -F(l+a)\sin\theta \end{aligned}$$

本题有两种解法,上面列出的方法是按照力对轴之矩的解析式计算的,还有一种方法是根据力对轴之矩的定义并结合合力矩定理计算。

3. 力对点之矩与力对通过该点的轴之矩的关系

将式(5-12)和式(5-14)比较后,可得

$$\left.\begin{aligned} [\boldsymbol{M}_O(\boldsymbol{F})]_x &= M_x(\boldsymbol{F}) \\ [\boldsymbol{M}_O(\boldsymbol{F})]_y &= M_y(\boldsymbol{F}) \\ [\boldsymbol{M}_O(\boldsymbol{F})]_z &= M_z(\boldsymbol{F}) \end{aligned}\right\} \tag{5-15}$$

式(5-15)说明:力对点之矩在通过该点的某轴上的投影,等于力对该轴之矩。

式(5-15)建立了力对点之矩和力对轴之矩之间的关系。

如果已知力对通过点 O 的直角坐标轴 x、y、z 的矩,则可求得该力对点 O 的矩的大小和方向余弦:

$$\left.\begin{aligned} &|\boldsymbol{M}_O(\boldsymbol{F})| = |\boldsymbol{M}_O| = \sqrt{[M_x(\boldsymbol{F})]^2+[M_y(\boldsymbol{F})]^2+[M_z(\boldsymbol{F})]^2} \\ &\cos(\boldsymbol{M}_O,\boldsymbol{i}) = \frac{M_x(\boldsymbol{F})}{|\boldsymbol{M}_O(\boldsymbol{F})|},\quad \cos(\boldsymbol{M}_O,\boldsymbol{j}) = \frac{M_y(\boldsymbol{F})}{|\boldsymbol{M}_O(\boldsymbol{F})|},\quad \cos(\boldsymbol{M}_O,\boldsymbol{k}) = \frac{M_z(\boldsymbol{F})}{|\boldsymbol{M}_O(\boldsymbol{F})|} \end{aligned}\right\} \tag{5-16}$$

5.3 空间力偶系

1. 力偶矩的矢量表示——力偶矩矢

由前面章节可知,平面力偶矩是一个代数量,只需计算力偶矩的大小和说明转动方向即可。

但是,在空间力系里,大小相等、转向相同的力偶可以作用在不同的平面内,而它们对刚体的转动效应是大不相同的,因此,空间力偶对刚体的作用效果由以下三个因素决定:力偶矩的大小、力偶的转向、力偶的作用面。这三个因素可用力偶矩矢来度量,用 $\boldsymbol{M}$ 表示。该力偶矩矢垂直于力偶作用面,其方向按右手法则确定:右手半握拳,使四指弯曲的方向与力偶的转向相同,则拇指所指的方向即为力偶矩矢的方向,如图 5-10(a)所示;力偶矩矢的大小用其长度表示,可依据 $|\boldsymbol{M}_O(\boldsymbol{F})|=Fd=2A_{\triangle ABC}$ 计算,如图5-10(b)所示。

由于力偶可以在作用面内移转,又可以平行于作用面移动,力偶矩矢的起点可以任意选择或移动,因此力偶矩矢是自由矢量。

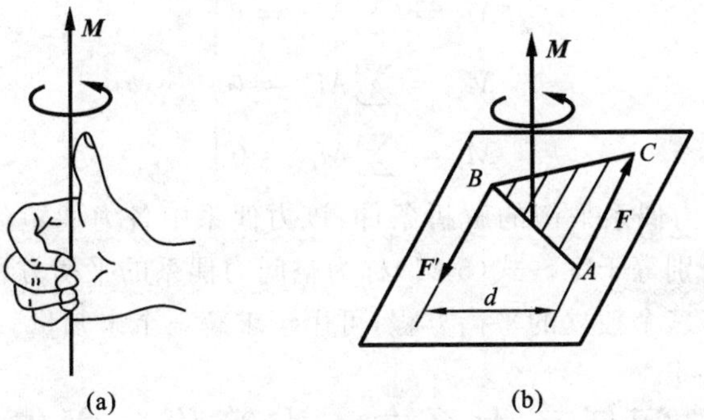

图 5-10

2. 空间力偶等效定理

空间力偶对刚体的作用效果完全由力偶矩矢确定，于是可得空间力偶等效定理，即作用在同一刚体上的两个空间力偶，如果其力偶矩矢相等，则它们彼此等效。

这一定理表明：空间力偶可以平移到与其作用面平行的任意平面上而不改变力偶对刚体的作用效果；也可以同时改变力与力偶臂的大小或将力偶在其作用面内任意移转，只要力偶矩矢的大小、方向不变，其作用效果就不变。可见，力偶矩矢是空间力偶作用效果的唯一度量。

3. 空间力偶系的合成与平衡

1）空间力偶系的合成

空间力偶系可合成为一合力偶，合力偶矩矢等于各分力偶矩矢的矢量和，即

$$\boldsymbol{M} = \boldsymbol{M}_1 + \boldsymbol{M}_2 + \cdots + \boldsymbol{M}_n = \sum \boldsymbol{M}_i \tag{5-17}$$

有关证明可参阅相关资料。

合力偶矩矢的解析表达式为

$$\boldsymbol{M} = M_x\boldsymbol{i} + M_y\boldsymbol{j} + M_z\boldsymbol{k} \tag{5-18}$$

将式(5-17)分别向 x、y、z 轴投影，有

$$\left.\begin{aligned} M_x &= M_{1x} + M_{2x} + \cdots + M_{nx} = \sum M_{ix} \\ M_y &= M_{1y} + M_{2y} + \cdots + M_{ny} = \sum M_{iy} \\ M_z &= M_{1z} + M_{2z} + \cdots + M_{nz} = \sum M_{iz} \end{aligned}\right\} \tag{5-19}$$

即合力偶矩矢在 x、y、z 轴上的投影等于各分力偶矩矢在相应轴上投影的代数和。

2）空间力偶系的平衡

若空间力偶系的合力偶矩矢等于零，则该力偶系必是平衡力系。空间力偶系平衡的必要和充分条件是：力偶系中所有各力偶矩矢的矢量和等于零，即

$$\boldsymbol{M} = \sum \boldsymbol{M}_i = \boldsymbol{0} \tag{5-20}$$

根据式(5-18)和式(5-19)，可得

$$\left.\begin{aligned} M_x &= \sum M_{ix} = 0 \\ M_y &= \sum M_{iy} = 0 \\ M_z &= \sum M_{iz} = 0 \end{aligned}\right\} \tag{5-21}$$

式(5-21)即为空间力偶系平衡的解析条件：该力偶系中各力偶矩矢在三个坐标轴上的投影的代数和分别等于零。式(5-21)称为空间力偶系的平衡方程。

空间力偶系有三个独立的平衡方程，可用于求解三个未知量。

5.4　空间任意力系向一点简化　主矢和主矩

1. 空间任意力系向一点的简化及主矢和主矩

设刚体上作用空间任意力系 $\boldsymbol{F}_1,\boldsymbol{F}_2,\cdots,\boldsymbol{F}_n$(见图 5-11(a))。取 O 点为简化中心，应用力线平移定理，依次将各力向该简化中心平移，并将各附加力偶矩以矢量表示。平移后得到一空间汇交力系和一空间力偶系，如图 5-11(b)所示。

空间汇交力系可合成为作用于简化中心 O 的一个合力 $\boldsymbol{F}'_{\mathrm{R}}$，合力为

$$\boldsymbol{F}'_{\mathrm{R}} = \sum \boldsymbol{F}_i \tag{5-22}$$

称为空间任意力系的**主矢**(见图 5-11(c))。

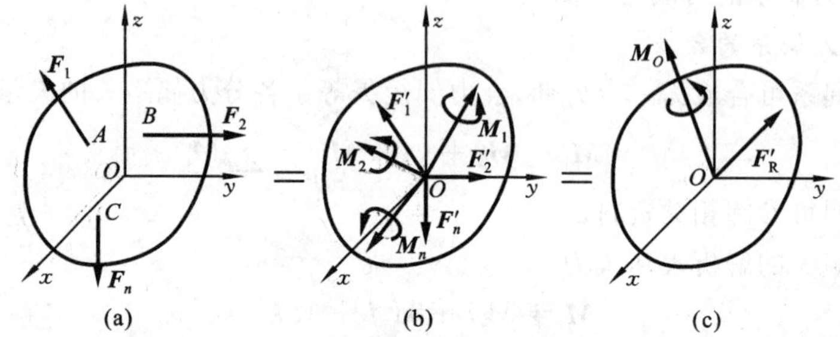

图 5-11

附加空间力偶系可合成为一合力偶，合力偶矩为

$$\boldsymbol{M}_O = \sum \boldsymbol{M}_O(\boldsymbol{F}_i) \tag{5-23}$$

称为空间任意力系的**主矩**(见图 5-11(c))。

于是可得结论：空间任意力系向一点简化，一般可得一力和一力偶。该力作用于简化中心，等于力系中各力的矢量和，称为力系的主矢；该力偶的力偶矩矢等于力系中各力对简化中心的矩矢的矢量和，称为力系的主矩。

与平面力系一样，空间力系的主矢与简化中心的位置无关，而主矩一般随着简化中心位置的改变而改变。

主矢可用解析法求得。取简化中心 O 为原点，建立直角坐标系，将主矢 $\boldsymbol{F}'_{\mathrm{R}}$及力

$\boldsymbol{F}_1,\boldsymbol{F}_2,\cdots,\boldsymbol{F}_n$向三个坐标轴投影，得

$$\left.\begin{aligned} F'_{Rx} &= \sum F_{ix} \\ F'_{Ry} &= \sum F_{iy} \\ F'_{Rz} &= \sum F_{iz} \end{aligned}\right\} \tag{5-24}$$

则主矢的大小和方向余弦分别为

$$\left.\begin{aligned} &F'_R = \sqrt{F'^2_{Rx} + F'^2_{Ry} + F'^2_{Rz}} \\ &\cos(\boldsymbol{F}'_R,\boldsymbol{i}) = \frac{F'_{Rx}}{F'_R},\quad \cos(\boldsymbol{F}'_R,\boldsymbol{j}) = \frac{F'_{Ry}}{F'_R},\quad \cos(\boldsymbol{F}'_R,\boldsymbol{k}) = \frac{F'_{Rz}}{F'_R} \end{aligned}\right\} \tag{5-25}$$

主矩亦可用解析法求得。将主矩 $\boldsymbol{M}_O$ 及各力偶矩矢 $\boldsymbol{M}_O(\boldsymbol{F}_1),\boldsymbol{M}_O(\boldsymbol{F}_2),\cdots,\boldsymbol{M}_O(\boldsymbol{F}_n)$向三个坐标轴投影，并应用力矩关系定理，可得

$$\left.\begin{aligned} M_{Ox} &= \sum [M_O(\boldsymbol{F}_i)]_x = \sum M_x(F_i) \\ M_{Oy} &= \sum [M_O(\boldsymbol{F}_i)]_y = \sum M_y(F_i) \\ M_{Oz} &= \sum [M_O(\boldsymbol{F}_i)]_z = \sum M_z(F_i) \end{aligned}\right\} \tag{5-26}$$

则主矩的大小和方向余弦分别为

$$\left.\begin{aligned} &M_O = \sqrt{M^2_{Ox} + M^2_{Oy} + M^2_{Oz}} \\ &\cos(\boldsymbol{M}_O,\boldsymbol{i}) = \frac{M_{Ox}}{M},\quad \cos(\boldsymbol{M}_O,\boldsymbol{j}) = \frac{M_{Oy}}{M},\quad \cos(\boldsymbol{M}_O,\boldsymbol{k}) = \frac{M_{Oz}}{M} \end{aligned}\right\} \tag{5-27}$$

2. 空间任意力系的简化结果分析

空间任意力系向一点简化后可能出现下列四种情况。

(1) $\boldsymbol{F}'_R=\boldsymbol{0},\boldsymbol{M}_O=\boldsymbol{0}$ 这种情况属于力系平衡，留待5.5节讨论。

(2) $\boldsymbol{F}'_R=\boldsymbol{0},\boldsymbol{M}_O\neq\boldsymbol{0}$ 力系可合成为一合力偶，其矩等于力系对简化中心的主矩 $\boldsymbol{M}_O$。由于力偶矩矢与矩心的位置无关，因此，此种情况下，主矩与简化中心的位置亦无关。

(3) $\boldsymbol{F}'_R\neq\boldsymbol{0},\boldsymbol{M}_O=\boldsymbol{0}$ 力系可合成为一合力。合力的作用线通过简化中心，其力矢等于力系的主矢 $\boldsymbol{F}'_R$。当简化中心刚好选在合力的作用线上时，就会出现这种情况。

(4) $\boldsymbol{F}'_R\neq\boldsymbol{0},\boldsymbol{M}_O\neq\boldsymbol{0}$ 出现这种情况，有三种可能。

① $\boldsymbol{F}'_R\perp\boldsymbol{M}_O$（见图5-12(a)），力系可进一步合成为一合力 $\boldsymbol{F}_R$，如图5-12所示。力矢 $\boldsymbol{F}_R$等于力系的主矢 $\boldsymbol{F}'_R$。此时主矢 $\boldsymbol{F}'_R$和主矩 $\boldsymbol{M}_O$作用在同一平面内。将主矩 $\boldsymbol{M}_O$转化为力偶$(\boldsymbol{F}''_R,\boldsymbol{F}_R)$（见图5-12(b)），进一步合成，得作用于点 O 的一个力 $\boldsymbol{F}_R$（见图5-12(c)）。此力即为原力系的合力，其大小和方向等于原力系的主矢，其作用线到简化中心的距离为

$$d = \frac{|\boldsymbol{M}_O|}{F_R} \tag{5-28}$$

② $\boldsymbol{F}'_R /\!/ \boldsymbol{M}_O$（见图5-13），这时力系无法进一步简化，这种结果称为力螺旋。所谓

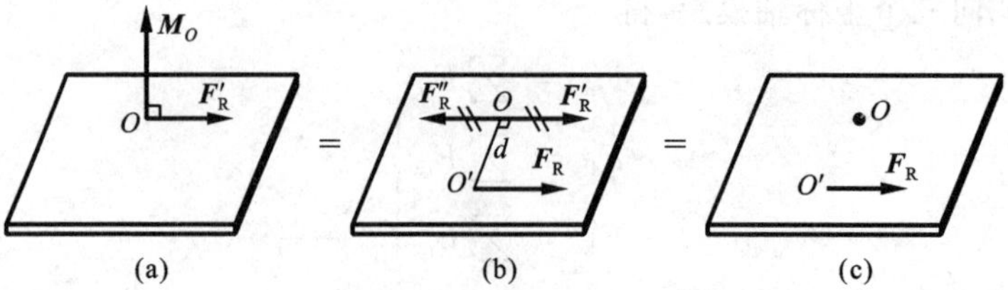

图 5-12

力螺旋就是由一力和一力偶组成的力系,其中的力垂直于力偶的作用面。例如,钻孔时钻头对工件的作用以及拧螺栓时旋具对螺栓的作用等都是力螺旋。力螺旋的力作用线称为该力螺旋的中心轴。

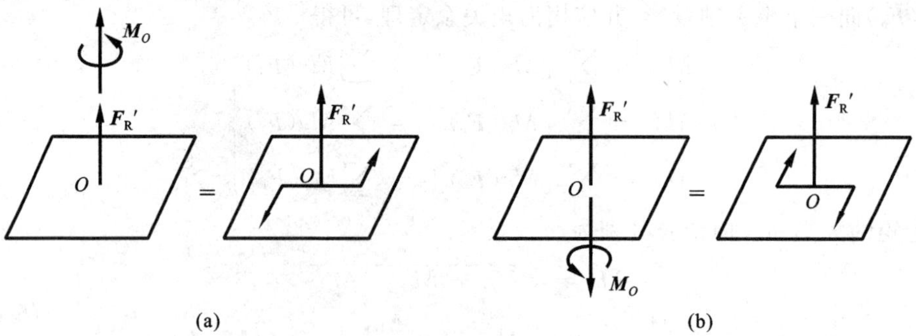

图 5-13

③ F'_R和M_O既不平行,也不垂直,而是成任意角 θ(见图 5-14(a))。此时可将力偶矩 M_O沿与力平行及垂直的两个方向分解,得 M'_O和M''_O(见图 5-14(b))。显然,力 F'_R和矩为 M''_O 的力偶可合成为作用线过点 O'的一个力 F_R,其力矢等于力系的主矢 F'_R,其作用线与简化中心的距离为

$$d = \frac{|M''_O|}{F'_R} = \frac{M_O \sin\theta}{F'_R} \tag{5-29}$$

再将 M'_O平移至点 O',则得如图 5-14(c)所示的结果,为一中心轴过 O'点的力螺旋。可见,一般情形下空间任意力系可合成为力螺旋。

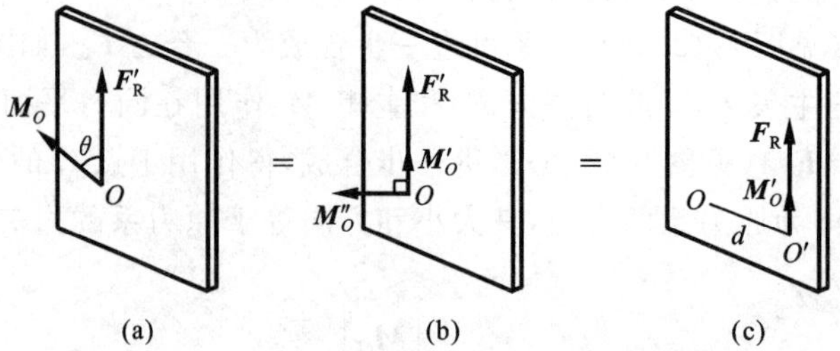

图 5-14

5.5　空间任意力系的平衡

1. 空间任意力系的平衡条件与平衡方程

由前述可知，空间任意力系向一点简化后可得一主矢和一主矩，若要使刚体平衡，则主矢和主矩均须为零，即空间任意力系平衡的必要和充分条件是：该力系的主矢和对任一点的主矩都等于零，即

$$\boldsymbol{F}'_{\mathrm{R}} = \sum \boldsymbol{F}_i = \boldsymbol{0},\quad \boldsymbol{M}_O = \sum \boldsymbol{M}_O(\boldsymbol{F}_i) = \boldsymbol{0}$$

根据式(5-25)及式(5-27)可得

$$\left.\begin{aligned}\sum F_x &= 0\\ \sum F_y &= 0\\ \sum F_z &= 0\\ \sum M_x(\boldsymbol{F}) &= 0\\ \sum M_y(\boldsymbol{F}) &= 0\\ \sum M_z(\boldsymbol{F}) &= 0\end{aligned}\right\}\tag{5-30}$$

因此，空间任意力系平衡的必要与充分条件亦可表述为：力系中所有各力在三条坐标轴上投影的代数和分别等于零，同时，这些力对三条坐标轴之矩的代数和也分别等于零。式(5-30)称为空间任意力系的平衡方程。

空间任意力系的平衡条件包含各种特殊力系的平衡条件，由空间任意力系的平衡方程即式(5-30)可以导出各种特殊力系的平衡方程，如空间平行力系、空间汇交力系、空间力偶系以及平面任意力系等的平衡方程。

以空间平行力系为例。如图 5-15 所示的空间平行力系，因各力与 z 轴平行，故各力对 z 轴之矩等于零，并且各力在 x 和 y 轴上的投影也都等于零。所以，空间平行力系的平衡方程只有三个，即

$$\left.\begin{aligned}\sum F_z &= 0\\ \sum M_x(\boldsymbol{F}) &= 0\\ \sum M_y(\boldsymbol{F}) &= 0\end{aligned}\right\}\tag{5-31}$$

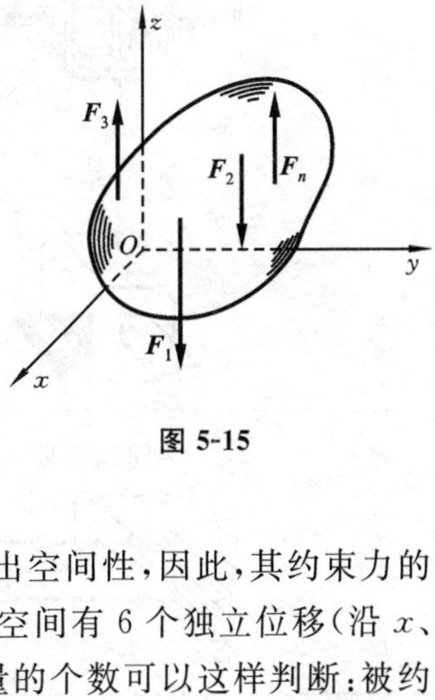

图 5-15

2. 空间约束的类型举例

空间结构的约束类型，在构造和约束性质上都表现出空间性，因此，其约束力的未知量个数就可能为 1～6 之间的任何数。由于物体在空间有 6 个独立位移(沿 x、y、z 三轴的移动和绕此三轴的转动)，所以，约束力未知量的个数可以这样判断：被约

束物体有几个位移被阻碍,就有几个约束力。现将几种常见的空间约束类型列于表5-1。

表 5-1　空间常见的约束类型及其约束反力

约 束 类 型	约束反力表示
蝶铰链 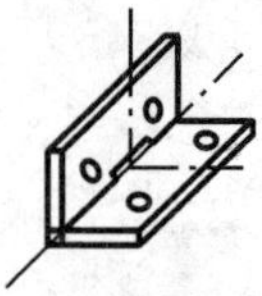	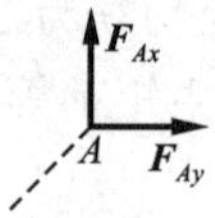
球形铰链 	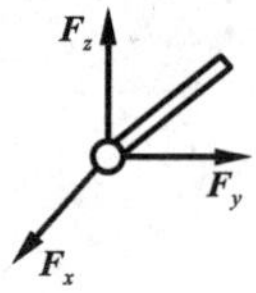
止推轴承 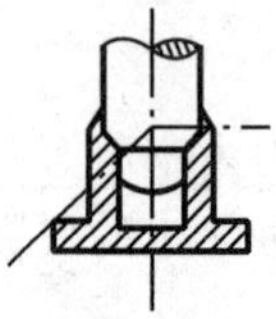	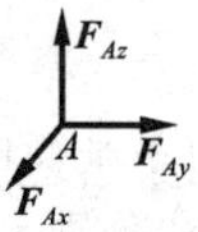
万向接头 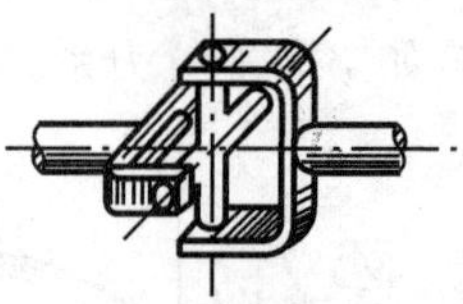	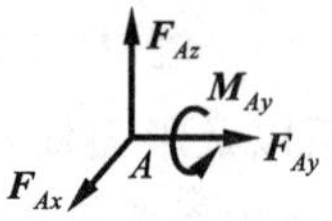
导轨 	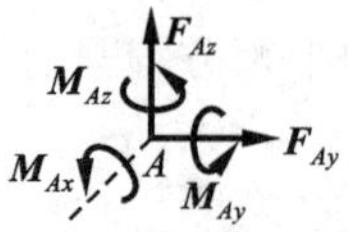
空间固定端 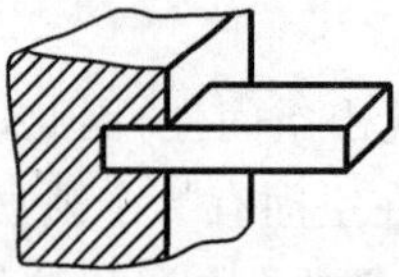	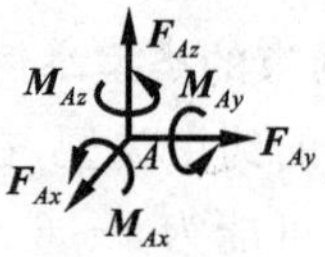

3. 空间力系平衡举例

求解空间平衡问题的步骤和求解平面力系一样：

(1) 确定研究对象，画受力图；

(2) 选取适当的坐标系；

(3) 列写平衡方程，求解未知量。

例 5-4　如图 5-16 所示均质矩形平板，其重力 $W=800$ N，用三条绳索悬挂在水平位置，一绳系在一边的中点 A 处，另两绳分别系在其对边距各端点均为$\frac{1}{4}$边长的 B、C 点上。求各绳所受的拉力。

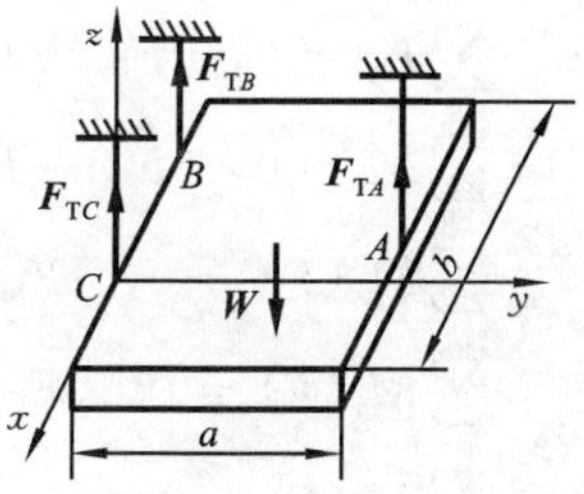

图 5-16

解　(1) 以平板为研究对象，其受力如图 5-16 所示。平板共受四个力，组成空间平行力系。

(2) 建立坐标系。以点 C 为坐标原点，建立坐标系 $Cxyz$。

(3) 列平衡方程，求解未知数。

$$\sum F_z=0,\quad F_{TA}+F_{TB}+F_{TC}-W=0$$

$$\sum M_x(\boldsymbol{F})=0,\quad F_{TA}a-W\frac{a}{2}=0$$

$$\sum M_y(\boldsymbol{F})=0,\quad F_{TA}\frac{b}{4}+F_{TB}\frac{b}{2}-W\frac{b}{4}=0$$

解得　　$F_{TA}=400$ N，　$F_{TB}=F_{TC}=200$ N

例 5-5　传动轴 AB 上装有斜齿轮 C 和带轮 D，如图 5-17 所示。斜齿轮的节圆半径 $r=60$ mm，压力角 $\alpha=20°$，螺旋角 $\beta=15°$；带轮的半径 $R=100$ mm，胶带拉力 $F_1=2F_2=1\ 300$ N，胶带的紧边保持水平，松边与水平线夹角 $\theta=30°$；两轮与向心轴承 A 及向心推力轴承 B 的距离如图 5-17 所示，且有 $a=b=100$ mm，$c=150$ mm。设轴在带轮带动下做匀速转动，不计轮轴的重量。求斜齿轮所受的圆周力 $\boldsymbol{F}_t$ 及轴承 A、B 的约束力。

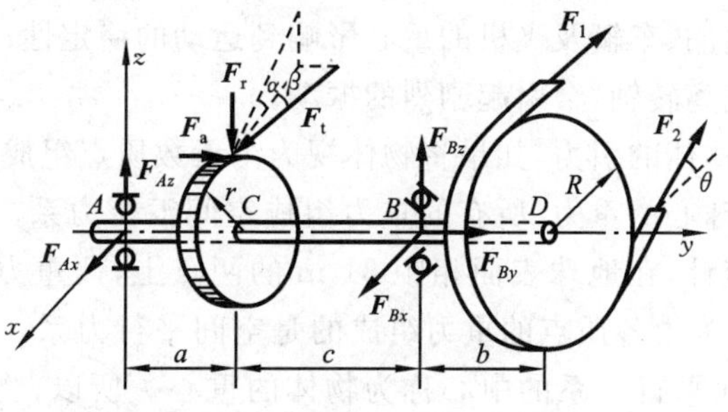

图 5-17

解 (1) 取传动轴为研究对象,其受力如图 5-17 所示,所有的力组成一个空间任意力系。

(2) 选坐标系 $Axyz$,如图 5-17 所示。

(3) 列平衡方程,求解未知数。

$$\sum F_x = 0,\quad F_{Ax} + F_{Bx} + F_t - F_1 - F_2\cos\theta = 0 \qquad ①$$

$$\sum F_y = 0,\quad F_{By} + F_a = 0 \qquad ②$$

$$\sum F_z = 0,\quad F_{Az} + F_{Bz} - F_r + F_2\sin\theta = 0 \qquad ③$$

$$\sum M_x(\boldsymbol{F}) = 0,\quad F_{Bz}(a+c) - F_a r - F_r a + F_2\sin\theta(a+c+b) = 0 \qquad ④$$

$$\sum M_y(\boldsymbol{F}) = 0,\quad F_t r - F_1 R + F_2 R = 0 \qquad ⑤$$

$$\sum M_z(\boldsymbol{F}) = 0,\quad -F_{Bx}(a+c) - F_t a + F_1(a+c+b) + F_2\cos\theta(a+c+b) = 0 \qquad ⑥$$

由式⑤求得斜齿轮的圆周力

$$F_t = 1\ 083\ \text{N}$$

根据斜齿轮中圆周力 $\boldsymbol{F}_t$、径向力 $\boldsymbol{F}_r$ 和轴向力 $\boldsymbol{F}_a$ 之间的关系,可得

$$F_a = F_t\tan\beta = 1\ 083\tan15^\circ\ \text{N} = 290\ \text{N}$$

$$F_r = \frac{F_t}{\cos\beta}\tan\alpha = \frac{1\ 083}{\cos15^\circ}\tan20^\circ\ \text{N} = 408\ \text{N}$$

再由式②、式④及式⑥求得

$$F_{Bx} = 2\ 175\ \text{N},\quad F_{By} = -290\ \text{N},\quad F_{Bz} = -222\ \text{N}$$

最后由式①和式③得

$$F_{Ax} = -1\ 395\ \text{N},\quad F_{Az} = 305\ \text{N}$$

所求得的力为负值说明实际方向与图示方向相反。

5.6 重 心

重心在工程中具有重要意义。例如:水坝的重心位置关系到坝体在水压力作用下能否维持平衡;船舶、车辆及飞机的重心影响到运动的稳定性;对各种转动零、部件来说,如果其重心偏离转轴,会引起剧烈的振动。

重力是地球对物体的引力,如果将物体视为由无数质点组成的质点系,则每个质点均受到指向地球球心的重力,所有的重力组成空间汇交力系。由于物体的尺寸远小于地球半径,据统计,在地球表面相距 31 m 的两点上,两重力之间的夹角不超过 1″,因此可近似地认为由各质点的重力组成的是空间平行力系。此力系的合力大小就是物体的重量,此平行力系的中心称为物体的重心。所以,物体的重心就是物体所受重力合力的作用点。无论物体如何放置,重心在物体上的位置都是固定不变的。

确定物体的重心，实质上是寻找平行力系的合力作用点。

1. 平行力系的中心

平行力系的中心是平行力系的合力通过的一个点。

设在刚体上 A、B 两点作用有两个同向平行力 $\boldsymbol{F}_1$ 和 $\boldsymbol{F}_2$，如图 5-18 所示，其合力为 $\boldsymbol{F}_R$。设 $\boldsymbol{F}_R$ 作用在 AB 连线上的点 C 处。取点 C 为矩心，根据合力矩定理

$$M_C(\boldsymbol{F}_R) = \sum M_C(\boldsymbol{F}), \quad 0 = F_1 \cdot AC\sin\alpha - F_2 \cdot BC\sin\alpha$$

于是得

$$F_1 \cdot AC = F_2 \cdot BC$$

即
$$\frac{F_1}{BC} = \frac{F_2}{AC} \tag{5-32}$$

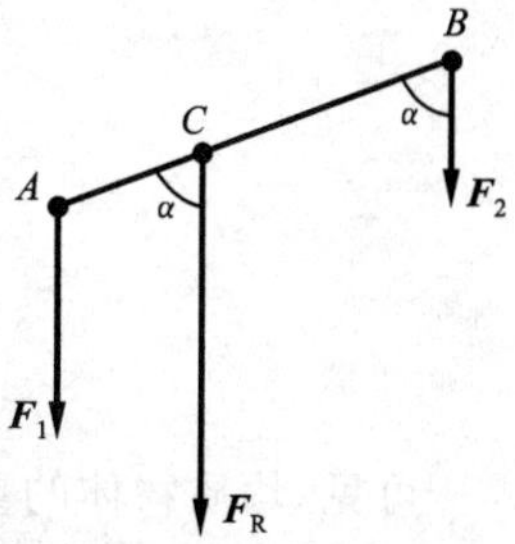

图 5-18

由式(5-32)即可确定平行力系中心点 C 的位置，同时可以看出，该点与力和 AB 连线间的夹角 α 无关。这样的结论对反向平行力和多个力组成的平行力系同样适用。也就是说，平行力系合力作用点的位置仅与各平行力的大小和作用点的位置有关，而与各平行力的方向无关。该点称为此平行力系的中心。

2. 重心

物体的重力作为平行力系，其合力作用线是很容易求出的。如将物体分割成许多微小体积，每小块体积为 V_i，所受重力为 $\boldsymbol{W}_i$。这些重力组成平行力系，其合力 $\boldsymbol{W}$ 的大小就是整个物体的重量。取直角坐标系 $Oxyz$，使重力及其合力与 z 轴平行，如图 5-19 所示。设任一微小体积的坐标为(x_i, y_i, z_i)，重心 C 的坐标为(x_C, y_C, z_C)。根据合力矩定理，对 x 轴和 y 轴取矩，分别有

$$-Wy_C = -(W_1y_1 + W_2y_2 + \cdots + W_ny_n) = -\sum W_iy_i \tag{5-33}$$

$$Wx_C = W_1x_1 + W_2x_2 + \cdots + W_nx_n = \sum W_ix_i \tag{5-34}$$

欲求重心 C 的 z_C 坐标，需要运用平行力系合力作用点的位置仅与各平行力的大小和作用点的位置有关，而与各平行力的方向无关这一特性，将各力绕 x 轴转过 90°，如图 5-19 中虚线所示。再次对 x 轴取矩，有

$$-Wz_C = -(W_1z_1 + W_2z_2 + \cdots + W_nz_n) = -\sum W_iz_i \tag{5-35}$$

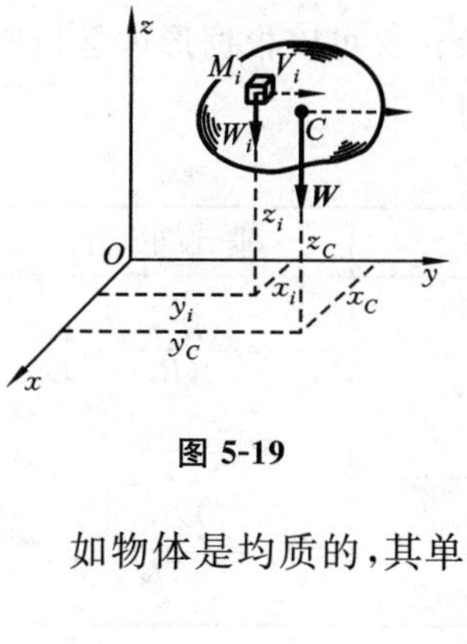

图 5-19

由式(5-33)、式(5-34)、式(5-35)可得计算重心坐标的公式，即

$$x_C = \frac{\sum W_ix_i}{W}, \quad y_C = \frac{\sum W_iy_i}{W}, \quad z_C = \frac{\sum W_iz_i}{W} \tag{5-36}$$

如物体是均质的，其单位体积的重量为 γ，各微小部分的体积为 V_i，整个物体的

体积为 $V=\sum V_i$，则 $W_i=\gamma V_i$，$W=\gamma V$，代入式(5-36)，得

$$\left.\begin{aligned} x_C &= \frac{\sum V_i x_i}{V} \\ y_C &= \frac{\sum V_i y_i}{V} \\ z_C &= \frac{\sum V_i z_i}{V} \end{aligned}\right\} \tag{5-37}$$

可见，均质物体的重心位置完全取决于物体的几何形状，而与物体的重量无关。这时物体的重心就是物体几何形状的中心——形心。

如物体是均质薄板，略去 z_C，应用上述方法可求得其重心(或形心)坐标为

$$\left.\begin{aligned} x_C &= \frac{\sum A_i x_i}{A} \\ y_C &= \frac{\sum A_i y_i}{A} \end{aligned}\right\} \tag{5-38}$$

3. 确定物体重心的方法

在工程中经常遇到具有对称面、对称轴或对称中心的均质物体，其重心必在对称面、对称轴或对称中心上。利用对称性确定物体重心是很方便的。例如：均质圆球的球心是对称中心，它也是球的重心(形心)；圆柱体的轴线是它的对称轴，而它的重心(形心)就在此对称轴线上；圆环、圆盘的重心是它们的对称中心。

除上述的简单情况外，还应掌握以下求重心的基本方法。

1) 查表法

简单形状物体的重心可从工程手册上查到，表 5-2 列出了常见的几种简单形状物体的重心位置。

2) 组合法

对于形状较复杂的组合形体，可用组合法求其重心位置。即将组合形体分割成几个简单的形体，这些简单形体的重心位置一般都是已知的或易求的，然后应用式(5-36)、式(5-37)或式(5-38)求组合形体的重心位置。组合法又可以根据形体是相加或相减分为分割法和负面积(体积)法。

表 5-2　简单形状物体的重心位置

图　　形	重 心 位 置	图　　形	重 心 位 置
三角形 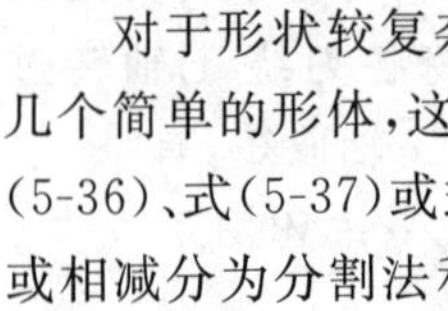	在中线的交点上， $y_C=\frac{1}{3}h$	扇形环 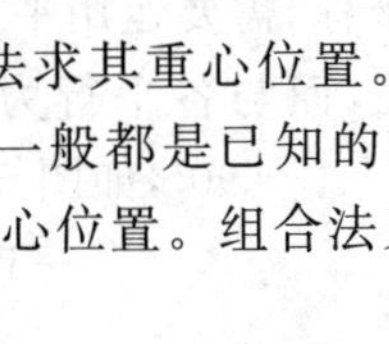	$x_C=\frac{2(R^3-r^3)\sin\alpha}{3(R^2-r^2)\alpha}$ 当 $\alpha=\frac{\pi}{2}$ 时， $x_C=\frac{4(R^3-r^3)}{3\pi(R^2-r^2)}$

续表

图　形	重心位置	图　形	重心位置
梯形 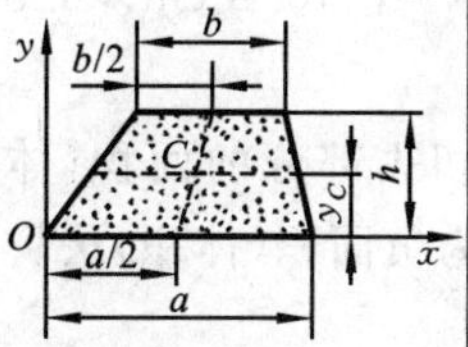	在上、下底中点的连线上， $y_C=\frac{h(a+2b)}{3(a+b)}$	抛物线形平板 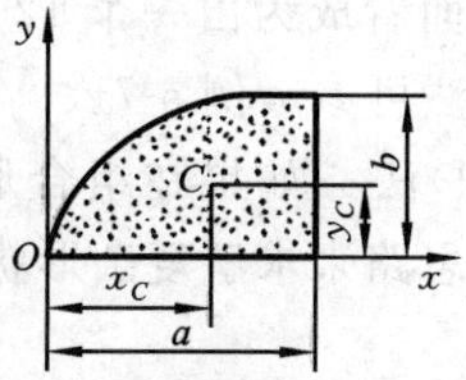	$x_C=\frac{3}{5}a$ $y_C=\frac{3}{8}b$
圆弧 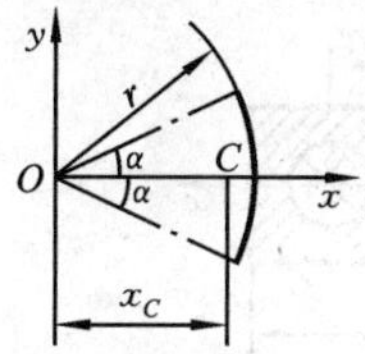	$x_C=\frac{r\sin\alpha}{\alpha}$ 当 $\alpha=\frac{\pi}{2}$ 时， $x_C=\frac{2r}{\pi}$	正圆锥体 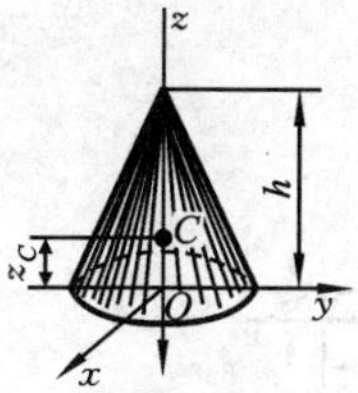	$z_C=\frac{1}{4}h$
弓形平板 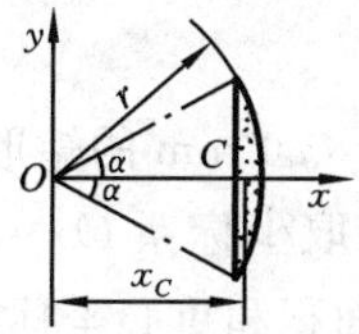	$x_C=\frac{2r^3\sin^3\alpha}{3A}$ 面积 $A=\frac{r^2(2\alpha-\sin^2\alpha)}{2}$	半圆球 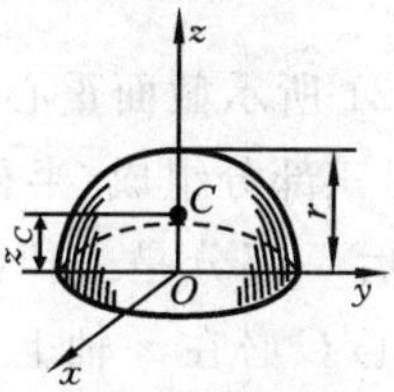	$z_C=\frac{3}{8}r$
扇形平板 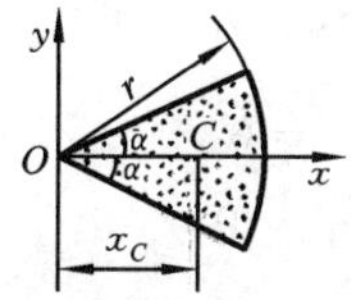	$x_C=\frac{2r\sin\alpha}{3\alpha}$ 当 $\alpha=\frac{\pi}{2}$ 时， $x_C=\frac{4r}{3\pi}$	锥形筒体 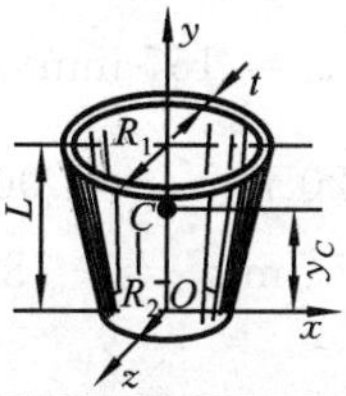	$y_C=\frac{4R_1+2R_2-3t}{6(R_1+R_2-t)}L$

（1）分割法　将复杂形状的物体看成几个简单形状物体的组合体，此种求重心的方法称为分割法。

例 5-6　热轧不等边角钢的截面近似地简化为图 5-20 所示图形，已知 $h=12\ \text{cm}$，$b=8\ \text{cm}$，$d=1.2\ \text{cm}$。求该截面重心的位置。

解　将截面分割为两个矩形，如虚线所示。$C_1(x_1,y_1)$、$C_2(x_2,y_2)$分别为两个矩形的重心。取坐标系 Oxy，这两个矩形的面积和重心坐标分别为

$$A_1=12\times1.2\ \text{cm}^2=14.4\ \text{cm}^2,\quad x_1=0.6\ \text{cm},\quad y_1=6\ \text{cm}$$

$$A_2=6.8\times1.2\ \text{cm}^2=8.16\ \text{cm}^2,\quad x_2=4.6\ \text{cm},\quad y_2=0.6\ \text{cm}$$

用组合法，求得

$$x_C=\frac{A_1x_1+A_2x_2}{A_1+A_2}=\frac{14.4\times0.6+8.16\times4.6}{14.4+8.16}\text{cm}=2.05\ \text{cm}$$

$$y_C=\frac{A_1y_1+A_2y_2}{A_1+A_2}=\frac{14.4\times 6+8.16\times 0.6}{14.4+8.16}\text{cm}=4.05\ \text{cm}$$

故所求不等边角钢截面的重心 C 的坐标为(2.05 cm,4.05 cm)。

此例还可以将截面看成为由一个 12 cm×8 cm 的矩形减去一个 10.8 cm×6.8 cm 的矩形所形成,解法可参考例 5-7。

(2) 负面积(体积)法　如果在组合形体内切去一部分,则切去部分的面积(体积)应取负值,按这种思路来求解复杂形状物体的重心的方法称为负面积(体积)法。

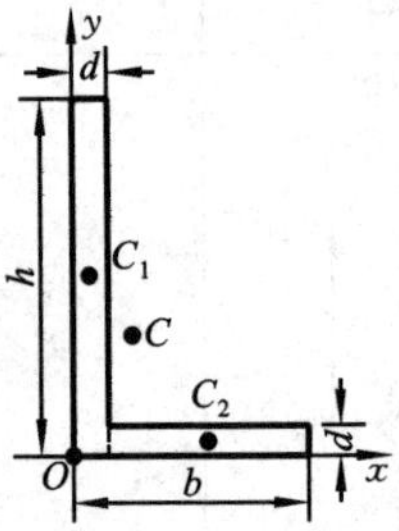

图 5-20

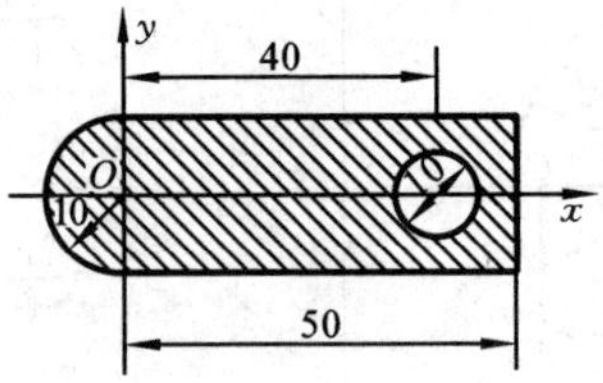

图 5-21

例 5-7　试求图 5-21 所示截面重心的位置。

解　将截面看成由三部分组成:半径为 10 mm 的半圆、50 mm×20 mm 的矩形、半径为 5 mm 的圆,最后一部分是去掉的部分,其面积应为负值。取坐标系 Oxy,x 轴为对称轴,则截面重心 C 必在 x 轴上,所以 $y_C=0$。这三部分的面积和重心坐标分别为

$$A_1=\frac{\pi\times 10^2}{2}\ \text{mm}^2=157\ \text{mm}^2,\quad x_1=-\frac{4R}{3\pi}=-4.246\ \text{mm},\quad y_1=0$$

$$A_2=50\times 20\ \text{mm}^2=1\ 000\ \text{mm}^2,\quad x_2=25\ \text{mm},\quad y_2=0$$

$$A_3=-\pi\times 5^2\ \text{mm}^2=-78.5\ \text{mm}^2,\quad x_3=40\ \text{mm},\quad y_3=0$$

用负面积法,可求得

$$x_C=\frac{A_1x_1+A_2x_2+A_3x_3}{A_1+A_2+A_3}=\frac{157\times(-4.246)+1\ 000\times 25+(-78.5)\times 40}{157+1\ 000+(-78.5)}\ \text{mm}$$

$$=19.65\ \text{mm}$$

故所求截面重心 C 的坐标为(19.65 mm,0)。

解这类题时需注意负号的含义。坐标值前的负号表示坐标值为负,面积或体积前的负号表示此部分是切去的部分,所以取负值。

3) 实验法

对于形状更为复杂而不便于用公式计算的物体或不均质物体的重心位置,常用实验方法测定,另外,虽然设计时已计算出重心,但加工制造后还需用实验法检验。常用的实验方法有悬挂法和称重法两种。

对于平板物体或具有对称面的薄零件,可将该物体(或取一均质板按一定比例做

成模型)先悬挂在任一点 A 处,根据二力平衡条件,重心必在过悬挂点 A 的铅垂线上,标出此线,如图 5-22(a)所示。然后再将它悬挂在任意一点 B 处,标出另一铅垂线,如图 5-22(b)所示。这两条竖直线的交点 C 就是该物体的重心。

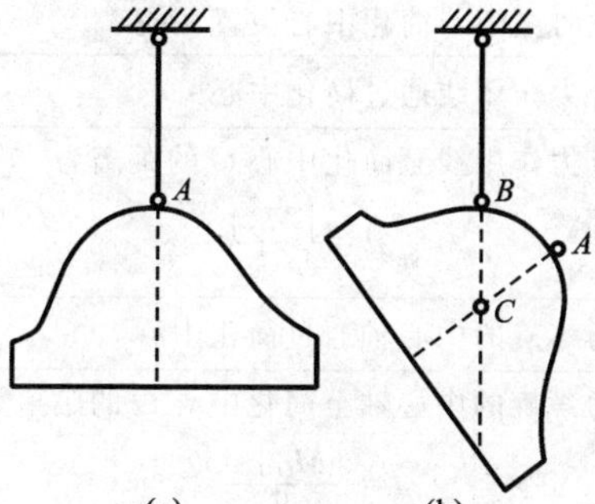

(a)　(b)

图 5-22

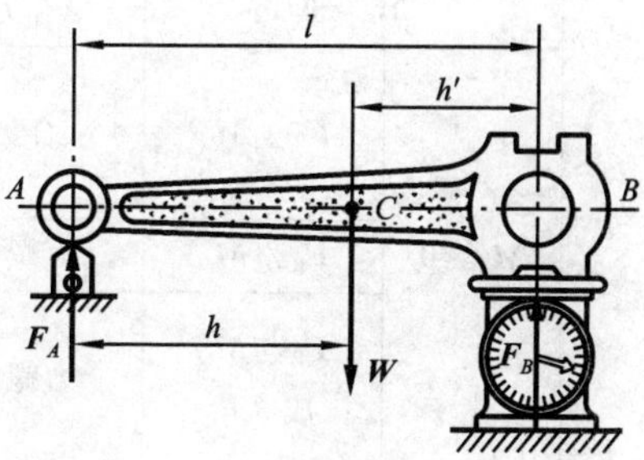

图 5-23

对于形状复杂或体积较大的物体,常用称重法测定其重心。例如,连杆具有对称轴,所以只要确定重心在此轴上的位置 h 即可。先称得连杆的重量 W,并测得连杆两端轴心 A、B 之间的距离 l。然后将连杆的 B 端放在台秤上,A 端搁在水平面或刀口上,使中心线 AB 处于水平位置,如图 5-23 所示,这时可测得 B 端约束力 $\boldsymbol{F}_B$ 的大小,由力矩方程

$$\sum M_A = 0,\quad F_B l - Wh = 0$$

可得

$$h = \frac{F_B}{W} l$$

小　结

(1) 力在空间直角坐标轴上的投影　有两种计算方法。

① 一次(直接)投影法　$F_x = F\cos\alpha$,　$F_y = F\cos\beta$,　$F_z = F\cos\gamma$

② 二次(间接)投影法　$F_x = F\sin\gamma\cos\varphi$,　$F_y = F\sin\gamma\sin\varphi$,　$F_z = F\cos\gamma$

(2) 在空间情况下,力对点之矩是一个定位矢量,其表达式为

$$\boldsymbol{M}_O(\boldsymbol{F}) = \boldsymbol{r} \times \boldsymbol{F} = \begin{vmatrix} \boldsymbol{i} & \boldsymbol{j} & \boldsymbol{k} \\ x & y & z \\ F_x & F_y & F_z \end{vmatrix}$$

(3) 力对轴之矩是一个代数量,等于该力在垂直于该轴的平面上的投影对此平面与该轴的交点的矩,可按下式计算,即

$$M_x(\boldsymbol{F}) = yF_z - zF_y,\quad M_y(\boldsymbol{F}) = zF_x - xF_z,\quad M_z(\boldsymbol{F}) = xF_y - yF_x$$

力矩关系定理建立了力对点之矩与力对通过该点的轴之矩间的关系。

(4) 空间一般力系简化的最终结果如下。

<table>
<tr><th>主　矢</th><th colspan="2">主　　矩</th><th>最后结果</th><th>说　　明</th></tr>
<tr><td rowspan="2">$\boldsymbol{F}'_{\mathrm{R}}=\mathbf{0}$</td><td colspan="2">$\boldsymbol{M}_O=\mathbf{0}$</td><td>平衡</td><td></td></tr>
<tr><td colspan="2">$\boldsymbol{M}_O\neq\mathbf{0}$</td><td>合力偶</td><td>此时主矩与简化中心位置无关</td></tr>
<tr><td rowspan="4">$\boldsymbol{F}'_{\mathrm{R}}\neq\mathbf{0}$</td><td colspan="2">$\boldsymbol{M}_O=\mathbf{0}$</td><td>合力</td><td>合力作用线通过简化中心</td></tr>
<tr><td rowspan="3">$\boldsymbol{M}_O\neq\mathbf{0}$</td><td>$\boldsymbol{F}'_{\mathrm{R}}\perp\boldsymbol{M}_O$</td><td>合力</td><td>合力作用线至简化中心 O 的距离为
$d=\dfrac{\lvert\boldsymbol{M}_O\rvert}{F_{\mathrm{R}}}$</td></tr>
<tr><td>$\boldsymbol{F}'_{\mathrm{R}}\,/\!/\,\boldsymbol{M}_O$</td><td>力螺旋</td><td>力螺旋的中心轴通过简化中心</td></tr>
<tr><td>$\boldsymbol{F}'_{\mathrm{R}}$与$\boldsymbol{M}_O$
成 θ 角</td><td>力螺旋</td><td>力螺旋的中心轴至简化中心 O 的距离为
$d=\dfrac{\lvert\boldsymbol{M}_O\rvert\sin\theta}{F_{\mathrm{R}}}$</td></tr>
</table>

(5) 空间力系的平衡方程及个数如图 5-24 所示。

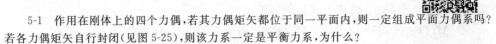

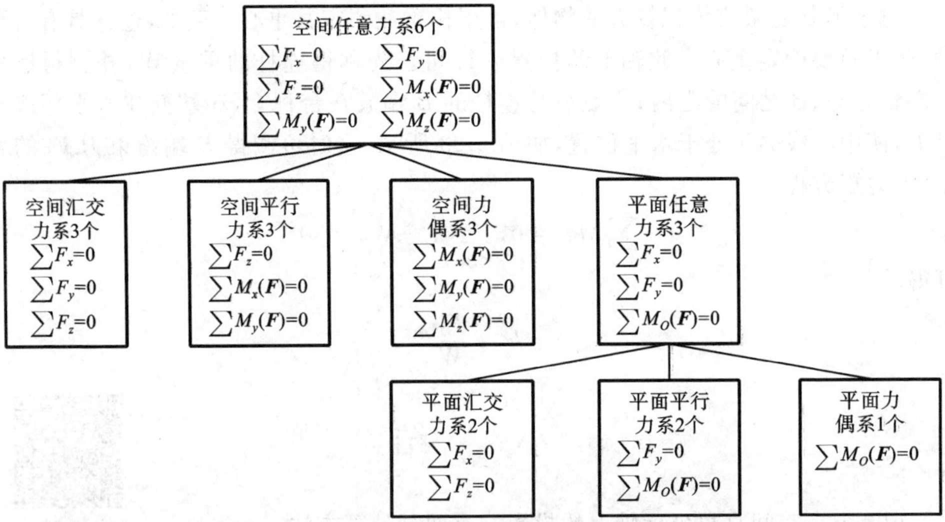

图 5-24

(6) 平行力系合力作用点的位置仅与各平行力的大小和作用点的位置有关，而与各平行力的方向无关。

(7) 确定物体重心的方法有查表法、组合法和实验法三种。其中组合法又分为分割法和负面积(体积)法两种，实验法又分为悬挂法和称重法两种。

思　考　题

5-1　作用在刚体上的四个力偶，若其力偶矩矢都位于同一平面内，则一定组成平面力偶系吗？若各力偶矩矢自行封闭(见图 5-25)，则该力系一定是平衡力系，为什么？

5-2　轴 AB 上作用一主动力偶，矩为 M_1，齿轮的啮合半径 $R_2=2R_1$，如图 5-26 所示。当研究

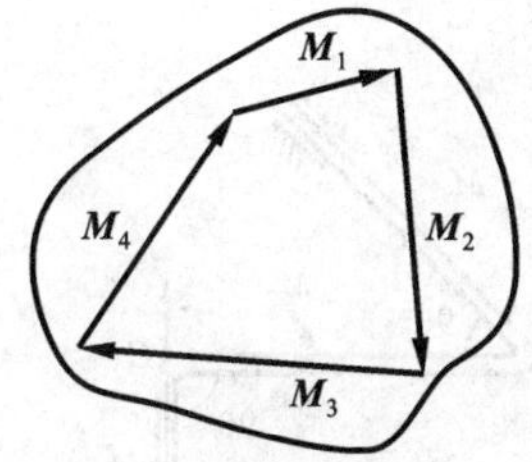

图 5-25

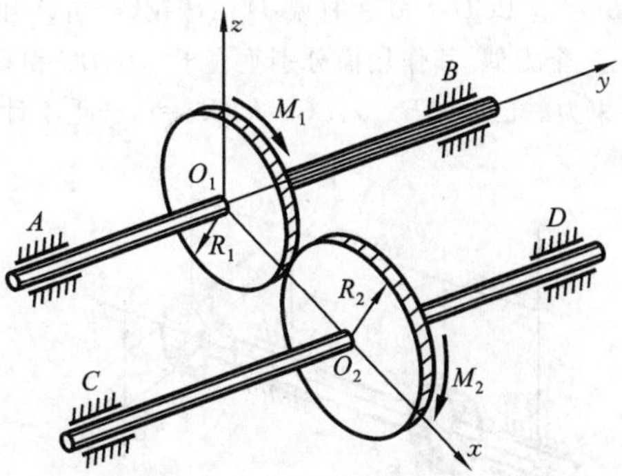

图 5-26

轴 CD 的平衡时：①能否以力偶矩矢是自由矢量为由，将作用在轴 AB 上的力偶搬移到轴 CD 上？②若在轴 CD 上作用一矩为 M_2 的力偶，使两轴平衡，两力偶的大小是否相等，转向是否应相反？

5-3　传动轴用两个止推轴承支承，每个轴承有 3 个未知力，共 6 个未知量，而空间任意力系的平衡方程恰好有 6 个，问：传动轴是否静定？

5-4　空间任意力系总可以用两个力来等效，为什么？

5-5　一均质等截面直杆的重心在哪里？若把它弯成半圆形，重心的位置是否改变？

习　　题

5-1　正方形板 $ABCD$ 用六根杆支撑，如图所示，在 A 点沿 AD 边作用一水平力 $\boldsymbol{F}$。若不计板的自重，求各支撑杆之内力。

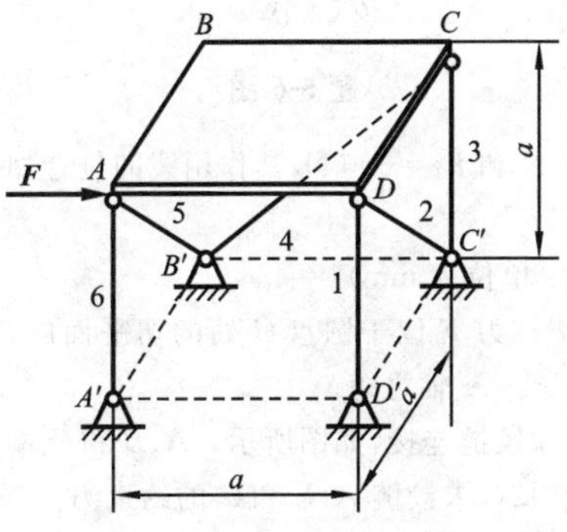

题 5-1 图

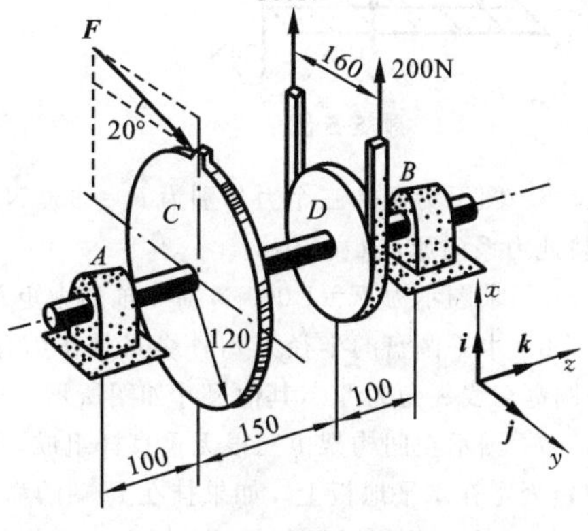

题 5-2 图

5-2　作用在齿轮上的啮合力 $\boldsymbol{F}$ 推动胶带轮绕水平轴 AB 做匀速转动。已知胶带紧边的拉力为 200 N，松边的拉力为 100 N，尺寸如图所示。试求力 $\boldsymbol{F}$ 的大小和轴承 A、B 的约束力。

5-3　如图所示，水平轴上装有两个凸轮，凸轮上分别作用已知力 $\boldsymbol{F}_1$ 和未知力 $\boldsymbol{F}$，$\boldsymbol{F}_1$ 的大小为 800 N。如轴保持平衡，求力 $\boldsymbol{F}$ 的大小和轴承 A、B 的约束力。

5-4　图示折杆 $ABCD$ 中，ABC 段组成的平面为水平面，而 BCD 段组成的平面为竖直面，且

$\angle ABC=\angle BCD=90°$。杆端 D 用球铰链，端 A 用滑动轴承支承，杆上作用有力偶矩为 M_1、M_2 和 M_3 的三个力偶，其作用面分别垂直于 AB、BC 和 CD。假定 M_2、M_3 大小已知，试求 M_1 及支座 A、D 的约束力。已知 $AB=a$、$BC=b$、$CD=c$，杆重不计。

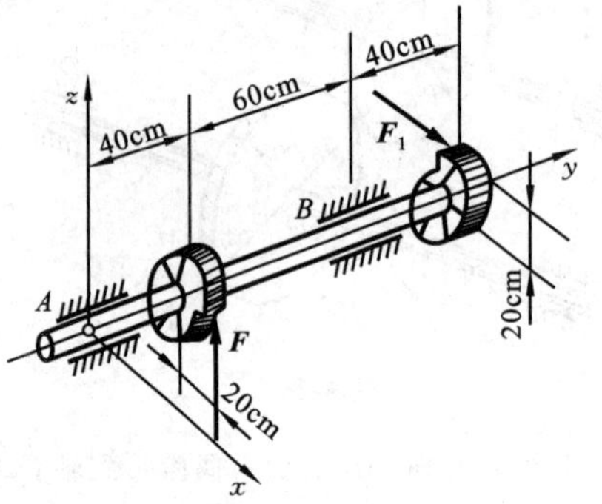

题 5-3 图

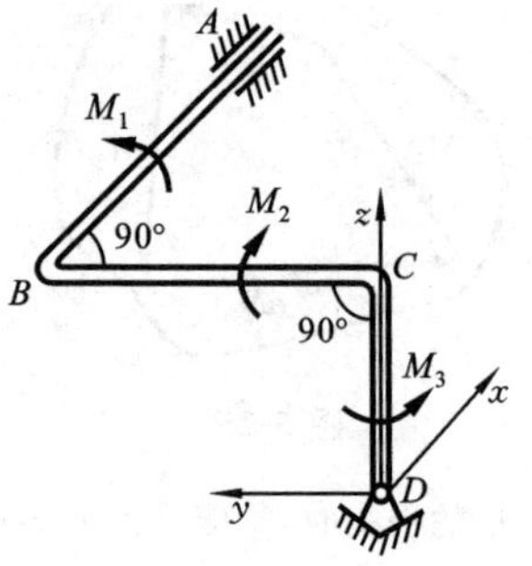

题 5-4 图

5-5 一平行力系由五个力组成，力的大小和作用线的位置如图所示。图中小正方格的边长为 10 mm。求平行力系的合力。

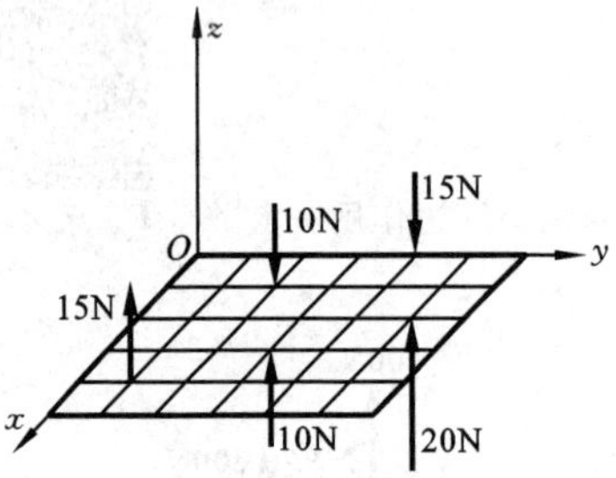

题 5-5 图

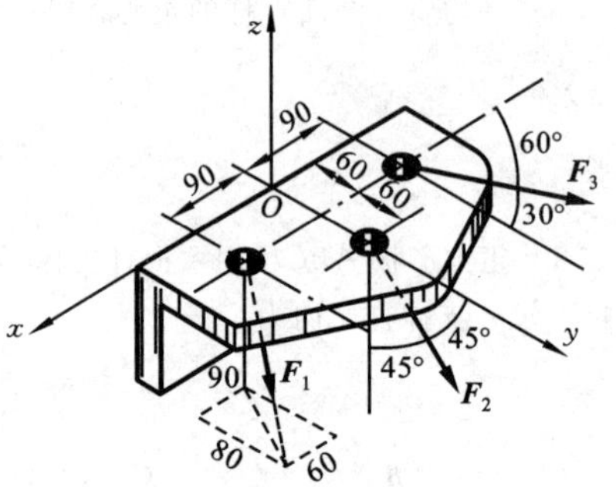

题 5-6 图

5-6 图示力系的三个力分别为 $F_1=350$ N、$F_2=400$ N 和 $F_3=600$ N，其作用线的位置如图所示，将此力系向原点 O 简化。

5-7 求图示力 $F=1\ 000$ N 对 z 轴的力矩 M_z。(图中单位为 mm)

5-8 水平圆盘的半径为 r，外缘 C 处作用有已知力 $\boldsymbol{F}$。力 $\boldsymbol{F}$ 位于圆盘 C 处的切平面内，且与 C 处圆盘切线夹角为 60°，其他尺寸如图所示。求力 $\boldsymbol{F}$ 对 x、y、z 轴之矩。

5-9 图示空间构架由三根无重直杆组成，在 D 端用球铰链连接，如图所示。A、B 和 C 端则用球铰链固定在水平地板上。如果挂在 D 端的物重 $W=10$ kN，求铰链 A、B 和 C 的约束力。

5-10 电动机通过链条传动将重物匀速提起，已知 $r=10$ cm，$R=20$ cm，$W=10$ kN，链条与水平线成 $\alpha=30°$角，其拉力 $F_{T1}=2F_{T2}$，轴线 $O_1x_1 /\!/ Ax$。求轴承约束力及链条的拉力。

5-11 图示空间桁架由杆 1、2、3、4、5 和杆 6 构成。在节点 A 上作用一力 $\boldsymbol{F}$，此力在矩形 $ABCD$ 平面内，且与竖直线成 45°角。在等腰三角形 EAK、FBM 和 NDB 中，各顶角即$\angle A$、$\angle B$ 和$\angle D$ 均为直角，又 $EC=CK=FD=DM$。若 $F=10$ kN，求各杆的内力。

5-12 如图所示，三脚圆桌的半径为 $r=500$ mm，重为 $W=600$ N。圆桌的三脚 A、B 和 C 形成一等边三角形。若在$\triangle ABC$ 的中线 CD 上距圆心为 a 的点 M 处作用竖直力 $F=1\ 500$ N，求使圆

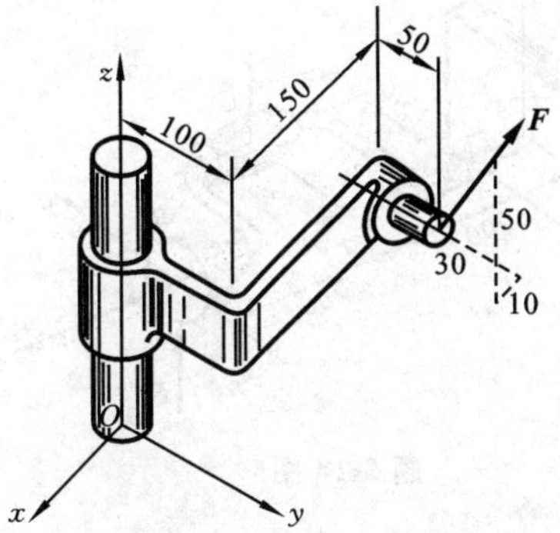

题 5-7 图

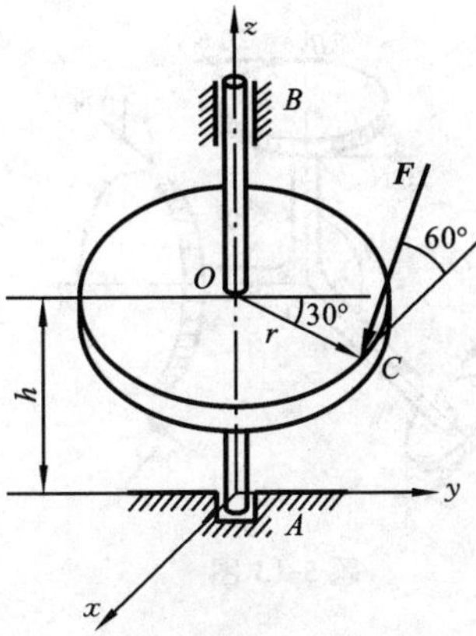

题 5-8 图

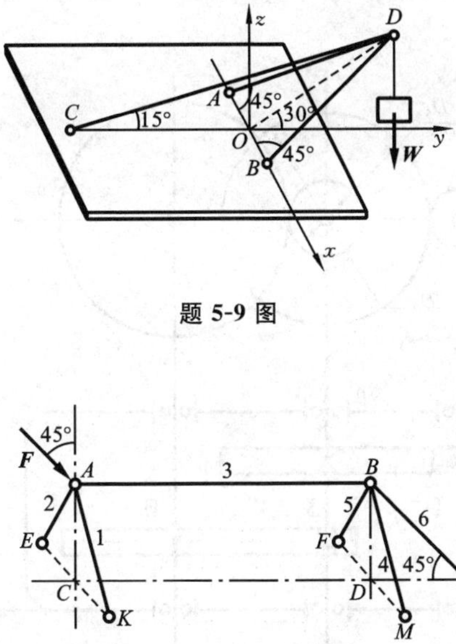

题 5-9 图

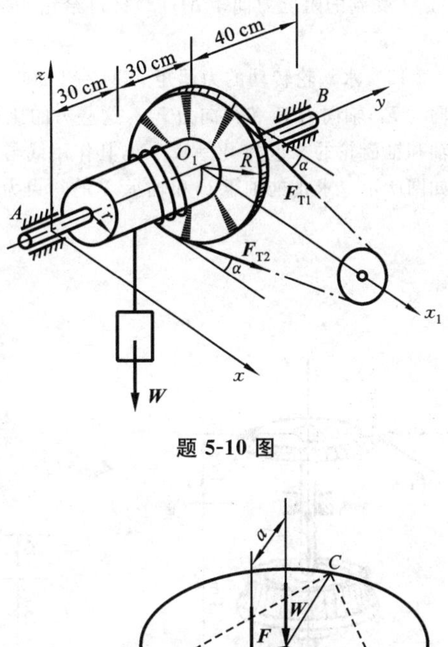

题 5-10 图

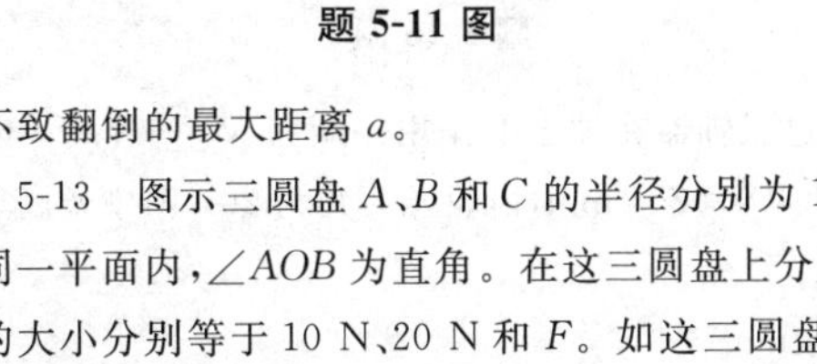

题 5-11 图

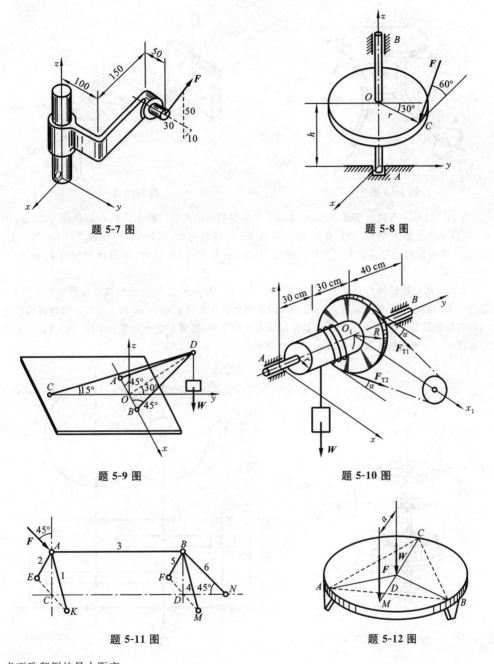

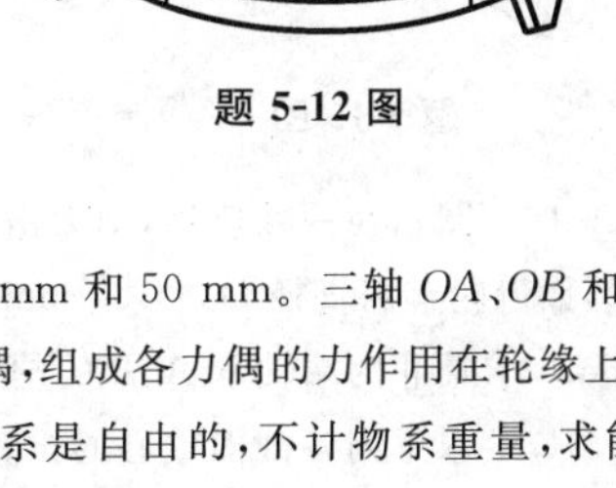

题 5-12 图

桌不致翻倒的最大距离 a。

5-13　图示三圆盘 A、B 和 C 的半径分别为 150 mm、100 mm 和 50 mm。三轴 OA、OB 和 OC 在同一平面内，$\angle AOB$ 为直角。在这三圆盘上分别作用有力偶，组成各力偶的力作用在轮缘上，它们的大小分别等于 10 N、20 N 和 F。如这三圆盘所构成的物系是自由的，不计物系重量，求能使此物系平衡的力 $\boldsymbol{F}$ 的大小和角 θ。

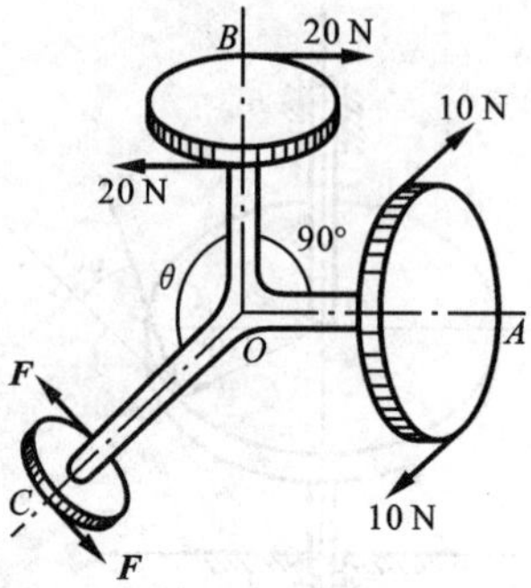

题 5-13 图

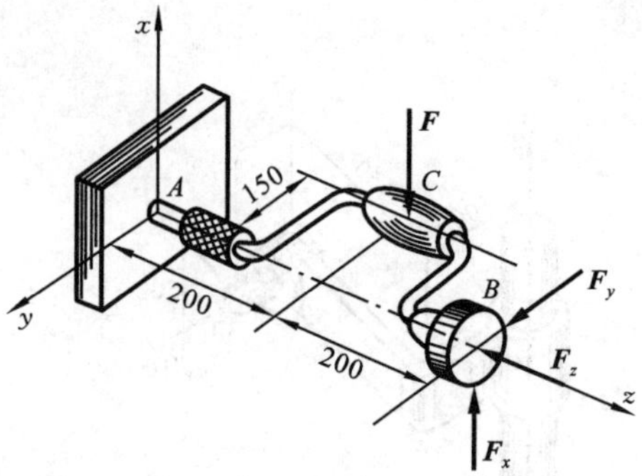

题 5-14 图

5-14　图示手摇钻由支点 B、钻头 A 和一个弯曲的手柄组成。当在支点 B 处加压力 $\boldsymbol{F}_x$、$\boldsymbol{F}_y$ 和 $\boldsymbol{F}_z$，并在手柄上加力 $\boldsymbol{F}$ 后，即可带动钻头绕轴 AB 转动而钻孔，已知 $F_z=50$ N，$F=150$ N。求：(1)钻头受到的阻抗力偶矩 M；(2)材料给钻头的约束力 $\boldsymbol{F}_{Ax}$、$\boldsymbol{F}_{Ay}$ 和 $\boldsymbol{F}_{Az}$ 的值；(3)压力 $\boldsymbol{F}_x$ 和 $\boldsymbol{F}_y$ 的值。

5-15　水涡轮转动的力偶矩为 $M_z=1\ 200$ N·m。在锥齿轮 B 处受到的力分解为三个分力：切向力 $\boldsymbol{F}_t$，轴向力 $\boldsymbol{F}_a$ 和径向力 $\boldsymbol{F}_r$。这些力的比例为 $F_t : F_a : F_r = 1 : 0.32 : 0.17$。已知水涡轮连同轴和锥齿轮的总重为 $W=12$ kN，其作用线与 z 轴重合，锥齿轮的平均半径 $OB=0.6$ m，其余尺寸如图所示。求止推轴承 C 和轴承 A 的约束力。

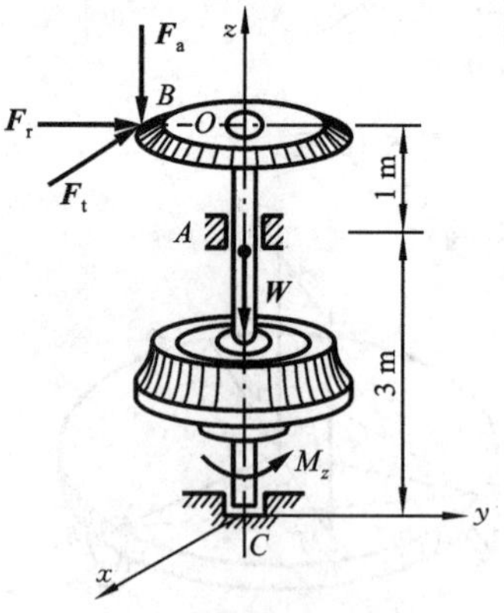

题 5-15 图

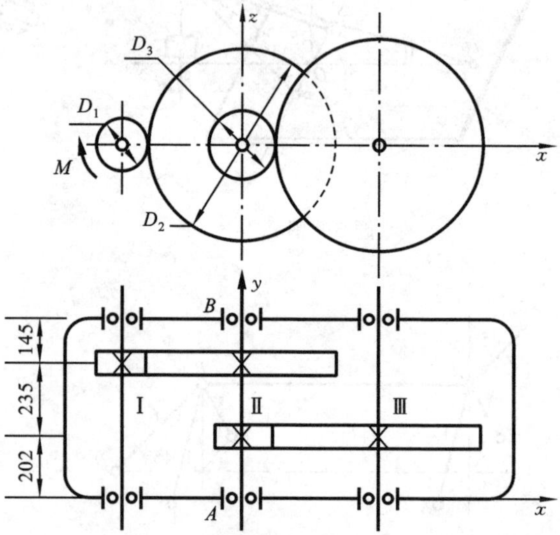

题 5-16 图

5-16　图示为一减速器，动力由轴Ⅰ输入，通过联轴器在轴Ⅰ上作用一矩为 $M=697$ N·m 的力偶，如齿轮节圆直径 $D_1=160$ mm，$D_2=632$ mm，$D_3=204$ mm，齿轮压力角为 20°，图中长度单位为 mm。求轴Ⅱ两端轴承 A、B 的约束力。

5-17　求下列各截面重心的位置(图中单位为 mm)。

5-18　求图示均质混凝土基础重心的位置(图中单位为 m)。

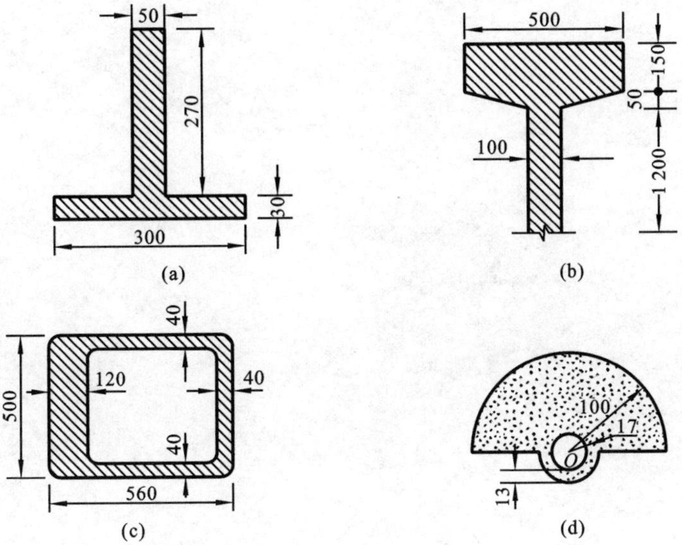
50
270
30
300
(a)
500
150
50
100
1 200
(b)
40
500
120
40
40
560
(c)
100
17
O
13
(d)

题 5-17 图

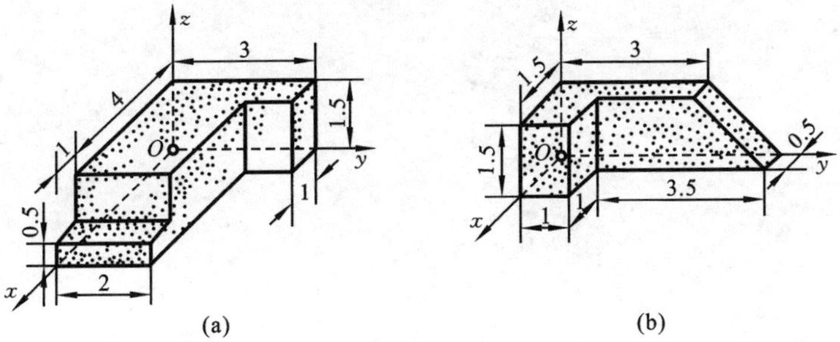
z
3
4
1.5
1
O
y
1
0.5
x
2
(a)
z
1.5
3
1.5
O
0.5
y
3.5
x
1
1
(b)

题 5-18 图

第二篇 运动学

运动学研究物体机械运动的几何性质,而不涉及运动的原因,即不涉及物体的受力。

物体的运动是相对某一参考体而言的,离开参考体,就无法确定物体在空间的位置。这一特点称为运动的相对性。为了描述运动,必须首先选定参考体,并建立与其固结的参考坐标系。描述物体相对参考系位置的参量就是坐标。

运动学的首要任务是建立物体坐标随时间变化规律的运动方程,并研究速度、加速度问题,还要分析物体的运动特性。在机器与机构的设计中,广泛应用运动学的知识分析机构的运动特性。

运动学研究的对象有动点、刚体及刚体系统。点有直线运动和曲线运动,刚体有平行移动、定轴转动、平面运动等常见的运动形式。

运动学有两种不同的研究方法:解析法与几何法(合成运动方法)。解析法是从建立运动方程出发,通过数学求导获得速度与加速度及运动特性,适合于研究运动过程,也便于计算机求解。几何法用于建立各瞬时描述运动的矢径、速度、加速度等矢量之间的几何关系,适合于研究某一特定瞬时的运动性质,形象直观,便于做定性分析。

运动学与静力学一起构成动力学的基础,但运动学本身具有独立存在价值,例如在机器与机构的设计中,广泛应用运动学知识分析其运动特性。

第 6 章　点的运动学

点的运动学是研究一般物体运动的基础。本章将介绍研究点的运动的矢量法、直角坐标法和自然法。

6.1　矢　量　法

为描述点 M 在参考空间的位置，由坐标原点 O 向动点 M 作矢量 $\boldsymbol{r}$，称 $\boldsymbol{r}$ 为点 M 相对原点 O 的**位矢**或**矢径**。当动点 M 运动时，矢径 $\boldsymbol{r}$ 随时间而变化，并且是时间的单数值连续函数，即

$$\boldsymbol{r} = \boldsymbol{r}(t) \tag{6-1}$$

式(6-1)称为点的**运动方程**的矢量式。动点 M 运动过程中，矢径 $\boldsymbol{r}$ 末端在空间描绘出一条连续曲线，即为点 M 的运动**轨迹**，亦称矢端曲线，如图 6-1 所示。

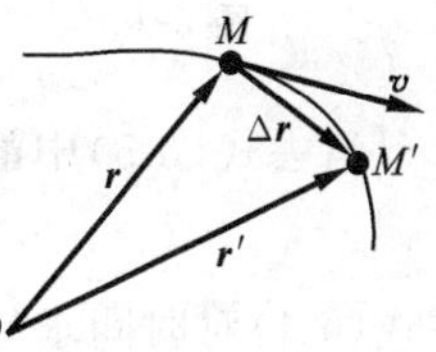

图 6-1

点的**速度**是矢量。动点的速度矢等于它的矢径 $\boldsymbol{r}$ 对时间的一阶导数，即

$$\boldsymbol{v} = \lim_{\Delta t \to 0} \frac{\Delta \boldsymbol{r}}{\Delta t} = \frac{\mathrm{d}\boldsymbol{r}}{\mathrm{d}t} \tag{6-2}$$

动点的速度矢沿着矢端曲线的切线，即沿动点运动轨迹的切线，并与此点运动的方向一致，如图 6-1 所示。速度的大小，即速度矢$\boldsymbol{v}$的模表明点运动的快慢，在国际单位制中，速度$\boldsymbol{v}$的单位为 m/s。

点的速度矢对时间的变化率称为**加速度**。点的加速度也是矢量，它表征了速度大小和方向的变化。动点的加速度矢等于该点的速度矢对时间的一阶导数，或等于矢径对时间的二阶导数，即

$$\boldsymbol{a} = \lim_{\Delta t \to 0} \frac{\Delta \boldsymbol{v}}{\Delta t} = \frac{\mathrm{d}\boldsymbol{v}}{\mathrm{d}t} = \frac{\mathrm{d}^2 \boldsymbol{r}}{\mathrm{d}t^2} \tag{6-3}$$

在国际单位制中，加速度 $\boldsymbol{a}$ 的单位为 $\mathrm{m/s^2}$。

如在空间任取一点 O，把动点在不同瞬时的速度矢$\boldsymbol{v}$、$\boldsymbol{v}'$、$\boldsymbol{v}''$等都平移到 O 点，连接各矢量的端点，构成矢量$\boldsymbol{v}$端点的连续曲线，称之为速度矢端曲线，如图6-2所示。加速度 $\boldsymbol{a}$ 的方向沿速度矢端曲线的切线方向。

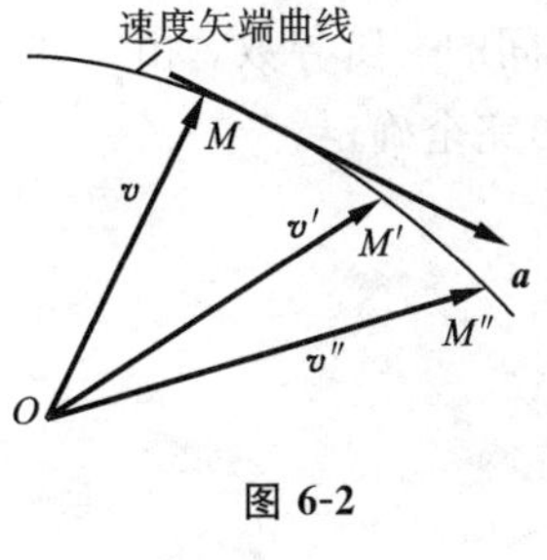

图 6-2

6.2 直角坐标法

取一固定的直角坐标系 $Oxyz$,则动点 M 在任意瞬时的空间位置既可以用它相对于坐标原点 O 的矢径 $\boldsymbol{r}$ 表示,也可以用它的三个直角坐标 x、y、z 表示,如图 6-3 所示。有如下关系

$$\boldsymbol{r} = x\boldsymbol{i} + y\boldsymbol{j} + z\boldsymbol{k} \tag{6-4}$$

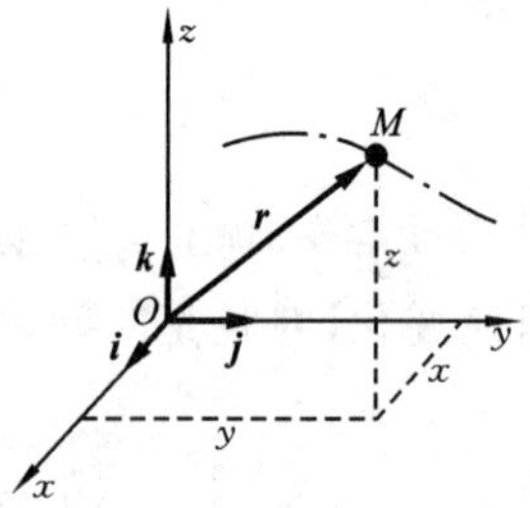

图 6-3

式中:$\boldsymbol{i}$、$\boldsymbol{j}$、$\boldsymbol{k}$ 分别为沿三条定坐标轴的单位矢量。由于 $\boldsymbol{r}$ 是时间的函数,因此 x、y、z 也是时间的函数,利用式(6-4),可以将运动方程写为

$$\left.\begin{aligned} x &= f_1(t) \\ y &= f_2(t) \\ z &= f_3(t) \end{aligned}\right\} \tag{6-5}$$

式(6-5)称为以直角坐标表示的点的运动方程,也可称为点 M 的运动轨迹的参数方程。

消去式(6-5)中的参数时间 t,可得到点的轨迹方程(空间曲线方程),即

$$f(x,y,z) = 0 \tag{6-6}$$

将式(6-4)对时间求导,由于 $\boldsymbol{i}$、$\boldsymbol{j}$、$\boldsymbol{k}$ 为大小和方向都不变的恒矢量,因此有

$$\boldsymbol{v} = \frac{\mathrm{d}\boldsymbol{r}}{\mathrm{d}t} = \frac{\mathrm{d}x}{\mathrm{d}t}\boldsymbol{i} + \frac{\mathrm{d}y}{\mathrm{d}t}\boldsymbol{j} + \frac{\mathrm{d}z}{\mathrm{d}t}\boldsymbol{k} \tag{6-7}$$

设动点 M 的速度矢 $\boldsymbol{v}$ 在直角坐标轴上的投影为 v_x、v_y 和 v_z,即

$$\boldsymbol{v} = v_x\boldsymbol{i} + v_y\boldsymbol{j} + v_z\boldsymbol{k} \tag{6-8}$$

比较式(6-7)和式(6-8),得到

$$\left.\begin{aligned} v_x &= \frac{\mathrm{d}x}{\mathrm{d}t} \\ v_y &= \frac{\mathrm{d}y}{\mathrm{d}t} \\ v_z &= \frac{\mathrm{d}z}{\mathrm{d}t} \end{aligned}\right\} \tag{6-9}$$

因此,速度在各坐标轴上的投影等于动点的各对应坐标对时间的一阶导数。由式(6-9)求得 v_x、v_y 和 v_z 后,速度 $\boldsymbol{v}$ 的大小和方向就由它的三个投影完全确定。

同理,设

$$\boldsymbol{a} = a_x\boldsymbol{i} + a_y\boldsymbol{j} + a_z\boldsymbol{k}$$

则有

$$\left.\begin{aligned} a_x &= \frac{d^2 x}{dt^2} \\ a_y &= \frac{d^2 y}{dt^2} \\ a_z &= \frac{d^2 z}{dt^2} \end{aligned}\right\} \tag{6-10}$$

因此，加速度在直角坐标轴上的投影等于动点的各对应坐标对时间的二阶导数。加速度 $\boldsymbol{a}$ 的大小和方向就由它的三个投影完全确定。

例 6-1　椭圆规机构如图 6-4(a)所示。曲柄 OC 以等角速度 ω 绕 O 转动，通过连杆 AB 带动滑块 A、B 在水平和竖直槽内运动，$OC=BC=AC=l$。求：(1)连杆上 M 点($AM=r$)的运动方程；(2)M 点的速度与加速度。

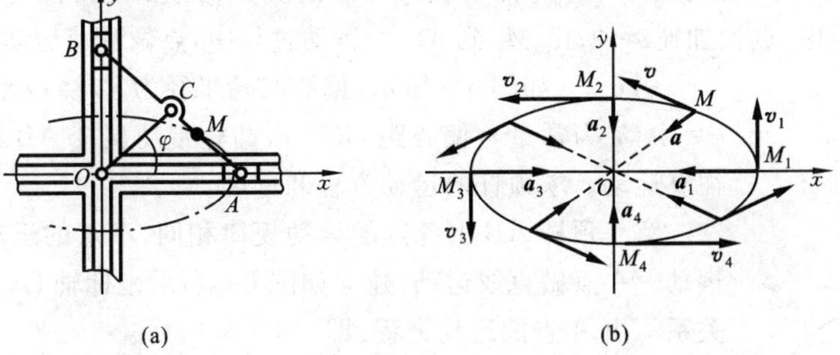

图 6-4

解　(1) 列写点的运动方程。

由于 M 点在平面内的运动轨迹未知，故建立图 6-4(b)所示的直角坐标系 Oxy 描述运动。M 点是 BA 杆上的一点。该杆两端分别被限制在水平和竖直方向运动。曲柄做等角速转动，$\varphi=\omega t$。由这些约束条件写出 M 点的运动方程

$$\begin{cases} x = (2l - r)\cos\omega t \\ y = r\sin\omega t \end{cases}$$

消去时间 t，得轨迹方程

$$\left(\frac{x}{2l-r}\right)^2 + \left(\frac{y}{r}\right)^2 = 1$$

这是椭圆方程。

(2) 求速度和加速度。

对运动方程求导，得

$$\left.\begin{aligned} v_x &= \frac{dx}{dt} = -(2l-r)\omega\sin\omega t \\ v_y &= \frac{dy}{dt} = r\omega\cos\omega t \end{aligned}\right\}$$

$$\left.\begin{aligned} a_x &= \frac{d^2 x}{dt^2} = -(2l-r)\omega^2\cos\omega t \\ a_y &= \frac{d^2 y}{dt^2} = -r\omega^2\sin\omega t \end{aligned}\right\}$$

由上面式子即可确定任一瞬时点的速度和加速度。

注意到前面写出的 M 点的运动方程,有

$$\left.\begin{aligned} a_x &= -\omega^2 x \\ a_y &= -\omega^2 y \end{aligned}\right\}$$

因此有

$$\boldsymbol{a} = a_x\boldsymbol{i} + a_y\boldsymbol{j} = -\omega^2\boldsymbol{r}$$

即 $\boldsymbol{a}$ 总是指向 O 点。根据不同瞬时的速度和加速度关系,可判断 M 点的运动情况。如图 6-4(b)所示,已画出 8 个瞬时点的速度和加速度方向。由此可知:由 M_1 到 M_2 的运动过程中,点做加速运动;由 M_2 到 M_3 的运动过程中,点做减速运动;等等。

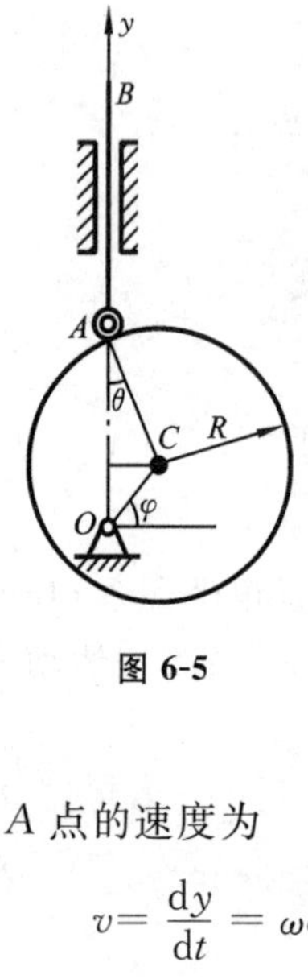

图 6-5

例 6-2　如图 6-5 所示,偏心凸轮半径为 R,绕 O 轴转动,转角 $\varphi=\omega t$(ω 为常量),偏心距 $OC=e$,凸轮带动顶杆 AB 沿竖直线做往复运动。求顶杆的运动方程和速度。

解　顶杆 AB 上各点的运动规律相同,A 点的运动即为杆的运动。A 点做直线运动,建立如图 6-5 所示坐标轴 Oy。根据几何关系写出 A 点的运动方程,即

$$y = OA = e\sin\varphi + R\cos\theta \tag{①}$$

由图可知

$$\sin\theta = \frac{e}{R}\cos\varphi \tag{②}$$

所以有

$$y = e\sin\omega t + \sqrt{R^2 - (e\cos\omega t)^2} \tag{③}$$

A 点的速度为

$$v = \frac{dy}{dt} = \omega e\cos\omega t + \frac{\omega e^2\cos\omega t\sin\omega t}{\sqrt{R^2-(e\cos\omega t)^2}} = \omega e\left(\cos\omega t + \frac{e\sin 2\omega t}{2\sqrt{R^2-e^2\cos^2\omega t}}\right) \tag{④}$$

要求特定瞬时推杆的速度,如当 $\angle OCA=\dfrac{\pi}{2}$ 时,

$$\omega t = \theta,\quad t = \frac{\theta}{\omega},\quad \cos\theta = \frac{R}{\sqrt{R^2+e^2}},\quad \sin\theta = \frac{e}{\sqrt{R^2+e^2}}$$

代入式④即得

$$v = \frac{e\omega}{R}\sqrt{R^2+e^2}$$

6.3 自　然　法

利用点的运动轨迹建立弧坐标及自然轴系,并用它们来描述和分析点的运动的方法称为**自然法**。

1. 弧坐标

设动点的轨迹为如图 6-6 所示的曲线,在轨迹上任选一点 O 为参考点,并设点 O 的某一侧为坐标正向,动点沿轨迹从 O 到点 M 的弧长 s 称为**弧坐标**,弧长 s 为代数量。当动点运动时,s 是时间的函数,即

$$s = f(t) \tag{6-11}$$

式(6-11)称为以弧坐标表示的点的运动方程。

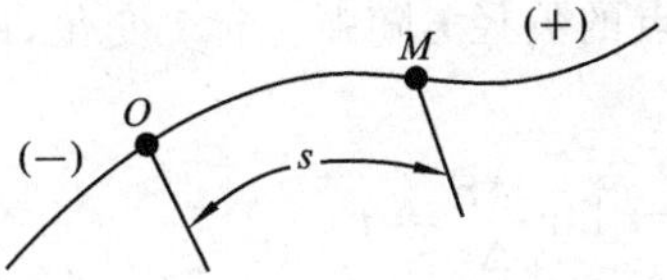

图 6-6

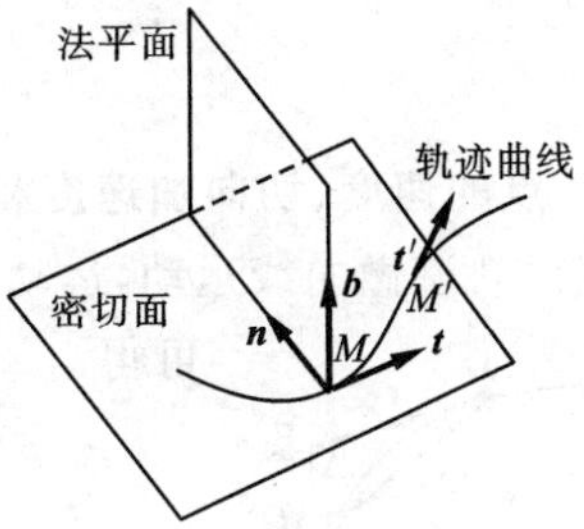

图 6-7

2. 自然轴系

在点的运动轨迹上过点 M 作切线,切线的单位矢量为 $\boldsymbol{t}$,其指向与弧坐标正向一致,如图 6-7 所示。取与点 M 极为接近的点 M',该点切线的单位矢量为 $\boldsymbol{t}'$,令 M' 无限趋近点 M,$\boldsymbol{t}$ 和 $\boldsymbol{t}'$ 组成的平面的极限位置称为曲线在点 M 的密切面。过点 M 并与切线垂直的平面称为法平面。法平面与密切面的交线称为主法线,主法线的单位矢量为 $\boldsymbol{n}$,其正向指向曲线内凹一侧。过点 M 且垂直于切线及主法线的直线称为副法线,取 $\boldsymbol{b}$ 为副法线单位矢量,其满足

$$\boldsymbol{b} = \boldsymbol{t} \times \boldsymbol{n}$$

单位矢量 $\boldsymbol{t}$、$\boldsymbol{n}$、$\boldsymbol{b}$ 构成一个以点 M 为坐标原点,并跟随点 M 一起运动的直角坐标系,称为自然坐标系。这三条轴称为**自然轴**。

随着点 M 在轨迹上运动,单位矢量的方向也在不断变动,有

$$\frac{\mathrm{d}\boldsymbol{t}}{\mathrm{d}s} = \lim_{\Delta s \to 0} \frac{\Delta \boldsymbol{t}}{\Delta s}$$

由图 6-8 可见,$\Delta \boldsymbol{t}$ 的大小为

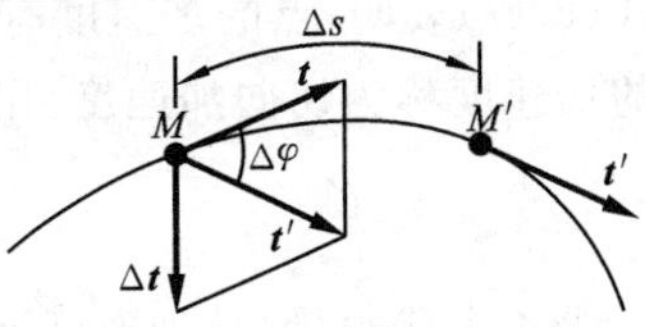

图 6-8

$$|\Delta \boldsymbol{t}| = 2\,|\boldsymbol{t}|\,\sin\frac{\Delta\varphi}{2}$$

当 $\Delta s \to 0$ 时,$\Delta\varphi \to 0$,$\Delta \boldsymbol{t}$ 与 $\boldsymbol{t}$ 垂直且有 $|\boldsymbol{t}| = 1$,由此可

得

$$|\Delta \boldsymbol{t}| \approx \Delta\varphi$$

矢量 $\Delta \boldsymbol{t}$ 的极限位置在密切面内，且垂直于 $\boldsymbol{t}$，指向曲线内凹一侧，即沿主法线的方向。于是

$$\frac{\mathrm{d}\boldsymbol{t}}{\mathrm{d}s} = \lim_{\Delta s\to 0}\frac{|\Delta \boldsymbol{t}|}{\Delta s}\boldsymbol{n} = \lim_{\Delta s\to 0}\frac{\Delta\varphi}{\Delta s}\boldsymbol{n} = \frac{\mathrm{d}\varphi}{\mathrm{d}s}\boldsymbol{n}$$

曲线切线的转角对弧长的一阶导数的绝对值称为曲线在一点的**曲率**。在曲线运动中，轨迹的曲率或曲率半径是一个重要的参数，它表示曲线的弯曲程度。曲率的倒数称为**曲率半径**，用 ρ 表示，则有

$$\frac{1}{\rho} = \lim_{\Delta s\to 0}\frac{\Delta\varphi}{\Delta s} = \frac{\mathrm{d}\varphi}{\mathrm{d}s} \tag{6-12}$$

因此有

$$\frac{\mathrm{d}\boldsymbol{t}}{\mathrm{d}s} = \frac{1}{\rho}\boldsymbol{n} \tag{6-13}$$

3. 点的速度、切向加速度和法向加速度

点沿轨迹做曲线运动，运动方程为 $s=s(t)$，点的矢径 $\boldsymbol{r}$ 随弧坐标 s 变化，由图6-9可得

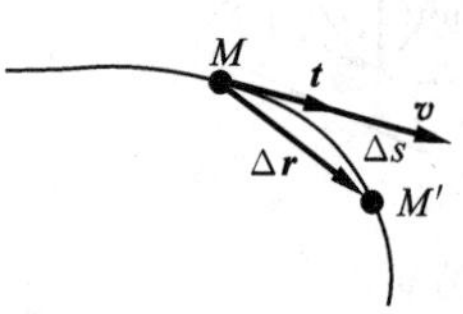

图 6-9

$$\frac{\mathrm{d}\boldsymbol{r}}{\mathrm{d}s} = \lim_{\Delta s\to 0}\frac{\Delta \boldsymbol{r}}{\Delta s} = \boldsymbol{t} \tag{6-14}$$

点 M 的速度为

$$\boldsymbol{v} = \frac{\mathrm{d}\boldsymbol{r}}{\mathrm{d}t} = \frac{\mathrm{d}\boldsymbol{r}}{\mathrm{d}s}\cdot\frac{\mathrm{d}s}{\mathrm{d}t} = \frac{\mathrm{d}s}{\mathrm{d}t}\boldsymbol{t}$$

弧坐标对时间的导数是代数量，以 v 表示，有

$$v = \frac{\mathrm{d}s}{\mathrm{d}t} \tag{6-15}$$

因此点的速度矢可写为

$$\boldsymbol{v} = v\boldsymbol{t} \tag{6-16}$$

由此可得结论：点的速度沿轨迹切线方向，它的代数值等于弧坐标对时间的一阶导数。

将式(6-16)对时间取一阶导数，得

$$\boldsymbol{a} = \frac{\mathrm{d}\boldsymbol{v}}{\mathrm{d}t} = \frac{\mathrm{d}}{\mathrm{d}t}(v\boldsymbol{t}) = \frac{\mathrm{d}v}{\mathrm{d}t}\boldsymbol{t} + v\frac{\mathrm{d}\boldsymbol{t}}{\mathrm{d}t} = \frac{\mathrm{d}v}{\mathrm{d}t}\boldsymbol{t} + v\frac{\mathrm{d}\boldsymbol{t}}{\mathrm{d}s}\cdot\frac{\mathrm{d}s}{\mathrm{d}t} = \frac{\mathrm{d}v}{\mathrm{d}t}\boldsymbol{t} + \frac{v^2}{\rho}\boldsymbol{n} \tag{6-17}$$

式(6-17)表明，点的加速度有两个分量，分别沿轨迹切线及主法线方向。沿轨迹切线的加速度称为**切向加速度**，用$\boldsymbol{a}_{\mathrm{t}}$ 表示，有

$$a_{\mathrm{t}} = \frac{\mathrm{d}v}{\mathrm{d}t} \tag{6-18}$$

a_{t} 是一个代数量，是加速度 $\boldsymbol{a}$ 沿轨迹切向的投影。

沿主法线方向的加速度称为**法向加速度**，用$\boldsymbol{a}_{\mathrm{n}}$ 表示，有

$$a_n = \frac{v^2}{\rho} \tag{6-19}$$

由此可得结论：切向加速度反映点的速度大小对时间的变化率，它的代数值等于速度的代数值对时间的一阶导数，方向沿轨迹切线；法向加速度反映点的速度方向改变的快慢程度，它的大小等于点的速度平方除以曲率半径，方向沿主法线，指向曲率中心。

法向加速度只反映速度方向的变化，因此，当速度$\boldsymbol{v}$与切向加速度$\boldsymbol{a}_t$ 的指向相同时，即 v 与 a_t 的符号相同时，速度的绝对值不断增加，点做加速运动，如图 6-10 所示。

点的全加速度可写为

$$\boldsymbol{a} = \boldsymbol{a}_t + \boldsymbol{a}_n = a_t\boldsymbol{t} + a_n\boldsymbol{n} \tag{6-20}$$

由于$\boldsymbol{a}_t$、$\boldsymbol{a}_n$ 均在密切面内，因此全加速度 $\boldsymbol{a}$ 也在密切面内，表明加速度矢在自然坐标系的副法线方向上的投影为零。

全加速度的大小为

$$a = \sqrt{a_t^2 + a_n^2} \tag{6-21}$$

它与法线间的夹角正切为

$$\tan\theta = \frac{a_t}{a_n} \tag{6-22}$$

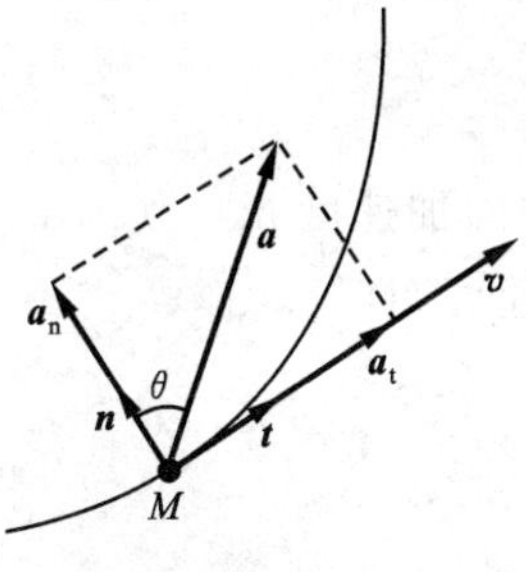

图 6-10

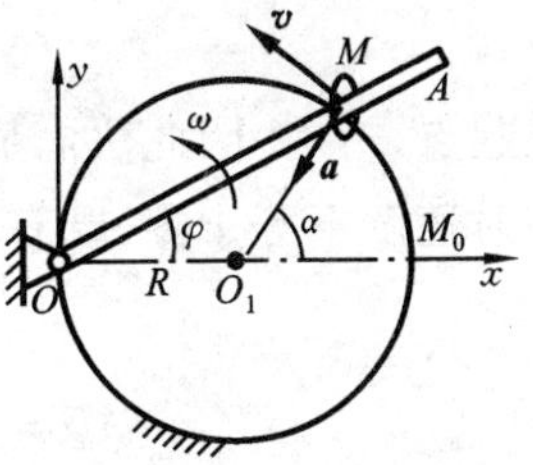

图 6-11

例 6-3　在图 6-11 所示机构中，小环 M 同时套在半径为 R 的大圆环和摇杆 OA 上，杆 OA 绕 O 按 $\varphi=\omega t$ 的规律转动，ω 为常量，当 $t=0$ 时，OA 处在水平位置。试求小环 M 在任一瞬时的速度和加速度。

解　由于小环的运动轨迹已知，故可用自然法求解。由几何关系可得

$$s = R\alpha = R\cdot 2\varphi = 2R\omega t$$

将上式对时间求一阶导数，得小环的速度为

$$v = \frac{\mathrm{d}s}{\mathrm{d}t} = 2R\omega$$

方向沿 M 点的切向，指向弧坐标正向。

小环的切向加速度和法向加速度分别为

$$a_{\mathrm{t}}=\frac{\mathrm{d}v}{\mathrm{d}t}=0$$

$$a_{\mathrm{n}}=\frac{v^2}{R}=4R\omega^2$$

$\boldsymbol{a}_{\mathrm{n}}$ 方向由 M 指向 O_1。小环的全加速度为

$$a=\sqrt{a_{\mathrm{t}}^2+a_{\mathrm{n}}^2}=4R\omega^2$$

其方向与$\boldsymbol{a}_{\mathrm{n}}$ 相同。

例 6-4 列车沿半径为 $R=800$ m 的圆弧轨道做匀加速运动。如初速度为零,经过 2 min 后,速度达到 54 km/h。求起点和末点的加速度。

解 由于列车沿圆弧轨道做匀加速运动,切向加速度 a_{t} 等于恒量。于是有方程

$$\frac{\mathrm{d}v}{\mathrm{d}t}=a_{\mathrm{t}}=\text{常量}$$

积分得

$$\int_0^v \mathrm{d}v=\int_0^t a_{\mathrm{t}}\mathrm{d}t$$

故

$$v=a_{\mathrm{t}}t$$

当 $t=2\ \mathrm{min}=120\ \mathrm{s}$ 时,$v=54\ \mathrm{km/h}=15\ \mathrm{m/s}$,代入上式,求得

$$a_{\mathrm{t}}=\frac{15}{120}\ \mathrm{m/s^2}=0.125\ \mathrm{m/s^2}$$

在起点,$v=0$,因此法向加速度等于零,列车只有切向加速度 $a_{\mathrm{t}}=0.125\ \mathrm{m/s^2}$;在末点时速度不等于零,既有切向加速度,又有法向加速度,且

$$a_{\mathrm{t}}=0.125\ \mathrm{m/s^2}$$

$$a_{\mathrm{n}}=\frac{v^2}{R}=\frac{15^2}{800}\ \mathrm{m/s^2}=0.281\ \mathrm{m/s^2}$$

末点的全加速度大小为

$$a=\sqrt{a_{\mathrm{t}}^2+a_{\mathrm{n}}^2}=0.308\ \mathrm{m/s^2}$$

末点的全加速度与法向的夹角 θ 的正切值为

$$\tan\theta=\frac{a_{\mathrm{t}}}{a_{\mathrm{n}}}=0.443$$

故

$$\theta=23°54'$$

例 6-5 已知点做平面曲线运动,其运动方程为

$$x=x(t),\quad y=y(t)$$

试求在任一瞬时该点的切向加速度和法向加速度的大小及轨迹曲线的曲率半径。

解 已知运动方程时,可求出该点在任一瞬时的速度和加速度,即

$$v=\sqrt{\left(\frac{\mathrm{d}x}{\mathrm{d}t}\right)^2+\left(\frac{\mathrm{d}y}{\mathrm{d}t}\right)^2}$$

$$a=\sqrt{\left(\frac{\mathrm{d}^2x}{\mathrm{d}t^2}\right)^2+\left(\frac{\mathrm{d}^2y}{\mathrm{d}t^2}\right)^2}$$

由 $a_t=\frac{\mathrm{d}v}{\mathrm{d}t}$，可求出切向加速度为

$$a_t=\frac{\frac{\mathrm{d}x}{\mathrm{d}t}\cdot\frac{\mathrm{d}^2x}{\mathrm{d}t^2}+\frac{\mathrm{d}y}{\mathrm{d}t}\cdot\frac{\mathrm{d}^2y}{\mathrm{d}t^2}}{\sqrt{\left(\frac{\mathrm{d}x}{\mathrm{d}t}\right)^2+\left(\frac{\mathrm{d}y}{\mathrm{d}t}\right)^2}}$$

因 $a^2=a_t^2+a_n^2$，故法向加速度为

$$a_n=\sqrt{a^2-a_t^2}$$

再根据 $a_n=\frac{v^2}{\rho}$，可求出曲率半径

$$\rho=\frac{v^2}{a_n}$$

上述计算表明，用直角坐标表示的速度及加速度，不难换算为自然法中的速度及切向加速度和法向加速度，进而可求出曲线的曲率半径 ρ，这比用纯数学方法求 ρ 往往更为简便。

例 6-6　半径为 r 的轮子沿直线轨道无滑动地滚动（称为纯滚动），设轮子转角 $\varphi=\omega t$（ω 为常值），如图 6-12 所示。求用直角坐标和弧坐标表示的轮缘上任一点 M 的运动方程，并求该点的速度、切向加速度及法向加速度。

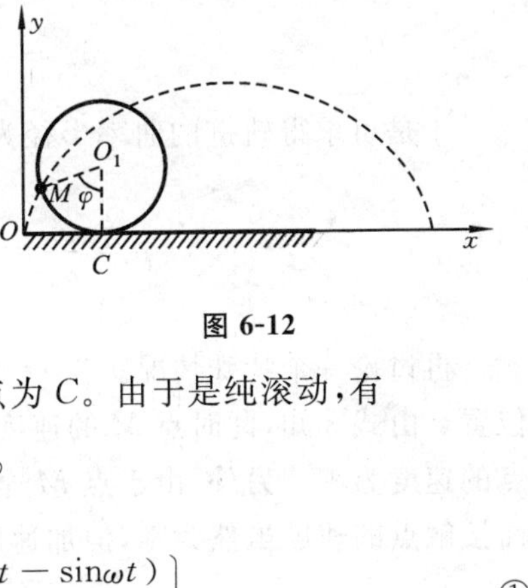

图 6-12

解　取 $\varphi=0$ 时点 M 与直线轨道的接触点 O 为原点，建立直角坐标系 Oxy，如图 6-12 所示。当轮子转过 φ 角时，轮子与直线轨道的接触点为 C。由于是纯滚动，有

$$OC=\overset{\frown}{MC}=r\varphi$$

则用直角坐标表示的 M 点的运动方程为

$$\left.\begin{aligned}x&=OC-O_1M\sin\varphi=r(\omega t-\sin\omega t)\\y&=O_1C-O_1M\cos\varphi=r(1-\cos\omega t)\end{aligned}\right\}\qquad①$$

式①对时间求导，即得 M 点的速度沿坐标轴的投影：

$$\left.\begin{aligned}v_x&=\frac{\mathrm{d}x}{\mathrm{d}t}=r\omega(1-\cos\omega t)\\v_y&=\frac{\mathrm{d}y}{\mathrm{d}t}=r\omega\sin\omega t\end{aligned}\right\}\qquad②$$

M 点的速度为

$$\begin{aligned}v&=\sqrt{v_x^2+v_y^2}=r\omega\sqrt{2-2\cos\omega t}\\&=2r\omega\sin\frac{\omega t}{2}\quad(0\leqslant\omega t\leqslant2\pi)\end{aligned}\qquad③$$

运动方程①实际上也是 M 点运动轨迹的参数方程(以 t 为参变量)。这是一个摆线(或称旋轮线)方程,这表明 M 点的运动轨迹是摆线,如图 6-12 所示。

取 M 的起始点 O 作为弧坐标原点,将式③的速度 v 积分,即得用弧坐标表示的运动方程为

$$s=\int_0^t 2r\omega\sin\frac{\omega t}{2}\mathrm{d}t=4r\left(1-\cos\frac{\omega t}{2}\right)\quad(0\leqslant\omega t\leqslant 2\pi)$$

将式②再对时间求导,即得加速度在直角坐标系上的投影为

$$\left.\begin{aligned}a_x&=\frac{\mathrm{d}^2x}{\mathrm{d}t^2}=r\omega^2\sin\omega t\\a_y&=\frac{\mathrm{d}^2y}{\mathrm{d}t^2}=r\omega^2\cos\omega t\end{aligned}\right\}\tag{④}$$

由此得到全加速度

$$a=\sqrt{a_x^2+a_y^2}=r\omega^2$$

将式③对时间求导,即得点 M 的切向加速度为

$$a_t=\frac{\mathrm{d}v}{\mathrm{d}t}=r\omega^2\cos\frac{\omega t}{2}$$

法向加速度为

$$a_n=\sqrt{a^2-a_t^2}=r\omega^2\sin\frac{\omega t}{2}\tag{⑤}$$

于是可求得轨迹的曲率半径为

$$\rho=\frac{v^2}{a_n}=\frac{4r^2\omega^2\sin^2\dfrac{\omega t}{2}}{r\omega^2\sin\dfrac{\omega t}{2}}=4r\sin\frac{\omega t}{2}$$

再讨论一个特殊情况。当 $t=2\pi/\omega$ 时,$\varphi=2\pi$,这时点 M 运动到与地面相接触的位置。由式③知,此时点 M 的速度为零,这表明,沿地面做纯滚动的轮子与地面接触点的速度为零。另外,由于点 M 全加速度的大小恒为 $r\omega^2$,因此纯滚动的轮子与地面接触点的速度虽然为零,但加速度却不为零。将 $t=2\pi/\omega$ 代入式④,得

$$a_x=0,\quad a_y=r\omega^2$$

即接触点的加速度方向向上。

小　　结

(1) 点的运动方程描述动点在空间的几何位置随时间的变化规律。相对于同一参考体,若采用不同的坐标系,将有不同形式的运动方程。

矢量形式: $\boldsymbol{r}=\boldsymbol{r}(t)$

直角坐标形式: $x=f_1(t)$, $y=f_2(t)$, $z=f_3(t)$

弧坐标形式: $s=f(t)$

轨迹为动点在空间运动时所经过的一条连续曲线。

（2）点的速度和加速度是矢量。以直角坐标轴上的分量表示

$$\boldsymbol{v}=\frac{\mathrm{d}\boldsymbol{r}}{\mathrm{d}t},\quad \boldsymbol{a}=\frac{\mathrm{d}\boldsymbol{v}}{\mathrm{d}t}=\frac{\mathrm{d}^2\boldsymbol{r}}{\mathrm{d}t^2}$$

$$v_x=\frac{\mathrm{d}x}{\mathrm{d}t},\quad v_y=\frac{\mathrm{d}y}{\mathrm{d}t},\quad v_z=\frac{\mathrm{d}z}{\mathrm{d}t}$$

$$a_x=\frac{\mathrm{d}^2x}{\mathrm{d}t^2},\quad a_y=\frac{\mathrm{d}^2y}{\mathrm{d}t^2},\quad a_z=\frac{\mathrm{d}^2z}{\mathrm{d}t^2}$$

（3）以自然坐标轴的分量表示

$$\boldsymbol{v}=v\boldsymbol{t},\quad \boldsymbol{a}=\boldsymbol{a}_{\mathrm{t}}+\boldsymbol{a}_{\mathrm{n}}=a_{\mathrm{t}}\boldsymbol{t}+a_{\mathrm{n}}\boldsymbol{n}$$

$$v=\frac{\mathrm{d}s}{\mathrm{d}t},\quad a_{\mathrm{t}}=\frac{\mathrm{d}v}{\mathrm{d}t},\quad a_{\mathrm{n}}=\frac{v^2}{\rho}$$

点的切向加速度只反映速度大小的变化，法向加速度只反映速度方向的变化。当速度与切向加速度方向相同时，点做加速运动；反之，点做减速运动。

（4）几种特殊运动

直线运动：　$a_{\mathrm{n}}\equiv 0,\quad \rho\to\infty$

圆周运动：　$\rho=$常数　（圆的半径）

匀速运动：　$a_{\mathrm{t}}\equiv 0$

匀变速运动：　$a_{\mathrm{t}}=$常数

思　考　题

6-1　$\frac{\mathrm{d}\boldsymbol{v}}{\mathrm{d}t}$和$\frac{\mathrm{d}v}{\mathrm{d}t}$，$\frac{\mathrm{d}\boldsymbol{r}}{\mathrm{d}t}$和$\frac{\mathrm{d}r}{\mathrm{d}t}$是否相同？

6-2　在某一瞬时动点的速度等于零，这时动点的加速度是否一定为零？

6-3　点做曲线运动，图 6-13 中所给出的各点的速度和加速度哪些是可能的？哪些是不可能的？

6-4　点沿螺线自外向内运动，如图 6-14 所示。它走过的弧长与时间的一次方成正比，问点的加速度是越来越大，还是越来越小？点越跑越快，还是越跑越慢？

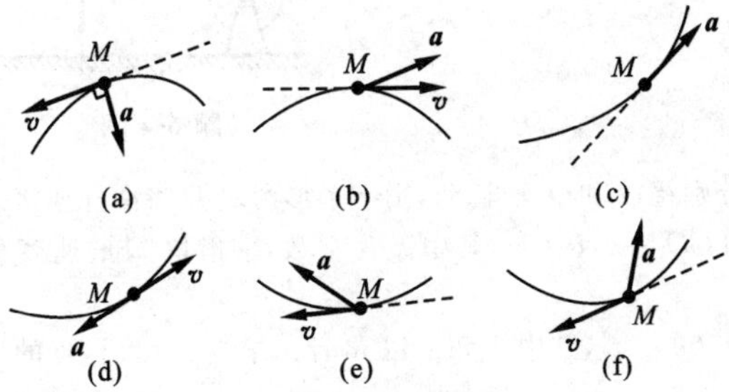

图 6-13

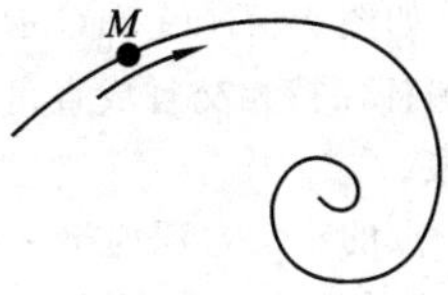

图 6-14

习　题

6-1　图示曲线规尺，各杆长为 $OA=AB=200$ mm，$CD=DE=AC=AE=50$ mm。如杆 OA 以等角速度 $\omega=\frac{\pi}{5}$ rad/s 绕轴 O 转动，并且当运动开始时，杆 OA 水平向右运动。求尺上点 D 的运动方程和轨迹。

6-2　曲柄连杆机构中，曲柄 OA 以匀角速度 ω 绕轴 O 转动。已知 $OA=r$，$AB=l$，连杆上 M 点距 A 端长度为 b，开始时滑块 B 在最右端位置。求 M 点的运动方程和 $t=0$ 时的速度和加速度。

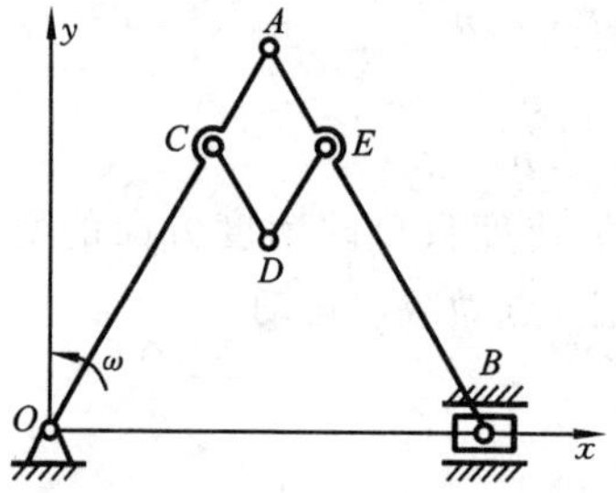

题 6-1 图

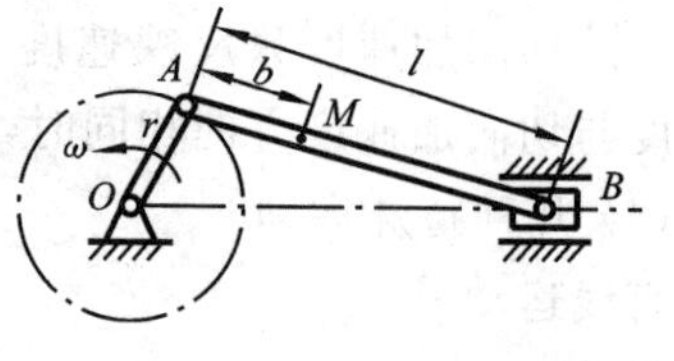

题 6-2 图

6-3　图示雷达在距离火箭发射台为 l 的 O 处观察竖直上升的火箭发射，测得角 θ 的规律为 $\theta=kt$(k 为常数)。试写出火箭的运动方程并计算当 $\theta=\frac{\pi}{6}$ 和 $\frac{\pi}{3}$ 时，火箭的速度和加速度。

6-4　套管 A 由绕过定滑轮 B 的绳索牵引而沿竖直导轨上升，滑轮中心到导轨的距离为 l，如图所示。设以等速 $\boldsymbol{v}_0$ 拉下绳索，忽略滑轮尺寸。求套管 A 的速度和加速度与距离 x 的关系式。

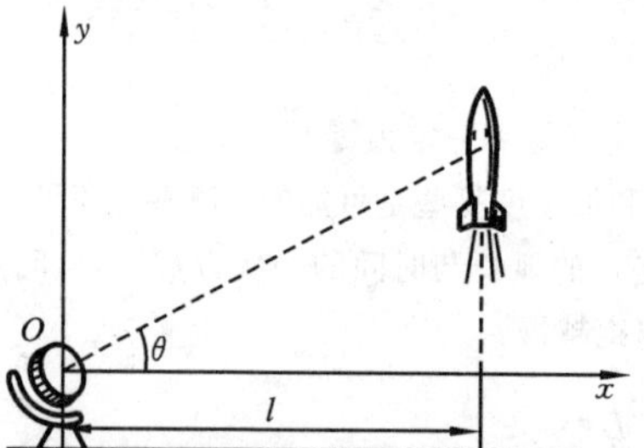

题 6-3 图

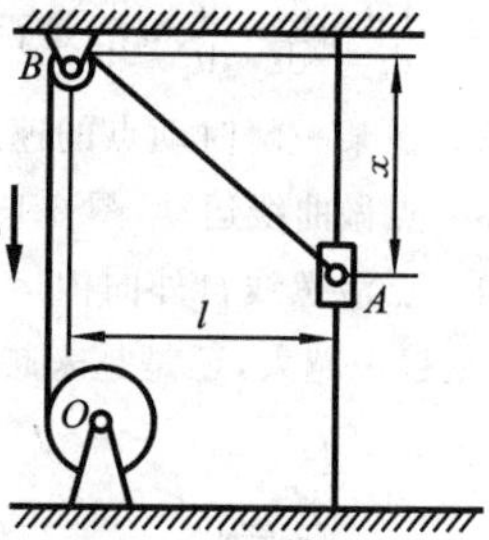

题 6-4 图

6-5　如图所示，OA 和 O_1B 两杆分别绕 O 和 O_1 轴转动，用十字形滑块 D 将两杆连接。在运动过程中，两杆保持相交且成直角。已知 $OO_1=a$，$\varphi=kt$，其中 k 为常数，求滑块 D 的速度和相对于 OA 的速度。

6-6　点的运动方程为 $x=50t$，$y=500-5t^2$，其中 x 和 y 以 m 计。求当 $t=0$ 时，点的切向和法向加速度以及轨迹的曲率半径。

6-7　小环 M 由做平移的丁字形杆 ABC 带动，沿着图示曲线轨道运动。设杆 ABC 的速度 $\frac{\mathrm{d}x}{\mathrm{d}t}=v=$常数，曲线方程为 $y^2=2px$。试求环 M 的速度和加速度的大小(写成杆的位移 x 的函

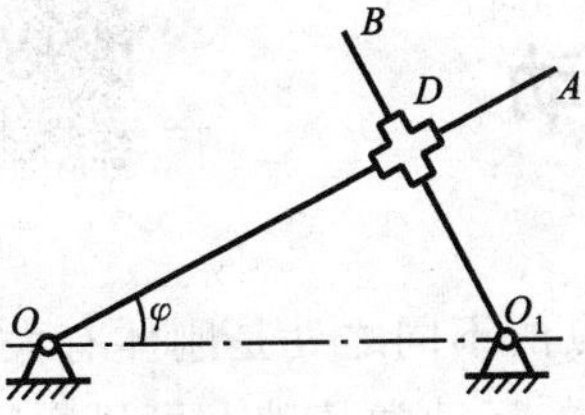

题 6-5 图

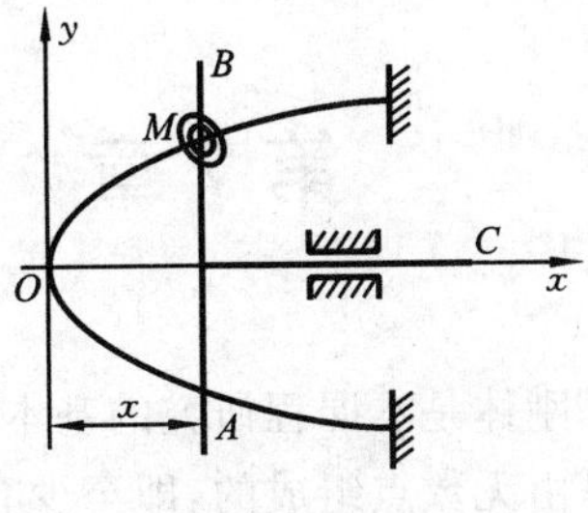

题 6-7 图

数）。

6-8　点沿空间曲线运动，在点 M 处其速度为 $\boldsymbol{v}=4\boldsymbol{i}+3\boldsymbol{j}$，加速度 $\boldsymbol{a}$ 与速度 $\boldsymbol{v}$ 的夹角 $\beta=30°$，且 $a=10\ \mathrm{m/s^2}$。试计算轨迹在该点密切面内的曲率半径 ρ 和切向加速度 a_t。

6-9　如图所示，一直杆以匀角速度 ω_0 绕其固定端 O 转动，沿此杆上有一滑块以匀速 $\boldsymbol{v}_0$ 滑动。设运动开始时，杆在水平位置，滑块在点 O 处。求滑块的轨迹（以极坐标表示）。

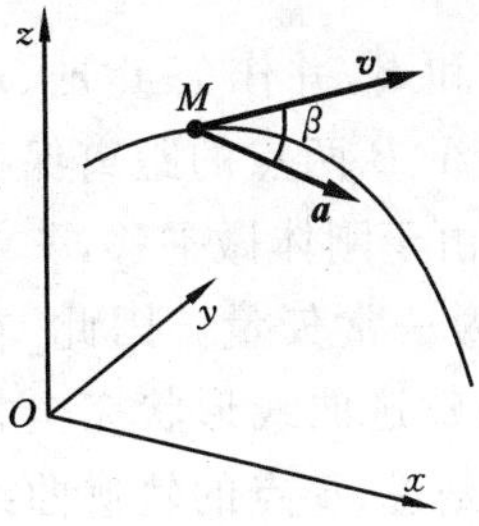

题 6-8 图

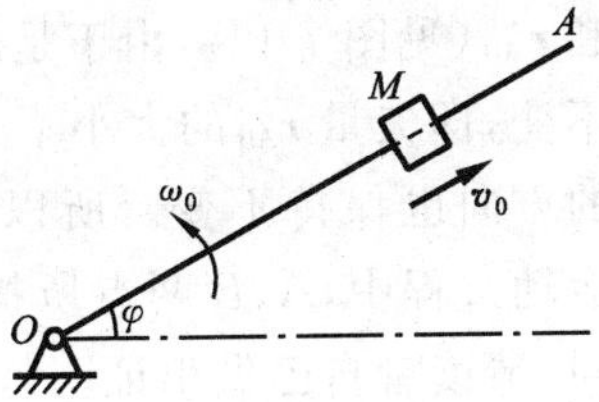

题 6-9 图

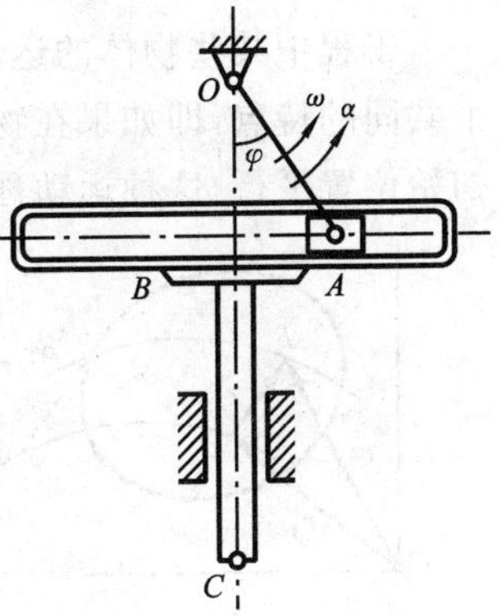

题 6-10 图

6-10　滑道连杆机构如图所示，曲柄 OA 长 r，按规律 $\varphi=\varphi_0+\omega t$ 转动（φ 以 rad 计，t 以 s 计），ω 为一常量。求滑道上 C 点的运动、速度及加速度方程。

6-11　一段凹凸不平的路面可近似地用正弦曲线表示：$y=0.04\sin\frac{\pi x}{20}$。其中 x、y 均以 m 计。设有一汽车沿 x 方向的运动规律为 $x=20t$，t 以 s 计。问：汽车经过该段路面时，在什么位置加速度的绝对值最大？最大加速度值是多少？

第 7 章　刚体的基本运动

刚体是本课程研究的基本力学模型之一。刚体与点的不同之处是刚体有大小，它是由无数点组成的，即至少有一维的尺度非零。在点的运动学基础上可研究刚体的运动，研究刚体整体的运动及其与刚体上各点的运动之间的关系。

本章将研究刚体的两种简单运动——平行移动和定轴转动。这是工程中最常见的运动，也是研究复杂运动的基础。

7.1　刚体的平行移动

工程中某些物体的运动，如气缸内活塞的运动、车床上刀架的运动等，它们有一个共同的特点，即如果在物体内任取一直线段，在运动过程中这条直线段始终与它的初始位置平行，这种运动称为**平行移动**，简称**平移**。

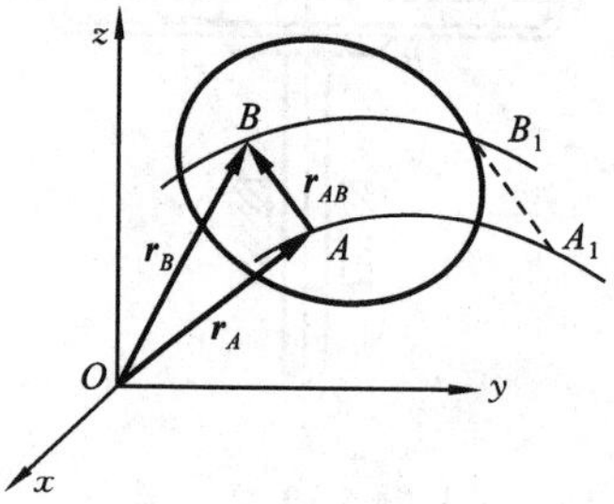

图 7-1

在平移刚体上任取两点 A 和 B，并作矢量 $\boldsymbol{r}_A$、$\boldsymbol{r}_B$ 和 $\boldsymbol{r}_{AB}$（见图 7-1）。由于是刚体，A、B 两点的距离保持不变，即矢量 $\boldsymbol{r}_{AB}$ 的大小不变；又由于刚体做平移，矢量的方向也保持不变。所以，$\boldsymbol{r}_{AB}$ 为一常矢量。因此，在运动过程中，A、B 两点所描出的轨迹曲线形状完全相同（请读者自己做出证明），也就是说，B 点的轨迹曲线沿 $\boldsymbol{r}_{BA}$ 方向平行移动一段距离 BA，将与 A 点的轨迹曲线完全重合。又由图 7-1 可知

$$\boldsymbol{r}_B = \boldsymbol{r}_A + \boldsymbol{r}_{AB} \tag{7-1}$$

将式(7-1)对时间 t 求导数，由于 $\boldsymbol{r}_{BA}$ 为常矢量，$\dfrac{\mathrm{d}\boldsymbol{r}_{BA}}{\mathrm{d}t}=0$，故有

$$\frac{\mathrm{d}\boldsymbol{r}_A}{\mathrm{d}t} = \frac{\mathrm{d}\boldsymbol{r}_B}{\mathrm{d}t} \tag{7-2}$$

即

$$\boldsymbol{v}_A = \boldsymbol{v}_B \tag{7-3}$$

再将式(7-3)对时间求一次导数，得到

$$\boldsymbol{a}_A = \boldsymbol{a}_B \tag{7-4}$$

式(7-3)、式(7-4)两式表明，在任何瞬时，A、B 两点的速度相同，加速度也相同。由于 A、B 是任取的两点，于是可推得如下的定理：

刚体平移时，其内所有各点的轨迹的形状相同。在同一瞬时，所有各点具有相同的速度和相同的加速度。

既然平移刚体上各点的运动规律相同，因此只需确定出刚体内任一点的运动，就确定了整个刚体的运动。由此可知刚体平移的问题，可归结为点的运动问题。若刚体上任一点的轨迹为直线，则刚体的运动称为**直线平移**；若刚体上任一点的轨迹为平面曲线或空间曲线，则刚体的运动称为**平面平移**或**空间平移**，或称为**曲线平移**。火车沿直线轨道行驶时，其车厢的运动即是直线平移，其平行杆的运动就是平面运动。

7.2　刚体的定轴转动

工程中最常见的齿轮、机床的主轴、定滑轮和电动机转子等，它们的运动都具有一个共同的特征，即都有一条固定的轴线，物体绕此固定轴转动。显然，只要轴线上有两点是不动的，这条轴线就是固定的。刚体在运动时，体内或其扩展部分有一直线相对定参考系保持不动，这种运动就称为**刚体的定轴转动**，简称**转动**。该固定不动的直线称为**转轴**。

当刚体绕定轴转动时，刚体内不在转轴上的所有各点，各以此轴上的一点为圆心而在垂直于此轴的平面内做圆周运动。

1. 刚体的转动方程、角速度和角加速度

设有一刚体 T 相对于参考体绕固定轴 z 转动，如图7-2所示。为描述整个刚体的运动，首先要确定刚体在任一瞬时的位置。为此，通过固定轴 z 作一固定平面 Q，再选一与刚体固连的平面 P。由于刚体上各点相对平面 P 的位置是一定的，因此，只要知道平面 P 的位置也就知道刚体上各点的位置，亦即知道整个刚体的位置。而平面 P 在任一瞬时 t 的位置可由它与固定平面 Q 的夹角 φ 来确定。角 φ 称为**位置角**或**转角**，以弧度(rad)计。从平面 Q 量到平面 P，并规定：从 z 轴的正向朝负向看去，沿逆时针方向量取为正值，反之为负值。当刚体转动时，位置角 φ 随时间 t 变化，是时间 t 的单值连续函数，可表示为

$$\varphi = \varphi(t) \tag{7-5}$$

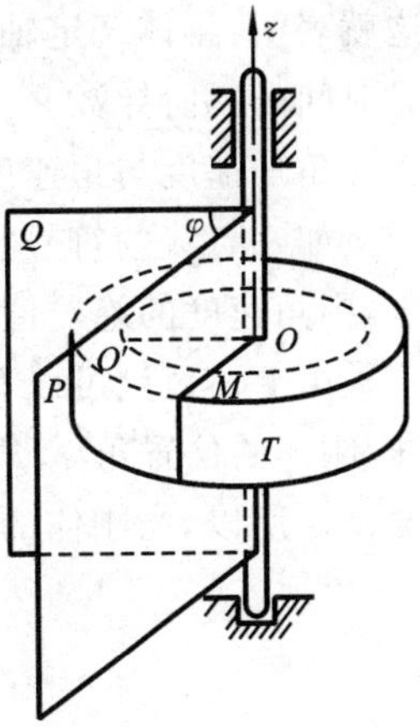

图 7-2

这就是刚体的定轴转动方程。若转动方程 $\varphi(t)$ 已知，则刚体在任一瞬时的位置即可确定。

转角 φ 实际上是确定转动刚体位置的“角坐标”。

设由瞬时 t 到瞬时 $t+\Delta t$，位置角由 φ 改变到 $\varphi+\Delta\varphi$，位置角的增量 $\Delta\varphi$ 称为**角位移**。比值 $\dfrac{\Delta\varphi}{\Delta t}$ 称为在 Δt 时间内的平均角速度。当 $\Delta t\to 0$ 时，$\dfrac{\Delta\varphi}{\Delta t}$ 的极限称为刚体在瞬时 t 的**角速度**，并用字母 ω 表示，即

$$\omega = \lim_{\Delta t \to 0} \frac{\Delta \varphi}{\Delta t} = \frac{\mathrm{d}\varphi}{\mathrm{d}t} \tag{7-6}$$

这就表明:刚体绕定轴转动的角速度等于位置角对于时间的一阶导数。

ω 是一个代数量。其大小表示刚体转动的快慢程度。当 ω 为正时,位置角 φ 的代数值随时间增大,从 z 轴的正向朝负向看,刚体逆时针转动;反之,刚体顺时针转动。

角速度的单位是 rad/s。在工程上还常用转速 n 来表示刚体转动的快慢。转速是每分钟的转数,其单位是 r/min(转/分)。角速度与转速之间的关系是

$$\omega = \frac{2n\pi}{60} = \frac{n\pi}{30} \tag{7-7}$$

角速度对时间的变化率称为**角加速度**。设角速度在时间 Δt 内的变化为 $\Delta\omega$,则在时间 Δt 内的平均角加速度为

$$\alpha^* = \frac{\Delta\omega}{\Delta t}$$

当 Δt 趋近于零时,刚体转动的瞬时角加速度为

$$\alpha = \lim_{\Delta t \to 0} \frac{\Delta\omega}{\Delta t} = \frac{\mathrm{d}\omega}{\mathrm{d}t} = \frac{\mathrm{d}^2\varphi}{\mathrm{d}t^2} \tag{7-8}$$

这就表明:刚体绕定轴转动的角加速度等于角速度对时间的一阶导数,或等于位置角对时间的二阶导数。

角加速度与角速度一样都是代数量,它的单位是 rad/s^2。

如 α 与 ω 的符号相同,则角速度的绝对值随时间而增加,这时称为**加速转动**;反之,则角速度的绝对值随时间而减小,这时称为**减速转动**。

由上述讨论可以看出:刚体的定轴转动与点的曲线运动的研究方法是完全相似的,刚体的位置角 φ、角速度 ω 及角加速度 α 对应于点的弧坐标 s、速度 v 及切向加速度 a_t。所以,当刚体的角加速度 α 恒为常量时,称为**匀变速转动**,则有

$$\omega = \omega_0 + \alpha t \tag{7-9}$$

$$\varphi = \varphi_0 + \omega_0 t + \frac{1}{2}\alpha t^2 \tag{7-10}$$

$$\omega^2 = \omega_0^2 + 2\alpha(\varphi - \varphi_0) \tag{7-11}$$

当刚体的角速度 ω 恒为常量时,称为**匀速转动**,则有

$$\varphi = \varphi_0 + \omega t \tag{7-12}$$

式中:φ_0 和 ω_0 分别为初位置角和初角速度。

2. 转动刚体内各点的速度、加速度

由以上讨论可知,转角、角速度和角加速度等都是描述刚体整体运动的特征量。在转动刚体的运动确定后,就可以求刚体内各点的速度和加速度。

当刚体做定轴转动时,刚体内各点都在垂直于转动轴的平面内做圆周运动,圆心就在转动轴上。在图 7-2 所示的转动刚体的平面 P 内任取一点 M 来考察。设 M 点

到转动轴的距离为 R，则其轨迹是半径为 R 的一个圆，如图 7-3(a)所示。取固定平面 Q 与该圆的交点 O' 为弧坐标的原点。由图 7-3(a)可见，M 点的弧坐标 s 与位置角 φ 有如下关系：

$$s = R\varphi = R\varphi(t) \tag{7-13}$$

这是用自然法表示的 M 点的运动方程。于是，可用自然法求 M 点的速度和加速度。

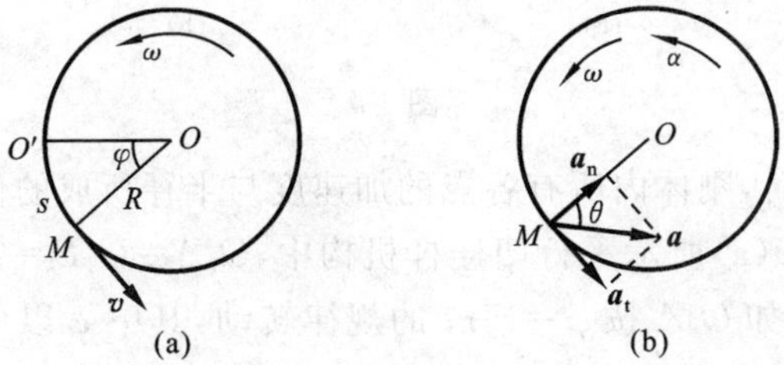

图 7-3

在任一瞬时，M 点的速度 $\boldsymbol{v}$ 的代数值为

$$v = \frac{\mathrm{d}s}{\mathrm{d}t} = R\frac{\mathrm{d}\varphi}{\mathrm{d}t} = R\omega \tag{7-14}$$

这表明：转动刚体内任一点速度的代数值等于该点至转轴的距离与刚体角速度的乘积。速度的方向是沿圆周的切线方向，其指向可由转动的方向（即角速度 ω）来确定，因此 v 与 ω 应具有相同的正负号。

动点 M 的切向加速度为

$$a_t = \frac{\mathrm{d}v}{\mathrm{d}t} = R\frac{\mathrm{d}\omega}{\mathrm{d}t} = R\alpha \tag{7-15}$$

即转动刚体内任一点的切向加速度的代数值等于该点至转轴的距离与刚体角加速度的代数值的乘积。式中 α 和 a_t 都是代数量，应具有相同的正负号。a_t 垂直于 OM，指向则与 α 的转向一致，如图 7-3(b)所示。同理可以看出：当 α 与 ω 正负相同时，切向加速度 a_t 与速度 v 的指向相同；当 α 与 ω 正负不同时，则 a_t 与 v 的指向相反。

动点 M 的法向加速度为

$$a_n = \frac{v^2}{\rho} = \frac{(R\omega)^2}{R} = R\omega^2 \tag{7-16}$$

即转动刚体内任一点的法向加速度的大小等于该点至转轴的距离与刚体角速度平方的乘积。法向加速度的方向永远指向轨迹的曲率中心，在本例中即指向圆心 O。

动点的全加速度的大小及其与主法线即半径（OM）的偏角 θ 分别为

$$a = \sqrt{a_t^2 + a_n^2} = R\sqrt{\alpha^2 + \omega^4} \tag{7-17}$$

$$\theta = \arctan\frac{|a_t|}{a_n} = \arctan\frac{|\alpha|}{\omega^2} \tag{7-18}$$

由以上所述可知：转动刚体内任一点的速度和加速度的大小都与该点至转轴的距离成正比，如图 7-4(a)、(b)所示；但是全加速度与半径所成的偏角却与转动半径无关，

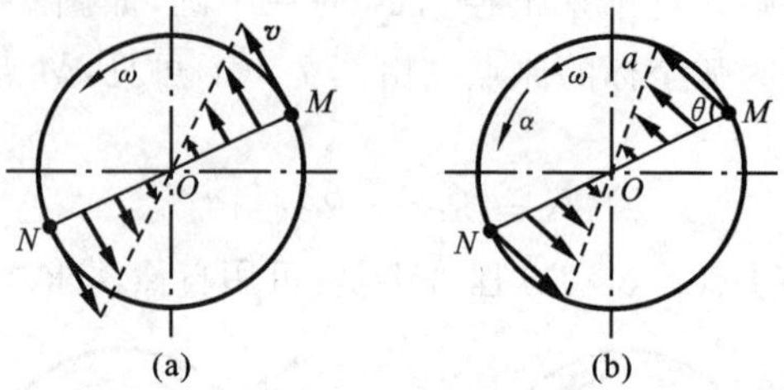

图 7-4

也就是说,在同一瞬时,刚体内所有各点的加速度与半径所成的偏角相同。

例 7-1　如图 7-5(a)所示平行四连杆机构中,$O_1A=O_2B=0.2$ m,$O_1O_2=AB=0.6$ m,$AM=0.2$ m,如 O_1A 按 $\varphi=15\pi t$ 的规律转动,其中 φ 以 rad 计,t 以 s 计。试求 $t=0.8$ s 时,M 点的速度与加速度。

解　在运动过程中,杆 AB 始终与 O_1O_2 平行。因此,杆 AB 为平移,O_1A 为定轴转动。根据平移的特点,在同一瞬时 M、A 两点具有相同的速度和加速度。A 点做圆周运动,它的运动规律为

$$s = O_1A \cdot \varphi = 3\pi t$$

所以

$$v_A = \frac{\mathrm{d}s}{\mathrm{d}t} = 3\pi \text{ m/s}$$

$$a_{tA} = \frac{\mathrm{d}v}{\mathrm{d}t} = 0$$

$$a_{nA} = \frac{v_A^2}{O_1A} = \frac{9\pi^2}{0.2} \text{ m/s}^2 = 45\pi^2 \text{ m/s}^2$$

为了表示$\boldsymbol{v}_M$、$\boldsymbol{a}_M$ 的方向,需确定 $t=0.8$ s 时 AB 杆的瞬时位置。当 $t=0.8$ s 时,$s=2.4\ \pi\text{m}$,$O_1A=0.2$ m,$\varphi=\dfrac{2.4\pi}{0.2}=12\pi$,$AB$ 杆正好第 6 次回到起始的水平位置 O 点处,$\boldsymbol{v}_M$、$\boldsymbol{a}_M$ 的方向如图 7-5(b)所示。

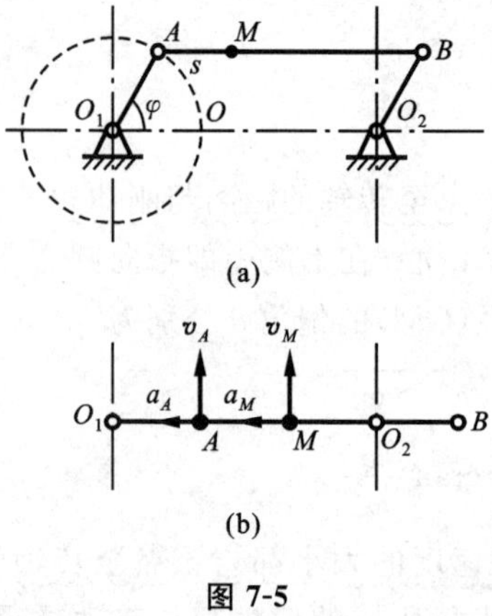

图 7-5

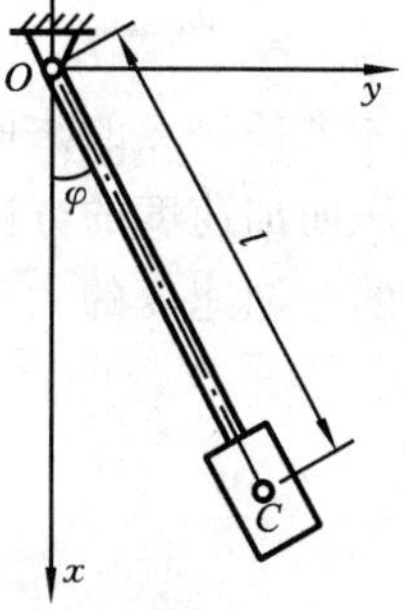

图 7-6

例 7-2 图 7-6 所示为一可绕固定水平轴转动的摆，其转动方程为 $\varphi=\varphi_0\cos\dfrac{2\pi}{T}t$，式中 T 是摆的周期。设由摆的重心 C 至转轴 O 的距离为 l，求在初瞬时($t=0$)及经过平衡位置时($\varphi=0$)摆的重心的速度和加速度。

解 由转动方程可求出摆的角速度和角加速度分别为

$$\omega=\frac{\mathrm{d}\varphi}{\mathrm{d}t}=-\frac{2\pi\varphi_0}{T}\sin\frac{2\pi}{T}t$$

$$\alpha=\frac{\mathrm{d}^2\varphi}{\mathrm{d}t^2}=-\frac{4\pi^2\varphi_0}{T^2}\cos\frac{2\pi}{T}t$$

在初瞬时($t=0$)摆的角速度和角加速度分别为

$$\omega_0=0,\quad \alpha_0=-\frac{4\pi^2\varphi_0}{T^2}$$

因此重心的速度和加速度分别为

$$v_0=\omega_0 l=0$$

$$a_{0\mathrm{t}}=\alpha_0 l=-\frac{4\pi^2\varphi_0 l}{T^2}$$

$$a_{0\mathrm{n}}=\omega_0^2 l=0$$

可见在初瞬时，重心的全加速度等于切向加速度，方向指向角 φ 减小的一边。

经过平衡位置的瞬时($\varphi=0$)，由转动方程得知 $\cos\dfrac{2\pi}{T}t=0$，因此 $\sin\dfrac{2\pi}{T}t=\pm 1$。摆的角速度和角加速度分别为

$$\omega=\pm\frac{2\pi\varphi_0}{T},\quad \alpha=0$$

因此摆的重心的速度和加速度分别为

$$v=\omega l=\pm\frac{2\pi\varphi_0 l}{T}$$

$$a_{\mathrm{t}}=0$$

$$a_{\mathrm{n}}=\omega^2 l=\frac{4\pi^2\varphi_0^2 l}{T^2}$$

可见，在经过平衡位置时，重心的全加速度等于法向加速度，指向摆的轴心 O。ω 和 v 表达式中的"+"号对应于由左向右的摆动，"−"对应于由右向左的摆动。

例 7-3 汽轮机叶轮由静止开始做匀加速转动。轮上 M 点距轴心 O 为 $r=0.4$ m，在某瞬时的全加速度 $a=40\ \mathrm{m/s^2}$，与转动半径的夹角 $\theta=30°$(见图 7-7)。若 $t=0$ 时，位置角 $\varphi_0=0$，求叶轮的转动方程及 $t=2$ s 时 M 点的速度和法向加速度。

解 将 M 点在某瞬时的全加速度 a 沿其轨迹的切向及法向分解，则切向加速度及角加速度分别为

$$a_{\mathrm{t}}=a\sin\theta=40\sin30°\ \mathrm{m/s^2}=20\ \mathrm{m/s^2}$$

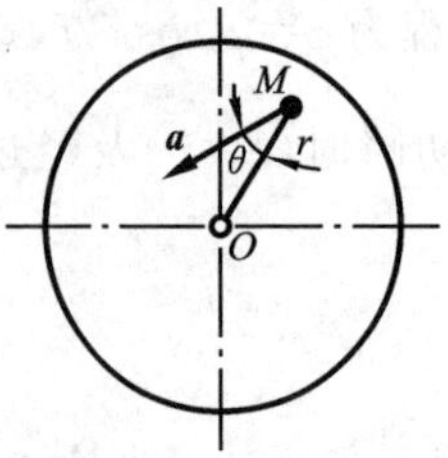

图 7-7

$$\alpha=\frac{a_t}{r}=\frac{20\ \mathrm{m/s^2}}{0.4\ \mathrm{m}}=50\ \mathrm{rad/s^2}$$

由于是匀加速转动,故 α 为常量,且 ω 与 α 的转向相同。

已知 $t=0$ 时,$\varphi_0=0,\omega_0=0$,由式(7-10)得叶轮的转动方程为

$$\varphi=\varphi_0+\omega_0 t+\frac{1}{2}\alpha t^2=25t^2\ \mathrm{rad}$$

当 $t=2$ s 时,叶轮的角速度为

$$\omega=\alpha t=50\times 2\ \mathrm{rad/s}=100\ \mathrm{rad/s}$$

因此 M 点的速度及法向加速度分别为

$$v=r\omega=0.4\times 100\ \mathrm{m/s}=40\ \mathrm{m/s}$$

$$a_n=r\omega^2=0.4\times 100^2\ \mathrm{m/s^2}=4\ 000\ \mathrm{m/s^2}$$

7.3 轮系的传动比

工程中,常利用轮系传动提高或降低机械的转速,最常见的有齿轮系和带轮系,传动的方式通常是由主动轮带动若干从动轮而运动。实际上这一类问题是已知一个刚体的运动,通过转动刚体求其他刚体的运动问题。这种问题在工程实际中应用很多。

机械中常用齿轮作为传动部件,例如,为了将电动机的转动传到机床的主轴,通常用变速箱降低转速,变速箱多是由齿轮系组成的。

现以两个齿轮的传动问题为例。

设 ω_1、α_1 和 R_1 表示齿轮Ⅰ的角速度、角加速度和半径;ω_2、α_2 和 R_2 表示齿轮Ⅱ的角速度、角加速度和半径(见图 7-8),若两齿轮节圆的切点 M_1 和 M_2 之间没有相对滑动,则它们的速度和切向加速度相同,

即

$$v_1=v_2,\quad a_{1t}=a_{2t}$$

又

$$v_1=R_1\omega_1,\quad v_2=R_2\omega_2$$

$$a_{1t}=R_1\alpha_1,\quad a_{2t}=R_2\alpha_2$$

因此

$$R_1\omega_1=R_2\omega_2$$

$$R_1\alpha_1=R_2\alpha_2$$

或

$$\frac{\omega_1}{\omega_2}=\frac{\alpha_1}{\alpha_2}=\frac{R_2}{R_1}\tag{7-19}$$

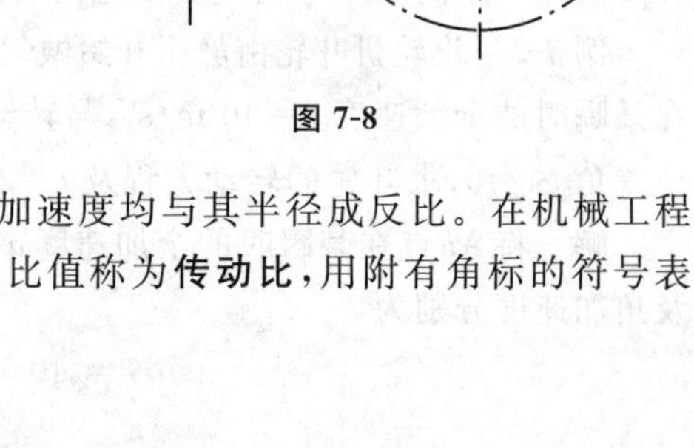

图 7-8

这就表明:相啮合的两个齿轮的角速度和角加速度均与其半径成反比。在机械工程中,常常把主动轮和从动轮的两个角速度的比值称为**传动比**,用附有角标的符号表示,即

$$i_{12}=\frac{\omega_1}{\omega_2}$$

从齿轮传动的要求知道，相互啮合的两个齿轮的半径与其齿数成正比，即

$$\frac{R_1}{R_2}=\frac{z_1}{z_2}$$

其中 z_1 和 z_2 表示齿轮Ⅰ和Ⅱ的齿数。将这个比值代入式(7-19)，得

$$\frac{\omega_1}{\omega_2}=\frac{\alpha_1}{\alpha_2}=\frac{R_2}{R_1}=\frac{z_2}{z_1} \tag{7-20}$$

即相啮合的两个齿轮其角速度和角加速度均与其齿数成反比。

式(7-20)对于圆锥齿轮、链轮和带轮等传动同样适用。

例 7-4　减速箱由四个齿轮构成，如图 7-9 所示。齿轮Ⅱ和Ⅲ安装在同一轴上，与轴一起转动。各齿轮的齿数分别为 $z_1=36$，$z_2=112$，$z_3=32$ 和 $z_4=128$。如主动轴Ⅰ的转速 $n_1=1\ 450$ r/min，试求从动轮Ⅳ的转速 n_4。

解　n_1、n_2、n_3 和 n_4 分别表示各齿轮的转速，且有 $n_2=n_3$。应用齿轮的传动比公式，得

$$i_{12}=\frac{n_1}{n_2}=\frac{z_2}{z_1},\quad i_{34}=\frac{n_3}{n_4}=\frac{z_4}{z_3}$$

将两式相乘，得

$$\frac{n_1 n_3}{n_2 n_4}=\frac{z_2 z_4}{z_1 z_3}$$

因为 $n_2=n_3$，于是从齿轮Ⅰ到齿轮Ⅳ的传动比为

$$i_{14}=\frac{n_1}{n_4}=\frac{z_2 z_4}{z_1 z_3}=\frac{112\times 128}{36\times 32}=12.4$$

由图可见，从动轮Ⅳ和主动轮Ⅰ的转向相同。

最后，求得从动轮Ⅳ的转速为

$$n_4=\frac{n_1}{i_{14}}=\frac{1\ 450}{12.4}\ \text{r/min}=117\ \text{r/min}$$

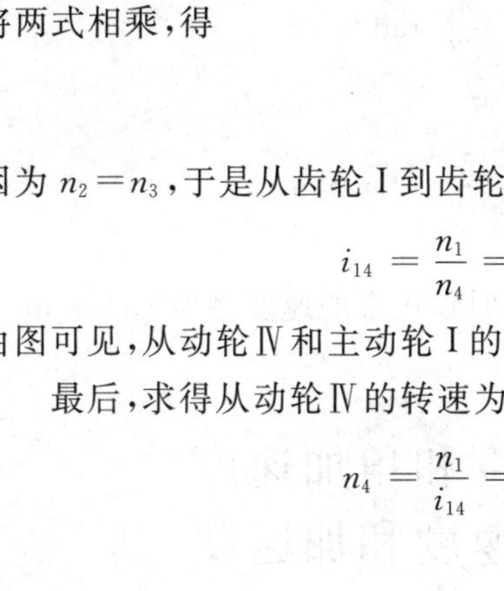

图 7-9

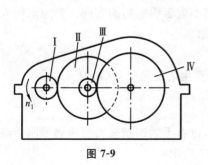

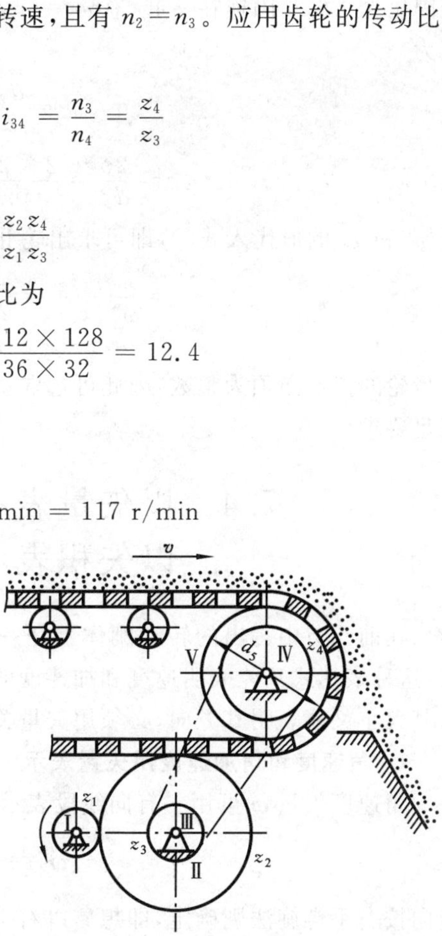

图 7-10

例 7-5　图 7-10 所示为一带式输送机。已知由电动机带动的主动轮Ⅰ的转速 $n_1=1\ 200$ r/min,其齿数 $z_1=24$;齿轮Ⅲ和Ⅳ用链条传动,其齿数 $z_3=15$,而 $z_4=45$;轮Ⅴ的直径 $d_5=46$ cm,如希望输送带的速度 v 约为 2.4 m/s,求轮Ⅱ应有的齿数 z_2。

解　由于直接啮合的或用链条传动的一对齿轮,转动的角速度与其齿数成反比,故有

$$\frac{\omega_1}{\omega_2}=\frac{z_2}{z_1},\quad \frac{\omega_3}{\omega_4}=\frac{z_4}{z_3}$$

同时因轮Ⅱ与Ⅲ固连在一起,有 $\omega_3=\omega_2$,于是

$$\frac{\omega_1}{\omega_4}=\frac{z_2 z_4}{z_1 z_3} \tag{①}$$

既知 $n_1=1\ 200$ r/min,则

$$\omega_1=\frac{2n\pi}{60}=\frac{2\times 1\ 200\pi}{60}\ \text{rad/s}=40\pi\ \text{rad/s}$$

又因轮Ⅳ与轮Ⅴ固连在一起,有 $\omega_4=\omega_5$,可以得到轮Ⅳ的角速度与输送带速度的关系为

$$v=\frac{d_5}{2}\omega_5=\frac{d_5}{2}\omega_4$$

故

$$\omega_4=\frac{2v}{d_5}=\frac{2\times 2.4\ \text{m/s}}{0.46\ \text{m}}=\frac{240}{23}\ \text{rad/s}$$

将 ω_1 和 ω_4 的值代入式①,即可求出轮Ⅱ的齿数为

$$z_2=\frac{\omega_1}{\omega_4}\frac{z_1 z_3}{z_4}=\frac{40\pi}{\frac{240}{23}}\times\frac{24\times 15}{45}=96.3$$

但齿轮的齿数必须为整数,因此可选取 $z_2=96$。这时输送带的速度将为 2.407 m/s,满足要求。

*7.4　以矢量表示角速度和角加速度　以矢积表示点的速度和加速度

在前几节中得出的转动刚体上任一点的速度和加速度的表达式都是数量表达式,这种表达式只能表明速度和加速度的大小,而不能表明它们的方向。要想既能表明其大小又能表明其方向,必须用矢量关系来表示。

1. 角速度和角加速度用矢量表示

角速度矢量 $\boldsymbol{\omega}$ 可用一有向线段表示,大小等于角速度的绝对值,即

$$|\boldsymbol{\omega}|=|\omega|=\left|\frac{\mathrm{d}\varphi}{\mathrm{d}t}\right| \tag{7-21}$$

指向按右手螺旋法则确定,即想象以右手握转轴,以右手的四指微微弯曲表示刚体绕轴的转向,大拇指的指向表示 $\boldsymbol{\omega}$ 的方向,如图 7-11 所示。

角速度矢量 $\boldsymbol{\omega}$ 在轴上的起点可以处于任意位置，它是滑动矢量。

如取转轴为 z 轴，z 轴的正向用单位矢 $\boldsymbol{k}$ 的方向表示(见图 7-11)，于是刚体绕定轴转动的角速度矢可写为

$$\boldsymbol{\omega} = \omega\boldsymbol{k} = \frac{\mathrm{d}\varphi}{\mathrm{d}t}\boldsymbol{k} \tag{7-22}$$

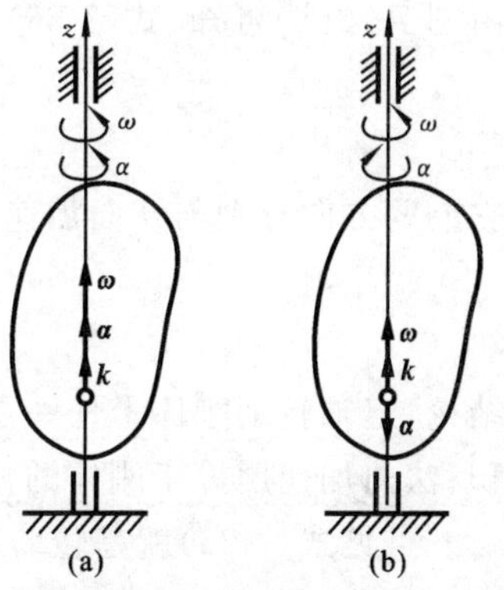

图 7-11

同理，角加速度矢 $\boldsymbol{\alpha}$ 也可以用一个沿轴线的滑动矢量表示：

$$\boldsymbol{\alpha} = \alpha\boldsymbol{k} \tag{7-23}$$

式中：α 是代数量，它等于$\frac{\mathrm{d}\omega}{\mathrm{d}t}$或$\frac{\mathrm{d}^2\varphi}{\mathrm{d}t^2}$。于是

$$\boldsymbol{\alpha}=\frac{\mathrm{d}\omega}{\mathrm{d}t}\boldsymbol{k}=\frac{\mathrm{d}}{\mathrm{d}t}(\omega\boldsymbol{k})=\frac{\mathrm{d}\boldsymbol{\omega}}{\mathrm{d}t} \tag{7-24}$$

即角加速度矢 $\boldsymbol{\alpha}$ 为角速度矢 $\boldsymbol{\omega}$ 对时间的一阶导数。

2. 速度和加速度用矢积表示

速度的矢积与 $\boldsymbol{\omega}$ 和 $\boldsymbol{r}$ 有关。设由转轴 z 上任一点 A 作 M 点的矢径 $\boldsymbol{r}$，并用 θ 表示矢量 $\boldsymbol{\omega}$ 与 $\boldsymbol{r}$ 之间的夹角(见图 7-12)，则由图示的几何关系可知，点的速度大小

$$|\boldsymbol{v}| = |\boldsymbol{\omega}|R = |\boldsymbol{\omega}|\,|\boldsymbol{r}|\sin\theta = |\boldsymbol{\omega}\times\boldsymbol{r}|$$

其方向与矢积 $\boldsymbol{\omega}\times\boldsymbol{r}$ 的方向相同，因此 M 点的速度可写为

$$\boldsymbol{v} = \boldsymbol{\omega}\times\boldsymbol{r} \tag{7-25}$$

结论：定轴转动刚体上任一点的速度矢等于刚体的角速度与该点矢径的矢积。

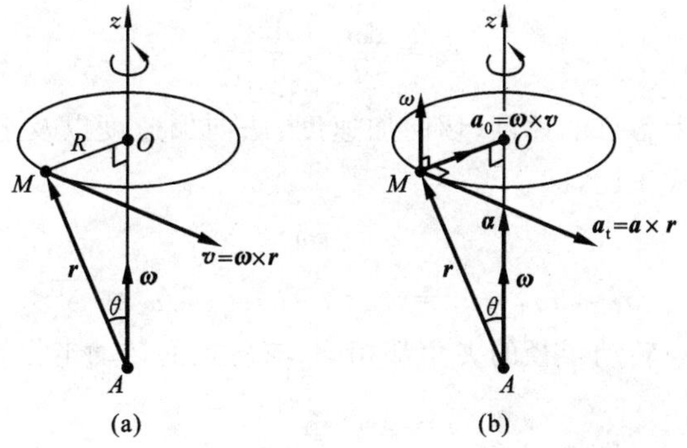

图 7-12

加速度的矢积与 $\boldsymbol{\omega}$、$\boldsymbol{\alpha}$ 和 $\boldsymbol{r}$ 有关，分切向加速度和法向加速度两部分。

因为点的加速度为 $\boldsymbol{a}=\frac{\mathrm{d}\boldsymbol{v}}{\mathrm{d}t}$，代入式(7-25)，得

$$\boldsymbol{a} = \frac{\mathrm{d}\boldsymbol{v}}{\mathrm{d}t} = \frac{\mathrm{d}}{\mathrm{d}t}(\boldsymbol{\omega}\times\boldsymbol{r}) = \frac{\mathrm{d}\boldsymbol{\omega}}{\mathrm{d}t}\times\boldsymbol{r}+\boldsymbol{\omega}\times\frac{\mathrm{d}\boldsymbol{r}}{\mathrm{d}t} = \boldsymbol{\alpha}\times\boldsymbol{r}+\boldsymbol{\omega}\times\boldsymbol{v} \tag{7-26}$$

由图 7-12(b)可知,式(7-26)中右边两项的大小分别为

$$|\boldsymbol{\alpha} \times \boldsymbol{r}| = \alpha r \sin\theta = R\alpha$$

$$|\boldsymbol{\omega} \times \boldsymbol{v}| = \omega v = R\omega^2$$

它们的方向分别与切向加速度和法向加速度一致,因此得

$$\left.\begin{aligned} \boldsymbol{a}_{\mathrm{t}} &= \boldsymbol{\alpha} \times \boldsymbol{r} \\ \boldsymbol{a}_{\mathrm{n}} &= \boldsymbol{\omega} \times \boldsymbol{v} \end{aligned}\right\} \tag{7-27}$$

结论:定轴转动刚体上任一点的切向加速度等于刚体的角加速度矢与该点矢径的矢积;法向加速度等于刚体的角速度矢与该点速度矢的矢积。

可见式(7-26)就是转动刚体内任一点的全加速度矢量分解为切向加速度矢量和法向加速度矢量的矢量表达式。

小　　结

(1) 本章研究刚体的两种基本运动:平移和定轴转动。除研究刚体整体的运动外,还要研究其上的点与整体间运动的联系。

(2) 平移刚体上各点的轨迹形状、同一瞬时的速度和加速度都相同。因此平移刚体可作为点,在运动学中选点,分别称此代表点的运动方程、速度和加速度为刚体的平移方程、平移速度和平移加速度。

(3) 定轴转动刚体的转动方程、角速度和角加速度分别为

$$\varphi = \varphi(t)$$

$$\omega = \frac{\mathrm{d}\varphi}{\mathrm{d}t}$$

$$\alpha = \frac{\mathrm{d}\omega}{\mathrm{d}t} = \frac{\mathrm{d}^2\varphi}{\mathrm{d}t^2}$$

定轴转动刚体上各点的速度、切向加速度、法向加速度以及全加速度的大小,都与各点的转动半径成正比,即

$$v = r\omega$$

$$a_{\mathrm{t}} = r\alpha,\quad a_{\mathrm{n}} = r\omega^2,\quad a = r\sqrt{\alpha^2 + \omega^4}$$

而各点的全加速度与转动半径的夹角都相同,与各点的转动半径无关,即

$$\theta = \arctan\frac{|\alpha|}{\omega^2}$$

(4) 传动比

$$i_{12} = \frac{\omega_1}{\omega_2} = \frac{R_2}{R_1} = \frac{z_2}{z_1}$$

(5) 角速度矢量是滑动矢量。对于定轴转动,ω 仅大小变化而方位不变,这时角加速度矢量 $\boldsymbol{\alpha} = \frac{\mathrm{d}\boldsymbol{\omega}}{\mathrm{d}t} = \frac{\mathrm{d}\omega}{\mathrm{d}t}\boldsymbol{k}$,与 ω 共线。

思　考　题

7-1　平移刚体有何特征？刚体做平移时各点的轨迹一定是直线吗？直线平移与曲线平移有何不同？

7-2　定轴转动刚体内一定有转动轴吗？

7-3　“刚体做平移时，各点的轨迹一定是直线或平面曲线；刚体绕定轴转动时，各点的轨迹一定是圆。”这种说法对吗？

7-4　有人说：“刚体绕定轴转动时，角加速度为正，表示加速转动；角加速度为负，表示减速转动。”对吗？为什么？

7-5　定轴转动刚体内各点的速度与点到轴线的距离的关系是什么？各点的加速度有什么关系？

习　　题

7-1　图示机构由两个曲柄 O_1A、O_2B 及半圆形平板 ACB 组成，机构在图示平面内运动。已知曲柄 O_1A 以匀角速度 $\omega=\sqrt{3}$ rad/s 绕固定轴 O_1 逆时针转动，$O_1A=O_2B=15$ cm，$O_1O_2=AB$，半圆形平板的半径 $r=5\sqrt{3}$ cm，O_1 和 O_2 位于同一水平线，求在图示位置时 D 点的速度。

7-2　已知搅拌机的主动齿轮 O_1 以 $n=950$ r/min 的转速转动。搅杆 ABC 用销钉 A、B 与齿轮 O_3、O_2 相连，如图所示。且 $AB=O_2O_3$，$O_3A=O_2B=0.25$ m，各齿轮的齿数为 $z_1=20$，$z_2=50$，$z_3=50$，求搅杆端点 C 的速度和轨迹。

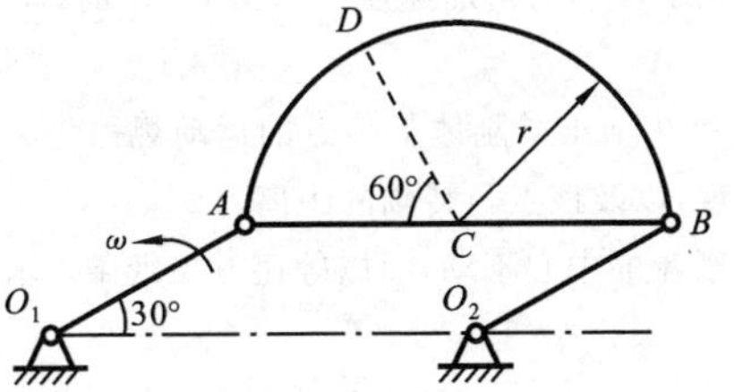

题 7-1 图

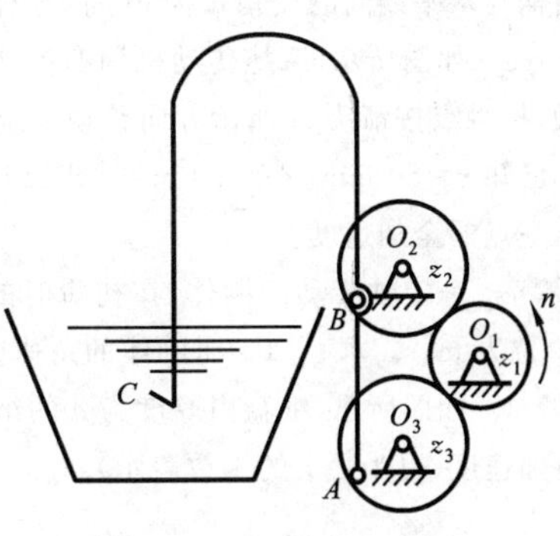

题 7-2 图

7-3　机构如图所示，若杆 AB 以匀速 v 运动，开始时 $\varphi=0$，试求当 $\varphi=\dfrac{\pi}{4}$ 时，摇杆 OC 的角速度和角加速度。

7-4　如图所示，曲柄 CB 以等角速度 ω_0 绕 C 轴转动，其转动方程为 $\varphi=\omega_0t$。滑块 B 带动摇杆 OA 绕轴 O 转动。设 $OC=h$，$CB=r$。求摇杆的转动方程。

7-5　图示曲柄滑杆机构中，滑杆上有一圆弧形滑道，其半径 $R=100$ mm，圆心 O_1 连在导杆 BC 上。曲柄长 $OA=100$ mm，以等角速度 $\omega=4$ rad/s 绕轴 O 转动。求导杆 BC 的运动规律以及

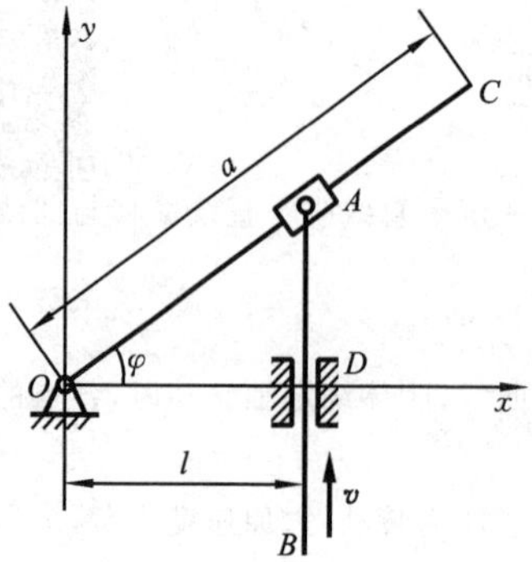

题 7-3 图

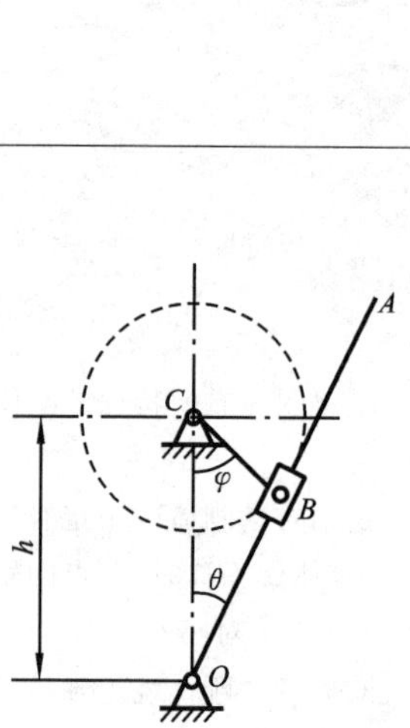

题 7-4 图

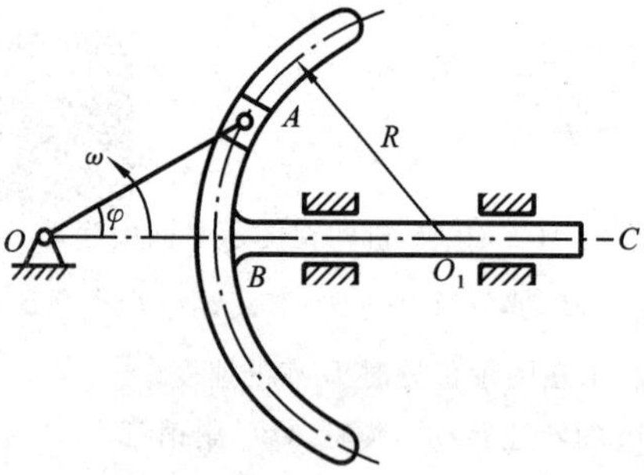

题 7-5 图

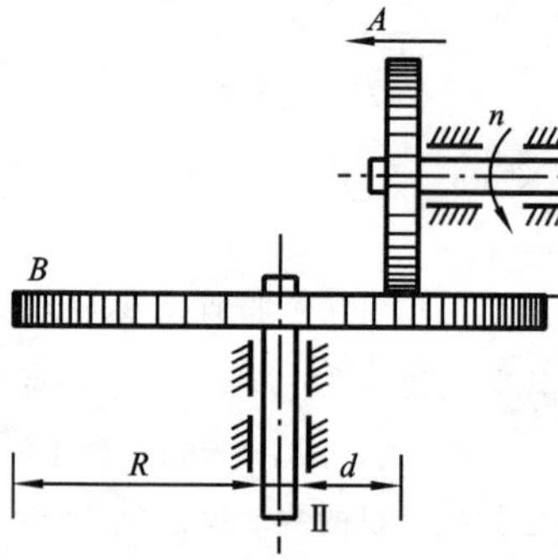

题 7-6 图

当曲柄与水平线间的交角 φ 为30°时，导杆 BC 的速度和加速度。

7-6　如图所示，摩擦传动机构的主动轴Ⅰ的转速为 $n=600$ r/min。轴Ⅰ的轮盘与轴Ⅱ的轮盘接触，接触点按箭头 A 所示方向移动。距离 d 的变化规律为 $d=100-5t$，其中 d 以 mm 计，t 以 s 计。已知 $r=50$ mm，$R=150$ mm。求：(1)以距离 d 表示轴Ⅱ的角加速度；(2)当 $d=r$ 时，轮 B 边缘上一点的全加速度。

7-7　一定轴转动的刚体，在初瞬时的角速度 $\omega_0=20$ rad/s，刚体上一点的运动规律为 $s=t+t^3$，单位为 m、s。求 $t=1$ s 时刚体的角速度和角加速度，以及该点与转轴的距离。

7-8　如图所示，纸盘由厚度为 a 的纸条卷成，令纸盘的中心不动，而以等速 v 拉纸条。求纸盘的角加速度(以半径 r 的函数表示)。

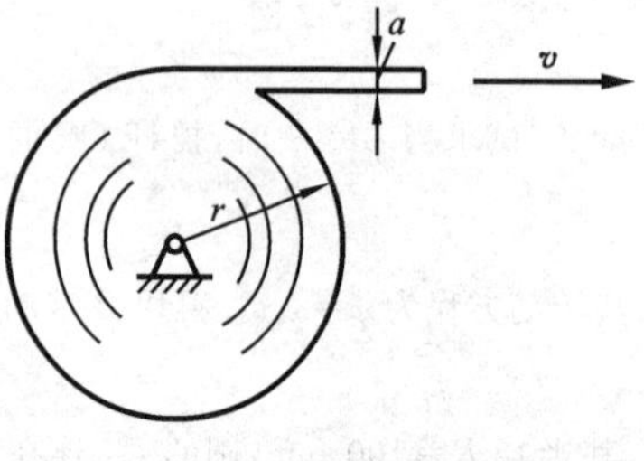

题 7-8 图

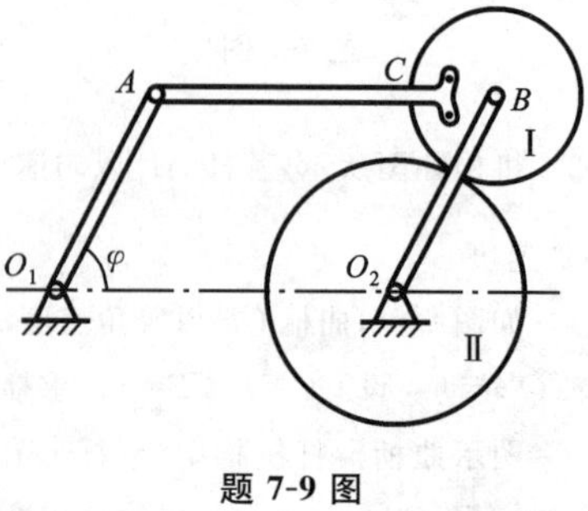

题 7-9 图

7-9　图示机构中齿轮 1 紧固在杆 AC 上，$AB=O_1O_2$，齿轮Ⅰ和半径为 r_2 的齿轮Ⅱ啮合，齿轮Ⅱ可绕轴 O_2 转动且和曲柄 O_2B 没有联系。设 $O_1A=O_2B=l$，$\varphi=b\sin\omega t$，试确定 $t=\dfrac{\pi}{2\omega}$时，轮Ⅱ的角速度和角加速度。

7-10　在上题图中，设机构从静止开始转动，轮Ⅱ的角加速度为常量 α_2。求曲柄 O_1A 的转动规律。

7-11　图示仪表机构中，已知各齿轮的齿数为 $z_1=6$，$z_2=24$，$z_3=8$，$z_4=32$，齿轮 5 的半径为 $R=4$ cm。如齿条 BC 下移 1 cm，求指针 OA 转过的角度 φ。

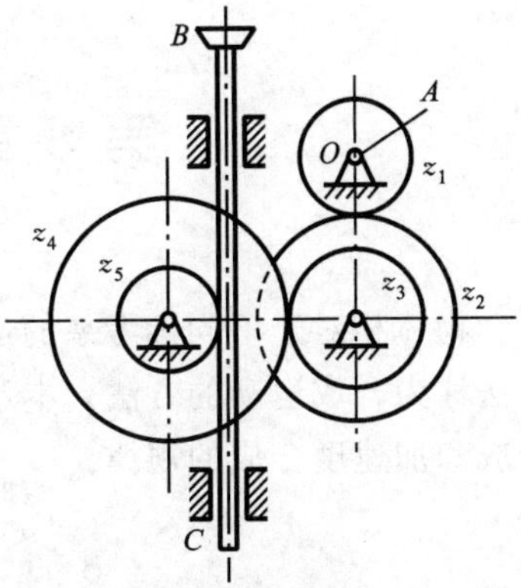

题 7-11 图

*7-12　半径为 $R=100$ mm 的圆盘绕其圆心转动，图示瞬时，点 A 的速度为$\boldsymbol{v}_A=200\boldsymbol{j}$mm/s，点 B 的切向加速度 $\boldsymbol{a}_B^t=150\boldsymbol{i}$ mm/s²。求角速度 $\boldsymbol{\omega}$ 和角加速度 $\boldsymbol{\alpha}$，并进一步写出点 C 的加速度的矢量表达式。

*7-13　圆盘以恒定的角速度 $\omega=40$ rad/s 绕垂直于盘面的中心轴转动，该轴在 Oyz 面内，倾斜角 $\theta=\arctan\dfrac{3}{4}$。点 A 的矢径在图示瞬时为 $\boldsymbol{r}=(150\boldsymbol{i}+160\boldsymbol{j}-120\boldsymbol{k})$ mm。求点 A 的速度和加速度的矢量表达式，并用 $v=R\omega$ 和 $a_n=R\omega^2$ 检验所得结果是否正确。

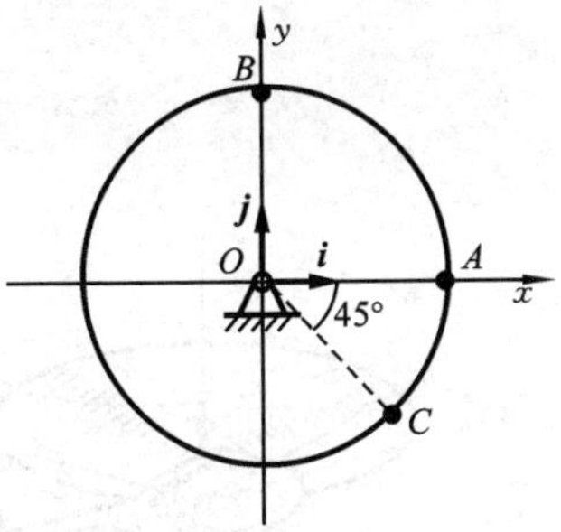

题 7-12 图

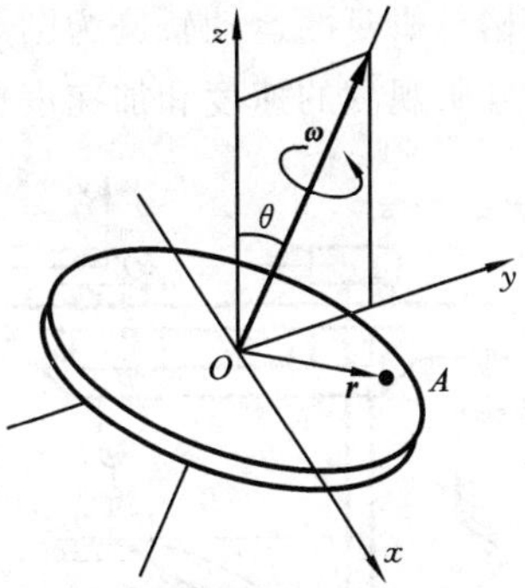

题 7-13 图

第 8 章　点的合成运动

物体相对于不同参考系的运动是不同的。研究物体相对于不同参考系的运动的方法称为合成运动的方法。本章分析点的合成运动，分析运动中某一瞬时点的速度合成和加速度合成的规律。

8.1　合成运动的概念

点的运动特征（运动轨迹、速度、加速度等）与参考系有密切关系。如图 8-1 所示，桥式起重机提升重物，当卷扬小车水平直线运行时，在不同的参考系中观察重物（动点 M）的运动是不同的。当以地面为参考系时，点 M 的运动轨迹是平面曲线 $\overset{\frown}{MM'}$；当以小车为参考系时，点 M 的运动轨迹为竖直线 MM_1。图 8-2 所示的直升机，当其匀速竖直上升时，主旋翼端点 M 相对于地面的运动轨迹是空间的密圈螺旋线，而相对机身的运动轨迹为圆周曲线。在不同的参考系中，不仅是点的运动轨迹不同，而且所观测的速度和加速度也不同。

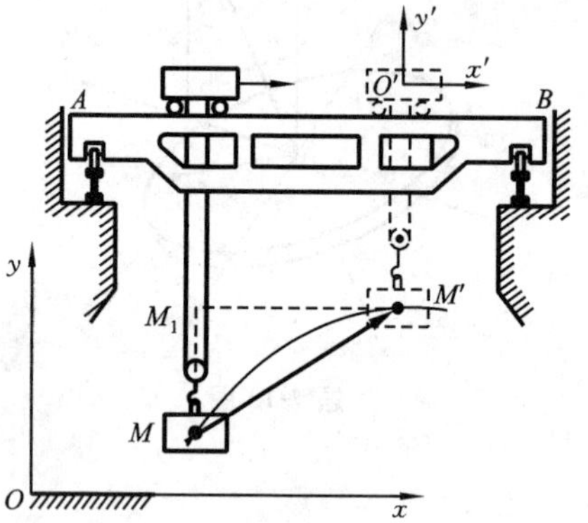

图 8-1

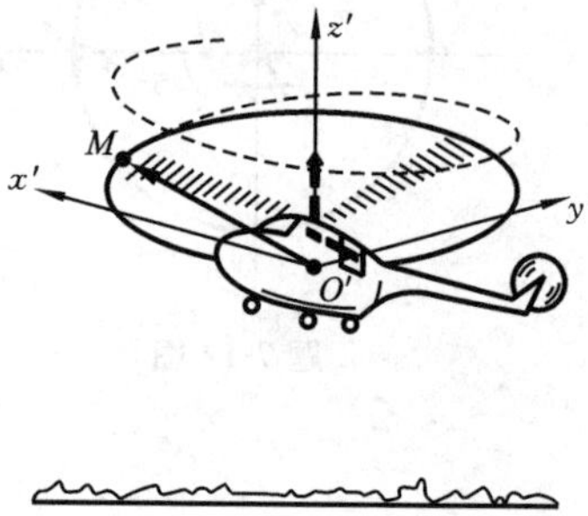

图 8-2

观察上述例子可以看出，图 8-1 中点 M 的曲线运动可以看成两个简单运动的合成，即点 M 相对小车做直线运动，同时随同小车相对地面做平移。同样，图 8-2 中旋翼上点 M 的螺旋线运动可看成相对于机身的圆周运动与机身竖直平移的合成。于是，相对于某一参考系的运动可由相对于其他参考系的几个运动组合而成，这种运动称为**合成运动**。

当研究的问题涉及两个参考系时，通常把固定在地球上的参考系称为**定参考系**，简称定系。把相对于定系运动的参考系称为**动参考系**，简称动系。研究的对象是**动**

点。动点相对于定参考系的运动称为**绝对运动**；动点相对于动参考系的运动称为**相对运动**；动参考系相对于定参考系的运动称为**牵连运动**。动系作为一个整体运动着，因此，牵连运动具有刚体运动的特点，常见的牵连运动形式即为平移或定轴转动。例如上述桥式起重机，取重物为动点，小车为动参考系，地面为定参考系，则：小车相对于地面的平移就是牵连运动；在小车上看到点做直线运动，这是相对运动；在地面上看到点做平面曲线运动，这就是绝对运动。

动点的绝对运动是相对运动和牵连运动合成的结果。绝对运动也可分解为相对运动和牵连运动。在研究比较复杂的运动时，如果适当地选取动参考系，往往能把比较复杂的运动分解为两个比较简单的运动。这种研究方法无论在理论上还是在实践中都具有重要意义。

动点在相对运动中的速度、加速度称为动点的**相对速度**、**相对加速度**，分别用 $\boldsymbol{v}_r$ 和 $\boldsymbol{a}_r$ 表示。动点在绝对运动中的速度、加速度称为动点的**绝对速度**和**绝对加速度**，分别用 $\boldsymbol{v}_a$ 和 $\boldsymbol{a}_a$ 表示。换句话说，观察者在定系中观察到的动点的速度和加速度分别为绝对速度和绝对加速度，在动系中观察到动点的速度和加速度分别为相对速度和相对加速度。

现在讨论牵连速度和牵连加速度的概念。

在某一瞬时，动参考系上与动点 M 相重合的一点称为此瞬时动点 M 的**牵连点**。如在某瞬时动点没有相对运动，则动点将沿着牵连点的轨迹而运动。牵连点是动系上的点，动点运动到动系上的哪一点，哪一点就是动点的牵连点。定义某一瞬时牵连点相对于定参考系的速度、加速度称为动点的**牵连速度**、**牵连加速度**，分别用 $\boldsymbol{v}_e$ 和 $\boldsymbol{a}_e$ 表示。

如图 8-3 所示，直管 OA 以等角速度 ω 绕轴 O 转动，起始瞬时管与 Ox 轴重合。管内的小球以匀速相对管运动。在某瞬时小球在直管中的 M 点，这时牵连速度的大小为 $v_e = OM \cdot \omega$，其方向与直管垂直；牵连加速度的大小为 $a_e = OM \cdot \omega^2$，其方向指向 O 点。

定参考系与动参考系是两个不同的参考系，可以利用坐标变换来建立绝对运动、相对运动和牵连运动之间的关系。以平面问题为例，设 Oxy 是定系，$O'x'y'$ 是动系，M 是动点，如图 8-4 所示。

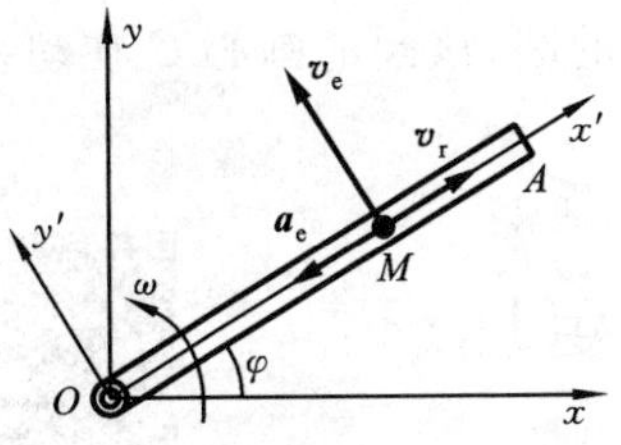

图 8-3

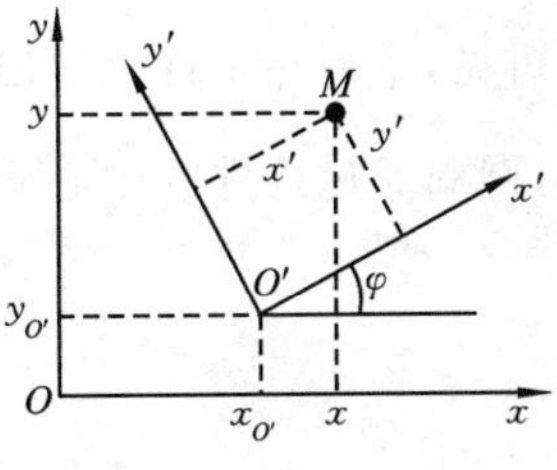

图 8-4

动点 M 的绝对运动方程为

$$x = x(t),\quad y = y(t)$$

动点 M 的相对运动方程为

$$x' = x'(t),\quad y' = y'(t)$$

动系 $O'x'y'$ 相对于定系 Oxy 的运动可由如下三个方程完全描述,即

$$x_{O'} = x_{O'}(t),\quad y_{O'} = y_{O'}(t),\quad \varphi = \varphi(t)$$

由图 8-4 可得动系 $O'x'y'$ 与定系 Oxy 之间的坐标变换关系为

$$\begin{cases} x = x_{O'} + x'\cos\varphi - y'\sin\varphi \\ y = y_{O'} + x'\sin\varphi + y'\cos\varphi \end{cases} \tag{8-1}$$

在点的绝对运动方程中消去时间 t,即得点的绝对运动轨迹;在点的相对运动方程中消去时间 t,即得点的相对运动轨迹。

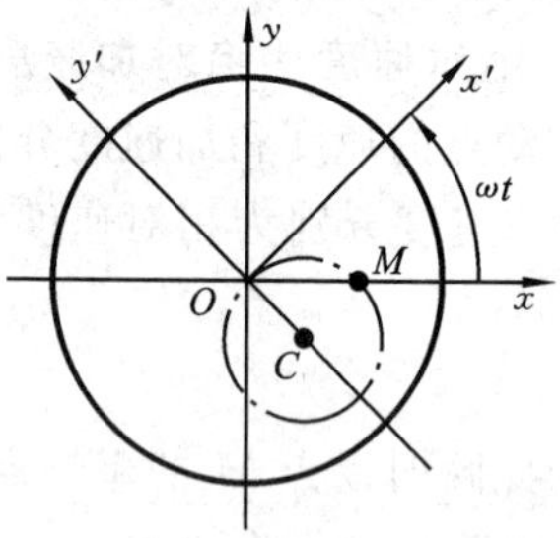

图 8-5

例 8-1 用车刀切削工件的端面,车刀刀尖 M 沿水平轴 x 做往复运动,如图 8-5 所示。设 Oxy 为定坐标系,刀尖的运动方程为 $x=b\sin\omega t$。工件以等角速度 ω 逆时针转动。求车刀在工件圆端面上切出的痕迹。

解 根据题意,需求车刀刀尖 M 相对于工件的轨迹方程。

设刀尖 M 为动点,动系固定在工件上,则动点 M 在动系 $Ox'y'$ 和定系 Oxy 中的坐标关系为

$$\begin{cases} x' = x\cos\omega t \\ y' = -x\sin\omega t \end{cases}$$

将点 M 的绝对运动方程代入上式,得

$$\begin{cases} x' = b\sin\omega t\cos\omega t = \dfrac{b}{2}\sin 2\omega t \\ y' = -b\sin^2\omega t = -\dfrac{b}{2}(1-\cos 2\omega t) \end{cases}$$

以上就是车刀相对于工件的运动方程。

从上两式中消去时间 t,得刀尖的相对轨迹方程为

$$(x')^2 + \left(y' + \frac{b}{2}\right)^2 = \frac{b^2}{4}$$

可见,车刀在工件上切出的痕迹是一个半径为 $\dfrac{b}{2}$ 的圆,该圆的圆心 C 在动系 y' 轴上,圆周通过工件的中心 O。

8.2 点的速度合成定理

下面研究点的相对速度、牵连速度和绝对速度三者之间的关系。

如图 8-6 所示，设动点 M 沿着曲线 AB 运动，动参考系固连于曲线上（图中未画出），而曲线 AB 又随同动系相对于定系运动。经过微小时间间隔 Δt 后，曲线 AB 移至新的位置 A_1B_1，点 M 沿曲线 $\overset{\frown}{MM'}$ 运动到 M'。动点的绝对运动可看成随牵连点经过路程 $\overset{\frown}{MM_1}$ 到 M_1 点，同时又沿动系 A_1B_1 移动了一段弧长 $\overset{\frown}{M_1M'}$，在 $t+\Delta t$ 时位于 M' 点。图中 $\overrightarrow{MM_1}$ 是牵连位移，$\overrightarrow{M_1M'}$ 是相对位移，$\overrightarrow{MM'}$ 是绝对位移。由图中几何关系得

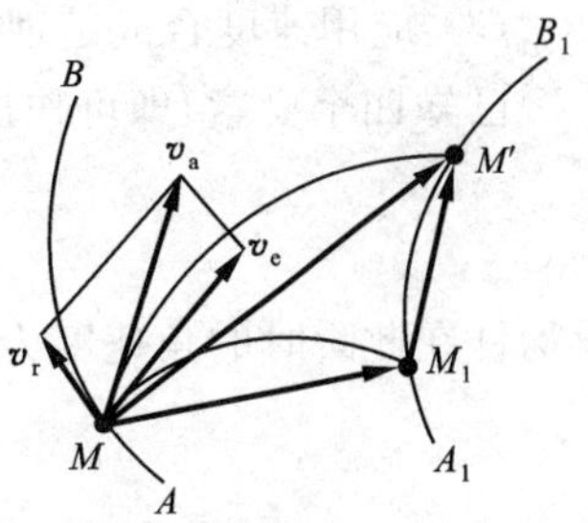

图 8-6

$$\overrightarrow{MM'}=\overrightarrow{MM_1}+\overrightarrow{M_1M'}$$

当 $\Delta t\to 0$ 时，取极限

$$\lim_{\Delta t\to 0}\frac{\overrightarrow{MM'}}{\Delta t}=\lim_{\Delta t\to 0}\frac{\overrightarrow{MM_1}}{\Delta t}+\lim_{\Delta t\to 0}\frac{\overrightarrow{M_1M'}}{\Delta t}\tag{8-2}$$

式(8-2)左端为动点 M 的绝对速度，方向沿绝对运动轨迹的切线方向；等号右端第一项为牵连点（曲线 AB 上的 M 点）的速度，即牵连速度，其方向沿该点轨迹的切线；等号右端第二项为动点 M 的相对速度，其方向沿相对运动轨迹 AB 的切线方向。由此得

$$\boldsymbol{v}_{\mathrm{a}}=\boldsymbol{v}_{\mathrm{e}}+\boldsymbol{v}_{\mathrm{r}}\tag{8-3}$$

即某一瞬时动点的绝对速度等于该瞬时动点的相对速度和牵连速度的矢量和，这就是点的**速度合成定理**。式(8-3)表明，动点的绝对速度可以由牵连速度与相对速度所构成的平行四边形的对角线来确定。这个平行四边形称为**速度平行四边形**。

在推导速度合成定理时，并未限制动参考系做什么样的运动，因此这个定理适用于牵连运动是任何运动的情况，即动参考系可做平移、转动或其他任何较复杂的运动。

例 8-2　刨床的急回机构如图 8-7 所示。曲柄 OA 的一端 A 与滑块用铰链连接。当曲柄 OA 以匀角速度 ω 绕固定轴 O 转动时，滑块在摇杆 O_1B 上滑动，并带动摇杆 O_1B 绕固定轴 O_1 摆动。设曲柄长 $OA=r$，两轴间的距离 $OO_1=l$。求当曲柄在水平位置时摇杆的角速度 ω_1。

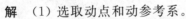

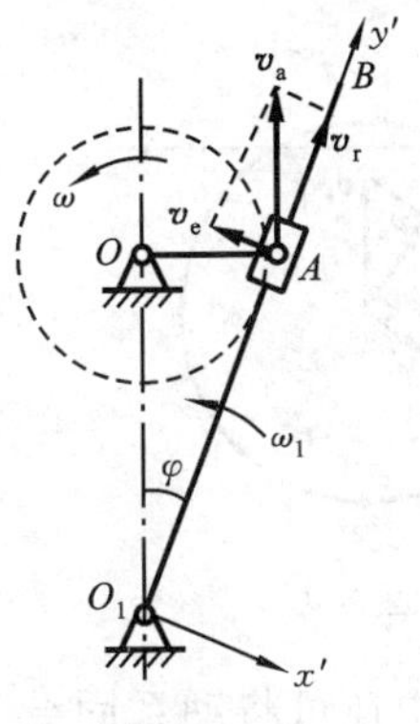

图 8-7

解　(1) 选取动点和动参考系。

本题应选取曲柄端点 A 为动点，动系固定在摇杆 O_1B 上，机架为定系。

(2) 分析三种运动和三个速度。

点 A 的绝对运动是以点 O 为圆心的圆周运动，相对运动是沿 O_1B 方向的直线运动，而牵连运动则是摇杆绕 O_1 轴的摆动。

于是，绝对速度的方向与曲柄 OA 垂直，大小为

$$v_{\mathrm{a}}=r\omega$$

相对速度 $\boldsymbol{v}_{\mathrm{r}}$ 的方向沿 O_1B；而牵连速度 $\boldsymbol{v}_{\mathrm{e}}$ 是杆 O_1B 上与点 A 相重合的那一点的速度，方向垂直于 O_1B。

(3) 应用速度合成定理,作出速度平行四边形,求解。

已知四个要素,即可作出速度平行四边形,如图 8-7 所示。由几何关系可求得

$$v_e = v_a \sin\varphi = \frac{r^2\omega}{\sqrt{l^2 + r^2}}$$

设摇杆在此瞬时的角速度为 ω_1,由 $v_e = O_1A \cdot \omega_1$,则

$$\omega_1 = \frac{v_e}{O_1A} = \frac{r^2\omega}{l^2 + r^2}$$

方向如图所示。

例 8-3 如图 8-8 所示,半径为 R、偏心距为 e 的凸轮,以匀角速度 ω 绕轴 O 转动,杆 AB 能在滑槽中上下平移,杆的端点 A 始终与凸轮接触。求当$\angle OCA = 90°$时,杆 AB 的速度。

解 杆 AB 做平移,其上任一点的速度即为杆的速度。选取杆 AB 的端点 A 为动点,凸轮为动系。

点 A 的绝对运动是直线运动,相对运动是以 C 为圆心的圆周运动,牵连运动则是凸轮绕轴 O 的转动。

绝对速度方向沿 AB 向上,相对速度方向沿凸轮圆周的切线,而牵连速度的方向垂直于 OA,大小为

$$v_e = \sqrt{R^2 + e^2} \cdot \omega$$

根据速度合成定理,作出速度平行四边形,如图 8-8 所示。由三角关系求得杆的绝对速度为

$$v_a = v_e \tan\theta = \frac{e\omega}{R}\sqrt{R^2 + e^2}$$

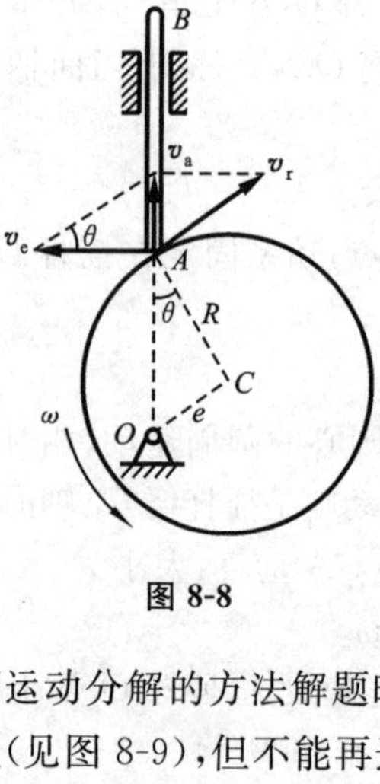

图 8-8

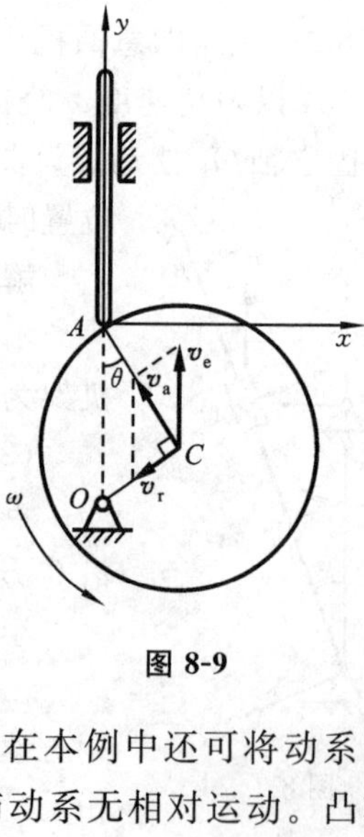

图 8-9

用运动分解的方法解题时,分解方案不是唯一的。在本例中还可将动系固结于顶杆上(见图 8-9),但不能再选杆上 A 点为动点,因它与动系无相对运动。凸轮上 A

点也不宜选为动点，因为相对运动轨迹不易确定。可选凸轮中心 C 点为动点。动点 C 的绝对运动是以 O 为圆心的圆周运动；因轮心 C 到动系原点 A 的距离总为 R，相对运动是以 A 为圆心的圆周运动；牵连运动为竖直方向的平移。作出速度平行四边形，得

$$v_a = e\omega$$

$$v_e = \frac{v_a}{\cos\theta} = \frac{e\omega}{R}\sqrt{R^2 + e^2}$$

例 8-4　矿砂从传送带 A 落到另一传送带 B 上，如图 8-10(a)所示。站在地面上观察矿砂下落的速度为 $v_1 = 4\ \text{m/s}$，方向与竖直线成 30°角。已知传送带 B 水平传动速度 $v_2 = 3\ \text{m/s}$。求矿砂相对于传送带 B 的速度。

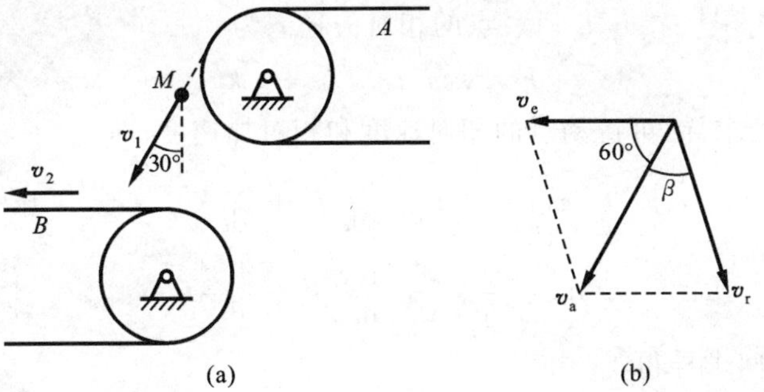

图 8-10

解　以矿砂 M 为动点，动系固定在传送带 B 上。矿砂相对地面的速度 v_1 为绝对速度；牵连速度应为动参考系上与动点相重合的那一点的速度。可设想动参考系为无限大，由于它做平移，各点速度都等于 v_2，于是 v_2 等于动点 M 的牵连速度。

由速度合成定理知，三种速度形成平行四边形，绝对速度必须是对角线，因此作出的速度平行四边形如图 8-10(b)所示。根据几何关系求得

$$v_r = \sqrt{v_e^2 + v_a^2 - 2v_e v_a \cos 60^\circ} = 3.6\ \text{m/s}$$

$\boldsymbol{v}_r$ 与 $\boldsymbol{v}_a$ 间的夹角为

$$\beta = \arcsin\left(\frac{v_e}{v_r}\sin 60^\circ\right) = 46^\circ 12'$$

总结以上各例可知，在分析三种运动时，首先要选取动点和动参考系。动点相对于动系是运动的，因此它们不能处于同一物体上；为便于确定相对速度（和相对加速度），动点的相对轨迹应简单清楚。

在速度合成定理中，三种速度都有大小和方向两个要素，共六个要素，只有已知四个要素时才能画出速度平行四边形。

8.3　牵连运动为平移的加速度合成定理

对于任何形式的牵连运动，点的速度合成定理都是适用的。但是加速度合成问

题则比较复杂,对于不同形式的牵连运动会得到不同的结论。先研究牵连运动为平移时的情况。

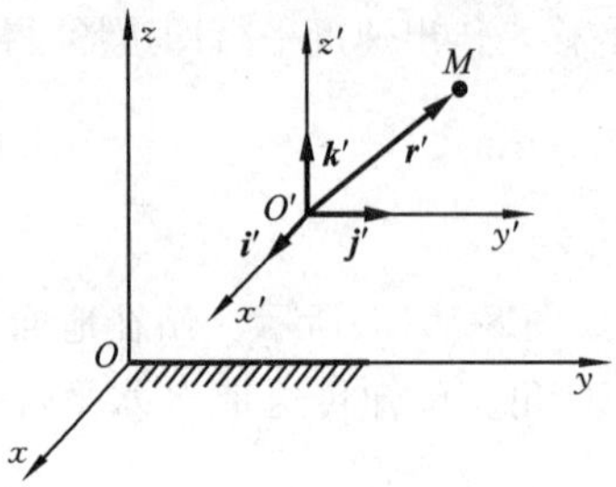

图 8-11

设 $Oxyz$ 为定参考系,$O'x'y'z'$ 为平移参考系,如图 8-11 所示。其 O' 点的速度为 $\boldsymbol{v}_{O'}$,加速度为 $\boldsymbol{a}_{O'}$。现在求 M 点的绝对加速度。

因为动系做平移,因而动系上各点的速度和加速度都相同,即

$$\boldsymbol{v}_{\mathrm{e}} = \boldsymbol{v}_{O'}, \quad \boldsymbol{a}_{\mathrm{e}} = \boldsymbol{a}_{O'}$$

设动点 M 在动系中的坐标为(x',y',z'),则动点的相对矢径 $\boldsymbol{r}'$为

$$\boldsymbol{r}' = x'\boldsymbol{i}' + y'\boldsymbol{j}' + z'\boldsymbol{k}'$$

在动系中对时间求导,可得动点的相对速度和相对加速度,即

$$\boldsymbol{v}_{\mathrm{r}} = \frac{\mathrm{d}x'}{\mathrm{d}t}\boldsymbol{i}' + \frac{\mathrm{d}y'}{\mathrm{d}e}\boldsymbol{j}' + \frac{\mathrm{d}z'}{\mathrm{d}t}\boldsymbol{k}'$$

$$\boldsymbol{a}_{\mathrm{r}} = \frac{\mathrm{d}^2 x}{\mathrm{d}t^2}\boldsymbol{i}' + \frac{\mathrm{d}^2 y'}{\mathrm{d}t^2}\boldsymbol{j}' + \frac{\mathrm{d}^2 z'}{\mathrm{d}t^2}\boldsymbol{k}'$$

将式(8-3)对时间求导得

$$\frac{\mathrm{d}\boldsymbol{v}_{\mathrm{a}}}{\mathrm{d}t} = \frac{\mathrm{d}\boldsymbol{v}_{\mathrm{e}}}{\mathrm{d}t} + \frac{\mathrm{d}\boldsymbol{v}_{\mathrm{r}}}{\mathrm{d}t}$$

因有

$$\frac{\mathrm{d}\boldsymbol{v}_{\mathrm{a}}}{\mathrm{d}t} = \boldsymbol{a}_{\mathrm{a}}$$

$$\frac{\mathrm{d}\boldsymbol{v}_{\mathrm{e}}}{\mathrm{d}t} = \frac{\mathrm{d}\boldsymbol{v}_{O'}}{\mathrm{d}t} = \boldsymbol{a}_{O'} = \boldsymbol{a}_{\mathrm{e}}$$

动系做平移,动系的三个单位矢量 $\boldsymbol{i}'$、$\boldsymbol{j}'$、$\boldsymbol{k}'$方向不变,有

$$\frac{\mathrm{d}\boldsymbol{v}_{\mathrm{r}}}{\mathrm{d}t} = \frac{\mathrm{d}^2 x'}{\mathrm{d}t^2}\boldsymbol{i}' + \frac{\mathrm{d}^2 y'}{\mathrm{d}t^2}\boldsymbol{j}' + \frac{\mathrm{d}^2 z'}{\mathrm{d}t^2}\boldsymbol{k}' = \boldsymbol{a}_{\mathrm{r}}$$

于是得

$$\boldsymbol{a}_{\mathrm{a}} = \boldsymbol{a}_{\mathrm{e}} + \boldsymbol{a}_{\mathrm{r}} \tag{8-4}$$

即当牵连运动为平移时,动点的绝对加速度等于牵连加速度和相对加速度的矢量和。这就是牵连运动为平移时的加速度合成定理。

例 8-5 曲柄滑道机构如图 8-12 所示。曲柄长 $OA=10$ cm。当 $\varphi=30°$时,曲柄的角速度为 $\omega=1$ rad/s,角加速度为 $\alpha=1$ rad/s²。求图示瞬时导杆的加速度。

解 取滑块 A 为动点,动参考系固连于导杆上。由于动点 A 的绝对运动为圆周运动,于是绝对加速度 $\boldsymbol{a}_{\mathrm{a}}$ 可分解为切向加速度 $\boldsymbol{a}_{\mathrm{a}}^{\mathrm{t}}$ 和法向加速度 $\boldsymbol{a}_{\mathrm{a}}^{\mathrm{n}}$,大小为

$$a_{\mathrm{a}}^{\mathrm{t}} = OA \cdot \alpha = 10\ \mathrm{cm/s^2}$$

$$a_{\mathrm{a}}^{\mathrm{n}} = OA \cdot \omega^2 = 10\ \mathrm{cm/s^2}$$

方向如图 8-12 所示；相对运动为直线运动，故相对加速度 $\boldsymbol{a}_{\mathrm{r}}$ 应是沿水平方向，大小未知；牵连运动是直线平移，牵连加速度 $\boldsymbol{a}_{\mathrm{e}}$ 沿竖直方向，大小未知。各加速度方向如图所示。由牵连运动为平移的加速度合成定理得

$$\boldsymbol{a}_{\mathrm{a}} = \boldsymbol{a}_{\mathrm{a}}^{\mathrm{t}} + \boldsymbol{a}_{\mathrm{a}}^{\mathrm{n}} = \boldsymbol{a}_{\mathrm{e}} + \boldsymbol{a}_{\mathrm{r}}$$

将以上矢量式向竖直方向投影，可得

$$a_{\mathrm{a}}^{\mathrm{t}}\sin 30^{\circ} + a_{\mathrm{a}}^{\mathrm{n}}\cos 30^{\circ} = a_{\mathrm{e}}$$

解得

$$a_{\mathrm{e}} = 13.66\ \mathrm{cm/s^2}$$

由于导杆做平移，所以 A 点的牵连加速度就是导杆上 C 点的加速度。

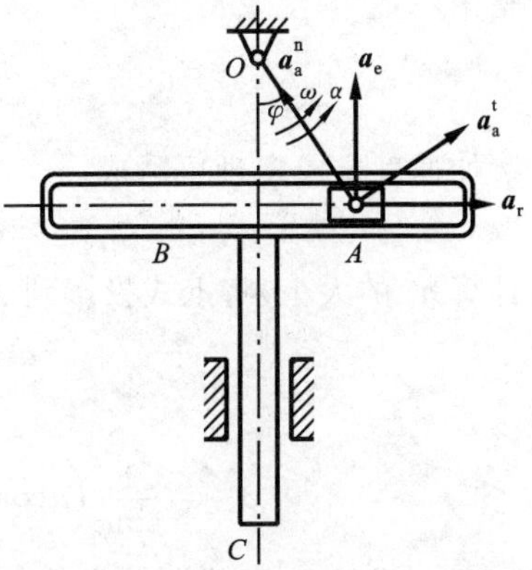

图 8-12

例 8-6　凸轮在水平面上向右做减速运动，如图 8-13(a)所示。设凸轮半径为 R，图示瞬时的速度和加速度分别为$\boldsymbol{v}$和 $\boldsymbol{a}$。求杆 AB 在图示位置时的加速度。

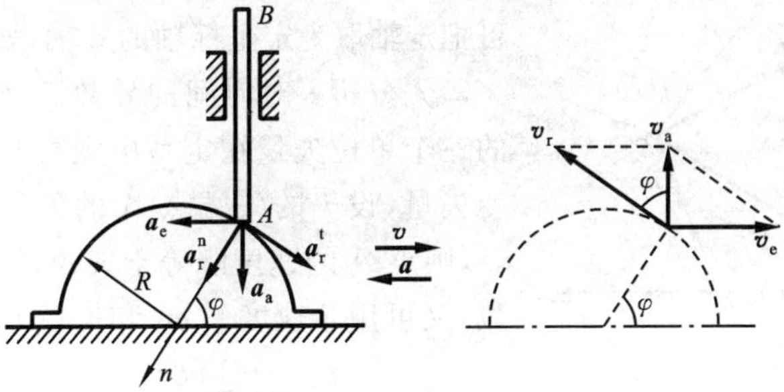

(a)　　　　(b)

图 8-13

解　以杆 AB 上的点 A 为动点，凸轮为动系，则点 A 的绝对运动轨迹为直线，相对运动轨迹为凸轮轮廓曲线。由于牵连运动为平移，由点的加速度合成定理得

$$\boldsymbol{a}_{\mathrm{a}} = \boldsymbol{a}_{\mathrm{e}} + \boldsymbol{a}_{\mathrm{r}}$$

式中 $\boldsymbol{a}_{\mathrm{a}}$ 为所求的加速度，方向沿直线 AB，假设指向如图 8-13(a)所示。

点 A 的牵连加速度等于凸轮的加速度，即

$$a_{\mathrm{e}} = a$$

点 A 的相对运动轨迹为曲线，于是相对加速度分为两个分量：切向分量 $\boldsymbol{a}_{\mathrm{r}}^{\mathrm{t}}$ 的大小是未知的，法向分量 $\boldsymbol{a}_{\mathrm{r}}^{\mathrm{n}}$ 的方向如图 8-13(a)所示，大小为

$$a_{\mathrm{r}}^{\mathrm{n}} = \frac{v_{\mathrm{r}}^2}{R}$$

式中相对速度$\boldsymbol{v}_{\mathrm{r}}$ 可由速度合成定理求出，如图 8-13(b)所示，大小为

$$v_{\mathrm{r}} = \frac{v_{\mathrm{e}}}{\sin\varphi} = \frac{v}{\sin\varphi}$$

于是

$$a_r^n = \frac{1}{R}\frac{v^2}{\sin^2\varphi}$$

加速度合成定理可写成

$$\boldsymbol{a}_a = \boldsymbol{a}_e + \boldsymbol{a}_r^t + \boldsymbol{a}_r^n$$

为计算 $\boldsymbol{a}_a$ 的大小,将上式投影到法线 n 上,得

$$a_a\sin\varphi = a_e\cos\varphi + a_r^n$$

解得

$$a_a = \frac{1}{\sin\varphi}\left(a\cos\varphi + \frac{v^2}{R\sin^2\varphi}\right) = a\cot\varphi + \frac{v^2}{R\sin^3\varphi}$$

当 $\varphi < 90°$ 时,$a_a > 0$,说明假设的 $\boldsymbol{a}_a$ 的指向恰是其真实指向。

*8.4　牵连运动为转动的加速度合成定理

设动参考系 $O'x'y'z'$ 以角速度 ω_e 绕定轴转动,角速度矢为 $\boldsymbol{\omega}_e$,角加速度矢为 $\boldsymbol{\alpha}_e$。可把定轴取为定坐标轴的 z 轴,如图 8-14 所示。

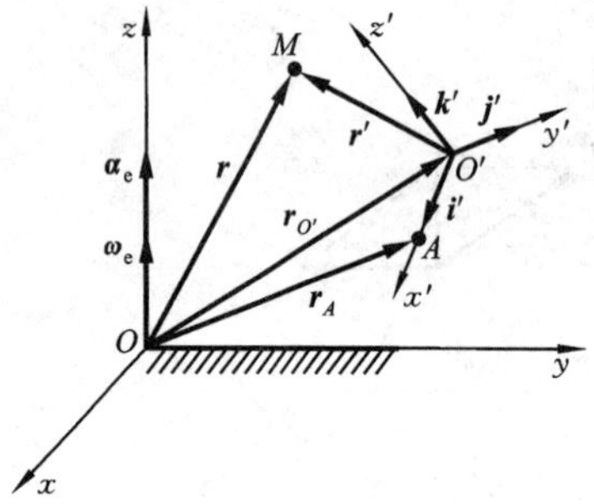

图 8-14

先分析 $\boldsymbol{i}'$ 对时间的导数。动系的三个单位矢量在定系中观察时是变矢量,设 $\boldsymbol{i}'$ 的矢端点 A 的矢径为 $\boldsymbol{r}_A$,则点 A 的速度既等于矢径 $\boldsymbol{r}_A$ 对时间的一阶导数,又可用角速度矢 $\boldsymbol{\omega}_e$ 和矢径 $\boldsymbol{r}_A$ 的矢积表示,即

$$\boldsymbol{v}_A = \frac{\mathrm{d}\boldsymbol{r}_A}{\mathrm{d}t} = \boldsymbol{\omega}_e \times \boldsymbol{r}_A$$

动系原点 O' 的速度为

$$\boldsymbol{v}_{O'} = \frac{\mathrm{d}\boldsymbol{r}_{O'}}{\mathrm{d}t} = \boldsymbol{\omega}_e \times \boldsymbol{r}_{O'}$$

由图 8-14,有

$$\boldsymbol{r}_A = \boldsymbol{r}_{O'} + \boldsymbol{i}' \tag{8-5}$$

将式(8-5)对时间求导,得

$$\frac{\mathrm{d}\boldsymbol{i}'}{\mathrm{d}t} = \frac{\mathrm{d}\boldsymbol{r}_A}{\mathrm{d}t} - \frac{\mathrm{d}\boldsymbol{r}_{O'}}{\mathrm{d}t} = \boldsymbol{\omega}_e \times (\boldsymbol{r}_A - \boldsymbol{r}_{O'}) = \boldsymbol{\omega}_e \times \boldsymbol{i}' \tag{8-6}$$

$\boldsymbol{j}'$、$\boldsymbol{k}'$ 的导数与 $\boldsymbol{i}'$ 的导数相似,因此可得

$$\left.\begin{aligned}\frac{\mathrm{d}\boldsymbol{i}'}{\mathrm{d}t} &= \boldsymbol{\omega}_e \times \boldsymbol{i}' \\ \frac{\mathrm{d}\boldsymbol{j}'}{\mathrm{d}t} &= \boldsymbol{\omega}_e \times \boldsymbol{j}' \\ \frac{\mathrm{d}\boldsymbol{k}'}{\mathrm{d}t} &= \boldsymbol{\omega}_e \times \boldsymbol{k}'\end{aligned}\right\} \tag{8-7}$$

下面推导牵连运动为定轴转动的加速度合成定理。设动点 M 的矢径为 $\boldsymbol{r}$，则有

$$\boldsymbol{v}_a = \frac{d\boldsymbol{r}}{dt}, \quad \boldsymbol{a}_a = \frac{d\boldsymbol{v}_a}{dt}$$

动点 M 的相对矢径为 $\boldsymbol{r}'$，相对速度和相对加速度是在动系上观察的动点的速度和加速度，动系的 $\boldsymbol{i}'$、$\boldsymbol{j}'$、$\boldsymbol{k}'$ 为常矢量。这种导数称为**相对导数**，可表示为

$$\boldsymbol{v}_r = \frac{\tilde{d}\boldsymbol{r}'}{dt} = \frac{dx'}{dt}\boldsymbol{i}' + \frac{dy'}{dt}\boldsymbol{j}' + \frac{dz'}{dt}\boldsymbol{k}', \quad \boldsymbol{a}_r = \frac{\tilde{d}^2\boldsymbol{r}'}{d^2t} = \frac{d^2x'}{dt^2}\boldsymbol{i}' + \frac{d^2y}{dt^2}\boldsymbol{j}' + \frac{d^2z'}{dt^2}\boldsymbol{k}'$$

牵连点的矢径也为 $\boldsymbol{r}$，它是动系上的一点。牵连速度和牵连加速度为

$$\boldsymbol{v}_e = \boldsymbol{\omega}_e \times \boldsymbol{r}, \quad \boldsymbol{\alpha}_e \times \boldsymbol{r} + \boldsymbol{\omega}_e \times \boldsymbol{v}_e = \boldsymbol{a}_e$$

将速度合成定理对时间求导，有

$$\frac{d\boldsymbol{v}_a}{dt} = \frac{d\boldsymbol{v}_e}{dt} + \frac{d\boldsymbol{v}_r}{dt} \tag{8-8}$$

当在定系中观察 $\boldsymbol{v}_r$ 时，由于动系做定轴转动，单位矢量 $\boldsymbol{i}'$、$\boldsymbol{j}'$、$\boldsymbol{k}'$ 的方向在不断变化。这种导数称为**绝对导数**，即

$$\frac{d\boldsymbol{v}_r}{dt} = \frac{d^2x'}{dt^2}\boldsymbol{i}' + \frac{d^2y'}{dt^2}\boldsymbol{j}' + \frac{d^2z'}{dt^2}\boldsymbol{k}' + \frac{dx'}{dt}\dot{\boldsymbol{i}}' + \frac{dy'}{dt}\dot{\boldsymbol{j}}' + \frac{dz'}{dt}\dot{\boldsymbol{k}}' \tag{8-9}$$

式(8-9)等号右端前三项即为 $\boldsymbol{a}_r$，由式(8-7)，后三项为

$$\frac{dx'}{dt}\dot{\boldsymbol{i}}' + \frac{dy'}{dt}\dot{\boldsymbol{j}}' + \frac{dz'}{dt}\dot{\boldsymbol{k}}' = \frac{dx'}{dt}(\boldsymbol{\omega}_e \times \boldsymbol{i}') + \frac{dy'}{dt}(\boldsymbol{\omega}_e \times \boldsymbol{j}') + \frac{dz'}{dt}(\boldsymbol{\omega}_e \times \boldsymbol{k}')$$

$$= \boldsymbol{\omega}_e \times \left(\frac{dx'}{dt}\boldsymbol{i}' + \frac{dy'}{dt}\boldsymbol{j}' + \frac{dz'}{dt}\boldsymbol{k}'\right) = \boldsymbol{\omega}_e \times \boldsymbol{v}_r$$

于是得

$$\frac{d\boldsymbol{v}_r}{dt} = \boldsymbol{a}_r + \boldsymbol{\omega}_e \times \boldsymbol{v}_r \tag{8-10}$$

将 $\boldsymbol{v}_e$ 对时间求导，可得

$$\frac{d\boldsymbol{v}_e}{dt} = \frac{d\boldsymbol{\omega}_e}{dt} \times \boldsymbol{r} + \boldsymbol{\omega}_e \times \frac{d\boldsymbol{r}}{dt} = \boldsymbol{\alpha}_e \times \boldsymbol{r} + \boldsymbol{\omega}_e \times (\boldsymbol{v}_e + \boldsymbol{v}_r)$$

因动系做转动，牵连加速度为

$$\boldsymbol{a}_e = \boldsymbol{\alpha}_e \times \boldsymbol{r} + \boldsymbol{\omega}_e \times \boldsymbol{v}_e$$

于是得

$$\frac{d\boldsymbol{v}_e}{dt} = \boldsymbol{a}_e + \boldsymbol{\omega}_e \times \boldsymbol{v}_r \tag{8-11}$$

将式(8-10)、式(8-11)代入式(8-8)，得

$$\boldsymbol{a}_a = \boldsymbol{a}_e + \boldsymbol{a}_r + 2\boldsymbol{\omega}_e \times \boldsymbol{v}_r$$

令

$$\boldsymbol{a}_C = 2\boldsymbol{\omega}_e \times \boldsymbol{v}_r \tag{8-12}$$

$\boldsymbol{a}_C$ 称为**科氏加速度**，等于动系角速度矢与点的相对速度矢的矢积的两倍。于是，有

$$\boldsymbol{a}_a = \boldsymbol{a}_e + \boldsymbol{a}_r + \boldsymbol{a}_C \tag{8-13}$$

即当牵连运动为定轴转动时，动点的绝对加速度等于它的牵连加速度、相对加速度和科氏加速度的矢量和。这就是牵连运动为转动的加速度合成定理。

可以证明，对任何形式的牵连运动，其加速度合成定理都具有式(8-13)所示的形式。当牵连运动为平移时，可认为 $\boldsymbol{\omega}_e=\mathbf{0}$，因此 $\boldsymbol{a}_C=\mathbf{0}$，一般式(8-13)退化为特殊式(8-4)。

科氏加速度是由于动系转动，牵连运动与相对运动相互影响而产生的。科氏加速度是1832年由科利奥里发现的，因而命名为科利奥里加速度，简称科氏加速度。

根据矢积运算规则，$\boldsymbol{a}_C$ 的大小为

$$a_C = 2\omega_e v_r \sin\theta$$

其中 θ 为 $\boldsymbol{\omega}_e$ 与 $\boldsymbol{v}_r$ 两矢量间的最小夹角。$\boldsymbol{a}_C$ 垂直于 $\boldsymbol{\omega}_e$ 和 $\boldsymbol{v}_r$，指向按右手法则确定，如图8-15所示。

当 $\boldsymbol{\omega}_e$ 和 $\boldsymbol{v}_r$ 平行时，$a_C=0$；当 $\boldsymbol{\omega}_e$ 和 $\boldsymbol{v}_r$ 垂直时，$a_C=2\omega_e v_r$。

工程常见的平面机构中，$\boldsymbol{\omega}_e$ 是与 $\boldsymbol{v}_r$ 垂直的，此时 $a_C=2\omega_e v_r$，且 $\boldsymbol{v}_r$ 按 ω_e 方向转动90°就是 $\boldsymbol{a}_C$ 的方向。

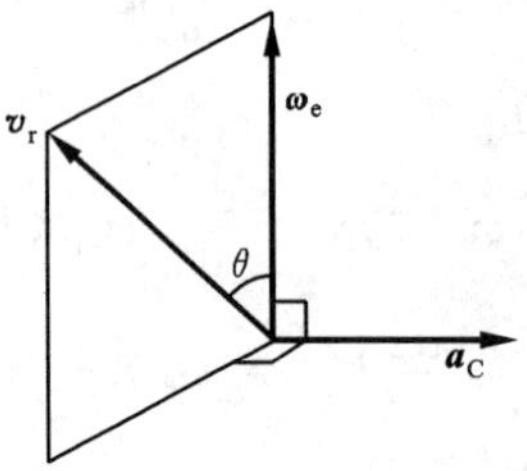

图 8-15

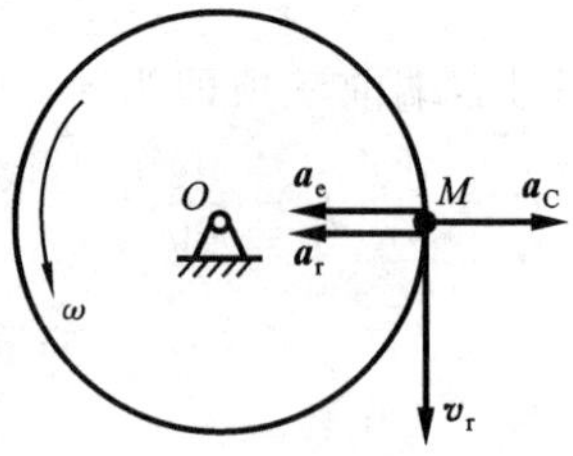

图 8-16

例 8-7 半径为 R 的圆盘以 ω 做等角速转动，点 M 沿圆盘边缘以 $\boldsymbol{v}_r$ 做反向的等速率运动(见图8-16)，且 $v_r=R\omega$。求点 M 的绝对加速度。

解 选点 M 为动点，动系与圆盘固结。因动系做定轴转动，点的加速度合成定理为

$$\boldsymbol{a}_a = \boldsymbol{a}_e + \boldsymbol{a}_r + \boldsymbol{a}_C$$

圆盘上 M 点的加速度即为牵连加速度。因圆盘做匀速转动，故 $\boldsymbol{a}_e$ 为向心加速度，即

$$a_e = R\omega^2$$

方向如图8-16所示。

由于点 M 沿圆盘边缘做匀速圆周运动，故 $\boldsymbol{a}_r$ 指向 O 点，即

$$a_r = \frac{v_r^2}{R} = R\omega^2$$

由 $\boldsymbol{a}_C=2\boldsymbol{\omega}_e\times\boldsymbol{v}_r$，可确定 $\boldsymbol{a}_C$ 在图示平面内，并与 $\boldsymbol{v}_r$ 垂直，$\boldsymbol{v}_r$ 按 ω_e 转向转动90°就是 $\boldsymbol{a}_C$ 的方向，有

$$a_C = 2\omega v_r = 2R\omega^2$$

上述三项加速度均已知且共线，于是

$$a_a = a_e + a_r - a_C = 0$$

实际上，点 M 的绝对运动为静止不动，因此 $a_a=0$。

例 8-8　求例 8-2 中摇杆 O_1B 在图 8-17 所示位置时的角加速度。

解　分析加速度时，一般应先进行速度分析。由例 8-2 已求得 ω_1，即

$$\omega_1 = \frac{r^2\omega}{l^2+r^2}$$

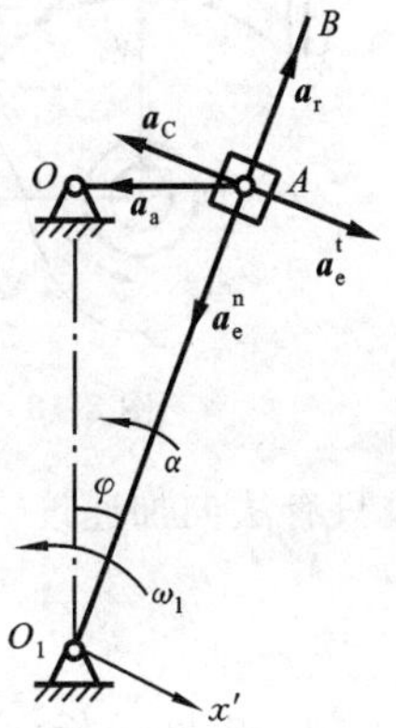

图 8-17

还可求得相对速度大小为

$$v_r = v_a\cos\varphi = \frac{\omega rl}{\sqrt{l^2+r^2}}$$

因动系做转动，因此由加速度合成定理得

$$\boldsymbol{a}_a = \boldsymbol{a}_e + \boldsymbol{a}_r + \boldsymbol{a}_C$$

由于 $a_e^t=\alpha\cdot O_1A$，欲求摇杆 O_1B 的角加速度 α，只需求出 a_e^t 即可。

现在分别分析上式中的各项。

$\boldsymbol{a}_a$：因绝对运动为匀速圆周运动，故只有法向加速度，方向如图 8-17 所示，大小为

$$a_a = \omega^2 r$$

$\boldsymbol{a}_e$：摇杆摆动，其上点 A 的切向加速度为 $\boldsymbol{a}_e^t$，垂直于 O_1A，假设指向如图 8-17 所示；法向加速度 $\boldsymbol{a}_e^n$ 方向如图 8-17 所示，大小为

$$a_e^n = \omega_1^2\cdot O_1A = \frac{r^4\omega^2}{(l^2+r^2)^{3/2}}$$

$\boldsymbol{a}_r$：因相对轨迹为直线，故 $\boldsymbol{a}_r$ 沿 O_1A，大小未知。

$\boldsymbol{a}_C$：由 $\boldsymbol{a}_C=2\boldsymbol{\omega}_e\times\boldsymbol{v}_r$，可确定 $\boldsymbol{a}_C$ 与 $\boldsymbol{v}_r$ 垂直，指向如图 8-17 所示，大小为

$$a_C = 2\omega_1 v_r = \frac{2\omega^2 r^3 l}{(l^2+r^2)^{3/2}}$$

为了求得 a_e^t，应将 $\boldsymbol{a}_a=\boldsymbol{a}_e+\boldsymbol{a}_r+\boldsymbol{a}_C$ 向 x' 轴投影，即

$$-a_a\cos\varphi = a_e^t - a_C$$

解得

$$a_e^t = -\frac{rl(l^2-r^2)}{(l^2+r^2)^{3/2}}\omega^2$$

式中，$l^2-r^2>0$，故 a_e^t 为负值。负号表示真实方向与图中假设的指向相反。

摇杆 O_1A 的角加速度

$$\alpha = \frac{|a_e^t|}{O_1A} = -\frac{rl(l^2-r^2)}{(l^2+r^2)^2}\omega^2$$

α 的实际转向应为逆时针方向。

例 8-9　空气压缩机工作轮以角速度 ω 绕垂直于纸面的轴 O 匀速转动，空气以相对速度 $\boldsymbol{v}_r$ 沿弯曲的叶片匀速流动，如图 8-18 所示。如曲线 AB 在点 C 的曲率半径

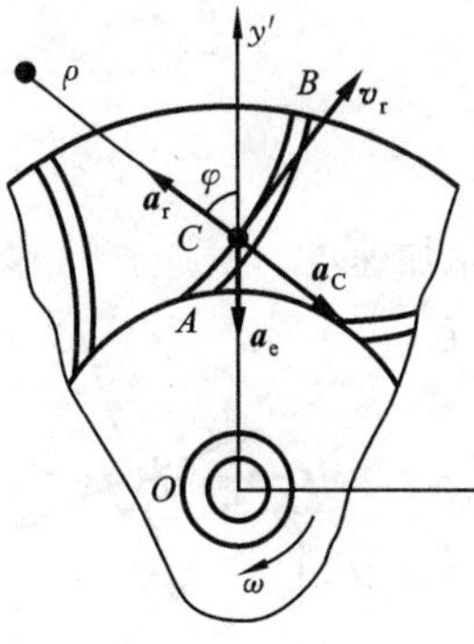

图 8-18

为 ρ,通过点 C 的法线与半径间所夹的角为 φ,$CO=r$,求气体微团在点 C 的绝对加速度 $\boldsymbol{a}_a$。

解 取气体微团为动点,动系固定在工作轮上,定系固定于地面。因动系做转动,有

$$\boldsymbol{a}_a=\boldsymbol{a}_e+\boldsymbol{a}_r+\boldsymbol{a}_C$$

$\boldsymbol{a}_e$:等于动系上的点 C 的加速度。因工作轮匀速转动,故只有向心加速度,即

$$a_e=\omega^2 r$$

方向如图 8-18 所示。

$\boldsymbol{a}_r$:由于气体微团相对于叶片做匀速曲线运动,故只有法向加速度,即

$$a_r=\frac{v_r^2}{\rho}$$

$\boldsymbol{a}_C$:由 $\boldsymbol{a}_C=2\boldsymbol{\omega}_e\times\boldsymbol{v}_r$,可确定 $\boldsymbol{a}_C$ 与 $\boldsymbol{v}_r$ 垂直,指向如图 8-18 所示,大小为

$$a_C=2\omega v_r\sin 90^\circ=2\omega v_r$$

根据合矢量投影定理,求出加速度 $\boldsymbol{a}_a$ 在 x' 和 y' 轴上的投影值,得

$$\begin{aligned}a_{ax'}&=a_{ex'}+a_{rx'}+a_{Cx'}\\&=0-\frac{v_r^2}{\rho}\sin\varphi+2\omega v_r\sin\varphi=\left(2\omega v_r-\frac{v_r^2}{\rho}\right)\sin\varphi\end{aligned}$$

$$\begin{aligned}a_{ay'}&=a_{ey'}+a_{ry'}+a_{Cy'}\\&=-\omega^2 r+\frac{v_r^2}{\rho}\cos\varphi-2\omega v_r\cos\varphi=\left(\frac{v_r^2}{\rho}-2\omega v_r\right)\cos\varphi-\omega^2 r\end{aligned}$$

绝对加速度的大小为

$$a_a=\sqrt{a_{ax'}^2+a_{ay'}^2}$$

$\boldsymbol{a}_a$ 的方向可由其方向余弦确定。

例 8-10 图 8-19 所示偏心轮摇杆机构中,摇杆 O_1A 借助弹簧压在半径为 R 的偏心轮 C 上。偏心轮 C 绕轴 O 往复摇动,从而带动摇杆绕轴 O_1 摆动。设 $OC\perp OO_1$ 时,轮 C 的角速度为 ω,角加速度为零,$\theta=60^\circ$。求此时摇杆 O_1A 的角速度 ω_1 和角加速度 α_1。

解 (1) 机构传动过程中,圆轮与摆杆始终保持接触,却没有一持续接触点。注意到轮心 C 至杆 O_1A 的距离始终为半径 r,知 C 点相对于杆 O_1A 的轨迹是与杆 O_1A 相平行的一直线段,于是可选 C 为动点,动系固结于杆 O_1A 上。

(2) 由速度合成定理

$$\boldsymbol{v}_a=\boldsymbol{v}_e+\boldsymbol{v}_r$$

作出速度平行四边形,如图 8-19(a)所示。由此得

$$v_e=v_r=v_a=R\omega$$

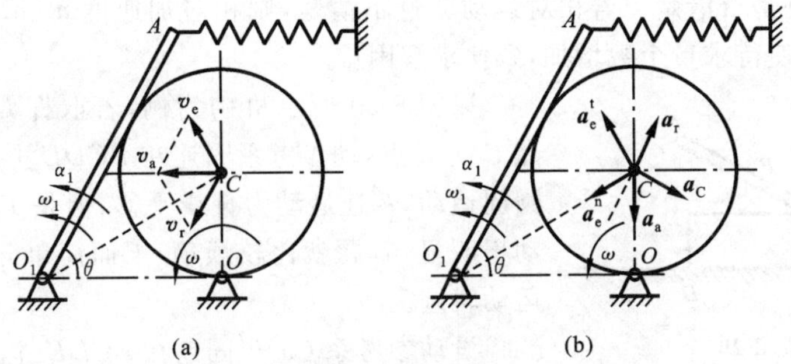

图 8-19

则

$$\omega_1 = \frac{v_e}{O_1C} = \frac{\omega}{2}$$

(3) 牵连运动为定轴转动,由加速度合成定理可得

$$\boldsymbol{a}_a = \boldsymbol{a}_e^n + \boldsymbol{a}_e^t + \boldsymbol{a}_r + \boldsymbol{a}_C$$

经分析知,只有牵连切向加速度及相对加速度的大小未知,其他的均已知,作出各个分量,如图 8-19(b)所示。其中

$$a_a = R\omega^2$$

$$a_e^n = O_1C \cdot \omega_1^2 = \frac{1}{2}R\omega^2$$

$$a_C = 2\omega_1 v_r = R\omega^2$$

将加速度矢量式沿 $\boldsymbol{a}_C$ 方向的轴投影,得

$$\frac{1}{2}a_a = -\frac{\sqrt{3}}{2}a_e^t - \frac{1}{2}a_e^n + a_C$$

解出

$$a_e^t = -\frac{1}{\sqrt{3}}a_a - \frac{1}{\sqrt{3}}a_e^n + \frac{2}{\sqrt{3}}a_C = \frac{\sqrt{3}}{6}R\omega^2$$

故

$$\alpha_1 = \frac{a_e^t}{O_1C} = \frac{\sqrt{3}}{12}\omega^2$$

总结以上各例的解题步骤可见,应用加速度合成定理求解点的加速度,其步骤基本上与应用速度合成定理求解点的速度相同,但要注意以下几点。

(1) 选取动点和动参考系后,应根据动参考系有无转动,确定是否有科氏加速度。

(2) 因为点的绝对运动轨迹和相对运动轨迹可能都是曲线,因此加速度合成定理包含项数较多,每一项都有大小和方向两个要素,必须认真分析每一项,才可能正确地解决问题。

在应用加速度合成定理时,正确选取动点和动系是很重要的。选择的关键在于相对运动轨迹是否清楚。若相对运动轨迹不清楚,则相对加速度 $\boldsymbol{a}_r^t$、$\boldsymbol{a}_r^n$ 的方向就难以确定,从而使待求量个数增加,致使求解困难。

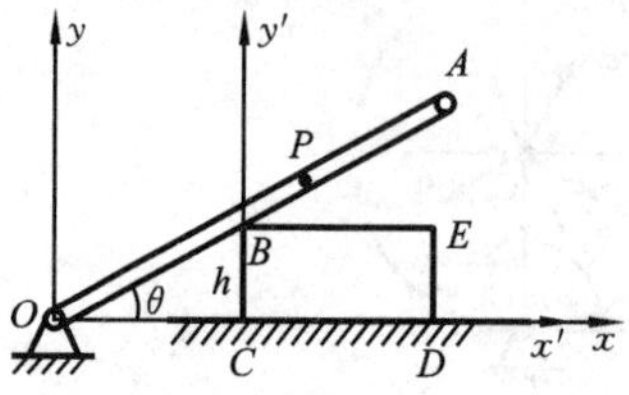

图 8-20

以图 8-20 所示机构为例,若取杆 OA 上的某一点 P 为动点,动参考系固连在 $BCDE$ 上,绝对运动为圆周运动,牵连运动为直线平移,但是 P 点的相对运动不明显,解题就比较烦琐,下面简单分析一下相对运动轨迹。

设动参考系 $Cx'y'$ 固连在 $BCDE$ 上,定参考系为 Oxy,如图 8-20 所示。设 P 点到 O 点的距离为 L,则 P 点的相对运动的参数方程为

$$\begin{cases} x' = L\cos\theta - OC \\ y' = L\sin\theta \end{cases}$$

其中,$OC = h\cot\theta$,于是上述参数方程可表示为

$$\begin{cases} x' = L\cos\theta - h\cot\theta \\ y' = L\sin\theta \end{cases}$$

消去参数 θ,可得到相对运动轨迹方程为

$$\left(\frac{x'y'}{y'-h}\right)^2 + y'^2 = L^2$$

显然相对运动轨迹比较复杂,较难确定相对运动轨迹的切线方向及曲率半径,因此难以确定相对速度方向和相对加速度沿相对轨迹的切向分量 $\boldsymbol{a}_r^t$、法向分量 $\boldsymbol{a}_r^n$ 的方向和大小。由此可见,如果动点和动参考系选取得当,相对运动轨迹就简单、明显,其曲率半径易计算或为已知(如圆或直线),就便于题目的求解。

小　　结

(1) 点的绝对运动为点的牵连运动和相对运动的合成结果。

绝对运动是指动点相对于定系的运动;相对运动是指动点相对于动系的运动;牵连运动是指动系相对于定系的运动。

(2) 点的速度合成定理

$$\boldsymbol{v}_a = \boldsymbol{v}_e + \boldsymbol{v}_r$$

绝对速度 $\boldsymbol{v}_a$ 是指动点相对于定系运动的速度;相对速度 $\boldsymbol{v}_r$ 是指动点相对于动系运动的速度;牵连速度 $\boldsymbol{v}_e$ 是指动系上与动点相重合的那一点(牵连点)相对于定系运动的速度。

(3) 点的加速度合成定理,分两种情况。

① 动系平移时可表示为

$$\boldsymbol{a}_a = \boldsymbol{a}_e + \boldsymbol{a}_r$$

绝对加速度 $\boldsymbol{a}_a$ 是指动点相对于定系运动的加速度;相对加速度 $\boldsymbol{a}_r$ 是指动点相

对于动系运动的加速度；牵连加速度 $\boldsymbol{a}_e$ 是指牵连点相对于定系运动的加速度。

② 动系转动时可表示为

$$\boldsymbol{a}_a = \boldsymbol{a}_e + \boldsymbol{a}_r + \boldsymbol{a}_C$$

$$\boldsymbol{a}_C = 2\boldsymbol{\omega}_e \times \boldsymbol{v}_r$$

思　考　题

8-1　如何选择动点和动参考系？

8-2　图 8-21 中的速度平行四边形有无错误？如有错误，错在哪里？

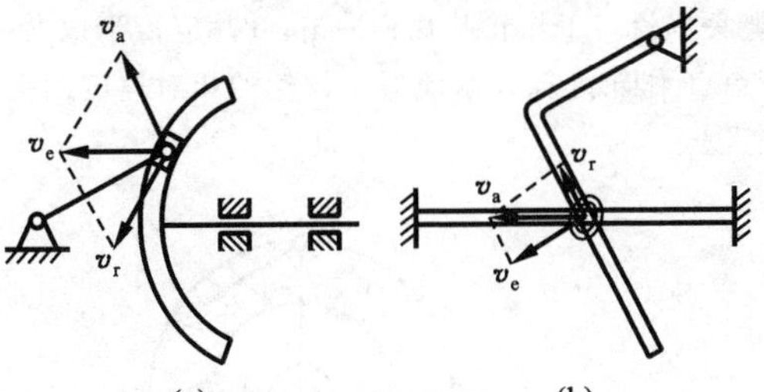

(a)　(b)

图 8-21

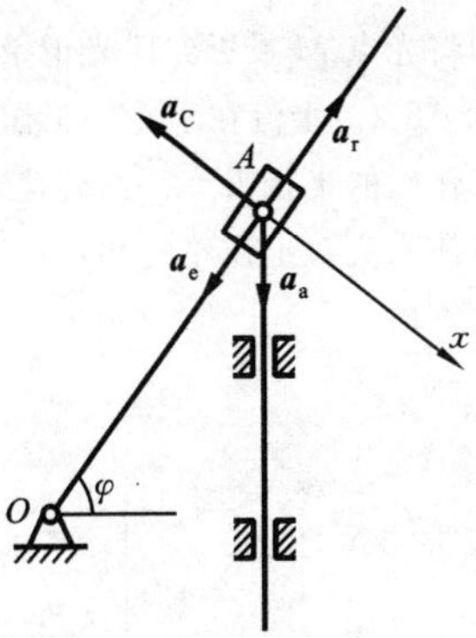

图 8-22

8-3　图 8-22 中为了求 $\boldsymbol{a}_a$ 的大小，取加速度在轴上的投影式

$$a_a \cos\varphi - a_C = 0$$

所以

$$a_a = \frac{a_C}{\cos\varphi}$$

以上计算对不对？如不对，错在哪里？

8-4　图 8-23 所示曲柄 OA 以匀角速度转动，图中哪一种分析对？

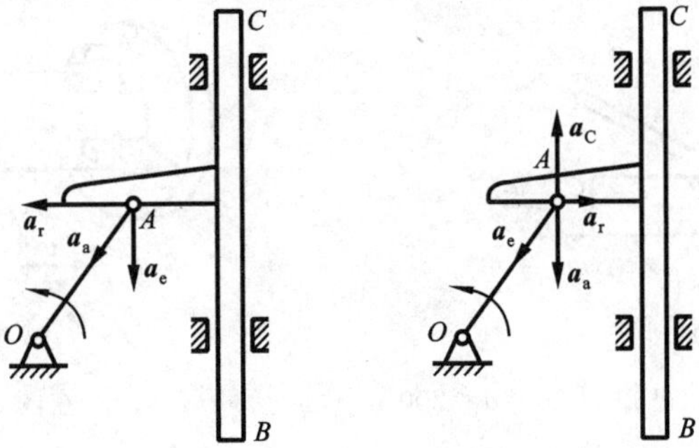

(a)　(b)

图 8-23

(a) 以 OA 上的点 A 为动点，以 BC 为动系。

(b) 以 BC 上的点 A 为动点，以 OA 为动系。

8-5　按点的合成运动理论导出速度合成定理及加速度合成定理时，定参考系是固定不动的。如果定参考系本身也在运动(平移或转动)，对这类问题该如何求解？

习　　题

8-1　如图所示，光点 M 沿 y 轴做简谐振动，其运动方程为

$$\begin{cases} x = 0 \\ y = a\cos(kt + \beta) \end{cases}$$

如将光点 M 投影到感光记录纸上，此纸以等速 $\boldsymbol{v}_e$ 向左运动。求 M 点在记录纸上的轨迹。

8-2　水流在水轮机工作轮入口处的绝对速度 $v_a = 15\ \mathrm{m/s}$，并与直径成 $\beta = 60°$ 角，如图所示。工作轮的半径 $R = 2\ \mathrm{m}$，转速 $n = 30\ \mathrm{r/min}$。为避免水流与工作轮叶片相冲击，叶片应恰当地安装，以使水流对工作轮的相对速度与叶片相切。求在工作轮外缘处水流对工作轮的相对速度的大小和方向。

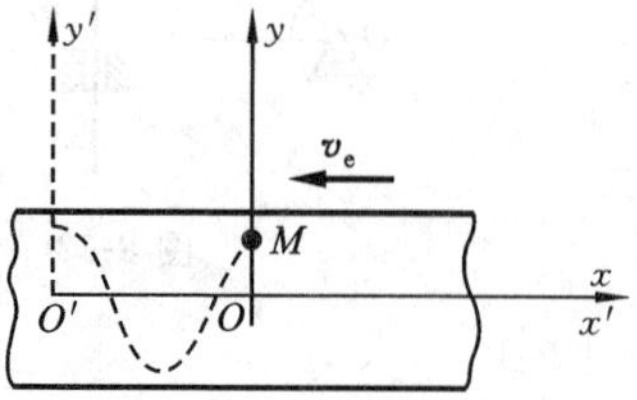

题 8-1 图

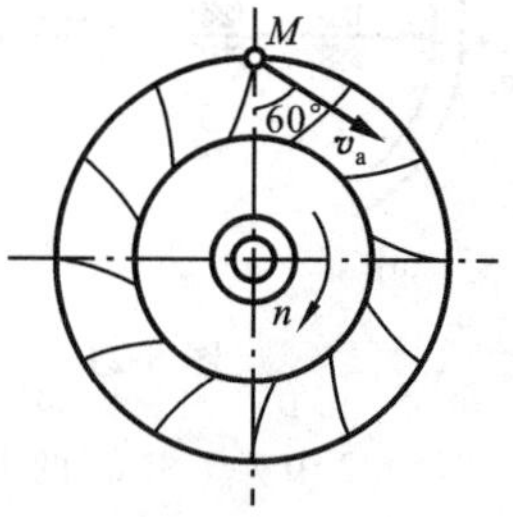

题 8-2 图

8-3　杆 OA 由高为 h 的矩形板 $BCDE$ 推动而在图面内绕轴 O 转动，板以匀速 $\boldsymbol{v}$ 移动，如图所示。试求图示位置杆 OA 的角速度(不计杆的宽度)。

8-4　车床主轴的转速 $n = 30\ \mathrm{r/min}$，工件的直径 $d = 40\ \mathrm{mm}$，如图所示。如车刀横向走刀速度为 $v = 10\ \mathrm{mm/s}$，求车刀对工件的相对速度。

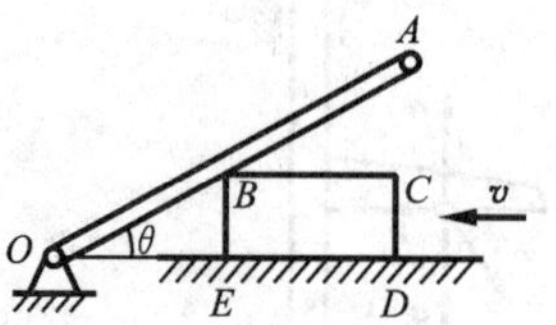

题 8-3 图

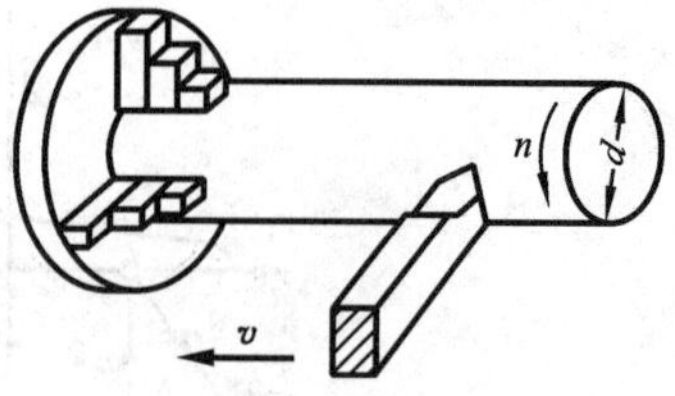

题 8-4 图

8-5　在图示机构中，已知 $O_1O_2 = a = 200\ \mathrm{mm}$，$\omega_1 = 3\ \mathrm{rad/s}$。求在图示位置时杆 O_2A 的角速度。

8-6　如图所示，摇杆机构的滑杆 AB 以等速 $\boldsymbol{v}$ 向上运动。摇杆长 $OC = a$，距离 $OD = l$。求当 $\varphi = \dfrac{\pi}{4}$ 时点 C 的速度的大小。

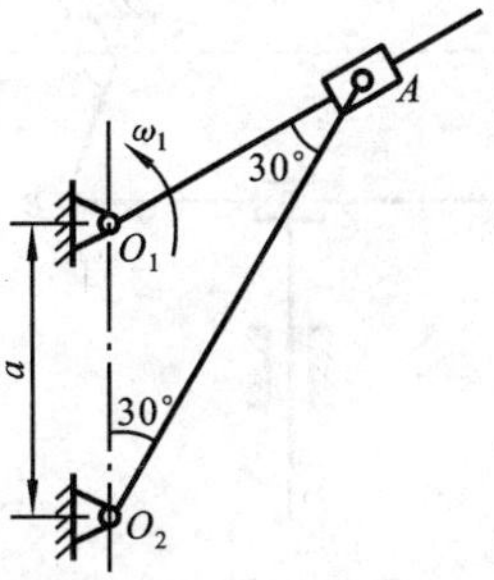

题 8-5 图

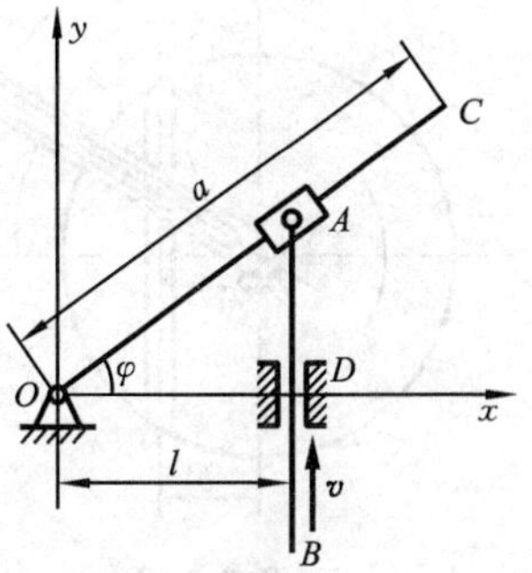

题 8-6 图

8-7　图示曲柄滑道机构中，BC 水平，而 DE 保持竖直。曲柄长 $OA=0.1$ m，并以匀角速度 $\omega=20$ rad/s 绕轴 O 转动，通过滑块 A 使杆 BC 做往复运动。求当曲柄与水平线的交角分别为 $\varphi=0°$、$30°$、$90°$时杆 BC 的速度。

8-8　平底顶杆凸轮机构如图所示，顶杆 AB 可沿导轨上下移动，偏心圆盘绕轴 O 转动，轴 O 位于顶杆轴线上。工作时顶杆的平底始终接触凸轮表面。该凸轮半径为 R，偏心距 $OC=e$，凸轮绕轴 O 转动的角速度为 ω，OC 与水平线成夹角 φ。求当 $\varphi=0°$时顶杆的速度。

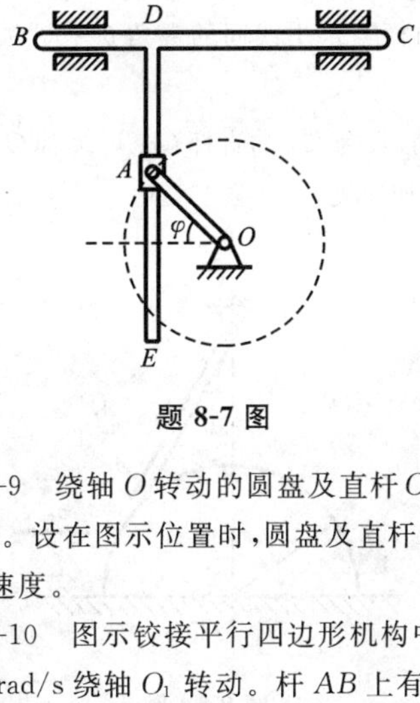

题 8-7 图

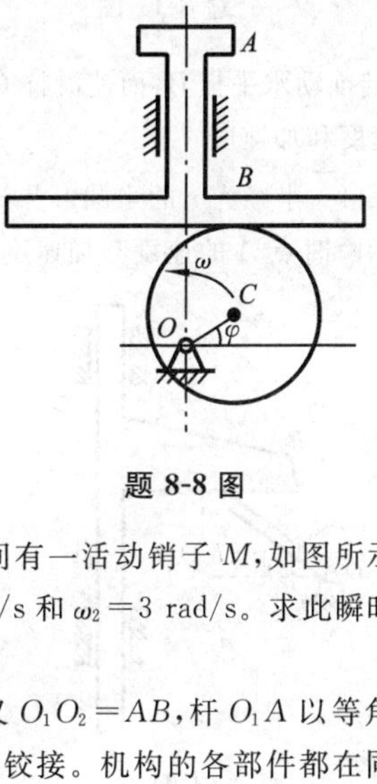

题 8-8 图

8-9　绕轴 O 转动的圆盘及直杆 OA 上均有一导槽，两导槽间有一活动销子 M，如图所示，$b=0.1$ m。设在图示位置时，圆盘及直杆的角速度分别为 $\omega_1=9$ rad/s 和 $\omega_2=3$ rad/s。求此瞬时销子 M 的速度。

8-10　图示铰接平行四边形机构中，$O_1A=O_2B=100$ mm，又 $O_1O_2=AB$，杆 O_1A 以等角速度 $\omega=2$ rad/s 绕轴 O_1 转动。杆 AB 上有一套筒 C，此筒与杆 CD 相铰接。机构的各部件都在同一竖直面内。求当 $\varphi=60°$时，杆 CD 的速度和加速度。

8-11　直线 AB 以大小为 v_1 的速度沿垂直于 AB 的方向向上移动；直线 CD 以大小为 v_2 的速度沿垂直于 CD 的方向向左上方移动，如图所示。如两直线间的交角为 θ，求两直线交点 M 的速度。

8-12　小车沿水平方向向右做加速运动，其加速度 $a=0.493$ m/s^2。在小车上有一轮绕轴 O 转动，转动的规律为 $\varphi=t^2$（t 以 s 计，φ 以 rad 计）。当 $t=1$ s 时，轮缘上点 A 的位置如图所示。如轮的半径 $r=0.2$ m，求此时点 A 的绝对加速度。

8-13　如图所示，曲柄 OA 长 0.4 m，以等角速度 $\omega=0.5$ rad/s 绕轴 O 逆时针转向转动。曲柄

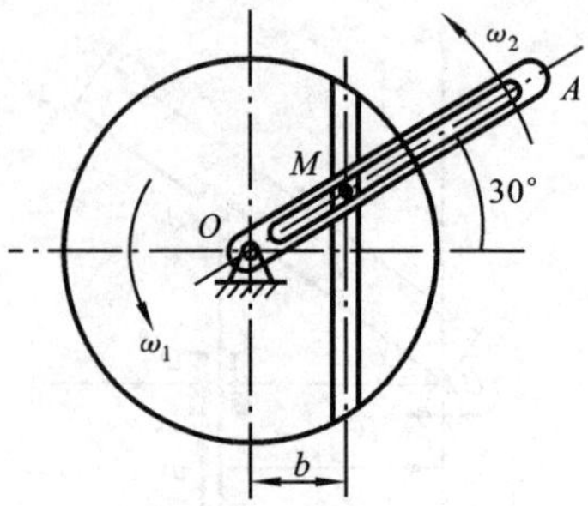

题 8-9 图

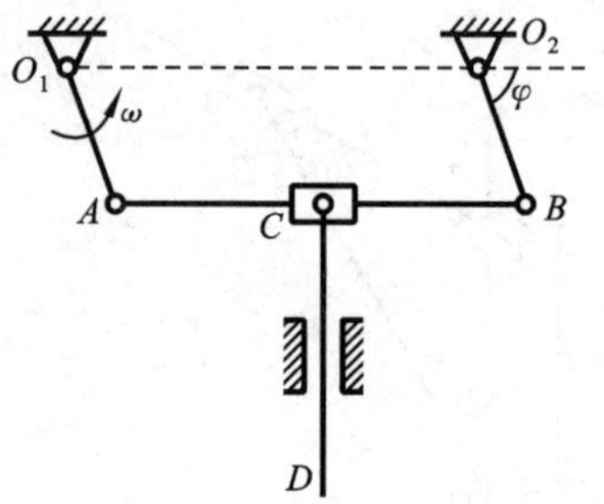

题 8-10 图

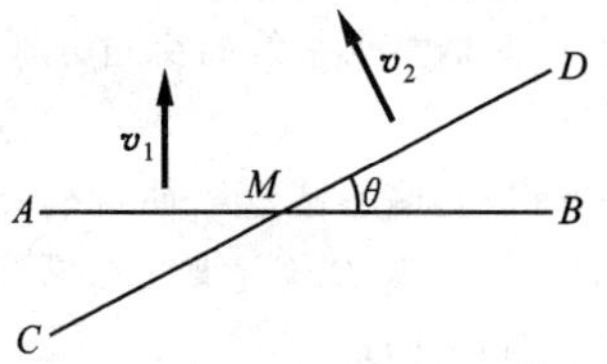

题 8-11 图

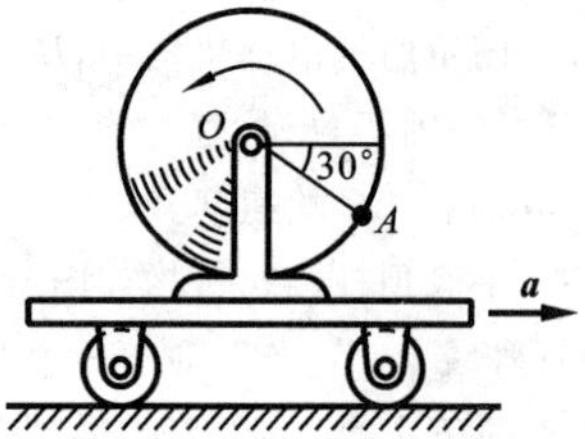

题 8-12 图

的 A 端推动水平板 B，而使滑杆 C 沿竖直方向上升。求当曲柄与水平线间的夹角 $\theta=30^\circ$ 时，滑杆 C 的速度和加速度。

8-14　半径为 r 的半圆形凸轮以匀速 $\boldsymbol{v}_0$ 在水平面上滑动，长为 $\sqrt{2}r$ 的直杆 OA 可绕轴 O 转动。求图示瞬时点 A 的速度与加速度，并求杆 OA 的角速度和角加速度。

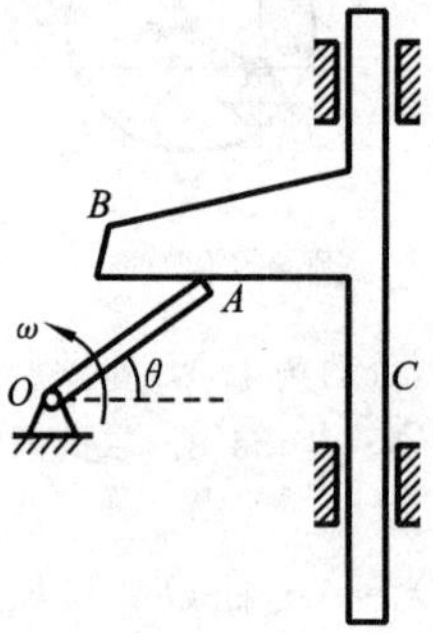

题 8-13 图

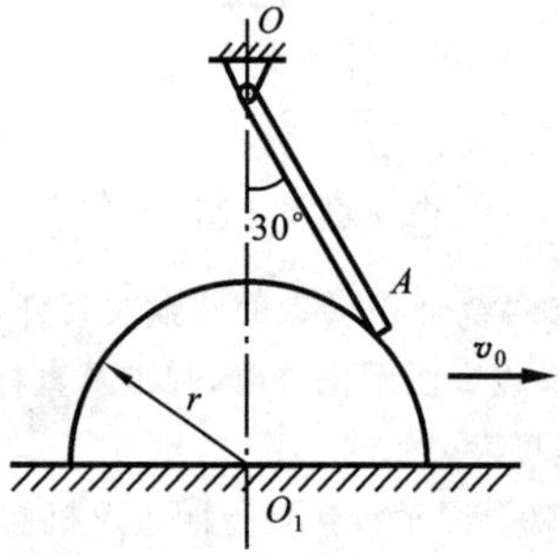

题 8-14 图

8-15　如图所示，圆盘按 $\varphi=1.5t^2$ 的规律绕垂直于盘面的轴转动，φ 的单位为 rad，t 的单位为 s。盘上 M 点沿半径按 $r=1+t^2$ 的规律运动，r 的单位为 cm，t 的单位为 s。求当 $t=1$ s 时，M 点的绝对速度和绝对加速度。

8-16　图示圆盘绕轴 AB 转动，其角速度 $\omega=2t$ rad/s。点 M 沿圆盘半径 ON 离开中心向外缘运动，其运动规律为 $OM=40t^2$ mm。半径 ON 与 AB 轴间的夹角为 60°。求当 $t=1$ s 时点 M 的绝对加速度的大小。

*8-17　如图所示，直角曲杆 OAB 以匀角速度 ω 绕 O 点逆时针转动。在曲杆的 AB 段装有滑筒

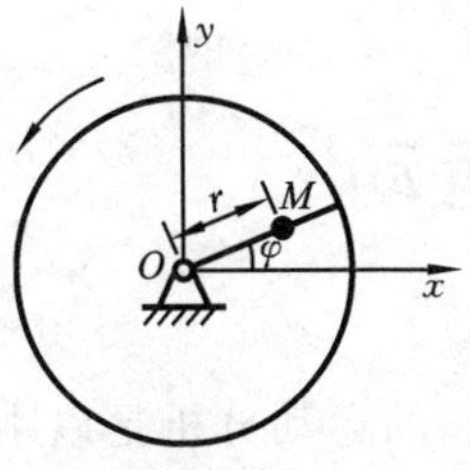

题 8-15 图

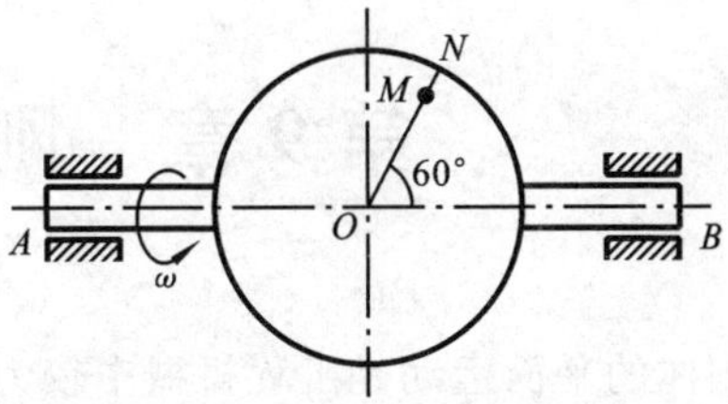

题 8-16 图

C,滑筒又与竖直杆 DC 铰接于 C 点,O 点与 DC 位于同一竖直线上。设曲杆的 OA 段长为 r,求当 $\varphi=30°$时,杆 DC 的速度和加速度。

*8-18　已知 $O_1A=O_2B=l=1.5$ m,且 O_1A 平行于 O_2B,在图示位置,滑道 OC 的角速度 $\omega=2$ rad/s,角加速度 $\alpha=1$ rad/s^2,$OM=b=1$ m。试求此时杆 O_1A 的角速度和角加速度。

*8-19　牛头刨床机构如图所示。已知 $O_1A=200$ mm,角速度 $\omega_1=2$ rad/s,角加速度 $\alpha=0$。求图示位置滑枕 CD 的速度和加速度。

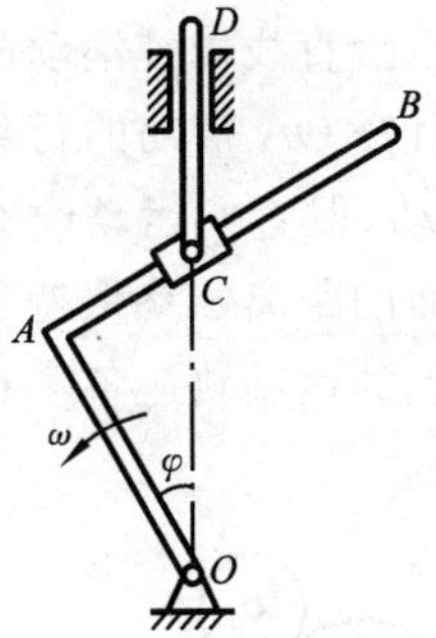

题 8-17 图

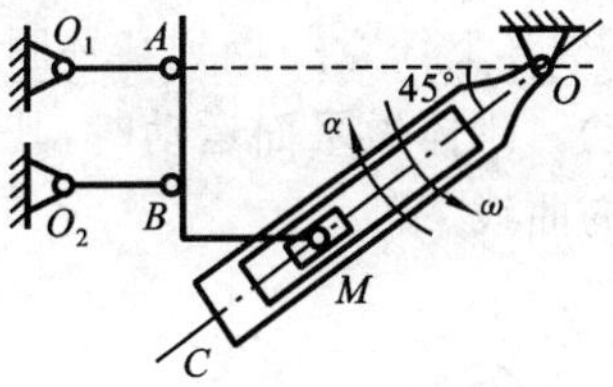

题 8-18 图

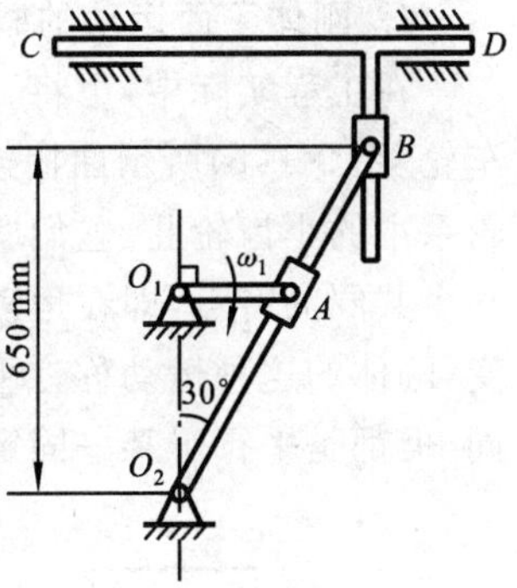

题 8-19 图

第 9 章　刚体的平面运动

刚体的平面运动是工程机械中较为常见的一种运动，它的运动分析是以刚体的平移和定轴转动为基础的。刚体的平面运动可以看成平移与转动的合成，也可以看成绕不断运动的轴的转动。

本章将介绍刚体平面运动的概念、运动方程和平面运动的分解，并分析刚体平面运动的速度和加速度问题。

9.1　刚体平面运动的分析

1. 刚体平面运动的概念及其力学模型简化

在工程实际中，可将一些运动部件视为刚体，如图 9-1(a)所示沿直线做纯滚动的车轮、图 9-1(b)所示曲柄连杆机构中的连杆 AB、图 9-1(c)所示由杆 OA 带动的行星轮系中的小齿轮Ⅱ，它们所做的运动既不是平移，也不是定轴转动，但它们运动时有一个共同的特点，即在运动过程中，其上任意一点到某一固定平面的距离始终保持不变，刚体的这种运动称为**平面运动**。刚体做平面运动时，其上各点的运动轨迹各不相同，但都是平行于某一固定平面的曲线。

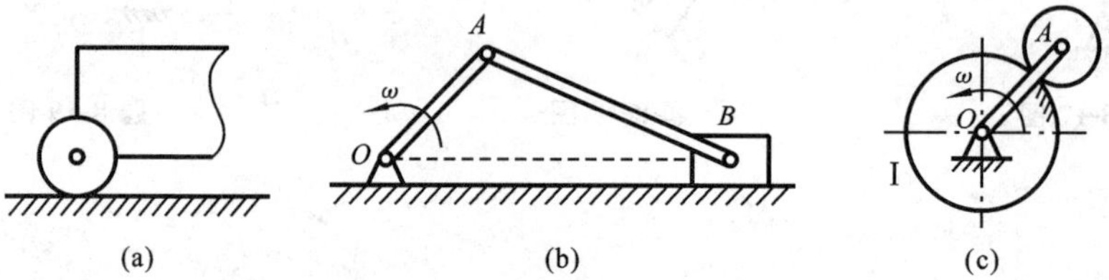

图 9-1

设做平面运动的一般刚体上各点至平面 L_1 的距离保持不变，如图 9-2 所示。过刚体上任意点 A，作平面 L_2，使其平行于平面 L_1，显然，刚体上过点 A 并垂直于平面 L_2 的直线上 A_1、A_2、A_3…各点的运动与点 A 是相同的。因此，平面与刚体相交所截取的平面图形 S，可以完全代表该刚体的运动。由此可知，要研究刚体上各点的运动，只需研究平面图形 S 在平面 L_2 内的运动，即平面图形 S 在其自身平面内的运动。

刚体平面运动的力学模型简化为平面图形在其自身平面内的运动。

2. 刚体平面运动的运动方程

平面图形 S 在其平面上的位置完全可由图形内任意线段 $O'M$ 的位置来确定(见图 9-3)，而要确定此线段在平面内的位置，只需确定线段上任一点 O' 的位置和线段

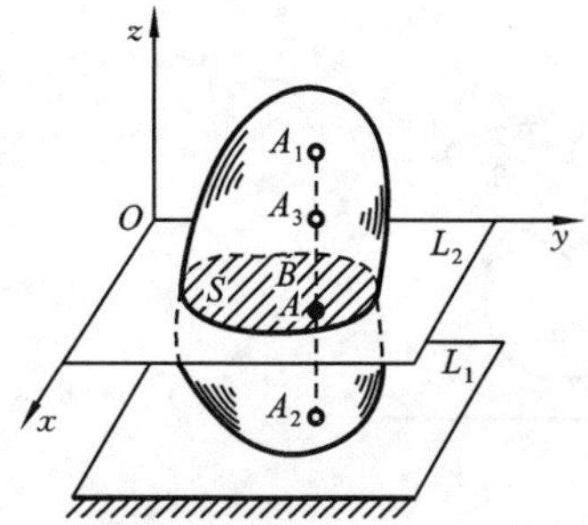

图 9-2

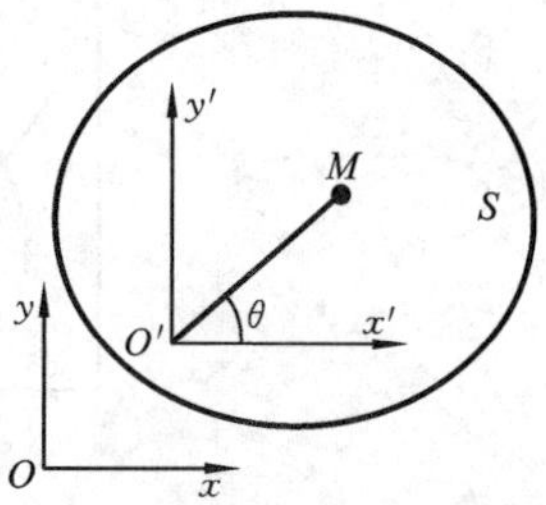

图 9-3

$O'M$ 与固定坐标轴 $O'x'$ 的夹角 θ 即可。

点 O' 的坐标和 θ 都是时间的函数，即

$$\left.\begin{aligned} x_{O'} &= f_1(t) \\ y_{O'} &= f_2(t) \\ \theta &= f_3(t) \end{aligned}\right\} \tag{9-1}$$

式(9-1)就是平面图形的运动方程(即刚体平面运动方程)，三个函数都是时间 t 的单值连续函数，它们完全确定了平面运动刚体的运动规律。

3. 刚体平面运动的分解

由图 9-3 和式(9-1)可以看出，如果图形中的 O' 点固定不动，则刚体将做定轴转动；如果线段 $O'M$ 的方位不变(即 θ=常数)，则刚体将做平移。由此可见，平面图形的运动可以看成是平移和转动的合成运动。

如图 9-4 所示，设在时间间隔 Δt 内，平面图形由位置Ⅰ运动到位置Ⅱ，相应地，平面图形内任取的线段 AB 也由 AB 位置运动到 $A'B'$ 位置。在 A 点处假想安放一个平移坐标系 $Ax'y'$(通常将这一平移的动系的原点 A 称为**基点**)，当图形运动时，令平移坐标系的两轴始终分别平行于定坐标系的 Ox 轴和 Oy 轴，于是，平面图形的平面运动便可以分解为随基点的平移(牵连运动)和绕基点的转动(相对运动)。线段 AB 的位移可分解为：线段 AB 随 A 点平移到位置 $A'B''$，再绕 A' 由位置 $A'B''$ 转动角 $\Delta\varphi_1$ 到达位置 $A'B'$。若取 B 为基点，平移坐标系为 $Bx''y''$，线段 AB 的位移可分解为：线段 AB 随 B 点平移到位置 $A''B'$，再绕 B' 由位置 $A''B'$ 转动角 $\Delta\varphi_2$ 到达位置 $A'B'$。当然，实际上平移和转动是同时进行的。

由图 9-4 可知，取不同的基点，平移的轨迹一般来说是不同的(参见图中曲线 AA' 和 BB' 轨迹)，其速度和加速度也不相同。但对于转动，由图可见，绕不同基点转过的角位移 $\Delta\varphi_1=\Delta\varphi_2$(大小和转向均相同)，则

$$\omega_A = \frac{\mathrm{d}\Delta\varphi_1}{\mathrm{d}t} = \frac{\mathrm{d}\Delta\varphi_2}{\mathrm{d}t} = \omega_B \tag{9-2}$$

$$\alpha_A = \frac{\mathrm{d}\omega_A}{\mathrm{d}t} = \frac{\mathrm{d}\omega_B}{\mathrm{d}t} = \alpha_B \tag{9-3}$$

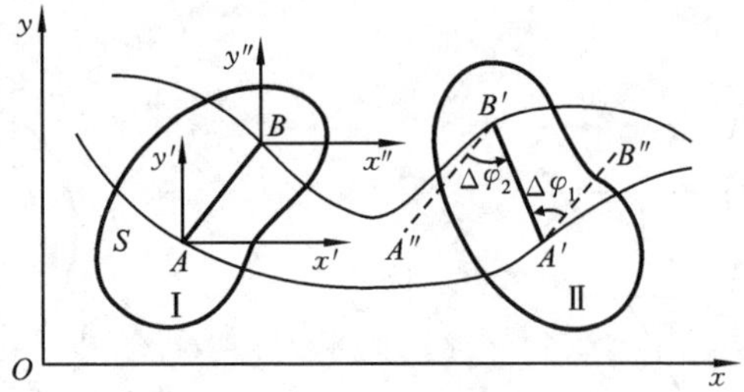

图 9-4

由式(9-2)和式(9-3)可知，转动与基点的选择无关。因此，可以把平面图形绕基点转动的角速度和角加速度称为平面图形的角速度和角加速度。

于是可得结论：可以选取平面图形上的任意点为基点而将平面运动分解为平移和转动，其中平面图形平移的速度和加速度与基点的选择有关，而平面图形绕基点转动的角速度和角加速度与基点的选择无关。

9.2 刚体平面运动的速度分析

9.1 节介绍了刚体的平面运动可以简化为平面图形在其自身平面的运动，下面介绍三种分析平面图形上各点速度的方法。

1. 基点法

平面图形的运动是由随基点的平移和绕基点的转动合成的，因此，可以通过点的合成运动理论（速度合成定理）求平面图形上各点的速度，这种方法称为**基点法**，又称为速度合成法。

如图 9-5 所示，已知平面图形在 t 时刻，其上 O' 点的速度为 $\boldsymbol{v}_{O'}$，平面图形转动的角速度为 ω。为求该瞬时图形上任意点 M 的速度，可选 O' 为基点，建立平移坐标系 $O'x'y'$，将平面图形的运动分解为随 $O'x'y'$ 的平移和相对 O' 点的转动。这样点 M 的绝对运动就被分解为牵连运动为平移和相对运动为转动的运动。根据速度合成定理，有

$$\boldsymbol{v}_M = \boldsymbol{v}_{O'} + \boldsymbol{v}_{MO'} \tag{9-4}$$

于是得出结论：平面图形上任意点的速度等于基点的速度与该点随图形绕基点转动速度的矢量和。

根据这个结论，平面图形内任意两点 A 和 B 的速度 $\boldsymbol{v}_A$ 和 $\boldsymbol{v}_B$ 之间必然存在一定的关系。如图 9-6 所示，如果选取点 A 为基点，以 $\boldsymbol{v}_{BA}$ 表示点 B 相对点 A 的速度，则

$$\boldsymbol{v}_B = \boldsymbol{v}_A + \boldsymbol{v}_{BA} \tag{9-5}$$

式中相对速度 $\boldsymbol{v}_{BA}$ 的大小为

$$v_{BA} = AB \cdot \omega$$

它的方向垂直于 AB，且朝向图形转动的一方。

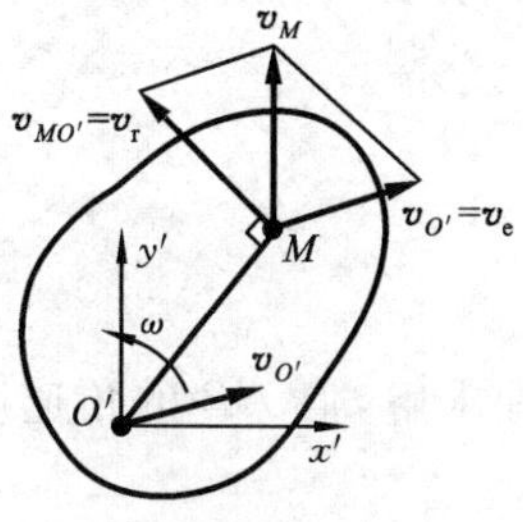

图 9-5

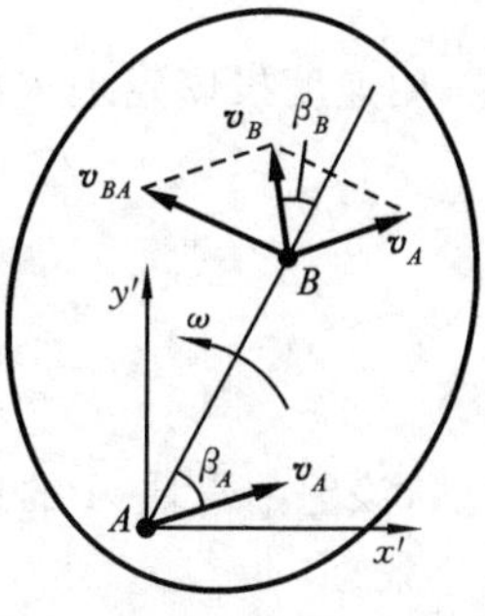

图 9-6

在解题时常用到式(9-5)。一般选平面图形上速度已知的点为基点,注意点的相对速度$\boldsymbol{v}_{BA}$的方向总是垂直于线段AB。

2. 速度投影法

由图 9-6 可知,$\boldsymbol{v}_{BA}$必垂直于AB的连线,即它在AB上的投影为零。因此,把矢量式(9-5)向连线AB投影,得

$$[\boldsymbol{v}_B]_{AB} = [\boldsymbol{v}_A]_{AB} \tag{9-6}$$

即

$$v_B \cos\beta_B = v_A \cos\beta_A$$

式(9-6)表明,平面图形在某一瞬时,其上任意两点的速度在这两点的连线上的投影相等,这就是**速度投影定理**。

该定理说明了图形上两点连线没有相对速度,即没有相对位移,这也反映了刚体上任意两点距离保持不变的物理特性。

例 9-1　椭圆规尺AB由曲柄OC带动,曲柄以匀角速度ω_O绕轴O转动,如图 9-7所示,$OC=BC=AC=r$,求图示位置时,滑块A、B的速度和椭圆规尺AB的角速度。

解　已知OC绕轴O做定轴转动,椭圆规尺AB做平面运动,$v_C=\omega_O r$。

(1) 用基点法求滑块A的速度和AB的角速度。因为C的速度已知,选C为基点。

$$\boldsymbol{v}_A = \boldsymbol{v}_C + \boldsymbol{v}_{AC}$$

式中的$\boldsymbol{v}_C$的大小和方向是已知的,$\boldsymbol{v}_A$的方向沿y轴,$\boldsymbol{v}_{AC}$的方向垂直于AC,可以作出速度矢量图,如图 9-7 所示。

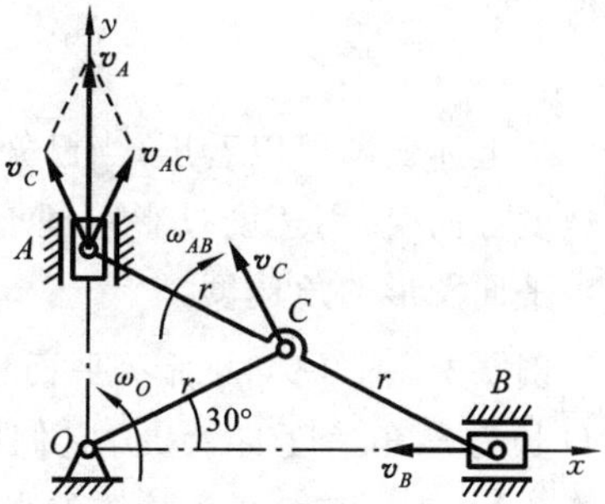

图 9-7

由图形的几何关系可得

$$v_A = 2v_C\cos 30^\circ = \sqrt{3}\omega_O r, \quad v_{AC} = v_C$$

$$v_{AC} = \omega_{AB} r$$

解得

$$\omega_{AB}=\omega_O\quad(\text{顺时针})$$

(2) 用速度投影定理求滑块 B 的速度，B 的速度方向如图 9-7 所示。

$$[\boldsymbol{v}_B]_{BC}=[\boldsymbol{v}_C]_{BC}$$

$$v_C\cos30^\circ=v_B\cos30^\circ$$

解得

$$v_B=v_C=\omega_O r$$

当然，该题中滑块 A 的速度也可以用速度投影定理求解，但 AB 的角速度要用基点法来求。

例 9-2　图 9-8 所示平面机构中，曲柄 OA 长为 r，以匀角速度 ω 绕轴 O 转动，连杆 AB 带动摇杆 CD，并拖动轮 E 沿水平面做纯滚动，$CD=3CB$，在图示位置时，A、B、E 三点恰在一水平线上，且 $CD\perp ED$。求此瞬时 B 点和 E 点的速度。

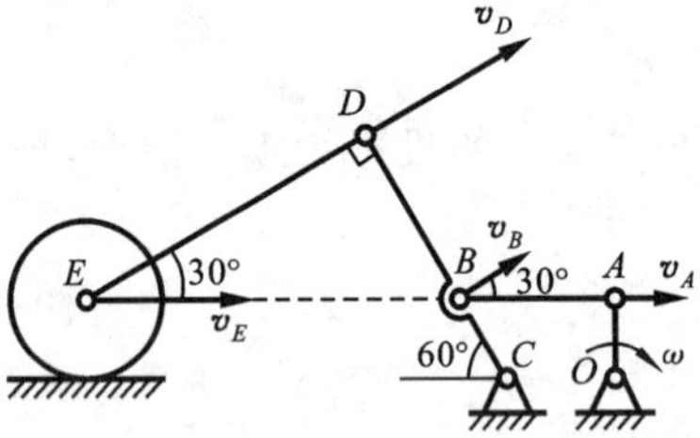

图 9-8

解　曲柄 OA 和摇杆 CD 分别绕轴 O 和轴 C 做定轴转动，连杆 AB 和 DE 做平面运动，轮 E 也做平面运动，各点的速度方向如图 9-8 所示，且有

$$v_A=\omega r$$

由速度投影定理得 A、B 两点速度的关系

$$v_B\cos30^\circ=v_A$$

解得

$$v_B=\frac{\omega r}{\cos30^\circ}=\frac{2}{\sqrt{3}}\omega r$$

摇杆 CD 做定轴转动，有

$$v_D=\frac{v_B}{CB}CD=3v_B=\frac{6}{\sqrt{3}}\omega r$$

轮 E 做平面运动，但其轮心 E 的速度沿水平方向，由速度投影定理得 D、E 两点速度的关系为

$$v_E\cos30^\circ=v_D$$

解得

$$v_E=4\omega r$$

从上述例题可以看出，当已知平面图形上一点 A 的速度大小和方向、另一点 B 的速度方向时，用速度投影定理求点 B 的速度大小最为简便。但用速度投影定理不能求平面图形的角速度。

例 9-3　图 9-9(a)所示平面铰链机构，已知曲柄 $O_1A=\sqrt{3}r$，角速度 $\omega_1=\omega$，杆 O_2D 长为 r，角速度 $\omega_2=2\omega$，它们的转向如图 9-9(a)所示。在图示位置，O_1A 竖直，$O_1A\perp AB$，BD 与 AB 延长线的夹角为 60°，$AB/\!/O_2D$，求该瞬时 B 点的速度。

解　方法一：用基点法求 B 点的速度。

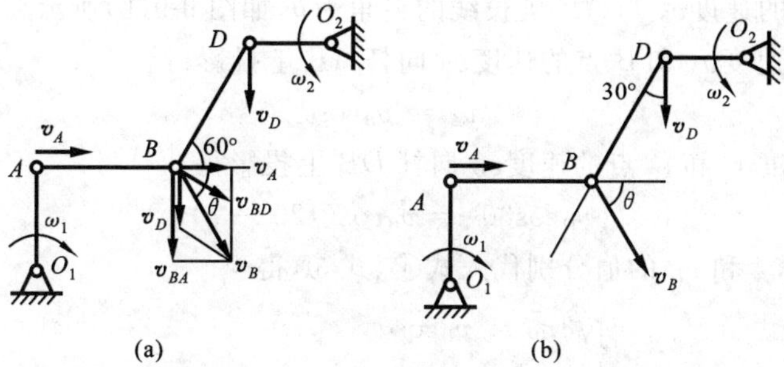

图 9-9

机构中杆 O_1A、O_2D 做定轴转动，杆 AB、BD 做平面运动，则 A 点和 D 点的速度为

$$v_A = O_1A \cdot \omega_1 = \sqrt{3}r\omega,\quad v_D = O_2D \cdot \omega_2 = 2r\omega$$

方向如图 9-9(a)所示。

因为 B 是 AB 上的一个点，所以选 A 为基点，B 点的速度为

$$\boldsymbol{v}_B = \boldsymbol{v}_A + \boldsymbol{v}_{BA} \qquad ①$$

式中 $\boldsymbol{v}_B$ 的大小和方向、$\boldsymbol{v}_{BA}$ 的大小均是未知量，仅用这个式子是无法求得 $\boldsymbol{v}_B$ 的，所以，再分析做平面运动的杆 BD 上的 B 点，取 D 为基点，B 点的速度为

$$\boldsymbol{v}_B = \boldsymbol{v}_D + \boldsymbol{v}_{BD} \qquad ②$$

比较式①、式②，有

$$\boldsymbol{v}_A + \boldsymbol{v}_{BA} = \boldsymbol{v}_D + \boldsymbol{v}_{BD} \qquad ③$$

式③中只有 $\boldsymbol{v}_{BA}$ 和 $\boldsymbol{v}_{BD}$ 的大小是未知的，各矢量的方向都已知，如图 9-9(a)所示。将式③向杆 BD 上投影，得到

$$v_A\cos60^\circ - v_{BA}\cos30^\circ = -v_D\cos30^\circ$$

解得

$$v_{BA} = \frac{\cos60^\circ}{\cos30^\circ}v_A + v_D = \frac{1}{\sqrt{3}}\cdot\sqrt{3}r\omega + 2r\omega = 3r\omega$$

由式①得

$$v_B = \sqrt{v_A^2 + v_{BA}^2} = \sqrt{(\sqrt{3}r\omega)^2 + (3r\omega)^2} = 2\sqrt{3}r\omega$$

如图 9-9(a)所示，角 θ 的余弦为

$$\cos\theta = \frac{v_A}{v_B} = \frac{\sqrt{3}r\omega}{2\sqrt{3}r\omega} = \frac{1}{2}$$

所以

$$\theta = 60^\circ$$

方法二：用速度投影定理求 B 点的速度。

B 点是连接做平面运动的杆 AB 和 BD 的铰链，因此，它同时是这两根杆上的点。假设 B 点的速度$\boldsymbol{v}_B$ 与 AB 延长线的夹角为 θ，如图 9-9(b)所示。

将 A 点的速度$\boldsymbol{v}_A$ 和 B 点的速度$\boldsymbol{v}_B$ 向杆 AB 上投影得

$$v_A = v_B\cos\theta \qquad ④$$

再将 B 点的速度$\boldsymbol{v}_B$ 和 D 点的速度$\boldsymbol{v}_D$ 向杆 DB 上投影得

$$v_D\cos30^\circ = v_B\cos(120^\circ - \theta) \qquad ⑤$$

将前面求出的 v_A 和 v_D 的值分别代入式④、式⑤，得

$$\begin{cases}\sqrt{3}r\omega = v_B\cos\theta \\ 2r\omega\cos30^\circ = v_B\cos(120^\circ - \theta)\end{cases}$$

解得

$$v_B = 2\sqrt{3}r\omega, \quad \theta = 60^\circ$$

3. 速度瞬心法

如果平面图形的瞬时角速度 $\omega \neq 0$，则平面图形上唯一地存在一个速度为零的点，该点称为瞬时速度中心，简称**速度瞬心**，通常记为 C。

如图 9-10 所示，取平面图形 S 上的 A 为基点，它的速度为$\boldsymbol{v}_A$，图形在该瞬时的角速度为 ω，方向如图所示。在 S 上过 A 点作垂直于$\boldsymbol{v}_A$ 的直线 AP。据式(9-4)可知，在 AP 上各点相对基点转动的速度与跟随基点的平移速度不仅共线而且反向，由式(9-5)可知，相对速度呈线性分布，则直线 AP 上唯一存在一点 C，使

$$v_C = 0, \quad v_A - v_{CA} = v_A - AC \cdot \omega = 0$$

所以

$$AC = \frac{v_A}{\omega}$$

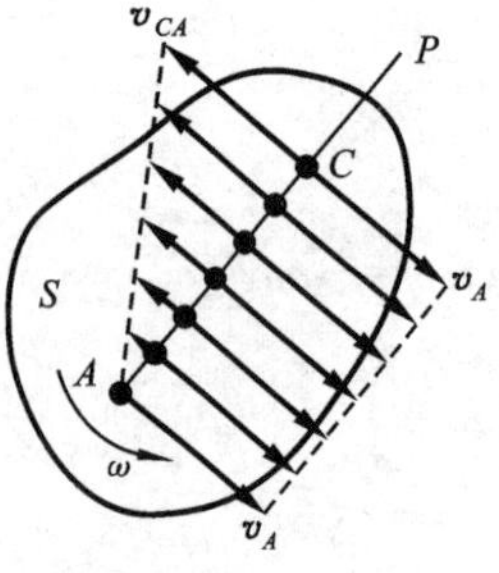

图 9-10

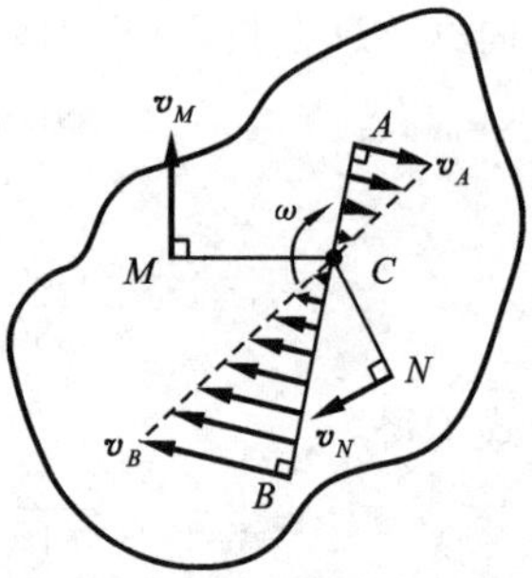

图 9-11

如图 9-11 所示，已知平面图形在 t 瞬时的速度瞬心为 C 点，瞬时角速度为 ω，$v_C = 0$，选 C 为基点，建立平移坐标系，应用基点法分析图形上 A、B、M 点的速度，有

$$\boldsymbol{v}_A = \boldsymbol{v}_C + \boldsymbol{v}_{AC} = \boldsymbol{v}_{AC}$$

$$\boldsymbol{v}_B = \boldsymbol{v}_C + \boldsymbol{v}_{BC} = \boldsymbol{v}_{BC}$$

$$\boldsymbol{v}_M = \boldsymbol{v}_C + \boldsymbol{v}_{MC} = \boldsymbol{v}_{MC}$$

由于平面图形的瞬时角速度与基点选择无关，因此图形绕速度瞬心转动的角速度就等于 ω，于是有

$$v_A = \omega \cdot AC, \quad v_B = \omega \cdot BC, \quad v_M = \omega \cdot MC$$

由此可得结论：如果平面图形的瞬时角速度 $\omega \neq 0$，则其上任一点的速度等于该点绕图形速度瞬心转动的速度。于是可知平面图形上各点的速度分布情况。例如：过速度瞬心的直线上，各点速度大小与该点到速度瞬心的距离成正比，速度的方向垂直于该点到速度瞬心的连线，指向图形转动的一方，如图 9-11 所示。

平面图形上各点的速度在某一瞬时的分布情况，与图形绕定轴转动时各点速度的分布情况类似，区别在于，在不同瞬时，速度瞬心在平面图形上的位置是不同的。

基于速度瞬心的概念，对运动比较复杂的平面图形可做出如下结论：平面图形的瞬时运动是绕该瞬时速度瞬心做的瞬时转动，其连续运动为绕图形上一系列的速度瞬心做的瞬时转动。同时，速度瞬心概念的提出也为分析平面图形上点的速度和图形的角速度提供了一种有效方法，若已知图形某一瞬时的速度瞬心和角速度，则完全可以确定在该瞬时图形内各点的速度。

平面图形速度瞬心的确定是用速度瞬心法求解图形上各点的速度的关键，下面介绍几种常用的确定速度瞬心的方法。

(1) 平面图形沿固定表面做无滑动的滚动，如图 9-12(a)所示，图形与固定面的接触点 C 就是图形的速度瞬心，因为在该瞬时，点 C 与固定面间无相对滑动，即 $v_C = 0$。

(2) 已知平面图形上任意两点的速度方向，且互不平行，如图 9-12(b)所示，速度瞬心 C 必在各点速度的垂线上，所以过 A、B 两点分别作 $\boldsymbol{v}_A$ 和 $\boldsymbol{v}_B$ 的垂线，交点 C 就是速度瞬心。

(3) 已知平面图形上 A、B 两点速度的大小和方向，且两速度矢量平行，都垂直于 A、B 两点的连线，如图 9-12(c)、(d)所示，则速度瞬心 C 就是两速度矢量端点连线的延长线和 A、B 连线的延长线的交点。

(4) 已知平面图形上 A、B 两点速度平行，且它们的速度大小相等、指向相同，如图 9-12(e)、(f)所示，按上述确定速度瞬心的方法推知，此时的速度瞬心在无穷远处，平面图形的瞬时角速度为零。在该瞬时，图形上各点的速度分布与图形做平移的情况一样，故称**瞬时平移**。必须注意，若此瞬时图形上各点的速度虽然相同，但加速度不同，则说明下一瞬时各点的速度不同，这也是瞬时平移概念中“瞬时”两个字的含义。

(5) 已知平面图形上 A 点的速度大小和方向，以及在该瞬时图形转动的角速度 ω，如图 9-12(g)所示，可将 $\boldsymbol{v}_A$ 顺着 ω 的方向转 90°，再截取 $l = v_A/\omega$ 的距离，即可得到速度瞬心 C。

需要注意，速度瞬心不一定位于平面图形内，也有位于平面图形边界外的情况，如图 9-12(c)所示。对于这种情形，可以认为速度瞬心位于图形的扩展部分，也可以

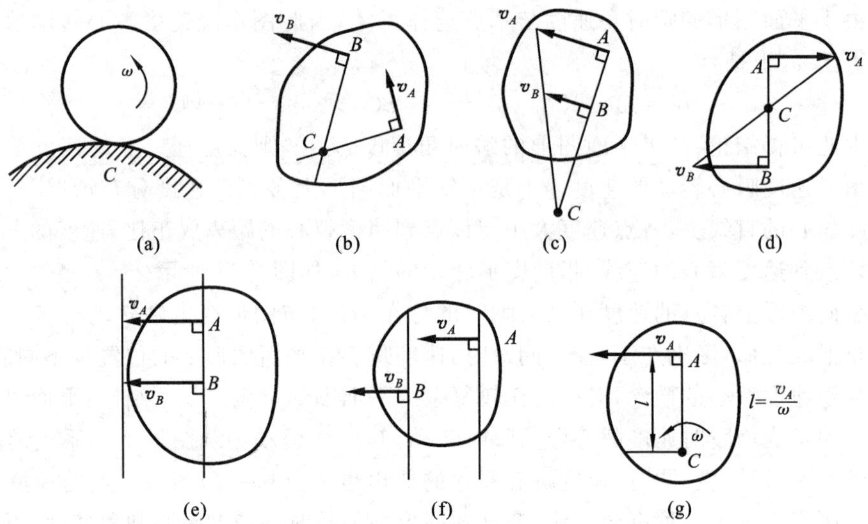

图 9-12

认为图形是绕图形外的某一点做的瞬时转动。

例 9-4　如图 9-13 所示,圆盘 O 在地面上沿直线做纯滚动,半径为 R,图示瞬时圆盘中心 O 的速度为$\boldsymbol{v}$,求该瞬时圆盘直径上 A、B、C、D 四点的速度。

解　圆盘 O 做平面运动,与地面接触点 C 的速度为零,即 $v_C=0$,C 点为速度瞬心,则

$$\omega_O = \frac{v}{R}$$

$$v_A = \omega_O \cdot 2R = 2v$$

$$v_B = v_D = \omega_O \cdot \sqrt{2}R = \sqrt{2}v$$

B 点和 D 点的速度大小虽然相同,但方向不同,如图 9-13 所示。

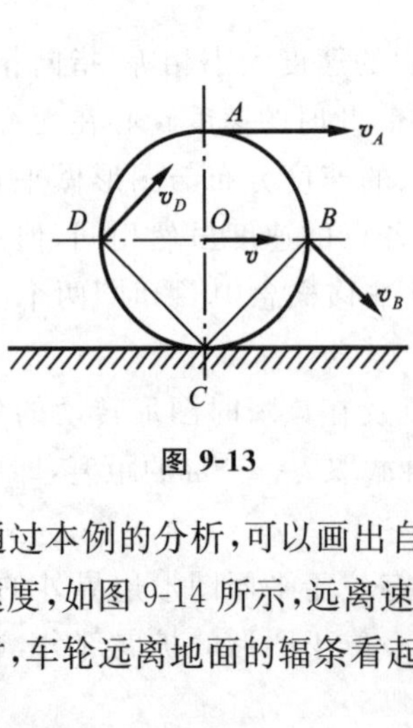

图 9-13

图 9-14

通过本例的分析,可以画出自行车车轮在平坦路面上沿直线滚动时,车轮辐条上各点的速度,如图 9-14 所示,远离速度瞬心的点速度较大,反之速度较小。这也正是骑自行车时,车轮远离地面的辐条看起来较模糊,靠近地面的辐条看起来较清晰的原因。

例 9-5　图 9-15 所示机构中，长为 l 的杆 AB 的两端分别与滑块 A 和圆盘 B 铰接，滑块 A 可沿竖直方向光滑移动，半径为 R 的圆盘 B 沿水平直线做纯滚动。已知在图示位置时，滑块 A 的速度为 $\boldsymbol{v}_A$，求该瞬时杆 B 端的速度、杆 AB 的角速度、杆 AB 中点 D 的速度和圆盘的角速度。

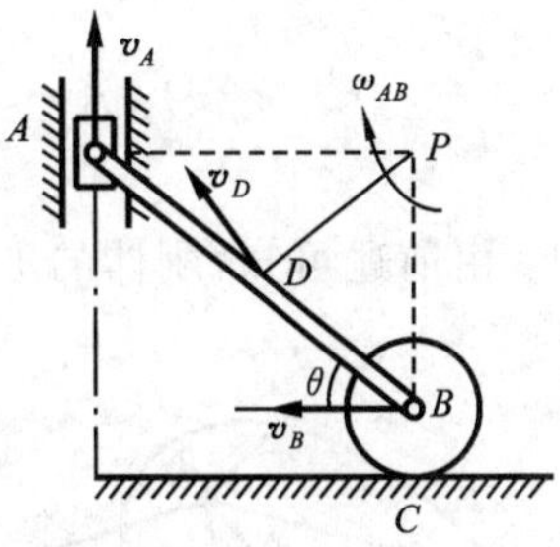

图 9-15

解　根据题意，杆 AB 做平面运动，$\boldsymbol{v}_A$ 的方向已知，圆盘中心 B 的速度沿水平方向，则杆 AB 的速度瞬心为 P 点，有

$$\omega_{AB}=\frac{v_A}{AP}=\frac{v_A}{l\cos\theta}$$

$$v_B=\omega_{AB}\cdot BP=v_A\tan\theta$$

$$v_D=\omega_{AB}\cdot DP=\frac{v_A}{l\cos\theta}\cdot\frac{l}{2}=\frac{v_A}{2\cos\theta}$$

圆盘 B 做平面运动，C 点为其速度瞬心，则

$$\omega_B=\frac{v_B}{R}=\frac{v_A}{R}\tan\theta$$

该例的某些未知量可以用速度投影定理求解，如 B 点的速度，但 D 点的速度及杆 AB 的角速度、圆盘的角速度无法解得，这正是利用速度投影定理解题的特点。当然，本例还可以用基点法求解，但用速度瞬心法最为简便。

例 9-6　如图 9-16 所示平面机构中，$OA=150$ mm，$AB=760$ mm，$O_1B=DB=530$ mm，主动件 OA 绕轴 O 转动的转速 $n=400$ r/min，各角度大小如图所示，求该瞬时杆 AB、BD 的角速度和滑块 D 的速度。

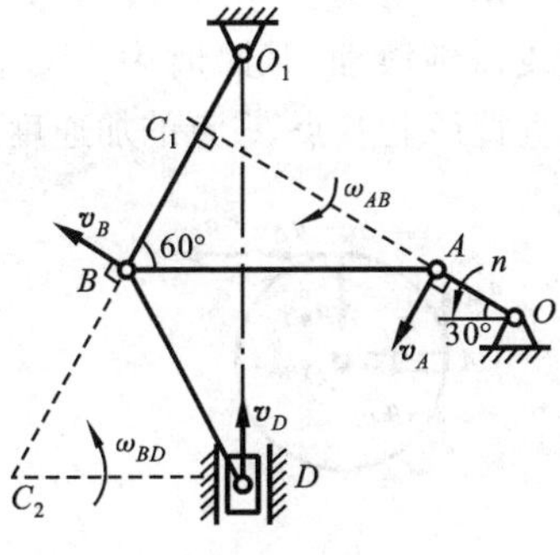

图 9-16

解　杆 OA 和 O_1B 做定轴转动，杆 AB 和 DB 做平面运动，滑块 D 沿竖直方向做直线运动，用瞬心法求解。A 点的速度大小和方向已知，B 点的速度方位已知，因此 C_1 点为杆 AB 的速度瞬心，同理 C_2 点为杆 DB 的速度瞬心。

$$v_A=OA\cdot\omega=OA\cdot\frac{2n\pi}{60}=6.28\ \text{m/s}$$

$$\omega_{AB}=\frac{v_A}{AC_1}=\frac{v_A}{AB\cos30^\circ}=9.54\ \text{rad/s}$$

$$v_B=C_1B\cdot\omega_{AB}=AB\sin30^\circ\cdot\omega_{AB}=3.63\ \text{m/s}$$

$$\omega_{BD}=\frac{v_B}{BC_2}=6.84\ \text{rad/s}$$

$$v_D=C_2D\cdot\omega_{BD}=3.63\ \text{m/s}$$

*9.3　刚体平面运动的加速度分析

由前述可知,刚体的平面运动可以简化为平面图形在其自身平面的运动,同时,平面图形的运动又可以分解为随基点的平移(牵连运动)和绕基点的转动(相对运动)。因此,如图 9-17 所示,在平面图形 S 上选 A 为基点,其上任意点 B 的运动分解为随 A 点的平移运动和绕 A 点的相对转动,则 B 点的加速度可以用点的加速度合成定理求得。

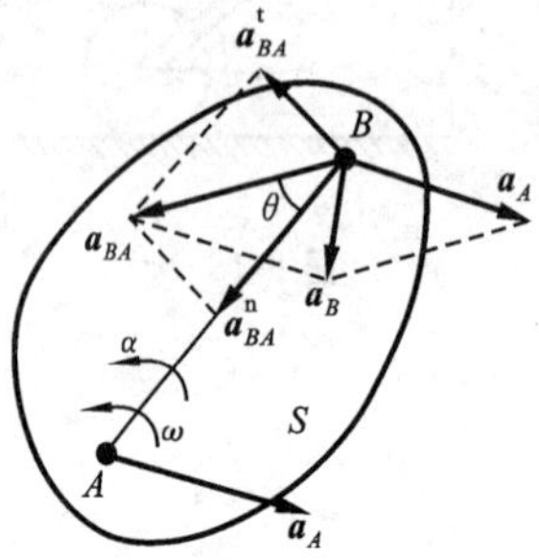

图 9-17

如图 9-17 所示,设 A 点的加速度为 $\boldsymbol{a}_A$,平面图形瞬时角速度为 ω,角加速度为 α,则由加速度合成定理可得 B 点的加速度为

$$\boldsymbol{a}_B = \boldsymbol{a}_e + \boldsymbol{a}_r = \boldsymbol{a}_A + \boldsymbol{a}_{BA}^{t} + \boldsymbol{a}_{BA}^{n} \tag{9-7}$$

其中

$$a_{BA}^{t} = AB \cdot \alpha, \quad a_{BA}^{n} = AB \cdot \omega^2$$

式中:a_{BA}^{t} 是点 B 绕基点 A 相对转动的切向加速度;a_{BA}^{n} 是点 B 绕基点 A 相对转动的法向加速度。

结论:平面图形任意点的加速度等于基点的加速度与该点随图形绕基点转动的切向加速度和法向加速度的矢量和。

在解题时,通常选加速度已知的点为基点。式(9-7)为平面内的矢量等式,通常可向两个坐标轴投影,得到两个代数方程,可以求解两个未知量。

例 9-7　如图 9-18(a)所示,半径为 R 的车轮沿直线做纯滚动,某瞬时中心 O 的速度为 $\boldsymbol{v}_O$、加速度为 $\boldsymbol{a}_O$,求该瞬时水平直径上 A 点和竖直直径上 B 点、C 点的加速度。

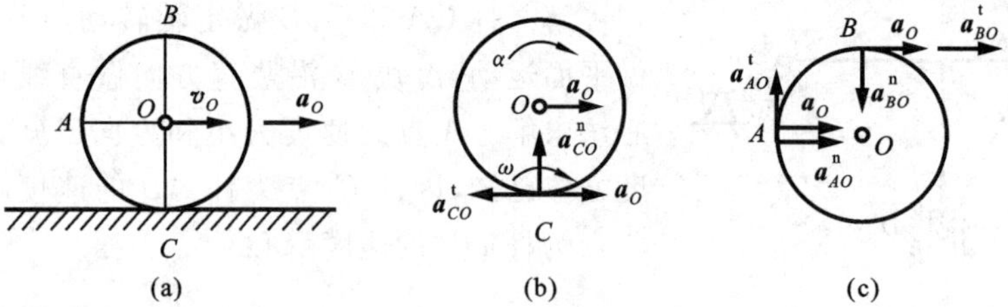

图 9-18

解　车轮做平面运动,C 点为速度瞬心,先求 C 点的加速度。用速度瞬心法求该瞬时车轮的角速度:

$$\omega = \frac{v_O}{R}$$

车轮的角加速度 α 是角速度 ω 对时间的一阶导数:

$$\alpha = \frac{d\omega}{dt} = \frac{1}{R} \cdot \frac{dv_O}{dt} = \frac{a_O}{R}$$

ω 和 α 的方向如图 9-18(b)所示。由于中心 O 点的加速度已知，车轮瞬时的角速度 ω 和角加速度 α 已求得，因此，选 O 为基点，求 C 点的加速度，有

$$\boldsymbol{a}_C = \boldsymbol{a}_O + \boldsymbol{a}_{CO}^{t} + \boldsymbol{a}_{CO}^{n}$$

其中：$\boldsymbol{a}_{CO}^{t}$ 和 $\boldsymbol{a}_{CO}^{n}$ 的大小分别为

$$a_{CO}^{t} = CO \cdot \alpha = R \cdot \frac{a_O}{R} = a_O$$

$$a_{CO}^{n} = CO \cdot \omega^2 = R \cdot \left(\frac{v_O}{R}\right)^2 = \frac{v_O^2}{R}$$

各加速度方向如图 9-18(b)所示。按矢量合成原理，得 C 点的加速度大小为

$$a_C = \sqrt{(a_O - a_{CO}^{t})^2 + (a_{CO}^{n})^2} = \sqrt{(a_O - a_O)^2 + \left(\frac{v_O^2}{R}\right)^2} = \frac{v_O^2}{R}$$

其方向竖直向上。

（上式可以说明，做平面运动的刚体，速度瞬心的加速度不等于零，这也反映了瞬时转动和定轴转动的根本区别。）

同理，再以 O 为基点，求 A 点的加速度。

$$\boldsymbol{a}_A = \boldsymbol{a}_O + \boldsymbol{a}_{AO}^{t} + \boldsymbol{a}_{AO}^{n}$$

这里 $a_{AO}^{t} = a_{CO}^{t} = a_O$，$a_{AO}^{n} = a_{CO}^{n} = \dfrac{v_O^2}{R}$，方向如图 9-18(c)所示。

A 点的加速度的大小为

$$a_A = \sqrt{(a_O + a_{CO}^{n})^2 + (a_{CO}^{t})^2} = \sqrt{2a_O^2 + 2a_O\frac{v_O^2}{R} + \left(\frac{v_O^2}{R}\right)^2}$$

方向由方向余弦确定，请读者自行计算。

B 点加速度的求解请读者自己完成，合成它的各加速度矢量方向可参看图 9-18(c)。

例 9-8　如图 9-19(a)所示的曲柄滑块机构，曲柄长 $OA = 0.1$ m，以匀角速度 ω 绕轴 O 转动，$\omega = 10$ rad/s，求图示瞬时滑块 B 的速度和加速度，以及连杆 AB 的角加速度。

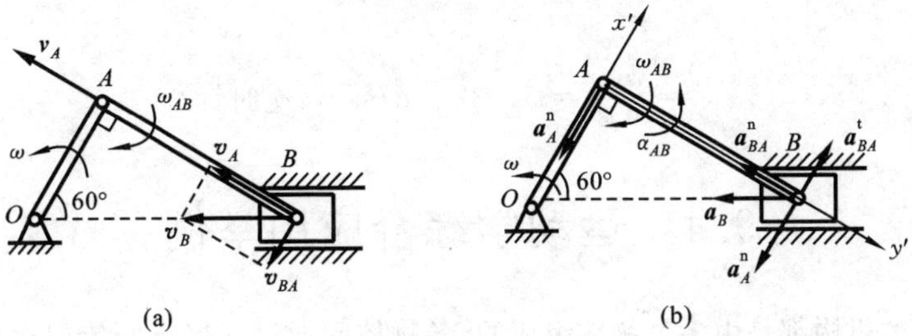

图 9-19

解　图 9-19(a)所示曲柄绕轴 O 做定轴转动，滑块 B 做水平直线运动，连杆 AB 做平面运动，求滑块 B 的速度可以用 9.2 节介绍的三种方法，因为已知 B 点的速度

方位,用速度投影定理最简便,但后面还需要求 B 点的加速度,会用到连杆 AB 的角速度,因此,这里用基点法求 B 的速度,同时求得杆 AB 的角速度。选 A 为基点,B 的速度为

$$\boldsymbol{v}_B = \boldsymbol{v}_A + \boldsymbol{v}_{BA}$$

其中

$$v_A = \omega \cdot OA = 1 \text{ m/s}$$

根据图 9-19(a)中标出的速度矢量,有

$$v_B = \frac{v_A}{\cos 30^\circ} = 1.155 \text{ m/s}, \quad v_{BA} = v_A \tan 30^\circ = 0.577 \text{ m/s}$$

因为

$$v_{BA} = \omega_{AB} \cdot AB$$

所以

$$\omega_{AB} = \frac{v_{BA}}{AB} = 3.333 \text{ rad/s}$$

求滑块 B 的加速度用基点法,选 A 为基点,B 点的加速度为

$$\boldsymbol{a}_B = \boldsymbol{a}_A + \boldsymbol{a}_{BA}^{\mathrm{t}} + \boldsymbol{a}_{BA}^{\mathrm{n}} \quad ①$$

其中

$$a_A = a_A^{\mathrm{n}} = \omega^2 \cdot OA = 10 \text{ m/s}^2$$
$$a_{BA}^{\mathrm{n}} = \omega_{AB}^2 \cdot AB = 1.924 \text{ m/s}^2$$

它们的方向如图 9-19(b)所示,图中 $\boldsymbol{a}_B$ 和 $\boldsymbol{a}_{BA}^{\mathrm{t}}$ 的方向是假设的。

将式①分别向 x' 轴和 y' 轴投影,得

$$\begin{cases} -a_B \sin 30^\circ = -a_A^{\mathrm{n}} + a_{BA}^{\mathrm{t}} \\ -a_B \cos 30^\circ = -a_{BA}^{\mathrm{n}} \end{cases}$$

解得

$$a_B = 2.22 \text{ m/s}^2, \quad a_{BA}^{\mathrm{t}} = 8.89 \text{ m/s}^2$$

又因为

$$a_{BA}^{\mathrm{t}} = \alpha_{AB} \cdot AB$$

所以

$$\alpha_{AB} = \frac{a_{BA}^{\mathrm{t}}}{AB} = 51.32 \text{ rad/s}^2 \quad (\text{逆时针})$$

9.4 运动学综合应用举例

工程中的机构都是由多个物体组成的,各物体间通过连接点而传递运动。为了分析机构的运动,首先要分清各物体都做什么运动,要计算有关连接点的速度和加速度。

分析某点的运动时,如能找出其位置与时间的函数关系,则可直接建立运动方程,用解析法求其运动全过程的速度和加速度。当难以建立点的运动方程或只对机

构某些瞬时位置的运动参数感兴趣时，可根据各种不同运动形式，确定此刚体的运动与其上一点运动的关系，并用合成运动或平面运动的理论来分析相关的两个点在某瞬时的速度和加速度的联系。

平面运动理论用来分析同一平面运动刚体上两个不同点间的速度和加速度联系。当两个刚体相互接触并有相对滑动时，则需用合成运动理论来分析这两个不同刚体上相重合的点的速度和加速度的联系。有时，两物体虽不接触，但有相对运动，则其重合点的运动也符合合成运动的关系。

分析复杂机构运动时，可能同时有平面运动和点的合成运动问题，应注意分别分析、综合应用有关理论。有时同一问题可用不同的方法分析，应经过分析、比较后，选用较简单的方法求解。

例 9-9　图 9-20 所示机构中曲柄 OA 的长度为 $2l$，以角速度 ω 绕轴 O 转动。在图示位置时，套筒 B 位于 OA 的中点，且 OA 垂直于 AD，试求此时套筒 D 相对于杆 BC 的速度和加速度。

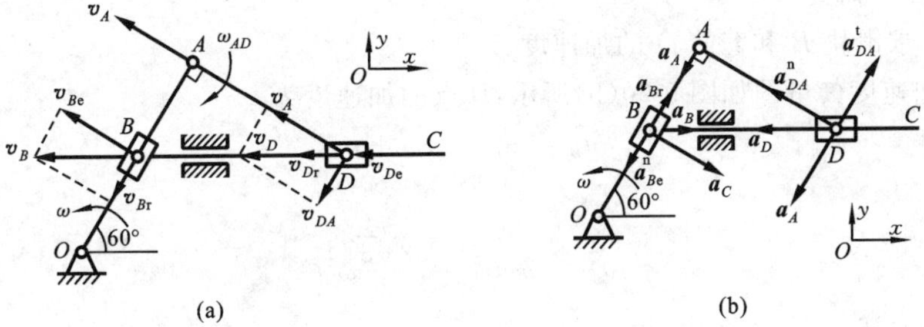

图 9-20

解　欲求套筒 D 相对于杆 BC 的速度和加速度，需要分析套筒 D 和杆 BC 的运动情况，杆 BC 沿水平方向做平移，因此滑块 B 可以代表杆 BC 的运动规律；同时，滑块 B 又相对于杆 OA 滑动，杆 OA 绕轴 O 做定轴转动，这是点的合成运动问题。再分析套筒 D，它相对于杆 BC 滑动，同时，它又是做平面运动的杆 AD 上的点 D，因此，该题是一个综合性问题。求解滑块 B 和套筒 D 的速度及加速度是解题的关键。

(1) 求滑块 B 和套筒 D 的速度。

选滑块 B 为动点，杆 OA 为动系，绝对运动是滑块 B 沿水平方向的平移运动，牵连运动是杆 OA 绕轴 O 的定轴转动，相对运动是滑块 B 沿 OA 的直线运动，速度矢量图如图 9-20(a)所示。由速度合成定理

$$\boldsymbol{v}_B = \boldsymbol{v}_{Be} + \boldsymbol{v}_{Br}$$

其中

$$v_{Be} = OB \cdot \omega = \omega l$$

则

$$v_B = \frac{v_{Be}}{\cos 30^\circ} = \frac{2\sqrt{3}}{3}\omega l,\quad v_{Br} = v_{Be}\tan 30^\circ = \frac{\sqrt{3}}{3}\omega l$$

AD 做平面运动，选 A 为基点，根据基点法求 D 点的速度和杆 AD 的角速度(为后面求解加速度做准备)。速度矢量图如图 9-20(a)所示，根据基点法，有

$$\boldsymbol{v}_D = \boldsymbol{v}_A + \boldsymbol{v}_{DA}$$

其中

$$v_A = OA \cdot \omega = 2\omega l$$

则

$$v_D = \frac{v_A}{\cos 30^\circ} = \frac{4\sqrt{3}}{3}\omega l, \quad v_{DA} = v_A \tan 30^\circ = \frac{2\sqrt{3}}{3}\omega l$$

$$\omega_{AD} = \frac{v_{DA}}{AD} = \frac{2}{3}\omega$$

所以，套筒 D 相对于 BC 的速度 $\boldsymbol{v}_{D\mathrm{r}}$ 的大小为

$$v_{D\mathrm{r}} = v_D - v_B = \frac{4\sqrt{3}}{3}\omega l - \frac{2\sqrt{3}}{3}\omega l = \frac{2\sqrt{3}}{3}\omega l$$

$\boldsymbol{v}_{D\mathrm{r}}$ 方向沿 x 轴负向。

(2) 求滑块 B 和套筒 D 的加速度。

作加速度矢量图如图 9-20(b)所示，B 点的加速度为

$$\boldsymbol{a}_B = \boldsymbol{a}_{B\mathrm{e}}^{\mathrm{n}} + \boldsymbol{a}_{B\mathrm{r}} + \boldsymbol{a}_C \qquad ①$$

其中

$$a_C = 2\omega v_{B\mathrm{r}} = \frac{2\sqrt{3}}{3}\omega^2 l$$

将式①向 $\boldsymbol{a}_C$ 方向投影，得

$$a_B \cos 30^\circ = a_C, \quad a_B = \frac{a_C}{\cos 30^\circ} = \frac{4}{3}\omega^2 l$$

再以 A 为基点，求 D 点的加速度，有

$$\boldsymbol{a}_D = \boldsymbol{a}_A + \boldsymbol{a}_{DA}^{\mathrm{t}} + \boldsymbol{a}_{DA}^{\mathrm{n}} \qquad ②$$

其中

$$a_{DA}^{\mathrm{n}} = \omega_{AD}^2 \cdot AD = \left(\frac{2}{3}\omega\right)^2 \cdot \sqrt{3} l = \frac{4}{9}\sqrt{3}\omega^2 l$$

将式②向 $\boldsymbol{a}_{DA}^{\mathrm{n}}$ 方向投影，得

$$a_D \cos 30^\circ = a_{DA}^{\mathrm{n}}, \quad a_D = \frac{a_{DA}^{\mathrm{n}}}{\cos 30^\circ} = \frac{8}{9}\omega^2 l$$

所以，由 $\boldsymbol{a}_\mathrm{r} = \boldsymbol{a}_D - \boldsymbol{a}_B$ 投影得，套筒 D 相对于 BC 的加速度 $\boldsymbol{a}_\mathrm{r}$ 的大小为

$$a_\mathrm{r} = a_D - (-a_B) = \left(\frac{8}{9} + \frac{4}{3}\right)\omega^2 l = \frac{20}{9}\omega^2 l$$

$\boldsymbol{a}_\mathrm{r}$ 方向沿 x 轴负向。

例 9-10　图 9-21(a)所示机构中，已知 $v_A = v$，AB 的长度为 $2l$，求：当 C 位于 AB 的中点，且 $\theta = 30^\circ$ 时，杆 CD 的速度和加速度。

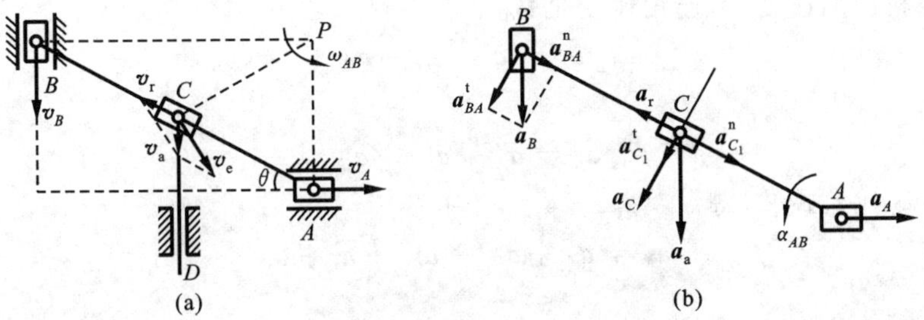

图 9-21

解　(1) 求杆 CD 的速度。

由于杆 CD 做竖直方向的平移，滑块 C 的运动可以代表杆 CD 的运动规律，因此，求杆 CD 的速度即求点 C 的速度。选滑块 C 为动点，杆 AB 为动系，绝对运动是点 C 沿 CD 的直线运动，牵连运动是杆 AB 的平面运动，相对运动是滑块 C 沿 AB 的直线运动。根据速度合成定理

$$\boldsymbol{v}_a = \boldsymbol{v}_e + \boldsymbol{v}_r$$

其中，牵连速度$\boldsymbol{v}_e$ 是杆 AB 上 C' 点的速度（C' 点与 C 点重合，图中未画出），如图9-21(a)所示，杆 AB 做平面运动，P 为速度瞬心，则

$$\omega_{AB} = \frac{v}{l},\quad v_e = v_{C'} = \omega_{AB} l = v$$

根据速度矢量图，有

$$\frac{v_e}{\sin 120^\circ} = \frac{v_a}{\sin 30^\circ}$$

$$v_a = v_{CD} = \frac{v_e}{\sqrt{3}} = \frac{\sqrt{3}}{3}v,\quad v_r = v_a = \frac{\sqrt{3}}{3}v$$

(2) 求杆 CD 的加速度。

以 A 为基点，加速度分析如图 9-21(b)所示，有

$$\boldsymbol{a}_B = \boldsymbol{a}_A + \boldsymbol{a}_{BA}^t + \boldsymbol{a}_{BA}^n \qquad ①$$

其中

$$a_A = 0,\quad a_{BA}^n = \omega_{AB}^2 \cdot 2l = \frac{2v^2}{l}$$

将式①向 $\boldsymbol{a}_B$ 的垂直方向投影，得

$$0 = -a_{BA}^t \sin 30^\circ + a_{BA}^n \cos 30^\circ$$

解得

$$\alpha_{AB} = \sqrt{3}\left(\frac{v}{l}\right)^2 = \frac{\sqrt{3}v^2}{l^2}$$

同理，选滑块 C 为动点，杆 AB 为动系，各加速度矢量如图 9-21(b)所示。这里需要注意，由于牵连运动是平面运动，有转动因素，因此应用点的加速度合成定理时

不能遗漏科氏加速度,牵连角速度是 ω_{AB}。

$$\boldsymbol{a}_a=\boldsymbol{a}_e+\boldsymbol{a}_r+\boldsymbol{a}_C \quad ②$$

其中

$$\boldsymbol{a}_e=\boldsymbol{a}_A+\boldsymbol{a}_{C_1}^n+\boldsymbol{a}_{C_1}^t \quad ③$$

将式③代入式②,得

$$\boldsymbol{a}_a=\boldsymbol{a}_A+\boldsymbol{a}_{C_1}^n+\boldsymbol{a}_{C_1}^t+\boldsymbol{a}_r+\boldsymbol{a}_C \quad ④$$

其中

$$a_A=0,\quad a_{C_1}^n=l\omega_{AB}^2,\quad a_{C_1}^t=l\alpha_{AB},\quad a_C=2\omega_{AB}v_r$$

将式④向 $\boldsymbol{a}_C$ 方向投影,得

$$a_a\cos30^\circ=a_{C_1}^t+a_C$$

解得

$$a_a=\frac{10v^2}{3l}$$

例 9-11　如图 9-22(a)所示平面机构,杆 O_1A 绕轴 O_1 以匀角速度 ω 转动,$O_1A=O_2B=l$,$BD=2l$,轮 D 做纯滚动,其半径 $R=\frac{l}{4}$。试求:当 $\theta=30^\circ$、杆 O_2B 竖直时,轮 D 的角速度和角加速度。

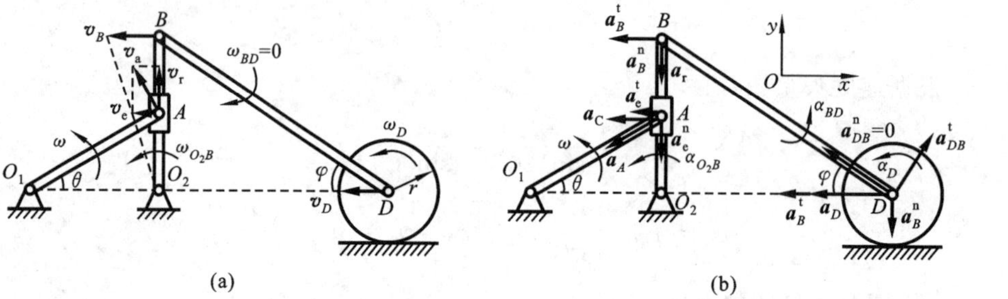

图 9-22

解　(1) 求轮 D 的角速度。

杆 O_1A 和 O_2B 分别绕轴 O_1 和 O_2 做定轴转动,轮 D 和杆 BD 做平面运动。要求轮 D 的角速度,需要求得 D 点的速度,点 D 同时又是做平面运动的杆 BD 上的点,因此需要求 B 点的速度。可用点的合成运动理论求杆 O_2B 上点 A 的速度。选 A 为动点,杆 O_2B 为动系,绝对运动是杆 O_1A 绕轴 O_1 的定轴转动,相对运动是滑块 A 沿 O_2B 的直线运动,牵连运动是 O_2B 绕轴 O_2 的定轴转动。速度矢量如图 9-22(a)所示,有

$$\boldsymbol{v}_a=\boldsymbol{v}_e+\boldsymbol{v}_r$$

其中

$$v_e=v_a\sin30^\circ=\frac{\omega l}{2},\quad v_r=v_a\cos30^\circ=\frac{\sqrt{3}}{2}\omega l$$

$$\omega_{O_2B}=\frac{v_e}{O_2A}=\frac{0.5\omega l}{0.5l}=\omega$$

$$v_B = \omega_{O_2B} \cdot l = \omega l$$

杆 BD 做平面运动，从图 9-22(a)所示的点 B 和点 D 的速度方向可知，BD 做瞬时平移，则

$$v_B = v_D, \quad \omega_{BD} = 0, \quad \omega_D = \frac{v_D}{R} = 4\omega$$

(2) 求轮 D 的角加速度。

加速度分析与速度分析类似，也是要先求出 B 点的加速度，再通过平面运动理论求得 D 点的加速度，进而解得轮 D 的角加速度。这里求 B 点的加速度是难点，需要对动点 A 应用牵连运动是转动的点的加速度合成定理。选 A 为动点，运动分析同前面的速度分析，各加速度矢量如图 9-22(b)所示。

根据点的加速度合成定理，有

$$\boldsymbol{a}_\mathrm{a} = \boldsymbol{a}_\mathrm{e}^\mathrm{n} + \boldsymbol{a}_\mathrm{e}^\mathrm{t} + \boldsymbol{a}_\mathrm{r} + \boldsymbol{a}_\mathrm{C} \quad ①$$

其中

$$a_\mathrm{a} = a_A = \omega^2 l, \quad a_\mathrm{e}^\mathrm{n} = \omega_{O_2B}^2 \cdot O_2A = \frac{l}{2}\omega^2, \quad a_\mathrm{e}^\mathrm{t} = \alpha_{O_2B} \cdot O_2A$$

$$a_\mathrm{C} = 2\omega_{O_2B} \cdot v_\mathrm{r} = \sqrt{3}\omega^2 l$$

将式①向 x 轴投影，得

$$-a_A\cos30° = -a_\mathrm{e}^\mathrm{t} - a_\mathrm{C} \quad ②$$

代入已知值，解得

$$\alpha_{O_2B} = -\sqrt{3}\omega^2$$

则 B 点的切向和法向加速度大小分别为

$$a_B^\mathrm{n} = \omega_{O_2B}^2 \cdot O_2B = l\omega^2, \quad a_B^\mathrm{t} = \alpha_{O_2B} \cdot O_2B = -\sqrt{3}l\omega^2\text{(向右)}$$

B 点的切向和法向加速度方向如图 9-22(b)所示，$\boldsymbol{a}_B^\mathrm{t}$ 方向是假设的。

再根据平面运动理论求得 D 点的加速度，选 B 为基点，有

$$\boldsymbol{a}_D = \boldsymbol{a}_B + \boldsymbol{a}_{DB}^\mathrm{t} + \boldsymbol{a}_{DB}^\mathrm{n} = \boldsymbol{a}_B^\mathrm{t} + \boldsymbol{a}_B^\mathrm{n} + \boldsymbol{a}_{DB}^\mathrm{t} + \boldsymbol{a}_{DB}^\mathrm{n} \quad ③$$

其中

$$a_{DB}^\mathrm{n} = \omega_{BD}^2 \cdot BD = 0, \quad a_{DB}^\mathrm{t} = \alpha_{BD} \cdot BD = 2l\,\alpha_{BD}$$

将式③分别向 x、y 轴投影，得

$$-a_D = -a_B^\mathrm{t} + a_{DB}^\mathrm{t}\cos60°$$

$$0 = -a_B^\mathrm{n} + a_{DB}^\mathrm{t}\sin60°$$

代入已知值，解得

$$a_D = -\frac{4}{3}\sqrt{3}l\omega^2\text{(向右)}, \quad a_{DB}^\mathrm{t} = \frac{2\sqrt{3}}{3}\omega^2 l$$

据此，得到轮 D 的角加速度大小为

$$\alpha_D = \frac{a_D}{R} = -\frac{16}{3}\sqrt{3}\omega^2 \quad \text{(顺时针)}$$

这三个例题是比较典型的运动学综合问题,都涉及点的合成运动和刚体的平面运动理论。例 9-9 通过不同构件将相互关联的点 A、B、D 联系起来,对 B 点用点的合成运动理论来分析速度和加速度,对 D 点则用平面运动理论分析速度和加速度;例 9-10 是点的合成运动问题,但牵连运动却是平面运动,因此牵连速度和牵连加速度要用平面运动理论来分析。这些题目相对来说都比较复杂,读者将这两章的知识熟练掌握后,方能正确解得各题。

小　　结

(1) 刚体内任意一点在运动过程中始终与某一固定平面保持不变的距离,这种运动称为平面运动。平行于固定平面所截出的任何平面图形都可以代表此刚体的运动。

(2) 过平面图形上某一点(称为基点)作平移坐标系,可将平面图形的运动分为随基点的平移和绕基点的转动。平移与基点的选择有关,转动与基点的选择无关,因此,图形的角速度 $\omega=\frac{\mathrm{d}\varphi}{\mathrm{d}t}$ 和角加速度 $\alpha=\frac{\mathrm{d}^2\varphi}{\mathrm{d}t^2}$ 与基点的选择无关。

(3) 求平面图形上点的速度有三种方法。

① 基点法:以 A 点为基点,B 点的速度为 $\boldsymbol{v}_B=\boldsymbol{v}_A+\boldsymbol{v}_{BA}$。

② 速度投影法:据速度投影定理,有 $[\boldsymbol{v}_B]_{AB}=[\boldsymbol{v}_A]_{AB}$。

③ 瞬心法:图形上速度为零的点称为图形在该瞬时的速度瞬心,在此瞬时,平面图形绕该速度瞬心做瞬时转动,因此,图形上各点的速度分布就像绕速度瞬心做定轴转动一样。

基点法是基本方法,瞬心法在使用时最为方便,如果已知两点的速度方向,速度投影定理最简单。

*(4) 用基点法研究平面图形上各点的加速度分布规律

$$\boldsymbol{a}_B=\boldsymbol{a}_A+\boldsymbol{a}_{BA}^{\mathrm{t}}+\boldsymbol{a}_{BA}^{\mathrm{n}},\quad a_{BA}^{\mathrm{t}}=AB\cdot\alpha,\quad a_{BA}^{\mathrm{n}}=AB\cdot\omega^2$$

通常,选加速度已知的点为基点。

(5) 对平面机构进行运动分析时,通常可以由构件连接点的速度、加速度建立相邻构件之间的运动关系。使用矢量等式时,因每个矢量式有两个投影式,故可求解两个未知量。

思　考　题

9-1　"刚体做平面运动时,若改变基点,则刚体内任意一点的牵连速度、相对速度、绝对速度都会改变。"这句话对吗?为什么?

9-2　试画出图 9-23 所示曲柄连杆机构中连杆 AB 在图示瞬时各点的速度分布图。

9-3　图 9-24(a)、(b)、(c)是平面图形做平面运动某瞬时的速度分布图,试问这三个图形有可能正确吗?为什么?

9-4　如图 9-25 所示,杆 O_1A 的角速度为 ω,板 ABC 和杆 O_1A 铰接。问:图中 O_1A 和 AC 上

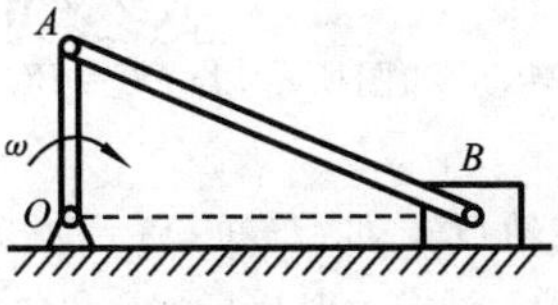

图 9-23

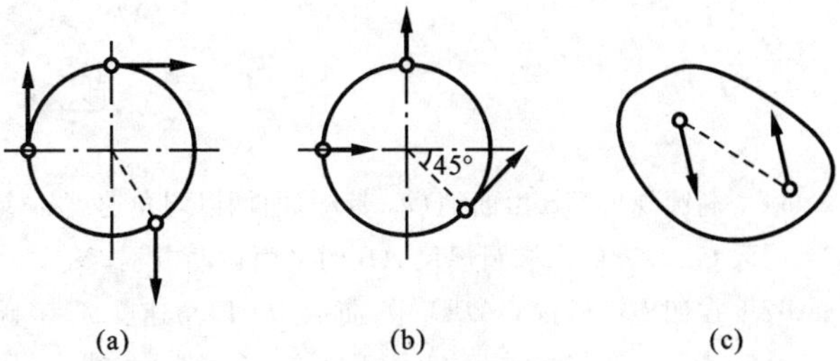

图 9-24

各点的速度分布规律对不对？

9-5　刚体做平面运动，其平面图形内 A、B 两点相距 $L=0.2$ m，如图 9-26 所示，两点的加速度垂直于 AB 的连线，方向相反，大小都为 2 m/s²。此时图形的角加速度是多少？

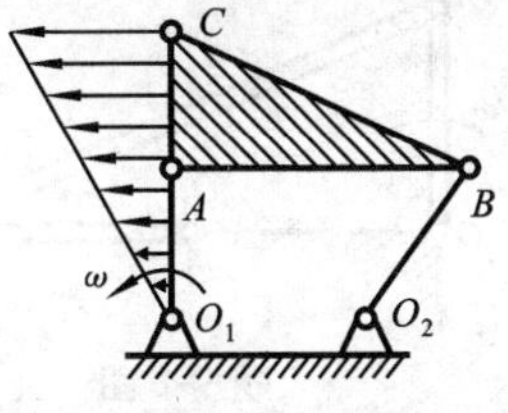

图 9-25

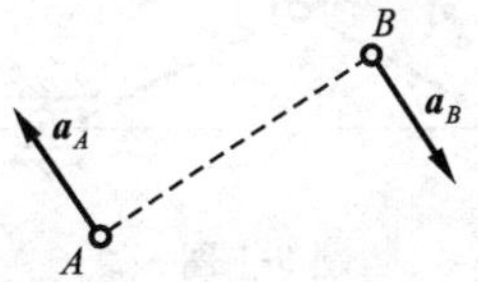

图 9-26

9-6　正方形平板在自身平面内运动，若其顶点 A、B、C、D 的加速度大小相等，方向如图 9-27(a)、(b)所示，则这两个图的加速度方向可能吗？为什么？

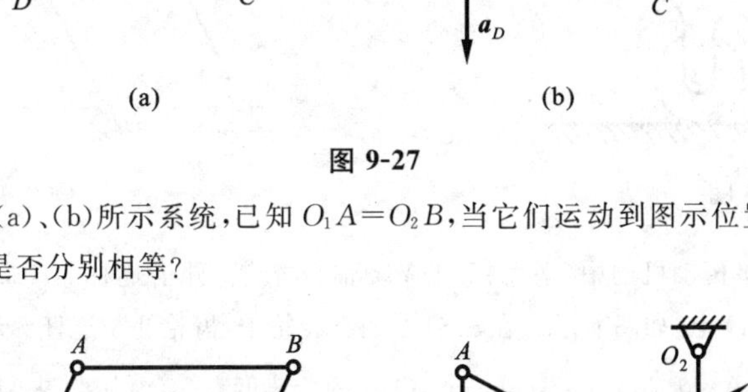

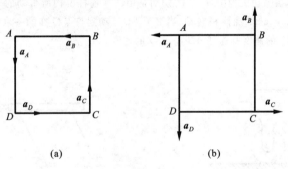

图 9-27

9-7　如图 9-28(a)、(b)所示系统，已知 $O_1A=O_2B$，当它们运动到图示位置时，有 $O_1A//O_2B$，问：ω_1 与 ω_2、α_1 与 α_2 是否分别相等？

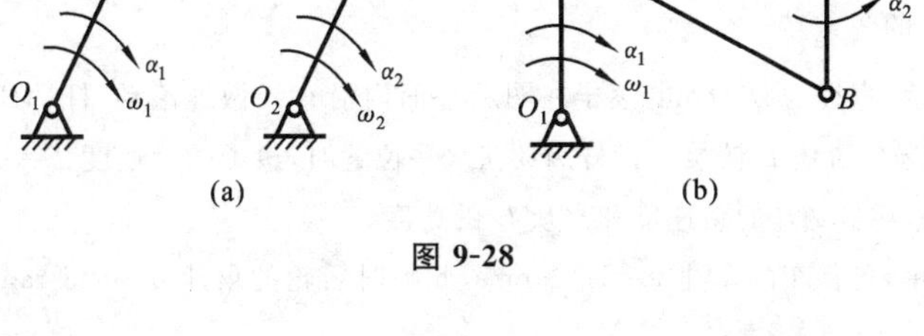

图 9-28

习　题

9-1　椭圆规尺 AB 由曲柄 OC 带动，曲柄以匀角速度 ω_O 绕轴 O 转动，如图所示，若 $OC=BC=AC=r$，取 C 为基点，求椭圆规尺 AB 的平面运动方程。

9-2　在四连杆机构 $OABO_1$ 中，曲柄 OA 以角速度 $\omega=3$ rad/s 绕轴 O 转动。已知 $OA=O_1B=r$，$AB=2r$，当 $\varphi=90°$ 时，曲柄 O_1B 正好在 OO_1 的延长线上，如图所示。试求此时连杆 AB 和曲柄 O_1B 的角速度。

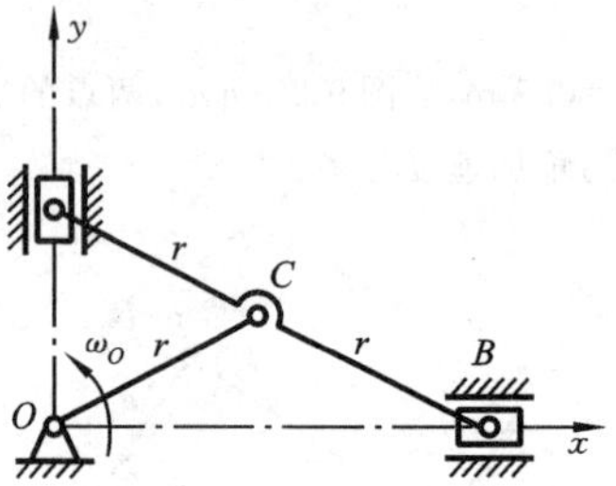

题 9-1 图

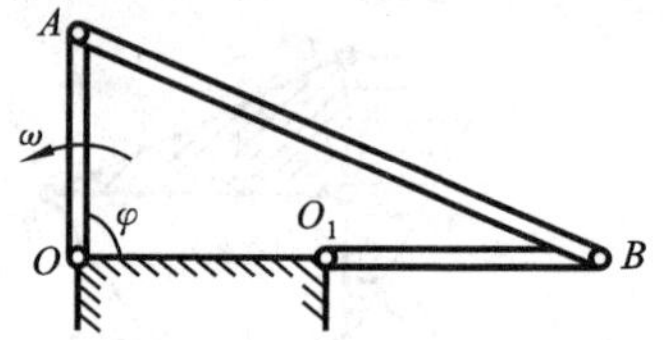

题 9-2 图

9-3　图示小车的车轮 A 和滚柱 B 的半径都为 r，设 A、B 与地面之间和滚柱 B 与车板之间都没有滑动，试求小车以速度 $\boldsymbol{v}$ 匀速前进时，车轮 A 和滚柱 B 的角速度。

9-4　如图所示，在筛动机构中，筛子的摆动是由曲柄连杆机构所带动的。曲柄 OA 长为 0.3 m，以匀角速度 $\omega=1.5$ rad/s 绕轴 O 转动，当筛子 BC 运动到与点 O 在同一水平线上时，$\angle BAO=90°$，求此瞬时筛子 BC 的速度及连杆 AB 中点 D 的速度。

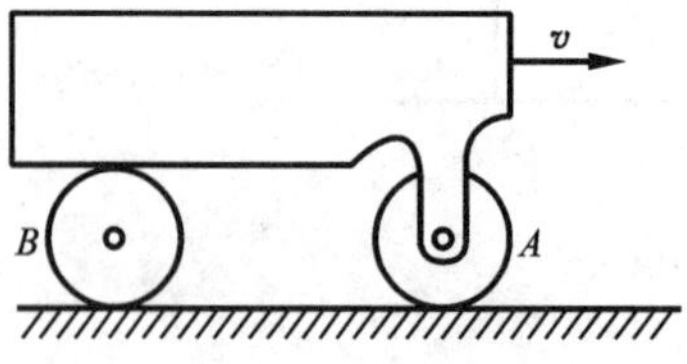

题 9-3 图

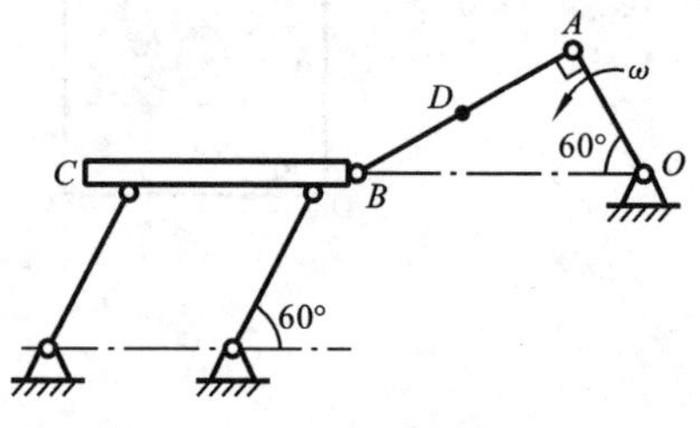

题 9-4 图

9-5　在瓦特行星传动机构中，平衡杆 O_1A 绕轴 O_1 转动，并借连杆 AB 带动曲柄 OB，而曲柄 OB 用铰链安装在轴 O 上，如图所示。在轴 O 上装有齿轮Ⅰ，齿轮Ⅱ与连杆 AB 固连为一体。已知 $r_1=r_2=0.3\sqrt{3}$m，$O_1A=0.75$ m，$AB=1.5$ m，O_1A 的角速度 $\omega=6$ rad/s。求当 $\gamma=60°$ 且 $\beta=90°$ 时，曲柄 OB 和齿轮Ⅰ的角速度。

9-6　如图所示，直径为 $6\sqrt{3}$ cm的滚子在图示平面内沿直线做纯滚动，杆 AB 与滚子在同一平面内并铰接，另一端与滑块 B 铰接。设杆 AB 在水平位置时，滚子的角速度 $\omega=12$ rad/s，$\theta=30°$，$\varphi=60°$，$AB=27$ cm，求杆 AB 的角速度和滑块 B 的速度。

9-7　如图所示，自行车的车速 $v=1.83$ m/s，此瞬时后轮的角速度 $\omega=3$ rad/s，车轮半径 $R=$

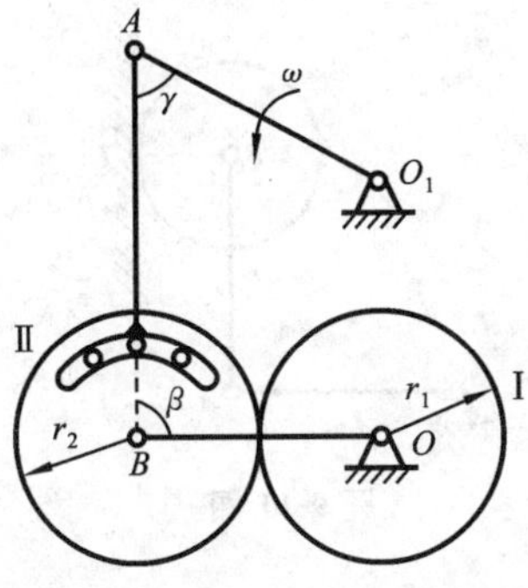

题 9-5 图

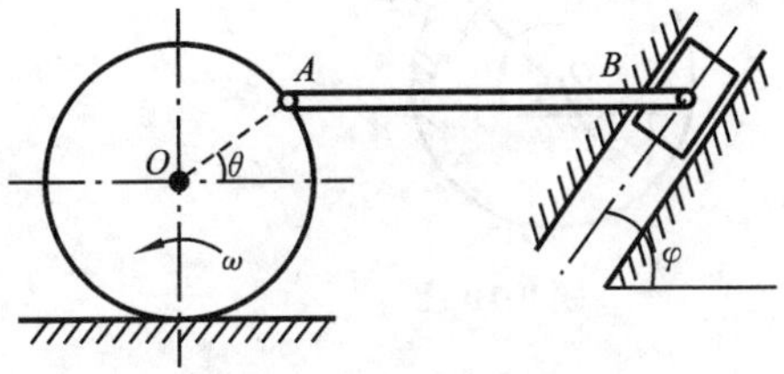

题 9-6 图

66.04 cm，车轮与地面接触点 A 处打滑，试求 A 点的速度。

题 9-7 图

9-8　平面机构如图所示，已知 $OA=r, AB=4r, BC=2r$。在图示位置时，$\varphi=60^\circ$，OA 的角速度为 ω，角加速度为零，AB 水平，且垂直于 BC。求该瞬时滑块 C 的速度和杆 BC 的角速度。

9-9　滑块 A 以匀速 $\boldsymbol{v}_A$ 在固定水平杆上滑动，从而带动齿条 AD 运动，齿条 AD 与半径为 R 的齿轮 Ⅰ 啮合，图示瞬时，齿条 AD 与杆 BC 成 θ 角，求此时杆 AD 的角速度和齿轮 Ⅰ 的角速度。

9-10　如图所示，在外啮合的行星齿轮机构中，大齿轮 Ⅰ 固定，半径为 r_1，行星齿轮 Ⅱ 沿轮 Ⅰ 只滚不滑，半径为 r_2；系杆 OA 以匀角速度 ω_1 绕轴 O 转动，大齿轮的中心与轴 O 重合。设 B 为轮缘上的点，并在 OA 的延长线上，求 B 点的速度。

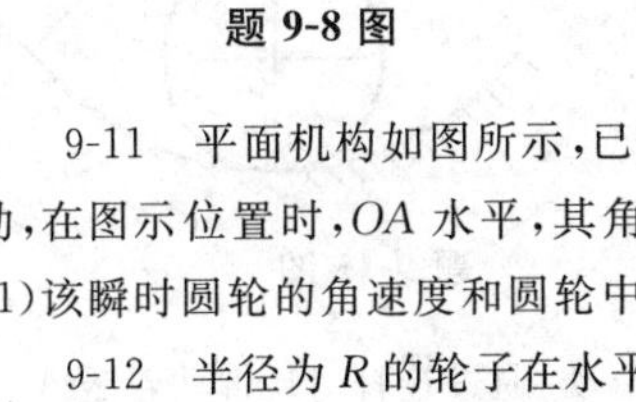

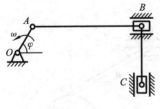

题 9-8 图

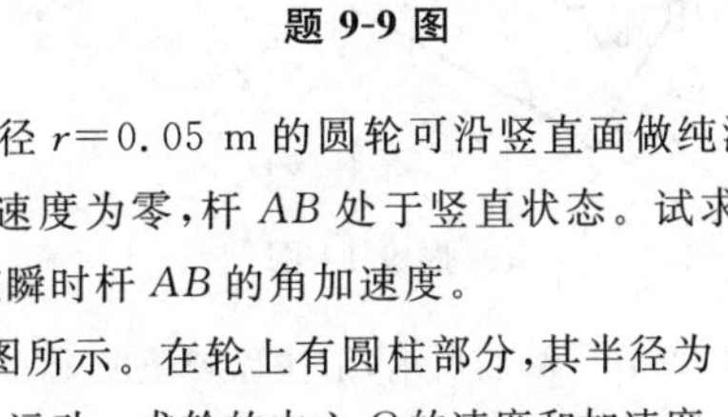

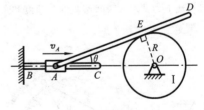

题 9-9 图

9-11　平面机构如图所示，已知 $OA=AB=0.2$ m，半径 $r=0.05$ m 的圆轮可沿竖直面做纯滚动，在图示位置时，OA 水平，其角速度 $\omega=2$ rad/s，角加速度为零，杆 AB 处于竖直状态。试求：(1)该瞬时圆轮的角速度和圆轮中心 B 点的加速度；(2)该瞬时杆 AB 的角加速度。

9-12　半径为 R 的轮子在水平上沿直线做纯滚动，如图所示。在轮上有圆柱部分，其半径为 r。将线绕在圆柱上，线的 B 端以速度 $\boldsymbol{v}$ 和加速度 $\boldsymbol{a}$ 沿水平方向运动。求轮的中心 O 的速度和加速度。

9-13　如图所示，曲柄 OA 长为 r，杆 AB 长为 $\sqrt{2}r$，杆 BO_1 长为 $2r$，圆轮半径为 $R=r$，OA 以匀角速度 ω_O 绕轴 O 转动，在滑块和杆的带动下，圆轮在水平面上做纯滚动。若图示瞬时 $\varphi=45^\circ$，β

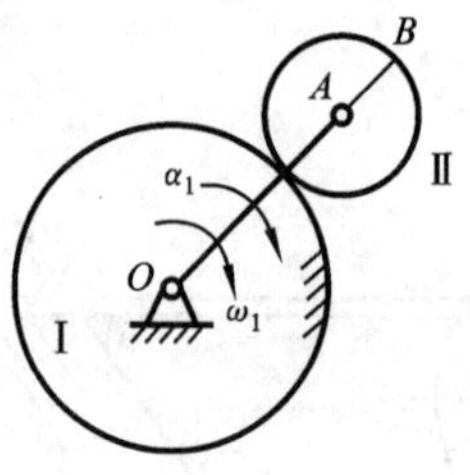

题 9-10 图

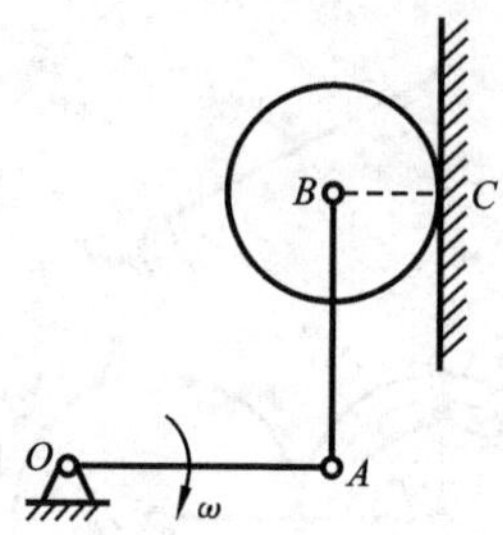

题 9-11 图

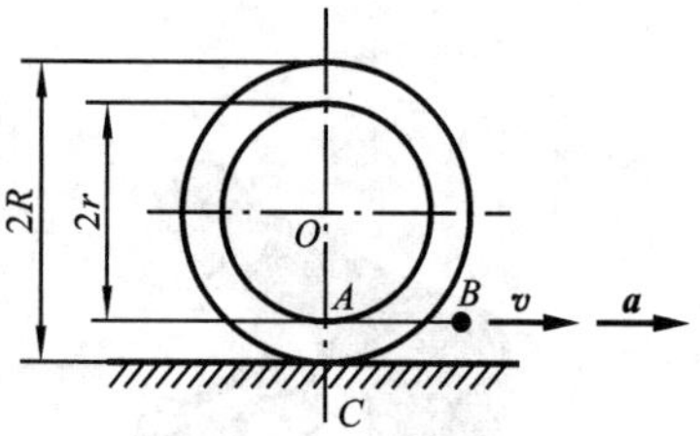

题 9-12 图

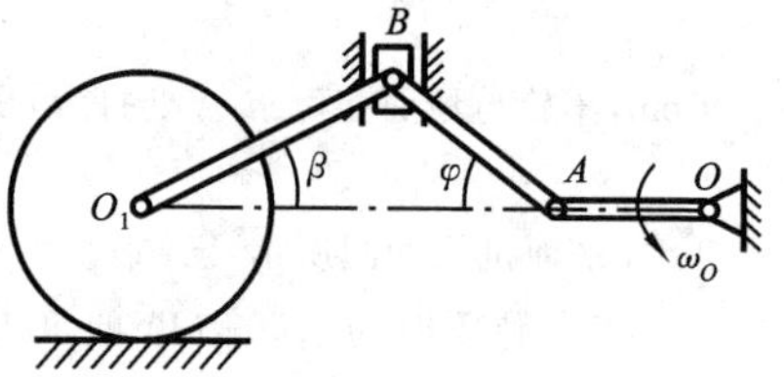

题 9-13 图

$=30°$，求点 O_1 的加速度、圆轮的角速度和角加速度。

9-14　在图示曲柄连杆机构中，曲柄 OA 绕轴 O 转动，其角速度为 ω_O，角加速度为 α_O，在某瞬时曲柄与水平线间夹角为 60°，而连杆 AB 与曲柄 OA 垂直。滑块 B 在圆形槽内滑动，此时半径 O_1B 与连杆 AB 间成 30°夹角。若 $OA=r$，$AB=2\sqrt{3}r$，$O_1B=2r$，求在该瞬时，滑块 B 的切向加速度和法向加速度。

9-15　图示平面机构中，连杆 BC 一端与滑块 C 铰接，另一端铰接于半径 $r=0.125$ m 的圆盘边缘 B 点。圆盘在一半径 $R=3r$ 的凹型圆弧槽中做纯滚动。在图示瞬时，滑块 C 的速度 $v_C=0.5$ m/s(水平向右)，加速度 $a_C=0.75$ m/s^2(水平向左)，圆弧槽圆心 O_1、B 点及圆盘中心 O 点在同一竖直线上。试求该瞬时圆盘的角速度和角加速度。

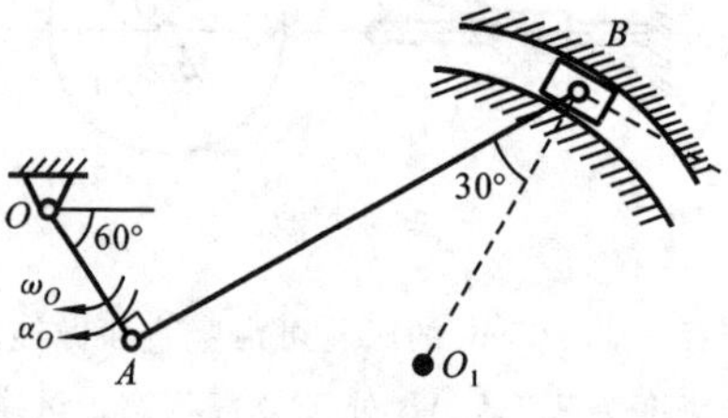

题 9-14 图

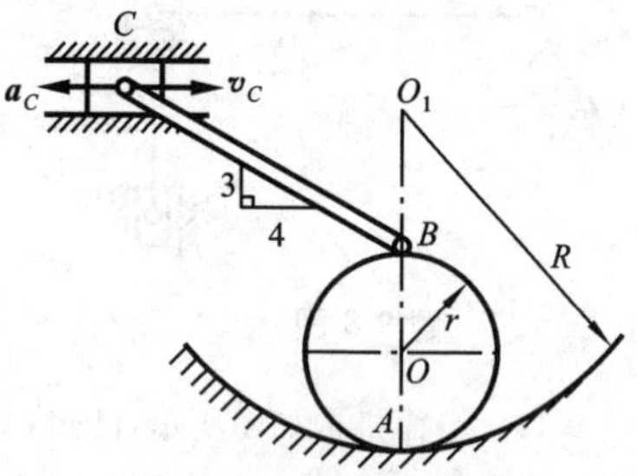

题 9-15 图

*9-16　如图所示，滑块以匀速度 $v_B=2$ m/s 沿竖直滑槽向下滑动，通过连杆 AB 带动轮子 A 沿水平面做纯滚动。设连杆 AB 长 $l=0.8$ m，轮子半径 $r=0.2$ m。试求：当 AB 与竖直线成 $\theta=30°$ 角时，点 A 的加速度及连杆、轮子的角加速度。

9-17　图示曲柄滑块机构中，曲柄 OA 长 r，连杆 AB 长 l，在图示位置 OA 竖直，滑块 B 的速度

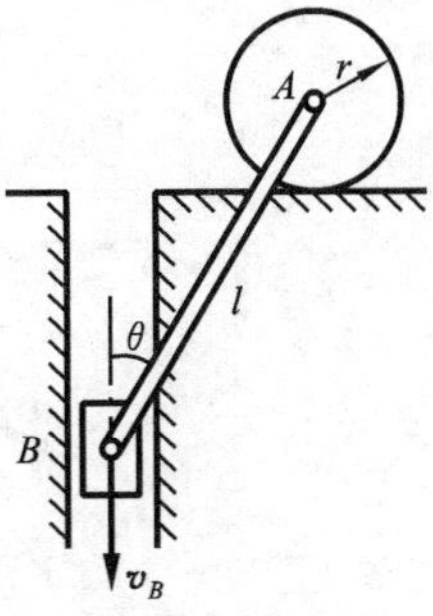

题 9-16 图

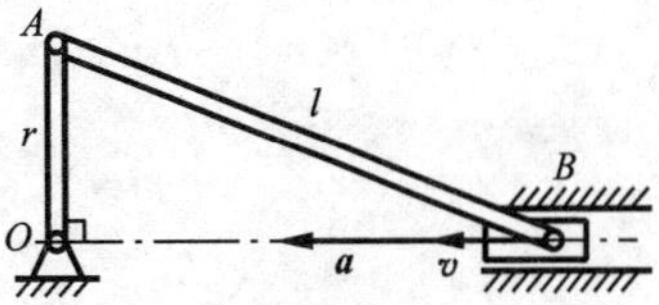

题 9-17 图

为$\boldsymbol{v}$,加速度为 $\boldsymbol{a}$,方向均向左。求该瞬时曲柄 OA 的角速度和角加速度。

*9-18　图示平面机构,滑块 B 可沿杆 OA 滑动。杆 BE 与杆 BD 分别与滑块 B 铰接,杆 BD 可沿水平导轨运动。滑块 E 以$\boldsymbol{v}$匀速沿竖直导轨向上运动,杆 BE 长为$\sqrt{2}l$。图示瞬时杆 OA 竖直,且与杆 BE 夹角为 45°。试求该瞬时杆 OA 的角速度和角加速度。

9-19　图示平面机构中,AB 长为 l,滑块 A 可沿摇杆 OC 的长槽滑动。摇杆 OC 以匀角速度 ω 绕轴 O 转动,滑块 B 以匀速 $v_B=\omega l$ 沿水平导轨滑动。图示瞬时杆 OC 竖直,AB 与水平线 OB 夹角为 30°。求此瞬时杆 AB 的角速度和角加速度。

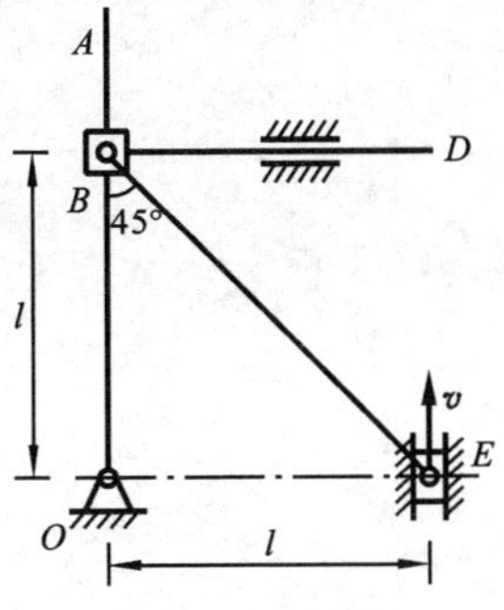

题 9-18 图

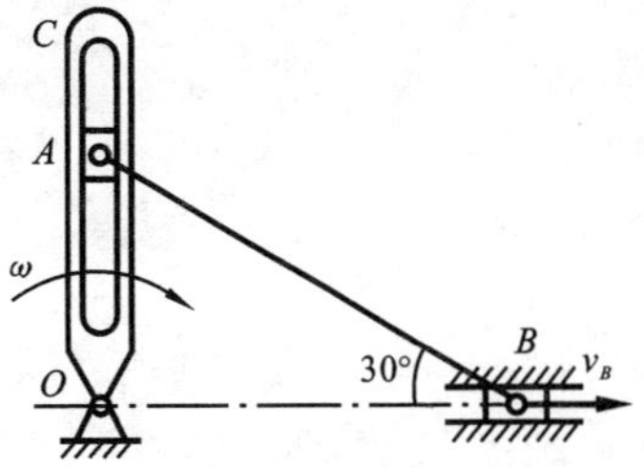

题 9-19 图

第三篇　动　力　学

在这一篇里，将研究物体的机械运动与作用力之间的关系。

在静力学中，分析了作用于物体上的力，并研究了物体在力系作用下的平衡问题，但并没有讨论当物体受到不平衡力系作用时将如何运动；在运动学中，只从几何的观点来论述物体的机械运动，而没有考虑运动状态发生变化的原因。动力学则对物体的机械运动进行全面的分析，研究作用于物体的力系与物体运动之间的关系，建立物体机械运动的普遍规律。从这种意义来讲，动力学是理论力学中最具普遍意义的部分，而静力学和运动学则是动力学的特殊情况，它们分别从力和运动两方面为动力学做了比较充分的准备。

如同静力学和运动学那样，在动力学中，对所研究的物体也要进行必要的抽象，提炼出有关的力学模型。动力学中的力学模型有**质点**和**质点系**。**质点**是具有一定质量而几何形状和尺寸大小可忽略不计的物体。在下列两种情况下，可以把物体视为质点：①当物体做平移的时候；②当物体的运动范围远远大于它自身的尺寸，忽略其形状和大小对所研究问题的性质没有本质影响的时候。

如果物体的形状和大小在所研究的问题中不可忽略，则物体应抽象为质点系。所谓**质点系**是由若干个相互联系的质点所组成的系统。在动力学中，一个物体应视为什么样的力学模型，应根据所研究的问题的性质来决定。例如，在空间运行的飞行器，其运动范围远远大于自身的尺寸，在研究其运行轨道时，可以把它简化为质点，在研究其运行的姿态时，则要简化为质点系。刚体是质点系的一种特殊情形，其中两个质点间的距离保持不变，也称为不变的质点系。

动力学可分为质点动力学和质点系动力学，而前者是后者的基础。

第 10 章　质点动力学的基本方程

根据动力学基本定律可推出质点动力学的基本方程，基本方程给出了质点受力与其运动变化之间的联系，可运用微积分方法，求解一个质点的动力学问题。

10.1　动力学基本定律

质点动力学的基础是三个基本定律，即牛顿三定律。

1. 牛顿第一定律

不受力作用（包括受到平衡力系作用）的质点，将保持静止或做匀速直线运动。质点具有保持其原有静止或匀速直线运动状态的特性，质点的这种固有的特性称为**惯性**。牛顿第一定律阐述了物体做惯性运动的条件，故又称为**惯性定律**。

2. 牛顿第二定律

质点的质量与加速度的乘积，等于作用于质点的力的大小，加速度的方向与力的方向相同，即

$$m\boldsymbol{a} = \boldsymbol{F} \tag{10-1}$$

式(10-1)是牛顿第二定律的数学表达式，它是质点动力学的基本方程，建立了质点的加速度、质量和作用力之间的定量关系。如果在质点上同时作用了几个力，则式中的 $\boldsymbol{F}$ 应为这些力的合力。

式(10-1)表明，欲使不同质量的质点获得相同的加速度，质点的质量越大，需要的作用力就越大。也就是说，质点的质量越大，其运动状态就越不容易改变，也就是质点的惯性越大。因此，质量是质点惯性的度量。

在重力作用下，物体得到的加速度称为重力加速度，用 $\boldsymbol{g}$ 表示。根据牛顿第二定律有

$$\boldsymbol{W} = m\boldsymbol{g}$$

或

$$m = \frac{W}{g} \tag{10-2}$$

式(10-2)中的 W 和 g 分别是物体所受的重力大小和重力加速度的大小。根据国际计量委员会规定的标准，重力加速度的数值为 9.806 65 m/s^2，一般取 9.80 m/s^2。实际上在不同的地区，g 的数值有些微小的差别。

在国际单位制(SI)中，长度、质量和时间为基本量，对应的基本单位是 m(米)、kg(千克)、s(秒)。力是导出量，其单位为 N(牛顿)。能使质量为 1 kg 的质点产生 1 m/s^2

的加速度所需要的力规定为 1 N,即

$$1\ \mathrm{N} = 1\ \mathrm{kg} \times 1\ \mathrm{m/s^2}$$

在精密仪器工业中,也用厘米克秒制(CGS)单位。在厘米克秒制单位中,长度、质量和时间为基本量,对应的基本单位为 cm(厘米)、g(克)、s(秒)。力是导出量,其单位为 dyn(达因)。能使质量为 1 g 的质点产生 1 $\mathrm{cm/s^2}$ 的加速度所需要的力规定为 1 dyn,即

$$1\ \mathrm{dyn} = 1\ \mathrm{g} \times 1\ \mathrm{cm/s^2}$$

牛顿和达因的换算关系为

$$1\ \mathrm{N} = 10^5\ \mathrm{dyn}$$

为了表明导出量与基本量的关系,通常将各导出量用基本量的组合形式表示出来,这种基本量的组合形式称为导出量的**量纲**。物理量的量纲与其单位是物理量的两个方面,一个物理量的量纲是一定的,它的大小却可以用不同的单位来衡量。如长度的量纲是 $\boldsymbol{L}$,却可以用 m(米)、cm(厘米)、mm(毫米)作为度量长度的单位。量纲在一定程度上反映了物理量的质。力的量纲为

$$\dim \boldsymbol{F} = \boldsymbol{MLT}^{-2}$$

3. 牛顿第三定律

两个物体间的作用力与反作用力总是大小相等、方向相反,沿着同一直线,同时分别作用在这两个物体上。该定律在静力学中以公理的形式出现过。这说明,牛顿第三定律不仅适用于处于静力平衡状态的物体,也适用于运动中的物体。在动力学中,这一定律仍然是分析两个物体相互作用关系的依据。

必须指出,质点动力学的三个基本定律是在观察天体运动和生产实践中的一般机械运动的基础上总结出来的,因此只在一定范围内适用。三个定律适用的参考系称为**惯性参考系**。在一般的工程问题中,把固定于地面的坐标系或相对于地面做匀速直线平移的坐标系作为惯性参考系,可以得到相当精确的结果。在研究人造卫星的轨道、洲际导弹的弹道问题时,地球的自转影响不可忽略,则应选取以地心为原点,三轴指向三颗恒星的坐标系作为惯性参考系。在研究天体运动时,地心的运动影响不可忽略,又需取以太阳为原点,三坐标轴指向三颗恒星的参考系为惯性参考系。

以牛顿三定律为基础的力学称为古典力学。古典力学认为质量是不变的,空间和时间都是绝对的,与物体的运动无关。这些观点已被近代物理学所否定。但对于一般工程中的机械运动,因物体的速度远小于光速,应用古典力学都可得到足够精确的结果。如果物体的速度接近于光速,或研究的现象涉及物质的微观世界时,则需应用相对论力学或量子力学。

10.2　质点的运动微分方程

设一质量为 m 的质点受到 n 个力 $\boldsymbol{F}_1,\boldsymbol{F}_2,\cdots,\boldsymbol{F}_n$ 的作用,沿某曲线轨迹运动。由

牛顿第二定律有

$$m\boldsymbol{a} = \sum_{i=1}^{n} \boldsymbol{F}_i \tag{10-3}$$

或

$$m\frac{\mathrm{d}^2\boldsymbol{r}}{\mathrm{d}t^2} = \sum_{i=1}^{n} \boldsymbol{F}_i \tag{10-4}$$

式(10-4)就是矢量形式的质点的运动微分方程。但在计算实际问题时，需采用它的投影形式。

1. 质点运动微分方程在直角坐标轴上的投影

设矢径 $\boldsymbol{r}$ 和力 $\boldsymbol{F}_i$ 在直角坐标轴上的投影分别为 x、y、z 和 F_{xi}、F_{yi}、F_{zi}，则式(10-4)在直角坐标轴上的投影形式为

$$\left.\begin{aligned} m\frac{\mathrm{d}^2 x}{\mathrm{d}t^2} &= \sum_{i=1}^{n} F_{xi} \\ m\frac{\mathrm{d}^2 y}{\mathrm{d}t^2} &= \sum_{i=1}^{n} F_{yi} \\ m\frac{\mathrm{d}^2 z}{\mathrm{d}t^2} &= \sum_{i=1}^{n} F_{zi} \end{aligned}\right\} \tag{10-5}$$

2. 质点运动微分方程在自然轴上的投影

由质点的运动学知，质点的全加速度 $\boldsymbol{a}$ 在切线与主法线构成的密切面内，$\boldsymbol{a}$ 在副法线 $\boldsymbol{b}$ 上的投影等于零，即

$$\boldsymbol{a} = a_t\boldsymbol{t} + a_\mathrm{n}\boldsymbol{n}, \quad a_\mathrm{b} = 0$$

式中：$\boldsymbol{t}$ 和 $\boldsymbol{n}$ 分别是沿轨迹切线和主法线的单位向量，$a_\mathrm{t} = \dfrac{\mathrm{d}v}{\mathrm{d}t}$，$a_\mathrm{n} = \dfrac{v^2}{\rho}$（$\rho$ 为轨迹的曲率半径）。于是，质点运动微分方程在自然轴上的投影式为

$$\left.\begin{aligned} m\frac{\mathrm{d}v}{\mathrm{d}t} &= \sum_{i=1}^{n} F_{\mathrm{t}i} \\ m\frac{v^2}{\rho} &= \sum_{i=1}^{n} F_{\mathrm{n}i} \\ 0 &= \sum_{i=1}^{n} F_{\mathrm{b}i} \end{aligned}\right\} \tag{10-6}$$

式(10-6)中的 $F_{\mathrm{t}i}$、$F_{\mathrm{n}i}$、$F_{\mathrm{b}i}$ 分别是作用在质点上的各力在切线、主法线和副法线上的投影。

3. 质点动力学的两类基本问题

质点动力学的问题可分为两类：一是已知质点的运动，求作用在质点上的力；二是已知作用于质点上的力，求质点的运动。这两类问题称为质点动力学的两类基本问题。对于第一类问题，如果知道质点的运动规律，通过导数运算求出质点的速度和

加速度,代入质点运动微分方程,得到一代数方程组,即可求解,所以比较简单。对于第二类问题,从数学的角度看,是解微分方程或求积分的问题。若质点所受的力是变力,在求解微分方程时往往会遇到很大的困难,所以需按作用力的函数规律进行积分,并根据具体问题的运动条件确定积分常数。因此,求解第二类问题相对较难。

下面举例说明这两类问题的求解方法和步骤。

例 10-1　质点 M 的质量为 m,运动方程是 $x=b\cos\omega t$,$y=d\sin\omega t$,其中 b、d、ω 为常量。求作用在此点上的力。

解　从运动方程中消去时间 t,可得该质点的轨迹方程,即

$$\frac{x^2}{b^2}+\frac{y^2}{d^2}=1$$

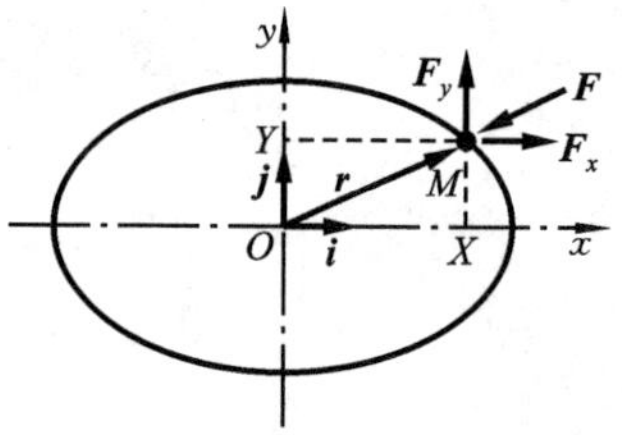

图 10-1

由此可知,该质点的轨迹是以坐标原点 O 为中心,长、短轴分别为 b、d 的椭圆(见图 10-1)。质点的加速度在 x、y 轴上的投影分别为

$$a_x=\frac{\mathrm{d}^2x}{\mathrm{d}t^2}=-b\omega^2\cos\omega t=-\omega^2x$$

$$a_y=\frac{\mathrm{d}^2y}{\mathrm{d}t^2}=-d\omega^2\sin\omega t=-\omega^2y$$

代入运动微分方程即式(10-5),解得

$$F_x=ma_x=-m\omega^2x$$

$$F_y=ma_y=-m\omega^2y$$

将力 $\boldsymbol{F}$ 表示成矢量,有

$$\boldsymbol{F}=F_x\boldsymbol{i}+F_y\boldsymbol{j}=-m\omega^2(X\boldsymbol{i}+Y\boldsymbol{j})=-m\omega^2\boldsymbol{r}$$

式中的 $\boldsymbol{r}=X\boldsymbol{i}+Y\boldsymbol{j}$ 是质点的矢径。由该式可知,力 $\boldsymbol{F}$ 与矢径 $\boldsymbol{r}$ 共线、反向,大小等于 $m\omega^2r$。这表明,此质点按给定的运动方程做椭圆运动,所受力具有两个特点:①力的方向永远指向椭圆中心,为**有心力**;②力的大小与质点到椭圆中心的距离成正比。

例 10-2　曲柄连杆机构如图 10-2(a)所示。曲柄 OA 以匀角速度 ω 转动,$OA=r$,$AB=l$,当 $\lambda=r/l$ 比较小时,以 O 为坐标原点,滑块 B 的运动方程可近似表示为

$$x=l\left(1-\frac{\lambda^2}{4}\right)+r\left(\cos\omega t+\frac{\lambda}{4}\cos2\omega t\right)$$

如滑块的质量为 m,忽略摩擦及连杆 AB 的质量,试求当 $\varphi=\omega t=0$ 和 $\frac{\pi}{2}$ 时,连杆 AB 所受的力。

解　以滑块 B 为研究对象,当 $\varphi=\omega t$ 时,其受力如图 10-2(b)所示。由于连杆不计质量,AB 应为二力杆,所以受平衡力系作用,它对滑块 B 的拉力 $\boldsymbol{F}$ 沿 AB 方向。滑块沿 x 轴的运动方程为

$$ma_x=-F\cos\beta$$

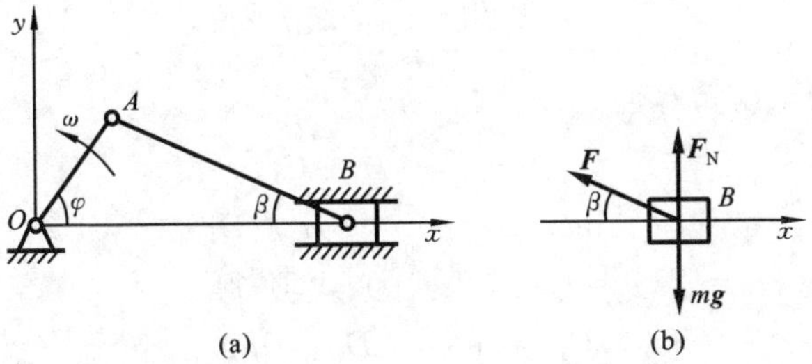

图 10-2

由滑块 B 的运动方程可得

$$a_x = \frac{d^2x}{dt^2} = -r\omega^2(\cos\omega t + \lambda\cos 2\omega t)$$

当 $\omega t=0$ 时，$a_x = -r\omega^2(1+\lambda)$，且 $\beta=0$，得

$$F = mr\omega^2(1+\lambda)$$

杆 AB 受拉力。

同理可得，当 $\omega t = \frac{\pi}{2}$ 时，$F = -\frac{mr^2\omega^2}{\sqrt{l^2-r^2}}$，杆 AB 受压力。

以上两例都属于动力学第一类基本问题，求解此类问题的步骤如下：

(1) 选定某质点为研究对象；

(2) 分析作用在质点上的力，包括主动力和约束反力；

(3) 分析质点的运动情况，计算质点的加速度；

(4) 根据未知力的情况，选择恰当的投影轴，写出运动微分方程在该轴上的投影式；

(5) 解方程，求未知的力。

下面再来看看质点动力学的第二类基本问题的求解。

例 10-3 物体由高度 h 处以速度 $\boldsymbol{v}_0$ 水平抛出，如图 10-3 所示。空气阻力可视为与速度的一次方成正比，即 $\boldsymbol{F} = -km\boldsymbol{v}$，其中 m 为物体的质量，$\boldsymbol{v}$ 为物体的速度，k 为常系数。求物体的运动方程和轨迹方程。

解 物体在任意位置时，受到重力 $m\boldsymbol{g}$ 和空气阻力 $\boldsymbol{F} = -kmv_x\boldsymbol{i} - kmv_y\boldsymbol{j}$ 作用。物体沿 x、y 轴的运动微分方程为

$$m\frac{d^2x}{dt^2} = m\frac{dv_x}{dt} = F_x = -kmv_x$$

$$m\frac{d^2y}{dt^2} = m\frac{dv_y}{dt} = F_y = -kmv_y - mg$$

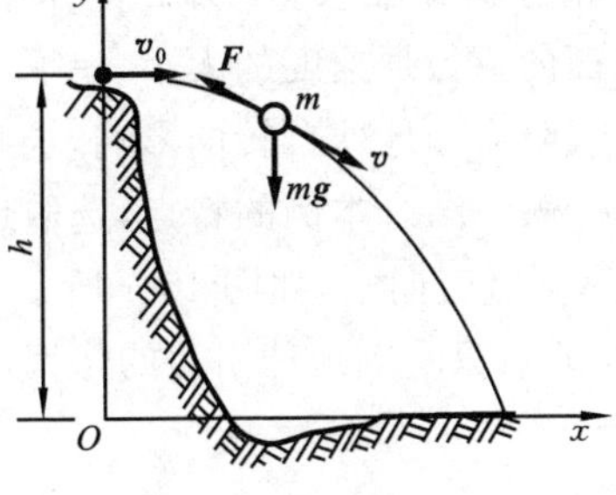

图 10-3

为求 v_x、v_y，将以上两式分离变量得

$$\frac{dv_x}{v_x} = -k\,dt \quad ①$$

$$\frac{\mathrm{d}v_y}{kv_y+g}=-\mathrm{d}t \tag{②}$$

对式①、式②进行不定积分得

$$\ln v_x=-kt+C_1 \tag{③}$$

$$\ln(kv_y+g)=-kt+D_1 \tag{④}$$

按题意，当 $t=0$ 时，$v_x=v_0$，$v_y=0$。代入式③、式④，得

$$C_1=\ln v_0,\quad D_1=\ln g$$

将 C_1、D_1 代入式③、式④得

$$v_x=\frac{\mathrm{d}x}{\mathrm{d}t}=v_0\mathrm{e}^{-kt} \tag{⑤}$$

$$v_y=\frac{\mathrm{d}y}{\mathrm{d}t}=\frac{1}{k}(g\mathrm{e}^{-kt}-g) \tag{⑥}$$

再对式⑤、式⑥积分得

$$x=-\frac{v_0}{k}\mathrm{e}^{-kt}+C_2 \tag{⑦}$$

$$y=-\frac{g}{k^2}\mathrm{e}^{-kt}-\frac{g}{k}t+D_2 \tag{⑧}$$

按题意，当 $t=0$ 时，$x=0$，$y=h$。代入式⑦、式⑧得

$$C_2=\frac{v_0}{k},\quad D_2=h+\frac{g}{k^2}$$

将 C_1、D_2 代入式⑦和式⑧得物体的运动方程为

$$x=\frac{v_0}{k}(1-\mathrm{e}^{-kt})$$

$$y=h-\frac{g}{k}t+\frac{g}{k^2}(1-\mathrm{e}^{-kt})$$

物体的轨迹方程为

$$y=h-\frac{g}{k^2}\ln\frac{v_0}{v_0-kx}+\frac{gx}{kv_0}$$

例 10-4　在地面上以很大的速度 v_0 竖直向上发射一物体，如图 10-4 所示。假设此物体只受地球引力 $\boldsymbol{F}$ 的作用，$\boldsymbol{F}$ 的大小与物体到地心距离的平方成反比。地球表面的重力加速度的大小 $g=9.80\ \mathrm{m/s^2}$，地球半径的平均值 $R=6\ 370\ \mathrm{km}$。不考虑空气阻力和地球自转的影响，求此物体可能达到的高度。

解　结合本例的特点，选取地球参考系，坐标原点在地心，x 轴通过地面的发射点 M_0 竖直向上，如图 10-4 所示。假设在任一瞬时，该质点运动到 $M(x,0)$ 点。依题意，质点只受到地球引力的作用，即

$$\boldsymbol{F}=-\frac{k}{x^2}\boldsymbol{i}$$

式中的 k 为比例常数，可根据地球表面附近的重力条件来确定：将 $x=R$ 时，$F=mg$

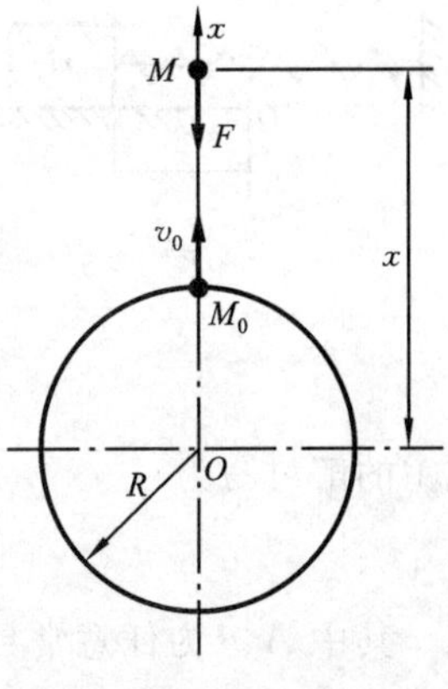

图 10-4

代入上式，可得 $k=mgR^2$。

将质点运动微分方程向 x 轴投影，有

$$m\frac{\mathrm{d}^2x}{\mathrm{d}t^2}=m\frac{\mathrm{d}v_x}{\mathrm{d}t}=-mg\frac{R^2}{x^2} \quad ①$$

由于等式右边不是显含 t，所以先将 $\frac{\mathrm{d}v_x}{\mathrm{d}t}$ 变形，即

$$\frac{\mathrm{d}v_x}{\mathrm{d}t}=\frac{\mathrm{d}v_x}{\mathrm{d}x}\cdot\frac{\mathrm{d}x}{\mathrm{d}t}=v_x\frac{\mathrm{d}v_x}{\mathrm{d}x}$$

代入式①有

$$v_x\mathrm{d}v_x=-\frac{gR^2}{x^2}\mathrm{d}x \quad ②$$

对式②积分可得

$$\frac{v_x^2}{2}=gR^2\frac{1}{x}+C \quad ③$$

由初始条件，当 $x=R$ 时，$v_x=v_0$，可得积分常数

$$C=\frac{v_0^2}{2}-gR$$

代入式③得

$$v_x^2=\frac{2gR^2}{x}+v_0^2-2gR$$

当 $v_x=0$ 时，质点达到最大高度，所以有

$$x=R+H=\frac{2gR^2}{2gR-v_0^2}$$

其中的 H 为质点距离地面的高度，解得

$$H=\frac{v_0^2}{2g}\left(1-\frac{v_0^2}{2gR}\right)^{-1} \quad ④$$

由式④可知，当 v_0 较小，且 $v_0^2\ll 2gR$ 时，有

$$H\approx\frac{v_0^2}{2g}$$

这就是通常用的上抛公式。

当 $v_0=\sqrt{2gR}$时，$H=\infty$，即发射的物体将不再返回地球。这个初速度

$$v_0=\sqrt{2\times 9.80\times 10^{-3}\times 6370}=11.2\ \mathrm{km/s}$$

这就是物体脱离地球引力场的**第二宇宙速度**，也称为**逃逸速度**。

例 10-5　物块在光滑水平面上并与弹簧相连，如图 10-5 所示。物块的质量为 m，弹簧的刚度系数为 k。在弹簧拉长变形量为 a 时，释放物块。求物块的运动规律。

解　以弹簧未变形处为坐标原点 O，设物块在任意坐标 x 处弹簧变形量为 $|x|$，弹簧力大小为 $F=k|x|$，并指向 O 点，如图 10-5 所示，则此物块沿 x 轴的运动微分方程为

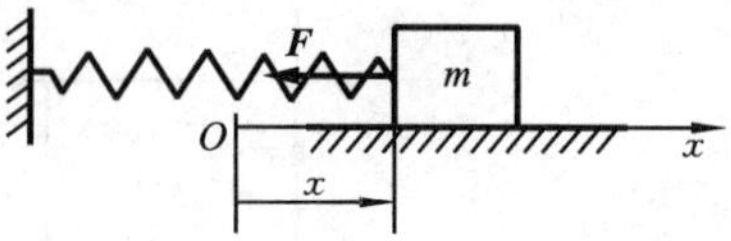

图 10-5

$$m\frac{d^2x}{dt^2}=F_x=-kx$$

令 $\omega_n^2=\frac{k}{m}$,将上式化为自由振动微分方程的标准形式

$$\frac{d^2x}{dt^2}+\omega_n^2x=0 \qquad ①$$

式①的解可写为

$$x=A\cos(\omega_n t+\theta) \qquad ②$$

其中 A、θ 为任意常数,应由运动的初始条件决定。由题意,当 $t=0$ 时,$\frac{dx}{dt}=0$,$x=a$,代入式②解得,$\theta=0$,$A=a$,代入式②可得物块的运动方程为

$$x=a\cos\omega_n t$$

可见此物体做简谐振动,振动中心为 O 点,振幅为 a,周期 $T=2\pi/\omega_n$。ω_n 称为圆频率,由标准形式的运动微分方程即式①直接确定。

综合以上各例的解题步骤可见,求解质点动力学的第二类基本问题的前几步与第一类问题大体相同。必须在正确地分析质点的受力情况和质点的运动情况的基础上,列出质点运动微分方程。求解过程一般需要积分,还要分析题意,合理应用初始条件确定积分常数,使问题得到确定的解。

*10.3　质点的相对运动微分方程

牛顿第二定律只适用于惯性参考系,对于非惯性参考系,质点的运动微分方程将具有与式(10-3)不同的形式。

设有一质量为 m 的质点 M 相对于非惯性参考系 $O'x'y'z'$ 运动,如图 10-6 所示。点 M 受力 $\boldsymbol{F}$ 作用,其相对加速度为 $\boldsymbol{a}_r$。为确定作用力与相对加速度的关系,现选取一惯性参考系 $Oxyz$ 作为定参考系。动参考系 $O'x'y'z'$ 相对于定参考系的运动为牵连运动;动点 M 相对于定参考系的运动是绝对运动。在定参考系中,牛顿第二定律是成立的,即

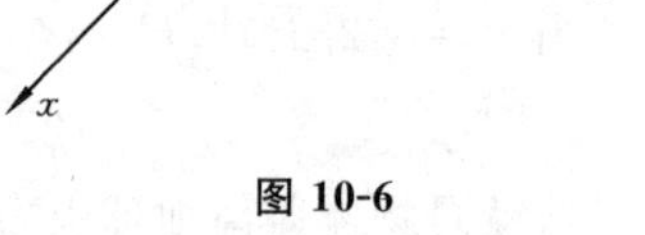

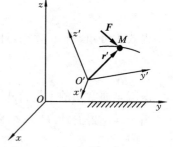

图 10-6

$$m\boldsymbol{a}_a=\boldsymbol{F}$$

其中的 $\boldsymbol{a}_a$ 是质点的绝对加速度,$\boldsymbol{F}$ 为作用在质点上的合力。

由运动学中点的加速度合成定理可知

$$\boldsymbol{a}_a=\boldsymbol{a}_r+\boldsymbol{a}_e+\boldsymbol{a}_C$$

将此式代入牛顿第二定律表达式,移项得

$$m\boldsymbol{a}_r=\boldsymbol{F}-m\boldsymbol{a}_e-m\boldsymbol{a}_C \qquad (10\text{-}7)$$

式中：$\boldsymbol{a}_r$、$\boldsymbol{a}_e$、$\boldsymbol{a}_C$ 分别为质点的相对加速度、牵连加速度和科氏加速度。

若令

$$\boldsymbol{F}_{ge} = -m\boldsymbol{a}_e, \quad \boldsymbol{F}_{gC} = -m\boldsymbol{a}_C$$

则式(10-7)可写成与牛顿第二定律相类似的形式，即

$$m\boldsymbol{a}_r = \boldsymbol{F} + \boldsymbol{F}_{ge} + \boldsymbol{F}_{gC} \tag{10-8}$$

式(10-8)称为质点的相对运动动力学基本方程。其中的 $\boldsymbol{F}_{ge} = -m\boldsymbol{a}_e$ 称为牵连惯性力，$\boldsymbol{F}_{gC} = -m\boldsymbol{a}_C$ 称为科氏惯性力。它们都具有力的量纲，并且与质点的质量有关，因而称为**惯性力**。需注意的是，惯性力并非实际作用于质点的力。通常将牵连惯性力和科氏惯性力称为非惯性参考系中对牛顿第二定律的修正项，加上修正项后，牛顿第二定律在形式上就能够应用于非惯性参考系了。

将式(10-8)写成微分方程的形式，有

$$m\frac{\mathrm{d}^2\boldsymbol{r}'}{\mathrm{d}t^2} = \boldsymbol{F} + \boldsymbol{F}_{ge} + \boldsymbol{F}_{gC} \tag{10-9}$$

式中：$\boldsymbol{r}'$表示质点 $\boldsymbol{M}$ 在动参考系中的矢径。式(10-9)称为质点的相对运动微分方程。在应用该方程分析问题时，应取适当的投影式，如对直角坐标轴的投影式或对自然坐标轴的投影式等。

下面讨论几种特殊情况。

(1) 当动参考系相对定参考系做平移时，因科氏加速度为零，则有 $\boldsymbol{F}_{gC}=0$，于是相对运动动力学基本方程简化为

$$m\boldsymbol{a}_r = \boldsymbol{F} + \boldsymbol{F}_{ge}$$

(2) 当动参考系相对定参考系做匀速直线平移时，牵连加速度和科氏加速度都为零，则有 $\boldsymbol{F}_{gC}=\boldsymbol{F}_{ge}=0$，于是相对运动动力学基本方程简化为

$$m\boldsymbol{a}_r = \boldsymbol{F}$$

此方程与牛顿第二定律相同。这表明，牛顿第二定律可直接用于相对定参考系做匀速直线平移的参考系中。因此，所有相对于惯性参考系做匀速直线平移的参考系都是惯性参考系。上式中不包含与牵连运动有关的项，说明当动参考系做惯性运动时，质点的相对运动不受牵连运动的影响。因此可以说，发生在惯性参考系中的任何力学现象，都无助于发觉该参考系本身的运动情况，以上称为相对性原理。

(3) 当质点相对动参考系静止时，相对加速度和科氏加速度为零，因此有 $\boldsymbol{F}_{gC}=0$。于是相对运动动力学基本方程简化为

$$\boldsymbol{F} + \boldsymbol{F}_{ge} = 0$$

这就是质点相对静止的平衡方程。即质点在非惯性参考系中保持相对静止时，作用在质点上的力和质点的牵连惯性力相互平衡。

(4) 当质点相对动参考系做匀速直线运动时，相对加速度为零，所以有

$$\boldsymbol{F} + \boldsymbol{F}_{ge} + \boldsymbol{F}_{gC} = 0$$

该式称为质点相对平衡方程。可见，在非惯性参考系中，质点相对静止和做匀速直线

运动时,其平衡条件是不同的。

例 10-6 车厢以匀加速度 $\boldsymbol{a}$ 沿直线水平轨道向右行驶,车中用软绳悬挂一小球,如图 10-7(a)所示。如果此球在车厢中处于相对静止状态,试求软绳与竖直线的夹角 φ。

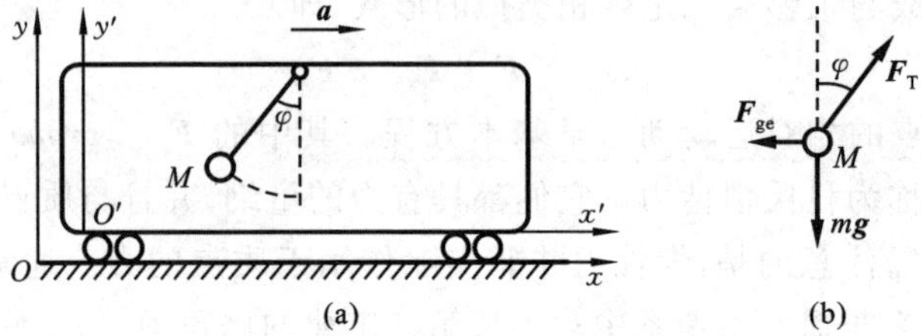

图 10-7

解 建立与车厢固结的动参考系 $O'x'y'$,与地面固结的定参考系 Oxy,选取小球 M 为动点。由此可知,小球的相对加速度和绝对加速度分别为

$$\boldsymbol{a}_{\rm r} = 0, \quad \boldsymbol{a}_{\rm a} = \boldsymbol{a}$$

小球受重力 mg 和绳子的拉力 $\boldsymbol{F}_{\rm T}$,以及牵连惯性力 $\boldsymbol{F}_{\rm ge} = -m\boldsymbol{a}$,如图 10-7(b)所示。由于动参考系做平移,所以科氏惯性力为零。

将相对运动动力学基本方程投影到 x'、y' 轴上,有

$$F_{\rm T}\sin\varphi - F_{\rm ge} = 0$$
$$F_{\rm T}\cos\varphi - mg = 0$$

可解得

$$\varphi = \arctan\frac{a}{g}$$

由此可见,在匀加速行进的车厢中,软绳向后偏离竖直线一个角度。加速度越大,偏角就越大。如果在车厢中测得该偏角,就可计算该车厢的加速度。

例 10-7 一直杆 AO,长 $l=0.5$ m,可绕过端点 O 的 z' 轴在水平面内做匀速转动,如图 10-8 所示。其转动角速度 $\omega=2\pi$ rad/s,在杆 AO 上有一质量为 $m=0.1$ kg 的套筒 B。设开始运动时,套筒在杆的中点处于相对静止状态。忽略摩擦,求套筒运动到端点 A 所需要的时间及此时对杆的水平压力。

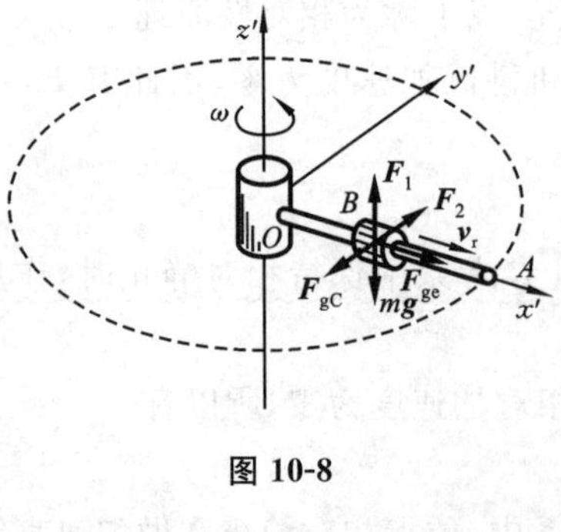

图 10-8

解 研究套筒 B 相对于杆 AO 的运动,选取和杆 AO 一起转动的坐标系 $Ox'y'z'$ 为动参考系。

作用在套筒上的力有重力 mg、竖直反力 $\boldsymbol{F}_1$、水平反力 $\boldsymbol{F}_2$,此外,还应加入牵连惯性力 $\boldsymbol{F}_{\rm ge}$ 和科氏惯性力 $\boldsymbol{F}_{\rm gC}$。因动系做匀速转动,所以牵连惯性力只有径向分量 $\boldsymbol{F}_{\rm ge}=m\omega^2x'$,其方向沿直杆向外。而科氏惯性力应垂直于相对速度 $\boldsymbol{v}_{\rm r}$,其大小

为 $F_{gC}=2m\omega x'$，方向如图 10-8 所示。

建立相对运动微分方程

$$m\frac{d^2\boldsymbol{r}'}{dt^2}=m\boldsymbol{g}+\boldsymbol{F}_1+\boldsymbol{F}_2+\boldsymbol{F}_{ge}+\boldsymbol{F}_{gC} \qquad ①$$

将式①投影到 x' 轴上得

$$m\frac{d^2x'}{dt^2}=mx'\omega^2 \qquad ②$$

令 $\frac{dx'}{dt}=v_r$，并将式②消去 m，得

$$\frac{dv_r}{dt}=\frac{dv_r}{dx'}\frac{dx'}{dt}=v_r\frac{dv_r}{dx'}=\omega^2x' \qquad ③$$

将式③分离变量并积分，有

$$\int_0^{v_r}v_r dv_r=\int_{\frac{l}{2}}^{x'}\omega^2x'dx'$$

得

$$v_r=\frac{dx'}{dt}=\omega\sqrt{x'^2-\frac{l^2}{4}} \qquad ④$$

将式②再分离变量并积分，即

$$\int_{\frac{l}{2}}^{l}\frac{dx'}{\sqrt{x'^2-\frac{l^2}{4}}}=\int_0^t\omega dt$$

求得套筒到达端点 A 的时间为

$$t=\frac{1}{\omega}\ln\frac{l+\sqrt{l^2-\frac{l^2}{4}}}{\frac{l}{2}}=\frac{1}{\omega}\ln(2+\sqrt{3}) \qquad ⑤$$

将 $\omega=2\pi$ rad/s 代入式⑤，解得

$$t=0.209\ 6\ \text{s}$$

将式①投影到 y' 轴上得

$$F_2=F_{gC}=2m\omega v_r \qquad ⑥$$

当套筒到达端点 A 时，$x'=l$，由式④得

$$v_r=\frac{\omega}{2}\sqrt{3}l$$

代入式⑥得

$$F_2=\sqrt{3}\omega^2lm=3.419\ \text{N}$$

小　结

本章主要讨论了质点动力学的基本方程的应用。

(1) 质点动力学的基础是牛顿三定律,牛顿三定律只适用于惯性参考系。

第一定律和第二定律阐明作用于质点的力与质点运动状态变化之间的关系。第三定律阐明两物体相互作用的关系。

(2) 质点动力学的基本方程为牛顿第二定律,即 $m\boldsymbol{a}=\sum_{i=1}^{n}\boldsymbol{F}_i$。在具体计算时,根据具体情况采用直角坐标轴的投影式或自然坐标轴的投影式。

$$\left.\begin{aligned} m\frac{\mathrm{d}^2x}{\mathrm{d}t^2}&=\sum_{i=1}^{n}F_{xi}\\ m\frac{\mathrm{d}^2y}{\mathrm{d}t^2}&=\sum_{i=1}^{n}F_{yi}\\ m\frac{\mathrm{d}^2z}{\mathrm{d}t^2}&=\sum_{i=1}^{n}F_{zi}\end{aligned}\right\}\text{(直角坐标轴)}\qquad \left.\begin{aligned} m\frac{\mathrm{d}v}{\mathrm{d}t}&=\sum_{i=1}^{n}F_{\mathrm{t}i}\\ m\frac{v^2}{\rho}&=\sum_{i=1}^{n}F_{\mathrm{n}i}\\ 0&=\sum_{i=1}^{n}F_{\mathrm{b}i}\end{aligned}\right\}\text{(自然坐标轴)}$$

(3) 质点动力学的两类基本问题如下:

① 已知质点的运动规律,求作用于质点的力;

② 已知作用于质点的力,求质点的运动规律。

从数学角度看,求解第一类问题一般是求导的过程,求解第二类问题一般是解微分方程或积分的过程。质点的运动规律取决于作用力和初始条件。

*(4) 质点相对于非惯性参考系的动力学微分方程为

$$m\frac{\mathrm{d}^2\boldsymbol{r}'}{\mathrm{d}t^2}=\boldsymbol{F}+\boldsymbol{F}_{\mathrm{ge}}+\boldsymbol{F}_{\mathrm{gC}}$$

其中 $\boldsymbol{F}_{\mathrm{ge}}=-m\boldsymbol{a}_{\mathrm{e}}$ 为牵连惯性力,$\boldsymbol{F}_{\mathrm{gC}}=-m\boldsymbol{a}_{\mathrm{C}}$ 为科氏惯性力。这两个惯性力并非是质点实际受到的力,而是为了能使牛顿第二定律应用于非惯性参考系而对其做的修正。在利用上面的微分方程时,需在受力图上添加虚拟的惯性力。在具体计算时,仍应取投影式。

思 考 题

10-1 质点的运动方向是否一定和受到的力的方向一致?

10-2 质点在空间运动,已知作用力。为求质点的运动方程,需要几个运动初始条件?在平面内运动呢?沿给定的轨道呢?

10-3 某人水平端枪瞄准了空中一悬挂的靶体。如在子弹射出的同时靶体开始自由下落,不计空气阻力,问子弹能否击中靶体?若是仰射呢?

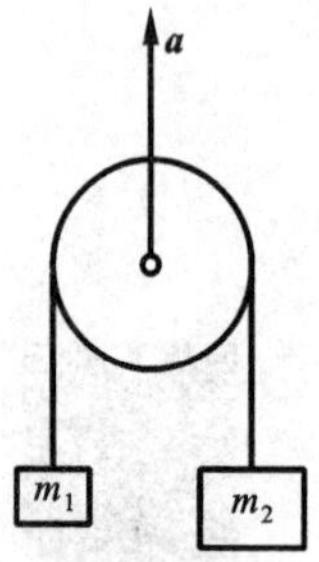

图 10-9

10-4 如图 10-9 所示,两个质量分别为 m_1 和 m_2 的物体($m_1<m_2$)用一不计质量、不可伸长的软绳连接并绕过一不计质量的滑轮。假设滑轮和软绳间无滑动,忽略摩擦。若有一力作用在滑轮中心并使滑轮以加速度 $\boldsymbol{a}$ 向上运动,两物体的加速度为多少?有人认为两物体的加速度大小相等、方向相反,这种想法对吗?我们该如何认识质点动力学基本方程中的加速度?

10-5　有人认为例 10-3 中的质点运动的微分方程在 y 轴上的投影式 $m\frac{d^2y}{dt^2}=m\frac{dv_y}{dt}=F_y=-kmv_y-mg$ 中，等式右侧空气阻力一项前应为正号，因为从受力图看，此力在 y 轴上的投影为正。这种看法正确吗？我们应如何认识微分方程中的正负号问题？

习　题

10-1　质量为 $m=6$ kg 的小球，放在倾角 $\theta=30°$ 的光滑斜面上，并用平行于斜面的软绳将小球固定在图示位置。如斜面以 $a=g/3$ 的加速度向左运动，求绳的张力及斜面的反力。欲使绳的张力为零，斜面的加速度应为多大？

10-2　质量为 $m=2$ kg 的物块 M 放在水平转台上，物块至竖直转动轴的距离 $r=1$ m，如图所示。今转台从静止开始匀加速转动，角加速度 $\alpha=0.5$ rad/s^2。如物块与转台间的静摩擦因数为 $f_s=\frac{1}{3}$，试求：(1)物块在转台上开始滑动的时间；(2)当 $t=2$ s 时，物块所受摩擦力的大小。

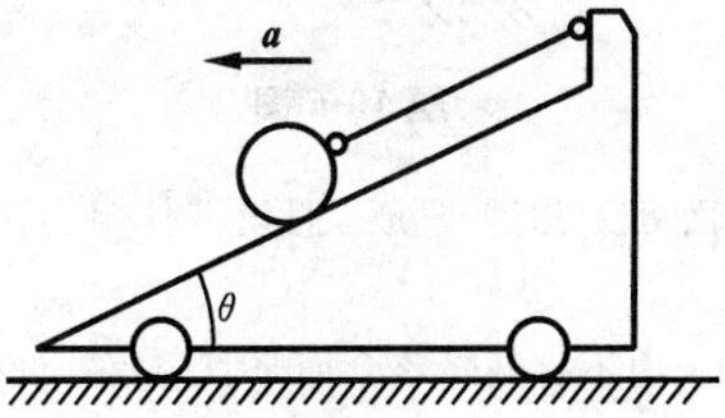

题 10-1 图

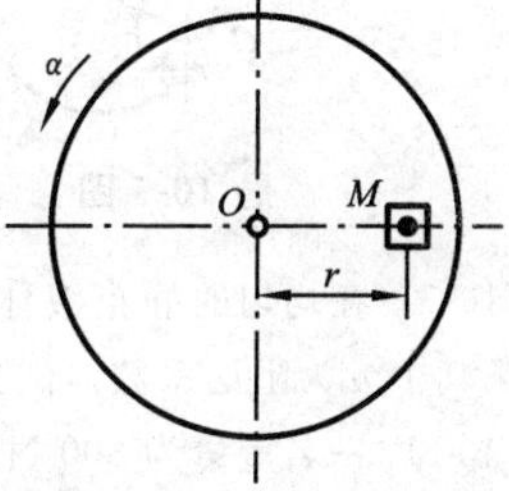

题 10-2 图

10-3　图示 A、B 两物体的质量分别为 m_1、m_2，两者间用一绳子连接，此绳跨过一滑轮，滑轮半径为 r。如在开始时，两物体的高度差为 h，而且 $m_1>m_2$，不计滑轮质量。求由静止释放后，两物体达到相同的高度所需的时间。

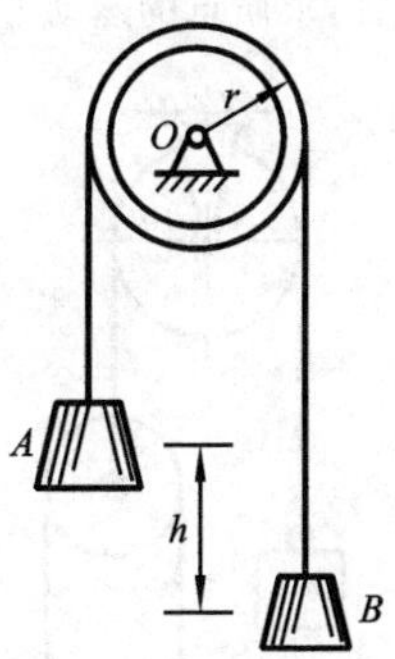

题 10-3 图

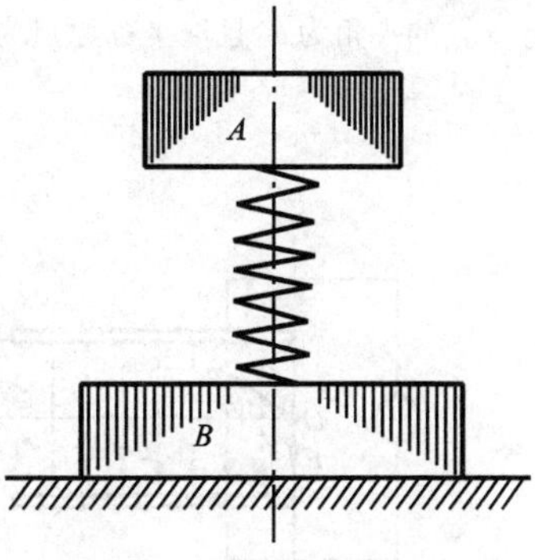

题 10-4 图

10-4　物块 A、B 的质量分别为 $m_1=20$ kg 和 $m_2=40$ kg，用弹簧相连，如图所示。物块 A 沿竖直线以 $y=H\cos\frac{2\pi}{T}t$ 做简谐运动，其中振幅 $H=10$ mm，周期 $T=0.25$ s。弹簧的质量略去不

计,求水平面所受压力的最大值和最小值。

10-5 半径为 R 的偏心轮绕轴 O 以匀角速度 ω 转动,推动导板沿竖直轨道运动,如图所示。导板顶部放有一质量为 m 的物块 A,设偏心距 $OC=e$,开始时 OC 在水平线上。求:(1)物块对导板的最大压力;(2)使物块不离开导板的 ω 的最大值。

10-6 图示质量为 m 的球 M,由两根各长 l 的杆所支持,此机构以不变的角速度 ω 绕竖直轴 AB 转动。如 $AB=2a$,两杆的各端均为铰接,且杆重忽略不计,求杆的内力。

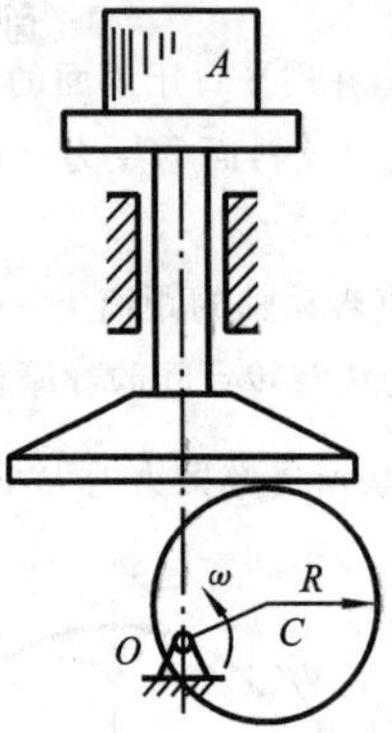

题 10-5 图

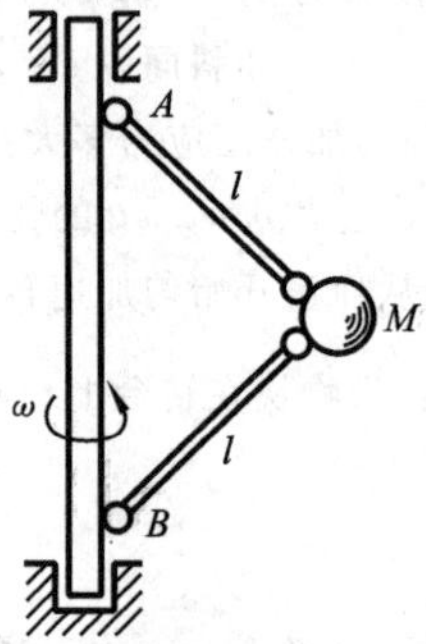

题 10-6 图

10-7 在均匀的静止液体中,质量为 m 的物体从液面处无初速下沉。假设液体阻力 $F_R=-\mu v$,其中 μ 为阻尼系数。试分析该物体的运动规律。

10-8 一名重量为 800 N 的跳伞员,在离开飞机的 10 s 内不打开降落伞而竖直降落。设空气阻力 $F_R=c\rho\sigma v^2$(方向与速度相反),其中:$\rho=1.25\ \mathrm{N\cdot s^2/m^4}$;不开伞降落时,无因次阻尼系数 $c=0.5$,与运动方向垂直的最大面积 $\sigma=0.4\ \mathrm{m^2}$,开伞降落时,$c=0.7$,$\sigma=36\ \mathrm{m^2}$。求在第 10 s 末跳伞员的速度。此速度与相应的极限速度相差多少?开伞后,稳定降落的速度等于多少?

10-9 图示质量为 m 的质点 O 带有电荷 e,质点在一均匀电场中,电场强度为 $E=A\sin kt$,其中 A 和 k 均为常数。如已知质点在电场中所受力为 $F=eE$,其方向与 $\boldsymbol{E}$ 相同。又质点的初速度为 v_0,与 x 轴的夹角为 θ,且取坐标原点为起始位置。如重力的影响不计,求质点的运动方程。

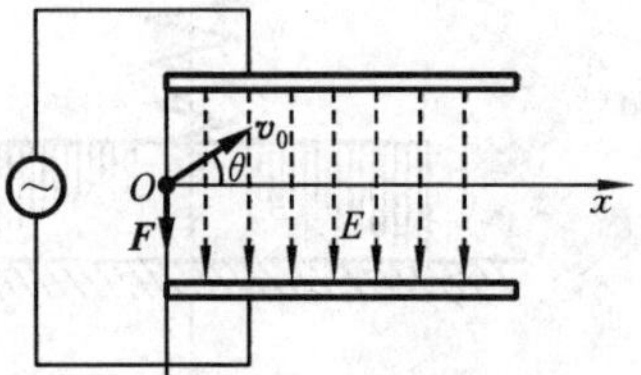

题 10-9 图

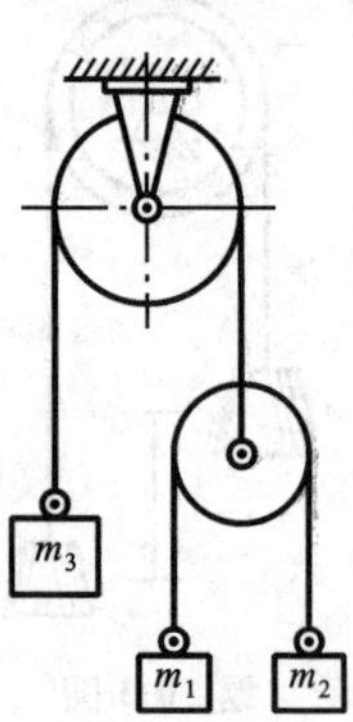

题 10-10 图

10-10 在图示滑轮组中,各绳端所悬系的三个物块的质量分别为 $m_1=1\ \mathrm{kg}$、$m_2=2\ \mathrm{kg}$、$m_3=3$

kg。如不计绳、滑轮的质量及轴承的摩擦，试求物块 m_3 的加速度 a_3 和各段绳中的张力。

10-11　滑块 A 的质量为 m，因受绳子的牵引沿水平光滑导轨滑动，绳子的另一端缠在半径为 r 的鼓轮上，鼓轮以匀角速度 ω 转动。求绳子的拉力 F_T 和距离 x 之间的关系。

*10-12　图示单摆中 AB 长 l，已知点 A 在固定点 O 的附近沿水平做简谐振动：$x=OO_1=a\sin pt$，其中 a、p 为常数。设初瞬时摆静止于竖直位置，求摆的相对运动微分方程。

*10-13　图示圆盘以匀角速度 ω 绕通过 O 点的竖直轴转动。圆盘有一径向滑槽，一质量为 m 的质点 M 在滑槽内运动。如果在开始时，质点到轴心 O 的距离为 e，且无初速度，求此质点的相对运动方程和槽对质点的水平反作用力。

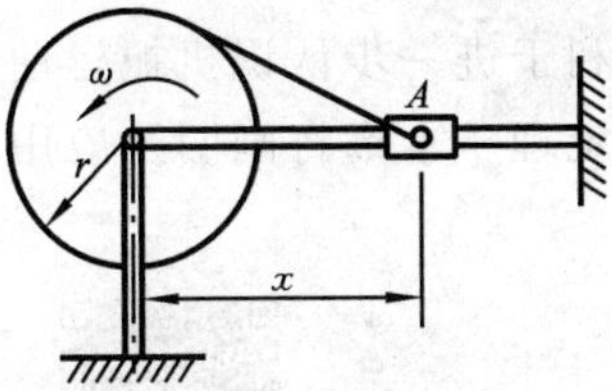

题 10-11 图

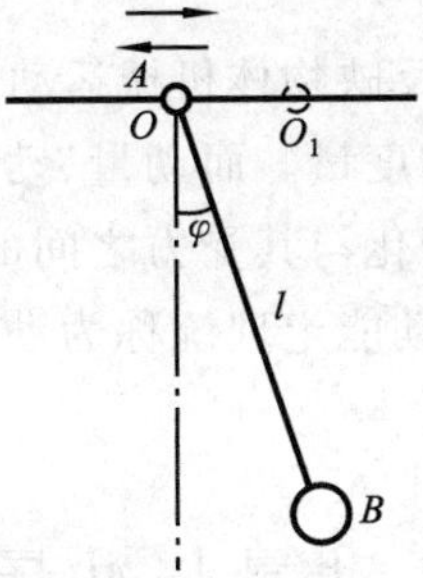

题 10-12 图

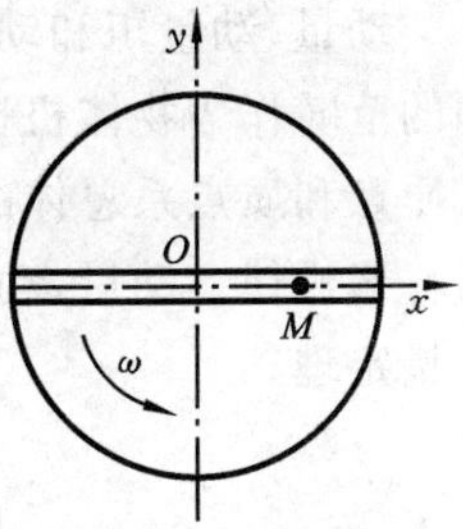

题 10-13 图

第11章　动量定理

应用动力学基本方程是解决动力学问题的基本方法，但在许多实际问题中，由微分方程求积分会遇到困难。对于质点系，虽然可以逐个质点列出其动力学基本方程，但是很难联立求解。

动量、动量矩和动能都是反映物体机械运动的动力特征的物理量，它们分别在不同的范畴作为物体机械运动的度量。而动量、动量矩和动能定理从不同的侧面揭示了质点和质点系总体的运动变化与其受力之间的关系，有利于进一步认识机械运动的普遍规律。动量、动量矩和动能定理统称为动力学普遍定理。本章将阐明及应用动量定理。

11.1　动量与冲量

1. 动量

质点的动量是表征质点机械运动强度的一种度量，它等于质点的质量与其速度的乘积，即 $m\boldsymbol{v}$。动量是矢量，它的方向与质点的速度的方向一致。在计算时，可用其在直角坐标轴上的投影来表示，即

$$m\boldsymbol{v} = mv_x\boldsymbol{i} + mv_y\boldsymbol{j} + mv_z\boldsymbol{k} \tag{11-1}$$

在国际单位制中，动量的单位为 kg·m/s（千克·米/秒）。

质点系内各质点动量的矢量和称为质点系的动量，即

$$\boldsymbol{p} = \sum_{i=1}^{n} m_i \boldsymbol{v}_i \tag{11-2}$$

式中：n 为质点系内的质点数；m_i 为质点系内第 i 个质点的质量；$\boldsymbol{v}_i$ 为该质点的速度。矢量和又称为主矢，即质点系的动量等于质点系的主矢。

例 11-1　三物块用绳相连，如图 11-1(a)所示，其质量分别为 $m_1 = 2m_2 = 4m_3$，如绳的质量和变形忽略不计，且 $\theta = 45°$。求由此三物块组成的质点系的动量。

解　三个物体都可视为质点，且它们的速度大小都等于 v，由式(11-2)有

$$\boldsymbol{p} = m_1\boldsymbol{v}_1 + m_2\boldsymbol{v}_2 + m_3\boldsymbol{v}_3$$

如图 11-1(b)所示。采用其投影式有

$$p_x = m_2 v_2 + m_3 v_3 \cos\theta = 2.707 m_3 v$$

$$p_y = -m_1 v_1 + m_3 v_3 \sin\theta = -3.293 m_3 v$$

$$p = \sqrt{p_x^2 + p_y^2} = 4.263 m_3 v$$

其方向为

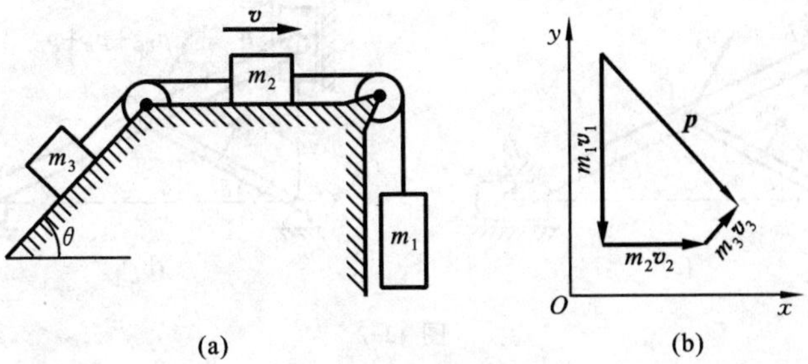

图 11-1

$$(\boldsymbol{p},\boldsymbol{i}) = \arccos\frac{p_x}{p} = -50.58°,\quad (\boldsymbol{p},\boldsymbol{j}) = \arccos\frac{p_y}{p} = -140.58°$$

如质点系中任一质点 i 的矢径为 $\boldsymbol{r}_i$，其速度为 $\boldsymbol{v}_i = \frac{\mathrm{d}\boldsymbol{r}_i}{\mathrm{d}t}$，代入式(11-2)，则有

$$\boldsymbol{p} = \sum_{i=1}^{n} m_i\boldsymbol{v}_i = \sum m_i \frac{\mathrm{d}\boldsymbol{r}_i}{\mathrm{d}t} = \frac{\mathrm{d}}{\mathrm{d}t}\sum m_i\boldsymbol{r}_i \tag{11-3}$$

式中的 $\sum m_i\boldsymbol{r}_i$ 只与质点系的质量分布有关。令 $m = \sum m_i$ 为质点系的质量，定义

$$\boldsymbol{r}_C = \frac{\sum m_i\boldsymbol{r}_i}{m} \tag{11-4}$$

$\boldsymbol{r}_C$ 为质点系的质量中心(简称质心)的矢径。将式(11-3)代入式(11-4)，得

$$\boldsymbol{p} = \frac{\mathrm{d}}{\mathrm{d}t}\sum m_i\boldsymbol{r}_i = \frac{\mathrm{d}}{\mathrm{d}t}m\boldsymbol{r}_C = m\boldsymbol{v}_C \tag{11-5}$$

其中 $\boldsymbol{v}_C = \frac{\mathrm{d}\boldsymbol{r}_C}{\mathrm{d}t}$ 为质点系质心 C 的速度。式(11-5)表明，质点系的动量等于其质心的速度与其全部质量的乘积。质点系的动量可视为描述质心运动的一个特征量。

刚体是由无限多个质点组成的不变质点系，质心是刚体上某一确定点。对于质量分布均匀的规则刚体，质心也就是几何中心，用式(11-5)计算刚体的动量是非常方便的。

例 11-2　在图 11-2 中，椭圆规机构由均质的曲柄 OA，规尺 BD 及滑块 B 和 D 组成。已知：规尺长 $2l$，质量为 $2m_1$；两滑块的质量都是 m_2；曲柄长 l，质量为 m_1，并以匀角速度 ω 绕定轴 O 转动。求当曲柄 OA 与水平线 OD 成角度 θ 的瞬时：(1)曲柄 OA 的动量；(2)整个系统的动量。

解　(1) 曲柄 OA 的质心在它的中点 E 处，所以它的动量大小为

$$p_{OA} = m_1 v_E = \frac{1}{2}m_1 l\omega$$

其方向和 E 点的速度一致，垂直于 OA，如图 11-2(b)所示。

(2) 整个机构分为曲柄 OA、规尺 BD、滑块 B 和 D 四部分，系统的动量为各部分

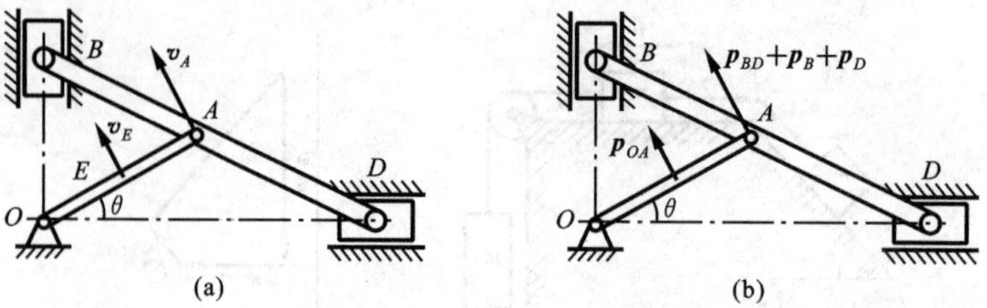

图 11-2

动量的矢量和。可先求出各部分的动量后,再求矢量和。但是规尺和两个滑块构成的系统的质心在 A 点,因此可合起来计算,其大小为

$$p_{BD}+p_B+p_D=2(m_1+m_2)v_A=2(m_1+m_2)l\omega$$

其方向同 A 点的速度方向一致,如图 11-2(b)所示。再对求得的动量计算矢量和,可知系统的动量大小为

$$p=\frac{1}{2}m_1l\omega+2(m_1+m_2)l\omega=\frac{1}{2}(5m_1+4m_2)l\omega$$

方向同 A 点和 E 点的速度方向一致。

2. 冲量

力对物体作用的运动效应不仅取决于力的大小和方向,而且和该力所作用的时间有关,因此将力在一段时间间隔内的累积效应称为力的冲量。

如果作用力为常力 $\boldsymbol{F}$,作用时间为 t,则力与时间的乘积即为力 $\boldsymbol{F}$ 在时间间隔 t 内的冲量,其表达式为

$$\boldsymbol{I}=\boldsymbol{F}t \tag{11-6}$$

冲量是矢量,其方向同力的方向相同。

如果作用力为变力,在无穷小的时间间隔 dt 内,力 $\boldsymbol{F}$ 可以看作常量,在 dt 内的冲量称为元冲量,即

$$\mathrm{d}\boldsymbol{I}=\boldsymbol{F}\mathrm{d}t$$

于是在时间间隔 t 内力的冲量为

$$\boldsymbol{I}=\int_0^t\boldsymbol{F}\mathrm{d}t \tag{11-7}$$

冲量的单位在国际单位制中与动量的单位相同,为 N·s(牛顿·秒)。

在具体计算时,常采用投影式。冲量在直角坐标轴上的投影为

$$\left.\begin{aligned}I_x&=\int_0^tF_x\mathrm{d}t\\I_y&=\int_0^tF_y\mathrm{d}t\\I_z&=\int_0^tF_z\mathrm{d}t\end{aligned}\right\} \tag{11-8}$$

11.2　动 量 定 理

1. 质点的动量定理

设质点的质量为 m，速度为 $\boldsymbol{v}$，作用力的合力为 $\boldsymbol{F}$，牛顿第二定律可写为

$$m\boldsymbol{a}=m\frac{\mathrm{d}\boldsymbol{v}}{\mathrm{d}t}=\frac{\mathrm{d}}{\mathrm{d}t}(m\boldsymbol{v})=\boldsymbol{F} \tag{11-9}$$

即质点的动量对时间的一阶导数等于作用在该质点上的力，这就是微分形式的质点的动量定理。式(11-9)也可写为

$$\mathrm{d}(m\boldsymbol{v})=\boldsymbol{F}\mathrm{d}t=\mathrm{d}\boldsymbol{I} \tag{11-10}$$

即质点动量的微分等于作用于质点上的力的元冲量。

将式(11-10)积分，积分的上、下限取时间由 0 到 t，速度由 $\boldsymbol{v}_1$ 到 $\boldsymbol{v}_2$，得

$$m\boldsymbol{v}_2-m\boldsymbol{v}_1=\int_0^t\boldsymbol{F}\mathrm{d}t=\boldsymbol{I}$$

即质点的动量在任一时间内的变化，等于在同一时间内作用在该质点上的力的冲量，这就是积分形式的质点的动量定理。

2. 质点系的动量定理

设质点系有 n 个质点，第 i 个质点的质量为 m_i，速度为 $\boldsymbol{v}_i$。外界物体对该质点作用的力表示为 $\boldsymbol{F}_i^{(e)}$，称为外力，质点系内其他质点对该质点的作用力表示为 $\boldsymbol{F}_i^{(i)}$，称为内力。由质点的动量定理，有

$$\frac{\mathrm{d}}{\mathrm{d}t}(m_i\boldsymbol{v}_i)=\boldsymbol{F}_i^{(e)}+\boldsymbol{F}_i^{(i)}$$

对于质点系内每一个质点都可写出这样一个方程，将这样的 n 个方程相加，得

$$\sum\frac{\mathrm{d}}{\mathrm{d}t}(m_i\boldsymbol{v}_i)=\frac{\mathrm{d}}{\mathrm{d}t}\sum m_i\boldsymbol{v}_i=\sum\boldsymbol{F}_i^{(e)}+\sum\boldsymbol{F}_i^{(i)} \tag{11-11}$$

式中：$\sum m_i\boldsymbol{v}_i$ 即质点系的动量 $\boldsymbol{p}$；$\sum\boldsymbol{F}_i^{(e)}$ 为作用于质点系上外力的矢量和（外力系的主矢）。由于质点系内各质点相互作用的内力总是大小相等、方向相反地成对出现，相互抵消，因此内力的矢量和（内力系的主矢）$\sum\boldsymbol{F}_i^{(i)}$ 恒等于零，即

$$\sum\boldsymbol{F}_i^{(i)}=\boldsymbol{0}$$

于是式(11-11)简化为

$$\frac{\mathrm{d}\boldsymbol{p}}{\mathrm{d}t}=\frac{\mathrm{d}}{\mathrm{d}t}\sum m_i\boldsymbol{v}_i=\sum\boldsymbol{F}_i^{(e)} \tag{11-12}$$

即质点系的动量对时间的一阶导数等于作用在该质点系上所有外力的矢量和（外力的主矢），这就是微分形式的质点系动量定理。在具体计算时，常采用其投影式。如投影到直角坐标轴上，有

$$\left.\begin{aligned}\frac{\mathrm{d}p_x}{\mathrm{d}t}&=\sum F_x^{(e)}\\ \frac{\mathrm{d}p_y}{\mathrm{d}t}&=\sum F_y^{(e)}\\ \frac{\mathrm{d}p_z}{\mathrm{d}t}&=\sum F_z^{(e)}\end{aligned}\right\}\tag{11-13}$$

将式(11-12)的两边同乘以 $\mathrm{d}t$,并在时间间隔 t_1 到 t_2 内积分,可得

$$\boldsymbol{p}_2-\boldsymbol{p}_1=\sum\int_{t_1}^{t_2}\boldsymbol{F}_i^{(e)}\mathrm{d}t=\sum\boldsymbol{I}_i^{(e)}\tag{11-14}$$

即质点系的动量在任一时间间隔内的变化,等于在同一时间间隔内作用在该质点系上所有外力的冲量的矢量和,这就是积分形式的质点系动量定理,又称冲量定理。

将式(11-14)投影在直角坐标轴上,有

$$\left.\begin{aligned}p_{2x}-p_{1x}&=\sum I_x^{(e)}\\ p_{2y}-p_{1y}&=\sum I_y^{(e)}\\ p_{2z}-p_{1z}&=\sum I_z^{(e)}\end{aligned}\right\}\tag{11-15}$$

由质点系动量定理可知,质点系的内力不能改变质点系的动量。

质点系的动量定理不包含内力,适用于求解质点系内部相互作用复杂或中间过程复杂的问题,如流体在管道中或叶片上的流动、射流对障碍面的压力及碰撞等问题。

例 11-3 设有一不可压缩的理想流体(即忽略内摩擦力的流体),在变截面管内定常流动(即流体速度在管内的分布不随时间而变),流体的密度为 ρ,体积流量即单位时间内流经管道某截面的流体体积为 Q。求管壁所受的动压力。

解 取管道中 AB 和 CD 任意两个截面中间的流体为一质点系(见图 11-3),设经过时间 $\mathrm{d}t$,$ABCD$ 内的流体流至 $A'B'C'D'$ 位置,则动量的变化等于 $A'B'C'D'$ 内的流体动量与 $ABCD$ 内的流体动量之差。由于流动是定常的,所以公共容积 $A'B'CD$ 内的流体在 $\mathrm{d}t$ 前后动量保持不变,故流体动量的变化等于 $CDC'D'$ 内的流体动量与 $ABA'B'$ 内的流体动量之差。这两部分流体的质量都等于 $\rho Q\mathrm{d}t$,因此若以 $\boldsymbol{v}_1$、$\boldsymbol{v}_2$ 代表截面 AB 和 CD 处的流速,则在 $\mathrm{d}t$ 时间内动量的变化等于

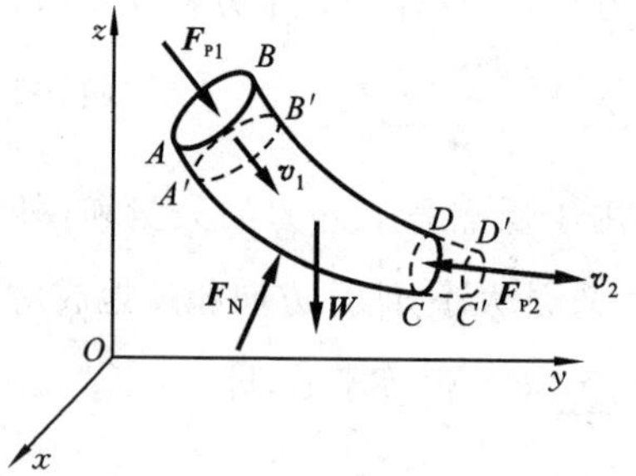

图 11-3

$$\mathrm{d}\boldsymbol{p}=\rho Q\mathrm{d}t\cdot\boldsymbol{v}_2-\rho Q\mathrm{d}t\cdot\boldsymbol{v}_1$$

上式两端同除以 $\mathrm{d}t$,有

$$\frac{\mathrm{d}\boldsymbol{p}}{\mathrm{d}t}=\rho Q(\boldsymbol{v}_2-\boldsymbol{v}_1)$$

作用于质点系的外力有重力 $\boldsymbol{W}$、管壁动反力 $\boldsymbol{F}_\mathrm{N}$、截面 AB 和 CD 处所受相邻流

体的压力 $\boldsymbol{F}_{P1}$ 与 $\boldsymbol{F}_{P2}$。根据质点系的动量定理，可得

$$\rho Q(\boldsymbol{v}_2 - \boldsymbol{v}_1) = \boldsymbol{W} + \boldsymbol{F}_{P1} + \boldsymbol{F}_{P2} + \boldsymbol{F}_N$$

这就是欧拉方程，则管壁动反力

$$\boldsymbol{F}_N = -(\boldsymbol{W} + \boldsymbol{F}_{P1} + \boldsymbol{F}_{P2}) + \rho Q(\boldsymbol{v}_2 - \boldsymbol{v}_1)$$

而流体对管壁的动压力与 $\boldsymbol{F}_N$ 大小相等、方向相反。

上例中，管壁动反力 $\boldsymbol{F}_N$ 可分为两部分：一部分为流体的重力以及截面 AB 和 CD 处所受相邻流体的压力所引起的反力，以 $\boldsymbol{F}'_N$ 表示；一部分为流体流动时其动量的变化引起的附加反力，以 $\boldsymbol{F}''_N$ 表示。显然 $\boldsymbol{F}''_N$ 应为

$$\boldsymbol{F}''_N = \rho Q(\boldsymbol{v}_2 - \boldsymbol{v}_1)$$

不可压缩的流体做定常流动时，其密度 ρ 和体积流量 Q 均为常量，且有

$$Q = A_1 v_1 = A_2 v_2$$

式中：A 和 v 分别表示管中任意截面的面积和流速。因此，在已知流速(或流量)及曲管尺寸后，即可求出附加动反力。流体对管壁的附加动压力的大小等于此附加动反力，但方向相反。

在应用前面的公式进行具体计算时，应取其投影式。

例 11-4 已知液体在直角弯管 $ABCD$ 中做稳定流动(见图 11-4)，流量为 Q，密度为 ρ，AB 端流入截面的直径为 d，另一端 CD 流出截面的直径为 d_1。求液体对管壁的附加动压力。

解 取 $ABCD$ 一段液体为研究对象，设流出、流入的速度大小为 v_1 和 v_2，则

$$v_1 = \frac{4Q}{\pi d^2}, \quad v_2 = \frac{4Q}{\pi d_1^2}$$

建立图 11-4 所示坐标系，则附加动反力在 x、y 轴上的投影为

$$F''_{Nx} = \rho Q(v_2 - 0) = \frac{4\rho Q^2}{\pi d_1^2}$$

$$F''_{Ny} = \rho Q[0 - (-v_1)] = \frac{4\rho Q^2}{\pi d^2}$$

这是管壁对研究对象的反力中的附加动反力，方向如图 11-4 所示。作用在管壁上的附加动压力与它大小相等、方向相反。

例 11-5 电动机的外壳固定在水平基础上，定子质量为 m_1，转子质量为 m_2，如图 11-5 所示。设定子的质心位于转轴的中心 O_1，但由于制造误差，转子的质心 O_2 到 O_1 的距离为 e。已知转子匀速转动，角速度为 ω。求基础的支座反力。

解 取电动机外壳与转子组成质点系，用质点系动量定理可不考虑使转子转动的内力。对质点系进行受力分析，如图 11-5 所示。机壳不动，质点系的动量就是转子的动量，其大小为

$$p = m_2 \omega e$$

方向如图所示。设 $t=0$ 时，O_1O_2 竖直，有 $\varphi=\omega t$。由动量定理微分形式的投影式得

$$\frac{\mathrm{d}p_x}{\mathrm{d}t} = F_x$$

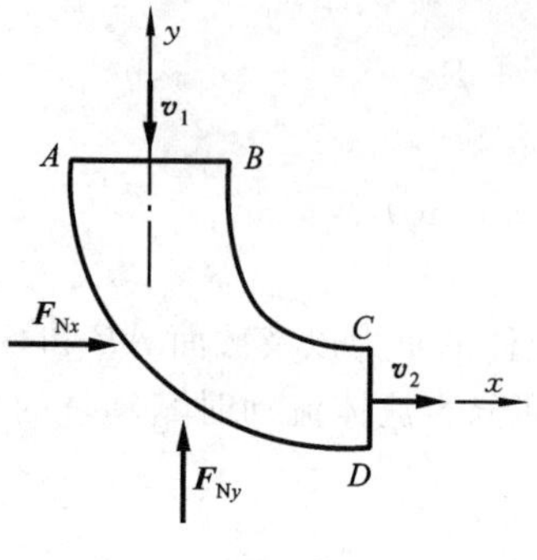

图 11-4

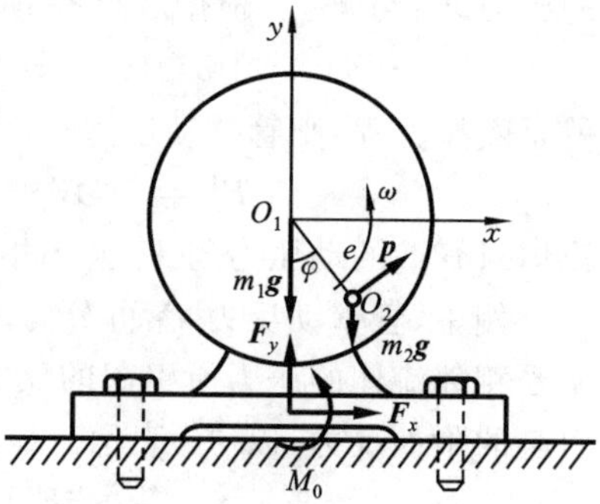

图 11-5

$$\frac{\mathrm{d}p_y}{\mathrm{d}t} = F_y - m_1 g - m_2 g$$

而

$$p_x = m_2 \omega e \cos\omega t, \quad p_y = m_2 \omega e \sin\omega t$$

将其代入投影式,解出基础的反力为

$$F_x = - m_2 \omega^2 e \sin\omega t$$

$$F_y = m_1 g + m_2 g + m_2 \omega^2 e \cos\omega t$$

电动机不转时,基础只有向上的反力$(m_1 + m_2)g$,可称为**静反力**;电动机转动时的基础反力可称为**动反力**。动反力与静反力的差值是由于系统运动而产生的,可称为**附加的动反力**。此例中,由于转子偏心而引起的 x 和 y 方向的附加动反力都是谐变力,将引起电动机和基础的振动。

实际上对刚体和刚体系来说,运用动量定理的微分形式可求解动反力,不过,其实质和结果均与后面要论述的质心运动定理一样,且不如质心运动定理简便。所以对刚体和刚体系来说,更多是利用质心运动定理求解。

3. 质点系动量守恒定律

如果作用于质点系的外力的主矢恒等于零,根据式(11-12)或式(11-14),质点系的动量保持不变,即

$$\boldsymbol{p} = \boldsymbol{p}_0 = 常矢量$$

如果作用于质点系的外力主矢在某一坐标轴上的投影恒等于零,则根据式(11-13)或式(11-15),质点系的动量在该坐标轴上的投影保持不变。例如 $\sum F_x^{(e)} = 0$,则

$$p_x = p_{0x} = 常量$$

以上结论称为质点系动量守恒定律。

由质点系动量定理可知,只有作用于质点系上的外力才能改变质点系的动量。作用于质点系上的内力虽不能改变整个系统的动量,却能改变质点系内各部分的动量。例如炮弹发射前,将炮筒和炮弹看成一个质点系,此时的质点系动量为零;发射

时，弹药爆炸产生的气体压力为内力，它使炮弹获得一个向前的动量，同时也使炮筒获得一同样大小的向后的动量。这就是反座现象。

例 11-6　平台车质量 $m_1=500\ \text{kg}$，可沿水平轨道运动。平台车上站有一人，质量 $m_2=70\ \text{kg}$，车与人以共同速度 v_0 向右运动。如人相对于平台车以速度 $v_r=2\ \text{m/s}$向左方跳出，不计平台车水平方向的阻力及摩擦，问平台车增加的速度为多少？

解　取平台车和人为研究对象，在不计阻力和摩擦情况下，系统在水平方向不受外力的作用，因此系统沿水平方向动量守恒。

人在跳出平台车前系统的动量在水平方向的投影为

$$p_0=(m_1+m_2)v_0$$

设人在跳离平台车后的瞬间，平台车的速度大小为 v，则平台车和人的动量在水平方向上的投影分别为

$$p_1=m_1v,\quad p_2=m_2(v-v_r)$$

根据动量守恒条件，有

$$(m_1+m_2)v_0=m_1v+m_2(v-v_r)$$

解得

$$v=\frac{(m_1+m_2)v_0+m_2v_r}{m_1+m_2}$$

所以平台车增加的速度大小为

$$\Delta v=v-v_0=\frac{m_2}{m_1+m_2}v_r=0.246\ \text{m/s}$$

在应用动量守恒方程时，应注意方程中所用的速度必须是绝对速度；要确定一个正方向，严格按动量投影的正负号去计算。

11.3　质心运动定理

1. 质量中心

设有由 n 个质点所组成的质点系，其中任一质点 M_i 的质量为 m_i，矢径为 $\boldsymbol{r}_i$，各质点的质量和 $m=\sum m_i$ 是整个质点系的质量，由式(11-4)所确定的几何点 C 称为质点系的质量中心(简称质心)。在具体计算时，利用式(11-4)的投影式，即

$$\left.\begin{aligned}x_C&=\frac{\sum m_ix_i}{\sum m_i}=\frac{\sum m_ix_i}{m}\\ y_C&=\frac{\sum m_iy_i}{\sum m_i}=\frac{\sum m_iy_i}{m}\\ z_C&=\frac{\sum m_iz_i}{\sum m_i}=\frac{\sum m_iz_i}{m}\end{aligned}\right\}\qquad(11\text{-}16)$$

质心是质点系中特定的一个点,质点系运动,质心一般也在运动。由式(11-5)可知,如果把质点系的质点都集中于质心,作为一个质点,那么此质点的动量就等于质点系的动量。

若将式(11-16)中各式等号右边的分子与分母同乘以重力加速度 g,就变成重心的坐标公式。可见,在均匀重力场内,质点系的质心与重心重合。

对于由几个形状简单的刚体组成的质点系,可把每个刚体看成一个质点,质量位于其质心处,利用式(11-16)计算整个质点系质心的位置。

例 11-7 图 11-6 所示的曲柄滑块机构中,设曲柄 OA 受力偶作用以匀角速度 ω 转动,滑块 B 沿 x 轴滑动。若 $OA=AB=l$,OA 及 AB 都为均质杆,质量都为 m_1,滑块 B 的质量为 m_2。试求此系统的质心运动方程、轨迹及此系统的动量。

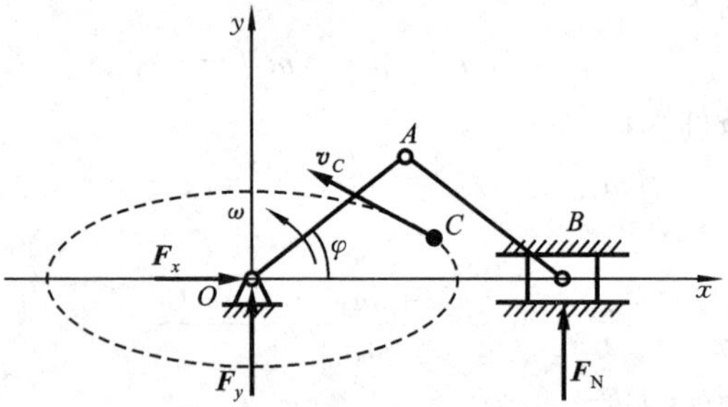

图 11-6

解 设 $t=0$ 时杆 OA 水平,则有 $\varphi=\omega t$。将系统看成是由三个质点组成的,分别位于杆 OA 的中点、杆 AB 的中点和 B 点。由式(11-16),系统质心的坐标为

$$x_C=\frac{m_1\dfrac{l}{2}+m_1\dfrac{3l}{2}+2m_2 l}{2m_1+m_2}\cos\omega t=\frac{2(m_1+m_2)}{2m_1+m_2}l\cos\omega t$$

$$y_C=\frac{2m_1\dfrac{l}{2}}{2m_1+m_2}\sin\omega t=\frac{m_1}{2m_1+m_2}l\sin\omega t$$

以上即系统质心 C 的运动方程。由上两式消去时间 t,得

$$\left[\frac{2m_1+m_2}{2(m_1+m_2)l}x_C\right]^2+\left[\frac{2m_1+m_2}{m_1 l}y_C\right]^2=1$$

即质心 C 的运动轨迹为一椭圆,如图 11-6 中虚线所示。应该指出,系统的质心一般不在某一物体上,而是空间的某一特定点。

为求系统的动量,利用式(11-5)的投影式,有

$$p_x=mv_{Cx}=(2m_1+m_2)\frac{\mathrm{d}x_C}{\mathrm{d}t}=-2(m_1+m_2)l\omega\sin\omega t$$

$$p_y=mv_{Cy}=(2m_1+m_2)\frac{\mathrm{d}y_C}{\mathrm{d}t}=m_1 l\omega\cos\omega t$$

系统的动量大小为

$$p = \sqrt{p_x^2 + p_y^2} = l\omega \sqrt{4(m_1 + m_2)^2 \sin^2 \omega t + m_1^2 \cos^2 \omega t}$$

方向沿质心轨迹的切线方向，可用其方向余弦表示，具体表达式略。

此题也可逐个计算每个刚体的动量，然后再求其矢量和。

2. 质心运动定理

将式(11-5)两端对时间求一阶导数，并根据质点系的动量定理，则得

$$m\boldsymbol{a}_C = \sum m_i \boldsymbol{a}_i = \sum \boldsymbol{F}_i^{(e)} \tag{11-17}$$

该式表明：质点系的质量与质心加速度的乘积等于质点系所受外力的矢量和(外力系的主矢)，这就是质心运动定理。

在形式上，质心运动定理和牛顿第二定律完全相同。可见，质点系质心这个几何点的运动犹如一个质点的运动，该质点的质量等于整个质点系的质量，而作用于其上的力等于作用在整个质点系上所有外力的矢量和。

在具体计算时，采用投影式，如质心运动定理在直角坐标轴和自然轴上的投影分别为

$$\left.\begin{aligned} ma_{Cx} &= \sum F_x^{(e)} \\ ma_{Cy} &= \sum F_y^{(e)} \\ ma_{Cz} &= \sum F_z^{(e)} \end{aligned}\right\} \tag{11-18}$$

$$\left.\begin{aligned} m\frac{v_C^2}{\rho} &= \sum F_n^{(e)} \\ m\frac{dv_C}{dt} &= \sum F_t^{(e)} \\ \sum F_b^{(e)} &= 0 \end{aligned}\right\} \tag{11-19}$$

质心运动定理是动量定理的另一种表达形式，在理论上也有重要意义。运动学中指出平移刚体可抽象为一个点来研究，这个点即是质心。当质点系尤其是刚体做一般运动时，其运动总可分解为随质心的平移和相对于质心的转动，应用质心运动定理如能求出质心的运动规律，也就确定了质点系或刚体随质心的平移规律。

质心运动定理对那些质心运动已知的质点系特别有用，因为定理中不包括内力，可直接去求作用于质点系上的未知外力；若已知外力，则可求质心的运动规律。

例 11-8　重为 W、长为 $2l$ 的均质杆 OA 绕定轴 O 转动，设在图 11-7 所示瞬时的角速度为 ω，角加速度为 α，求此时轴 O 对杆的约束反力。

解　取杆 OA 为分析对象，作用于 OA 上的外力有轴 O 处的约束反力 $\boldsymbol{F}_x$、$\boldsymbol{F}_y$ 和重力 $\boldsymbol{W}$。

杆 OA 均质，质心位于杆的中点 C。C 点具有切向加速度 $\boldsymbol{a}_t$ 和法向加速度 $\boldsymbol{a}_n$，大小分别为 $a_t = l\alpha$，$a_n = l\omega^2$。

由质心运动定理在 x、y 轴上的投影式有

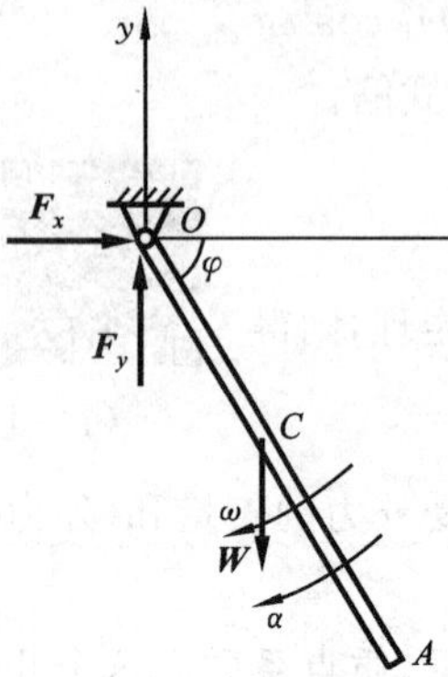

图 11-7

$$\frac{W}{g}(-l\alpha\sin\varphi-l\omega^2\cos\varphi)=F_x$$

$$\frac{W}{g}(-l\alpha\cos\varphi+l\omega^2\sin\varphi)=F_y-W$$

解得

$$F_x=-\frac{W}{g}(l\alpha\sin\varphi+l\omega^2\cos\varphi)$$

$$F_y=W+\frac{W}{g}(l\omega^2\sin\varphi-l\alpha\cos\varphi)$$

例 11-9　用质心运动定理求解例 11-5。

解　取电动机外壳与转子组成的质点系，其受力如图 11-5 所示。在选定的坐标系下，定子的质心 O_1 的坐标为 $x_1=0,y_1=0$，转子的质心 O_2 的坐标为 $x_2=e\sin\varphi,y_2=-e\cos\varphi$。由式(11-16)可知质点系的质心 C 的坐标为

$$x_C=\frac{m_1x_1+m_2x_2}{m_1+m_2}=\frac{m_2e\sin\varphi}{m_1+m_2}$$

$$y_C=\frac{m_1y_1+m_2y_2}{m_1+m_2}=-\frac{m_2e\cos\varphi}{m_1+m_2}$$

由 $\varphi=\omega t$，并将上两式对时间 t 求二阶导数，可得质心 C 的加速度在坐标轴上的投影为

$$a_{Cx}=-\frac{m_2}{m_1+m_2}e\omega^2\sin\omega t$$

$$a_{Cy}=\frac{m_2}{m_1+m_2}e\omega^2\cos\omega t$$

由质心运动定理，有

$$(m_1+m_2)a_{Cx}=F_x$$

$$(m_1+m_2)a_{Cy}=F_y-(m_1+m_2)g$$

解得

$$F_x=-m_2\omega^2e\sin\omega t$$

$$F_y=m_1g+m_2g+m_2\omega^2e\cos\omega t$$

3. 质心运动守恒定律

由质心运动定理可知，若质点系不受外力作用，或作用于质点系的所有外力的主矢恒等于零，即 $\sum\boldsymbol{F}_i^{(e)}=\boldsymbol{0}$，则 $\boldsymbol{v}_C=$常矢量，这表明质心处于静止状态或做匀速直线运动。

如果所有作用于质点系的外力在 x 轴上投影的代数和恒等于零，即 $\sum F_x^{(e)}=0$，则 $v_{Cx}=$常量，这表明质心的横坐标 x_C 不变或质心沿 x 轴的运动是均匀的。以上结论称为质心运动守恒定律。

对质点系在内力作用下的位移问题，应用质心守恒条件求解很方便。

例 11-10　图 11-8 所示水平面上放一均质三棱柱 A，在其斜面上又放一均质三棱柱 B。两三棱柱的横截面均为直角三角形。A 的质量 m_A 为 B 的质量 m_B 的 3 倍，其尺寸如图所示。设各处摩擦不计，初始时系统静止。求当 B 沿 A 滑下接触到水平面时，A 移动的距离。

解　将 A 和 B 视为一质点系。作用于该质点系上的外力有 A 和 B 的重力以及水平面对 A 的反力，显然各力在水平轴上的投影的代数和为零。由于初始时系统静止，由质心运动守恒定律可知，质点系质心在水平轴上的坐标不变。建立如图 11-8(a)所示的坐标系。在 B 开始滑下前，系统的质心坐标为

$$x_{C1}=\frac{m_A\dfrac{a}{3}+m_B\dfrac{2b}{3}}{m_A+m_B}=\frac{3a+2b}{12}$$

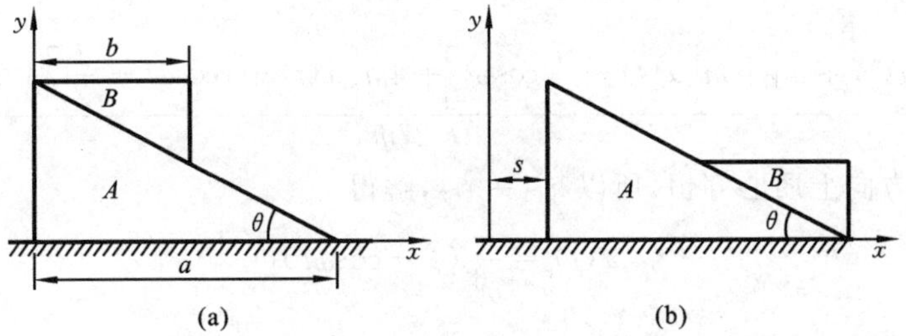

图 11-8

设 B 滑下接触到水平面时，A 向右移动了 s，如图 11-8(b)所示，此时系统的质心坐标为

$$x_{C2}=\frac{m_A\left(s+\dfrac{a}{3}\right)+m_B\left(s+\dfrac{2b}{3}+a-b\right)}{m_A+m_B}=s+\frac{6a-b}{12}$$

由于质心在 x 轴上的坐标不变，即 $x_{C1}=x_{C2}$，有

$$s=-\frac{a-b}{4}$$

负号表示 A 实际向左移动。

例 11-11　平板 D 放置在光滑水平面上，板上装有一曲柄、滑杆、套筒机构，十字套筒 C 保证滑杆 AB 做平移运动，如图 11-9 所示。已知曲柄 OA 是一长为 r，质量为 m 的均质杆，以匀角速度 ω 绕轴 O 转动。滑杆 AB 的质量为 $4m$，套筒 C 的质量为 $2m$，机构其余部分的质量为 $20m$，设初始时机构静止，试求平板 D 的水平运动规律 $x(t)$。

解　取整体为质点系，所受的外力有各部分的重力和水平面的反力。因为外力在水平轴上的投影为零，且初始时静止，因此质点系质心在水平轴上的坐标保持不变。取如图 11-9 所示的坐标系，并设平板 D 的质心距 O 点的水平距离为 a，AB 长为 l，C 距 O 点的水平距离为 b，则初始时质点系质心的水平轴的坐标为

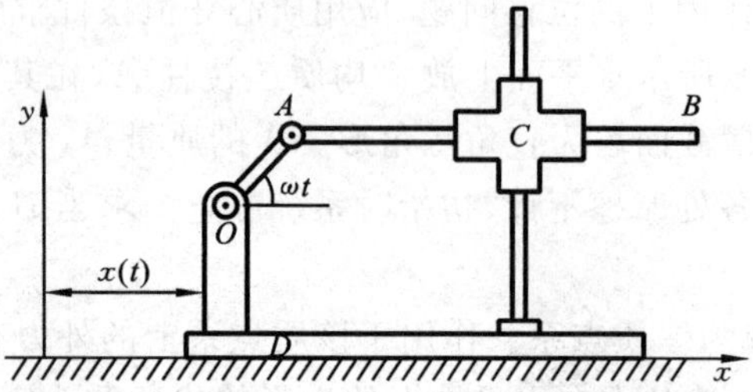

图 11-9

$$x_{C1}=\frac{20ma+m\dfrac{r}{2}+4m\left(r+\dfrac{l}{2}\right)+2mb}{20m+m+4m+2m}=\frac{20a+\dfrac{r}{2}+4r+2l+2b}{27}$$

设经过时间 t，平板 D 向右移动了 $x(t)$，曲柄 OA 转动了角度 ωt，此时质点系质心坐标为

$$x_{C2}=\frac{20m[x(t)+a]+m\left[x(t)+\dfrac{r}{2}\cos\omega t\right]+4m\left[x(t)+r\cos\omega t+\dfrac{l}{2}\right]+2m[x(t)+b]}{27m}$$

因为在水平方向上质心守恒，所以 $x_{C1}=x_{C2}$，解得

$$x(t)=\frac{r}{6}(1-\cos\omega t)$$

小　　结

(1) 本章研究了动量定理，它建立了物体的动量变化与作用力的冲量在数量和方向上的关系。

质点的动量为　　$\boldsymbol{p}=m\boldsymbol{v}$

质点系的动量为　　$\boldsymbol{p}=\sum m_i\boldsymbol{v}_i=m\boldsymbol{v}_C$

力的冲量为　　$\boldsymbol{I}=\int_0^t\boldsymbol{F}\mathrm{d}t$

质点的动量定理的微分形式和积分形式分别为

$$\frac{\mathrm{d}}{\mathrm{d}t}(m\boldsymbol{v})=\boldsymbol{F},\quad m\boldsymbol{v}_2-m\boldsymbol{v}_1=\int_0^t\boldsymbol{F}\mathrm{d}t=\boldsymbol{I}$$

质点系的动量定理的微分形式和积分形式分别为

$$\frac{\mathrm{d}\boldsymbol{p}}{\mathrm{d}t}=\sum\boldsymbol{F}_i^{(\mathrm{e})},\quad \boldsymbol{p}_2-\boldsymbol{p}_1=\sum\boldsymbol{I}_i^{(\mathrm{e})}$$

质点系动量守恒定律：当 $\sum\boldsymbol{F}_i^{(\mathrm{e})}=\boldsymbol{0}$ 时，$\boldsymbol{p}=$常矢量；当 $\sum F_x^{(\mathrm{e})}=0$ 时，$p_x=$常量。

(2) 质点系质心是表征质点系质量分布情况的一个几何点，其坐标为

$$x_C=\frac{\sum m_ix_i}{m},\quad y_C=\frac{\sum m_iy_i}{m},\quad z_C=\frac{\sum m_iz_i}{m}$$

质心运动定律：
$$\sum m\boldsymbol{a}_C = \sum \boldsymbol{F}_i^{(e)}$$

质心运动守恒定律：当 $\sum \boldsymbol{F}_i^{(e)} = \boldsymbol{0}$ 时，$\boldsymbol{v}_C$＝常矢量；若同时有 $\boldsymbol{v}_{C0}=\boldsymbol{0}$，则 $\boldsymbol{r}_C$＝常矢量，即质心位置不变。当 $\sum F_x^{(e)} = 0$ 时，v_{Cx}＝常量；若同时有 $v_{C0x}=0$，则 x_C＝常量，即质心 x 坐标不变。

思　考　题

11-1　有一火车以速度 $\boldsymbol{v}$ 匀速直线行驶，车厢内有一重为 W 的人以同方向、相对车厢为 $\boldsymbol{v}'$ 的速度向前行走，问该人的动量为多少？如人原在车上相对静止，其动量的变化是如何产生的？

11-2　炮弹飞出炮膛后，如无空气阻力，质心沿抛物线运动。炮弹爆炸后，质心运动规律不变。若有一块碎片落地，质心是否还沿原抛物线运动？为什么？

11-3　在光滑的水平面上放置一静止的均质圆盘，当它受一力偶作用时，盘心将如何运动？盘心运动情况与力偶作用位置有关吗？如果圆盘在盘面内受一大小和方向都不变的力作用，盘心将如何运动？盘心运动情况与此力的作用点有关吗？

11-4　刚体受一系列力作用，不论各力作用点如何，此刚体质心的加速度都一样吗？

11-5　在例 11-10 中，若 B 沿斜面下滑的相对速度为 v_r，A 向左的速度为 v，根据动量守恒定律，有
$$m_B v_r \cos\theta = m_A v$$
对吗？在应用动量守恒定律时，其中的速度应是什么速度？

11-6　如果有 $\sum F_x^{(e)} = 0$ 和质点系初始时静止，即满足质心坐标 x_C 守恒条件，试证明在任意瞬时存在以下关系
$$\sum m_i \Delta x_i = 0$$
（其中 m_i 为质点系中任一质点 M_i 的质量，Δx_i 为该质点在时间 t 内坐标 x_i 的变化），并利用上式解答例 11-10 和例 11-11。

习　　题

11-1　计算下列情况下质点系的动量：(1)均质杆重 W、长 l，以角速度 ω 绕轴 O 转动，如图(a)所示；(2)带传动机构中，设带轮及胶带都是均质的，重各为 W_1、W_2 和 W，带轮半径各为 r_1 和 r_2，带轮 O_1 转动的角速度为 ω，如图(c)所示；(3)非均质圆盘重 W，质心 C 距转轴 $OC=e$，以角速度 ω 绕轴 O 转动，如图(b)所示；(4)重 W_1 的平板放在各重 W_2 的相同的两个均质轮子上，平板的速度为 $\boldsymbol{v}$，各接触处没有相对滑动，如图(d)所示。

11-2　汽车以 36 km/h 的速度在平直道上行驶。设车轮在制动后立即停止转动。问车轮对地面的动摩擦因数 f 应为多大方能使汽车在制动后 6 s 停止。

11-3　如图所示，一质量为 1 kg 的小球以 4 m/s 的速度沿斜方向向固定面撞去，设小球弹回的速度改变了方向，未改变大小，且 $\alpha+\beta=90°$。求作用于小球上的总冲量的大小。

11-4　质量分别为 $m_A=12$ kg，$m_B=10$ kg 的物块 A 和 B，用一轻杆连接并倚放在竖直墙面和

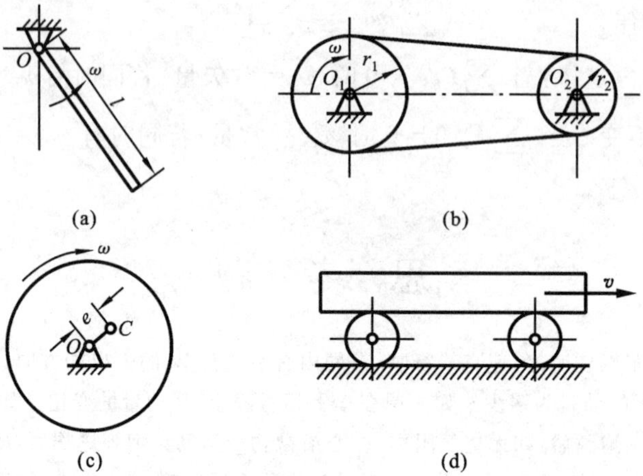

题 11-1 图

水平地板上，如图所示。在物块 A 上作用一常力 $F=250$ N，使它从静止开始向右运动，假设经过 1 s 后，物块 A 移动了 1 m，速度 $v_A=4.15$ m/s。一切摩擦均可忽略，试求作用在墙面和地面上的冲量。

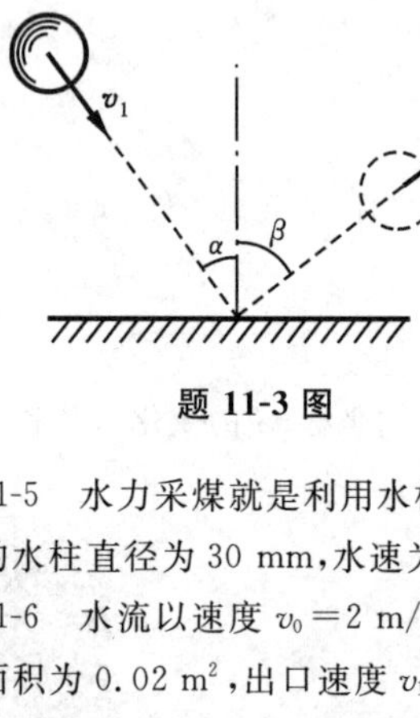

题 11-3 图

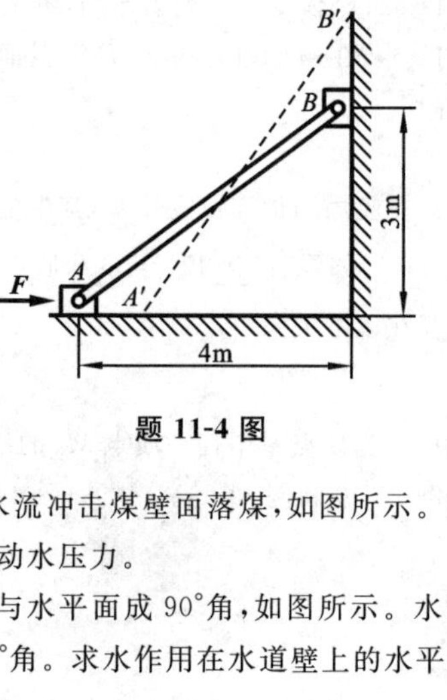

题 11-4 图

11-5　水力采煤就是利用水枪在高压下喷射出的强力水流冲击煤壁面落煤，如图所示。已知水枪的水柱直径为 30 mm，水速为 56 m/s，求水柱给煤壁的动水压力。

11-6　水流以速度 $v_0=2$ m/s 流入固定水道，速度方向与水平面成 90°角，如图所示。水流进口截面积为 0.02 m²，出口速度 $v_1=4$ m/s，它与水平面成 30°角。求水作用在水道壁上的水平和竖直的附加压力。

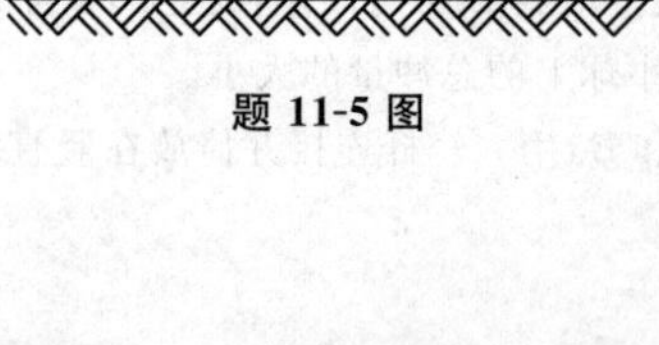

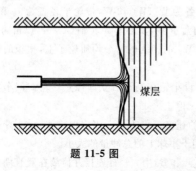

题 11-5 图

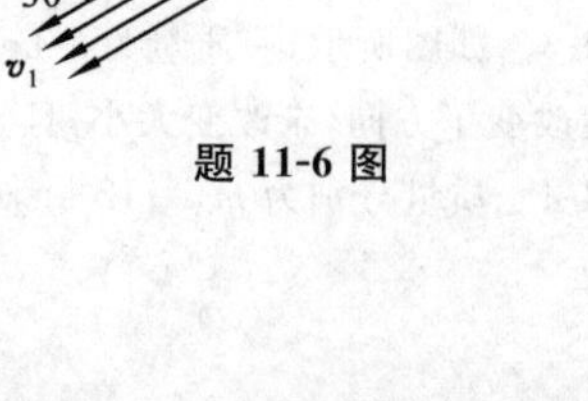

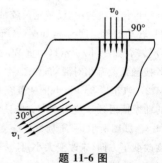

题 11-6 图

11-7　质量为 100 kg 的车，在光滑的直线轨道上以 1 m/s 的速度匀速运动。今有一质量为 50 kg 的人从高处跳到车上，速度为 2 m/s，与水平面成 60°角。随后此人又从车上向后跳下，他跳离车子后相对车子的速度为 1 m/s，方向与水平成 30°角，求人跳离车子后的车速。

11-8　跳伞者质量为 60 kg，自停留在高空中的直升机中跳出，落下 100 m 后，将降落伞打开。开伞前的空气阻力略去不计，伞重不计，开伞后所受的阻力不变，经 5 s 后，跳伞者的速度减为 4.3 m/s。求阻力的大小。

11-9　已知船 A 重 W_A，以速度 $\boldsymbol{v}_1$ 航行。重 W_B 的物体 B 以相对于船的速度 $\boldsymbol{v}_2$ 空投到船上，设 $\boldsymbol{v}_2$ 与水平面成 60°角，且与 $\boldsymbol{v}_1$ 在同一竖直平面内。若不计水的阻力，试求二者共同的水平速度。

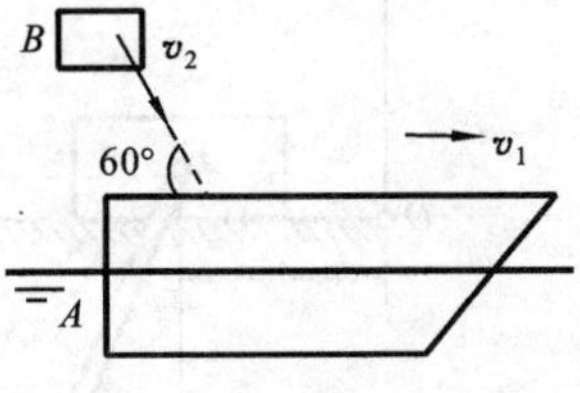

题 11-9 图

11-10　一个重 W 的人手上拿着一个重 W_1 的物体，此人以与地平线成 α 角的速度 $\boldsymbol{v}_0$ 向前跳去，当他到达最高点时将物体以相对速度 $\boldsymbol{v}$ 水平向后抛出。问：由于物体的抛出，跳的距离增加了多少？

11-11　图示传送带的运煤量恒为 20 kg/s，胶带速度恒为 1.5 m/s。求胶带对煤块作用的水平总推力。

11-12　图示凸轮机构中，凸轮以等角速度 ω 绕定轴 O 转动。质量为 m_1 的滑杆 Ⅰ 借右端弹簧的推压力而顶在凸轮上，当凸轮转动时，滑杆做往复运动。设凸轮为一均质圆盘，质量为 m_2，半径为 r，偏心距为 e。求在任一瞬时机座螺钉的总动反力。

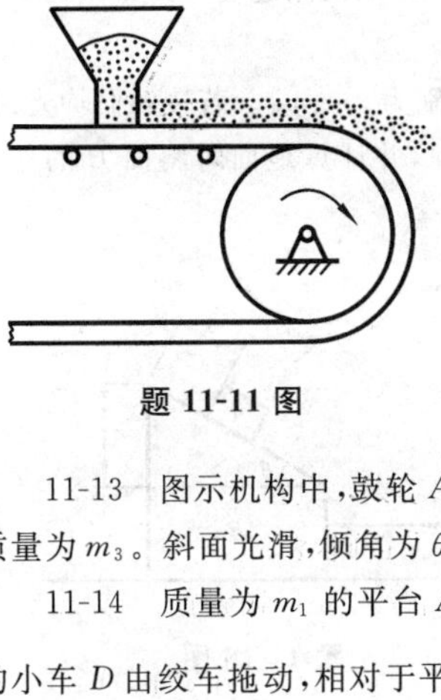

题 11-11 图

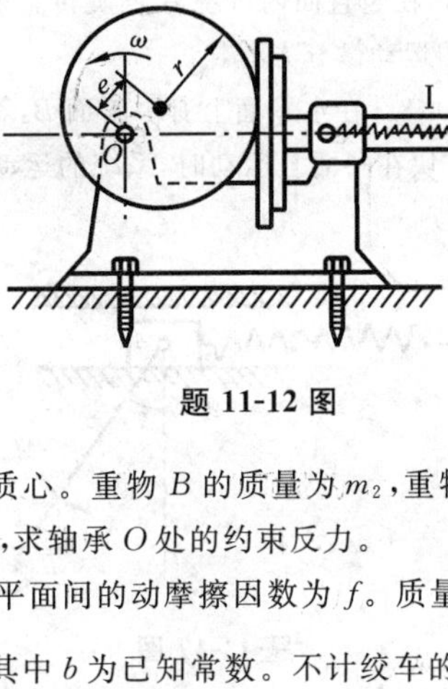

题 11-12 图

11-13　图示机构中，鼓轮 A 的质量为 m_1，转轴 O 为其质心。重物 B 的质量为 m_2，重物 C 的质量为 m_3。斜面光滑，倾角为 θ。已知 B 物体的加速度为 $\boldsymbol{a}$，求轴承 O 处的约束反力。

11-14　质量为 m_1 的平台 AB 放在水平面上，平台与水平面间的动摩擦因数为 f。质量为 m_2 的小车 D 由绞车拖动，相对于平台的运动规律为 $s=\frac{1}{2}bt^2$，其中 b 为已知常数。不计绞车的质量，求平台的加速度。

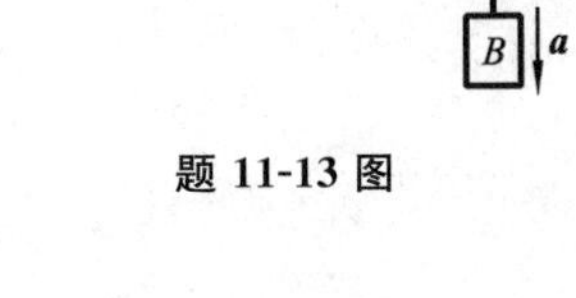

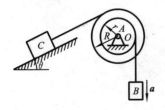

题 11-13 图

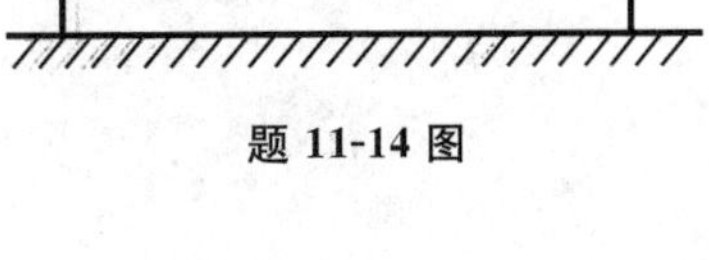

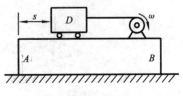

题 11-14 图

11-15　椭圆摆由一滑块 A 与小球 B 所构成,如图所示。滑块的质量为 m_1,可沿光滑水平面滑动;小球的质量为 m_2,用长为 l 的杆 AB 与滑块相连。在运动的初瞬时,杆与竖直线的夹角为 φ_0,且无初速地释放。不计杆的质量,求滑块 A 的位移,用偏角 φ 表示。

11-16　长为 $2l$ 的均质杆 AB,其一端 B 搁置在光滑水平面上,并与水平成 φ 角,如图所示。求当杆下落到水平面上时 A 点的轨迹方程。

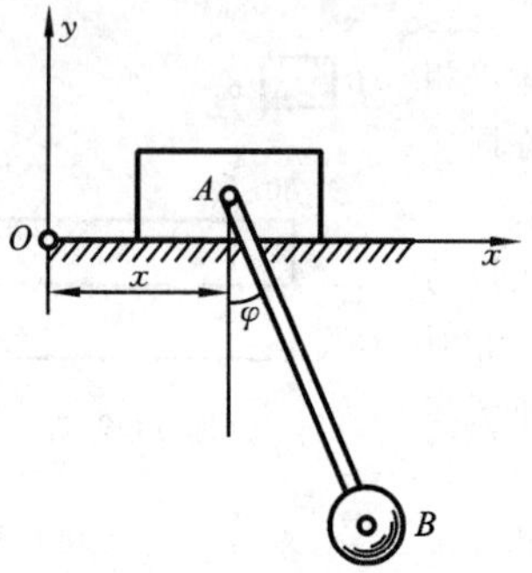

题 11-15 图

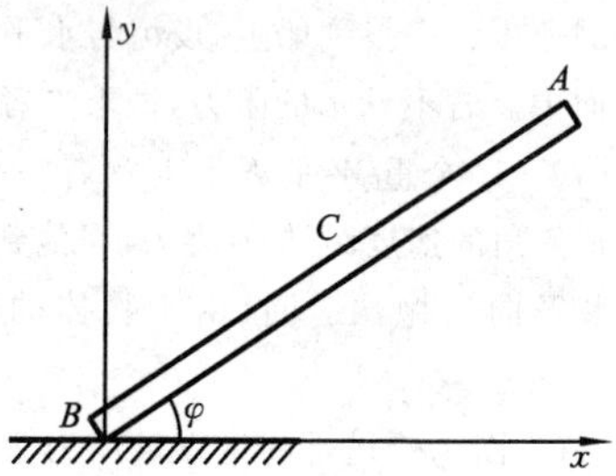

题 11-16 图

*11-17　如图所示,质量为 m 的滑块 A 可以在水平光滑槽中运动,刚度系数为 k 的弹簧一端与滑块相连接,另一端固定。杆 AB 长度为 l,质量忽略不计,A 端与滑块 A 铰接,B 端装有质量为 m_1 的小球,在竖直面内可绕 A 点旋转。设在力偶矩 M 的作用下杆 AB 转动的角速度 ω 为常量。求滑块 A 的运动微分方程。

*11-18　在水平面上有一斜面 B,斜面上有一方块 A,其质量分别为 m_B、m_A。若接触面均光滑,试求方块在斜面上运动时,系统的运动微分方程(用坐标 x、s 描述),并计算地面对斜面 B 的作用力。

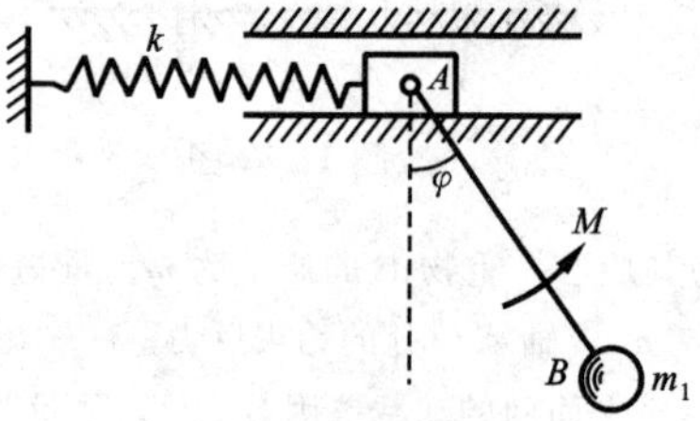

题 11-17 图

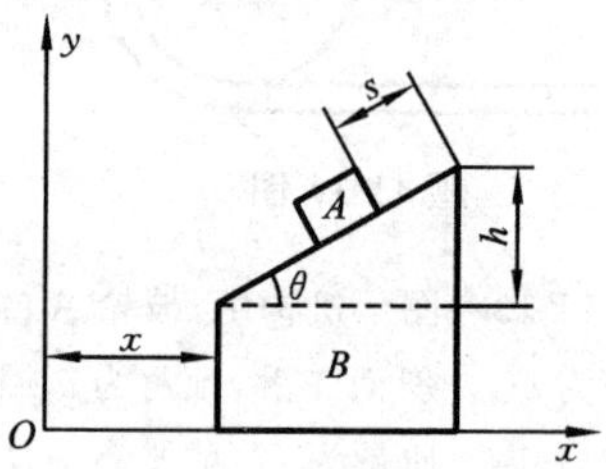

题 11-18 图

第 12 章　动量矩定理

本章将研究动力学的另一普遍定理——动量矩定理，这个定理建立了动量矩与力矩的关系，在一定程度上描述了质点系相对于某一固定点(或定轴)或质心的运动状态及其变化规律。

12.1　质点和刚体的动量矩

1. 质点和质点系的动量矩

1) 质点的动量矩

如图 12-1 所示，设质量为 m 的质点 P 在某一瞬时的速度为$\boldsymbol{v}$，质点相对固定点 O 的位置用矢径 $\boldsymbol{r}$ 来表示，则定义质点 P 的动量 $m\boldsymbol{v}$对 O 点的矩为质点对 O 点的**动量矩**，动量矩用 $\boldsymbol{L}$ 来表示，它是矢量，在物理学中称为**角动量**，即

$$\boldsymbol{L}_O(m\boldsymbol{v}) = \boldsymbol{r} \times m\boldsymbol{v} \tag{12-1}$$

同时，在图 12-1 中，质点的动量 $m\boldsymbol{v}$在 Oxy 平面内的投影$(m\boldsymbol{v})_{xy}$对 O 点的矩，定义为质点的动量对 z 轴的矩，简称对 z 轴的动量矩。由图 12-1 可见，质点对 O 点的动量矩和对 z 轴的动量矩之间的关系，与力对点和力对轴的矩的关系相似：质点对点 O 的动量矩矢在 z 轴上的投影，等于对 z 轴的动量矩，即

$$[\boldsymbol{L}_O(m\boldsymbol{v})]_z = L_z(m\boldsymbol{v}) \tag{12-2}$$

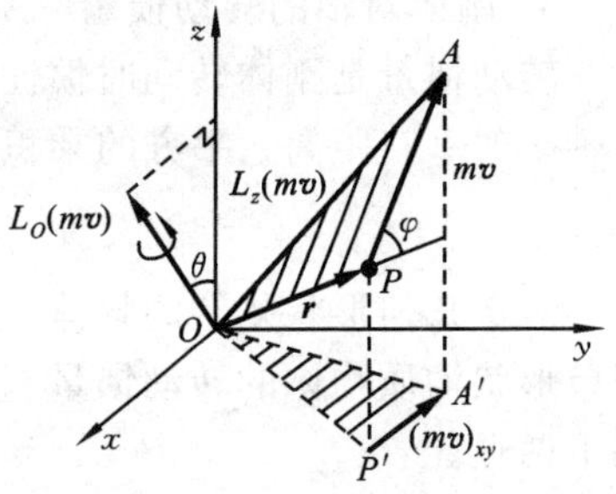

图 12-1

对轴的动量矩是代数量，它正负的判定与力对轴之矩相似，即采用右手定则，右手握拳，四指与动量矩的转向一致，拇指指向与坐标轴正向一致者为正，反之为负。国际单位制中动量矩的单位是 $\mathrm{kg \cdot m^2/s}$。

2) 质点系的动量矩

质点系对固定点 O 的动量矩等于各质点对同一点 O 的动量矩的矢量和，即

$$\boldsymbol{L}_O = \sum \boldsymbol{L}_O(m_i\boldsymbol{v}_i) \tag{12-3}$$

同理，质点系对 z 轴的动量矩等于各质点对同一 z 轴动量矩的代数和，即

$$L_z = \sum L_z(m_i\boldsymbol{v}_i) \tag{12-4}$$

若质点系的动量矩 $\boldsymbol{L}_O$ 在直角坐标系中各轴的投影为 L_x、L_y、L_z，则

$$\boldsymbol{L}_O = L_x\boldsymbol{i} + L_y\boldsymbol{j} + L_z\boldsymbol{k} \tag{12-5}$$

2. 刚体的动量矩

作为特殊质点系的刚体,其动量矩与刚体的运动形式有关。

1) 平移刚体的动量矩

刚体平移时,可将全部质量集中于质心,作为一个质点计算其动量矩,由式(12-1)得

$$\boldsymbol{L}_O(m\boldsymbol{v}) = \boldsymbol{r}_C \times m\boldsymbol{v}$$

式中:m 是刚体的总质量;$\boldsymbol{r}_C$ 是刚体质心到 O 点的矢径;$\boldsymbol{v}$是刚体的平移速度。

2) 定轴转动刚体的动量矩

刚体绕定轴 z 转动,如图 12-2 所示,设瞬时转动角速度为 ω,刚体内任意质点 i 的质量为 m_i,它到 z 轴的距离为 r_i,则刚体对 z 轴的动量矩为

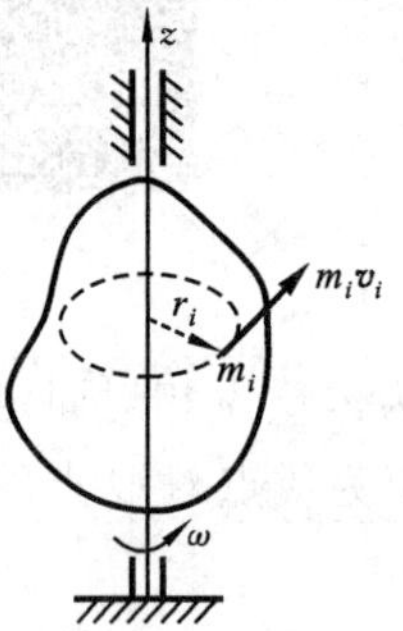

图 12-2

$$L_z = \sum L_z(m_i\boldsymbol{v}_i) = \sum m_i v_i \cdot r_i = \sum m_i\omega r_i \cdot r_i = \omega\sum m_i r_i^2$$

令 $J_z = \sum m_i r_i^2$,称 J_z 为刚体对 z 轴的转动惯量,于是得

$$L_z = \omega J_z \tag{12-6}$$

即绕定轴转动刚体对转轴的动量矩等于刚体对转轴的转动惯量与角速度的乘积。

3. 刚体对轴的转动惯量

转动惯量是刚体转动时惯性的度量。它等于刚体内各质点的质量 m_i与质点到某轴 z 的垂直距离 r_i平方的乘积之和,即

$$J_z = \sum m_i r_i^2 \tag{12-7}$$

对于几何形状复杂的物体,常用实验方法测定其转动惯量。表 12-1 列出了部分简单形状均质物体的转动惯量和回转半径,在查询或计算转动惯量时,还要特别说明以下两点。

1) 回转半径

刚体对任一轴 z 的回转半径(或称惯性半径)为

$$\rho_z = \sqrt{\frac{J_z}{m}} \tag{12-8}$$

若已知刚体对轴 z 的回转半径 ρ_z 和刚体的质量 m,则刚体的转动惯量为

$$J_z = m\rho_z^2 \tag{12-9}$$

即物体的转动惯量等于该物体的质量与回转半径平方的乘积。

2) 平行轴定理

若已知物体质量为 m,它对通过质心的轴的转动惯量是 J_{z_C},则

$$J_z = J_{z_C} + md^2 \tag{12-10}$$

式中:d 为 z 轴和过质心的 z_C 轴之间的距离。

可通过此式计算出该物体对其他平行轴的转动惯量。

式(12-10)是**平行轴定理**的表达式,它表明:刚体对任一轴的转动惯量,等于刚体对通过质心并与该轴平行的轴的转动惯量,加上刚体的质量与两轴间距离平方的乘积。证明过程从略。

表 12-1　简单均质物体的转动惯量

物体形状	简　　图	转动惯量	回转半径
细直杆	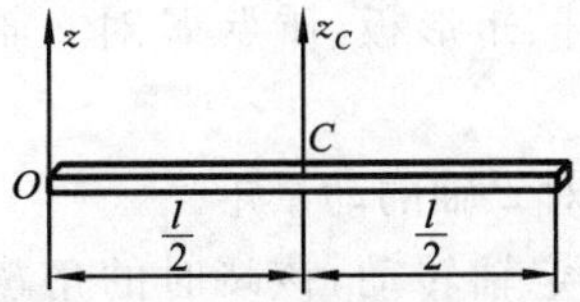	$J_{z_C}=\frac{m}{12}l^2$ $J_z=\frac{m}{3}l^2$	$\rho_{z_C}=\frac{l}{2\sqrt{3}}$ $\rho_z=\frac{l}{\sqrt{3}}$
薄壁圆筒	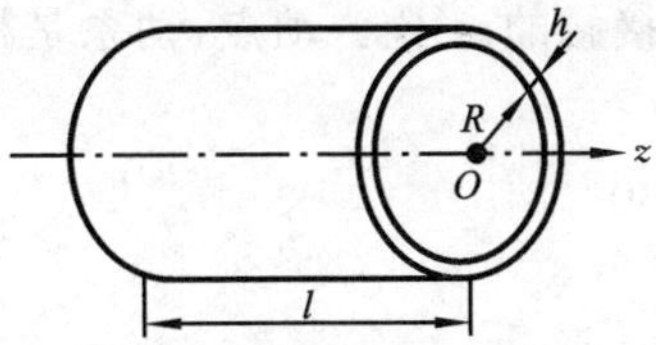	$J_z=mR^2$	$\rho_z=R$
圆柱	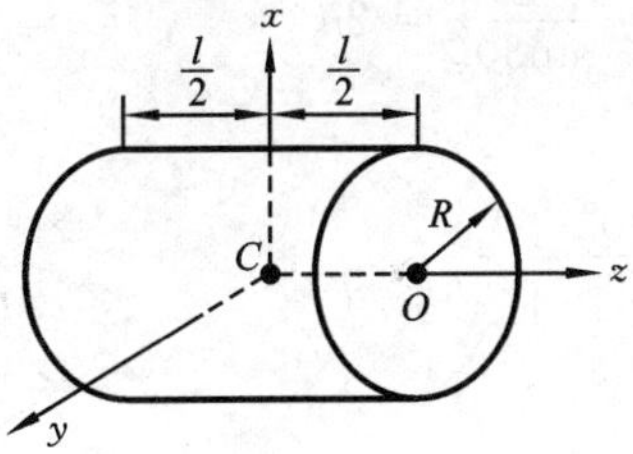	$J_z=\frac{1}{2}mR^2$ $J_x=J_y=\frac{m}{12}(3R^2+l^2)$	$\rho_z=\frac{R}{\sqrt{2}}$ $\rho_x=\rho_y=\sqrt{\frac{1}{12}(3R^2+l^2)}$
薄壁空心球	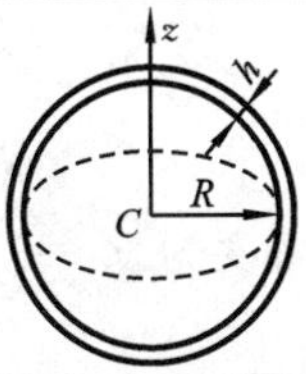	$J_z=\frac{2}{3}mR^2$	$\rho_z=\sqrt{\frac{2}{3}}R$
实心球	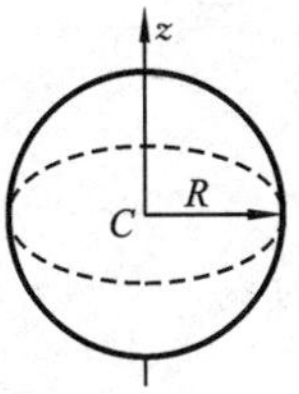	$J_z=\frac{2}{5}mR^2$	$\rho_z=\sqrt{\frac{2}{5}}R$
矩形薄板	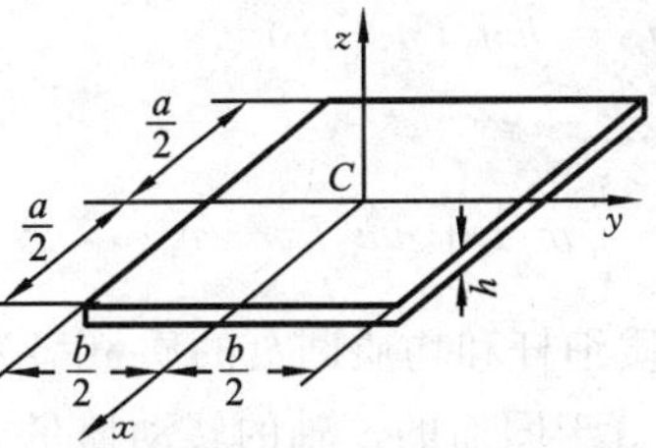	$J_z=\frac{m}{12}(a^2+b^2)$ $J_x=\frac{m}{12}b^2$ $J_y=\frac{m}{12}a^2$	$\rho_z=\sqrt{\frac{1}{12}(a^2+b^2)}$ $\rho_x=\frac{1}{\sqrt{12}}b$ $\rho_y=\frac{1}{\sqrt{12}}a$

例 12-1 如图 12-3 所示，杆 OA 由铰链 O 与地面连接，它对轴 O 的转动惯量为 J_O。一高为 h、质量为 m_1 的均质矩形板沿轴 x 以速度 $\boldsymbol{v}$ 平移，并推动杆 OA 绕轴 O 转动；一质量为 m_2 的质点 E 以向右的相对速度 $\boldsymbol{v}_r$ 在板上运动。试求系统运动到图示位置时对轴 O(轴 z)的动量矩。

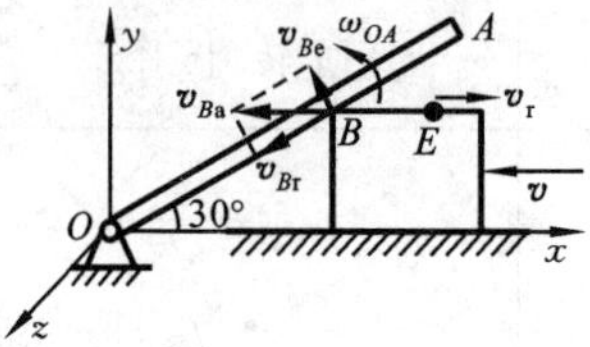

图 12-3

解 取杆、矩形板、质点 E 为质点系。因为质点系对 z 轴的动量矩等于各质点对同一 z 轴动量矩的代数和，因此分别求出杆、矩形板、质点 E 对 z 轴的动量矩即可。

(1) 求杆 OA 对 z 轴的动量矩。

因为杆 OA 做定轴转动，该瞬时的角速度需要用点的速度合成定理求得。取矩形板上与杆 OA 接触的点 B 为动点，动系是杆 OA，速度矢量如图 12-3 所示，则

$$v_{Be} = v_{Ba}\sin 30^\circ$$

又因为

$$v_{Be} = OB \cdot \omega_{OA}, \quad OB = \frac{h}{\sin 30^\circ} = 2h$$

所以

$$\omega_{OA} = \frac{v_{Be}}{OB} = \frac{v\sin 30^\circ}{2h} = \frac{v}{4h}$$

杆 OA 对 z 轴的动量矩为

$$L_{OA} = J_O \cdot \omega_{OA} = \frac{J_O v}{4h}$$

(2) 求矩形板对 z 轴的动量矩。

矩形板做平移运动，质心速度为 v，质心到 z 轴的高度为 $y_C=\dfrac{h}{2}$，则板对 z 轴的动量矩为

$$L_{板} = m_1 v \cdot y_C = \frac{h}{2}m_1 v$$

(3) 求质点 E 对 z 轴的动量矩。

质点 E 做直线运动，它的绝对速度在 x 轴的投影为 $v_E=-v+v_r$，它到 z 轴的高度是 $y_E=h$，则质点 E 对 z 轴的动量矩为

$$L_E = -m_2(-v+v_r)\cdot y_E = hm_2(v-v_r)$$

因此，质点系对 z 轴的动量矩为

$$L_z = L_{OA} + L_{板} + L_E = \frac{J_O v}{4h} + \frac{h}{2}m_1 v + hm_2(v-v_r)$$

例 12-2 一钟摆如图 12-4 所示。已知均质细杆和均质圆盘的质量都为 m，圆盘半径为 R，杆长 $3R$，求摆对通过悬挂点 O 并垂直于图面的 z 轴的转动惯量。

解　摆对 z 轴的转动惯量为

$$J_z = J_{z杆} + J_{z盘}$$

由表 12-1 可查得，杆对 z 轴的转动惯量为

$$J_{z杆} = \frac{1}{3}ml^2 = \frac{1}{3}m(3R)^2 = 3mR^2$$

由表 12-1 可查得，圆盘对其质心的转动惯量为

$$J_{z_{C2}} = \frac{1}{2}mR^2$$

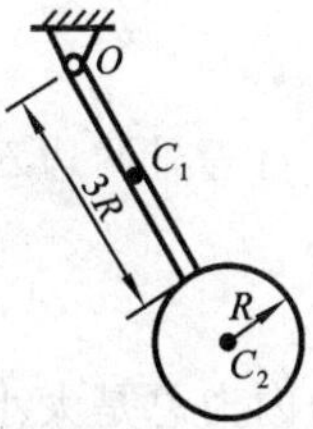

图 12-4

利用平行轴定理

$$J_{z盘} = J_{z_{C2}} + m(R+l)^2 = \frac{1}{2}mR^2 + 16mR^2 = \frac{33}{2}mR^2$$

所以

$$J_z = J_{z杆} + J_{z盘} = 3mR^2 + \frac{33}{2}mR^2 = \frac{39}{2}mR^2$$

12.2　动量矩定理

1. 质点的动量矩定理

设质点 P 对定点 O 的动量矩为 $\boldsymbol{L}_O(m\boldsymbol{v})$，作用力 $\boldsymbol{F}$ 对同一点 O 的矩为 $\boldsymbol{M}_O(\boldsymbol{F})$，如图 12-5 所示。

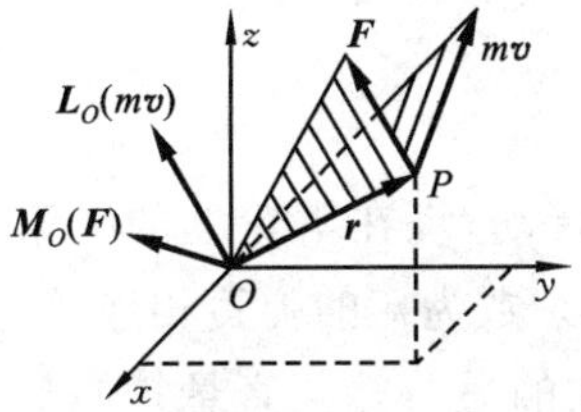

图 12-5

将动量矩对时间 t 求一阶导数，得

$$\frac{\mathrm{d}}{\mathrm{d}t}\boldsymbol{L}_O(m\boldsymbol{v}) = \frac{\mathrm{d}}{\mathrm{d}t}(\boldsymbol{r}\times m\boldsymbol{v}) = \frac{\mathrm{d}\boldsymbol{r}}{\mathrm{d}t}\times m\boldsymbol{v} + \boldsymbol{r}\times\frac{\mathrm{d}}{\mathrm{d}t}(m\boldsymbol{v})$$

根据质点动量定理 $\frac{\mathrm{d}}{\mathrm{d}t}(m\boldsymbol{v})=\boldsymbol{F}$，且 O 点为定点，有 $\frac{\mathrm{d}\boldsymbol{r}}{\mathrm{d}t}=\boldsymbol{v}$，则上式可以写成

$$\frac{\mathrm{d}}{\mathrm{d}t}\boldsymbol{L}_O(m\boldsymbol{v}) = \boldsymbol{v}\times m\boldsymbol{v} + \boldsymbol{r}\times\boldsymbol{F}$$

因为 $\boldsymbol{v}\times m\boldsymbol{v}=0$，$\boldsymbol{r}\times\boldsymbol{F}=\boldsymbol{M}_O(\boldsymbol{F})$，于是得

$$\frac{\mathrm{d}}{\mathrm{d}t}\boldsymbol{L}_O(m\boldsymbol{v}) = \boldsymbol{M}_O(\boldsymbol{F}) \tag{12-11}$$

式(12-11)为质点的**动量矩定理**：质点对某定点的动量矩对时间的一阶导数，等于作用于质点的力对同一点的矩。

2. 质点系的动量矩定理

设质点系有 n 个质点，作用于第 i 个质点的内力为 $\boldsymbol{F}_i^{(i)}$、外力为 $\boldsymbol{F}_i^{(e)}$，根据质点动量矩定理式(12-11)，有

$$\frac{\mathrm{d}}{\mathrm{d}t}\boldsymbol{L}_O(m_i\boldsymbol{v}_i) = \boldsymbol{M}_O(\boldsymbol{F}_i^{(\mathrm{i})}) + \boldsymbol{M}_O(\boldsymbol{F}_i^{(\mathrm{e})})$$

将等号两边对整个质点系 n 个质点求和，得

$$\sum \frac{\mathrm{d}}{\mathrm{d}t}\boldsymbol{L}_O(m_i\boldsymbol{v}_i) = \sum\boldsymbol{M}_O(\boldsymbol{F}_i^{(\mathrm{i})}) + \sum\boldsymbol{M}_O(\boldsymbol{F}_i^{(\mathrm{e})})$$

因为内力总是大小相等、方向相反地成对出现，因此该式中 $\sum\boldsymbol{M}_O(F_i^{(\mathrm{i})}) = \boldsymbol{0}$，同时，该式的左端为

$$\sum \frac{\mathrm{d}}{\mathrm{d}t}\boldsymbol{L}_O(m_i\boldsymbol{v}_i) = \frac{\mathrm{d}}{\mathrm{d}t}\sum\boldsymbol{L}_O(m_i\boldsymbol{v}_i) = \frac{\mathrm{d}}{\mathrm{d}t}\boldsymbol{L}_O$$

于是得

$$\frac{\mathrm{d}}{\mathrm{d}t}\boldsymbol{L}_O = \sum\boldsymbol{M}_O(\boldsymbol{F}_i^{(\mathrm{e})}) \tag{12-12}$$

式(12-12)表示**质点系动量矩定理**：质点系对固定点的动量矩对时间的一阶导数，等于作用于该质点系上所有外力对同一点的矩的矢量和(外力对该点的主矩)。以后如果不做特殊说明，凡涉及动量矩定理都是指对惯性参考系中的固定点或固定轴而言的。

在实际应用时，常取投影形式

$$\left.\begin{aligned}\frac{\mathrm{d}}{\mathrm{d}t}L_x &= \sum M_x(\boldsymbol{F}_i^{(\mathrm{e})})\\ \frac{\mathrm{d}}{\mathrm{d}t}L_y &= \sum M_y(\boldsymbol{F}_i^{(\mathrm{e})})\\ \frac{\mathrm{d}}{\mathrm{d}t}L_z &= \sum M_z(\boldsymbol{F}_i^{(\mathrm{e})})\end{aligned}\right\} \tag{12-13}$$

例 12-3 质量为 m_1 的塔轮可绕垂直于图面的轴 O 转动，绕在塔轮上的绳索与塔轮间无相对滑动，绕在半径为 r 的轮盘上的绳索与刚度系数为 k 的弹簧相连接，弹簧的另一端固定在墙壁上，绕在半径为 R 的轮盘上的绳索的另一端竖直悬挂质量为 m_2 的重物，如图 12-6(a)所示。若塔轮的质心位于轮盘中心 O，它对轴 O 的转动惯量 $J_O=2mr^2$，$R=2r$，$m_1=m$，$m_2=2m$。求弹簧被拉长 s 时，重物 m_2 的加速度。

解 选塔轮和重物 m_2 组成的系统为研究对象，其受力如图 12-6(b)所示，主动力是塔轮和重物的重力 $m_1\boldsymbol{g}$ 和 $m_2\boldsymbol{g}$，约束力有弹簧的拉力 $\boldsymbol{F}$ 和轴承 O 的约束力 $\boldsymbol{F}_{Ox}$、$\boldsymbol{F}_{Oy}$，对固定点 O 用动量矩定理求重物的加速度。塔轮做定轴转动，设该瞬时角速度为 ω，重物做平移运动，则它的速度为 $v=R\omega$，它们对 O 点的动量矩分别为 $\boldsymbol{L}_{O1}$、$\boldsymbol{L}_{O2}$，大小为

$$L_{O1} = -J_O\cdot\omega = -2mr^2\omega,\quad L_{O2} = -m_2v\cdot R = -2mR^2\omega = -8mr^2\omega$$

系统对 O 点的外力矩为

$$M_O(\boldsymbol{F}_i^{(\mathrm{e})}) = F\cdot r - m_2g\cdot R = ksr - 4mgr$$

根据动量矩定理

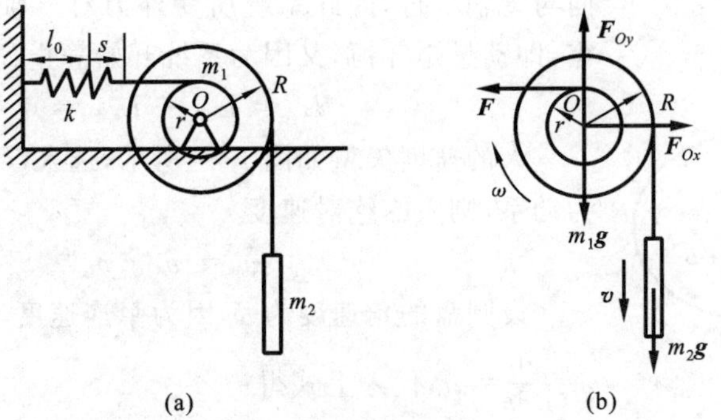

图 12-6

$$\frac{\mathrm{d}}{\mathrm{d}t}\boldsymbol{L}_O = \sum_{i=1}^{n}\boldsymbol{M}_O(\boldsymbol{F}_i^{(e)})$$

可得

$$10mr^2\frac{\mathrm{d}\omega}{\mathrm{d}t} = (4mg - ks)r$$

$$\alpha = \frac{\mathrm{d}\omega}{\mathrm{d}t} = \frac{4mg - ks}{10mr}$$

因为重物的加速度 $a_2 = R\alpha$，所以

$$a_2 = R\alpha = \frac{4mg - ks}{5m}$$

本题还可以用下一章的知识（动能定理）求解，一题多种解法在动力学中应用比较普遍，因此，需要深入研究和掌握动力学的各个定理及其应用特点，根据问题需要灵活运用。

3. 动量矩守恒定律

对于式(12-12)，若 $\sum \boldsymbol{M}_O(\boldsymbol{F}_i^{(e)}) = 0$，则

$$\boldsymbol{L}_O = 常矢量$$

对于式(12-13)，当外力对某定轴之矩的代数和等于零时，质点系对该轴的动量矩守恒。例如，若 $\sum M_z(\boldsymbol{F}_i^{(e)}) = 0$，则

$$L_z = 常量$$

以上结论称为**动量矩守恒定律**，即当外力对某定点（或某定轴）的主矩为零时，质点系对该点（或该轴）的动量矩保持不变。

例 12-4　一半径为 R、质量为 m_1 的均质圆盘，可绕通过其中心 O 的竖直轴 z 无摩擦地转动，如图 12-7 所示。一质量为 m_2 的人在盘上由点 B 按规律 $s = \frac{1}{2}at^2$ 沿半径为 r 的圆周行走。开始时，圆盘和人静止，求圆盘的角速度和角加速度。

解　取人和圆盘组成的系统为研究对象，系统所受的外力是圆盘和人的重力，方

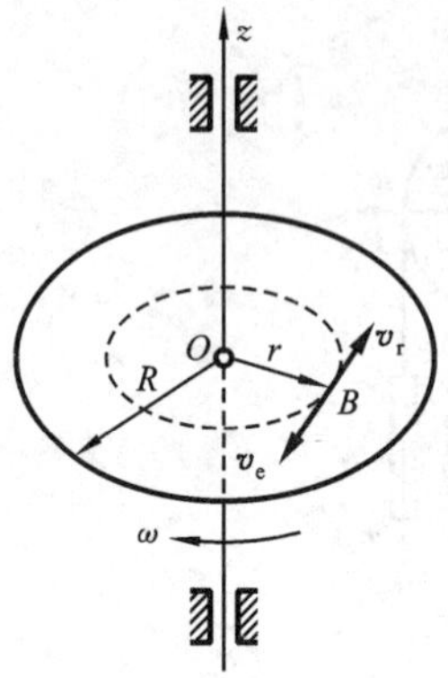

图 12-7

向与 z 轴平行,因此系统所受外力对 z 轴之矩的代数和为零,即动量矩守恒,又因为系统开始静止,所以有

$$L_z = L_{z人} + L_{z盘} = 0 \quad ①$$

人的速度矢量如图 12-7 所示,选人(B 点)为动点,圆盘为动系,则人的绝对速度

$$\boldsymbol{v}_a = \boldsymbol{v}_e + \boldsymbol{v}_r$$

设圆盘的角速度为 ω,因为牵连速度 $v_e = \omega r$,相对速度 $v_r = \frac{ds}{dt} = at$,代入上式得

$$v_a = v_e - v_r = \omega r - at$$

人对 z 轴的动量矩

$$L_{z人} = - m_2 v_a r = m_2 (at - \omega r) r \quad ②$$

盘对 z 轴的动量矩

$$L_{z盘} = - J_z \omega = - \frac{1}{2} m_1 R^2 \omega \quad ③$$

将式②、式③代入式①,解得圆盘的角速度

$$\omega = \frac{2m_2 art}{m_1 R^2 + 2m_2 r^2}$$

将该式对时间求一阶导数,解得圆盘的角加速度

$$\alpha = \dot{\omega} = \frac{2m_2 ar}{m_1 R^2 + 2m_2 r^2}$$

12.3 刚体绕定轴转动的微分方程

如图 12-8 所示,设定轴转动刚体上作用有主动力 $\boldsymbol{F}_1, \boldsymbol{F}_2, \cdots, \boldsymbol{F}_n$ 和轴承约束力 $\boldsymbol{F}_{N1}$、$\boldsymbol{F}_{N2}$,这些力都是外力。刚体对 z 轴的转动惯量为 J_z,角速度为 ω,则刚体对 z 轴的动量矩为 $J_z\omega$。若不计轴承的摩擦,轴承约束力对 z 轴的力矩为零,根据动量矩定理,有

$$\frac{d}{dt} J_z \omega = \sum M_z(\boldsymbol{F}_i) \quad (12\text{-}14)$$

或

$$J_z \alpha = \sum M_z(\boldsymbol{F}_i) \quad (12\text{-}15)$$

上面两个式子称为刚体绕定轴转动的微分方程。

刚体的转动微分方程 $J_z\alpha = M_z(\boldsymbol{F})$ 与质点的运动微分方程 $m\boldsymbol{a} = \sum \boldsymbol{F}$ 有相似的形式,它们的参数也有相似之处:转动惯量 J_z 是刚体转动时惯性的度量,质量 m 是刚体移动时惯性的度量。

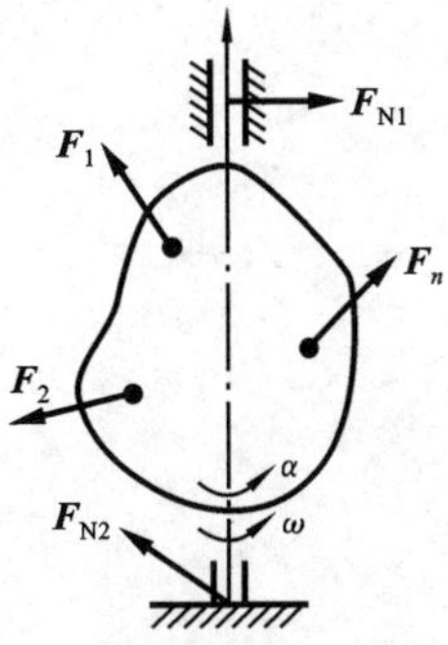

图 12-8

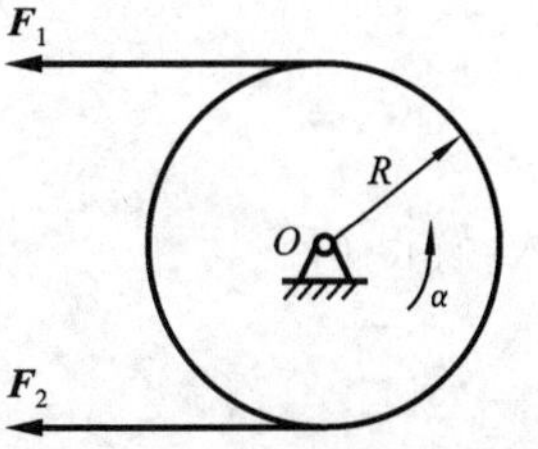

图 12-9

例 12-5　如图 12-9 所示，已知滑轮半径为 R，转动惯量为 J，带动滑轮的胶带拉力分别为 $\boldsymbol{F}_1$ 和 $\boldsymbol{F}_2$，求滑轮的角加速度 α。

解　根据刚体绕定轴转动的微分方程，有

$$J\alpha=(F_1-F_2)R$$

解得

$$\alpha=\frac{(F_1-F_2)R}{J}$$

由上式可见，只有当定滑轮匀速转动（包括静止），即 $\alpha=0$，或非匀速转动，但可忽略滑轮转动惯量时，跨过定滑轮的胶带拉力才是相等的。

例 12-6　图 12-10 中 A 是离合器，开始时轮 2 静止，轮 1 具有角速度 ω_0，离合器接合后，依靠摩擦使轮 2 启动。已知轮 1 和轮 2 对 z 轴的转动惯量分别为 J_1 和 J_2。求：(1)当离合器接合后，两轮共同转动的角速度；(2)若经过 t 秒两轮的转速相同，求离合器应有多大的摩擦力矩。

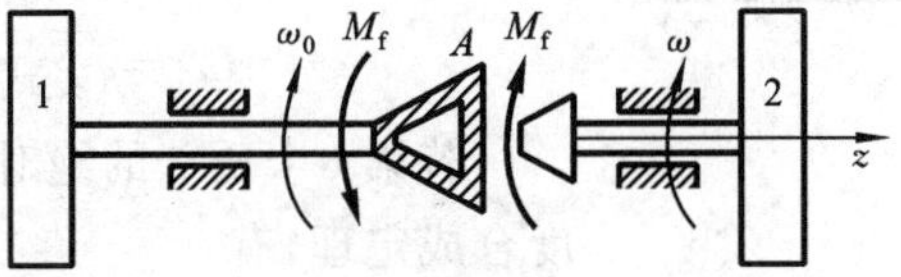

图 12-10

解　(1) 选两轮和离合器组成的系统为研究对象，因为系统重力和轴承反力的作用线均与 z 轴相交，推力与 z 轴平行，所以系统外力对 z 轴不产生力矩，故系统对 z 轴动量矩守恒，即

$$L_{z1}=L_{z2},\quad J_1\omega_0=(J_1+J_2)\omega$$

两轮的共同角速度为

$$\omega=\frac{J_1\omega_0}{J_1+J_2}$$

(2) 选轮 2 为研究对象，受力分析如图 12-10 所示。在常力偶的作用下，轮 2 转

速由零增加到 ω，根据动量矩定理，有

$$J_2\frac{\mathrm{d}\omega}{\mathrm{d}t}=M_{\mathrm{f}}$$

积分得

$$J_2\int_0^{\omega}\mathrm{d}\omega=\int_0^{t}M_{\mathrm{f}}\mathrm{d}t$$

将 ω 代入，解得 M_{f}

$$M_{\mathrm{f}}=\frac{J_1J_2\omega_0}{(J_1+J_2)t}$$

12.4　质点系相对于质心的动量矩定理

前面章节阐述的是质点系相对于惯性参考系中固定点(或固定轴)的动量矩定理，各质点的动量矩也是由其绝对运动所描述的。质点系相对于一般的动点或动轴的动量矩定理有更复杂的形式，本书不做介绍。但是，质点系相对于质心或通过质心的轴的动量矩定理仍然保持简单的形式，同时，它还具有广泛的应用价值，下面予以介绍。

1. 质点系对质心的动量矩

如图 12-11 所示，取惯性参考系 $Oxyz$ 为固定坐标系，以质点系质心 C 为原点建立平移动坐标系 $Cx'y'z'$，质点系中第 i 个质点的质量为 m_i，相对于质心的矢径为 $\boldsymbol{r}_i'$，相对于质心的速度为 $\boldsymbol{v}_{i\mathrm{r}}$。

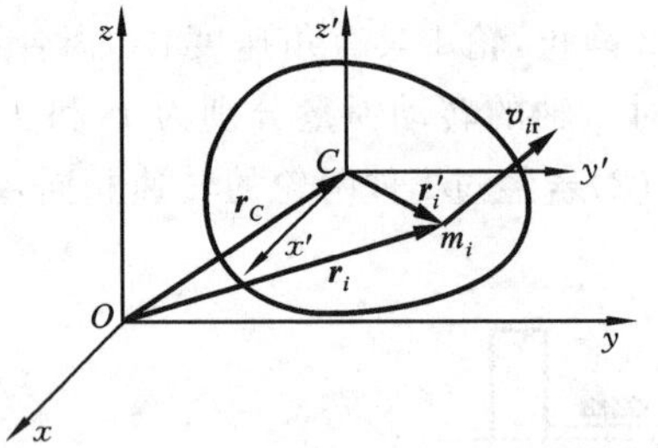

图 12-11

根据动量矩定义，质点系对质心的动量矩为

$$\boldsymbol{L}_C=\sum\boldsymbol{r}_i'\times m_i\boldsymbol{v}_{i\mathrm{r}}\tag{12-16}$$

若第 i 个质点的绝对速度为 $\boldsymbol{v}_i$，根据点的速度合成定理，有

$$\boldsymbol{v}_i=\boldsymbol{v}_C+\boldsymbol{v}_{i\mathrm{r}}$$

故

$$\boldsymbol{v}_{i\mathrm{r}}=\boldsymbol{v}_i-\boldsymbol{v}_C$$

代入式(12-16)，得

$$\begin{aligned}\boldsymbol{L}_C&=\sum\boldsymbol{r}_i'\times m_i(\boldsymbol{v}_i-\boldsymbol{v}_C)=\sum\boldsymbol{r}_i'\times m_i\boldsymbol{v}_i-\sum\boldsymbol{r}_i'\times m_i\boldsymbol{v}_C\\&=\sum\boldsymbol{r}_i'\times m_i\boldsymbol{v}_i-\sum m_i\boldsymbol{r}_i'\times\boldsymbol{v}_C\end{aligned}\tag{12-17}$$

因为 $\sum m_i\boldsymbol{r}_i'=\sum m_i\boldsymbol{r}_C'$，$\boldsymbol{r}_C'=\boldsymbol{0}$，所以由式(12-17)整理得

$$\boldsymbol{L}_C=\sum\boldsymbol{r}_i'\times m_i\boldsymbol{v}_i$$

即

$$\boldsymbol{L}_C=\sum\boldsymbol{r}_i'\times m_i\boldsymbol{v}_i=\sum\boldsymbol{r}_i'\times m_i\boldsymbol{v}_{ir}\tag{12-18}$$

式(12-18)表明，计算质点系对质心的动量矩，用绝对速度和相对速度，其结果都是一样的。

质点系对固定点的动量矩和对质心的动量矩是有一定关系的。如图 12-11 所示，质点系对固定点 O 的动量矩为

$$\boldsymbol{L}_O=\sum\boldsymbol{r}_i\times m_i\boldsymbol{v}_i\tag{12-19}$$

因为

$$\boldsymbol{r}_i=\boldsymbol{r}_C+\boldsymbol{r}_i'$$

代入式(12-19)，有

$$\boldsymbol{L}_O=\boldsymbol{r}_C\times\sum m_i\boldsymbol{v}_i+\sum\boldsymbol{r}_i'\times m_i\boldsymbol{v}_i$$

由于

$$\sum m_i\boldsymbol{v}_i=m\boldsymbol{v}_C$$

得

$$\boldsymbol{L}_O=\boldsymbol{r}_C\times m\boldsymbol{v}_C+\boldsymbol{L}_C\tag{12-20}$$

式(12-20)表明，质点系对任意定点 O 的动量矩，等于质点系随质心平移时对 O 点的动量矩($\boldsymbol{r}_C\times m\boldsymbol{v}_C$)与质点系对质心的动量矩($\boldsymbol{L}_C$)的矢量和。

例 12-7　图 12-12 所示均质圆盘，半径为 R，质量为 m，在地面上沿直线做纯滚动，角速度为 ω。求圆盘对盘心 C 和盘上与水平线成 45°角的 A 点的动量矩。

解　根据式(12-18)计算圆盘对质心 C 的动量矩，有

$$\boldsymbol{L}_C=\sum\boldsymbol{r}_i'\times m_i\boldsymbol{v}_{ir}=\sum r_i'\cdot m_i\omega r_i'=J_C\omega=\frac{1}{2}mR^2\omega$$

图 12-12

求圆盘对 A 点的动量矩，若利用各点在绝对运动中的动量对 A 点取矩，计算起来很麻烦。计算刚体对任意点(非质心)的动量矩用式(12-20)比较方便，此时有

$$L_A=\frac{\sqrt{2}}{2}R\cdot mv_C+L_C$$

将 L_C 和 $v_C=R\omega$ 代入上式，得

$$L_A=\frac{\sqrt{2}+1}{2}mR^2\omega$$

2. 质点系相对于质心的动量矩定理

根据式(12-20)，质点系相对于定点 O 的动量矩定理可以写成

$$\frac{\mathrm{d}\boldsymbol{L}_O}{\mathrm{d}t}=\frac{\mathrm{d}}{\mathrm{d}t}(\boldsymbol{r}_C\times m\,\boldsymbol{v}_C+\boldsymbol{L}_C)=\sum\boldsymbol{r}_i\times\boldsymbol{F}_i^{(\mathrm{e})}$$

展开上式，并将 $\boldsymbol{r}_i=\boldsymbol{r}_C+\boldsymbol{r}_i'$ 代入，有

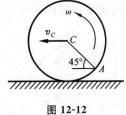

$$\frac{\mathrm{d}\boldsymbol{r}_C}{\mathrm{d}t}\times m\boldsymbol{v}_C+\boldsymbol{r}_C\times m\frac{\mathrm{d}\boldsymbol{v}_C}{\mathrm{d}t}+\frac{\mathrm{d}\boldsymbol{L}_C}{\mathrm{d}t}=\sum\boldsymbol{r}_C\times\boldsymbol{F}_i^{(\mathrm{e})}+\sum\boldsymbol{r}'_i\times\boldsymbol{F}_i^{(\mathrm{e})}$$

因为

$$\frac{\mathrm{d}\boldsymbol{r}_C}{\mathrm{d}t}=\boldsymbol{v}_C,\quad\frac{\mathrm{d}\boldsymbol{v}_C}{\mathrm{d}t}=\boldsymbol{a}_C,\quad\boldsymbol{v}_C\times m_i\boldsymbol{v}_C=\boldsymbol{0},\quad m\boldsymbol{a}_C=\sum\boldsymbol{F}_i^{(\mathrm{e})}$$

所以

$$\frac{\mathrm{d}\boldsymbol{L}_C}{\mathrm{d}t}=\sum\boldsymbol{r}'_i\times\boldsymbol{F}_i^{(\mathrm{e})}$$

这就是**质点系相对于质心的动量矩定理**，即质点系对质心的动量矩对时间的一阶导数，等于作用于质点系的外力对质心的主矩。该定理在形式上与质点系相对于固定点的动量矩定理完全一样。但需要注意的是：①它是质点系相对于质心的动量矩定理，若是相对于其他动点，定理将出现附加项；②随质心 C 运动的坐标系一定是平移坐标系。

*12.5　刚体的平面运动微分方程

本节介绍将质心运动定理和相对于质心的动量矩定理一起应用于刚体平面运动的动力学分析中。

在刚体的平面运动分析中，刚体的位置可由基点的位置与刚体绕基点转动的角度共同确定。如图 12-13 所示，刚体做平面运动，取质心 C 为基点，它的坐标为(x_C，y_C)。设 D 为刚体上任意一点，CD 与 x 轴的夹角为 φ，则刚体的位置可由 x_C、y_C 和 φ 完全确定。刚体的运动分解为随质心的平移和相对质心的转动两部分。

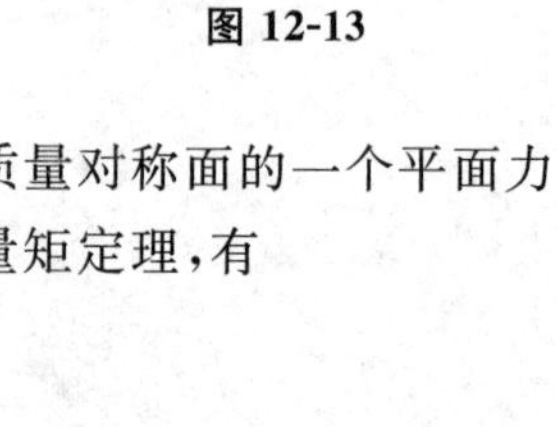

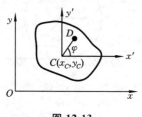

图 12-13

图 12-13 中 $Cx'y'$ 为固连于质心的平移坐标系，若刚体在这个坐标系中有质量对称面，且刚体的平面运动平行于质量对称面，则刚体对质心的动量矩为

$$L_C=J_C\omega$$

式中：J_C 为刚体对通过质心 C 且与运动平面垂直的轴的转动惯量；ω 为角速度。

设作用于刚体上的所有外力可以简化为质心所在的质量对称面的一个平面力系 $\boldsymbol{F}_1,\boldsymbol{F}_2,\cdots,\boldsymbol{F}_n$，则应用质心运动定理和相对于质心的动量矩定理，有

$$\left.\begin{aligned}m\boldsymbol{a}_C&=\sum_{i=1}^{n}\boldsymbol{F}_i^{(\mathrm{e})}\\\frac{\mathrm{d}J_C\omega}{\mathrm{d}t}&=J_C\alpha=\sum_{i=1}^{n}M_C(\boldsymbol{F}_i^{(\mathrm{e})})\end{aligned}\right\}\tag{12-21}$$

式中：m 为刚体质量；$\boldsymbol{a}_C$ 为质心加速度；$\alpha=\dfrac{\mathrm{d}\omega}{\mathrm{d}t}$ 为刚体角加速度。

应用时常使用它们在笛卡儿直角坐标系或自然轴系上的投影形式，有

$$\left.\begin{aligned} ma_{Cx} &= m\frac{\mathrm{d}^2 x_C}{\mathrm{d}t^2} = \sum F_{ix}^{(e)} \\ ma_{Cy} &= m\frac{\mathrm{d}^2 y_C}{\mathrm{d}t^2} = \sum F_{iy}^{(e)} \\ J_C\alpha &= J_C\frac{\mathrm{d}^2 \varphi}{\mathrm{d}t^2} = \sum M_C(\boldsymbol{F}_i^{(e)}) \end{aligned}\right\} \tag{12-22}$$

$$\left.\begin{aligned} ma_C^{\mathrm{t}} &= \sum F_{i\mathrm{t}}^{(e)} \\ ma_C^{\mathrm{n}} &= \sum F_{i\mathrm{n}}^{(e)} \\ J_C\alpha &= \sum M_C(\boldsymbol{F}_i^{(e)}) \end{aligned}\right\} \tag{12-23}$$

式(12-21)、式(12-22)和式(12-23)称为刚体平面运动微分方程。式(12-22)和式(12-23)中各有三个独立的方程，可以求解三个未知量。对于式(12-22)，若其中三个等式的左侧都等于零(即 $\boldsymbol{a}_C=\boldsymbol{0}$，$\alpha=0$)，则得到静力学中平面任意力系的平衡方程。因此，质点系的动量定理和动量矩定理，不但完全确定了刚体一般运动的动力学方程，还完成了对刚体平面运动的特例——平衡情形的静力学描述。

需要指出的是，对于式(12-21)至式(12-23)，点 C 必须是质心，若是一般的动点，这些式子一般不成立。

例 12-8　质量为 m、长为 l 的均质杆 AB，A 端置于光滑水平面上，B 端用竖直绳子 BD 连接，如图 12-14(a)所示，设 $\theta=60°$。试求绳子 BD 突然被剪断瞬间，杆 AB 的角加速度和 A 处的约束力。

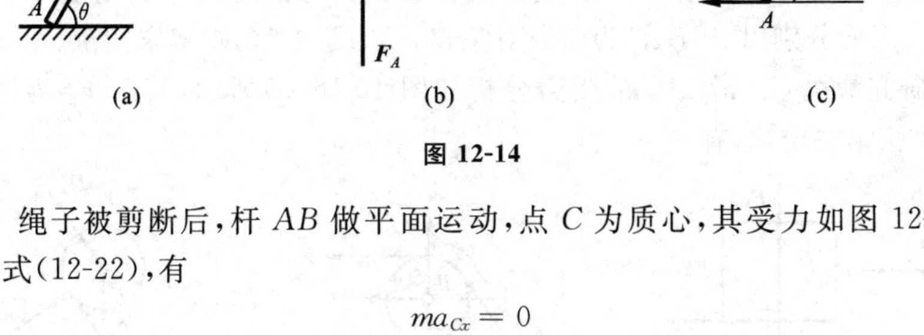

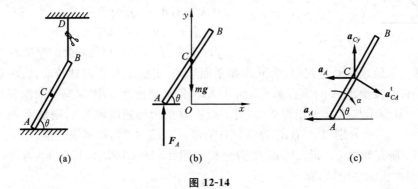

图 12-14

解　绳子被剪断后，杆 AB 做平面运动，点 C 为质心，其受力如图 12-14(b)所示，应用式(12-22)，有

$$ma_{Cx} = 0 \qquad ①$$

$$ma_{Cy} = F_A - mg \qquad ②$$

$$J_C\alpha = F_A \cdot \frac{l}{2}\cos 60° \qquad ③$$

由式①可知，$a_C=a_{Cy}$，但只有式②和式③两个方程无法解得 a_C、F_A、α 三个未知

量，因此，需要补充运动学方程。

如图 12-14(c)所示，进行运动学分析。绳子刚被剪断时，杆 AB 做平面运动，其角速度为零，但角加速度 α 不为零。选 A 为基点，设其加速度为 $\boldsymbol{a}_A$，应用平面运动加速度合成定理，质心 C 点的加速度为

$$\boldsymbol{a}_C = \boldsymbol{a}_A + \boldsymbol{a}_{CA}^{\mathrm{t}} + \boldsymbol{a}_{CA}^{\mathrm{n}}$$

因为 $\omega=0$，所以 $a_{CA}^{\mathrm{n}}=0$(图中未画出)，将上式向 y 轴投影，得

$$a_{Cy} = -a_{CA}^{\mathrm{t}}\cos\theta = -\frac{l}{4}\alpha \qquad ④$$

联立式②、式③、式④，解得

$$\alpha = \frac{12g}{7l}, \quad F_A = \frac{4}{7}mg$$

应用平面运动微分方程解题时，动力学方程因比较规范，容易列出，但往往需要附加运动学方程问题才有解。运动学方程即加速度方程，它常是问题的难点，因此，需要对运动进行深入分析，并灵活运用运动学知识。

例 12-9　如图 12-15 所示，跨过定滑轮 B 的绳索，两端分别系在滚子 A 的中心和物块 C 上，C 沿固定水平面滑动，物块 C 与水平面间的动摩擦因数是 f，滚子 A 和 B 都是半径为 r、质量为 m 的均质圆盘，物块 C 的质量是 m_1。滚子 A 沿倾角是 θ 的斜面向下做纯滚动。绳的倾斜段与斜面平行，绳与轮 B 无相对滑动，不计绳重和轴承摩擦。试求：(1)滚子 A 的质心加速度；(2)绳索 AB 段的拉力；(3)滚子 A 和斜面接触处的摩擦力。

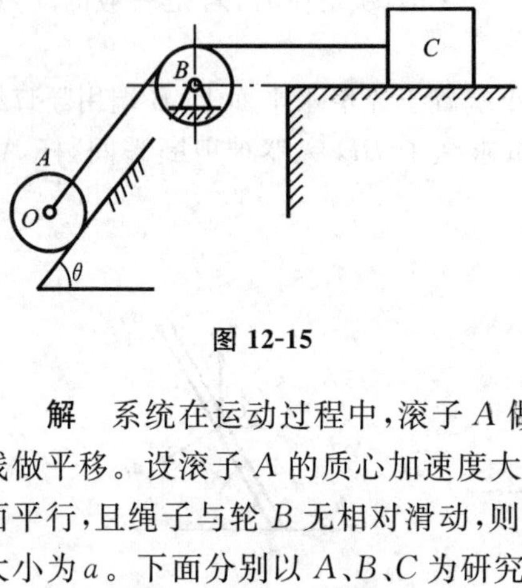

图 12-15

解　系统在运动过程中，滚子 A 做平面运动，定滑轮 B 做定轴转动，物块 C 沿直线做平移。设滚子 A 的质心加速度大小为 a，角加速度为 α，因为绳子的倾斜段与斜面平行，且绳子与轮 B 无相对滑动，则定滑轮 B 的角加速度也为 α，物块 C 的加速度大小为 a。下面分别以 A、B、C 为研究对象，列动力学方程，求解未知量。

(1) 研究滑块 C。滑块 C 的受力分析如图 12-16(a)所示，其中 $\boldsymbol{F}_{\mathrm{s1}}$ 为滑动摩擦力，根据牛顿第二定律，有

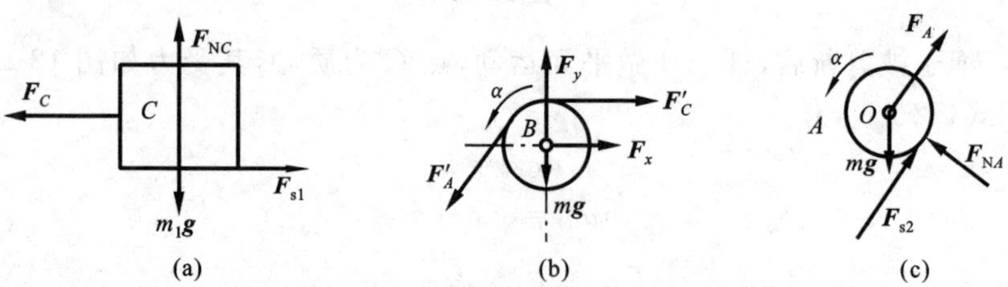

图 12-16

$$F_C - F_{s1} = m_1 a$$

其中 $F_{s1}=m_1 gf$，代入上式，解得

$$F_C = m_1(a+gf) \tag{①}$$

(2) 研究定滑轮 B。定滑轮 B 的受力分析如图 12-16(b)所示，根据定轴转动的微分方程，有

$$(F'_A - F'_C)r = J_B\alpha \tag{②}$$

其中
$$F'_C = F_C$$

查表 12-1 得
$$J_B = \frac{1}{2}mr^2$$

因此可由式②整理得

$$F'_A = F_C + \frac{1}{2}mr\alpha \tag{③}$$

(3) 研究滚子 A。滚子 A 的受力分析如图 12-16(c)所示，根据平面运动微分方程，有

$$ma = mg\sin\theta - F_{s2} - F_A$$
$$J_O\alpha = F_{s2}r$$

其中 $F_A=F'_A$，$J_O=\frac{1}{2}mr^2$，分别代入上面两式，得

$$ma = mg\sin\theta - F_{s2} - F'_A \tag{④}$$

$$\frac{1}{2}mr\alpha = F_{s2} \tag{⑤}$$

由于滚子 A 做平面运动，因此有质心加速度和角加速度的关系如下

$$a = \alpha r \tag{⑥}$$

联立式①及式③至式⑥，解得

$$a = \frac{mg\sin\theta - m_1 gf}{2m+m_1}$$

$$F_A = \left(m_1 + \frac{1}{2}m\right)\frac{mg\sin\theta - m_1 gf}{2m+m_1} + m_1 gf$$

$$F_{s2} = \frac{mg\sin\theta - m_1 gf}{2(2m+m_1)}m$$

本例题是综合性的动力学问题，涉及质点运动微分方程、刚体定轴转动微分方程及刚体平面运动微分方程，因此，需要深入学习并灵活运用这些知识。

当然本题还可以用动量矩定理和下一章的动能定理求解部分问题。

例 12-10　如图 12-17(a)所示，曲柄滑块机构在竖直面内，曲柄 OA 长 r，以匀角速度 ω 绕轴 O 转动。均质连杆 AB 长为 $2r$、质量为 m。已知滑块 B 的工作阻力为 $\boldsymbol{F}$，不计滑块重量，忽略所有阻碍运动的摩擦，求图示瞬时滑道对滑块 B 的约束力。

解　因为不计滑块 B 的重量，所以选杆 AB 和滑块一起进行受力分析，如图 12-17(b)所示。曲柄滑块机构中的连杆 AB 做平面运动，平面运动微分方程如下：

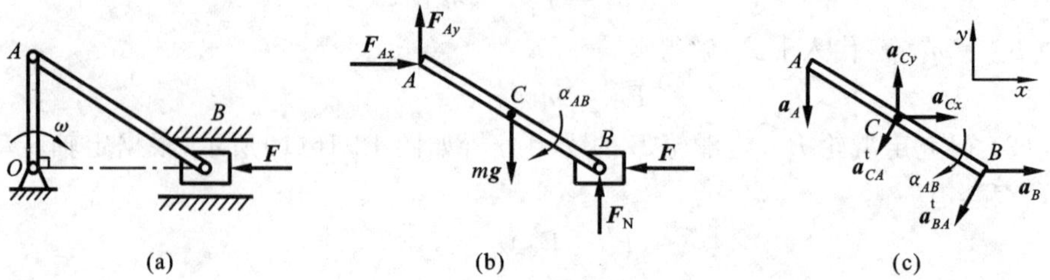

图 12-17

$$ma_{Cx} = F_{Ax} - F \quad ①$$

$$ma_{Cy} = F_{Ay} + F_N - mg \quad ②$$

$$-\left(\frac{1}{12}m \cdot 4r^2\right)\alpha_{AB} = -F_{Ax}r\sin30^\circ - F_{Ay}r\cos30^\circ + F_N r\cos30^\circ - Fr\sin30^\circ \quad ③$$

由上面三个方程无法解得 a_{Cx}、a_{Cy}、α_{AB}、F_{Ax}、F_{Ay}、F_N 六个未知量，因此需要补充三个运动学方程。

图 12-17(c)是连杆 AB 的加速度分析图。连杆 AB 做平面运动，A 点的加速度可以求得，因此选 A 为基点，应用平面运动加速度合成定理，质心 C 的加速度为

$$\boldsymbol{a}_C = \boldsymbol{a}_A + \boldsymbol{a}_{CA}^t + \boldsymbol{a}_{CA}^n \quad ④$$

其中：$a_A = \omega^2 r$；由于杆 AB 此时为瞬时平移，即 $\omega_{AB}=0$，得 $a_{CA}^n=0$（图中未画出）。但 α_{AB} 未知，由上式依然无法求得质心的加速度 $\boldsymbol{a}_C$。

取 A 为基点，通过求 B 点的加速度来解得质心 C 的加速度。B 点的加速度为

$$\boldsymbol{a}_B = \boldsymbol{a}_A + \boldsymbol{a}_{BA}^t \quad ⑤$$

将式⑤向 y 轴投影，得

$$0 = -a_A - a_{BA}^t\cos30^\circ$$

把 $a_A = \omega^2 r$ 和 $a_{BA}^t = 2\alpha_{AB}r$ 代入该式，解得

$$\alpha_{AB} = -\frac{\sqrt{3}}{3}\omega^2$$

将式④分别向 x 轴、y 轴投影，得

$$a_{Cx} = 0 - a_{CA}^t\sin30^\circ$$

$$a_{Cy} = -a_A - a_{CA}^t\cos30^\circ$$

把 $a_A = \omega^2 r$ 和 $a_{CA}^t = \alpha_{AB}r = -\frac{\sqrt{3}}{3}\omega^2 r$ 代入上面两式，解得

$$a_{Cx} = \frac{\sqrt{3}}{6}\omega^2 r$$

$$a_{Cy} = -\frac{1}{2}\omega^2 r$$

将求得的 α_{AB}、a_{Cx}、a_{Cy} 代入式①、式②、式③，联立解得

$$F_N = -\frac{1}{18}m\omega^2 r + \frac{1}{2}mg + \frac{\sqrt{3}}{3}F$$

本例和例 12-8 都是常见刚体平面运动某瞬时的动力学问题，分析此类问题，除了利用刚体平面运动微分方程列出相应的动力学方程外，还需要列运动学补充方程，尤其是例 12-10，列了三个加速度投影方程才使问题得以解决。列加速度投影方程时要注意投影轴的选择，如式⑤向 y 轴投影解得 α_{AB}，式④分别向 x 轴、y 轴投影解得 a_{Cx}、a_{Cy}，这些都有助于问题的最终解决。

小　　结

(1) 动量矩　质点对 O 点的动量矩为 $\boldsymbol{L}_O(m\boldsymbol{v})=\boldsymbol{r}\times m\boldsymbol{v}$，它是矢量。

质点系对 O 点的动量矩为 $\boldsymbol{L}_O = \sum \boldsymbol{L}_O(m_i\boldsymbol{v}_i) = \sum \boldsymbol{r}_i \times m_i\boldsymbol{v}_i$，它也是矢量。

若 z 轴通过 O 点，则质点系对 z 轴的动量矩为

$$L_z = \sum L_z(m_i\boldsymbol{v}_i) = J_z\omega$$

它是代数量。

若 C 为质点系质心，对任意点 O 有

$$\boldsymbol{L}_O = \boldsymbol{r}_C \times m\boldsymbol{v}_C + \boldsymbol{L}_C$$

(2) 回转半径和平行轴定理　若刚体对 z 的转动惯量为 J_z，则回转半径为

$$\rho_z = \sqrt{\frac{J_z}{m}}$$

若 z_C 轴与 z 轴平行，则有

$$J_z = J_{z_C} + md^2$$

(3) 动量矩定理　对定点 O 和定轴 z 有

$$\frac{\mathrm{d}}{\mathrm{d}t}\boldsymbol{L}_O = \sum M_O(\boldsymbol{F}_i^{(e)}),\quad \frac{\mathrm{d}}{\mathrm{d}t}\boldsymbol{L}_z = \sum M_z(\boldsymbol{F}_i^{(e)})$$

若 C 为质点系质心、z_C 轴通过质心，也有

$$\frac{\mathrm{d}\boldsymbol{L}_C}{\mathrm{d}t} = \sum \boldsymbol{M}_C(\boldsymbol{F}_i^{(e)}),\quad \frac{\mathrm{d}L_{z_C}}{\mathrm{d}t} = \sum M_{z_C}(\boldsymbol{F}_i^{(e)})$$

(4) 刚体定轴转动微分方程为

$$J_z\alpha = \sum M_z(\boldsymbol{F}_i)$$

(5) 刚体平面运动微分方程为

$$m\boldsymbol{a}_C = \sum \boldsymbol{F}_i^{(e)},\quad J_C\alpha = \sum M_C(\boldsymbol{F}_i^{(e)})$$

思　考　题

12-1　如图 12-18 所示，均质杆 AB 长 l，质量为 m，C 点为质心。若已知杆对 A 点的转动惯量

$J_A=\frac{1}{3}ml^2$,则由平行轴定理得 $J_B=\frac{1}{3}ml^2+ml^2=\frac{4}{3}ml^2$。该结论对吗?

12-2 圆环以角速度 ω 绕 z 轴转动,如图 12-19 所示,它对 z 轴的转动惯量为 J_z,在圆环顶点 A 处放一质量为 m 的小球,由于微小干扰,小球离开点 A 运动,不计摩擦,则此系统在运动过程中 ω 变化吗?对 z 轴的动量矩守恒吗?

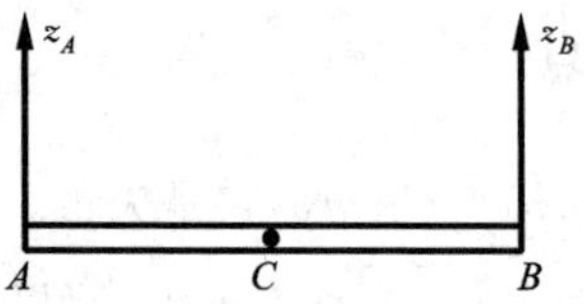

图 12-18

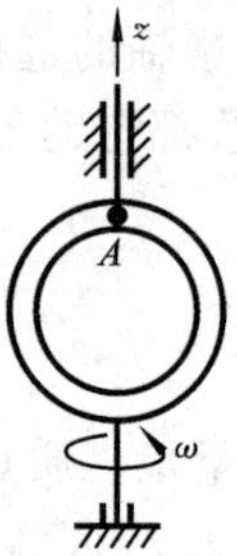

图 12-19

12-3 细绳绕过光滑的不计质量的定滑轮,一猴沿绳的一端向上爬,绳的另一端系一砝码,砝码与猴等重。开始时系统静止。问:砝码将如何运动?

12-4 内力不能改变质点系的动量矩,能否改变质点系中各质点的动量矩?举例说明。

12-5 如图 12-20 所示机构,管 AB 绕 z 轴转动,管内有一质量为 m 的质点 M,以不变的相对速度沿 AB 管运动,则 M 在图示位置时,对 z 轴的动量矩 $L_z(m\boldsymbol{v})=0$。这一结论对吗?

12-6 图 12-21 所示转动惯量相同的轮Ⅰ和轮Ⅱ,轮Ⅰ上绳的一端受拉力 $\boldsymbol{F}_T$ 作用,轮Ⅱ上绳的一端挂一重物,重量为 W,且 $W=F_T$。轮Ⅰ的角加速度为 α_1 和轮Ⅱ的角加速度 α_2 相等吗?两轮的绳子张力相等吗?

12-7 花样滑冰运动员在表演原地旋转时,是通过手臂和腿的伸展和收拢来改变旋转速度的,这是为什么?

12-8 如图 12-22 所示传动系统中,J_1 和 J_2 是轮Ⅰ、轮Ⅱ的转动惯量,力矩 M_1 作用于轮Ⅰ上,则轮Ⅰ的角加速度 $\alpha_1=\frac{M_1}{J_1+J_2}$。这一结论对吗?

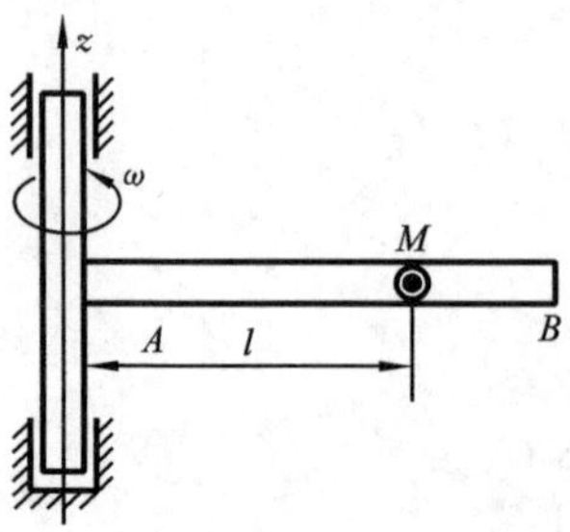

图 12-20

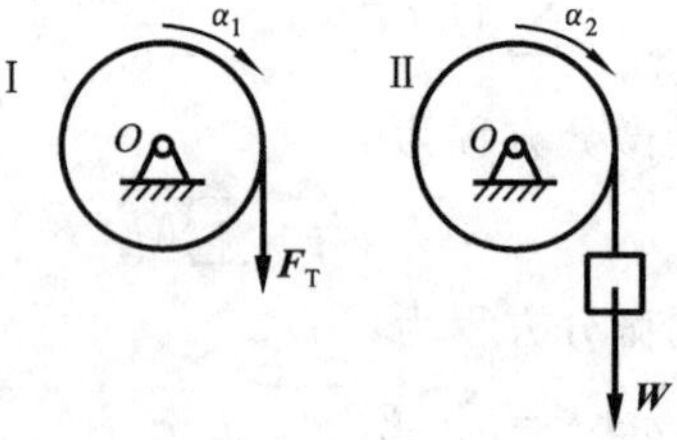

图 12-21

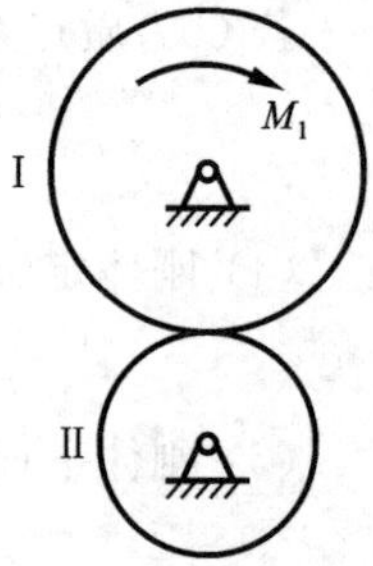

图 12-22

习　题

12-1　质量为 $2m$、半径为 r 的均质圆盘以角速度 ω 绕轴 O 转动，质量为 m 的小球 M 可沿圆盘的径向凹槽运动，图示瞬时，小球以相对于圆盘的速度 $\boldsymbol{v}_r$ 运动到 $OM=s$ 处，求系统对轴 O 的动量矩。

12-2　如图所示，已知鼓轮以角速度 ω 绕轴 O 转动，其大小半径分别为 R 和 r，它对轴 O 的转动惯量为 J_O；物块 A、B 的质量分别为 m_A 和 m_B。试求系统对轴 O 的动量矩。

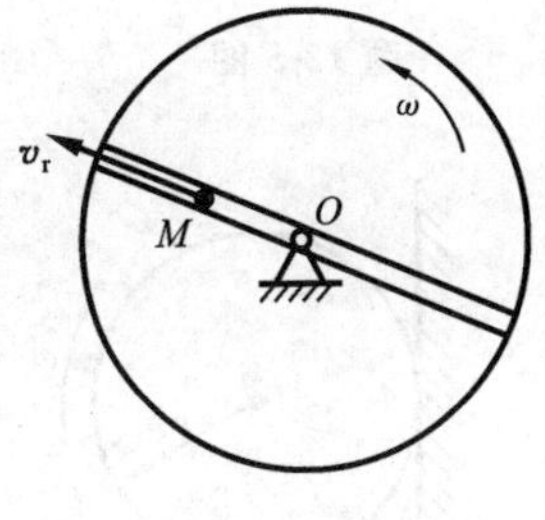

题 12-1 图

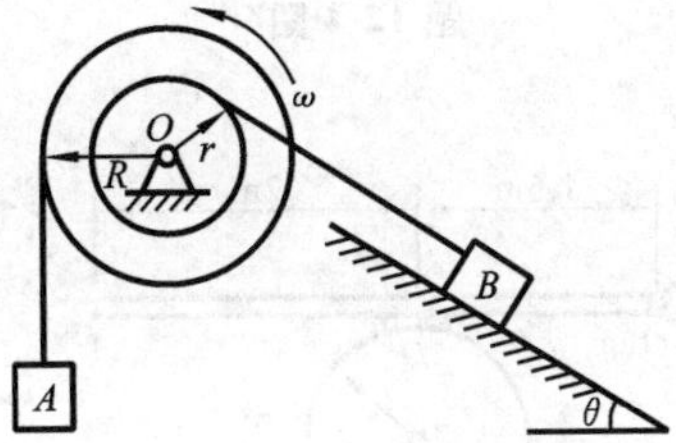

题 12-2 图

12-3　各均质物体质量均为 m，尺寸如图所示，其中图(d)的圆盘中心与杆 OA 的 A 端铰接，ω_A 为圆盘相对于杆的角速度，试分别计算系统对轴 O 的动量矩。

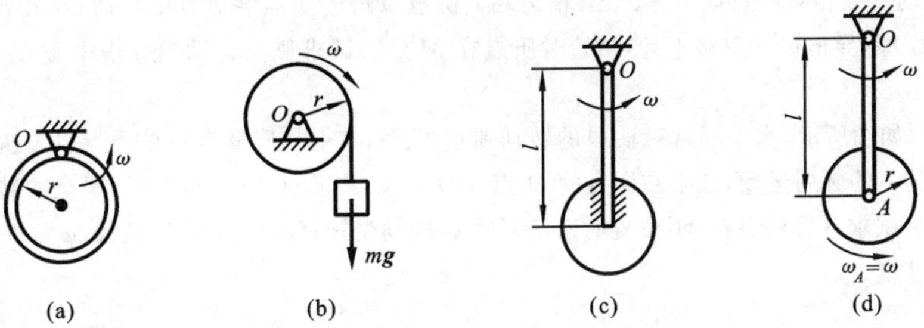

题 12-3 图

12-4　如图所示，电动绞车提升一重量为 W 的物体 C，其主动轴作用一常值力矩 M，主动轴和从动轴部件对各自转轴的转动惯量分别为 J_1 和 J_2，传动比 $Z_2/Z_1=k$，Z_1、Z_2 分别为齿轮的齿数，鼓轮的半径为 R，不计轴承的摩擦和吊索的质量，求重物的加速度。

12-5　均质圆轮 A 质量为 m_1、半径为 r_1，以角速度 ω 绕杆 OA 的 A 端转动，此时将轮放置在质量为 m_2、半径为 r_2 的另一均质圆轮 B 上，如图所示。轮 B 原来处于静止状态，但可绕其中心轴自由转动。放置后，轮 A 由轮 B 支承。略去轴承的摩擦和杆 OA 的质量，并设两轮间的动摩擦因数为 f。问：自轮 A 放在轮 B 上到两轮无相对滑动为止，将经过多长时间？

12-6　如图所示，轮子质量 $m=100$ kg，半径 $r=1$ m，可视为均质圆盘，当轮子以转速 $n=120$ r/min 绕定轴 C 转动时，在杆的 A 端施加竖直常力 $\boldsymbol{F}$，经 10 s 后轮子停止转动，设轮与闸块间的动摩擦因数为 $f=0.1$，试求力 $\boldsymbol{F}$ 的大小。(不计轴承的摩擦和闸块的厚度)

12-7　均质圆盘质量为 m、半径为 r，如图所示放置，并给予初始角速度 ω_0，设在 A 处和 B 处的动摩擦因数为 f，问：经过多少时间圆盘停止转动？

12-8　如图所示，均质圆盘质量为 m、半径为 R，在距离中心 $R/2$ 处有一直线导槽 MN。质量

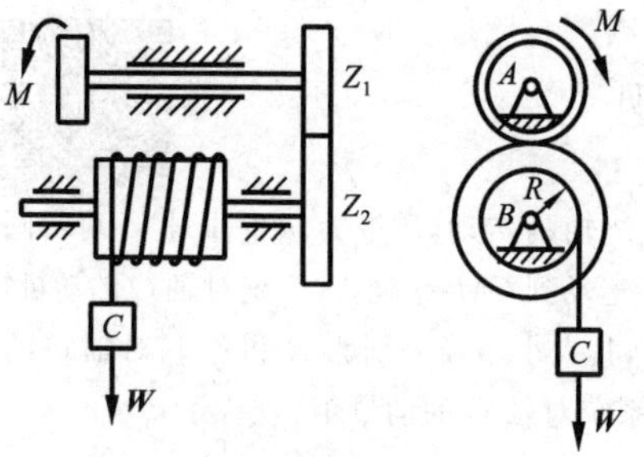

题 12-4 图

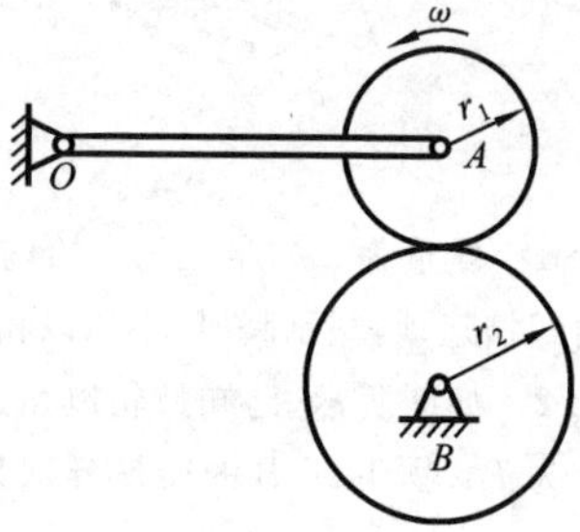

题 12-5 图

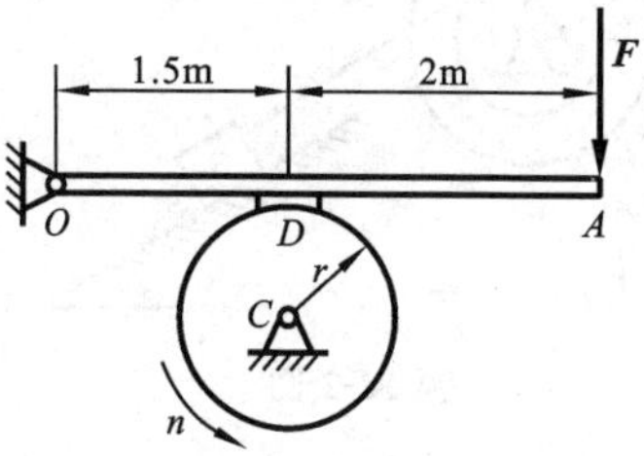

题 12-6 图

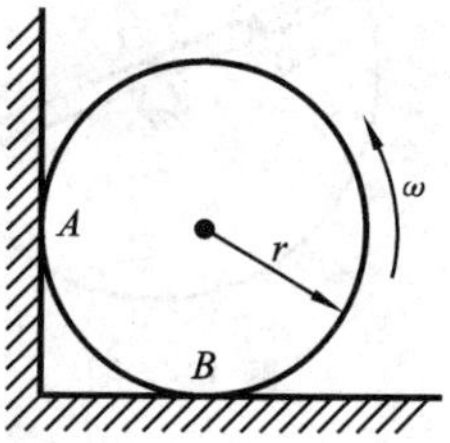

题 12-7 图

为 $0.25m$ 的质点相对圆盘以匀速$\boldsymbol{v}$沿导槽运动。圆盘以角速度 ω_1 绕竖直中心轴 Oz 在水平面内转动。不计摩擦,导槽尺寸忽略不计,初始时质点在 M 处。试求质点运动到导槽中心 O_1 点时,圆盘的角速度 ω_2。

12-9　如图所示,水平圆盘对轴 O 的转动惯量为 J_O,其上一质量为 m 的质点以匀速 v_0 相对圆盘做半径为 r 的圆周运动,圆心在圆盘的 O_1 点,$OO_1=l$。当质点在 M_0 位置时,圆盘的转速 $\omega_0=0$,不计摩擦。试求:(1)质点在 M_0 位置时系统对轴 O 的动量矩;(2)质点在 M 位置(φ 角视为已知)时圆盘的角速度。

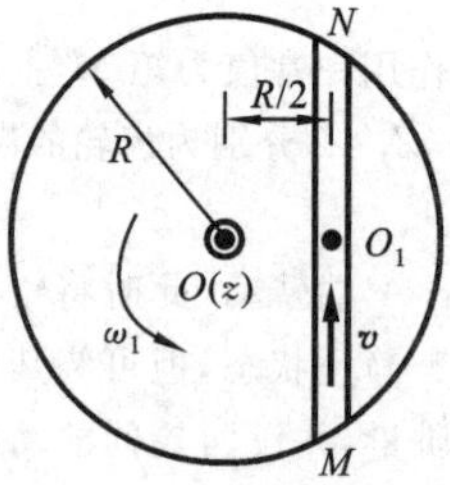

题 12-8 图

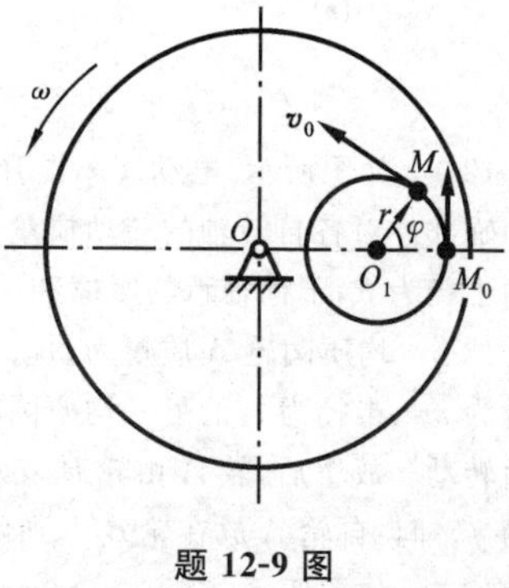

题 12-9 图

12-10　如图所示,通风机的转动部分以初角速度 ω_0 绕中心轴转动,空气的阻力矩与角速度成正比,即 $M=k\omega$,其中 k 为常数。如转动部分对中心轴的转动惯量为 J,问:经过多少时间其角速度降为 $0.5\omega_0$,在此时间内共转过了多少转?

12-11　如图所示,在矿井的提升设备中,两个鼓轮固连在一起,总质量为 m,对转轴 O 的回转半径为 ρ_O,在半径为 R 的鼓轮上用钢绳悬挂一质量为 m_1 的平衡锤 A,而在半径为 r 的鼓轮上用钢

绳牵引小车 B 沿斜面向上运动，小车质量为 m_2，斜面倾角为 θ。今在鼓轮上加转矩 M，不计钢绳的质量及各处摩擦，求小车运动的加速度。

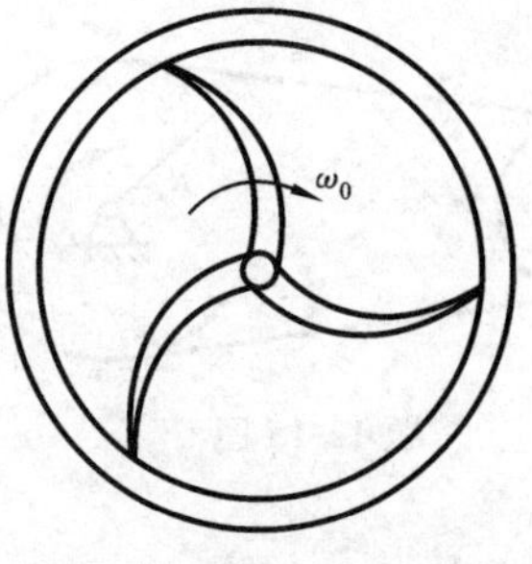

题 12-10 图

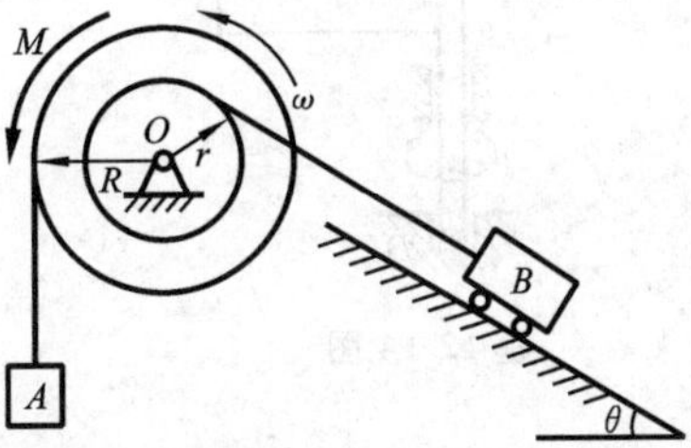

题 12-11 图

12-12　如图所示，两个鼓轮固连在一起的总质量为 m，对点 O 的转动惯量为 J_O；鼓轮的半径分别为 r_1 和 r_2，绳端悬挂的重物 A 和 B 的质量分别为 m_1 和 m_2，且 $m_1 > m_2$。若轴承摩擦和绳重都忽略不计，试求：(1)鼓轮的角加速度；(2)绳索的拉力；(3)轴承 O 的反力。

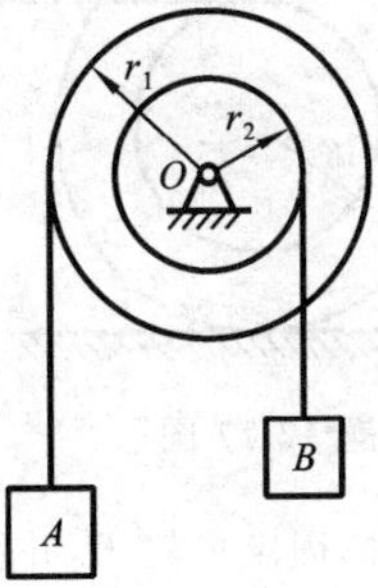

题 12-12 图

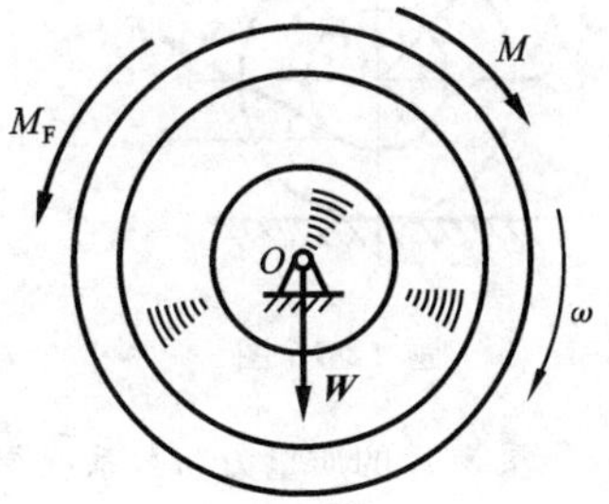

题 12-13 图

12-13　一飞轮由直流电动机带动，已知电动机产生的转矩 M 与其角速度 ω 之间的关系为 $M = M_1\left(1-\dfrac{\omega}{\omega_1}\right)$，其中：$M_1$ 表示电动机的启动转矩，ω_1 表示电动机无负载时的空转角速度，且 M_1 和 ω_1 都是已知常量。飞轮对轴 O 的转动惯量为 J_O，设作用在飞轮上的阻力矩 M_F 为常量，如图所示。当 $M > M_F$ 时，飞轮开始启动，求角速度 ω 随时间 t 的变化规律。

12-14　滑块 A、B 的质量分别为 $m_A = 2$ kg，$m_B = 0.5$ kg，用长度为 1 m 不可伸长的绳子连接，它们可在光滑的水平杆 FH 上滑动，如图所示。均质的 T 形杆 FHD 可绕竖直 z 轴转动，其对 z 轴的转动惯量 $J_z = 0.8\ \text{kg}\cdot\text{m}^2$，轴承摩擦和绳的质量忽略不计。当 $r_A = 0.6$ m 时，滑块 A 以 0.4 m/s的速度沿杆向 H 端运动，且杆的角速度为 $\omega = 0.5$ rad/s，求此时杆的角加速度和绳子的张力。

12-15　图示两轮的半径分别为 R_1 和 R_2，其质量各为 m_1 和 m_2，两轮以胶带连接，各绕两平行的固定轴转动。如在第一个带轮上作用主动力矩 M，第二个带轮上作用阻力矩 M'，带轮可视为均质圆盘，胶带与轮之间无相对滑动，胶带质量忽略不计。求第一个带轮的角加速度。

12-16　如图所示，均质滚子质量为 $m = 10$ kg，外径 $R = 0.4$ m，滚轮的半径 $r = 0.2$ m，对中心轴 O 的回转半径 $\rho = 0.26$ m。鼓轮外缘缠绕一不计质量的软绳，绳的另一端作用一拉力 $\boldsymbol{F}$，$F = 40$ N，该力与水平线夹角 $\varphi = 30°$，试求滚子做纯滚动时其质心 O 的加速度及作用于滚子上的静滑动

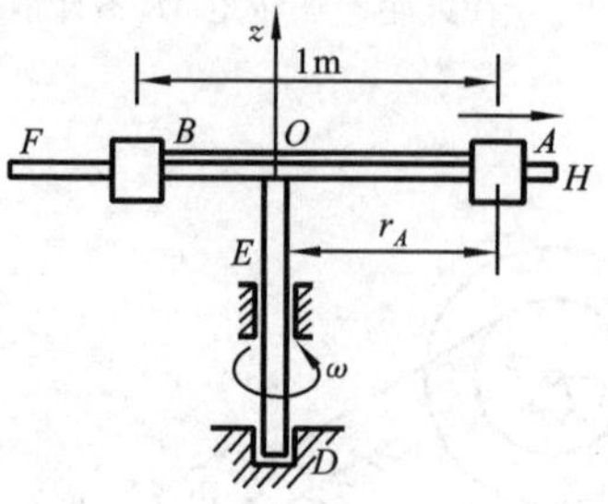

题 12-14 图

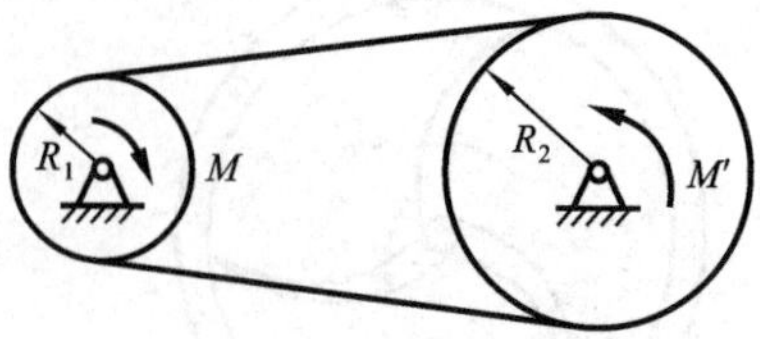

题 12-15 图

摩擦力。

12-17　图示均质滚子质量为 m，半径为 R，对其质心轴 C 的回转半径为 ρ。滚子静止在水平面上，且受一水平拉力 $\boldsymbol{F}$ 作用，设拉力 $\boldsymbol{F}$ 作用线的高度为 h，滚子只滚不滑，滚动摩擦忽略不计。求静滑动摩擦力 $\boldsymbol{F}_s$，并分析 $\boldsymbol{F}_s$ 的大小和方向与高度 h 的关系。

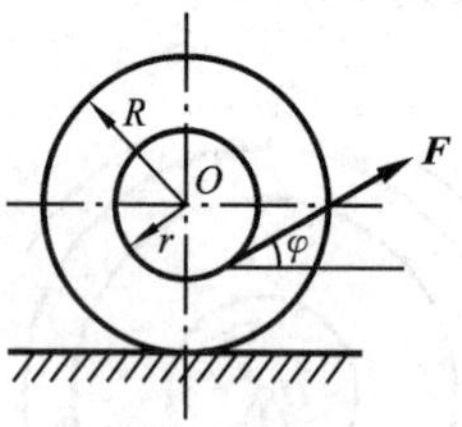

题 12-16 图

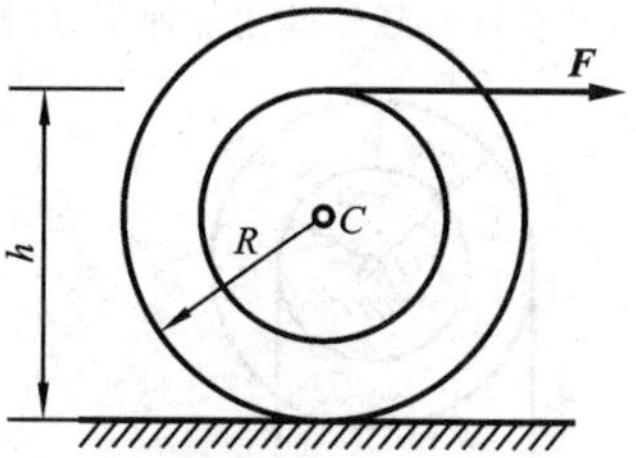

题 12-17 图

12-18　重物 A 的质量为 m_1，系在绳子上，绳子跨过不计质量的固定滑轮 D，并绕在鼓轮 B 上，如图所示。由于重物下降，带动了轮 C，使其沿水平轨道只滚不滑。鼓轮半径为 r，轮 C 的半径为 R，两者固连在一起，总质量为 m_2，对其水平转轴 O 的回转半径为 ρ。求重物 A 的加速度。

*12-19　卷扬机如图所示，鼓轮在常力偶 M 的作用下将圆柱由静止沿斜坡上拉。已知鼓轮的半径为 R_1，质量为 m_1，质量分布在轮缘上；圆柱的半径为 R_2，质量为 m_2，质量均匀分布。设斜面的倾角为 θ，圆柱只滚不滑。求圆柱中心 C 经过路程 s 时的速度和加速度、绳子的拉力及轴承 O 处的约束力。

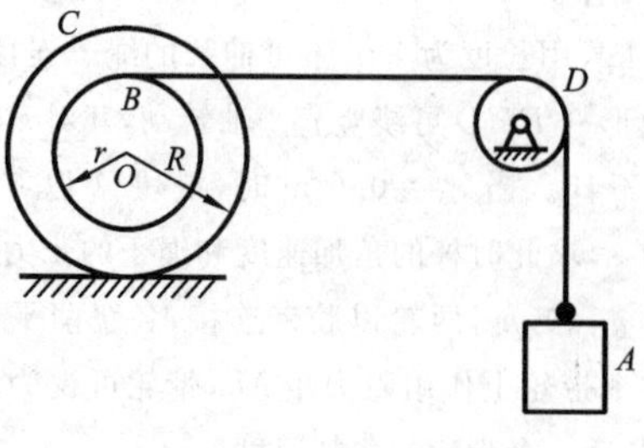

题 12-18 图

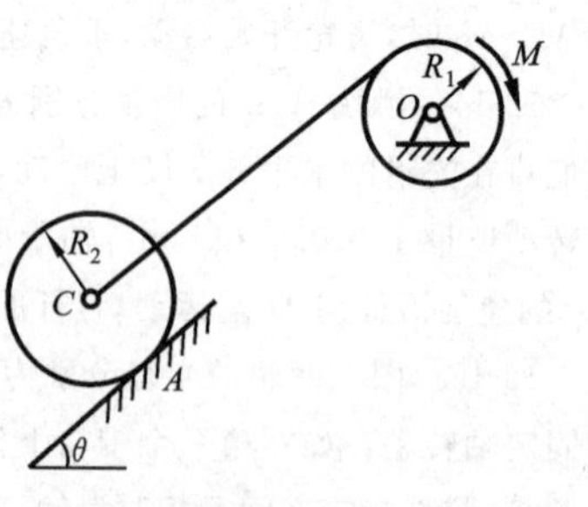

题 12-19 图

*12-20　均质杆 AB 的质量为 2 m，长为 $4R$，铰接于地面，搭在质量为 m、半径为 R 的均质圆柱体上。在图示位置($\varphi=30°$)系统无初速度地释放，求该瞬时圆柱体中心 O 点的加速度。设圆柱体

与地面间摩擦足够大，其余各处摩擦均忽略不计。

*12-21　图示系统中，物块 A 和圆轮 B 的质量均为 m，圆轮 B 半径为 r，质量均匀地分布在缘轮上，二者用杆 AB 铰接，杆 AB 与斜面平行，物块 A 与斜面间的动摩擦因数为 f，圆轮 B 沿斜面只滚不滑，杆 AB 自重不计，求杆 AB 的加速度和内力。

*12-22　图示均质杆 AB 长为 l，放在竖直平面内，杆的一端 A 靠在光滑的竖直墙上，另一端 B 放在光滑水平地板上，并与水平面成 φ_0 角。此后，杆由静止状态倒下。试求杆在任意位置的角速度和角加速度。

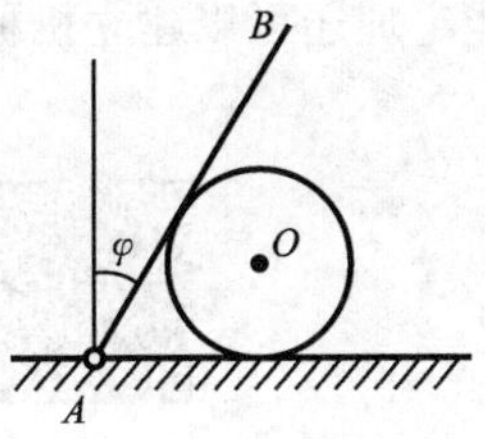

题 12-20 图

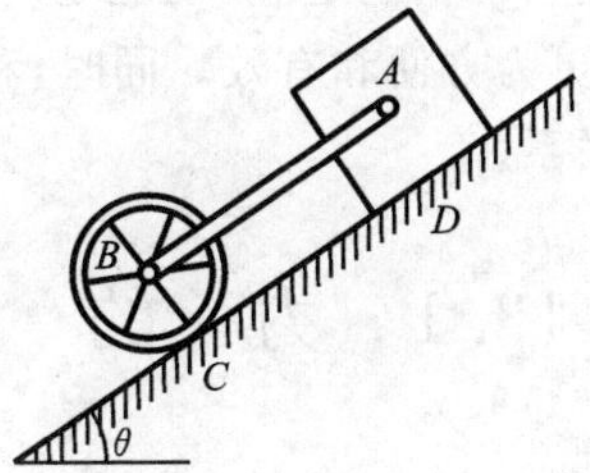

题 12-21 图

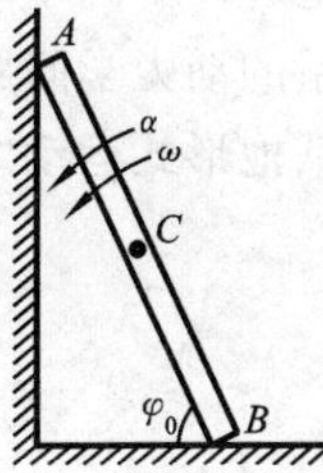

题 12-22 图

第13章　动能定理

本章以功和动能为基础，讨论质点和质点系动能的变化与力的功之间的关系，即动能定理。不同于动量定理和动量矩定理，动能定理是从能量的角度来分析质点和质点系的动力学问题，有时更为方便和有效。同时，利用动能定理还可以建立机械运动与其他形式运动之间的联系。

13.1　力　的　功

1. 力的功

1）常力的功

质点 M 在大小和方向均不变的常力 $\boldsymbol{F}$ 作用下，沿直线走过一段路程 s，如图13-1所示。力 $\boldsymbol{F}$ 在这段路程内所积累的作用效应用力的功度量，用 W 表示，定义为

$$W = Fs\cos\alpha = \boldsymbol{F} \cdot \boldsymbol{s} \tag{13-1}$$

式中：α 是力 $\boldsymbol{F}$ 与直线位移方向之间的夹角。

在国际单位制中，功的单位为J（焦耳），1 J 等于 1 N 的力在沿着力的方向上走过 1 m 路程所做的功，即 1 J=1 N · m。

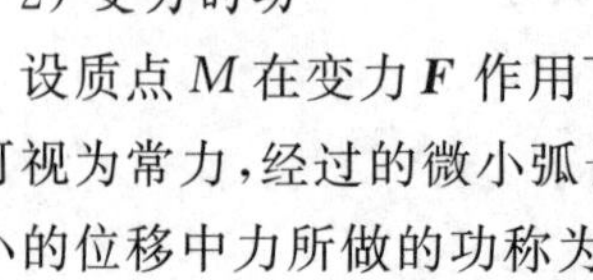

图 13-1

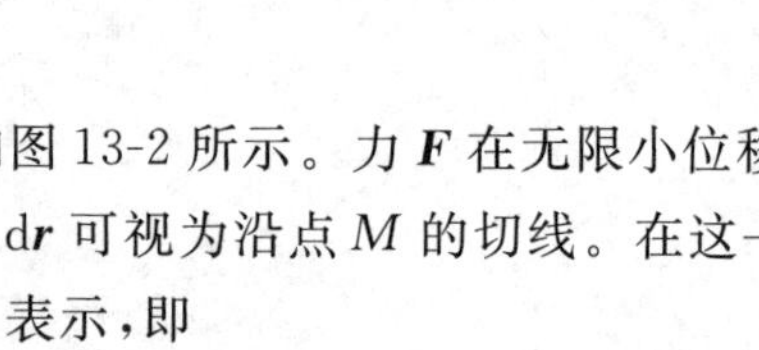

图 13-2

2）变力的功

设质点 M 在变力 $\boldsymbol{F}$ 作用下，沿曲线运动，如图 13-2 所示。力 $\boldsymbol{F}$ 在无限小位移 $\mathrm{d}\boldsymbol{r}$ 中可视为常力，经过的微小弧长 $\mathrm{d}s$ 可视为直线，$\mathrm{d}\boldsymbol{r}$ 可视为沿点 M 的切线。在这一无限小的位移中力所做的功称为力的元功，用 δW 表示，即

$$\delta W = F\cos\alpha \cdot \mathrm{d}s = F_{\mathrm{t}} \cdot \mathrm{d}s \tag{13-2}$$

式中：F_{t} 为力 $\boldsymbol{F}$ 在质点轨迹切线上的投影。于是力在整个路程上所做的功为

$$W = \int_{M_1}^{M_2} F\cos\alpha \mathrm{d}s = \int_{M_1}^{M_2} F_{\mathrm{t}} \mathrm{d}s \tag{13-3}$$

以上两式亦可用矢量点乘的形式表示，即

$$\delta W = \boldsymbol{F} \cdot \mathrm{d}\boldsymbol{r} \tag{13-4}$$

$$W = \int_{M_1}^{M_2} \boldsymbol{F} \cdot \mathrm{d}\boldsymbol{r} \tag{13-5}$$

式(13-4)和式(13-5)为用矢径法表示的功的计算公式。由式(13-4)可知,当力始终与质点位移垂直时,该力不做功。

在直角坐标系中,$\boldsymbol{i}$、$\boldsymbol{j}$、$\boldsymbol{k}$ 为三坐标轴的单位矢量,则

$$\boldsymbol{F} = F_x\boldsymbol{i} + F_y\boldsymbol{j} + F_z\boldsymbol{k}$$

$$\mathrm{d}\boldsymbol{r} = \mathrm{d}x\boldsymbol{i} + \mathrm{d}y\boldsymbol{j} + \mathrm{d}z\boldsymbol{k}$$

将此两式代入式(13-4)、式(13-5)得

$$\delta W = F_x\mathrm{d}x + F_y\mathrm{d}y + F_z\mathrm{d}z \tag{13-6}$$

$$W_{12} = \int_{M_1}^{M_2} (F_x\mathrm{d}x + F_y\mathrm{d}y + F_z\mathrm{d}z) \tag{13-7}$$

以上两式为用直角坐标法表示的功的计算公式,也称为功的解析表达式。

3) 合力的功

设质点受 n 个力 $\boldsymbol{F}_1, \boldsymbol{F}_2, \cdots, \boldsymbol{F}_n$ 作用,其合力 $\boldsymbol{F} = \sum \boldsymbol{F}_i$,则当质点从 M_1 运动到 M_2 时,合力 $\boldsymbol{F}$ 所做的功为

$$\begin{aligned} W_{12} &= \int_{M_1}^{M_2} \boldsymbol{F} \cdot \mathrm{d}\boldsymbol{r} = \int_{M_1}^{M_2} (\boldsymbol{F}_1 + \boldsymbol{F}_2 + \cdots + \boldsymbol{F}_n) \cdot \mathrm{d}\boldsymbol{r} \\ &= \int_{M_1}^{M_2} \boldsymbol{F}_1 \cdot \mathrm{d}\boldsymbol{r} + \int_{M_1}^{M_2} \boldsymbol{F}_2 \cdot \mathrm{d}\boldsymbol{r} + \cdots + \int_{M_1}^{M_2} \boldsymbol{F}_n \cdot \mathrm{d}\boldsymbol{r} \\ &= W_1 + W_2 + \cdots + W_n = \sum W_i \end{aligned} \tag{13-8}$$

即作用于质点上的力系的合力在任一路程中所做的功,等于各分力在同一路程中所做功的代数和。

式(13-2)至式(13-8)为功的一般计算公式,下面计算几种常见力的功。

2. 常见力的功

1) 重力的功

设质点 M 在重力作用下由 M_1 运动到 M_2,如图 13-3 所示,其重力在直角坐标轴上的投影为

$$F_x = 0, \quad F_y = 0, \quad F_z = -mg$$

应用式(13-7),重力做功为

$$W_{12} = \int_{z_1}^{z_2} -mg\,\mathrm{d}z = mg(z_1 - z_2) \tag{13-9}$$

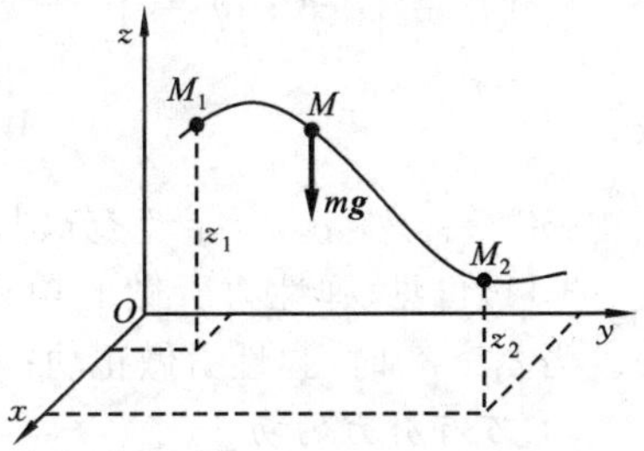

图 13-3

对于质点系,其重力做的功为

$$\begin{aligned} W_{12} &= \sum m_i g(z_{i1} - z_{i2}) = (\sum m_i z_{i1} - \sum m_i z_{i2})g \\ &= (Mz_{C1} - Mz_{C2})g = Mg(z_{C1} - z_{C2}) \end{aligned} \tag{13-10}$$

式中:M 为质点系的总质量;z_{C1}、z_{C2} 为质点系运动始、末位置的质心坐标。

由式(13-10)得出结论:质点系重力所做的功,等于质点系的重力的大小与其质心在始、末位置高度差的乘积。当 $z_{C1}>z_{C2}$,即质心下降时,重力做正功;当 $z_{C1}<z_{C2}$,即质心上升时,重力做负功;当 $z_{C1}=z_{C2}$ 时,质心的始、末高度相同,重力不做功。由此可见,质点系重力所做的功仅与质心的始、末位置有关,而与质心走过的路径无关。

2) 弹性力的功

设有一弹簧,一端固定于 O 点,另一端系一可在空间自由运动的质点 M,如图 13-4 所示。当质点 M 在空间运动时,弹簧将伸缩,因而对质点作用一力 $\boldsymbol{F}$,此力称为弹性力。弹性力 $\boldsymbol{F}$ 沿弹簧轴线与 M 的矢径 $\boldsymbol{r}$ 共线。若质点在运动过程中,弹簧处于弹性极限内,则弹性力的大小与其变形量成正比,从而有

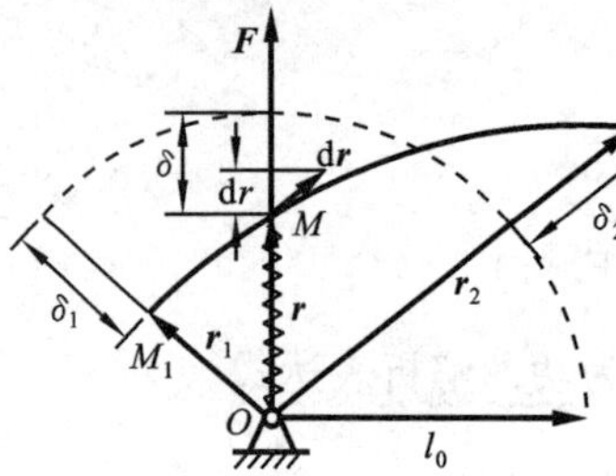

图 13-4

$$\boldsymbol{F}=-k(r-l_0)\frac{\boldsymbol{r}}{r}$$

式中的负号表示:当 $r-l_0>0$,即弹簧受拉时,力 $\boldsymbol{F}$ 的方向与质点径向单位矢量 $\frac{\boldsymbol{r}}{r}$ 的方向相反;当 $r-l_0<0$,即弹簧受压时,力 $\boldsymbol{F}$ 的方向与质点径向单位矢量 $\frac{\boldsymbol{r}}{r}$ 的方向相同。k 为弹簧刚度系数。在国际单位制中,k 的单位为 N/m。

弹性力 $\boldsymbol{F}$ 在质点运动过程中所做的元功为

$$\delta W=\boldsymbol{F}\cdot \mathrm{d}\boldsymbol{r}=-k(r-l_0)\frac{\boldsymbol{r}}{r}\cdot \mathrm{d}\boldsymbol{r}=-k(r-l_0)\frac{\mathrm{d}(\boldsymbol{r}\cdot\boldsymbol{r})}{2r}$$

$$=-k(r-l_0)\frac{\mathrm{d}r^2}{2r}=-k(r-l_0)\mathrm{d}r$$

当质点在弹性力 $\boldsymbol{F}$ 的作用下,由 M_1 位置运动到 M_2 位置时,弹性力 $\boldsymbol{F}$ 所做的功为

$$W_{12}=\int_{M_1}^{M_2}\boldsymbol{F}\cdot \mathrm{d}\boldsymbol{r}=\int_{r_1}^{r_2}-k(r-l_0)\mathrm{d}r=\frac{k}{2}[(r_1-l_0)^2-(r_2-l_0)^2]$$

或

$$W_{12}=\frac{k}{2}(\delta_1^2-\delta_2^2) \tag{13-11}$$

式中:$\delta_1=r_1-l_0$,$\delta_2=r_2-l_0$,分别表示质点在 M_1 和 M_2 两位置时弹簧的变形量。由式(13-11)可见,弹性力所做的功只与质点的始、末位置有关,与质点运动的路径无关。当 $\delta_1>\delta_2$ 时,弹性力做正功;当 $\delta_1<\delta_2$ 时,弹性力做负功。

3) 万有引力的功

设质量为 m_1 的质点 M 受到固定于 O 点、质量为 m_2 的质点的引力 $\boldsymbol{F}$ 的作用,质点由 M_1 运动到 M_2,如图 13-5 所示。

以点 O 为原点,设质点 M 的矢径为 $\boldsymbol{r}$,由牛顿万有引力定律知

$$\boldsymbol{F}=-G\frac{m_1m_2}{r^2}\frac{\boldsymbol{r}}{r}$$

式中：G 为万有引力常数。当质点由 M_1 运动到 M_2 时，引力 $\boldsymbol{F}$ 所做的功为

$$W_{12}=\int_{M_1}^{M_2}\boldsymbol{F}\mathrm{d}\boldsymbol{r}=\int_{M_1}^{M_2}-G\frac{m_1m_2}{r^2}\frac{\boldsymbol{r}}{r}\mathrm{d}\boldsymbol{r}$$

$$=\int_{r_1}^{r_2}-G\frac{m_1m_2}{r^2}\mathrm{d}r=Gm_1m_2\left(\frac{1}{r_2}-\frac{1}{r_1}\right)\tag{13-12}$$

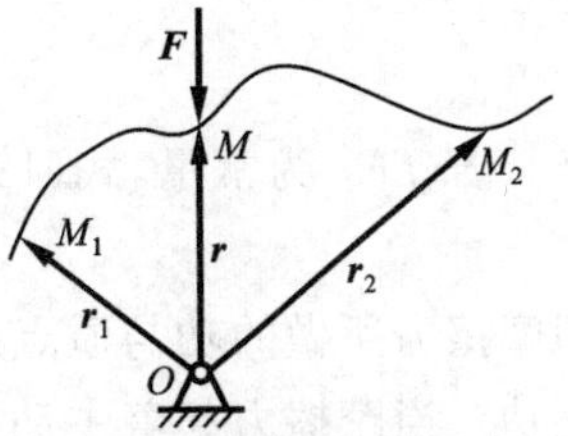

图 13-5

由此可见，万有引力所做的功仅与质点的始、末位置有关，而与质点运动的路径无关。

4）作用在转动刚体上的力及力偶的功

在绕 z 轴转动刚体上的 M 点作用一力 $\boldsymbol{F}$，如图 13-6 所示。由刚体运动特点知，M 点做圆周运动，将力 $\boldsymbol{F}$ 在圆周上沿 M 点三个自然坐标方向分解为 $\boldsymbol{F}_t$、$\boldsymbol{F}_n$、$\boldsymbol{F}_b$。若刚体转动一微小角度 $\mathrm{d}\varphi$，则 M 点有微小位移 $\mathrm{d}s=r\mathrm{d}\varphi$，其中 r 是 M 点到转轴的距离。由于 $\boldsymbol{F}_n$、$\boldsymbol{F}_b$ 均垂直于 M 点的位移方向，故不做功，因而只有切向分量 $\boldsymbol{F}_t$ 做功。由式(13-2)得

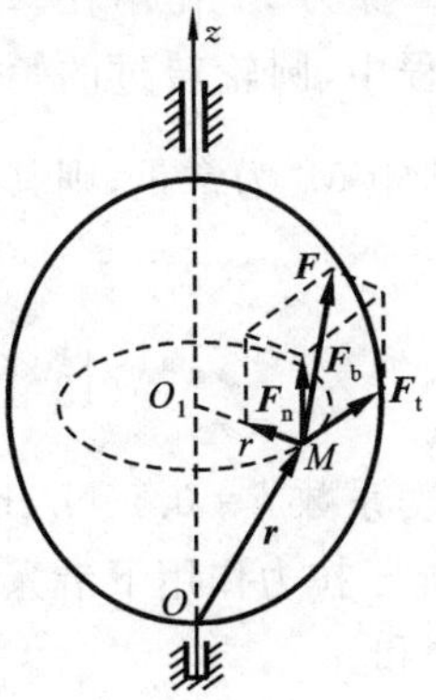

图 13-6

$$\delta W=\boldsymbol{F}_t\cdot\mathrm{d}\boldsymbol{s}=F_t r\mathrm{d}\varphi$$

由静力学知，$F_t r$ 是力 $\boldsymbol{F}_t$ 对 z 轴的矩，也是力 $\boldsymbol{F}$ 对 z 轴的矩。因此，用 M_z 表示力 $\boldsymbol{F}$ 对 z 轴的矩，则

$$\delta W=M_z\mathrm{d}\varphi$$

当转动刚体由 φ_1 位置转动到 φ_2 位置时，作用在转动刚体上的力 $\boldsymbol{F}$ 所做的功为

$$W_{12}=\int_{\varphi_1}^{\varphi_2}M_z\mathrm{d}\varphi\tag{13-13}$$

若 M_z 为常量，式(13-13)简化为

$$W_{12}=M_z(\varphi_2-\varphi_1)$$

若在转动刚体上作用一力偶，设其力偶矩矢为 $\boldsymbol{M}$，其在 z 轴上的投影为 M_z，则力偶所做的功仍可用该式计算。

5）摩擦力的功

先讨论动滑动摩擦力的功。设质量为 m 的质点 M，在粗糙水平面 Oxy 上运动，如图 13-7 所示。其所受到的摩擦力为 $\boldsymbol{F}$，其大小为 $F=fF_N$，其中，$\boldsymbol{F}_N$ 为水平面对质点的法向反力，f 为动摩擦因数。在一般情况下，摩擦力总是起着阻碍运动的作用，即摩擦力的方向与其作用点运动方向相反，沿着轨迹的切线。当质点 M 由 M_1 运动到 M_2 时，摩擦力 $\boldsymbol{F}$ 所做的功为

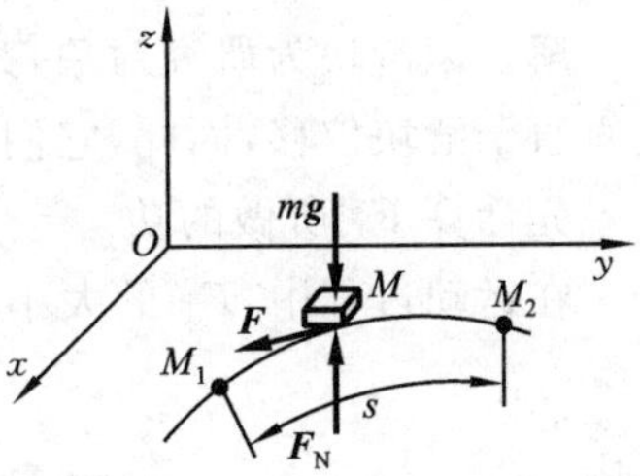

图 13-7

$$W_{12} = \int_{s_1}^{s_2} - F\mathrm{d}s = \int_{s_1}^{s_2} - fF_{\mathrm{N}}\mathrm{d}s \tag{13-14}$$

若 fF_{N} 为常量,式(13-14)简化为

$$W_{12} = - fF_{\mathrm{N}}s \tag{13-15}$$

即摩擦力所做的功与质点所走过的路径有关。摩擦力不一定总是做负功,有时也做正功。当摩擦力起着主动力的作用时,其方向与作用点的位移方向相同,因而做正功。

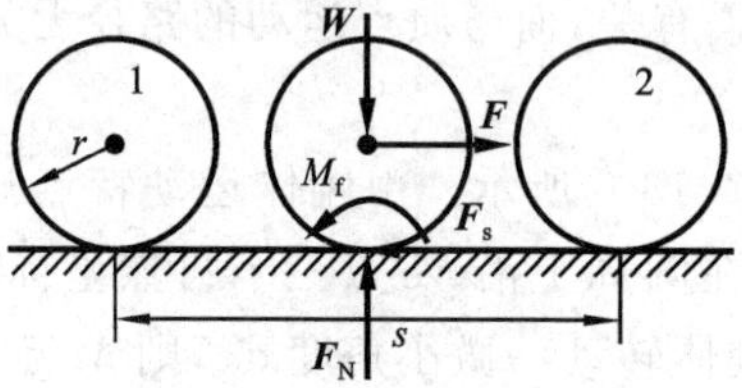

图 13-8

下面讨论滚动摩擦力偶的功。

设半径为 r 的圆轮,在固定水平面上做纯滚动,从位置 1 滚动到位置 2,如图13-8所示。在此过程中,法向反力 $\boldsymbol{F}_{\mathrm{N}}$ 与摩擦力 $\boldsymbol{F}_{\mathrm{s}}$ 作用在瞬心上,所以不做功。在此过程中,圆轮转过的角度为 $\varphi=\dfrac{s}{r}$,若滚动摩擦力偶矩 M_{f} 为常量,则其所做功为

$$W_{12} = - M_{\mathrm{f}}\,\frac{s}{r} \tag{13-16}$$

例 13-1 如图 13-9(a)所示滑块重 $W=9.8\ \mathrm{N}$,弹簧的刚度系数 $k=0.5\ \mathrm{N/cm}$,滑块在 A 位置时弹簧对滑块的拉力为 2.5 N,滑块在 20 N 的绳子拉力作用下沿光滑水平槽从位置 A 运动到位置 B,求作用于滑块上所有力的功的和。

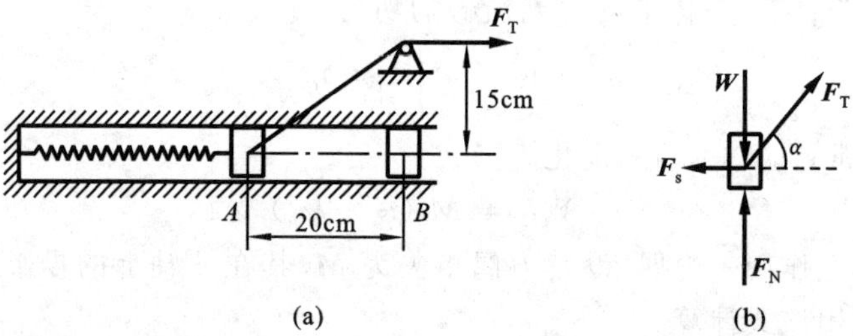

图 13-9

解 以滑块为研究对象,其在任一瞬时受力如图 13-9(b)所示。由于 $\boldsymbol{W}$ 与 $\boldsymbol{F}_{\mathrm{N}}$ 始终垂直于滑块位移,因此,它们所做的功为零,所以只需计算 $\boldsymbol{F}_{\mathrm{T}}$ 与 $\boldsymbol{F}_{\mathrm{s}}$ 的功。

先计算 $\boldsymbol{F}_{\mathrm{T}}$ 所做的功。

在运动过程中,$\boldsymbol{F}_{\mathrm{T}}$ 的大小不变,但方向在变,因此 $\boldsymbol{F}_{\mathrm{T}}$ 的元功为

$$\delta W_1 = F_{\mathrm{T}}\cos\alpha\mathrm{d}x$$

其中
$$\cos\alpha = (20 - x)/ \sqrt{(20 - x)^2 + 15^2}$$

因此,$\boldsymbol{F}_{\mathrm{T}}$ 在整个过程中所做的功为

$$W_1 = \int_0^{20} F_T \cos\alpha \mathrm{d}x = 200\ \mathrm{N \cdot cm}$$

再计算 $\boldsymbol{F}_s$ 所做的功。

由题意，滑块在 A 位置时的弹簧伸长为

$$\delta_1 = \frac{2.5}{0.5}\ \mathrm{cm} = 5\ \mathrm{cm}$$

滑块在 B 位置时的弹簧伸长为

$$\delta_2 = (5 + 20)\ \mathrm{cm} = 25\ \mathrm{cm}$$

由式(13-11)可得，$\boldsymbol{F}_s$ 在整个过程中所做的功为

$$W_2 = \frac{1}{2}k(\delta_1^2 - \delta_2^2) = -150\ \mathrm{N \cdot cm}$$

因此所有力的功为

$$\boldsymbol{W} = \boldsymbol{W}_1 + \boldsymbol{W}_2 = 50\ \mathrm{N \cdot cm}$$

13.2　质点与质点系的动能

1. 质点的动能

设质点的质量为 m，速度大小为 v，则质点的动能为

$$T = \frac{1}{2}mv^2$$

由于速度$\boldsymbol{v}$为瞬时量，所以动能亦为瞬时量，它是一恒为正的标量。在国际单位制中动能的单位是 J(焦耳)。

2. 质点系的动能

质点系内各质点动能的算术和称为质点系的动能，即

$$T = \sum \frac{1}{2}m_i v_i^2$$

式中：m_i、v_i 分别为质点系内第 i 个质点的质量及速度的大小。

由于刚体是由无数质点组成的特殊的质点系，刚体做不同形式的运动时，各质点的速度分布不同，因此刚体的动能应按照刚体的运动形式来计算。

1）平移刚体的动能

当刚体平移时，各点速度均与质心速度$\boldsymbol{v}_C$ 相同，所以刚体平移时的动能为

$$T = \sum \frac{1}{2}m_i v_i^2 = \frac{1}{2}v_C^2 \sum m_i$$

即

$$T = \frac{1}{2}mv_C^2 \tag{13-17}$$

式中：m 是刚体的质量，$m = \sum m_i$ 。

2）定轴转动刚体的动能

当刚体绕定轴 z 转动时，若其角速度为 ω，由运动学理论可知，距离转轴为 r_i 的

点的速度的大小为 $v_i=r_i\omega$，因此，定轴转动刚体的动能为

$$T=\sum\frac{1}{2}m_iv_i^2=\sum\frac{1}{2}m_i\ (r_i\omega)^2=\frac{1}{2}\omega^2\left(\sum m_ir_i^2\right)$$

即

$$T=\frac{1}{2}J_z\omega^2 \tag{13-18}$$

式中：$J_z=\sum m_ir_i^2$ 是刚体对转轴 z 的转动惯量。

由此可知，绕定轴转动刚体的动能等于刚体对转轴的转动惯量与角速度平方乘积的一半。

3) *平面运动刚体的动能*

如图 13-10 所示的平面运动刚体，设图示瞬时的角速度为 ω，点 P 为该瞬时的速度瞬心。由刚体平面运动理论可知，此瞬时，刚体可以认为是绕瞬心做瞬时的定轴转动，于是，由式(13-18)，可得平面运动刚体的动能为

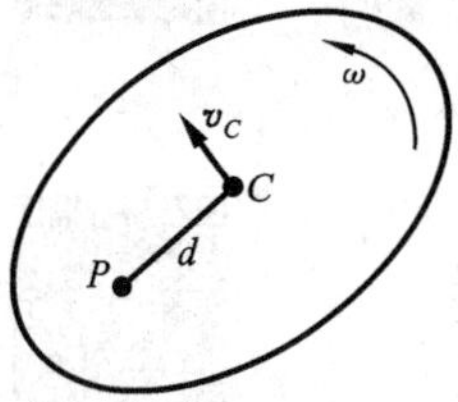

图 13-10

$$T=\frac{1}{2}J_P\omega^2 \tag{13-19}$$

式中：J_P 为刚体对瞬心轴的转动惯量。

由于刚体速度瞬心随时变化，用式(13-19)计算平面运动刚体动能不方便。设 C 为刚体的质心，根据转动惯量的平行移轴定理有

$$J_P=J_C+md^2$$

式中：m 为刚体的质量；d 为质心轴与瞬心轴的距离；J_C 为刚体对质心轴的转动惯量。代入式(13-19)，得

$$T=\frac{1}{2}(J_C+md^2)\omega^2=\frac{1}{2}J_C\omega^2+\frac{1}{2}m\ (d\omega)^2$$

因 $d\omega=v_C$，于是得

$$T=\frac{1}{2}mv_C^2+\frac{1}{2}J_C\omega^2 \tag{13-20}$$

由此可知，平面运动刚体的动能，亦等于随同质心平移的动能加上相对质心转动的动能。

例 13-2　如图 13-11(a)所示，滑块以速度 v_A 在滑道内滑动，其上铰接一质量为 m、长为 l 的均质杆 AB，杆以角速度 ω 绕点 A 转动。试求当杆 AB 与竖直线的夹角为 φ 时杆的动能。

解　杆 AB 做平面运动，由基点法，其质心的速度为

$$\boldsymbol{v}_C=\boldsymbol{v}_A+\boldsymbol{v}_{CA}$$

速度合成矢量图如图 13-11(b)所示。因 $v_{CA}=\frac{1}{2}l\omega$，由余弦定理得

$$v_C^2=v_A^2+\left(\frac{1}{2}l\omega\right)^2+2v_A\cdot\frac{1}{2}l\omega\cos\varphi=v_A^2+\frac{1}{4}l^2\omega^2+l\omega v_A\cos\varphi$$

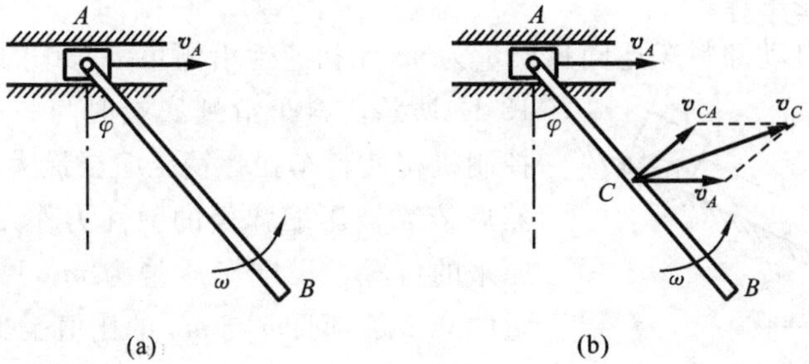

图 13-11

由式(13-20)，可得杆的动能

$$T=\frac{1}{2}mv_C^2+\frac{1}{2}J_C\omega^2=\frac{1}{2}m\left(v_A^2+\frac{1}{4}l^2\omega^2+l\omega v_A\cos\varphi\right)$$

$$+\frac{1}{2}\left(\frac{1}{12}ml^2\right)\omega^2=\frac{1}{2}m\left(v_A^2+\frac{1}{3}l^2\omega^2+l\omega v_A\cos\varphi\right)$$

13.3　动 能 定 理

1. 质点的动能定理

设质量为 m 的质点，在力 $\boldsymbol{F}$ 作用下运动，由质点运动的微分方程的矢量形式

$$m\frac{\mathrm{d}\boldsymbol{v}}{\mathrm{d}t}=\boldsymbol{F}$$

在方程两边点乘 $\mathrm{d}\boldsymbol{r}$，得

$$m\frac{\mathrm{d}\boldsymbol{v}}{\mathrm{d}t}\cdot\mathrm{d}\boldsymbol{r}=\boldsymbol{F}\cdot\mathrm{d}\boldsymbol{r}$$

因 $\mathrm{d}\boldsymbol{r}=\boldsymbol{v}\,\mathrm{d}t$，于是上式可写为

$$m\boldsymbol{v}\cdot\mathrm{d}\boldsymbol{v}=\boldsymbol{F}\cdot\mathrm{d}\boldsymbol{r}$$

或

$$\mathrm{d}\left(\frac{1}{2}mv^2\right)=\delta W \tag{13-21}$$

即质点动能的微小变化，等于作用在质点上力的元功，这就是质点微分形式的动能定理。

将式(13-21)积分，得

$$\int_{v_1}^{v_2}\mathrm{d}\left(\frac{1}{2}mv^2\right)=W_{12}$$

故

$$\frac{1}{2}mv_2^2-\frac{1}{2}mv_1^2=W_{12} \tag{13-22}$$

即在质点运动的某个过程中，质点动能的变化等于作用在质点上力的功，这就是质点积分形式的动能定理。

例 13-3　自动卸料车连同料质量为 m，无初速地沿倾角 $\alpha=30^\circ$ 的斜面滑下，如图 13-12 所示。料车滑到底端时与一弹簧相撞，通过控制机构使料车在弹簧压缩至最大时就自动卸料，然后依靠被压缩弹簧的弹性力作用又沿斜面回到原来的位置。设空车质量为 m_0，摩擦阻力为车重量的 0.2 倍，问：m 与 m_0 的比值至少应多大？

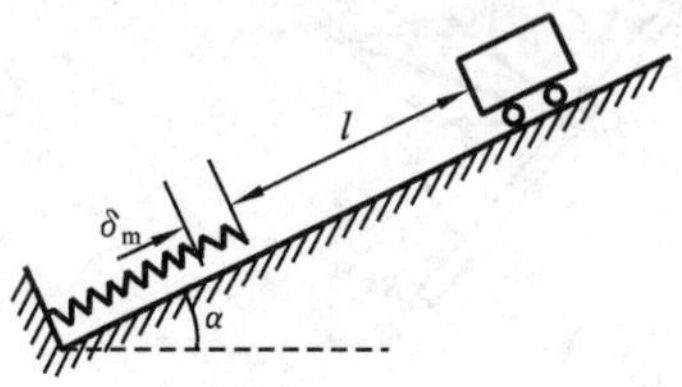

图 13-12

解　以料车为研究对象，受力有重力、斜面的法向反力、摩擦阻力及料车与弹簧相撞后的弹性力。不妨假设坡长为 l，弹簧最大变形为 δ_m。在料车下滑过程中所有力所做的功为

$$W=mg(l+\delta_m)\sin\alpha-0.2mg(l+\delta_m)-\frac{1}{2}k\delta_m^2$$

而料车在此两位置的速度均为零，由式(13-22)，得

$$0=mg(l+\delta_m)\sin\alpha-0.2mg(l+\delta_m)-\frac{1}{2}k\delta_m^2$$

在料车卸料后又弹回到原位置的过程中，同样由式(13-22)，可得

$$0=-m_0g(l+\delta_m)\sin\alpha-0.2m_0g(l+\delta_m)+\frac{1}{2}k\delta_m^2$$

由以上两式解得

$$\frac{m}{m_0}=\frac{\sin\alpha+0.2}{\sin\alpha-0.2}=\frac{0.7}{0.3}=\frac{7}{3}$$

2. 质点系的动能定理

设有由 n 个质点组成的质点系，其中第 i 个质点的质量为 m_i，速度为 v_i。对该质点应用质点微分形式的动能定理，有

$$\mathrm{d}\left(\frac{1}{2}m_iv_i^2\right)=\delta W_i$$

对于质点系可列出 n 个这样的方程，将这 n 个方程相加得

$$\sum_{i=1}^{n}\mathrm{d}\left(\frac{1}{2}m_iv_i^2\right)=\sum_{i=1}^{n}\delta W_i$$

即

$$\mathrm{d}\left(\sum_{i=1}^{n}\frac{1}{2}m_iv_i^2\right)=\sum_{i=1}^{n}\delta W_i$$

式中：$\sum\limits_{i=1}^{n}\frac{1}{2}m_iv_i^2$ 为质点系的动能 T。于是可得

$$\mathrm{d}T=\sum_{i=1}^{n}\delta W_i \tag{13-23}$$

即质点系动能的微分，等于作用在质点系上所有力所做元功的和，这就是质点系微分形式的动能定理。

设质点系在位置1和位置2的动能分别为 T_1 和 T_2，质点系由位置1运动到位置2的过程中，作用在质点系上所有力所做功的和为 $\sum W_{12}$。将式(13-23)积分，得

$$T_2 - T_1 = \sum W_{12} \tag{13-24}$$

即质点系在某一运动过程中动能的改变量，等于作用在质点系上所有力在这一过程中所做功的和，这就是质点系积分形式的动能定理。

若将作用在质点系上的力按主动力和约束反力分类，则式(13-24)可改写为

$$T_2 - T_1 = \sum W_{12}^{(F)} + \sum W_{12}^{(N)} \tag{13-25}$$

式中：$\sum W_{12}^{(F)}$ 和 $\sum W_{12}^{(N)}$ 分别表示质点系在运动过程中，所有主动力和约束反力所做功的和。

在实际工程问题中，经常会遇到约束反力所做功的和为零的情况。在常见的约束，如光滑接触面约束、光滑铰链约束、不可伸长的柔索及链杆约束等中，其对应的约束反力不做功，这类约束称为理想约束。如果质点系所受的约束都是理想约束，则质点系动能的改变量只与所有主动力所做的功有关。

当质点系所受的约束反力包含弹性力或摩擦力时，只需将它们视为主动力，即可按主动力和约束反力的分类方法应用式(13-25)解题。

若将作用在质点系上的力按外力和内力分类，则式(13-24)可改写为

$$T_2 - T_1 = \sum W_{12}^{(e)} + \sum W_{12}^{(i)} \tag{13-26}$$

在通常情况下，虽然质点系的内力是成对出现的，但它们的功之和并不等于零。例如蒸汽机车汽缸中的蒸汽压力对机车、自行车闸块与车圈间的摩擦力对自行车分别都是内力，但它们所做的功都不等于零，所以才使机车加速运动，使自行车减速运动。

但也有质点系的内力做功为零的情况。例如，刚体内两质点相互作用的力是内力，两力大小相等、方向相反。因为刚体内任意两点的距离始终保持不变，沿这两点连线的位移必定相等，其中一力做正功，另一力做负功，这一对力所做的功的和等于零。刚体内任一对内力所做的功的和等于零。因此，刚体所有内力做功的和等于零。

综上所述，在应用质点系动能定理求解动力学问题时，要仔细分析系统所受的力，确定它们是否做功，从而根据力系的特点，应用相应形式的动能定理。

例 13-4 链条长 l，质量为 m，展开放在光滑桌面上，如图 13-13(a)所示。开始时链条静止，并有长为 b 的一段下垂，求链条末端离开桌面时的速度。

解 以链条为研究对象。设链条单位长度的质量为 ρ，则链条的总质量为 ρl，设任一瞬时链条下垂部分的长度为 x，如图 13-13(b)所示，则此部分的重力的大小为 $\rho x g$。桌面对链条的法向反力为 $\boldsymbol{F}_N$，当链条滑下一微小距离 $\mathrm{d}x$ 时，作用在链条上的力所做的元功为

$$\delta W = \rho x g \cdot \mathrm{d}x$$

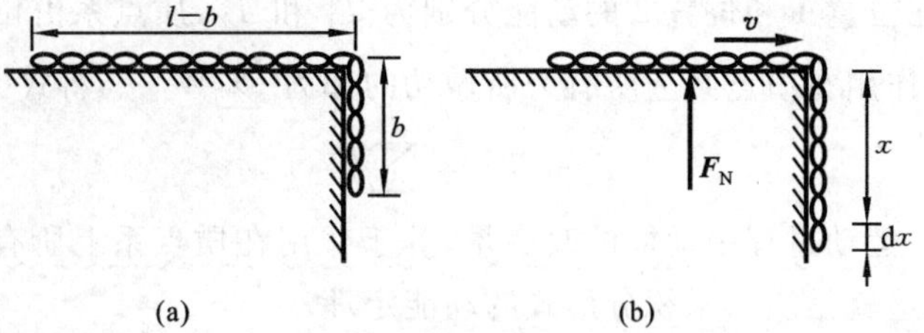

图 13-13

由于链条不可伸缩,所以链条上各点速度大小相等。设链条的速度为 v,则其动能为

$$T=\frac{1}{2}\rho l v^2$$

由式(13-23)有

$$\mathrm{d}\left(\frac{1}{2}\rho l v^2\right)=\rho x g\,\mathrm{d}x$$

将该式积分得

$$\int_0^v \mathrm{d}\left(\frac{1}{2}\rho l v^2\right)=\int_b^l \rho x g\,\mathrm{d}x$$

解得

$$v=\sqrt{\frac{g(l^2-b^2)}{l}}$$

此即为链条末端离开桌面时的速度。

本题亦可用质点系积分形式的动能定理求解,请读者自行完成。

例 13-5　如图 13-14(a)所示,重物 A 和 B 通过动滑轮 D 和定滑轮 C 而运动。如果重物 A 开始时向下的速度为 v_0,试问:重物 A 下落多大距离时,其速度增大一倍?设重物 A 和 B 的质量均为 m_1,滑轮 D 和 C 的质量均为 m_2,且为均质圆盘。重物 B 与水平面间的动摩擦因数为 f,绳索不能伸长,其质量忽略不计。

解　以系统为研究对象。系统中重物 A 和 B 做平移,定滑轮 C 做定轴转动,动滑轮 D 做平面运动。初瞬时 A 的速度大小为 v_0,则滑轮 D 轮心的速度大小为 v_0,角速度为 $\omega_D=\dfrac{v_0}{r_D}$;定滑轮 C 的角速度为 $\omega_C=\dfrac{2v_0}{r_C}$;重物 B 的速度大小为 $2v_0$。于是运动初瞬时系统的动能为

$$\begin{aligned}T_1&=\frac{1}{2}m_1v_0^2+\frac{1}{2}m_2v_0^2+\frac{1}{2}\left(\frac{1}{2}m_2r_D^2\right)\left(\frac{v_0}{r_D}\right)^2\\&\quad+\frac{1}{2}\left(\frac{1}{2}m_2r_C^2\right)\left(\frac{2v_0}{r_C}\right)^2+\frac{1}{2}m_1(2v_0)^2\\&=\frac{v_0^2}{4}(10m_1+7m_2)\end{aligned}$$

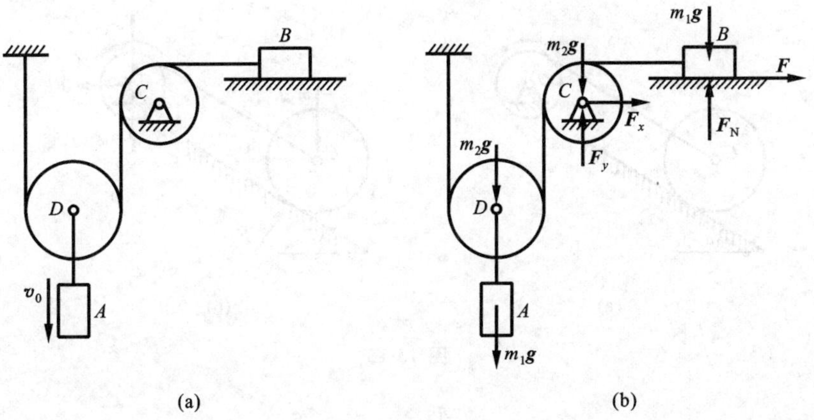

图 13-14

速度增大一倍时的动能为

$$T_2 = v_0^2(10m_1 + 7m_2)$$

系统受力如图 13-14(b)所示。设重物 A 下降 h 高度时，其速度增大一倍。在此过程中，只有重物 A、滑轮 D 的重力和重物 B 的摩擦力做功，所有的力所做的功为

$$\sum W_{12} = m_1gh + m_2gh - fm_1g \cdot 2h = [m_1g(1-2f) + m_2g]h$$

由式(13-24)有

$$\frac{3v_0^2}{4}(10m_1 + 7m_2) = [m_1g(1-2f) + m_2g]h$$

解得

$$h = \frac{3v_0^2(10m_1 + 7m_2)}{4g[m_1(1-2f) + m_2]}$$

例 13-6　卷扬机如图 13-15(a)所示，鼓轮在常力偶 M 的作用下将圆柱向上拉。已知鼓轮的半径为 R_1，质量为 m_1，质量分布在轮缘上；圆柱的半径为 R_2，质量为 m_2，质量均匀分布。设斜坡的倾角为 α，圆柱只滚不滑。系统从静止开始运动，求圆柱中心 C 经过路程 s 时的速度和加速度。

解　以系统为研究对象。鼓轮做定轴转动，圆柱做平面运动。由于系统从静止开始运动，故初瞬时系统的动能为

$$T_1 = 0$$

设圆柱质心 C 经过路程 s 时的速度为 v_C，此时系统的动能为

$$T_2 = \frac{1}{2}J_1\omega_1^2 + \frac{1}{2}m_2v_C^2 + \frac{1}{2}J_C\omega_2^2$$

式中：J_1、J_C 分别为鼓轮对中心轴 O、圆柱对过质心 C 的轴的转动惯量，其中

$$J_1 = m_1R_1^2, \quad J_C = \frac{1}{2}m_2R_2^2$$

ω_1 和 ω_2 分别为鼓轮和圆柱的角速度，其中

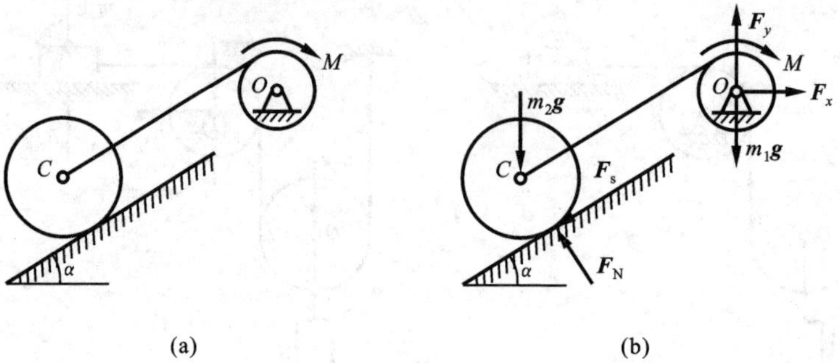

图 13-15

$$\omega_1 = \frac{v_C}{R_1},\quad \omega_2 = \frac{v_C}{R_2}$$

将转动惯量和角速度代入动能表达式,整理得

$$T_2 = \frac{v_C^2}{4}(2m_1 + 3m_2)$$

系统受力如图 13-15(b)所示,在系统所受的所有力中,只有主动力偶和圆柱的重力做功,所有的力所做的功为

$$\sum W_{12} = M\frac{s}{R_1} - m_2 g\sin\alpha \cdot s$$

由式(13-24)有

$$\frac{v_C^2}{4}(2m_1 + 3m_2) - 0 = M\frac{s}{R_1} - m_2 g\sin\alpha \cdot s \qquad ①$$

解得

$$v_C = 2\sqrt{\frac{(M - m_2 g R_1 \sin\alpha)s}{R_1(2m_1 + 3m_2)}}$$

系统在运动过程中,速度 v_C 与路程 s 均为时间的函数,将式①两边对时间 t 求一阶导数,有

$$\frac{1}{2}(2m_1 + 3m_2)v_C a_C = M\frac{v_C}{R_1} - m_2 g\sin\alpha \cdot v_C$$

解得圆柱中心 C 的加速度为

$$a_C = \frac{2(M - m_2 g R_1 \sin\alpha)}{(2m_1 + 3m_2)R_1}$$

例 13-7　在对称连杆的 A 点作用一竖直常力 $\boldsymbol{F}$,开始时系统静止,如图 13-16(a)所示。求连杆 OA 运动到水平位置时的角速度。设连杆长均为 l,质量均为 m,均质圆盘质量为 m_1,且做纯滚动。

解　以系统为研究对象。杆 OA 做定轴转动,杆 AB 和圆盘做平面运动。由于系统从静止开始运动,故初瞬时系统的动能为

$$T_1 = 0$$

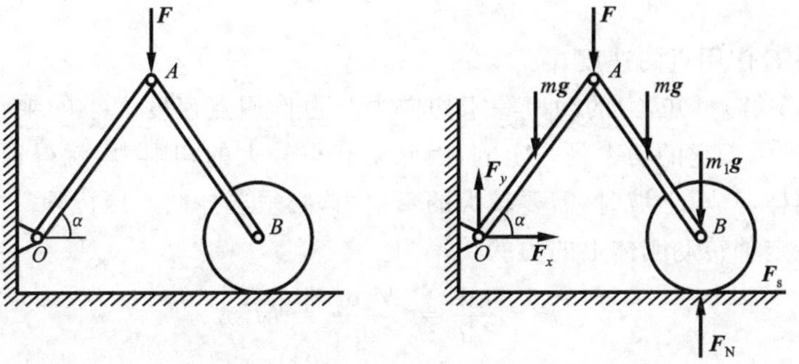

(a) (b)

图 13-16

当杆 OA 运动到水平位置时，杆端 B 为杆 AB 的速度瞬心，因此轮 B 的角速度为零。设此时杆 OA 的角速度为 ω，由于 $OA=AB$，所以杆 AB 的角速度亦为 ω，系统此时的动能为

$$T_2=\frac{1}{2}J_{OA}\omega^2+\frac{1}{2}J_{AB}\omega^2=\frac{1}{2}\left(\frac{1}{3}ml^2\right)\omega^2+\frac{1}{2}\left(\frac{1}{3}ml^2\right)\omega^2=\frac{1}{3}ml^2\omega^2$$

系统受力如图 13-16(b)所示，在系统所受的所有力中，只有主动力 $\boldsymbol{F}$ 和两杆的重力做功，所有的力所做的功为

$$\sum W_{12}=2\left(mg\,\frac{l}{2}\sin\alpha\right)+Fl\sin\alpha=(mg+F)l\sin\alpha$$

由式(13-24)有

$$\frac{1}{3}ml^2\omega^2-0=(mg+F)l\sin\alpha$$

解得

$$\omega=\sqrt{\frac{3(mg+F)\sin\alpha}{lm}}$$

13.4 功率 功率方程 机械效率

1. 功率

在工程实际中，要求机器不仅能做功，而且能在一定时间内做出一定数量的功。如在 $\mathrm{d}t$ 时间内做的元功为 δW，则单位时间内所做的功称为功率，以 P 表示，于是有

$$P=\frac{\delta W}{\mathrm{d}t} \tag{13-27}$$

由此可见，功率是代数量，并且是瞬时量。因力的元功为 $\delta W=\boldsymbol{F}\cdot\mathrm{d}\boldsymbol{r}$，所以力的功率为

$$P = \frac{\boldsymbol{F} \cdot \mathrm{d}\boldsymbol{r}}{\mathrm{d}t} = \boldsymbol{F} \cdot \boldsymbol{v} = F_{\mathrm{t}} v \tag{13-28}$$

式中:$\boldsymbol{v}$为力 $\boldsymbol{F}$ 作用点的速度。

由式(13-28)可知,力的功率等于切向力与力作用点速度大小的乘积。例如:机床切削工件,由于它的功率是一定的,因此要获得较大的切削力,就得选择较小的切削速度。同样,汽车上坡时,需要较大的牵引力,必须选择低速挡行驶。

作用在定轴转动刚体上的力的功率为

$$P = \frac{\delta W}{\mathrm{d}t} = \frac{M_z \mathrm{d}\varphi}{\mathrm{d}t} = M_z \omega \tag{13-29}$$

式中:M_z 为力对转轴 z 的矩;ω 为转动刚体的角速度。

由式(13-29)知,作用在转动刚体上力的功率等于该力对转轴的矩与角速度的乘积。

在国际单位制中,功率的单位为 W(瓦)或 kW(千瓦)。1 W 表示 1 s 做 1 J 的功,即

$$1\ \mathrm{W} = 1\ \mathrm{J/s} = 1\ \mathrm{N \cdot m/s}$$

在工程实际中,功率的单位常用 PS(马力)或 kW。

$$1\ \mathrm{PS} = 735.5\ \mathrm{W}$$
$$1\ \mathrm{kW} = 1.36\ \mathrm{PS}$$

2. 功率方程

将质点系动能定理的微分形式两边同除以 dt,得

$$\frac{\mathrm{d}T}{\mathrm{d}t} = \sum \frac{\delta W_i}{\mathrm{d}t} = \sum P_i \tag{13-30}$$

即质点系动能对时间的一阶导数等于作用在质点系上所有力的功率的代数和,这就是功率方程。

功率方程是用来研究机器运转时能量的变化和转化问题。就机器而言,功率包括:

(1) 输入功率,即作用于机器的主动力(如电动机的力矩)的功率;

(2) 输出功率,即有用阻力(如机床加工工件时作用于工件上的力)的功率(也称有用功率);

(3) 无用功率,即无用阻力(如摩擦力)的功率。

输出功率和无用功率均为负值。

每部机器的功率均可分为上述三部分,在一般情况下,式(13-30)可写为

$$\frac{\mathrm{d}T}{\mathrm{d}t} = P_{\text{输入}} - P_{\text{有用}} - P_{\text{无用}} \tag{13-31}$$

或

$$P_{\text{输入}} = P_{\text{有用}} + P_{\text{无用}} + \frac{\mathrm{d}T}{\mathrm{d}t} \tag{13-32}$$

即系统的输入功率等于有用功率、无用功率和系统动能变化率的和。

式(13-31)和式(13-32)表示机器动能的变化与各种功率之间的关系。当机器启动或加速运转时，则必须有 $\mathrm{d}T/\mathrm{d}t>0$，所以要求 $P_{输入}>P_{有用}+P_{无用}$；当机器做减速运转时，必须有 $\mathrm{d}T/\mathrm{d}t<0$，所以要求 $P_{输入}<P_{有用}+P_{无用}$；当机器匀速运转时，必须有 $\mathrm{d}T/\mathrm{d}t=0$，则 $P_{输入}=P_{有用}+P_{无用}$。

3. 机械效率

任何机器工作时，由于摩擦、碰撞等原因，都有一部分功率被消耗掉，为了衡量对输入功率的有效利用程度，工程中，把有效功率(包括有用功率和动能的变化率)与输入功率的比值定义为机器的机械效率，用 η 表示，即

$$\eta=\frac{有效功率}{输入功率}=\frac{\dfrac{\mathrm{d}T}{\mathrm{d}t}+P_{有用}}{P_{输入}} \tag{13-33}$$

当机器匀速运转时，$\mathrm{d}T/\mathrm{d}t=0$，此时有

$$\eta=\frac{P_{有用}}{P_{输入}} \tag{13-34}$$

η 是评定机器质量好坏的指标之一，显然，$\eta<1$。

一部机器的传动部分一般由多级传动机构组成。若多级传动机构的机械效率分别为 $\eta_1,\eta_2,\cdots,\eta_n$，则机器总的机械效率为

$$\eta=\eta_1\cdot\eta_2\cdot\cdots\cdot\eta_n \tag{13-35}$$

例 13-8　如图 13-17 所示系统中，物块质量为 m，用不计质量的细绳跨过滑轮与弹簧相连。弹簧原长为 l，刚度系数为 k，质量不计。滑轮半径为 R，转动惯量为 J。不计轴承摩擦，试建立此系统的运动微分方程。

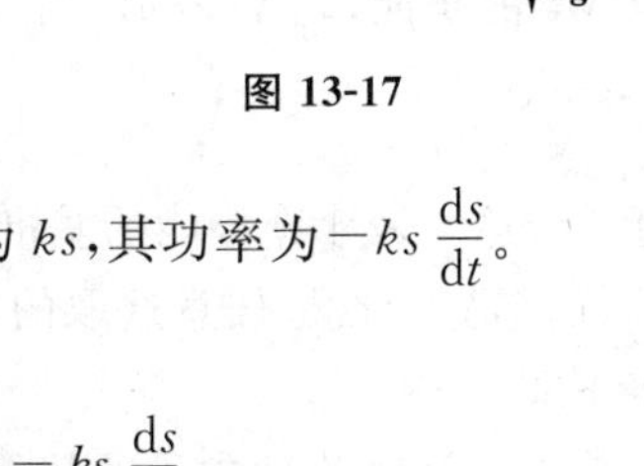

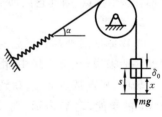

图 13-17

解　以系统为研究对象。设任意时刻弹簧由自然长度伸长 s，则物块下降 s，滑轮转过的角度 $\varphi=s/R$。此时系统的动能为

$$T=\frac{1}{2}m\left(\frac{\mathrm{d}s}{\mathrm{d}t}\right)^2+\frac{1}{2}J\left(\frac{\mathrm{d}\varphi}{\mathrm{d}t}\right)^2=\frac{1}{2}\left(m+\frac{J}{R^2}\right)\left(\frac{\mathrm{d}s}{\mathrm{d}t}\right)^2$$

重物下降的速度 $v=\dfrac{\mathrm{d}s}{\mathrm{d}t}$，重力功率为 $mg\dfrac{\mathrm{d}s}{\mathrm{d}t}$，弹力大小为 ks，其功率为 $-ks\dfrac{\mathrm{d}s}{\mathrm{d}t}$。

由式(13-30)有

$$\frac{\mathrm{d}T}{\mathrm{d}t}=\left(m+\frac{J}{R^2}\right)\frac{\mathrm{d}s}{\mathrm{d}t}\frac{\mathrm{d}^2s}{\mathrm{d}t^2}=mg\frac{\mathrm{d}s}{\mathrm{d}t}-ks\frac{\mathrm{d}s}{\mathrm{d}t}$$

两边同除以 $\dfrac{\mathrm{d}s}{\mathrm{d}t}$，得到对于坐标 s 的运动微分方程

$$\left(m+\frac{J}{R^2}\right)\frac{\mathrm{d}^2s}{\mathrm{d}t^2}=mg-ks$$

如此系统静止时弹簧伸长量为 δ_0，则 $mg=k\delta_0$。以平衡位置为坐标原点，物体下

降 x 时弹簧的伸长量为 $s=\delta_0+x$,代入上式,得

$$\left(m+\frac{J}{R^2}\right)\frac{\mathrm{d}^2 s}{\mathrm{d}t^2}=mg-k\delta_0-kx=-kx$$

移项后,得到对于坐标 x 的运动微分方程

$$\left(m+\frac{J}{R^2}\right)\frac{\mathrm{d}^2 s}{\mathrm{d}t^2}+kx=0$$

这是系统自由振动微分方程的标准形式。由以上结果可见,弹簧倾斜角度 α 与系统运动微分方程无关。

13.5 势力场 势能 机械能守恒定律

1. 势力场

若物体在某空间任一位置都受到一个大小和方向完全由所在位置确定的力的作用,则这部分空间称为**力场**。例如物体在地球表面的任何位置都要受到大小和方向取决于物体的位置的重力作用,因此,地球表面的空间就称为**重力场**。又如星球在太阳周围的任何位置均受到太阳引力的作用,引力的大小和方向完全取决于星球相对于太阳的位置,因此,太阳周围的空间称为**太阳引力场**。

若物体在力场内运动,作用在物体上的力所做的功只与力作用点的初始和终了位置有关,而与该物体所走过的路径无关,这种力场称为**势力场**,或**保守力场**。在势力场中,物体受到的力称为**有势力**或**保守力**。前面介绍的重力、弹性力、万有引力做的功都有这个特点,因此它们都是保守力,重力场、弹性力场、万有引力场都是势力场。

2. 势能

当物体从高处落到低处时,重力做功,物体下落高度不同,则重力所做的功也不同。一般来说,在势力场中,由于物体位置改变,有势力有做功的能力。因此定义:在势力场中,质点从点 M 运动到任选点 M_0,有势力所做的功称为质点在点 M 相对于点 M_0 的**势能**,以 V 表示,则

$$V=\int_M^{M_0}\boldsymbol{F}\cdot\mathrm{d}\boldsymbol{r}=\int_M^{M_0}(F_x\mathrm{d}x+F_y\mathrm{d}y+F_z\mathrm{d}z) \tag{13-36}$$

任选点 M_0 是计算势能的基准位置,称为**零势能点**。由于势能是相对零势能点而言的,而零势能点是任意选取的,所以对于不同的零势能点,势力场中同一位置的势能将不同。

下面计算几种常见的势能。

1) 重力场中的势能

重力场中,任取一直角坐标系,z 轴的方向竖直向上,取零势能点 M_0 的坐标为 (x_0,y_0,z_0)。应用式(13-36),则质点在 $M(x,y,z)$处的势能为

$$V=\int_z^{z_0}-mg\,\mathrm{d}z=mg(z-z_0) \tag{13-37}$$

2）弹性力场中的势能

设弹簧的刚度系数为 k，在零势能点 M_0 处弹簧的变形为 δ_0，在 M 处弹簧的变形为 δ，应用式(13-36)和式(13-11)，则在 M 处的弹性势能为

$$V = \frac{1}{2}k(\delta^2 - \delta_0^2) \tag{13-38}$$

如取弹簧的自然位置为零势能点，则 $\delta_0 = 0$，于是有

$$V = \frac{1}{2}k\delta^2 \tag{13-39}$$

3）万有引力场中的势能

设质量为 m_1 的质点受质量为 m_2 的物体的万有引力作用，在距引力中心为 r_0 处取零势能点 M_0，应用式(13-36)和式(13-12)，则质点在 M 处的势能为

$$V = Gm_1m_2\left(\frac{1}{r_0} - \frac{1}{r}\right) \tag{13-40}$$

如取零势能点为无穷远处，即 $r_0 = \infty$，则质点在 M 处的势能为

$$V = -Gm_1m_2\frac{1}{r} \tag{13-41}$$

4）质点系的势能

以上讨论的是质点的势能及其计算方法。当质点系在势力场中受到多个有势力作用时，各势能可有各自的零势能点。要计算质点系在某位置的势能，首先必须选取质点系的零势能位置，即各质点均处于其零势能点的一组位置。质点系从某位置运动到零势能位置时，各有势力所做功的代数和称为质点系在该位置的势能。

例如质点系在重力场中运动，每个质点均受重力作用，设 z 轴的方向垂直向上，取质点系的零势能位置的 z 坐标为 $z_{10}, z_{20}, \cdots, z_{n0}$，则质点系在 z 坐标为 $z_1, z_2, \cdots, z_n$ 位置的势能为

$$V = \sum m_i g(z_i - z_{i0})$$

据式(13-10)，质点系在重力场中的势能为

$$V = Mg(z_C - z_{C0}) \tag{13-42}$$

式中：M 为质点系的总质量；z_{C0} 和 z_C 分别为质点系在零势能位置和某一位置时的质心 z 坐标。

3. 有势力的功

质点系在势力场中运动，有势力的功可通过势能来计算。设质点系在有势力作用下从位置 1 运动到位置 2，由于有势力的功与运动轨迹形状无关，因此有势力的功可看作从位置 1 运动到零势能位置，再从零势能位置运动到位置 2，两个运动过程中所做功的代数和。故有

$$W_{12} = W_{10} + W_{02}$$

由于

$$W_{02} = -W_{20}$$

故

$$W_{12} = W_{10} - W_{20} = V_1 - V_2 \tag{13-43}$$

即有势力所做的功等于质点系在运动过程的初始和终了位置的势能差。

4. 机械能守恒定律

质点系在某瞬时的动能和势能的代数和称为机械能。

设质点系在有势力作用下从位置Ⅰ运动到位置Ⅱ,根据动能定理,有

$$T_2 - T_1 = W_{12}$$

又根据式(13-43),有

$$W_{12} = V_1 - V_2$$

于是有

$$T_2 - T_1 = V_1 - V_2$$

或

$$T_1 + V_1 = T_2 + V_2 \tag{13-44}$$

即质点系仅在有势力的作用下运动时,其机械能保持不变,这就是**机械能守恒定律**,这样的系统也称为**保守系统**。

若作用在质点系上的力除有势力外还有非有势力,且非有势力做功不为零,设有势力做功为 W_{12},非有势力做功为 W'_{12},根据动能定理,有

$$T_2 - T_1 = W_{12} + W'_{12}$$

又根据式(13-43),有

$$W_{12} = V_1 - V_2$$

于是有

$$T_2 - T_1 = V_1 - V_2 + W'_{12}$$

或

$$(T_2 + V_2) - (T_1 + V_1) = W'_{12} \tag{13-45}$$

由此可见,当系统还受到非有势力作用时,系统的机械能并不守恒,这样的系统称为**非保守系统**。当质点系受到摩擦力作用时,W'_{12} 为负,这时质点系在运动过程中机械能减小,称为**机械能耗散**;当非有势力做正功时,W'_{12} 为正,这时质点系在运动过程中机械能增加,外界对系统输入了能量。

机械能守恒定律表明,能量不会消失,也不能创造,只能从一种形式转化为另一种形式,总能量不变。

例 13-9 如图 13-18 所示系统中,均质杆 AB 的质量为 $m=10$ kg,长 $l=60$ cm,两端与不计重量的滑块 A 和 B 铰接,滑块可在光滑槽内滑动,弹簧的刚度系数为 $k=360$ N/m。在图示位置,系统静止,弹簧的伸长为 20 cm,然后无初速释放系统,求当杆 AB 到达竖直位置时的角速度。

解 以系统为研究对象。该系统在运动过程中只有有势力(重力和弹性力)做

功，故可用机械能守恒定律求解。

在初始瞬时，系统静止，其动能 $T_1=0$，取水平槽的轴线位置为重力的零势能位置；弹性力以弹簧无变形为其零势能位置，则此时系统的势能为

$$V_1=mg\left(\frac{l}{2}\cos30^\circ\right)+\frac{1}{2}k\delta_1^2$$

$$=10\times9.8\times\left(\frac{0.6}{2}\times\cos30^\circ\right)+\frac{360}{2}\times(0.2^2)$$

$$=32.66\ \mathrm{N\cdot m}$$

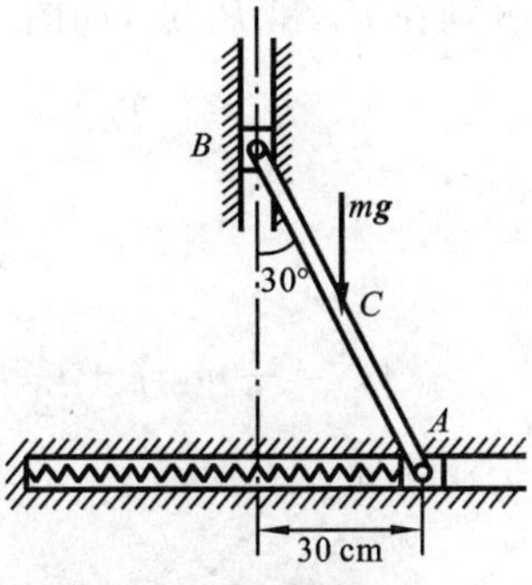

图 13-18

当杆 AB 到达竖直位置时，其速度瞬心在杆 B 端，设此时 AB 杆的角速度为 ω，则此时系统的动能 T_2 和势能 V_2 分别为

$$T_2=\frac{1}{2}J_C\omega^2=\frac{1}{2}\left(\frac{1}{3}ml^2\right)\omega^2=\frac{1}{2}\left(\frac{1}{3}\times10\times0.6^2\right)\omega^2=0.6\omega^2$$

$$V_2=mg\ \frac{l}{2}+\frac{1}{2}k\delta_2^2=10\times9.8\times\frac{0.6}{2}+\frac{360}{2}\times(-0.1)^2\ \mathrm{N\cdot m}=31.2\ \mathrm{N\cdot m}$$

由式(13-44)有

$$0+32.66=0.6\omega^2+31.2$$

解得

$$\omega=1.56\ \mathrm{rad/s}$$

例 13-10　如图 13-19(a)所示系统中，均质杆 OA、AB 的质量均为 m，长度均为 l，均质圆轮质量为 m_1，半径为 r，放在粗糙的水平地面上。当 $\alpha=30^\circ$时，系统由静止开始运动，试求轮心 B 在运动初瞬时的加速度。

解　以系统为研究对象，系统受力如图 13-19(a)所示。系统在运动过程中，只有杆 OA、AB 的重力做功，故可用机械能守恒定律求解。

以过轮 B 中心的水平线为零势能位置，则在图 13-19 所示位置，系统的势能为

$$V=2mg\ \frac{l}{2}\sin\alpha=mgl\sin\alpha \tag{①}$$

系统中，杆 OA 做定轴转动，杆 AB 及轮 B 做平面运动，杆 AB 及轮 B 的速度瞬

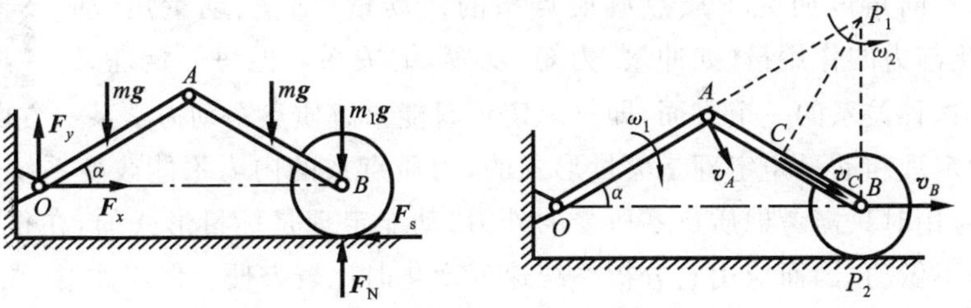

(a)　　　　(b)

图 13-19

心分别在 P_1 和 P_2 点,如图 13-19(b)所示。各刚体在任意瞬时的动能分别为

$$T_{OA}=\frac{1}{2}J_O\omega_1^2=\frac{1}{2}\cdot\frac{1}{3}ml^2\omega_1^2=\frac{1}{6}ml^2\omega_1^2 \quad ②$$

$$T_{AB}=\frac{1}{2}mv_C^2+\frac{1}{2}J_C\omega_2^2=\frac{1}{2}mv_C^2+\frac{1}{24}ml^2\omega_2^2 \quad ③$$

$$T_B=\frac{1}{2}m_1v_B^2+\frac{1}{2}J_B\omega_B^2=\frac{1}{2}m_1v_B^2+\frac{1}{2}\left(\frac{1}{2}m_1r^2\right)\left(\frac{v_B}{r}\right)^2=\frac{3}{4}m_1v_B^2 \quad ④$$

由运动学知

$$\omega_1=\omega_2=\frac{v_A}{l}=\frac{v_B}{2l\sin\alpha} \quad ⑤$$

$$v_C^2=\frac{1}{2}v_B^2+\frac{v_B^2}{16\sin^2\alpha} \quad ⑥$$

由式②至⑥,得系统总动能为

$$T=T_{OA}+T_{AB}+T_B=\frac{1}{4}(m+3m_1)v_B^2+\frac{mv_B^2}{12\sin^2\alpha} \quad ⑦$$

由机械能守恒定律,将式①、式⑦代入式(13-44)有

$$\frac{1}{4}(m+3m_1)v_B^2+\frac{1}{12}m\frac{v_B^2}{\sin^2\alpha}+mgl\sin\alpha=C \quad (常量)$$

将上式两端对时间求导,得

$$\frac{1}{2}(m+3m_1)v_B\frac{\mathrm{d}v_B}{\mathrm{d}t}+\frac{1}{6}m\frac{v_B}{\sin^2\alpha}\frac{\mathrm{d}v_B}{\mathrm{d}t}-\frac{1}{6}m\frac{v_B^2\cos\alpha}{\sin^3\alpha}\cdot\frac{\mathrm{d}\alpha}{\mathrm{d}t}+mgl\cos\alpha\frac{\mathrm{d}\alpha}{\mathrm{d}t}=0 \quad ⑧$$

将 $a_B=\frac{\mathrm{d}v_B}{\mathrm{d}t}$,$\frac{\mathrm{d}\alpha}{\mathrm{d}t}=-\omega_1=-\frac{v_B}{2l\sin\alpha}$代入式⑧,当 $t=0$ 时,$\alpha=30°$,$v_B=0$,解得

$$a_B=\frac{3\sqrt{3}m}{7m+9m_1}g$$

13.6 动力学普遍定理的综合应用举例

前面分别介绍了动力学普遍定理(动量定理、动量矩定理和动能定理),从不同角度研究了质点或质点系的运动量(动量、动量矩、动能)的变化与力的作用量(如冲量、力矩、功等)的关系。但每一定理又只反映了这种关系的一个方面,即每一定理只能求解质点系动力学某一方面的问题。

动量定理和动量矩定理是矢量形式的,因质点系的内力不能改变系统的动量和动量矩,应用时只需考虑质点系所受的外力;动能定理是标量形式的,在很多问题中约束反力不做功,因而应用它分析系统速度变化时比较方便。但应注意,在有些情况下质点系的内力也要做功,应用时要具体分析。

动力学普遍定理综合应用有两方面含义:其一,对一个问题可用不同的定理求解;其二,对一个问题需用几个定理才能求解。

下面针对只用一个定理就能求解的题目选择定理的方法说明如下。

(1) 与路程有关的问题用动能定理，与时间有关的问题用动量定理或动量矩定理。

(2) 已知主动力求质点系的运动用动能定理，已知质点系的运动求约束反力用动量定理或质心运动定理，也可用动量矩定理。已知外力求质点系质心运动用质心运动定理。

(3) 如果问题是要求速度或角速度，则要视已知条件而定。若质点系所受外力的主矢为零或在某轴上的投影为零，则可用动量守恒定律求解。若质点系所受外力对某固定轴的矩的代数和为零，则可对该轴用动量矩守恒定律求解。若质点系仅受有势力的作用或非有势力不做功，则用机械能守恒定律求解。若作用在质点系上的非有势力做功，则用动能定理求解。

(4) 如果问题是要求加速度或角加速度，可用动能定理求出速度(或角速度)，然后再对时间求导，求出加速度(或角加速度)。也可用功率方程、动量定理或动量矩定理求解。在用动能定理或功率方程求解时，不做功的未知力在方程中不会出现，将给问题的求解带来很大的方便。

(5) 对定轴转动问题，可用定轴转动的微分方程求解。对刚体的平面运动问题，可用平面运动微分方程求解。

有时一个问题，用几个定理都可以求解，此时可选择最合适的定理，用最简单的方法求解。复杂的动力学问题不外乎是上述几种情况的组合，可以根据各定理的特点联合应用。下面举例说明。

例 13-11　如图 13-20(a)所示，均质杆质量为 m，长为 l，可绕距端点$\frac{1}{3}l$的转轴 O 转动，求杆由水平位置静止开始转动到任一位置时的角速度、角加速度以及轴承 O 处的约束反力。

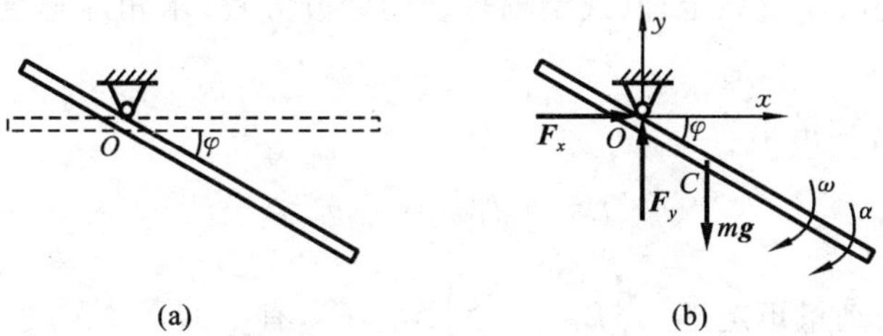

图 13-20

解　以杆为研究对象，杆的受力和运动分析如图 13-20(b)所示。

求杆的角速度 ω 和角加速度 α。首先由动能定理(或机械能守恒定律)求角速度，然后通过求导求角加速度。用动能定理求角速度。

由于杆从水平位置由静止开始运动，故初瞬时杆的动能

$$T_1 = 0$$

设杆转动到任一位置时的角速度为 ω,此时杆的动能为

$$T_2 = \frac{1}{2}J_O\omega^2 = \frac{1}{2}\left[\frac{1}{12}ml^2 + m\left(\frac{l}{2}-\frac{l}{3}\right)^2\right]\omega^2 = \frac{1}{18}ml^2\omega^2$$

在此过程中所有的力所做的功为

$$\sum W_{12} = mgh = \frac{1}{6}mgl\sin\varphi$$

由质点系积分形式的动能定理,$T_2 - T_1 = \sum W_{12}$,有

$$\frac{1}{18}ml^2\omega^2 - 0 = \frac{1}{6}mgl\sin\varphi$$

即

$$\omega^2 = \frac{3g}{l}\sin\varphi \qquad ①$$

所以

$$\omega = \sqrt{\frac{3g}{l}\sin\varphi}$$

当然,亦可以由机械能守恒定律 $T_1+V_1=T_2+V_2$ 求角速度。下面通过求导求角加速度。

将式①两边对时间求导,得

$$2\omega\frac{\mathrm{d}\omega}{\mathrm{d}t} = \frac{3g}{l}\cos\varphi\frac{\mathrm{d}\varphi}{\mathrm{d}t}$$

由于$\frac{\mathrm{d}\omega}{\mathrm{d}t}=\alpha$,$\frac{\mathrm{d}\varphi}{\mathrm{d}t}=\omega$,所以

$$\alpha = \frac{3g}{2l}\cos\varphi$$

本题亦可先由动量矩定理(或定轴转动的微分方程)求角加速度,然后通过积分求角速度。

杆对轴 O 的动量矩为

$$L_O = J_O\omega = \frac{1}{9}ml^2\omega$$

由质点系的动量矩定理,$\frac{\mathrm{d}}{\mathrm{d}t}L_O = \sum M_O(\boldsymbol{F})$,有

$$\frac{1}{9}ml^2\alpha = mg\,\frac{l}{6}\cos\varphi$$

所以

$$\alpha = \frac{3g}{2l}\cos\varphi$$

当然,亦可由定轴转动的微分方程 $J_O\alpha = \sum M_O(\boldsymbol{F})$求角加速度。下面通过积分求角速度。

因为 $\alpha=\frac{\mathrm{d}\omega}{\mathrm{d}t}=\frac{\mathrm{d}\omega}{\mathrm{d}\varphi}\frac{\mathrm{d}\varphi}{\mathrm{d}t}=\omega\frac{\mathrm{d}\omega}{\mathrm{d}\varphi}$，所以

$$\omega\frac{\mathrm{d}\omega}{\mathrm{d}\varphi}=\frac{3g}{2l}\cos\varphi$$

两边同乘以 $\mathrm{d}\varphi$，积分

$$\int_0^{\omega}\omega\mathrm{d}\omega=\int_0^{\varphi}\frac{3g}{2l}\cos\varphi\mathrm{d}\varphi$$

即

$$\frac{1}{2}\omega^2\Big|_0^{\omega}=\frac{3g}{2l}\sin\varphi\Big|_0^{\varphi}$$

所以

$$\omega=\sqrt{\frac{3g}{l}\sin\varphi}$$

下面求轴承 O 的约束反力。

杆的动量在 x 和 y 轴上的投影分别为

$$p_x=-mv_C\sin\varphi=-\frac{1}{6}ml\omega\sin\varphi$$

$$p_y=-mv_C\cos\varphi=-\frac{1}{6}ml\omega\cos\varphi$$

由质点系的动量定理 $\frac{\mathrm{d}p_x}{\mathrm{d}t}=\sum F_x^{(e)}$，$\frac{\mathrm{d}p_y}{\mathrm{d}t}=\sum F_y^{(e)}$，得

$$-\frac{1}{6}ml(\alpha\sin\varphi+\omega^2\cos\varphi)=F_x$$

、

$$-\frac{1}{6}ml(\alpha\cos\varphi-\omega^2\sin\varphi)=F_y-mg$$

所以

$$F_x=-\frac{1}{6}ml(\alpha\sin\varphi+\omega^2\cos\varphi)$$

$$F_y=mg-\frac{1}{6}ml(\alpha\cos\varphi-\omega^2\sin\varphi)$$

杆质心的加速度在 x 和 y 轴上的投影分别为

$$a_{Cx}=-a_C^{\mathrm{t}}\sin\varphi-a_C^{\mathrm{n}}\cos\varphi=-\frac{1}{6}l(\alpha\sin\varphi+\omega^2\cos\varphi)$$

$$a_{Cy}=-a_C^{\mathrm{t}}\cos\varphi+a_C^{\mathrm{n}}\sin\varphi=-\frac{1}{6}l(\alpha\cos\varphi-\omega^2\sin\varphi)$$

由质心运动定理 $Ma_{Cx}=\sum F_x^{(e)}$，$Ma_{Cy}=\sum F_y^{(e)}$，可得同样的结果。

通过本例可见，同一个题目可以用不同的定理求解。

例 13-12　均质杆质量为 m，长为 l，静止直立于光滑水平面上。当杆受微小干扰而倒下时，求杆刚刚到达地面时的角速度和地面约束力。

解　由于地面光滑，直杆沿水平方向不受力，倒下过程中质心将竖直下落。设杆运动到任一位置时(与水平方向夹角为 θ)，如图 13-21(a)所示。杆的角速度为

$$\omega = \frac{v_C}{CP} = \frac{2v_C}{l\cos\theta}$$

此时杆的动能为

$$T = \frac{1}{2}mv_C^2 + \frac{1}{2}J_C\omega^2 = \frac{1}{2}m\left(1 + \frac{1}{3\cos^2\theta}\right)v_C^2$$

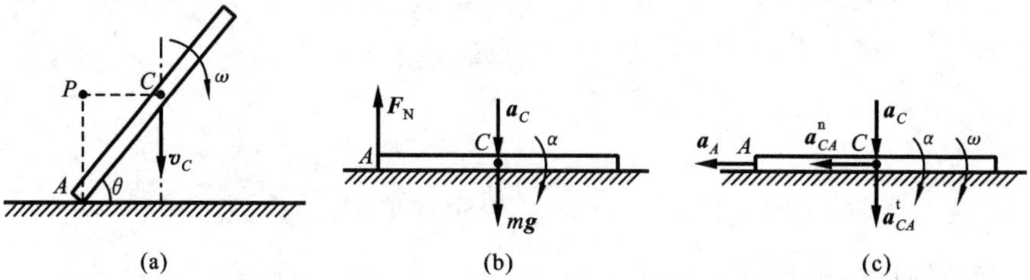

图 13-21

初动能为零，此过程只有重力做功，由质点系积分形式的动能定理，有

$$\frac{1}{2}m\left(1 + \frac{1}{3\cos^2\theta}\right)v_C^2 = mg\,\frac{l}{2}(1 - \sin\theta)$$

当 $\theta=0$ 时，解出

$$v_C = \frac{1}{2}\sqrt{3gl},\quad \omega = \sqrt{\frac{3g}{l}}$$

杆刚刚到达地面时受力及加速度如图 13-21(b)所示。由刚体平面运动的微分方程，得

$$mg - F_N = ma_C \qquad ①$$

$$F_N\,\frac{l}{2} = J_C\alpha = \frac{1}{12}ml^2\alpha \qquad ②$$

杆做平面运动，以 A 为基点，则 C 点的加速度为

$$\boldsymbol{a}_C = \boldsymbol{a}_A + \boldsymbol{a}_{CA}^t + \boldsymbol{a}_{CA}^n \qquad ③$$

加速度合成矢量图如图 13-21(c)所示。将式③向竖直方向投影，得

$$a_C = a_{CA}^t = \frac{l}{2}\alpha \qquad ④$$

将式①、式②和式④联立求解，得

$$F_N = \frac{1}{4}mg$$

通过本例可见，求解动力学问题时，除了建立动力学方程外，还经常要通过运动学理论建立速度、加速度之间的关系，有时还要判断其是否属于动量、质心运动或动量矩守恒的情况，若是守恒，则必须利用守恒条件所得到的结果，才能进行求解。

例 13-13　如图 13-22(a)所示机构的 B 轮受一矩为 M 的常力偶作用，使系统由

静止开始运动。物块 A 质量为 m_1，均质滑轮 B 与做纯滚动的均质滚子 C 半径均为 R，质量均为 m_2，斜面的倾角为 α，弹簧刚度系数为 k，开始时系统处于静平衡状态。试求物块 A 下降 h 时：(1)物块 A 的加速度；(2)轮 B 和滚子 C 之间的绳索张力；(3)斜面与滚子间的摩擦力。

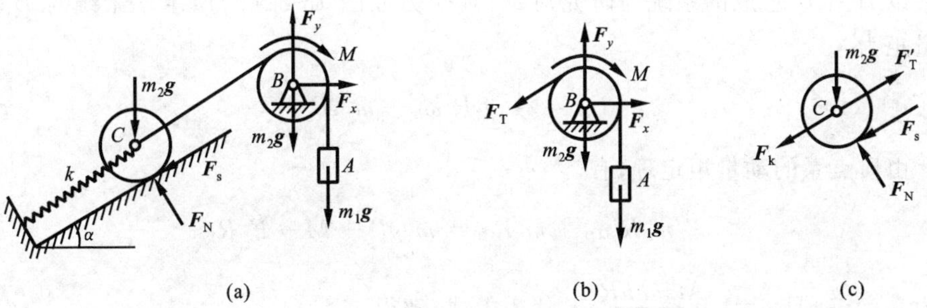

图 13-22

解　(1) 求物块 A 的加速度。

以整个系统为研究对象，其受力如图 13-22(a)所示，开始系统处于静平衡，设弹簧在静止时的变形为 δ，则

$$k\delta R + m_2 g\sin\alpha R = m_1 gR$$

即
$$k\delta = m_1 g - m_2 g\sin\alpha$$

所以弹力的功为

$$W_{\mathrm{k}} = \frac{1}{2}k[\delta^2 - (\delta + h)^2] = -(m_1 g - m_2 g\sin\alpha)h - \frac{1}{2}kh^2$$

故在运动过程中所有力做的功为

$$\begin{aligned}\sum W_{12} &= W_{\mathrm{W}A} + W_{\mathrm{W}B} + W_{\mathrm{k}} + W_M\\ &= m_1 gh - m_2 gh\sin\alpha - (m_1 g - m_2 g\sin\alpha)h - \frac{1}{2}kh^2 + M\frac{h}{R}\\ &= M\frac{h}{R} - \frac{1}{2}kh^2\end{aligned}$$

开始时系统静止，故

$$T_1 = 0$$

设物块 A 下降 h 时，A 的速度为 v，此时系统的动能为

$$\begin{aligned}T_2 &= \frac{1}{2}m_1 v^2 + \frac{1}{2}\left(\frac{1}{2}m_2 R^2\right)\left(\frac{v}{R}\right)^2 + \frac{1}{2}m_2 v^2 + \frac{1}{2}\left(\frac{1}{2}m_2 R^2\right)\left(\frac{v}{R}\right)^2\\ &= \frac{(m_1 + 2m_2)v^2}{2}\end{aligned}$$

由质点系积分形式的动能定理，有

$$\frac{(m_1 + 2m_2)v^2}{2} = M\frac{h}{R} - \frac{1}{2}kh^2$$

两边对时间求导,得

$$a = \frac{M - khR}{(m_1 + 2m_2)R}$$

(2) 求轮 B 和滚子 C 之间的绳索张力。

以 A 和 B 组成的系统为研究对象,其受力如图 13-22(b)所示。系统对 B 轴的动量矩为

$$L_B = \frac{1}{2}m_2R^2\omega_B + m_1vR$$

由质点系的动量矩定理,有

$$\frac{1}{2}m_2R^2\alpha_B + m_1Ra = m_1gR + M - F_TR$$

因为 $\alpha_B = \dfrac{a}{R}$,且 $a = \dfrac{M - khR}{(m_1 + 2m_2)R}$,代入上式,解得

$$F_T = m_1g + \frac{M}{R} - \frac{m_2 + 2m_1}{2(2m_2 + m_1)}\left(\frac{M}{R} - kh\right)$$

(3) 求斜面与滚子间的摩擦力。

以滚子 C 为研究对象,其受力如图 13-22(c)所示。由刚体平面运动的微分方程,有

$$\frac{1}{2}m_2R^2\alpha_C = F_sR$$

因为 $\alpha_CR = a,\quad \alpha_C = \dfrac{a}{R}$

故可解得

$$F_s = \frac{1}{2}m_2a = \frac{m_2(M - khR)}{2(m_1 + 2m_2)R}$$

小　　结

(1) 功是力对物体作用的积累效应的度量。

力 $\boldsymbol{F}$ 在某一段路程中所做的功为

$$W_{12} = \int_{M_1}^{M_2} F\cos\alpha \mathrm{d}s = \int_{M_1}^{M_2} F_t\mathrm{d}s = \int_{M_1}^{M_2} \boldsymbol{F}\cdot\mathrm{d}\boldsymbol{r} = \int_{M_1}^{M_2}(F_x\mathrm{d}x + F_y\mathrm{d}y + F_z\mathrm{d}z)$$

常见力的功:

① 重力的功　　$W_{12} = Mg(z_{C1} - z_{C2})$

② 弹性力的功　　$W_{12} = \dfrac{k}{2}(\delta_1^2 - \delta_2^2)$

③ 万有引力的功　　$W_{12} = Gm_1m_2\left(\dfrac{1}{r_2} - \dfrac{1}{r_1}\right)$

④ 作用在转动刚体上的力及力偶功　$W_{12}=\int_{\varphi_1}^{\varphi_2}M_z\mathrm{d}\varphi$，　$W_{12}=\int_{\varphi_1}^{\varphi_2}m_z\mathrm{d}\varphi$

⑤ 摩擦力的功

动摩擦力的功　　$W_{12}=-fF_{\mathrm{N}}s$

滚动摩擦力偶的功　　$W_{12}=-M_{\mathrm{f}}\dfrac{s}{r}$

(2) 动能是物体机械运动强度的另一种度量。

① 质点的动能　　$T=\dfrac{1}{2}mv^2$

② 质点系的动能　　$T=\sum\dfrac{1}{2}m_iv_i^2$

③ 平移刚体的动能　　$T=\dfrac{1}{2}mv_C^2$

④ 定轴转动刚体的动能　　$T=\dfrac{1}{2}J_z\omega^2$

⑤ 平面运动刚体的动能　$T=\dfrac{1}{2}J_P\omega^2=\dfrac{1}{2}mv_C^2+\dfrac{1}{2}J_C\omega^2$

(3) 动能定理

① 微分形式　　$\mathrm{d}T=\sum\delta W_i$

② 积分形式　　$T_2-T_1=\sum W_{12}$

(4) 功率方程

① 功率　　$P=\boldsymbol{F}\cdot\boldsymbol{v}=F_{\mathrm{t}}v$

② 功率方程　　$\dfrac{\mathrm{d}T}{\mathrm{d}t}=P_{输入}-P_{有用}-P_{无用}$

③ 机械效率　　$\eta=\dfrac{\dfrac{\mathrm{d}T}{\mathrm{d}t}+P_{有用}}{P_{输入}}$

(5) 势能　在势力场中，质点从点 M 运动到任选点 M_0，有势力所做的功称为质点在点 M 相对于点 M_0 的势能，有

$$V=\int_M^{M_0}\boldsymbol{F}\cdot\mathrm{d}\boldsymbol{r}=\int_M^{M_0}(F_x\mathrm{d}x+F_y\mathrm{d}y+F_z\mathrm{d}z)$$

常见势能的计算公式：

① 重力场中的势能　　$V=mg(z-z_0)$

② 弹性力场中的势能　　$V=\dfrac{1}{2}k(\delta^2-\delta_0^2)$

③ 万有引力场中的势能　$V=Gm_1m_2\left(\dfrac{1}{r_0}-\dfrac{1}{r}\right)$

④ 质点系的势能　　$V=Mg(z_C-z_{C0})$

有势力所做的功等于质点系在运动过程的初始和终了位置的势能差，即

$$W_{12}=V_1-V_2$$

(6) 机械能守恒定律　质点系在某瞬时的动能和势能的代数和称为机械能。质点系仅在有势力的作用下运动时,其机械能保持不变,即 $T_1+V_1=T_2+V_2$。

思 考 题

13-1　为什么切向力做功,而法向力不做功?为什么始终作用在瞬心上的力不做功?

13-2　弹簧由其自然长度拉长 10 mm 或压缩 10 mm,弹性力做功是否相等?拉长 10 mm 和再拉长 10 mm,这两个过程中位移相等,弹性力做功是否相等?

13-3　由同一点以大小相同的初速度沿不同的方向同时抛出三个质量相同的质点,若不计空气的阻力,这三个质点落到同一水平面时,三者的速度大小是否相等?三者重力的功是否相等?三者重力的冲量是否相等?

13-4　做平面运动刚体的动能,是否等于刚体随任意基点平移的动能与其绕通过基点且垂直于运动平面的轴转动的动能之和?

13-5　动量和动能都是表征物体机械运动强弱程度的物理量,是否物体的动量大,则其动能必定也大?

13-6　设质点系所受外力系的主矢和主矩都等于零,试问:该质点系的动量、动量矩、动能、质心的速度和位置会不会改变?质点系中各质点的速度和位置会不会改变?

13-7　运动员起跑时,什么力使运动员的质心加速运动?什么力使运动员的动能增加?产生加速度的力一定做功吗?

13-8　两个均质圆盘,质量相同,半径不同,静止平放在光滑水平面上。若在此二盘上同时作用相同的力偶,比较下述情况下两圆盘的动量、动量矩和动能的大小。

(1) 经过同样的时间间隔;(2) 转过同样的角度。

13-9　质量、半径均相同的圆柱体、厚圆筒和薄圆筒,同时由静止开始,从同一高度沿完全相同的斜面在重力作用下向下做纯滚动。

(1) 由初始至时间 t,重力的冲量是否相同?

(2) 由初始至时间 t,重力的功是否相同?

(3) 到达底部瞬时,动量是否相同?

(4) 到达底部瞬时,动能是否相同?

(5) 到达底部瞬时,对各自质心的动量矩是否相同?

13-10　两个质量、半径均相同的均质圆轮 A、B,轮 A 上缠绕无重细绳,在绳端作用力 $\boldsymbol{F}$,轮 B 在质心处作用力 $\boldsymbol{F}$,两力相等,且都与斜面平行,如图 13-23 所示。设两轮在力 $\boldsymbol{F}$ 及重力作用下,无初速地从同一高度沿完全相同的斜面向上做纯滚动。问:

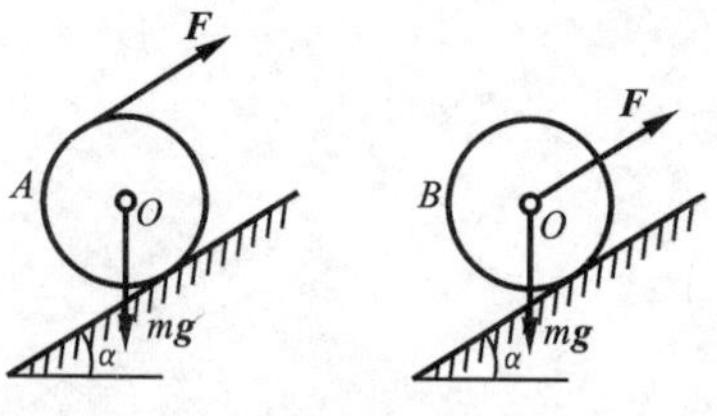

图 13-23

(1) 若两轮轮心都走过相同的路程 s,那么力的功是否相同?两轮的动能、动量及对轮心的动量矩是否相同?

(2) 若从初始起经过相同的时间 t,那么:力的功是否相同?两轮的动能、动量及对轮心的动量矩是否相同?

(3) 两轮哪个先上升到斜面顶点?

(4) 两轮与斜面间的摩擦力是否相等?

习　题

13-1　质点在常力 $\boldsymbol{F}=3\boldsymbol{i}+4\boldsymbol{j}+5\boldsymbol{k}$ 作用下运动，其运动方程为 $x=2+t+\frac{3}{4}t^2$，$y=t^2$，$z=t+\frac{5}{4}t^2$（F 以 N 计，x、y、z 以 m 计，t 以 s 计）。求在 $t=0$ 至 $t=2$s 时间内力 $\boldsymbol{F}$ 所做的功。

13-2　如图所示，弹簧原长为 OA，刚度系数为 k，O 端固定，A 端沿半径为 R 的圆弧运动，求在由 A 到 B 及由 B 到 D 的过程中弹性力所做的功。

13-3　如图所示，用跨过滑轮的绳子牵引质量为 2 kg 的滑块 A 沿倾角为30°的光滑斜面运动。设绳子拉力 $F=20$ N，计算滑块由位置 A 运动到位置 B 的过程中，重力与拉力 $\boldsymbol{F}$ 所做的总功。

13-4　如图所示，质量为 m，长为 l 的均质杆 OA 以球铰链 O 约束，并以等角速度 ω 绕竖直线转动。如杆与竖直线的夹角为 θ，求杆的动能。

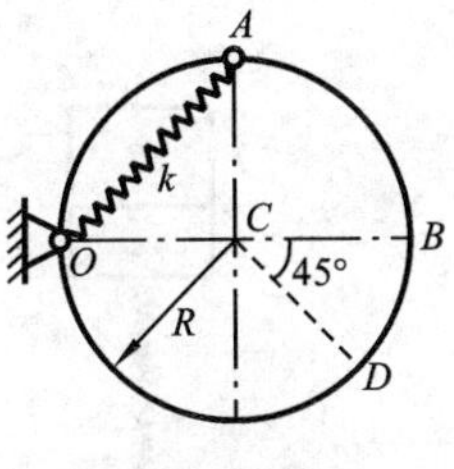

题 13-2 图

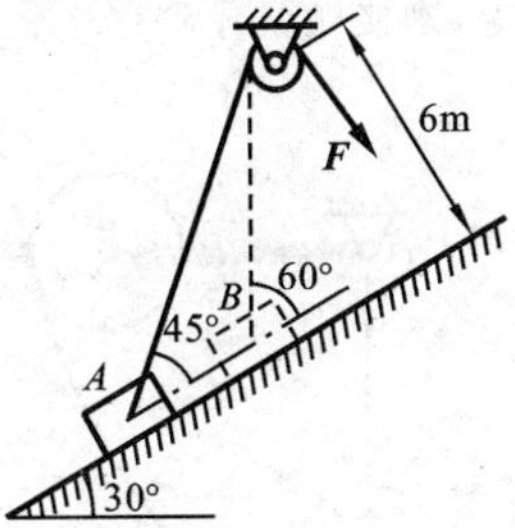

题 13-3 图

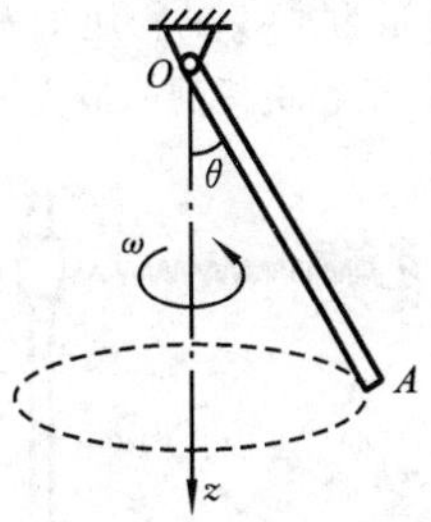

题 13-4 图

13-5　如图所示，质量为 m_1 的均质三角块 A 沿水平面以速度 $\boldsymbol{v}_1$ 运动，质量为 m_2 的物块 B 沿三角块 A 的斜面以速度 $\boldsymbol{v}_2$ 向下运动，试求系统的动能。

13-6　如图所示，均质杆 AB 长 80 cm，质量为 $2m$，其端点 B 沿与水平面成 $\varphi=30°$角的斜面运动，均质杆 OA 长 40 cm，质量为 m，当杆 AB 水平时，$OA\perp AB$，杆 OA 的角速度为 $\omega=2\sqrt{3}$ rad/s。求此系统的动能。

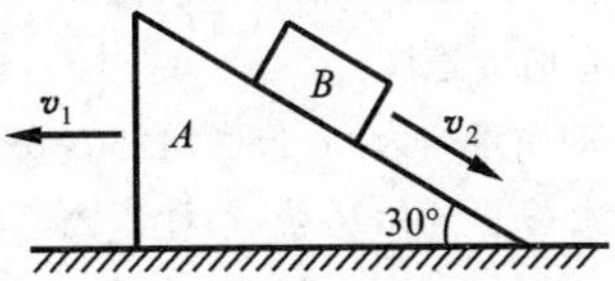

题 13-5 图

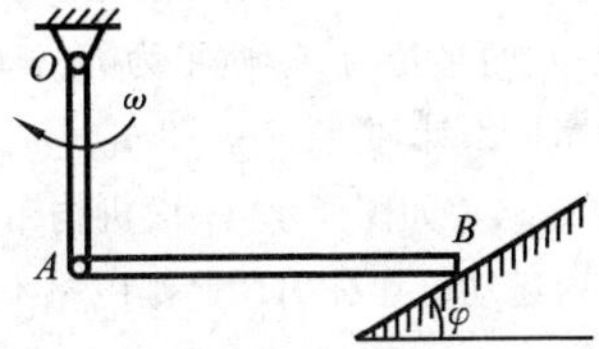

题 13-6 图

13-7　如图所示，自动弹射器的弹簧在未受力时长为 20 cm，其刚度系数为 $k=2$ N/cm。弹射器水平放置。如弹簧被压缩到 10 cm，问质量为 30 g 的小球自弹射器中射出的速度 v 为多大？

13-8　如图所示，物块 A 重 $W=10$ N，使它与弹簧 1 接触并在水平力 $\boldsymbol{F}$ 的作用下将弹簧 1 压缩 5 cm，弹簧 1 的刚度系数 $k_1=120$ N/cm。现突然除去力 $\boldsymbol{F}$，使物块沿水平面向左滑动，滑动一段距离 $s=100$ cm 后，撞击弹簧 2，使它压缩 30 cm。已知物块与水平面的动摩擦因数 $f=0.2$，求弹簧 2 的刚度系数 k_2。

题 13-7 图

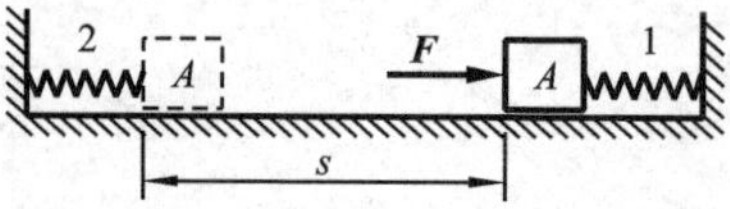

题 13-8 图

13-9　如图所示，滑块 A 的质量为 20 kg，以弹簧与 O 点相连并套在一光滑直杆上，开始时 OA 在水平位置。已知 OA 长 20 cm，弹簧原长 10 cm，弹簧的刚度系数为 39.2 N/cm，求当滑块无初速地落下 $h=15$ cm 时的速度。

13-10　如图所示，原长为 40 cm，刚度系数为 20 N/cm 的弹簧的一端固定，另一端与一重 100 N，半径为 10 cm 的均质圆盘的中心 A 相连接。圆盘在竖直平面内沿一弧形轨道做纯滚动。开始时 OA 在水平位置，$OA=30$ cm，速度为零，求弹簧运动到竖直位置时轮心的速度，此时 O 与轮心的距离为 35 cm。弹簧的质量不计。

13-11　如图所示，质量为 2 kg 的物块 A 在弹簧上静止，弹簧的刚度系数 $k=400$ N/m。现将质量为 4 kg 的物块 B 放置在物块 A 上，刚接触就释放它。求：(1)弹簧对两物块的最大作用力；(2)两物块得到的最大速度。

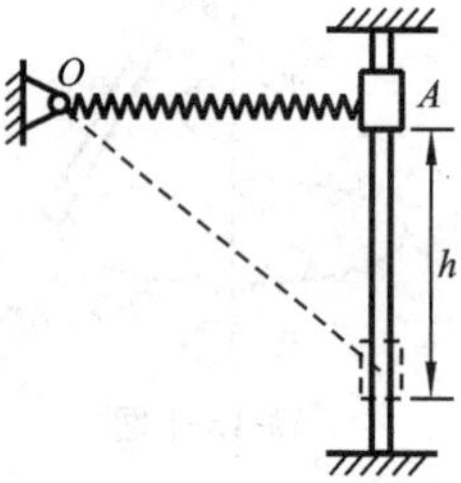

题 13-9 图

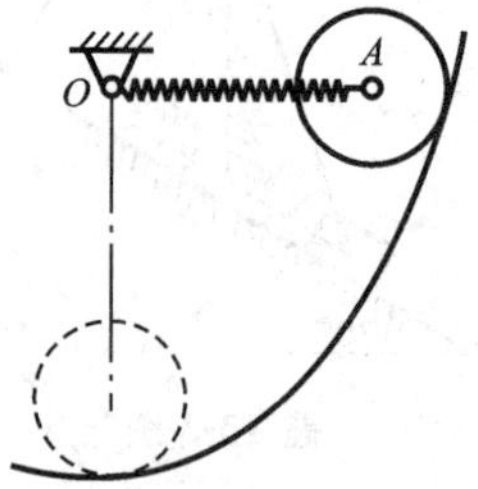

题 13-10 图

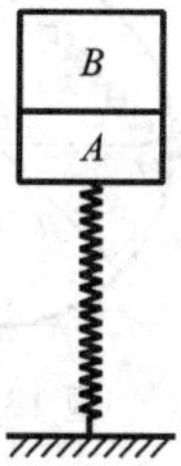

题 13-11 图

13-12　如图所示，链条长 $l=1$ m，单位长度的质量 $\rho=2$ kg/m，悬挂在半径 $R=0.1$ m，质量 $m=1$ kg 的滑轮上，在图示位置受扰动由静止开始下落。设链条与滑轮无相对滑动，滑轮为均质圆盘，求链条离开滑轮时的速度。

13-13　如图所示，滑轮组中悬挂两个重物，其中重物 A 的质量为 m_1，重物 B 的质量为 m_2。定滑轮 O_1 的半径为 r_1，质量为 m_3；动滑轮 O_2 的半径为 r_2，质量为 m_4。两轮均视为均质圆盘。如绳重和摩擦不计，并设 $m_2>2m_1-m_4$。求重物 B 由静止下降距离 h 时的速度。

13-14　如图所示，平面机构由两均质杆 AB、BO 组成，两杆的质量均为 m，长度均为 l，在竖直平面内运动。在杆 AB 上作用一不变的力偶矩 M，从图示位置由静止开始运动，不计摩擦。求当杆端 A 即将碰到铰支座 O 时的速度。

13-15　如图所示，均质杆的质量为 30 kg，杆在竖直位置时弹簧处于自然状态。设弹簧的刚度系数 $k=3$ kN/m，为使杆能由竖直位置 OA 转到水平位置 OA'，杆在竖直位置时的角速度至少应为多大？

13-16　如图所示，两均质杆 AC 和 BC 各重 mg，长均为 l，在 C 处用铰链连接，放在光滑的水平面上，设 C 点的初始高度为 h，两杆由静止开始下落，求铰链 C 到达地面时的速度。设两杆下落时，两杆轴线保持在竖直平面内。

13-17　如图所示，重物 C 与杆 AB 的质量相等，滑块 B 的质量不计。开始时 AB 在水平位置，

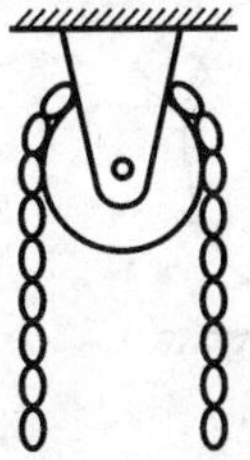

题 13-12 图

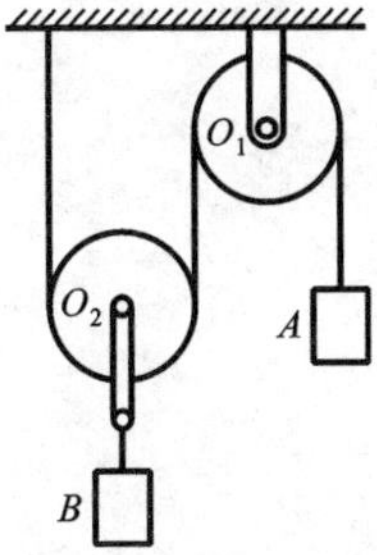

题 13-13 图

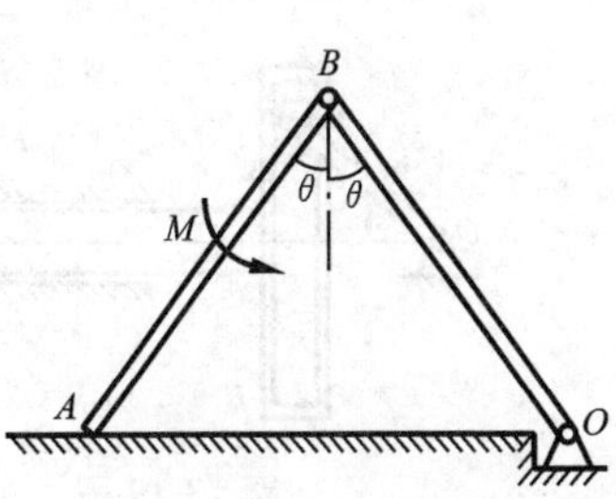

题 13-14 图

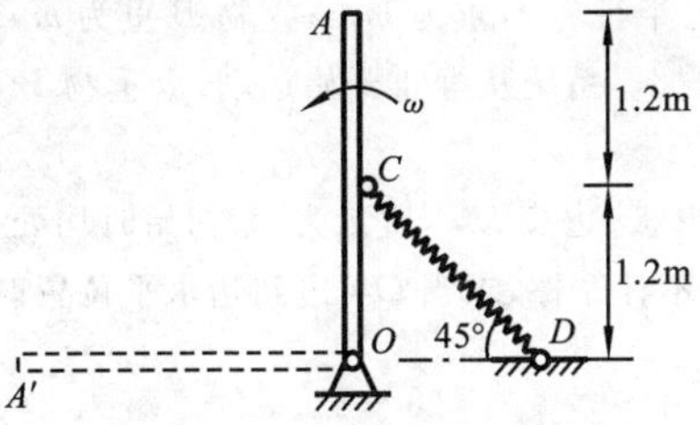

题 13-15 图

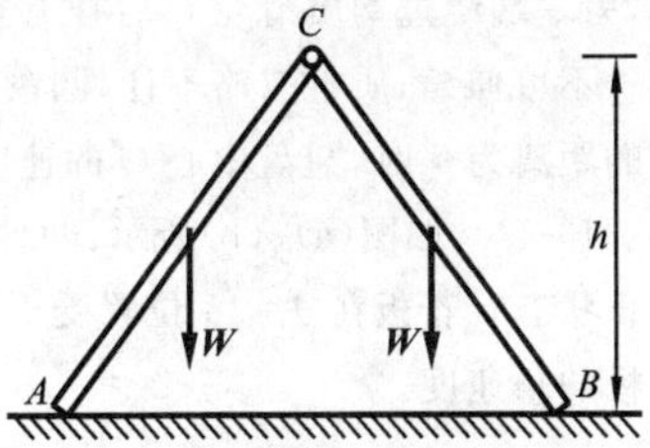

题 13-16 图

速度为零。求当杆 AB 被拉到与水平面成 30°角时重物 C 的加速度。所有摩擦忽略不计。

13-18　如图所示，升降机带轮 C 上作用一转矩 M，所提升重物 A 的重量为 m_1g，平衡锤 B 的重量为 m_2g，带轮 C 及 D 的半径为 r，重量均为 m_3g，可视为均质圆柱体，带的质量忽略不计。求重物 A 的加速度。

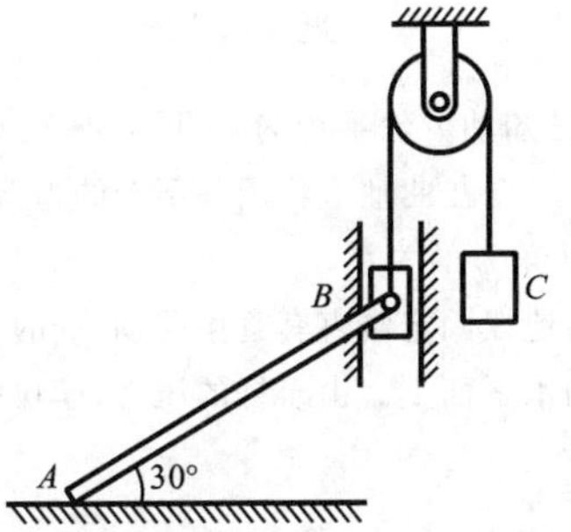

题 13-17 图

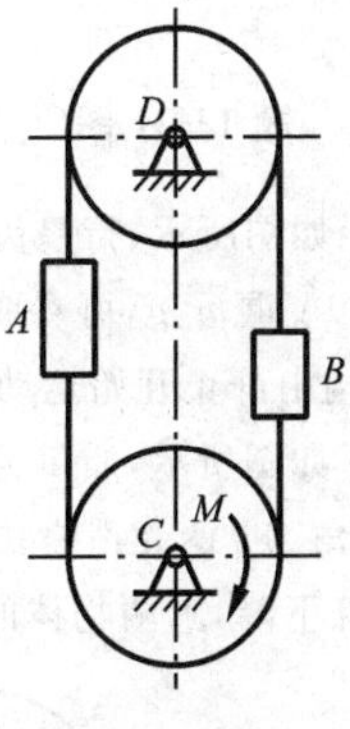

题 13-18 图

13-19　如图所示，在曲柄导杆机构的曲柄 OA 上，作用有大小不变的力偶，其矩为 M。若初瞬时系统处于静止状态，且 $\angle AOB=90°$，求当曲柄转过一圈后获得的角速度大小。设曲柄 OA 重 m_1g，长为 r，且为均质杆；导杆 BC 重 m_2g；导杆与滑道间的摩擦力可认为等于常值 F；滑块 A 的质量不计。

13-20　如图所示，均质圆轮的质量为 m_1，半径为 r；一质量为 m_2 的小铁块固结在距离圆心为 e 的 A 处。若 A 稍稍偏离最高位置，使圆轮由静止开始滚动。求当 A 点运动到最低位置时圆轮滚动的角速度。设圆轮只滚不滑。

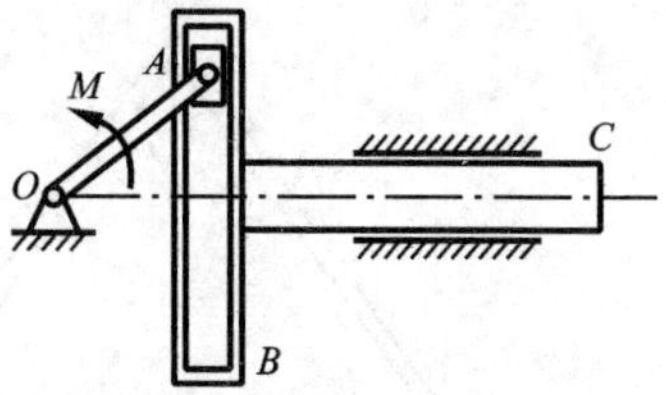

题 13-19 图

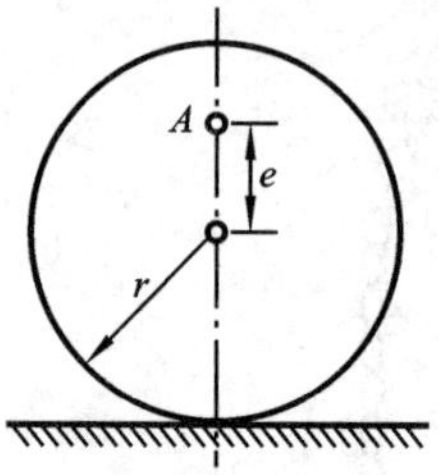

题 13-20 图

13-21　如图所示，半径为 R，重为 $m_1 g$ 的均质圆盘 A 放在水平面上。绳的一端系在圆盘中心，另一端绕过均质滑轮 C 后挂有重物 B。已知滑轮 C 的半径为 r，重为 $m_2 g$；重物 B 重为 $m_3 g$。绳子不可伸缩，质量忽略不计，圆盘只滚不滑，不计滚动摩擦。系统从静止开始运动，求重物 B 下落的距离为 h 时，圆盘中心 O 的速度和加速度。

13-22　如图(a)、(b)所示，两种约束情况的均质正方形板，边长为 a，质量为 m，初始时均处于静止状态。若板在 $\theta=45°$ 位置受干扰后顺时针方向倒下，不计摩擦，求当 OA 边到达水平位置时，两板的角速度。

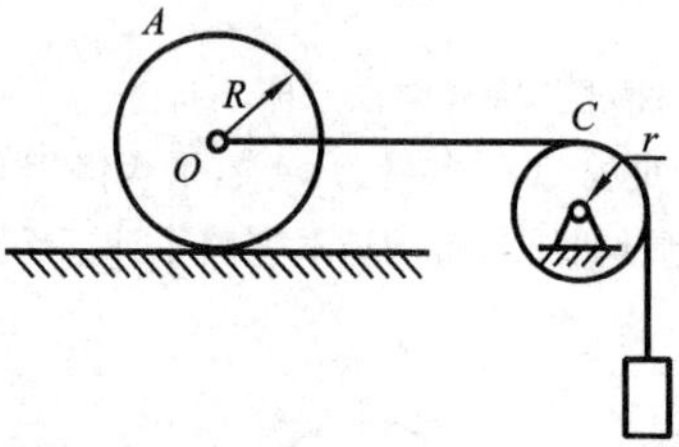

题 13-21 图

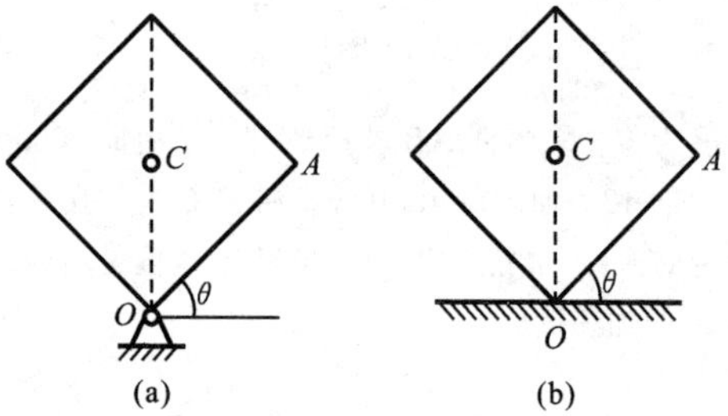

题 13-22 图

13-23　如图所示，行星齿轮机构放在水平面内。已知动齿轮半径为 r，重为 $m_1 g$，可看成均质圆盘；曲柄 OA 重 $m_2 g$，可看成均质杆；定齿轮半径为 R。今在曲柄上作用一不变的力偶，其力偶矩为 M，使机构由静止开始运动。求曲柄的角速度与其转角 φ 的关系。

13-24　如图所示，质量为 m_1 的直杆 AB 可以自由地在固定竖直套管中移动，杆的下端搁在质量为 m_2、倾角为 θ 的光滑楔块 C 上，而楔块放在光滑的水平面上。由于杆的压力，楔块向水平方向运动，因而杆下降，求两物体的加速度。

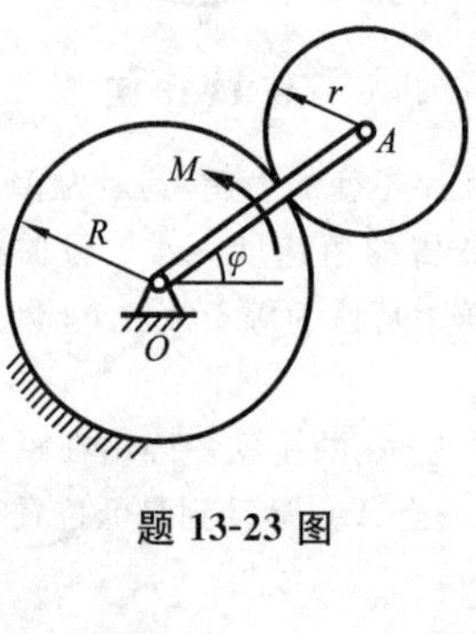

题 13-23 图

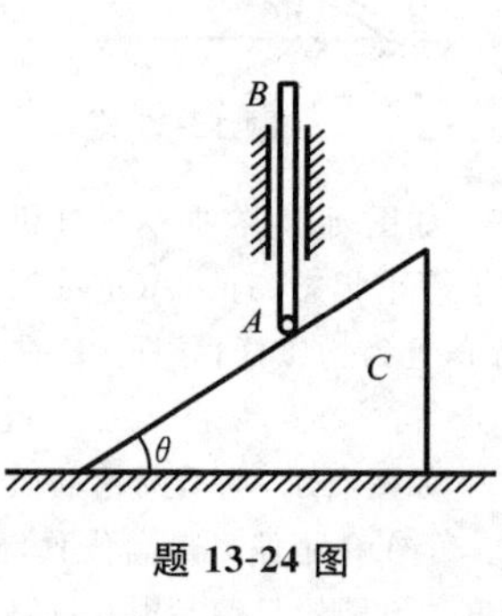

题 13-24 图

13-25　如图所示，物块 A 重 m_1g，连在一不可伸缩的无重绳子上，绳子绕过定滑轮 D 并绕在鼓轮 B 上，由于重物下降，带动轮 C 沿水平轨道滚动而不滑动。鼓轮 B 的半径为 r，轮 C 的半径为 R，两者固连在一起，总重量为 m_2g，对水平轴 O 的回转半径为 ρ。轮 D 的质量不计。求重物 A 的加速度。

13-26　如图所示，椭圆规尺位于水平面内，由曲柄 OC 带动。设曲柄与椭圆规尺均为均质杆，重分别为 m_1g 和 $2m_1g$，且 $OC=AC=BC=l$，滑块 A 和 B 的重量均为 m_2g。如作用在曲柄上的常力偶的矩为 M，当 $\varphi=0$ 时，系统静止。不计摩擦，求曲柄 OC 的角速度（表示为角 φ 的函数）及角加速度。

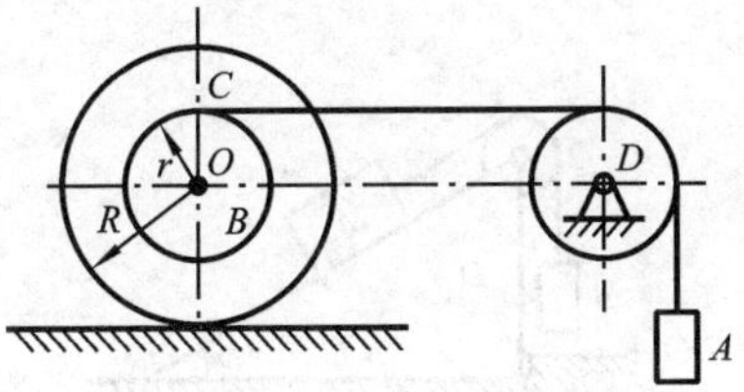

题 13-25 图

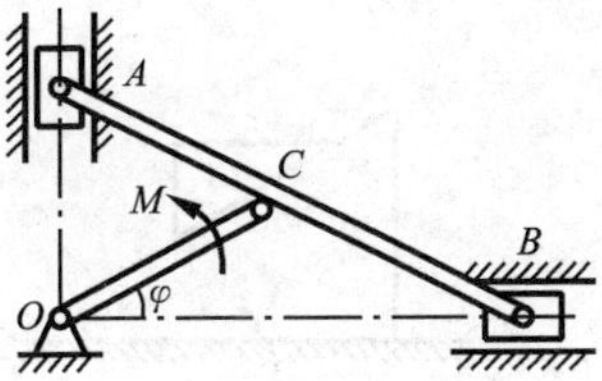

题 13-26 图

*13-27　如图所示，均质杆 OA、AB 各长 l，质量均为 m_1；均质圆轮的半径为 r，质量为 m_2。当 $\theta=60°$ 时，系统由静止开始运动，求当 $\theta=30°$ 时轮心的速度。设轮在水平面上只滚不滑。

13-28　如图所示，均质杆 AB 长 l，质量为 m_1，上端 B 靠在光滑的墙上，下端 A 以铰链与均质圆柱的中心相连。圆柱质量为 m_2，半径为 R，放在粗糙水平面上，自图示位置由静止开始滚动而不滑动，杆与水平线的夹角 $\theta=45°$，求点 A 在初瞬时的加速度。

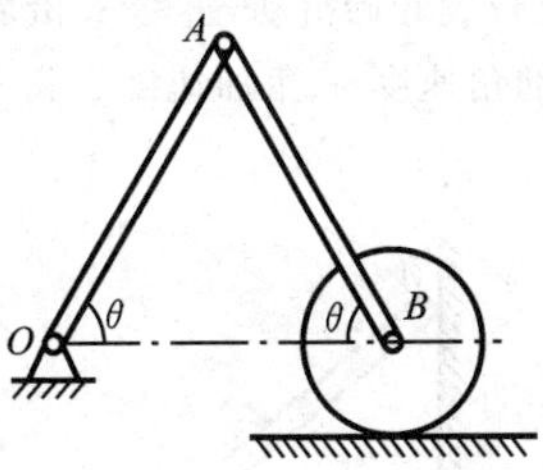

题 13-27 图

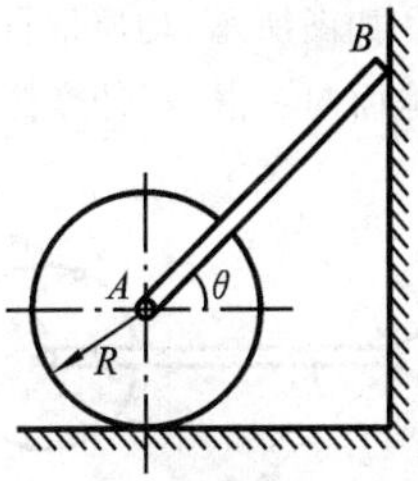

题 13-28 图

13-29　如图所示，均质圆盘 A 的质量为 m_1，半径为 r，绕轴 O 转动；圆盘外缘绕以细绳，其端部拉一质量为 m_2 的物块 B。今在距轮心上部 $OD=e$ 的 D 点处，沿水平方向固结一弹簧加以约束，弹簧的刚度系数为 k。该系统在图示位置处于平衡状态，绳与弹簧质量均不计。求该系统做微小运动的微分方程。

*13-30　如图所示，两个相同的滑轮，半径为 R，质量为 m，用绳缠绕连接，两滑轮可视为均质圆轮。如动滑轮由静止落下，求其质心的加速度 a 及速度 v 与下落距离 h 的关系。

13-31　如图所示，三棱柱 A 沿三棱柱 B 的光滑斜面滑动，A 和 B 质量分别为 m_1 和 m_2，三棱柱 B 的斜面与水平面成 φ 角。如开始时系统静止，求运动时三棱柱 B 的加速度。忽略 B 与平面间的摩擦。

13-32　如图所示，A 物质量为 m_1，沿楔状物 D 的斜面下滑，同时借助绕过滑轮 C 的绳使质量

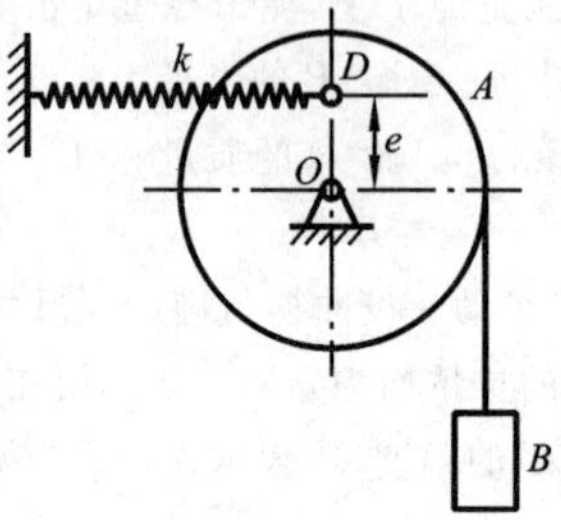

题 13-29 图

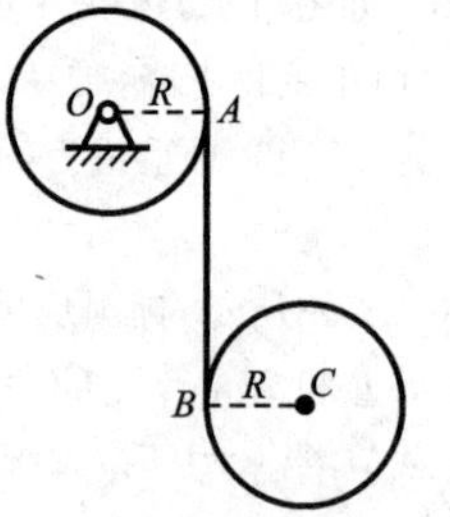

题 13-30 图

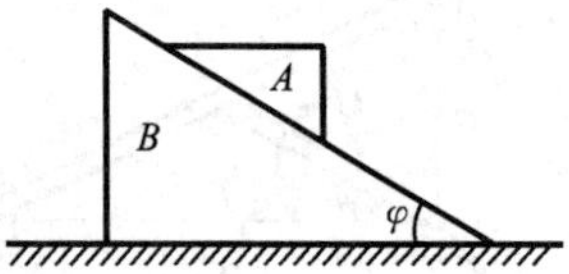

题 13-31 图

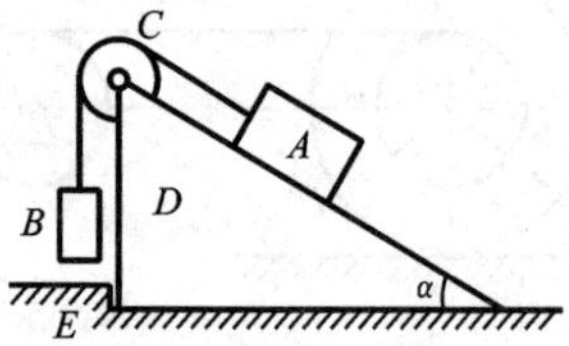

题 13-32 图

为 m_2 的物体 B 上升。斜面与水平面成 α 角,滑轮和绳的质量及所有摩擦忽略不计。求楔状物 D 作用于地面凸出部分 E 的水平压力。

* 13-33　如图所示,均质杆 OA 可绕水平轴 O 转动,另一端铰接一均质圆盘,圆盘可绕 A 在竖直面内自由旋转。已知杆 OA 长为 l,质量为 m_1;圆盘半径为 R,质量为 m_2,摩擦不计,初始时杆 OA 水平,杆和圆盘静止。求杆与水平线成 θ 角时,杆的角速度和角加速度。

* 13-34　如图所示,均质细杆 AB 长 l,质量为 m,由直立位置开始滑动,上端 A 沿墙壁向下滑,下端 B 沿地面向右滑,不计摩擦。求细杆在任一位置 φ 时的角速度 ω、角加速度 α 和 A、B 处的约束力。

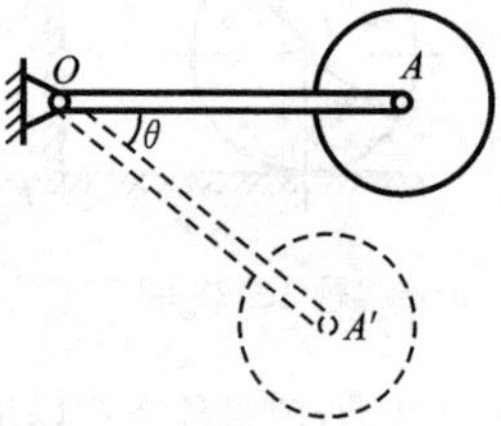

题 13-33 图

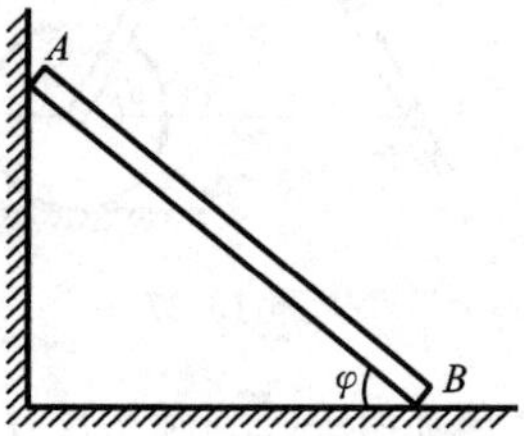

题 13-34 图

第 14 章　达朗贝尔原理

达朗贝尔原理又名动静法，它是将静力学中的平衡原理用于研究动力学问题的方法。该方法在引入惯性力的概念后，重新建立了平衡方程，并在形式上获得了与动力学普遍定理等价的动力学方程。

14.1　惯性力的概念　质点的达朗贝尔原理

1. 惯性力的概念

在达朗贝尔原理中，惯性力是一个非常重要的概念。下面举例说明。

用手握住绳的一端，另一端系着质量为 m 的小球，使其在水平面内做匀速圆周运动（见图 14-1(a)）。小球在水平面内所受的力只有绳子对它的拉力 $\boldsymbol{F}$（见图 14-1(b)）。此拉力 $\boldsymbol{F}$ 迫使小球改变其运动状态，产生了向心加速度 $\boldsymbol{a}_{\mathrm{n}}$。由牛顿第二定律知，$\boldsymbol{F}=m\boldsymbol{a}=m\boldsymbol{a}_{\mathrm{n}}$。与此同时，根据作用与反作用定律，小球对绳子必产生一个反作用力 $\boldsymbol{F}'$，$\boldsymbol{F}'=-\boldsymbol{F}=-m\boldsymbol{a}$（见图 14-1(c)）。这个力 $\boldsymbol{F}'$ 是小球由于具有惯性，为抵抗其运动状态的改变而给绳子施加的，故为小球的惯性力。人手感到有拉力就是这个力所引起的。

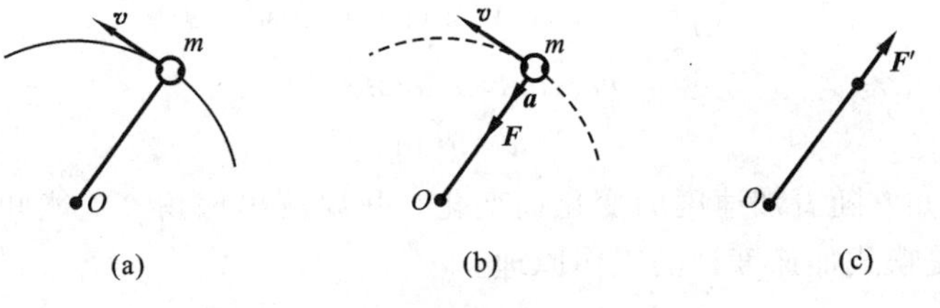

图 14-1

由上述可知，当质点受到力的作用运动状态发生改变时，由于质点具有保持其原有运动状态不变的惯性，会产生一种抵抗力。这种抵抗力是质点给予施力物体的反作用力，称为达朗贝尔惯性力，简称惯性力，用 $\boldsymbol{F}_{\mathrm{I}}$ 表示。质点惯性力的大小等于质点的质量与其加速度的乘积，方向与加速度的方向相反。

$$\boldsymbol{F}_{\mathrm{I}}=-m\boldsymbol{a} \tag{14-1}$$

需要指出，质点的惯性力并不作用于质点上，而是作用在使质点改变运动状态的施力物体上，但由于惯性力反映了质点本身的惯性特征，所以其大小、方向又由质点的质量和加速度来度量。

2. 质点的达朗贝尔原理

设一质点 M 的质量为 m，加速度为 $\boldsymbol{a}$，作用于质点的主动力为 $\boldsymbol{F}$，约束力为 $\boldsymbol{F}_N$，如图 14-2 所示。根据牛顿第二定律，有

$$m\boldsymbol{a}=\boldsymbol{F}+\boldsymbol{F}_N$$

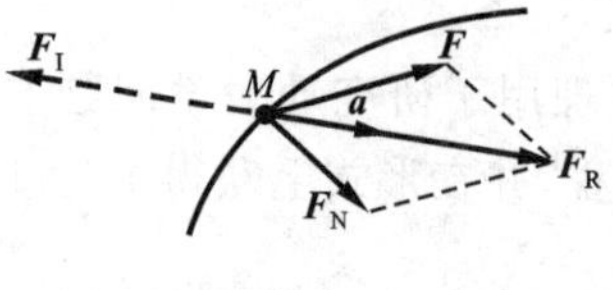

图 14-2

将上式移项后，可以改为

$$\boldsymbol{F}+\boldsymbol{F}_N+(-m\boldsymbol{a})=0 \tag{14-2}$$

式(14-2)中的 $-m\boldsymbol{a}$ 即为质点 M 的惯性力。将式(14-1)代入式(14-2)，可得

$$\boldsymbol{F}+\boldsymbol{F}_N+\boldsymbol{F}_I=0 \tag{14-3}$$

式(14-3)中的惯性力 $\boldsymbol{F}_I$ 并不是实际作用于质点的力，只能当作一个虚拟的力，因此在图上用虚线箭头表示。这个方程表明：在质点运动的任一瞬时，作用于质点上的主动力、约束力和虚加的惯性力在形式上组成平衡力系，这就是**质点的达朗贝尔原理**。

应用式(14-3)时，可以将其投影在直角坐标轴或自然轴上求解。

例 14-1 在做水平直线运动的车厢内挂着一只单摆，当列车做匀加速运动时，摆将稳定在与竖直线成 β 角的位置(见图 14-3)，试求列车的加速度 a 与偏角 β 的关系。

解 取摆锤 O 为研究对象，可将其视为质点。它受到重力 $\boldsymbol{W}$ 和绳子拉力 $\boldsymbol{F}_T$ 的作用。当列车产生加速度 $\boldsymbol{a}$ 时，在摆锤上虚加惯性力 $\boldsymbol{F}_I$。根据质点的达朗贝尔原理，此三力组成平衡力系。

惯性力的大小 $F_I=ma$，方向与加速度的方向相反。

建立如图 14-3 所示的直角坐标系，由平面汇交力系的平衡条件

$$\sum F_x=0,\quad W\sin\beta-F_I\cos\beta=0$$

于是

$$mg\sin\beta-ma\cos\beta=0$$

解得

$$a=g\tan\beta$$

可见，偏角 β 随着加速度的变化而变化。只要测出偏角 β 就能知道列车的加速度。这也正是摆式加速度计的工作原理。

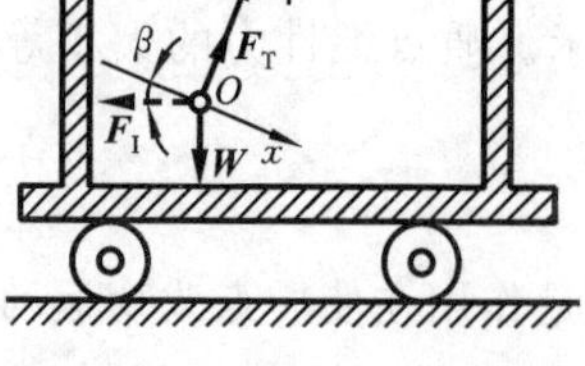

图 14-3

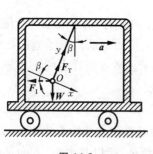

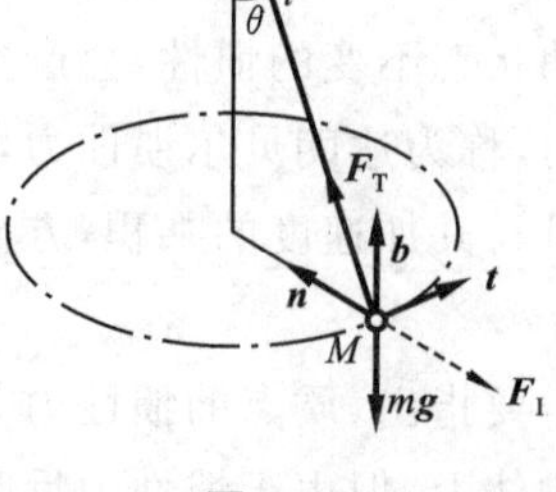

图 14-4

例 14-2　有一圆锥摆，如图 14-4 所示。质量 $m=0.1$ kg 的小球 M 系在长 $l=0.3$ m 的绳上，绳的另一端系于固定点 O，并与竖直线成 $\theta=60°$ 角。如小球在水平面内做匀速圆周运动，试用达朗贝尔原理求小球的速度$\boldsymbol{v}$和绳的张力 $\boldsymbol{F}_{\mathrm{T}}$ 的大小。

解　以小球为研究对象。作用在小球上的力有主动力 $m\boldsymbol{g}$、绳子的张力 $\boldsymbol{F}_{\mathrm{T}}$。

因小球做匀速圆周运动，故只有法向加速度 $\boldsymbol{a}_{\mathrm{n}}$。在 $\boldsymbol{a}_{\mathrm{n}}$ 的相反方向虚加上惯性力，则

$$F_{\mathrm{I}}=ma_{\mathrm{n}}=m\frac{v^2}{l\sin\theta}$$

对小球应用达朗贝尔原理，有

$$m\boldsymbol{g}+\boldsymbol{F}_{\mathrm{T}}+\boldsymbol{F}_{\mathrm{I}}=\boldsymbol{0}$$

以点 M 为原点，建立自然坐标系 $Mtnb$，如图 14-4 所示。取上式在自然轴上的投影式，有

$$\sum F_{\mathrm{b}}=0,\quad F_{\mathrm{T}}\cos\theta-mg=0$$

$$\sum F_{\mathrm{n}}=0,\quad F_{\mathrm{T}}\sin\theta-F_{\mathrm{I}}=0$$

解得

$$F_{\mathrm{T}}=\frac{mg}{\cos\theta}=1.96\ \mathrm{N},\quad v=\sqrt{\frac{F_{\mathrm{T}}l\sin^2\theta}{m}}=2.1\ \mathrm{m/s}$$

14.2　质点系的达朗贝尔原理

质点的达朗贝尔原理可以推广到质点系。

设质点系由 n 个质点组成，取其中任一质点 i，质量为 m_i，作用于其上的主动力的合力为 $\boldsymbol{F}_i$，约束力的合力为 $\boldsymbol{F}_{\mathrm{N}i}$，若加速度为 $\boldsymbol{a}_i$，则该质点的惯性力为 $\boldsymbol{F}_{\mathrm{I}i}=-m_i\boldsymbol{a}_i$。由质点的达朗贝尔原理，有

$$\boldsymbol{F}_i+\boldsymbol{F}_{\mathrm{N}i}+\boldsymbol{F}_{\mathrm{I}i}=0\quad(i=1,2,\cdots,n)\tag{14-4}$$

式(14-4)表明，质点系中每个质点上作用的主动力、约束力和它的惯性力在形式上组成平衡力系，这就是**质点系的达朗贝尔原理**。

下面分析质点系达朗贝尔原理的另一种表述。

由于处于质点系，所以有条件把作用于第 i 个质点上的所有力分为外力的合力 $\boldsymbol{F}_i^{(\mathrm{e})}$ 和内力的合力 $\boldsymbol{F}_i^{(\mathrm{i})}$，则式(14-4)可改写为

$$\boldsymbol{F}_i^{(\mathrm{e})}+\boldsymbol{F}_i^{(\mathrm{i})}+\boldsymbol{F}_{\mathrm{I}i}=0\quad(i=1,2,\cdots,n)$$

这表明，质点系中每个质点上作用的外力、内力和它的惯性力在形式上组成平衡力系。那么，质点系中 n 个质点所受的外力、内力以及虚加的惯性力也将组成一个平衡力系，这个力系可视为空间任意力系。由静力学知，空间任意力系平衡的必要和充分条件是力系的主矢和对任一点的主矩均等于零，即

$$\sum \boldsymbol{F}_i^{(e)} + \sum \boldsymbol{F}_i^{(i)} + \sum \boldsymbol{F}_{Ii} = 0$$
$$\sum \boldsymbol{M}_O(\boldsymbol{F}_i^{(e)}) + \sum \boldsymbol{M}_O(\boldsymbol{F}_i^{(i)}) + \sum \boldsymbol{M}_O(\boldsymbol{F}_{Ii}) = 0$$

由于质点系的内力总是成对出现,且等值、反向、共线,所以 $\sum \boldsymbol{F}_i^{(i)} = \boldsymbol{0}$, $\sum \boldsymbol{M}_O(\boldsymbol{F}_i^{(i)}) = \boldsymbol{0}$,于是

$$\left.\begin{aligned}\sum \boldsymbol{F}_i^{(e)} + \sum \boldsymbol{F}_{Ii} = \boldsymbol{0} \\ \sum \boldsymbol{M}_O(\boldsymbol{F}_i^{(e)}) + \sum \boldsymbol{M}_O(\boldsymbol{F}_{Ii}) = \boldsymbol{0}\end{aligned}\right\} \tag{14-5}$$

式(14-5)表明,作用在质点系上的所有外力与虚加在每个质点上的惯性力在形式上组成平衡力系,这是质点系达朗贝尔原理的又一表述。

应用式(14-4)和式(14-5)时,仍然可以将其投影在直角坐标轴或自然轴上求解。

例 14-3 如图 14-5 所示,定滑轮的半径为 r,质量 m 均匀分布在轮缘上,绕水平轴 O 转动。跨过滑轮的无重绳的两端分别挂有质量为 m_1 和 m_2 的重物($m_1 > m_2$),绳与轮间不打滑,轴承摩擦忽略不计,求重物的加速度。

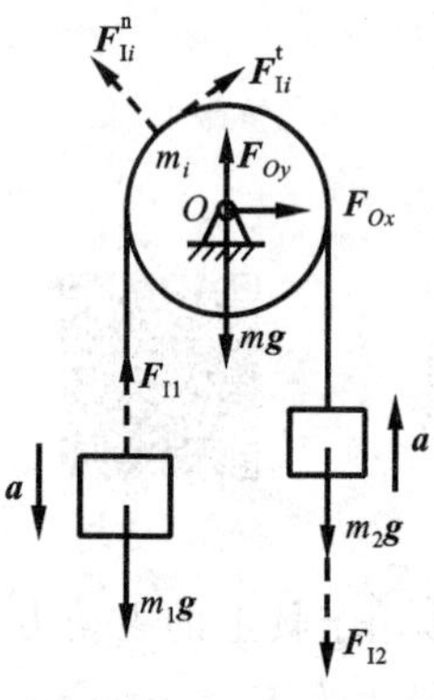

图 14-5

解 取滑轮与两重物组成的质点系为研究对象,作用于此质点系的外力有重力 $m_1\boldsymbol{g}$、$m_2\boldsymbol{g}$,$m\boldsymbol{g}$ 和轴承的约束力 $\boldsymbol{F}_{Ox}$、$\boldsymbol{F}_{Oy}$。对两重物施加惯性力,如图 14-5 所示,其大小分别为

$$F_{I1} = m_1 a, \quad F_{I2} = m_2 a$$

设滑轮轮缘上任一点 i 的质量为 m_i,加速度有切向加速度和法向加速度,分别施加惯性力,如图 14-5 所示,其大小为

$$F_{Ii}^{t} = m_i r\alpha = m_i a, \quad F_{Ii}^{n} = m_i \frac{v^2}{r}$$

列平衡方程:

$$\sum M_O(\boldsymbol{F}) = 0, (m_1 g - F_{I1} - m_2 g - F_{I2})r - \sum F_{Ii}^{t} \cdot r = 0$$

即 $$(m_1 g - m_1 a - m_2 g - m_2 a)r - \sum m_i a r = 0$$

由于 $$\sum m_i a r = (\sum m_i) a r = m a r$$

解得 $$a = \frac{m_1 - m_2}{m_1 + m_2 + m} g$$

例 14-4 细绳绕在半径为 R 的无重滑轮上,绳两端系重物 A 和 B,其重量 $W_A = W_B = W$,如图 14-6 所示。已知光滑斜面的倾角为 θ,求重物 A 下降的加速度及轴 O 的反力。

解 取整个系统为研究对象。

质点系所受的外力有重力 $\boldsymbol{W}_A$ 和 $\boldsymbol{W}_B$,轴 O 的约束反力 $\boldsymbol{F}_{Ox}$ 和 $\boldsymbol{F}_{Oy}$ 以及光滑斜面的反力 $\boldsymbol{F}_N$。

在物块 A 和 B 上分别施加惯性力 $\boldsymbol{F}_{IA}$ 和 $\boldsymbol{F}_{IB}$,它们分别与两个物块的加速度方向

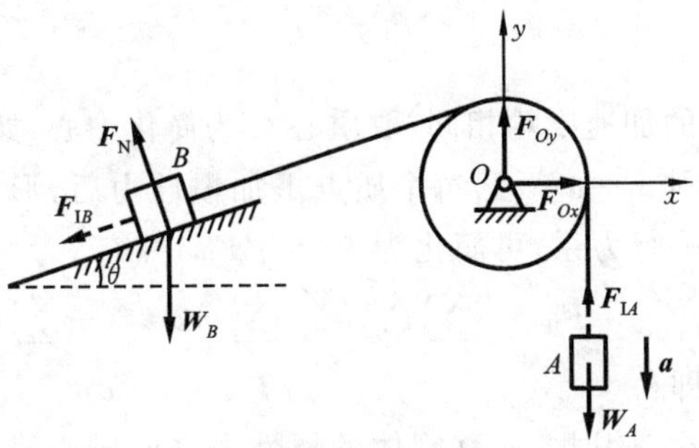

图 14-6

相反，其值为

$$F_{IA} = F_{IB} = ma$$

所有的外力和惯性力组成一平面任意力系，未知量为 $\boldsymbol{F}_{Ox}$、$\boldsymbol{F}_{Oy}$ 和 $\boldsymbol{a}$，可用平面任意力系的三个平衡方程求解。

$$\sum M_O(\boldsymbol{F}) = 0,\quad W_B R\sin\theta - W_A R + F_{IA}R + F_{IB}R = 0 \qquad ①$$

$$W(\sin\theta - 1) + \frac{2W}{g}a = 0$$

解得

$$a = \frac{g}{2}(1 - \sin\theta)$$

$$\sum F_x = 0,\quad F_{Ox} - W_B\sin\theta\cos\theta - F_{IB}\cos\theta = 0 \qquad ②$$

$$\sum F_y = 0,\quad F_{Oy} - W_A - W_B\sin^2\theta + F_{IA} - F_{IB}\sin\theta = 0 \qquad ③$$

解得

$$F_{Ox} = \frac{W}{2}(1 + \sin\theta)\cos\theta,\quad F_{Oy} = \frac{W}{2}(1 + \sin\theta)^2$$

由例 14-3 和例 14-4 可以看出，应用达朗贝尔原理将动力学问题转化为静力学问题是简单易行的，既可求解质点系的运动，又可求解质点系所受的未知力。

14.3　刚体惯性力系的简化

刚体可看成由无数质点组成，达朗贝尔原理对刚体同样适用。但在应用时，由于虚加在每个质点上的惯性力将组成一个惯性力系，因此需将惯性力系进行简化。简化的方法同静力学。

由于刚体的运动形式不同，所以刚体上点的加速度的分布规律也不同，致使惯性力系的分布和简化结果也因刚体的运动形式不同而异，所以必须针对刚体的不同运动形式分别研究。

由于力系向一点简化的主矢与简化中心位置无关，而主矩与简化中心位置有关，所以，为了使用方便，并得到统一的结果，在研究刚体惯性力系的简化问题时，简化中心的位置是指定的。

1. 刚体做平移

平移刚体上各点的加速度均相同,取质心 C 为简化中心,如质心的加速度为 $\boldsymbol{a}_C$,则 $\boldsymbol{a}_i=\boldsymbol{a}_C$。给每个质点虚加惯性力后,形成的惯性力系是一个平行力系,可简化为一合力 $\boldsymbol{F}_{\text{IR}}$,并有

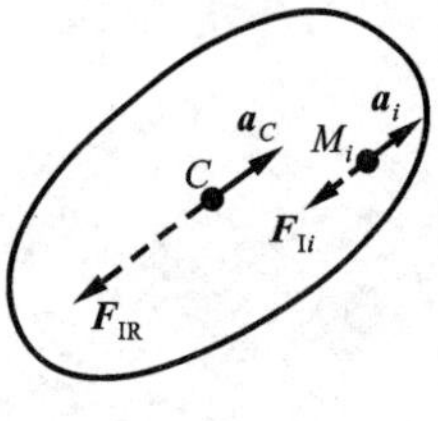

图 14-7

$$\boldsymbol{F}_{\text{IR}}=\sum \boldsymbol{F}_{\text{I}i}=-\sum m_i\boldsymbol{a}_i=-\sum m_i\boldsymbol{a}_C=-m\boldsymbol{a}_C$$

即

$$\boldsymbol{F}_{\text{IR}}=-m\boldsymbol{a}_C \tag{14-6}$$

因此,平移刚体的惯性力系向质心简化结果为通过质心的一个合力,其大小等于刚体的质量与质心加速度的乘积,其方向与质心加速度的方向相反,如图 14-7 所示。

2. 刚体做定轴转动

本章仅讨论刚体具有质量对称平面且转轴垂直于此平面的情形,如图 14-8 所示的刚体。当刚体绕定轴转动时,可先将虚加于刚体上的空间惯性力系简化为在对称平面内(如图 14-8 中的平面 S)的平面力系,再将此平面力系向对称平面与转轴的交点 O 简化。

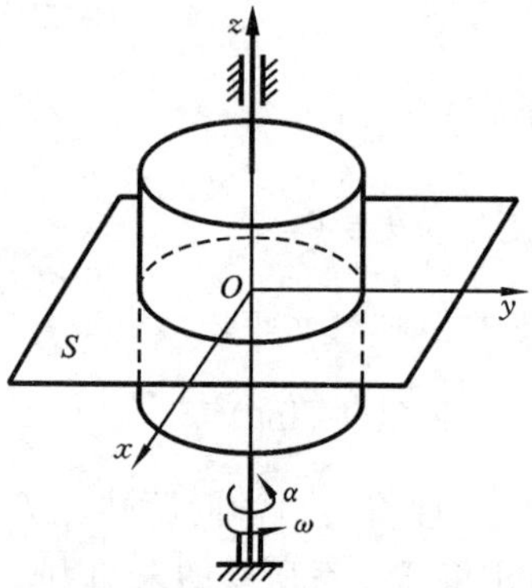

图 14-8

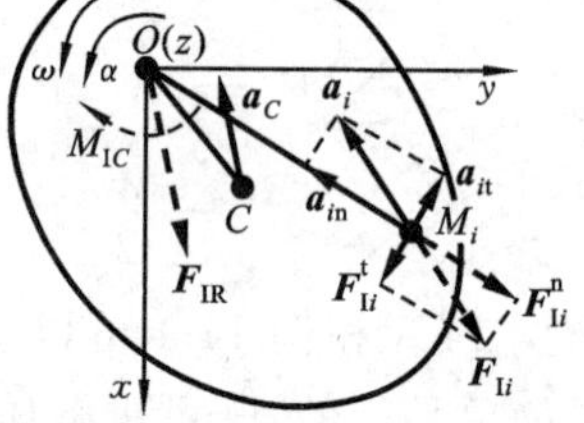

图 14-9

以如图 14-9 所示的转动刚体为例,当平面惯性力系向点 O 简化后,其主矢和对点 O 的主矩为

$$\left.\begin{aligned}\boldsymbol{F}_{\text{IR}}&=\sum \boldsymbol{F}_{\text{I}i}=-\sum m_i\boldsymbol{a}_i=-m\boldsymbol{a}_C\\M_{\text{IO}}&=\sum M_O(\boldsymbol{F}_{\text{I}i})=\sum M_O(\boldsymbol{F}_{\text{I}i}^{\text{t}})\\&=\sum(-m_ir_i\alpha)r_i=-(\sum m_ir_i^2)\alpha=-J_z\alpha\end{aligned}\right\} \tag{14-7}$$

式(14-7)表明,刚体做定轴转动时,惯性力系简化为通过点 O 的一个力和一个力偶。此力的大小等于刚体的质量与质心加速度的乘积,方向与质心加速度的方向相反,作用在简化点 O;此力偶的矩等于刚体对转轴的转动惯量与刚体角加速度的乘积,其转向与角加速度的转向相反。

3. 刚体做平面运动

在工程构件中，做平面运动的刚体往往都有质量对称面，而且刚体在平行于这一平面的平面内运动。因此，仍先将惯性力系简化为对称面内的平面力系，然后再做进一步简化。

由运动学知，平面图形的运动可分解为随基点的平移与绕基点的转动。将刚体的平面运动分解为随质心的平移和绕质心的转动(见图 14-10)，惯性力系也分解为相应的两部分。随质心平移的惯性力系向质心简化为一力，绕质心转动的惯性力系向质心简化为一力偶，力与力偶矩分别为

$$\begin{aligned} \boldsymbol{F}_{\mathrm{IR}} &= -m\boldsymbol{a}_C \\ M_{\mathrm{IC}} &= -J_C\alpha \end{aligned} \tag{14-8}$$

于是：具有质量对称平面的做平面运动的刚体，惯性力系向质心简化，得一力和一力偶。此力通过质心，其大小等于刚体质量与质心加速度的乘积，其方向与质心加速度的方向相反；此力偶的矩等于刚体对质心轴的转动惯量与角加速度的乘积，其方向与角加速度相反。

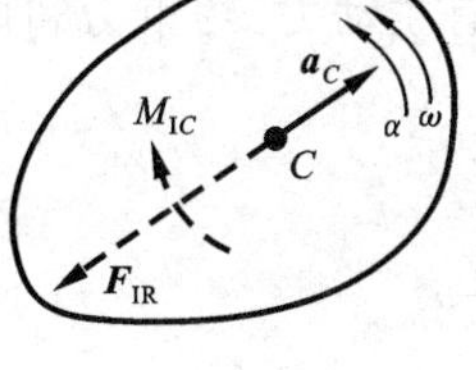

图 14-10

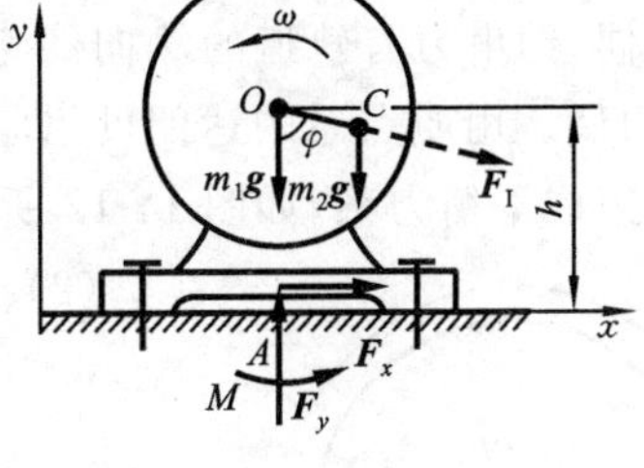

图 14-11

例 14-5　如图 14-11 所示，电动机定子及其外壳总质量为 m_1，质心位于 O 处。转子的质量为 m_2，质心位于 C 处，偏心距 $OC=e$，图示平面为转子的质量对称平面。电动机用地脚螺栓固定于水平基础上，转轴 O 与水平基础间的距离为 h。运动开始时，转子质心 C 位于最低位置，转子以匀角速度 ω 转动。求基础与地脚螺栓给电动机的总约束力。

解　(1) 受力分析。

取电动机整体为研究对象，作用于其上的外力有重力 $m_1\boldsymbol{g}$ 和 $m_2\boldsymbol{g}$，基础与地脚螺栓给电动机的约束力向点 A 简化后的力 $\boldsymbol{F}_x$、$\boldsymbol{F}_y$ 和矩为 M 的力偶，转子做匀速转动产生法向加速度后施加的惯性力 $\boldsymbol{F}_{\mathrm{I}}$，共六个力。

(2) 确定惯性力。

转子绕轴 O 转动，由于角加速度 $\alpha=0$，所以无须加惯性力矩。其只有法向方向的加速度，大小为 $e\omega^2$，所以

$$F_{\mathrm{I}} = m_2 e\omega^2$$

(3) 建立平衡方程，求解约束力。

根据质点系的达朗贝尔原理,此电动机所受的所有力组成平衡力系,列平衡方程:

$$\sum F_x = 0,\quad F_x + F_{\mathrm{I}}\sin\varphi = 0 \qquad ①$$

$$\sum F_y = 0,\quad F_y - (m_1 + m_2)g - F_{\mathrm{I}}\cos\varphi = 0 \qquad ②$$

$$\sum M_A = 0,\quad M - m_2 ge\sin\varphi - F_{\mathrm{I}}h\sin\varphi = 0 \qquad ③$$

因 $\varphi=\omega t$,解上述方程组,得

$$F_x = -m_2 e\omega^2\sin\omega t,\quad F_y = (m_1 + m_2)g + m_2 e\omega^2\cos\omega t$$

$$M = m_2 ge\sin\omega t + m_2 e\omega^2 h\sin\omega t$$

例 14-6 车辆的主动轮沿水平直线轨道运动,如图 14-12 所示。设轮重为 W,半径为 R,对轮轴的回转半径为 ρ,车身的作用力可简化为作用于质心 C 的力 $\boldsymbol{F}_1$、$\boldsymbol{F}_2$ 和矩为 M 的驱动力偶,轮与轨道间的静摩擦因数为 f_s。不计滚动摩擦的影响,求轮心的加速度。

解 (1) 受力分析。

以主动轮为研究对象。作用于轮上的主动力有重力 $\boldsymbol{W}$,车身的作用力 $\boldsymbol{F}_1$、$\boldsymbol{F}_2$ 和驱动力偶;约束力有轨道的法向约束力 $\boldsymbol{F}_{\mathrm{N}}$ 和摩擦力 $\boldsymbol{F}$;惯性力可简化为 $\boldsymbol{F}_{\mathrm{IC}}$ 及矩为 M_{IC} 的力偶。由质点系的达朗贝尔原理,作用于车轮的所有主动力、约束力和虚加的惯性力组成平衡力系,如图 14-12 所示为一平面任意力系。

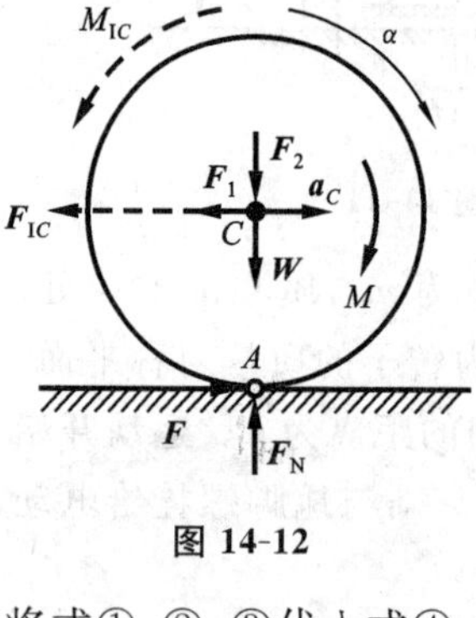

图 14-12

(2) 确定惯性力。

$$F_{\mathrm{IC}} = \frac{W}{g}a_C \qquad ①$$

$$M_{\mathrm{IC}} = J_C\,\alpha = \frac{W}{g}\rho^2\alpha \qquad ②$$

(3) 车轮做纯滚动的情况。

若车轮做纯滚动而不滑动,摩擦力为静摩擦力,则有

$$a_C = R\alpha \qquad ③$$

$$\sum M_A(\boldsymbol{F}) = 0,\quad (F_1 + F_{\mathrm{IC}})R - M + M_{\mathrm{IC}} = 0 \qquad ④$$

将式①、②、③代入式④,得

$$a_C = R\,\frac{M - F_1 R}{W(R^2 + \rho^2)}g$$

要保证车轮只滚不滑,必须满足

$$F \leqslant f_s F_{\mathrm{N}}$$

由

$$\sum F_x = 0,\quad F - F_1 - F_{\mathrm{IC}} = 0$$

$$\sum F_y = 0,\quad F_{\mathrm{N}} - W - F_2 = 0$$

得

$$F = F_1 + \frac{W}{g}a_C = \frac{MR + F_1\rho^2}{R^2 + \rho^2} \qquad ⑤$$

$$F_N = W + F_2 \tag{⑥}$$

将 F 和 F_N 的表达式代入 $F \leqslant f_s F_N$ 可得，保证车轮做纯滚动的条件为

$$M \leqslant f_s(W+F_2)\frac{(R^2+\rho^2)}{R} - F_1\frac{\rho^2}{R}$$

可见，当 M 一定时，摩擦因数 f_s 愈大，则车轮愈不易滑动，因此雨雪天行车时可装上防滑链，或向轨道撒砂以增大摩擦因数。

(4) 车轮有滑动的情况。

若车轮有滑动，摩擦力为动摩擦力，则有

$$F = fF_N \approx f_s F_N$$

式中：f 为动摩擦因数。由式⑤和式⑥，可得

$$F_1 + \frac{W}{g}a_C = f_s(W+F_2) \tag{⑦}$$

由式⑦求得这时的加速度

$$a_C = \frac{f_s(W+F_2) - F_1}{W}g$$

显然，这是车轮做纯滚动时加速度所能达到的最大值。

例 14-7　如图 14-13(a)所示，均质圆轮在无自重的斜置悬臂梁上自上而下做纯滚动。已知圆轮半径 $R=10$ cm，质量 $m=18$ kg，AB 长 $l=80$ cm；斜置悬臂梁与竖直线的夹角 $\theta=60°$。求圆轮到达 B 端的瞬时，A 端约束力的大小。

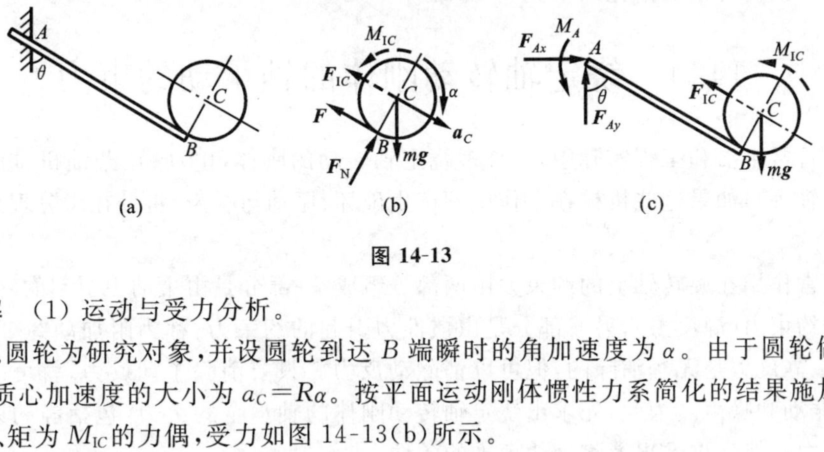

图 14-13

解　(1) 运动与受力分析。

以圆轮为研究对象，并设圆轮到达 B 端瞬时的角加速度为 α。由于圆轮做纯滚动，其质心加速度的大小为 $a_C=R\alpha$。按平面运动刚体惯性力系简化的结果施加惯性力 $\boldsymbol{F}_{IC}$、矩为 M_{IC} 的力偶，受力如图 14-13(b)所示。

(2) 确定惯性力。

圆轮做平面运动，其惯性力可表示为

$$F_{IC} = ma_C = mR\alpha \tag{①}$$

$$M_{IC} = J_C\alpha = \frac{1}{2}mR^2\alpha \tag{②}$$

(3) 建立平衡方程，求角加速度及惯性力。

$$\sum M_B(\boldsymbol{F}) = 0,\quad F_{IC}R + M_{IC} - mgR\cos\theta = 0 \tag{③}$$

将式①和式②代入式③,解得圆轮的角加速度

$$\alpha = \frac{2\cos\theta}{3R}g$$

将其代回式①和式②,得惯性力

$$F_{IC} = \frac{2\cos\theta}{3}mg,\quad M_{IC} = \frac{\cos\theta}{3}Rmg$$

(4) 求 A 端约束力。

以圆轮和杆组成的整体作为研究对象,其受力如图 14-13(c)所示。建立平衡方程:

$$\sum M_A(\boldsymbol{F}) = 0,\quad M_{IC} + F_{IC}R - mgR\cos\theta - mgl\sin\theta + M_A = 0 \tag{④}$$

$$\sum F_x = 0,\quad F_{Ax} - F_{IC}\sin\theta = 0 \tag{⑤}$$

$$\sum F_y = 0,\quad F_{IC}\cos\theta - mg + F_{Ay} = 0 \tag{⑥}$$

解得悬臂梁固定端的约束力分别为

$$M_A = 122.2\ \text{N}\cdot\text{m},\quad F_{Ax} = 50.9\ \text{N},\quad F_{Ay} = 147\ \text{N}$$

由以上例题可见,用动静法求解动力学问题的步骤与求解静力学平衡问题相似,只是在分析物体受力时,应加上相应的惯性力;对于刚体,则应按其运动形式的不同,加上相应惯性力系的简化结果。

* 14.4　绕定轴转动刚体的轴承动约束力

在日常生活和工程实际中,有许多绕定轴转动的刚体(电动机、柴油机、电风扇、车床主轴等),如果这些机械在工作中不产生破坏、振动与噪声,将处在十分理想的状态。

通常作用在旋转轴上的约束力由两部分组成:一部分是由主动力引起的约束力,称为静约束力(静反力);另一部分是由惯性力引起的约束力,称为附加动约束力(动反力)。静反力是无法消除的,但可以消除动反力。只要消除了动反力,就可以减少破坏、振动和噪声。为此,先求出绕定轴转动刚体的轴承全约束力(包括静约束力和动约束力),然后再推出消除动约束力的条件。

1. 轴承不出现动约束力的条件

设任一刚体绕定轴 AB 转动,角速度为 ω,角加速度为 α。取此刚体为研究对象,取转轴上一点 O 为简化中心,其上所有的主动力向点 O 简化的主矢与主矩分别以 $\boldsymbol{F}_R$ 与 $\boldsymbol{M}_O$ 表示,惯性力系向点 O 简化的主矢和主矩分别以 $\boldsymbol{F}_{IR}$ 与 $\boldsymbol{M}_{IO}$ 表示。由于各质点的加速度均在与转轴 z 垂直的平面内,所以 $\boldsymbol{F}_{IR}$ 没有沿 z 方向的分量。轴承 A、B 处的五个全约束力分别以 $\boldsymbol{F}_{Ax}$、$\boldsymbol{F}_{Ay}$、$\boldsymbol{F}_{Bx}$、$\boldsymbol{F}_{By}$、$\boldsymbol{F}_{Bz}$ 表示,如图 14-14 所示。这些力组成

空间任意力系。

建立如图 14-14 所示的坐标系，根据质点系的达朗贝尔原理，列平衡方程如下（为书写方便，将 F_{IR}^{r} 记为 F_{Ix}；将 M_{IO}^{r} 记为 M_{Ix}，依此类推）：

$$\sum F_x = 0,\quad F_{Ax} + F_{Bx} + F_{Rx} + F_{Ix} = 0$$

$$\sum F_y = 0,\quad F_{Ay} + F_{By} + F_{Ry} + F_{Iy} = 0$$

$$\sum F_z = 0,\quad F_{Bz} + F_{Rz} = 0$$

$$\sum M_x(\boldsymbol{F}) = 0,\quad F_{By}\cdot OB - F_{Ay}\cdot OA + M_x + M_{Ix} = 0$$

$$\sum M_y(\boldsymbol{F}) = 0,\quad F_{Ax}\cdot OA - F_{Bx}\cdot OB + M_y + M_{Iy} = 0$$

由上述五个方程解得轴承全约束力为

$$\left.\begin{aligned}
F_{Ax} &= -\frac{1}{AB}[(M_y + F_{Rx}\cdot OB) + (M_{Iy} + F_{Ix}\cdot OB)]\\
F_{Ay} &= \frac{1}{AB}[(M_x - F_{Ry}\cdot OB) + (M_{Ix} - F_{Iy}\cdot OB)]\\
F_{Bx} &= \frac{1}{AB}[(M_y - F_{Rx}\cdot OA) + (M_{Iy} - F_{Ix}\cdot OA)]\\
F_{By} &= -\frac{1}{AB}[(M_x + F_{Ry}\cdot OA) + (M_{Ix} + F_{Iy}\cdot OA)]\\
F_{Bz} &= -F_{Rz}
\end{aligned}\right\}\qquad(14\text{-}9)$$

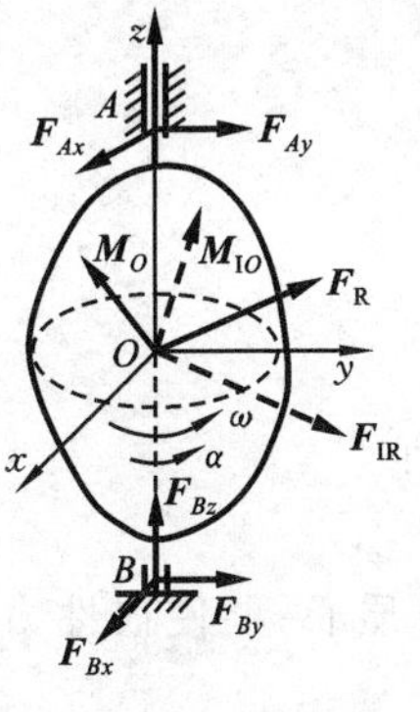

图 14-14

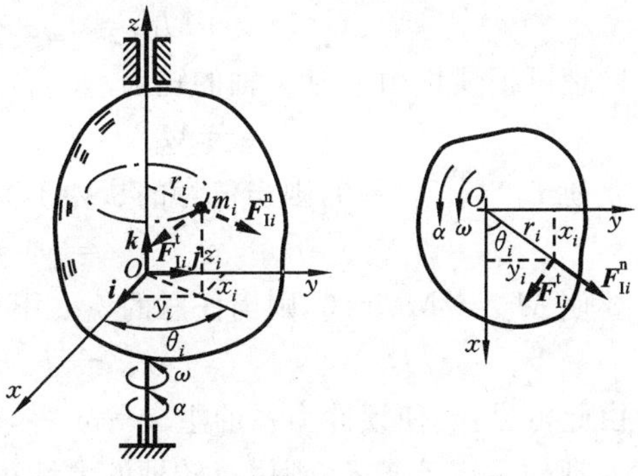

图 14-15

由式(14-9)可以看出，止推轴承 B 沿 z 轴的约束力 $\boldsymbol{F}_{Bz}$ 与惯性力无关，而其他四个约束力均与惯性力有关，要使这些动约束力为零，必须有

$$F_{Ix} = F_{Iy} = 0,\quad M_{Ix} = M_{Iy} = 0$$

即使轴承动约束力等于零的条件是：惯性力系的主矢等于零，惯性力系对 x 轴和 y 轴的主矩等于零。

下面推导 F_{Ix}、F_{Iy}、M_{Ix}、M_{Iy} 的表达式，从而进一步分析动约束力等于零的条件。

如图 14-15 所示，设任一刚体绕 z 轴转动，角速度为 ω，角加速度为 α，刚体内任

一质点的质量为 m_i，到转轴的距离为 r_i，对质点施加切向惯性力 $\boldsymbol{F}_{Ii}^{t}$ 和法向惯性力 F_{Ii}^{n}，大小分别为

$$F_{Ii}^{t} = m_i a_i^{t} = m_i r_i \alpha, \quad F_{Ii}^{n} = m_i a_i^{n} = m_i r_i \omega^2$$

则
$$F_{Ix} = \sum (F_{Ii}^{t})_x + \sum (F_{Ii}^{n})_x = \sum m_i r_i \alpha \sin\theta_i + \sum m_i r_i \omega^2 \cos\theta_i$$

$$F_{Iy} = \sum (F_{Ii}^{t})_y + \sum (F_{Ii}^{n})_y = \sum (-m_i r_i \alpha \cos\theta_i) + \sum m_i r_i \omega^2 \sin\theta_i$$

由于
$$x_i = r_i \cos\theta_i, \quad y_i = r_i \sin\theta_i$$

以及
$$\sum m_i y_i = m y_C, \quad \sum m_i x_i = m x_C$$

所以
$$F_{Ix} = m y_C \alpha + m x_C \omega^2$$
$$F_{Iy} = - m x_C \alpha + m y_C \omega^2$$

而
$$M_{Ix} = \sum M_x(F_{Ii}) = \sum M_x(F_{Ii}^{t}) + \sum M_x(F_{Ii}^{n})$$
$$= \sum m_i r_i \alpha \cos\theta_i \cdot z_i + \sum (-m_i r_i \omega^2 \sin\theta_i) z_i$$

由于
$$\cos\theta_i = \frac{x_i}{r_i}, \quad \sin\theta_i = \frac{y_i}{r_i}$$

则
$$M_{Ix} = \alpha \sum m_i x_i z_i - \omega^2 \sum m_i y_i z_i$$

记
$$J_{xz} = \sum m_i x_i z_i, \quad J_{yz} = \sum m_i y_i z_i \tag{14-10}$$

称式(14-10)为对 z 轴的惯性积，它取决于刚体质量关于坐标轴的分布情况。所以，惯性力系对 x 轴的矩为

$$M_{Ix} = J_{xz}\alpha - J_{yz}\omega$$

同理可得惯性力系对 y 轴的矩为

$$M_{Iy} = J_{yz}\alpha + J_{xz}\omega$$

要使 $F_{Ix} = F_{Iy} = 0$，则当任意的 ω、α 不为零时，必须有

$$x_C = y_C = 0$$

要使 $M_{Ix} = M_{Iy} = 0$，则当任意的 ω、α 不为零时，必须有

$$J_{xz} = J_{yz} = 0$$

由此可见：要使惯性力系的主矢等于零，转轴必须通过质心；要使惯性力系对 x 轴和 y 轴的主矩等于零，刚体对转轴的惯性积必须等于零。

如果刚体对通过某点的 z 轴的惯性积 J_{xz} 和 J_{yz} 等于零，则称此轴为过该点的惯性主轴。通过质心的惯性主轴，称为中心惯性主轴。因此，刚体绕定轴转动时，避免出现轴承动约束力的条件是，刚体的转轴应是其中心惯性主轴。

2. 静平衡与动平衡

设刚体的转轴通过质心，且刚体除重力外，没有受到其他主动力作用，则刚体可以在任意位置静止不动，这种现象称为静平衡。当刚体的转轴通过质心且为惯性主轴时，刚体转动时不出现轴承动约束力，这种现象称为**动平衡**。能够静平衡的定轴转动刚体不一定能够实现动平衡，但能够实现动平衡的定轴转动刚体一定能够实现静

平衡。

但是，在工程实际中，材料、制造和安装等方面的原因，都可能使定轴转动刚体的转轴偏离中心惯性主轴。这时可根据需要进行平衡找正工作。

静平衡找正就是校正转动刚体质心的位置，使偏心距减小至允许的范围内。最简单的方法是把转动刚体放在静平衡架的水平刀口上，如图 14-16(a)所示，使其自由滚动或往复摆动。如果刚体的质心不在转轴上，当停止转动时，它的重边总是朝下，这时可把校正用的平衡重量附加在刚体的轻边上，然后再让其滚动或摆动。这样反复多次，直至转动刚体能够在任意位置平衡（随遇平衡）为止。最后按所加平衡重量的大小和位置，在适当位置焊上锡块或镶上铅块，也可以在刚体重的一边用钻孔的方法去掉适当的重量，使之达到静平衡。如图 14-16(b)所示，设转动部件重量为 W_1，偏心距为 e，平衡重量为 W_2，距轴线 xx' 的距离为 l，当部件随遇平衡时，有

$$\sum M_O(F) = 0,\quad W_2 l = W_1 e$$

这样当部件转动时，偏心重量的惯性力与平衡重量的惯性力正好抵消。

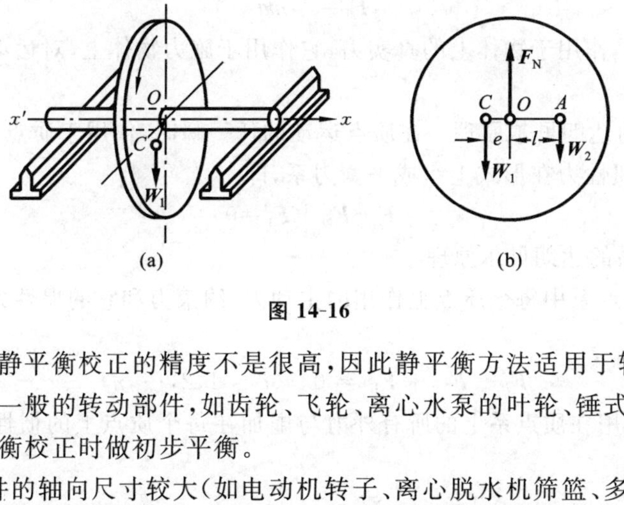

图 14-16

在实际中，静平衡校正的精度不是很高，因此静平衡方法适用于轴向尺寸不大、要求不高、转速一般的转动部件，如齿轮、飞轮、离心水泵的叶轮、锤式破碎机的转子等，或者在动平衡校正时做初步平衡。

若转动部件的轴向尺寸较大（如电动机转子、离心脱水机筛篮、多级涡轮机转子等），尤其是形状不对称的部件（如曲轴）或转速很高的部件，虽然做了静平衡校正，但是转动后轴承仍然会产生较大的附加动约束力。这是因为惯性力偶所产生的不平衡只有在转动时才显示出来。如图 14-17(a)所示，两个质量均为 m 的刚体与转轴固连，虽然 $F_{I1}^{n}=F_{I2}^{n}$，静力平衡，但是转动时惯性力组成一个惯性力偶，仍然使轴承产生附加动约束力，这种情况属于动力不平衡；图 14-17(b)中，由于偏心的原因，$F_{I1}^{n}\neq F_{I2}^{n}$，但两个惯性力并不组成惯性力偶，因此属于静力不平衡，可进行静平衡校正；图 14-17(c)中，静力和动力皆平衡，转动时惯性力系平衡。

减小动力不平衡，需把转动部件放在专门的动平衡机上，测定出应在什么位置附加多少重量从而使惯性力偶减小至允许程度，即达到动力平衡。有关这方面的知识，本文不再详述，读者可参考相关文献。

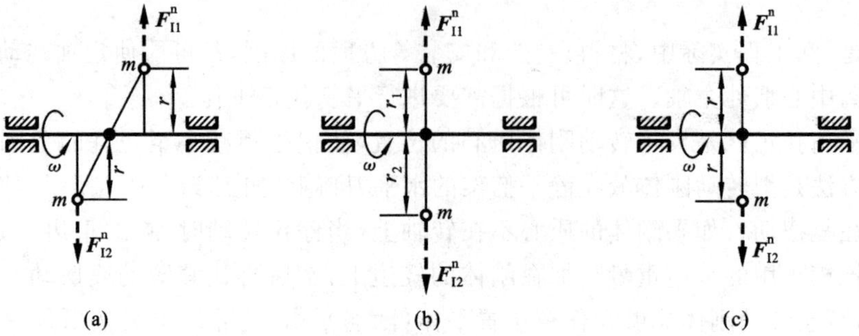

图 14-17

小　结

(1) 设质点的质量为 m，加速度为 $\boldsymbol{a}$，则质点的惯性力定义为

$$\boldsymbol{F}_{\mathrm{I}}=-m\boldsymbol{a}$$

惯性力不是作用于物体上的真实力，它作用于施力物体上，对运动物体而言是虚拟的力。

(2) 质点的达朗贝尔原理　在质点运动的任一瞬时，作用于质点上的主动力、约束力和虚加的惯性力在形式上组成平衡力系，即

$$\boldsymbol{F}+\boldsymbol{F}_{\mathrm{N}}+\boldsymbol{F}_{\mathrm{I}}=0$$

(3) 质点系的达朗贝尔原理

表述一：质点系中每个质点上作用的主动力、约束力和它的惯性力在形式上组成平衡力系，即

$$\boldsymbol{F}_i+\boldsymbol{F}_{\mathrm{N}i}+\boldsymbol{F}_{\mathrm{I}i}=0\quad(i=1,2,\cdots,n)$$

表述二：作用在质点系上的所有外力与虚加在每个质点上的惯性力在形式上组成平衡力系，即

$$\left.\begin{aligned}&\sum\boldsymbol{F}_i^{(\mathrm{e})}+\sum\boldsymbol{F}_{\mathrm{I}i}=0\\&\sum\boldsymbol{M}_O(\boldsymbol{F}_i^{(\mathrm{e})})+\sum\boldsymbol{M}_O(\boldsymbol{F}_{\mathrm{I}i})=0\end{aligned}\right\}$$

(4) 刚体惯性力系的简化

① 刚体平移　平移刚体的惯性力系向质心简化结果为通过质心的一个合力，其大小等于刚体的质量与质心加速度的乘积，其方向与质心加速度的方向相反，即

$$\boldsymbol{F}_{\mathrm{IR}}=-m\boldsymbol{a}_C$$

② 刚体定轴转动　刚体做定轴转动时，惯性力系简化为通过点 O 的一个力和一个力偶。此力的大小等于刚体的质量与质心加速度的乘积，方向与质心加速度的方向相反，作用在简化点 O；此力偶的矩等于刚体对转轴的转动惯量与刚体角加速度的乘积，其转向与角加速度的转向相反。即

$$\boldsymbol{F}_{\mathrm{IR}}=-m\boldsymbol{a}_C, \quad M_{\mathrm{IO}}=-J_z\alpha$$

③ 刚体做平面运动　具有质量对称平面的做平面运动的刚体，惯性力系向质心简化，得一力和一力偶。此力通过质心，大小等于刚体质量与质心加速度的乘积，其方向与质心加速度的方向相反；此力偶的矩等于刚体对质心轴的转动惯量与角加速度的乘积，其方向与角加速度相反。即

$$\boldsymbol{F}_{\mathrm{IR}}=-m\boldsymbol{a}_C, \quad M_{\mathrm{IC}}=-J_C\alpha$$

(5) 刚体绕定轴转动时，避免出现轴承动约束力的条件是：刚体的转轴应是其中心惯性主轴。

(6) 静平衡　设刚体的转轴通过质心，且刚体除重力外，没有受到其他主动力作用，则刚体可以在任意位置静止不动，这种现象称为静平衡。

(7) 动平衡　当刚体的转轴通过质心且为惯性主轴时，刚体转动时不出现轴承动约束力，这种现象称为动平衡。

(8) 能够静平衡的定轴转动刚体不一定能够实现动平衡，但能够动平衡的定轴转动刚体肯定能够实现静平衡。

思 考 题

14-1　应用动静法时，对静止的质点是否需要加惯性力？对运动着的质点是否都需要加惯性力？

14-2　质点在空中运动，只受到重力作用，当质点做自由落体运动、质点被上抛、质点从楼顶水平弹出时，质点惯性力的大小与方向是否相同？

14-3　在什么条件下定轴转动刚体的惯性力系是平衡力系？

14-4　任意形状的均质等厚板，垂直于板面的轴都是惯性主轴，对吗？不与板面垂直的轴都不是惯性主轴，对吗？

习　题

14-1　如图所示，提升矿石用的传送带与水平面成倾角 θ。设传送带以匀加速度 $\boldsymbol{a}$ 运动，为使矿石不在带上滑动，求所需的静摩擦因数。

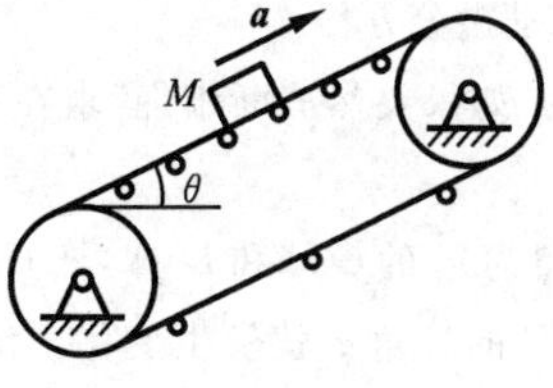

题 14-1 图

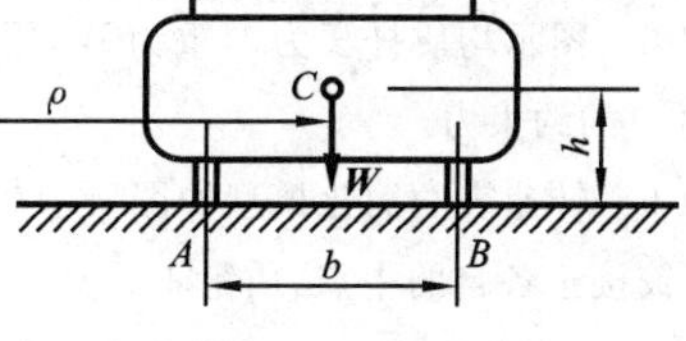

题 14-2 图

14-2　如图所示，露天装载机转弯时，弯道半径为 ρ，装载机重 W，重心高出水平地面 h，内外轮

间的距离为 b,设轮与地面的静摩擦因数为 f,求:(1)转弯时的极限速度,即不打滑和倾倒的最大速度;(2)若要求当转弯速度较大时,先打滑后倾倒,则应有什么条件?(3)如装载机的最小转弯半径(自后轮外侧算起)为 570 cm,轮距为 225 cm,摩擦因数取 0.5,则极限速度为多少?

14-3　图示振动器用于压实土壤表面,已知机座重 W_0,对称的偏心锤重分别为 W_1、W_2,且 $W_1=W_2=W$,偏心距为 e;两锤以相同的匀角速度 ω 相向转动,求振动器对地面压力的最大值。

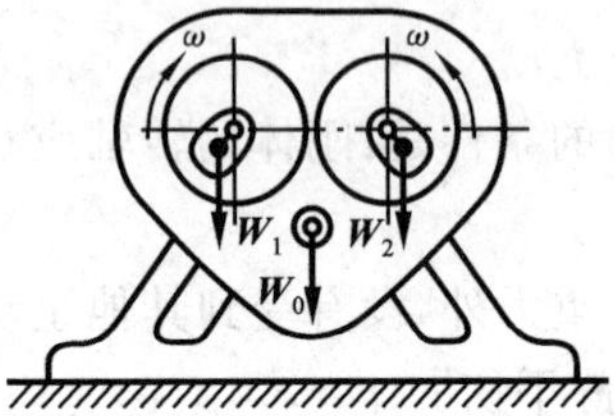

题 14-3 图

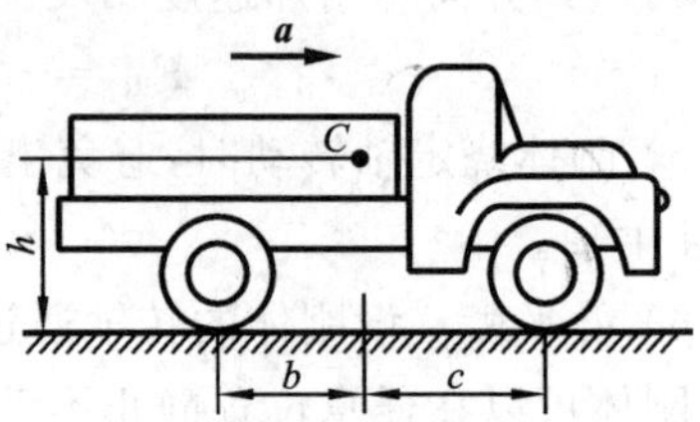

题 14-4 图

14-4　图示汽车总质量为 m,以加速度 $\boldsymbol{a}$ 做水平直线运动。汽车质心 C 离地面的高度为 h,汽车的前、后轴到通过质心的竖直线的距离分别为 c 和 b。求:(1)汽车前、后轮的正压力;(2)汽车应如何行使,方能使前、后轮的压力相等?

14-5　图示矩形块质量 $m_1=100$ kg,置于平台车上,车质量 $m_2=50$ kg,此车沿光滑的水平面运动。车和矩形块在一起由质量为 m_3 的物体牵引,使之做加速运动。设物块与车之间的摩擦力足够阻止相互滑动,求能够使车加速运动的质量 m_3 的最大值,以及此时车的加速度大小。

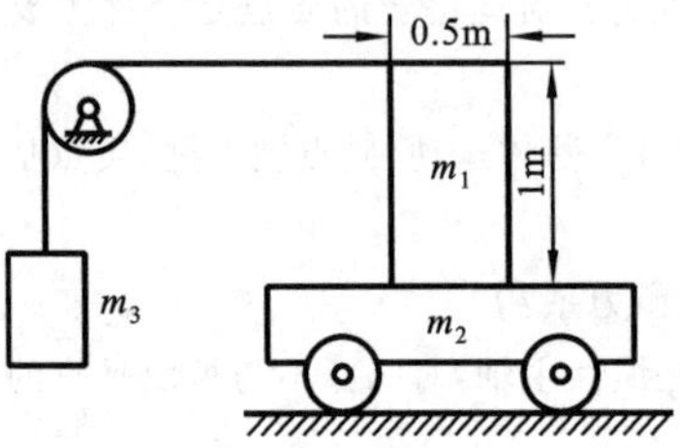

题 14-5 图

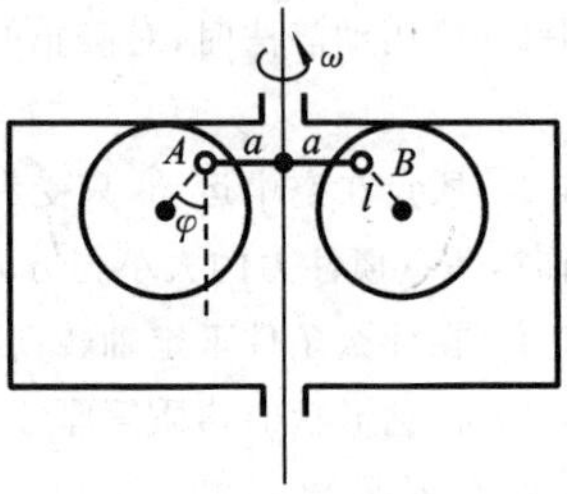

题 14-6 图

14-6　调速器由两个质量为 m_1 的均质圆盘构成,圆盘偏心铰接于距转轴为 a 的 A、B 两点。调速器以等角速度绕竖直轴转动,圆盘中心到悬挂点的距离为 l。调速器的外壳质量为 m_2,并放在圆盘上。不计摩擦,求角速度与偏角之间的关系。

14-7　曲柄滑道机构如图所示,已知圆轮半径为 r,对转轴的转动惯量为 J,轮上作用一不变的力偶,其矩为 M,滑槽 ABD 的质量为 m,不计摩擦。求圆轮的转动微分方程。

14-8　图示均质杆长为 l,重为 W,用轴 O 和细绳使其平衡。如果突然剪断细绳,求在剪断的瞬时轴 O 的约束力。

14-9　转速表的简化模型如图所示。杆 CD 的两端各有质量为 m 的 C 球和 D 球,杆 CD 与转轴 AB 铰接于各自的中点,质量不计。当转轴 AB 转动时,杆 CD 的转角 φ 就发生变化。设 $\omega=0$ 时,$\varphi=\varphi_0$,且盘簧中无力。盘簧产生的力矩 M 与转角 φ 的关系为 $M=k(\varphi-\varphi_0)$,k 为盘簧刚度系数。轴承 A、B 间距离为 $2b$,$AO=BO=b$。求:(1)角速度 ω 与角 φ 的关系;(2)当系统处于图示平面时,轴承 A、B 的约束力。

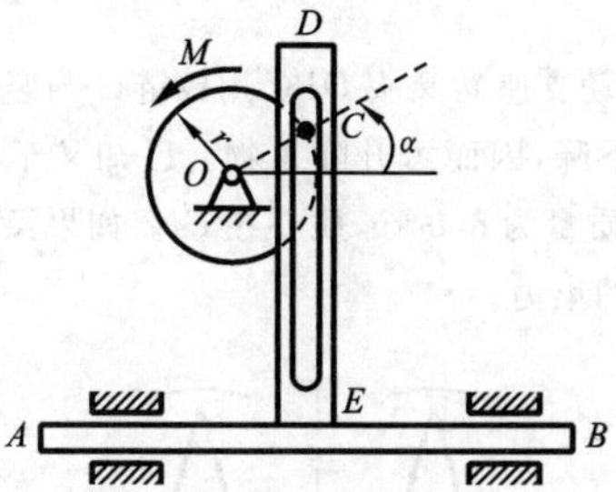

题 14-7 图

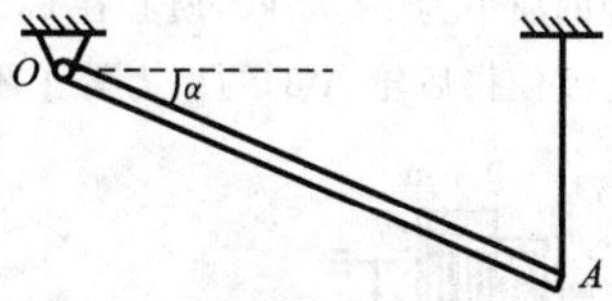

题 14-8 图

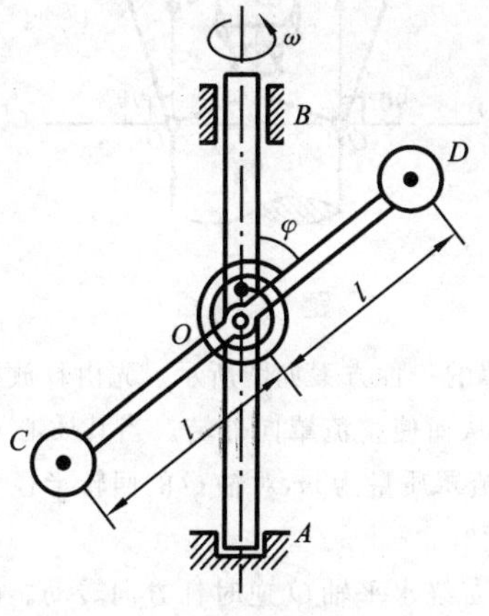

题 14-9 图

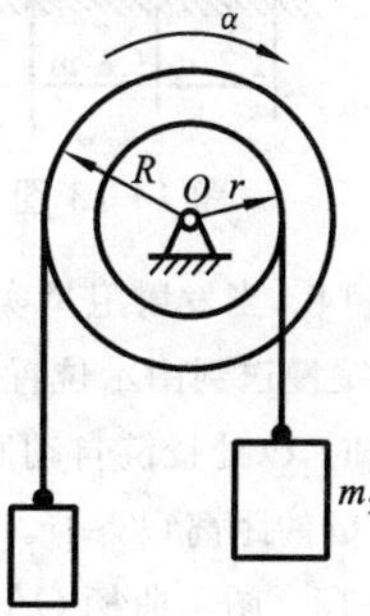

题 14-10 图

14-10　轮轴质心位于 O 处，对轴 O 的转动惯量为 J_O。在轮轴上有两个质量分别为 m_1 和 m_2 的物体，若此轮轴以顺时针方向转动，求轮轴的角加速度 α 和轴承 O 的动约束力。

14-11　如图所示，质量为 m_1 的物体 A 下落时，带动质量为 m_2 的均质圆盘 B 转动，不计支架和绳子的重量及轴上的摩擦，$BC=a$，盘 B 的半径为 R。求固定端 C 的约束力。

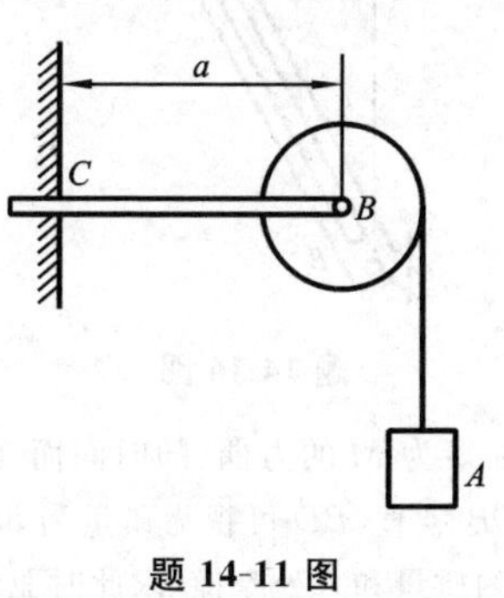

题 14-11 图

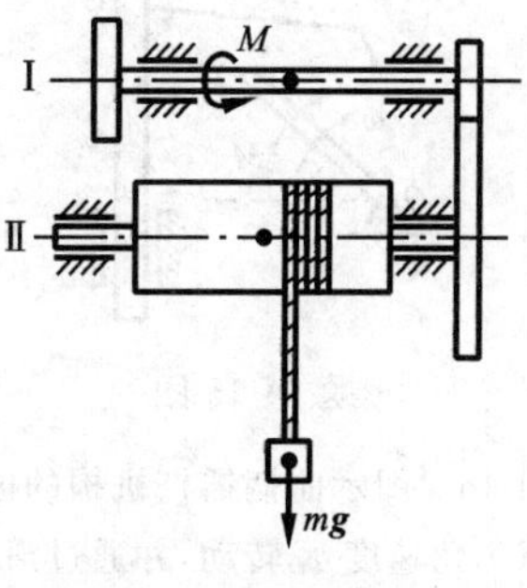

题 14-12 图

14-12　图示电动绞车提升一质量为 m 的物体，在主动轴上作用有一矩为 M 的主动力偶。已知主动轴和从动轴连同安装在这两轴上的齿轮以及其他附属零件的转动惯量分别为 J_1 和 J_2，传动比 $z_2 : z_1 = i$，吊索缠绕在鼓轮上，此轮半径为 R。设轴承的摩擦和吊索的质量均略去不计，求重物的加速度。

14-13　图示为升降重物用的叉车,B 为可动圆辊(滚动支座),叉头 DBC 用铰链 C 与竖直导杆连接。由于液压机构的作用,导杆可在竖直方向上升或下降,因而可升降重物。已知叉车连同竖直导杆的质量为 1 500 kg,质心在 C_1;叉头与重物的共同质量为 800 kg,质心在 C_2。如果叉头向上的加速度使得后轮 A 的约束力等于零,求这时滚轮 B 的约束力。

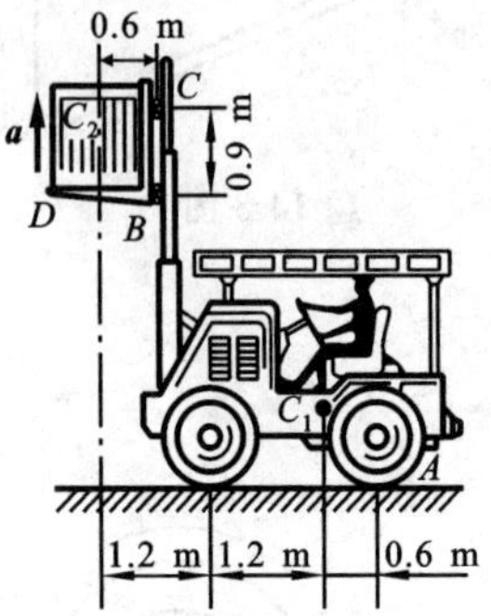

题 14-13 图

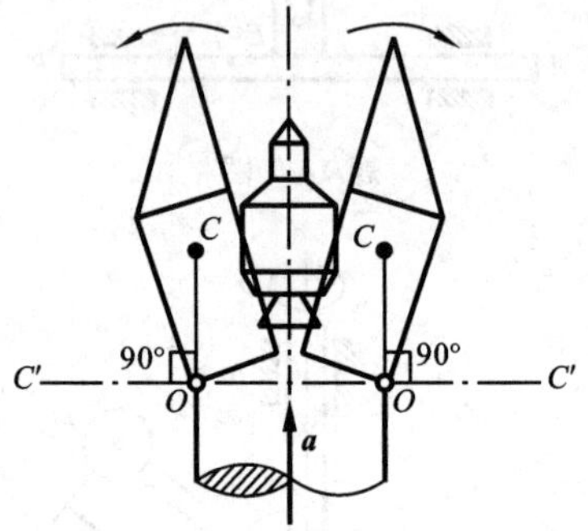

题 14-14 图

14-14　当发射卫星实现星箭分离时,打开火箭整流罩的一种方案如图所示。先由释放机构将整流罩缓慢送到图示位置,然后令火箭加速,加速度为 a,从而使整流罩向外转。当其质心 C 转到位置 C' 时,O 处铰链自动脱开,使整流罩离开火箭。设整流罩质量为 m,对轴 O 的回转半径为 ρ,质心到轴 O 的距离 $OC=r$。问整流罩脱落时,角速度为多大?

14-15　图示曲柄 OA 质量为 m_1,长为 r,以等角速度 ω 绕水平轴 O 逆时针方向转动。曲柄的 A 端推动水平板 B,使质量为 m_2 的滑杆 C 沿竖直方向运动。忽略摩擦,求当曲柄与水平方向夹角 $\theta=30°$ 时的力偶矩 M 及轴承 O 的约束力。

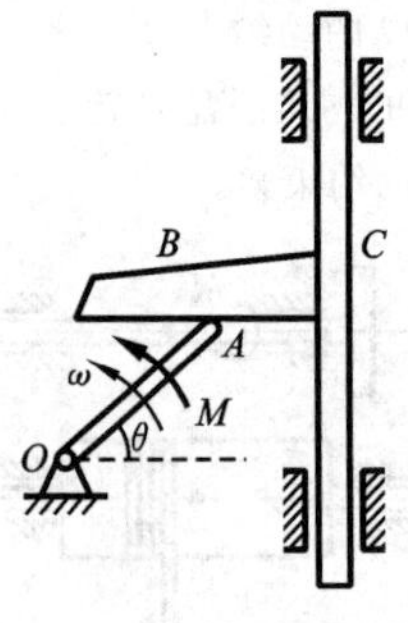

题 14-15 图

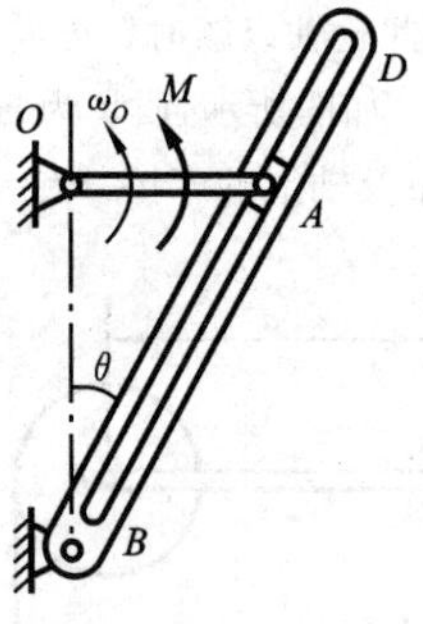

题 14-16 图

14-16　图示曲柄摇杆机构的曲柄 OA 长为 r,质量为 m,在矩为 M 的力偶(随时间而变化)驱动下以匀角速度 ω_O 转动,并通过滑块 A 带动摇杆 BD 运动。OB 竖直,BD 可视为质量为 $8m$ 的均质等直杆,长为 $3r$。图示瞬时,OA 水平,$\theta=30°$。不计滑块 A 的质量和各处摩擦,求此时驱动力偶矩 M 的大小和 O 处的约束力。

14-17　图示磨刀砂轮Ⅰ质量 $m_1=1$ kg,其偏心距 $e_1=0.5$ mm,小砂轮Ⅱ质量 $m_2=0.5$ kg,偏心距 $e_2=1$ mm。电动机转子Ⅲ质量 $m_3=8$ kg,无偏心,带动砂轮旋转,转速 $n=3\ 000$ r/min。求转动时轴承 A、B 的附加动约束力。

14-18　三个圆盘 A、B 和 C 的质量均为 12 kg，共同固结在 x 轴上，位置如图所示。若 A 盘质心 G 的坐标为(320,0,5)，而 B 和 C 盘的质心在轴上。今若将两个质量均为 1 kg 的平衡块分别放在 B 和 C 盘上，问应如何放置可使轴系达到动平衡。

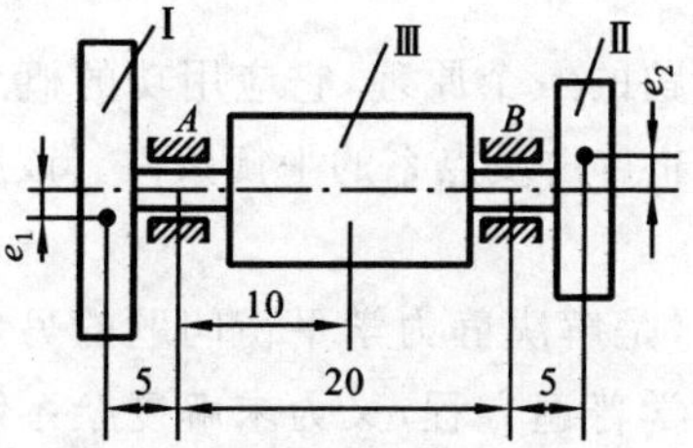

题 14-17 图

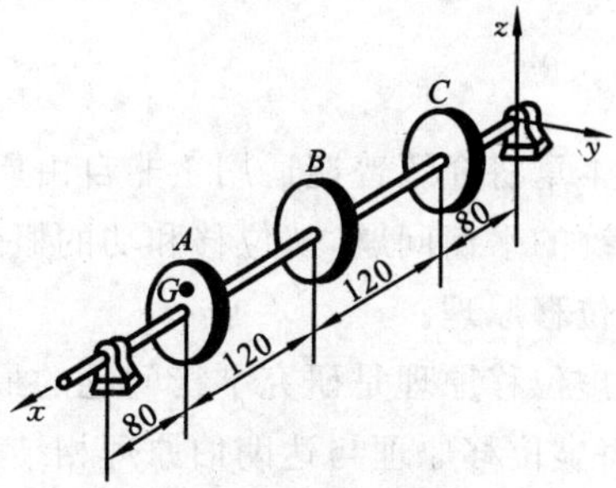

题 14-18 图

第 15 章　虚位移原理

本章将介绍普遍适用于非自由质点系平衡问题的一个原理，它应用功的概念分析系统的平衡问题，从位移和功的概念出发，得出非自由质点系的平衡条件。该原理即虚位移原理。

虚位移原理是研究平衡问题的最一般性原理，是解决静力学平衡问题的另一途径；将虚位移原理与达朗伯原理相结合，组成动力学普遍方程，又为求解复杂系统的动力学问题提供了另一种普遍方法，构成了分析力学的基础。

15.1　质点系的自由度　约束及约束的分类

1. 质点系的自由度

描述一个质点在空间中的位置须用三个独立坐标来决定，在直角坐标系中这三个坐标是 x、y、z，当这个质点运动时，这三个坐标数值可随时改变，这就是说这个质点具有三个自由度（即确定物体位置的独立坐标数目）。若质点系中所有的质点都可以不受任何限制地在空间中做自由运动，则这样的质点系称为**自由质点系**。在实际工程中，所需处理的质点系往往是非自由的，即质点系中的质点因受一定的限制而不能自由运动，这样的质点系称为**非自由质点系**。若自由质点系中有 n 个质点，则这个自由质点系共有 $3n$ 个自由度；对于非自由质点系的自由度数目，则要视其实际情况而定。

2. 约束及约束方程

非自由质点系的质点在运动过程中，其位置或位移必须服从某些预先规定的限制条件，这些限制条件称为非自由质点系的**约束**，若将这些限制条件以数学方程来表示则称为**约束方程**。如图 15-1 所示的平面单摆，其中质点 M 可绕固定点 O 在平面 Oxy 内摆动，摆杆长为 l，则单摆在运动过程中质点 M 的轨迹是以 O 为圆心、l 为半径的圆弧。若以 x、y 表示质点 M 的坐标，则其约束方程可表示为

$$x^2 + y^2 = l^2$$

又如，在图 15-2 所示的曲柄连杆机构中，铰链 A 受曲柄 OA 的限制而绕 O 做圆

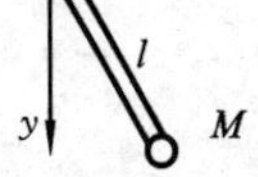

图 15-1

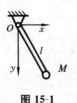

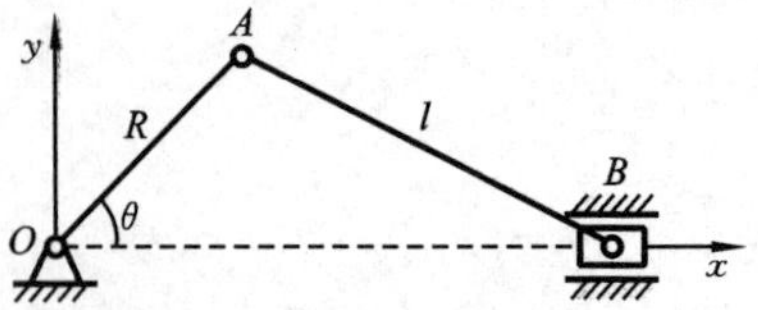

图 15-2

周运动,滑块 B 受滑道限制而做水平运动,连杆 AB 长度不变。因此这三者的约束方程依次为

$$\begin{cases} x_A^2 + y_A^2 = R^2 \\ y_B = 0 \\ (x_A - x_B)^2 + y_A^2 = l^2 \end{cases}$$

3. 约束的分类

根据不同的约束形式,可对约束进行分类。

1) 几何约束与运动约束

限制质点或质点系在空间中的几何位置的条件称为**几何约束**。上述例子中各约束都是限制物体的几何位置的,因此都是几何约束。质点系运动时受到的某些运动条件的限制,称为**运动约束**。例如,图 15-3 所示车轮在水平地面上滚动而不滑动时,车轮除了受到限制其轮心 A 始终与地面保持距离为 R 的几何约束 $y_A = R$ 外,还受到只滚不滑的运动学的限制,即任一瞬时有

$$v_A - R\omega = 0$$

这一条件就是运动约束。若设 x_A 和 φ 分别为点 A 的坐标和车轮的转角,则上式可改写为

$$\frac{\mathrm{d}x_A}{\mathrm{d}t} - R\frac{\mathrm{d}\varphi}{\mathrm{d}t} = 0$$

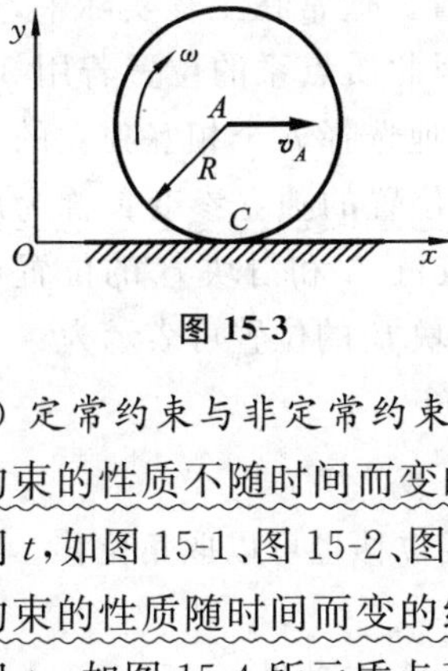

图 15-3

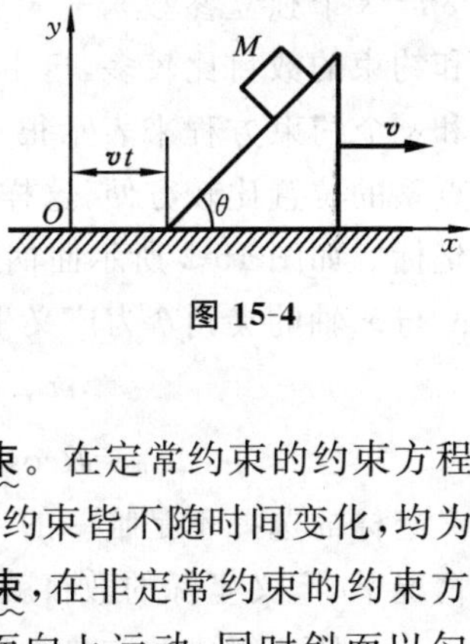

图 15-4

2) 定常约束与非定常约束

约束的性质不随时间而变的约束称为**定常约束**。在定常约束的约束方程中不显含时间 t,如图 15-1、图 15-2、图 15-3 所示质点系的约束皆不随时间变化,均为定常约束。约束的性质随时间而变的约束称为**非定常约束**,在非定常约束的约束方程中显含时间 t。如图 15-4 所示质点系统,质点 M 沿斜面向上运动,同时斜面以匀速 v 向右运动,若设质点 M 的坐标为(x, y),则质点 M 的约束方程可写为

$$x = y\cot\theta + vt$$

式中明显地包含时间 t,因此是非定常约束。

一般地说,定常约束的约束方程可以表示为

$$f(x, y, z) = 0 \tag{15-1}$$

非定常约束的约束方程可以表示为

$$f(x, y, z, t) = 0 \tag{15-2}$$

3) 双面约束与单面约束

约束方程可表示成等式的约束称为**双面约束**。如图 15-1 中质点 M 所受的约束,图 15-2 中铰链 A、滑块 B 和杆 AB 所受的约束,都是双面约束。约束方程只能表示成不等式的约束称为**单面约束**。若将图 15-1 所示单摆中的杆换成等长细绳(见图 15-5),则绳子不能限制质点 M 沿绳子缩短方向的位移,其约束方程变为

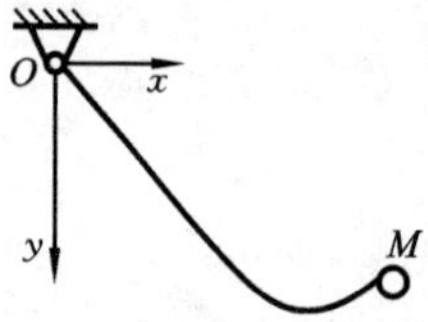

图 15-5

$$x^2 + y^2 \leqslant l^2$$

故此约束为单面约束。

4) 完整约束与非完整约束

几何约束和可积分的运动约束称为**完整约束**。如图 15-3 所示,车轮在直线轨道上做纯滚动,受到运动约束 $\frac{\mathrm{d}x_A}{\mathrm{d}t} - R\frac{\mathrm{d}\varphi}{\mathrm{d}t} = 0$,约束方程虽是微分方程的形式,但它可以积分为有限形式 $x_A - R\varphi =$ 常数,所以仍是完整约束。若运动约束不可积分为有限形式,则称为**非完整约束**。限于篇幅,本书只讨论双面定常的完整约束。

4. 广义坐标

由前述可知,具有 n 个质点的自由质点系共有 $3n$ 个自由度,若质点系受 s 个完整约束,则其自由度的数目为

$$k = 3n - s \tag{15-3}$$

即需要 $3n-s$ 个独立参数来完全确定该质点系的位置。通常在工程实际中,质点系的质点和约束的数目比较多,自由度的数目比较少,因此质点系的位置若用 $3n$ 个直角坐标和 s 个约束方程来表示很不方便。但是,适当地选择 k 个相互独立的参变量表示质点系的位置比较方便,这样选择的表示质点系位置的独立参变量称为质点系的广义坐标。如图 15-2 所示曲柄连杆机构,为确定铰链 A 和滑块 B 的位置可选取曲柄 OA 与 x 轴的夹角 θ 为广义坐标,则铰链 A 和滑块 B 的位置可表示为

$$x_A = R\cos\theta, \quad y_A = R\sin\theta$$

$$x_B = R\cos\theta + \sqrt{l^2 - R^2\sin^2\theta}, \quad y_B = 0$$

广义坐标的选择不是唯一的。广义坐标可以取线位移也可以取角位移。在完整约束的情况下,广义坐标的数目就等于自由度数目。

设由 n 个质点组成的非自由质点系的位置可由 k 个广义坐标 $q_1, q_2, \cdots, q_k$ 来确定,则质点系内各质点的坐标可表示为广义坐标的函数,即

$$\left.\begin{aligned} x_i &= x_i(q_1, q_2, \cdots, q_k) \\ y_i &= y_i(q_1, q_2, \cdots, q_k) \\ z_i &= z_i(q_1, q_2, \cdots, q_k) \end{aligned}\right\} \tag{15-4}$$

式中:$i = 1, 2, \cdots, n$。

一旦确定了质点系的广义坐标,就隐含地描述了质点系的几何约束方程。

15.2　虚位移与虚功

1. 虚位移

在某瞬时，质点系在约束所容许的条件下，可能实现的任意无限小的位移称为**虚位移**。虚位移可以是线位移，也可以是角位移。通常用变分符号 δ 表示虚位移。如图 15-6 所示的杠杆 AB，如令杆绕轴 O 转动微小角度 $\delta\varphi$，则 AB 上任一点的位移就是虚位移；又如图 15-7 所示的曲柄连杆机构，曲柄 OA 绕轴 O 转动的微小角度为 $\delta\varphi$，以及滑块和连杆上任一点的位移都是虚位移。

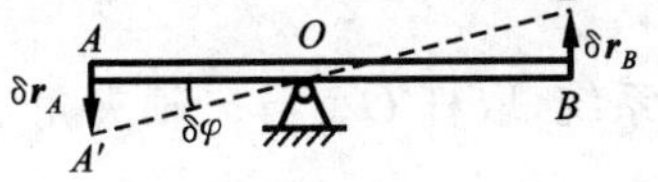

图 15-6

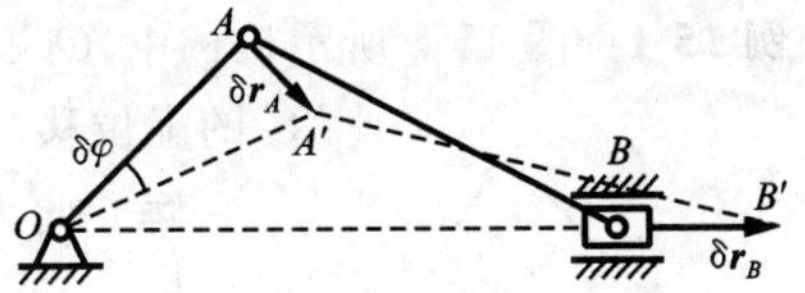

图 15-7

必须注意，虚位移与真实位移(简称实位移)是不同的概念。①实位移是质点系在一定的力作用下和给定的初始条件下运动而实际发生的；虚位移则是在约束所容许的条件下可能发生的。②实位移具有确定的方向，可能是微小值，也可能是有限值；虚位移则是微小位移，视约束情况可能有几种不同的方向。③实位移是在一定的时间内发生的；虚位移则只是纯几何的概念，与时间无关，静止的质点系没有实位移，但可有虚位移。④在定常约束下，微小的实位移必然是虚位移之一；而在非定常约束下，微小的实位移不再是虚位移之一。

受定常约束的非自由质点系中各质点的虚位移之间往往存在着一定的关系，确定这些关系通常有如下两种方法。

(1) 几何法　在定常约束条件下，实位移是虚位移中的一个。据此可以用求实位移的方法来求各质点虚位移之间的关系。由运动学可知，质点的实位移与速度成正比，因此可用分析速度的方法分析各质点虚位移之间的关系。这种方法又称虚速度法，各质点虚位移之比等于各质点虚速度之比。

(2) 解析法　因为质点系各质点的坐标可表示成广义坐标的函数，所以质点系的各质点的虚位移(或坐标变分)可表示成广义坐标变分 $\delta q_k(k=1,2,\cdots,n)$的形式，由式(15-4)两边取变分，可得

$$\left.\begin{aligned}\delta x_i &= \frac{\partial x_i}{\partial q_1}\delta q_1+\frac{\partial x_i}{\partial q_2}\delta q_2+\cdots+\frac{\partial x_i}{\partial q_k}\delta q_k\\ \delta y_i &= \frac{\partial y_i}{\partial q_1}\delta q_1+\frac{\partial y_i}{\partial q_2}\delta q_2+\cdots+\frac{\partial y_i}{\partial q_k}\delta q_k\\ \delta z_i &= \frac{\partial z_i}{\partial q_1}\delta q_1+\frac{\partial z_i}{\partial q_2}\delta q_2+\cdots+\frac{\partial z_i}{\partial q_k}\delta q_k\end{aligned}\right\}\tag{15-5}$$

式中：$i=1,2,\cdots,n$。

由式(15-5)可知,解析法是利用对约束方程或坐标表达式进行变分来求出虚位移之间的关系。

2. 虚功

力在虚位移中所做的功称为**虚功**,其计算方法与实元功的计算类似。力 $\boldsymbol{F}$ 在虚位移 $\delta\boldsymbol{r}$ 中做的虚功一般以 $\delta W=\boldsymbol{F}\cdot\delta\boldsymbol{r}$ 表示。虚功有正功和负功,它尽管和实位移中的元功采用了同一符号 δW,但它们之间有本质区别:虚功是假想的,不是真实发生的。在静止质点系或机构中,力没有做任何功,但力可以有虚功。

如果质点系在虚位移的过程中约束力的虚功之和等于零,则这种约束称为**理想约束**。理想约束的实例在第 13 章中介绍过,这里不再重复。

例 15-1　图 15-8 所示机构中,$OC=BC=a$,$OA=l$,求在图示位置时,点 A、B 与 C 的虚位移。

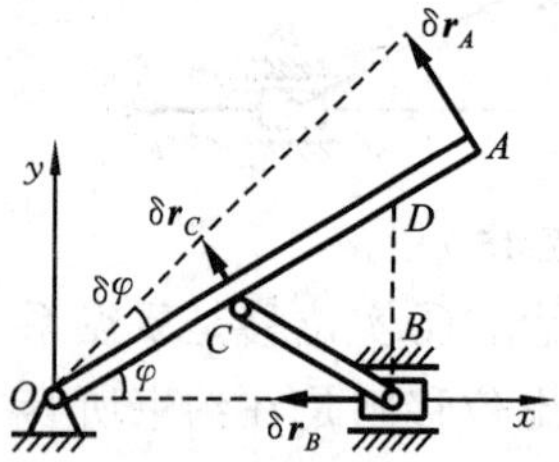

图 15-8

解　此为单自由度系统,取杆 OA 与 x 轴夹角 φ 为广义坐标。

方法一:几何法

由图 15-8 可知,D 为此时杆 BC 的虚速度瞬心,因此可得

$$v_A : v_B : v_C = l : 2a\sin\varphi : a$$

可以假想 A、B、C 三点的虚位移是在极短时间内发生的,可得 A、B、C 三点虚位移的比值与速度成正比,即

$$\delta r_A : \delta r_B : \delta r_C = l : 2a\sin\varphi : a$$

设杆 OA 有虚位移 $\delta\varphi$,则可求出各点虚位移

$$\delta r_A = l\delta\varphi$$

$$\delta r_B = 2a\sin\varphi\delta\varphi$$

$$\delta r_C = a\delta\varphi$$

在直角坐标轴上的投影为

$$\delta x_A = -l\sin\varphi\delta\varphi,\quad \delta y_A = l\cos\varphi\delta\varphi$$

$$\delta x_B = -2a\sin\varphi\delta\varphi,\quad \delta y_B = 0$$

$$\delta x_C = -a\sin\varphi\delta\varphi,\quad \delta y_C = a\cos\varphi\delta\varphi$$

方法二:解析法

将 A、B、C 三点的坐标表示成广义坐标 φ 的函数,得

$$x_A = l\cos\varphi,\quad y_A = l\sin\varphi$$

$$x_B = 2a\cos\varphi,\quad y_B = 0$$

$$x_C = a\cos\varphi,\quad y_C = a\sin\varphi$$

对广义坐标 φ 求变分,得各点虚位移在相应坐标轴上的投影

$$\delta x_A = -l\sin\varphi\delta\varphi,\quad \delta y_A = l\cos\varphi\delta\varphi$$

$$\delta x_B = -2a\sin\varphi\delta\varphi,\quad \delta y_B = 0$$

$$\delta x_C = -a\sin\varphi\delta\varphi,\quad \delta y_C = a\cos\varphi\delta\varphi$$

由此可知,用两种不同的方法得到的结果相同。

15.3　虚位移原理

虚位移原理:受定常、理想约束的质点系平衡的充分和必要条件是,作用在质点系上的所有主动力在任何虚位移中做的虚功之和为零,即

$$\sum \delta W = \sum \boldsymbol{F}_i \cdot \delta \boldsymbol{r}_i = 0 \tag{15-6}$$

这一原理又称为**虚功原理**,式(15-6)称为**虚功方程**。虚位移原理是分析力学的基础,应用这个原理处理非自由质点系的静力学问题非常方便。下面简要证明虚位移原理的充分性和必要性。

(1) 必要性的证明:设有一质点系处于静止平衡状态,m_i为质点系中任一质点,该质点上受到的主动力合力与约束力合力分别表示为 $\boldsymbol{F}_i$、$\boldsymbol{F}_{Ni}$。因为质点系处于静止平衡状态,则这个质点也处于静止平衡状态,因此有

$$\boldsymbol{F}_i + \boldsymbol{F}_{Ni} = 0$$

设 $\delta\boldsymbol{r}_i$是质点 m_i在当前平衡位置的任意一虚位移,显然有

$$(\boldsymbol{F}_i + \boldsymbol{F}_{Ni}) \cdot \delta \boldsymbol{r}_i = 0 \tag{15-7}$$

对于质点系内的所有质点,都可以得到与式(15-7)同样形式的等式,将这些等式相加,得

$$\sum (\boldsymbol{F}_i + \boldsymbol{F}_{Ni}) \cdot \delta \boldsymbol{r}_i = \sum \boldsymbol{F}_i \cdot \delta \boldsymbol{r}_i + \sum \boldsymbol{F}_{Ni} \cdot \delta \boldsymbol{r}_i = 0$$

由于所有约束都是理想约束,因此有 $\sum \boldsymbol{F}_{Ni} \cdot \delta \boldsymbol{r}_i = 0$,于是得

$$\sum \boldsymbol{F}_i \cdot \delta \boldsymbol{r}_i = 0$$

虚位移原理的必要性得证。

(2) 充分性的证明:采用反证法。假设作用在质点系上的所有主动力在任何虚位移中做的虚功之和为零,但质点系在所有力的作用下不能平衡。这样质点系内至少有一个质点不能平衡,设为质点 i,则该质点所受主动力的合力 $\boldsymbol{F}_i$与约束力的合力 $\boldsymbol{F}_{Ni}$之和 $\boldsymbol{F}_{Ri} = \boldsymbol{F}_i + \boldsymbol{F}_{Ni} \neq \boldsymbol{0}$,质点 i 在合力 $\boldsymbol{F}_{Ri}$的作用下得到一微小的实位移 $\mathrm{d}\boldsymbol{r}_i$,方向与 $\boldsymbol{F}_{Ri}$方向相同。在定常约束情形下实位移必为虚位移之一,仍可用 $\delta\boldsymbol{r}_i$表示,在此情形下合力 $\boldsymbol{F}_{Ri}$所做的虚功为

$$(\boldsymbol{F}_i + \boldsymbol{F}_{Ni}) \cdot \delta \boldsymbol{r}_i > 0$$

对于理想约束有

$$\boldsymbol{F}_{Ni} \cdot \delta \boldsymbol{r}_i = 0$$

故有

$$\boldsymbol{F}_i \cdot \delta \boldsymbol{r}_i > 0$$

所以

$$\sum \boldsymbol{F}_i \cdot \delta \boldsymbol{r}_i \neq 0$$

这与假设相矛盾,故质点系必平衡。虚位移原理的充分性得证。

分别将主动力 $\boldsymbol{F}_i$ 和虚位移 $\delta\boldsymbol{r}_i$ 在直角坐标轴上投影,可得式(15-6)的解析表达式

$$\sum(F_{ix}\delta x_i + F_{iy}\delta y_i + F_{iz}\delta z_i) = 0 \tag{15-7}$$

虚位移原理在理论力学中有两种典型的应用,即求结构平衡时的主动力和平衡位置,以及求结构平衡时的约束反力或桁架杆件的内力。下面举例说明。

1. 求结构平衡时的主动力和平衡位置

例 15-2　图 15-9 所示椭圆规机构中,刚性连杆 AB 长 l。杆 AB、滑块 A、B 的重量均不计,所有接触光滑,机构在图示位置平衡,求主动力 $\boldsymbol{F}_A$ 和 $\boldsymbol{F}_B$ 之间的大小关系。

解　方法一:几何法

在约束条件允许的条件下,给滑块 A 一虚位移 $\delta\boldsymbol{r}_A$,给滑块 B 一虚位移 $\delta\boldsymbol{r}_B$,如图 15-9 所示,由虚位移原理可得

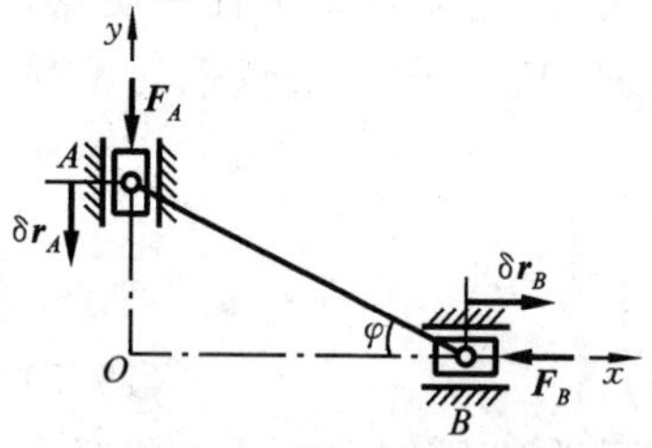

图 15-9

$$F_A\delta r_A - F_B\delta r_B = 0$$

由于 AB 为刚性杆,A、B 两点的虚位移在 AB 连线上的投影应相等,故有

$$\delta r_A\sin\varphi = \delta r_B\cos\varphi$$

所以有

$$(F_A - F_B\tan\varphi)\delta r_A = 0$$

由于 $\delta\boldsymbol{r}_A$ 的任意性,故可解得

$$F_A = F_B\tan\varphi$$

方法二:解析法

该结构为单自由度系统,可选取 φ 为广义坐标,建立如图 15-9 所示坐标,于是可得

$$x_B = l\cos\varphi,\quad y_B = 0,\quad x_A = 0,\quad y_A = l\sin\varphi$$

进行变分运算,可得

$$\delta x_B = -l\sin\varphi\delta\varphi,\quad \delta y_B = 0,\quad \delta x_A = 0,\quad \delta y_A = l\cos\varphi\delta\varphi$$

将数据代入式(15-7),可得

$$(F_A\cos\varphi - F_B\sin\varphi)l\delta\varphi = 0$$

由于 $\delta\varphi$ 的任意性,故可解得

$$F_A = F_B\tan\varphi$$

例 15-3　图 15-10 所示连杆增力机构中,已知 $OA=AB=l$,$\angle AOB=\theta$。如不考虑各杆的重量及各处摩擦,试求平衡时 $\boldsymbol{F}_1$ 和 $\boldsymbol{F}_2$ 的大小关系。

解　此题可通过几何法求出 A、B 两点虚位移的关系,进而求出结果。如图15-10所示,C 是杆 AB 的虚速度瞬心,则

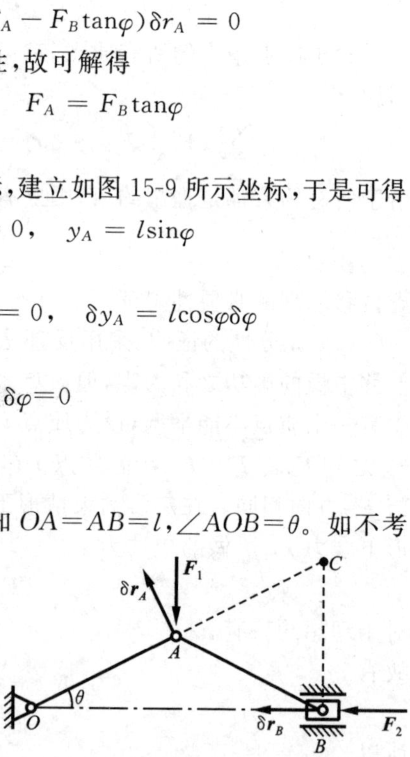

图 15-10

$$\frac{\delta r_A}{\delta r_B} = \frac{v_A}{v_B} = \frac{AC}{BC} = \frac{l}{2l\sin\theta}$$

由虚位移原理,可得

$$\boldsymbol{F}_1 \cdot \delta \boldsymbol{r}_A + \boldsymbol{F}_2 \cdot \delta \boldsymbol{r}_B = 0$$

即得

$$(-F_1\cos\theta + 2F_2\sin\theta)\delta r_A = 0$$

由于 δr_A 的任意性,故可解得

$$F_1 = 2F_2\tan\theta$$

本题也可通过解析法求解,请读者自行分析。

例 15-4　在图 15-11 所示机构中,杆 AC 和杆 BD 分别受矩为 M_1 和 M_2 的力偶作用,当 $\theta=\varphi$ 时机构平衡,求此时 M_1 和 M_2 的大小关系。

解　设给杆 AC 一虚位移 $\delta\theta$,给杆 BD 一虚位移 $\delta\varphi$,如图 15-11 所示,由虚位移原理可得

$$M_1\delta\varphi - M_2\delta\theta = 0 \qquad ①$$

下面寻找虚位移 $\delta\theta$ 和 $\delta\varphi$ 的关系。由虚速度法可知

$$\delta\boldsymbol{r}_D = \delta\boldsymbol{r}_r + \delta\boldsymbol{r}_e$$

故有

$$\delta r_D = \frac{\delta r_e}{\cos 2\theta}$$

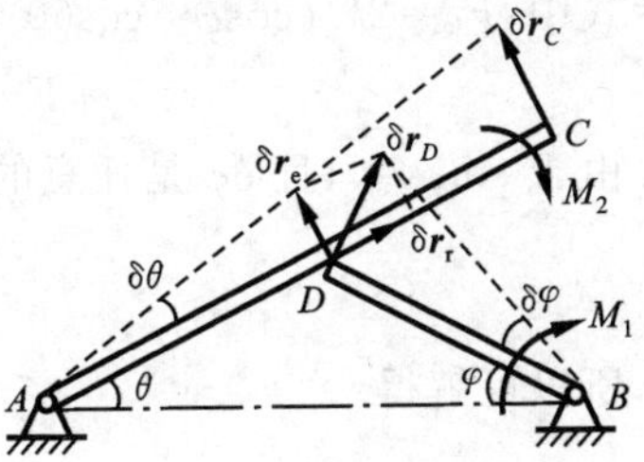

图 15-11

所以

$$\delta\varphi = \frac{\delta r_D}{BD} = \frac{\delta r_e}{BD\cos 2\theta} = \frac{\delta r_e}{AD\cos 2\theta} = \frac{\delta\theta}{\cos 2\theta}$$

代入式①,有

$$\left(\frac{M_1}{\cos 2\theta} - M_2\right)\delta\theta = 0$$

因为 $\delta\theta$ 的任意性,故可解得

$$M_1 = M_2\cos 2\theta$$

例 15-5　图 15-12(a)所示平面机构位于竖直面内,两直杆 AC 和 BC 均长 l,自重均不计。刚度系数为 k 的弹簧两端连接于 AC 和 BC 的中点 D 和 E。当△ABC 为

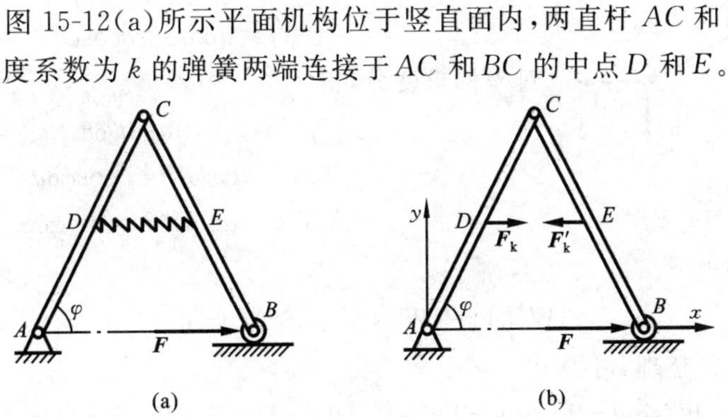

图 15-12

等边三角形时,弹簧自然伸长。不计各处摩擦,现在 B 处作用一水平力 $F=kl/4$,则机构平衡时 φ 为多大?

解 这是一个已知系统平衡,求平衡位置的问题。需要指出的是,当系统中含有弹簧时,需要先解除弹簧约束,代之以弹簧的弹性力作为主动力,从而将系统简化为理想约束系统以便于应用虚位移原理。

建立如图 15-12(b)所示的直角坐标系,设平衡时$\angle BAC=\varphi$,则此时有

$$x_B = 2l\cos\varphi,\quad r_{DE} = l\cos\varphi$$

对上述坐标求变分,可得

$$\delta x_B = -2l\sin\varphi\delta\varphi,\quad \delta r_{DE} = -l\sin\varphi\delta\varphi$$

根据虚位移原理,有

$$F\delta x_B - F_k\delta r_{DE} = 0$$

式中:$F_k=2kl(\cos\varphi-\cos60^\circ)$。于是得

$$[F-kl(\cos\varphi-\cos60^\circ)]l\sin\varphi\delta\varphi=0$$

由于 $\sin\varphi\neq0$,且 $\delta\varphi$ 是任意的,故有

$$\cos\varphi = \frac{F}{kl}+\frac{1}{2} = 0.75$$

所以可解得

$$\varphi=41.41^\circ$$

例 15-6 图 15-13 所示的双锤摆中,摆锤 A、B 分别重 W_1 和 W_2,摆杆 OA 长为 a,摆杆 AB 长为 b。设在摆锤 B 处加一水平力 $\boldsymbol{F}$ 以维持平衡,不计摆杆重量,求平衡时摆杆与竖直线所成的角 θ 和 φ。

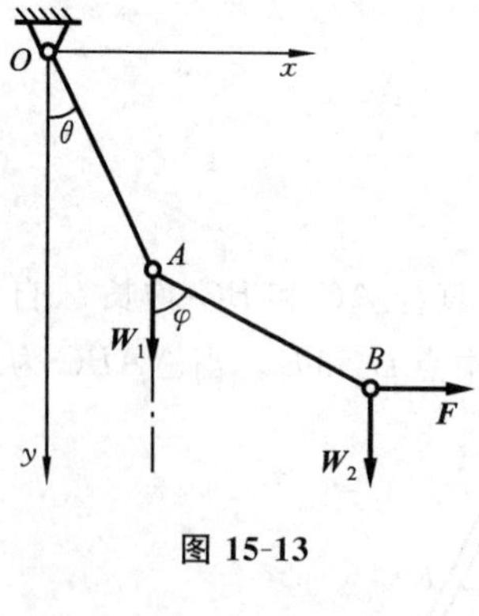

图 15-13

解 这是一个具有两个自由度的系统,可取 θ 和 φ(见图 15-13)为广义坐标,则对应的广义虚位移为 $\delta\theta$ 和 $\delta\varphi$。建立图 15-13 所示坐标系,可得

$$y_A=a\cos\theta$$
$$x_B=a\sin\theta+b\sin\varphi$$
$$y_B=a\cos\theta+b\cos\varphi$$

对坐标求变分,得

$$\delta y_A=-a\sin\theta\delta\theta$$
$$\delta x_B=a\cos\theta\delta\theta+b\cos\varphi\delta\varphi$$
$$\delta y_B=-a\sin\theta\delta\theta-b\sin\varphi\delta\varphi$$

由虚位移原理得

$$W_1\delta y_A + W_2\delta y_B + F\delta x_B = 0$$

将虚位移代入并整理,可得

$$(-W_1\sin\theta-W_2\sin\theta+F\cos\theta)a\delta\theta+(F\cos\varphi-W_2\sin\varphi)b\delta\varphi=0 \qquad ①$$

因为变分 $\delta\theta$ 和 $\delta\varphi$ 彼此独立,故欲使式①成立,必有

$$-W_1\sin\theta-W_2\sin\theta+F\cos\theta=0$$

$$F\cos\varphi-W_2\sin\varphi=0$$

于是求得

$$\tan\theta=\frac{F}{W_1+W_2},\quad \tan\varphi=\frac{F}{W_2}$$

2. 求结构平衡时的约束反力和桁架杆件的内力

利用虚位移原理能很容易求出结构所受的约束力。为此，将待求反力的对应约束解除而代之以相应的约束力，并将该约束力当成主动力看待，而后应用虚位移原理求解。

例 15-7　多跨静定梁的尺寸及所受载荷如图 15-14(a)所示，已知 $F_1=F_2=F_3=10$ kN，$M=20$ kN · m，求支座 B 的约束力。

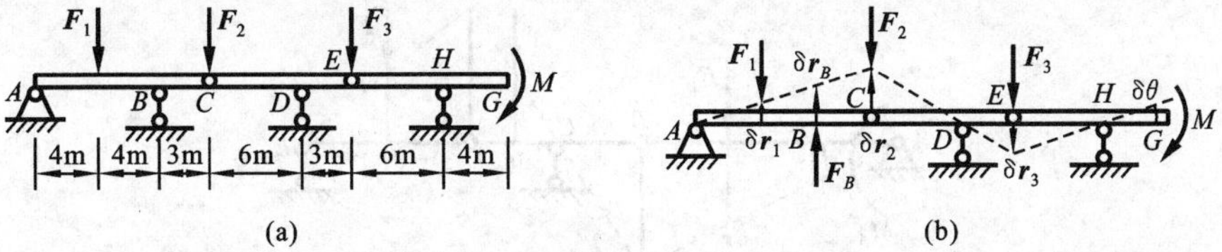

图 15-14

解　为了求解支座 B 的约束力，首先将支座 B 的约束解除而代之以约束力 $\boldsymbol{F}_B$，并把它当作主动力，再使静定梁发生虚位移，如图 15-14(b)所示。于是由虚位移原理得

$$-F_1\delta r_1+F_B\delta r_B-F_2\delta r_2+F_3\delta r_3-M\delta\theta=0$$

由此求得

$$F_B=F_1\frac{\delta r_1}{\delta r_B}+F_2\frac{\delta r_2}{\delta r_B}-F_3\frac{\delta r_3}{\delta r_B}+M\frac{\delta\theta}{\delta r_B} \qquad ①$$

由图 15-14(b)所示的几何关系，可得

$$\frac{\delta r_1}{\delta r_B}=\frac{1}{2},\quad \frac{\delta r_2}{\delta r_B}=\frac{11}{8},\quad \frac{\delta r_3}{\delta r_B}=\frac{\delta r_3}{\delta r_2}\cdot\frac{\delta r_2}{\delta r_B}=\frac{1}{2}\times\frac{11}{8}=\frac{11}{16}$$

$$\frac{\delta\theta}{\delta r_B}=\frac{\delta r_3/EH}{\delta r_B}=\frac{1}{6}\times\frac{11}{16}=\frac{11}{96}$$

将数据代入式①，可解得

$$F_B=14.17\ \text{kN}$$

例 15-8　多跨静定梁的尺寸及所受载荷如图 15-15(a)所示，已知 $F_1=8$ kN，$q=1$ kN/m，求固定端 A 的约束力。

解　(1) 求 A 处的约束反力 F_{Ay}。为此，解除 A 处竖直方向的约束，代之以相应的约束反力 F_{Ay}，并将其视为主动力。给结构一组虚位移，如图 15-15(b)所示。由虚位移原理可得

$$-F_{Ay}\delta r_A+F_1\delta r_1-F_{q1}\delta r_{q1}-F_{q2}\delta r_{q2}=0 \qquad ①$$

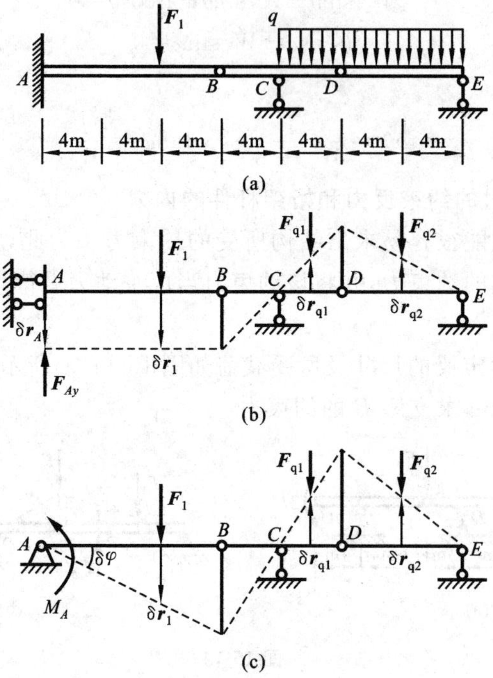

图 15-15

上式中 $F_{q1}=4\ \mathrm{kN}$，$F_{q2}=8\ \mathrm{kN}$，且由图 15-15(b)可得各虚位移之间有如下关系

$$\delta r_A = \delta r_1, \quad \delta r_{q1} = \frac{1}{2}\delta r_1, \quad \delta r_{q2} = \frac{1}{2}\delta r_1$$

代入式①，可解得

$$F_{Ay} = 2\ \mathrm{kN}$$

(2) 求 A 处的约束反力偶 M_A。为此，解除 A 处限制转动的约束，代之以相应的约束反力偶 M_A，并将其视为主动力。给结构一组虚位移，如图 15-15(c)所示。由虚位移原理可得

$$-M_A\delta\varphi + F_1\delta r_1 - F_{q1}\delta r_{q1} - F_{q2}\delta r_{q2} = 0 \qquad ②$$

由图 15-15(c)可得各虚位移之间有如下关系，即

$$\delta r_1 = 8\delta\varphi, \quad \delta r_{q1} = 6\delta\varphi, \quad \delta r_{q2} = 6\delta\varphi$$

代入式②可得

$$M_A = -8\ \mathrm{kN\cdot m}$$

虚位移原理也可用于求解桁架杆件的内力。为此只需将待求内力的杆件截断，并用内力代替杆件的作用，这样杆件的内力就转化为主动力，应用虚位移原理即可求出该杆件的内力。

例 15-9　组合结构尺寸及受力如图 15-16(a)所示，已知 $F=20\ \mathrm{kN}$，不计各杆的重力。求杆 DE 的内力。

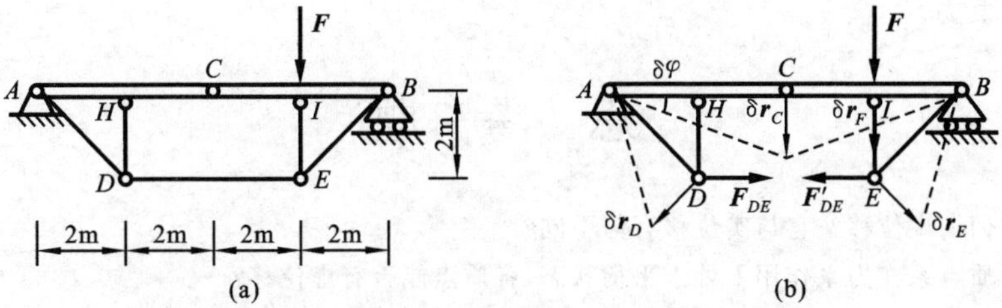

图 15-16

解　解除杆 DE 的约束，代之以内力 $\boldsymbol{F}_{DE}$ 及 $\boldsymbol{F}'_{DE}$，给结构一组虚位移，如图 15-16(b)所示，由虚位移原理可得

$$F\delta r_F - F_{DE}\delta r_D\cos\angle DAC - F'_{DE}\delta r_E\cos\angle EBC = 0$$

式中：$\angle DAC=\angle EBC=45°$；$F_{DE}=F'_{DE}$。且由图 15-16 可得

$$\delta r_F = 2\delta\varphi,\quad \delta r_D = \delta r_E = 2\sqrt{2}\delta\varphi$$

代入上式，可求得

$$F_{DE} = 10\ \text{kN}$$

用虚位移原理求结构某一约束反力或某一杆件的内力时，首先需要解除该支座或杆件的约束而代之以约束力或内力，把约束力或内力当作主动力，然后利用虚位移原理求解。若需求多个约束力或多根杆件的内力，则需要一个一个地解除约束，用虚位移原理求解。当然，这样求解有时不一定方便，可以考虑用其他方法。

小　结

(1) 质点系的自由度是指确定质点系位置的独立坐标数目。

(2) 限制质点系做自由运动的某些限制条件称为约束，这些限制条件的数学表示形式称为约束方程。约束方程可按形式的不同进行分类：①几何约束和运动约束；②定常约束和非定常约束；③单面约束和双面约束；④完整约束和非完整约束。

(3) 广义坐标是指为表示方便而选择的表示质点系位置的独立参变量。广义坐标可以是线位移，也可以是角位移，在完整约束情况下广义坐标的数目等于自由度数目。

(4) 虚位移是指质点系在约束所容许的条件下，假想的可实现的任何无限小的位移。虚位移可以是线位移，也可以是角位移。

(5) 力在虚位移上做的功称为虚功。在质点系的任何虚位移中，所有约束力所做虚功的和等于零的约束称为理想约束。

(6) 虚位移原理：对于具有理想约束的质点系，其平衡的充分和必要条件是作用于质点系上的所有主动力在任何虚位移中所做虚功之和等于零。

虚位移原理是解决静力学平衡问题的另一途径。虚位移原理可用于具有理想约束的系统，也可用于具有非理想约束的系统。虚位移原理可用于求主动力、系统平衡位置及约束力。

思　考　题

15-1　何谓虚位移？它与实位移有何不同？

15-2　质点系在力系作用下处于平衡状态，各质点能否有虚位移？

15-3　何谓虚功？它与力的元功有何区别？

15-4　何谓虚位移原理？它可以解决哪些问题？

15-5　可用哪些方法确定图 15-17 所示各机构中的 A、B 两点虚位移关系？并比较各种方法。

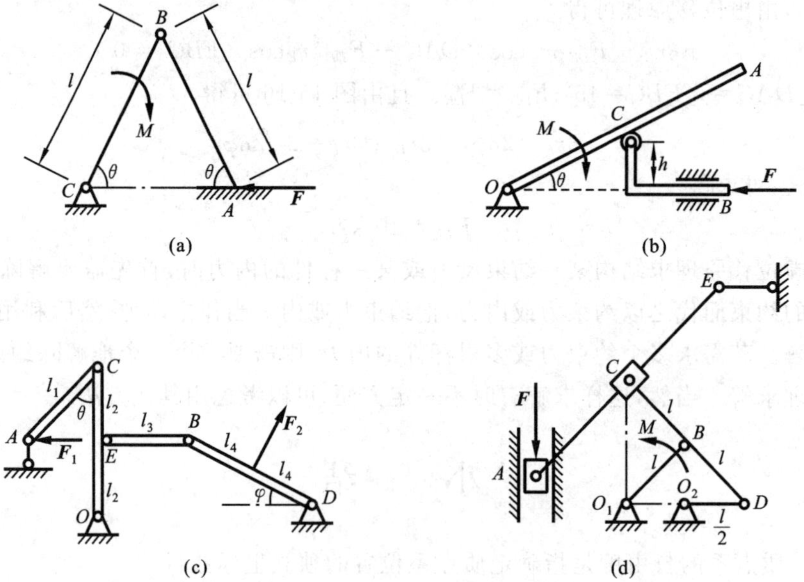

图 15-17

习　题

15-1　如图所示，一小圆环套于一段绳子上，绳子的两端固定于 A、B 两点，$AB=a<l$，小圆环 M 可在绳子上任意滑动，但不能到达 AB 上方，并且假设任何时刻绳子都是绷紧的。试写出小圆环 M 所受约束的性质，并写出其约束方程。

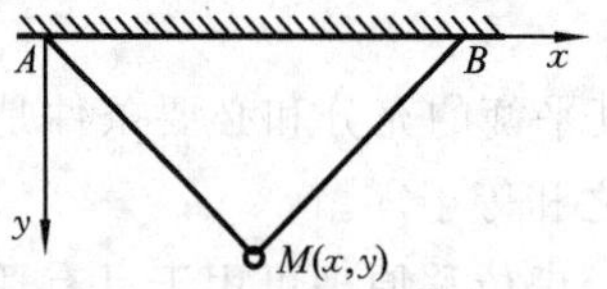

题 15-1 图

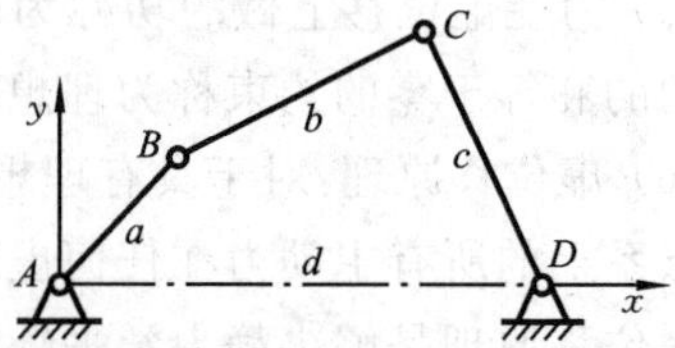

题 15-2 图

15-2　一由三根杆组成的平面机构如图所示，已知尺寸 a、b、c、d。试写出系统的约束方程并分析其自由度数。

15-3　结构尺寸及受力如图所示，试求主动力作用点 C、D、B 处虚位移大小的比值。

15-4　如图所示平面机构中，C、D 位于同一竖直线上，杆 BC 和杆 BD 长度相等。在图示瞬时，OA 处在竖直方向上，杆 AB 水平，杆 BD 与竖直线成 30°夹角，求该瞬时点 A 和点 C 的虚位移大小关系。

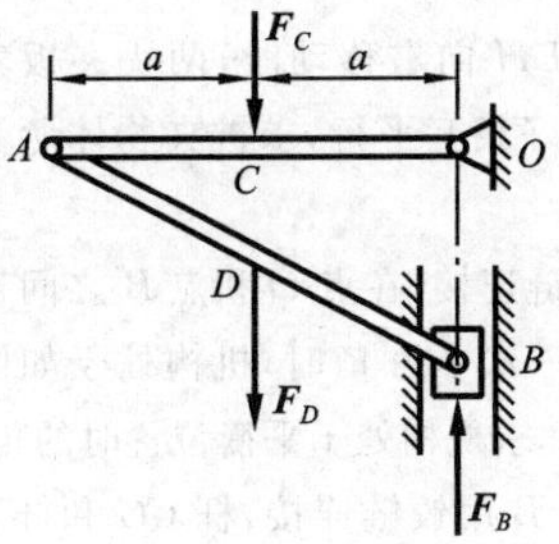

题 15-3 图

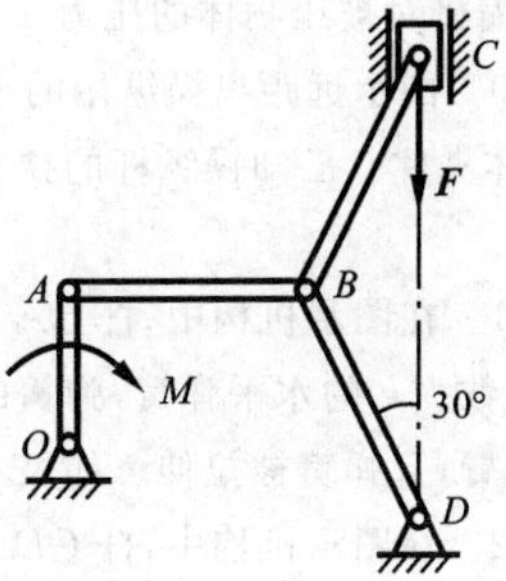

题 15-4 图

15-5　用滑轮机构将两物体 A 和 B 悬挂，如图所示，并设物体 A 保持水平。如绳子和滑轮的重量均不计，求两物体平衡时，两物体重力的大小关系。

15-6　图示机构中 AB 长 R，在图示位置杆 AB 水平。求系统在该位置平衡时力偶矩 M 和力 F 的关系。

15-7　在图示机构中，当曲柄 OC 绕轴 O 摆动时，滑块 A 沿曲柄滑动，从而带动 AB 在竖直导槽内移动，不计各构件自重与各处摩擦。求机构平衡时力 $\boldsymbol{F}_1$ 与力 $\boldsymbol{F}_2$ 的关系。

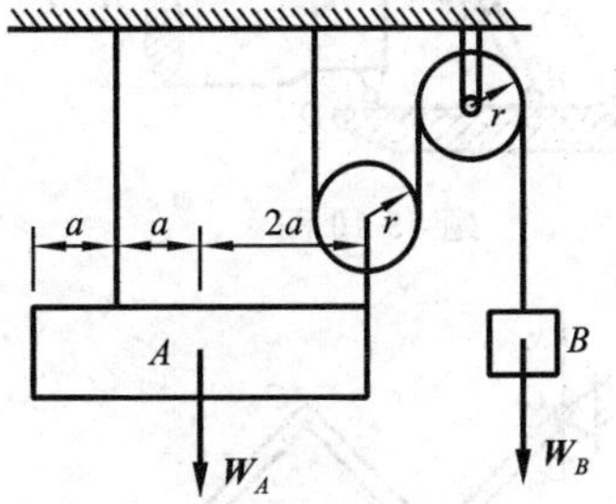

题 15-5 图

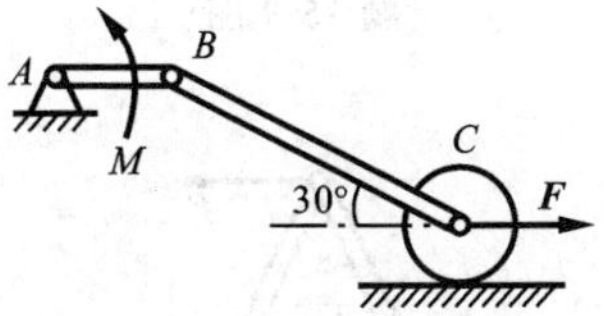

题 15-6 图

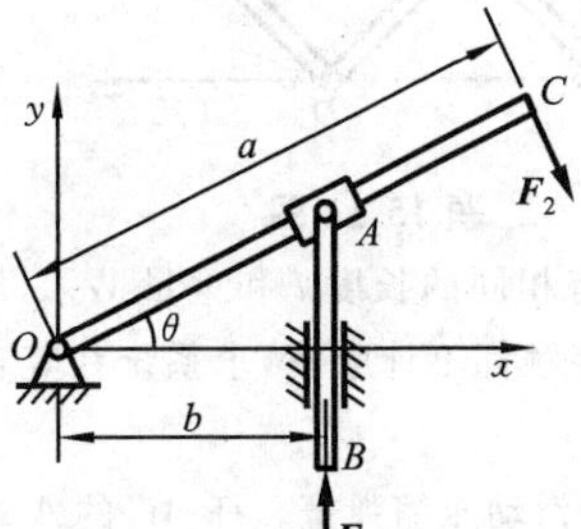

题 15-7 图

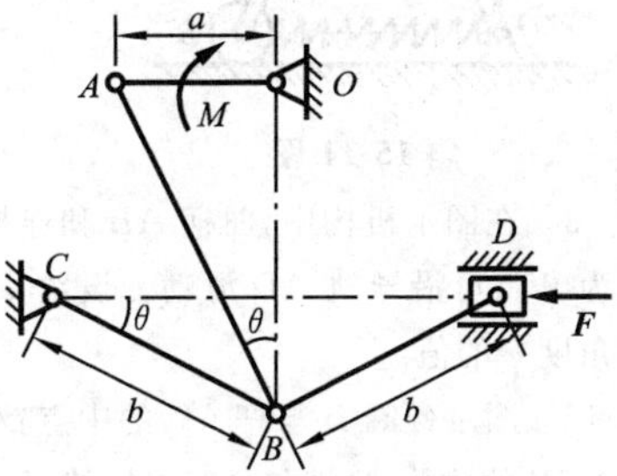

题 15-8 图

15-8　在图示机构中,曲柄 OA 上作用一矩为 M 的力偶,在滑块 D 上作用一水平力 $\boldsymbol{F}$。机构尺寸如图所示,不计各杆件自重与各处摩擦。机构在图示位置平衡且杆 OA 水平,求此时 F 与力偶矩 M 的关系。

15-9　在压缩机的手轮上作用一力偶,其矩为 M。手轮轴的两端各有螺距同为 h,但方向相反的螺纹。螺纹上各套有一个螺母 A 和 B,这两个螺母分别与长为 a 的杆铰接,四杆形成菱形框,如图所示。此菱形框的点 D 固定不动,而点 C 连接在压缩机的水平压板上。求当菱形框的顶角等于 2θ 时,压缩机对被压物体的压力。

15-10　图示远距离操纵用的夹钳为对称结构。当操纵杆 EH 向右移动时,两块夹板就会合拢,将物体夹住。已知操纵杆的拉力为 $\boldsymbol{F}$,在图示位置两夹板正好相互平行,求被夹物体所受的压力。

15-11　在图示机构中,杆 OA 和杆 AB 均长 l,在 A 点用铰链连接,在点 O 和点 B 之间连接一根刚度系数为 k 的水平弹簧,弹簧的原长为 l_0。当在点 A 作用一水平力 $\boldsymbol{F}$ 时,机构处于如图所示的平衡位置,且弹簧被拉伸。如果不计各构件的重量和各处摩擦,求机构处于平衡位置时的角度 φ。

15-12　在图示机构中,杆 OD 和杆 AC 均长 $2l$,在它们中点 B 用铰链连接,杆 CG 和杆 DG 均长 l,一刚度系数为 k 的水平弹簧连接 B、G 两点,弹簧的原长为 l。在点 G 作用一水平向右的力 $\boldsymbol{F}$,试求机构平衡时力 $\boldsymbol{F}$ 和角 φ 的关系。

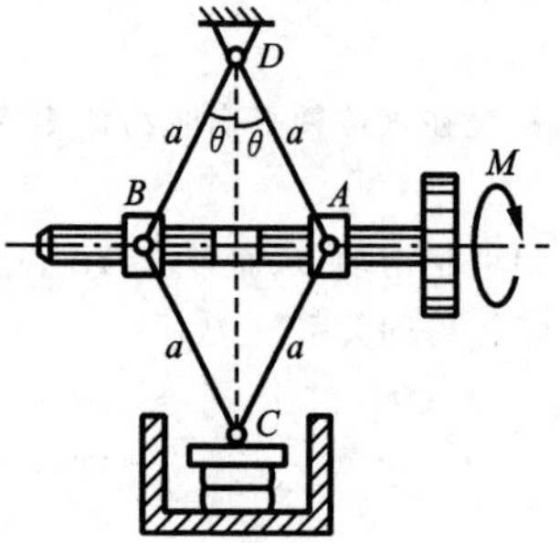

题 15-9 图

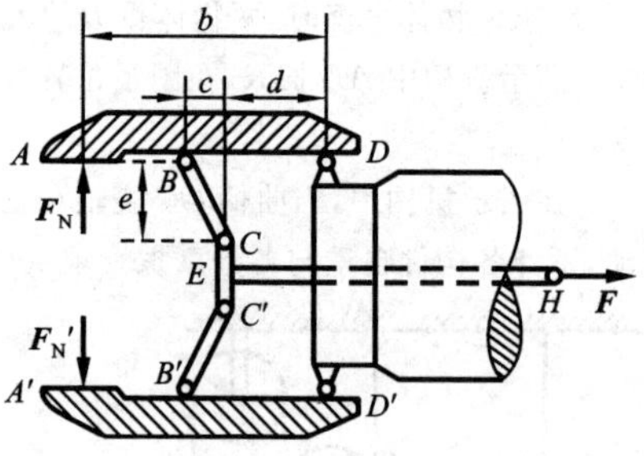

题 15-10 图

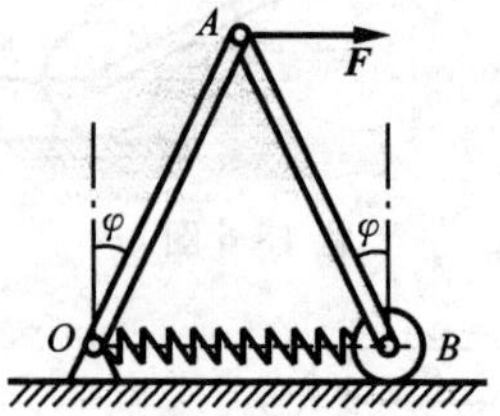

题 15-11 图

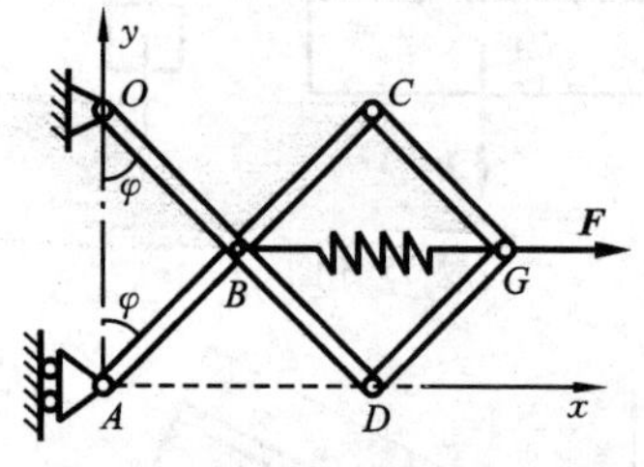

题 15-12 图

15-13　在图示机构中,曲柄 AB 和连杆 BC 为均质杆,具有相同的长度 l 和重量 W_1。滑块 C 的重量为 W_2,可沿导轨 AD 滑动。设约束都是理想的,所有接触都不计摩擦,求系统在竖直面内平衡时角度 φ 的值。

15-14　图示颈圈 B 与杆 AC 的中点铰接,可在立柱上自由滑动压缩弹簧。杆 AC 的 A 端悬挂一重量为 W 的物块,C 端与杆 CD 铰接,D 端固定铰支,杆 $AC=2a$,$CD=a$,弹簧的刚度系数为 k,未被压缩时相当于角 $\theta=0$。设各接触处的摩擦均不计,颈圈、杆及弹簧质量也不计,求系统平衡时

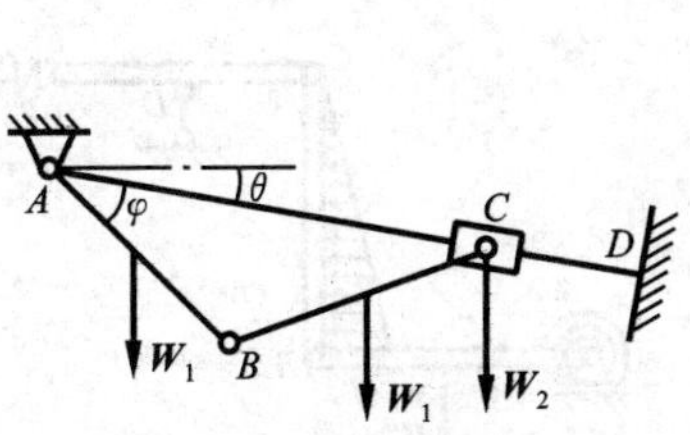

题 15-13 图

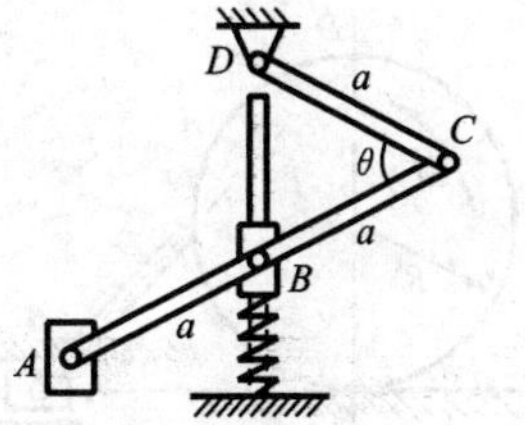

题 15-14 图

角度 θ 的值。

15-15 组合梁的支承和载荷如图所示，其中 $F=10$ kN，$q=4$ kN/m，$M=8$ kN · m，不计各杆自重。求各支座约束反力。

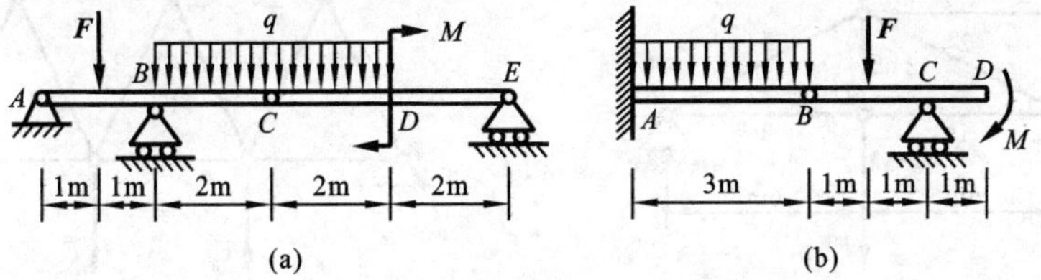

题 15-15 图

15-16 图示静定刚架受水平力 **F** 作用，各部分尺寸如图所示，求支座 D 的水平约束力。

*15-17 两相同的均质杆，长度均为 l，重量均为 W，其上作用力偶如图所示。求机构在平衡状态时，杆与水平线间的夹角 φ_1、φ_2。

*15-18 半径为 R 的滚子放在粗糙水平面上，连杆 AB 的两端分别与轮缘上的点 A 和滑块 B 铰接。现在滚子上施加矩为 M 的力偶，在滑块上施加力 **F**，使系统于图示位置平衡。设力 **F** 为已知，忽略滚动摩擦，不计滑块和各铰链处的摩擦，不计杆 AB 与滑块 B 的重量，滚子有足够大的重量 W。求力偶矩 M 及滚子与地面间的摩擦力 F_s。

*15-19 如图所示结构在竖直面内平衡，已知 $AB=BC=l$，$CD=DE$，且杆 AB、CE 水平，杆 BC 竖直。均质杆 CE 和刚度系数为 k_1 的拉压弹簧相连，重量为 W 的均质杆 AB 左端有一刚度系数为 k_2 的盘簧。在杆 BC 上作用有水平的线性分布载荷，其最大载荷集度为 q。不计杆 BC 的重量，求水平弹簧的变形量和盘簧的扭转角。

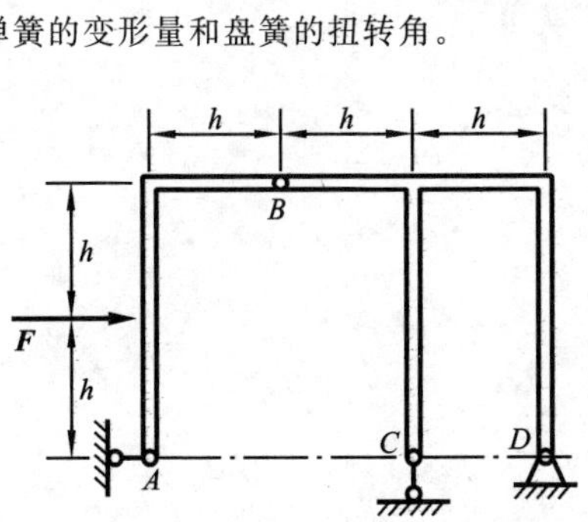

题 15-16 图

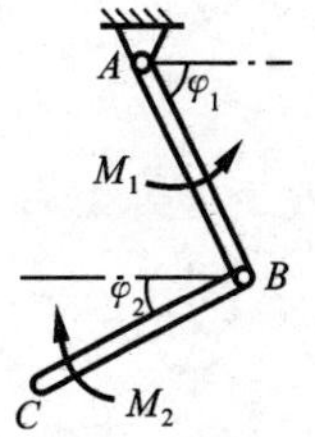

题 15-17 图

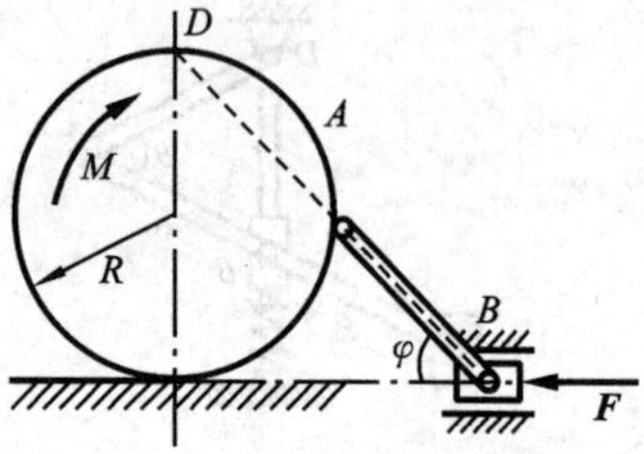

题 15-18 图

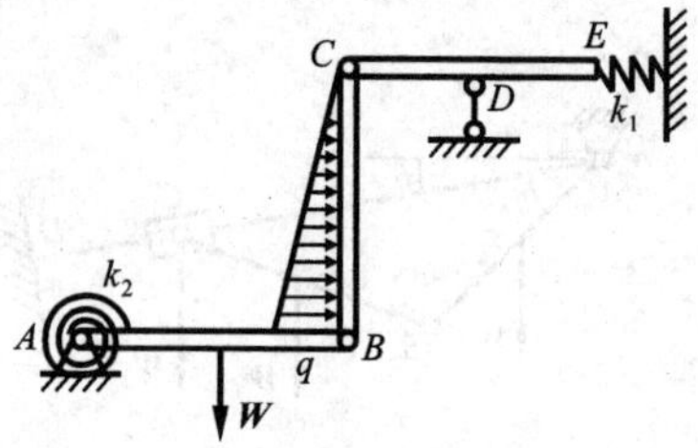

题 15-19 图

15-20　如图所示,求桁架中杆 3 的内力。

15-21　图示桁架中各杆的长度一样,求杆 1、2 的内力。

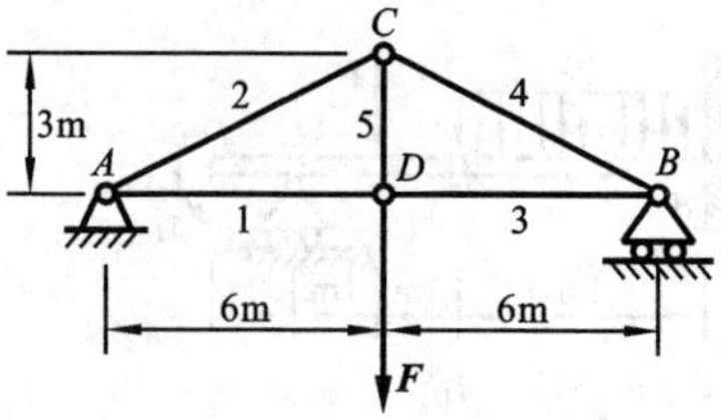

题 15-20 图

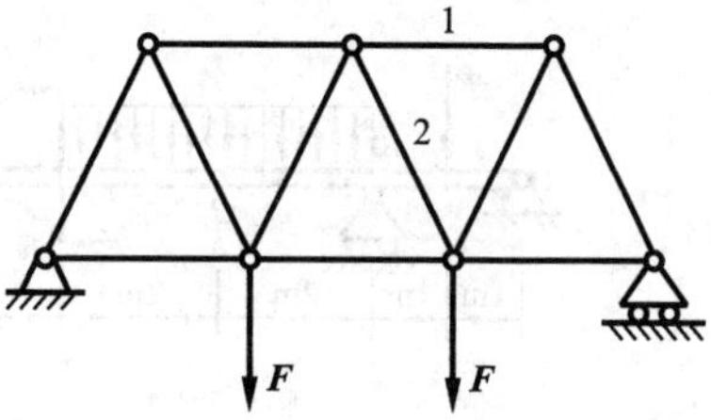

题 15-21 图

*第 16 章 碰撞问题

在工程实际和日常生活中经常会遇到碰撞现象。所谓**碰撞**,是指两个或两个以上相对运动的物体在瞬间接触,速度发生突然改变的力学现象,如打桩、敲钉、锻压、手击排球、球拍击乒乓球、汽车相撞、飞机着陆、渡船靠岸、飞船对接等都属于碰撞现象。本章将根据碰撞现象的特征,应用冲量定理和冲量矩定理对两个物体间碰撞的一些基本规律进行一定的研究。

16.1 碰撞现象的基本特征、分类及其简化

1. 碰撞现象的基本特征

由于碰撞的时间很短,碰撞现象的基本特征是物体速度的变化在极短的时间内进行,通常以千分之一秒或万分之一秒来计算。由于在这极短的时间内撞击力很大,撞击力又是急剧变化的,因此很难确定其变化规律。对一般工程问题,往往只分析撞击前后物体运动状态的变化,而绕过这一复杂的力学过程。因此,理论力学并不研究撞击过程中的力学问题,而只讨论开始和结束这两个时刻物体运动的改变。

2. 碰撞的分类

若碰撞时两物体的质心都位于接触处的公法线上,称为**对心碰撞**,否则称为**偏心碰撞**。

若碰撞时各自质心的速度均沿着接触处的公法线,称为**正碰撞**,否则称为**斜碰撞**。

在对心碰撞的情况下,若碰撞前两质心的速度亦沿这条公法线,这样的碰撞称为**对心正碰撞**,否则称为**对心斜碰撞**。

两物体相碰撞时,按物体碰撞后变形的恢复程度,可分为**完全弹性碰撞**、**弹性碰撞与塑性碰撞**。

3. 碰撞问题的两点简化

为了简化研究,在碰撞过程中,一般做如下两点简化:

(1) 在碰撞过程中,由于碰撞力非常大,重力、弹性力等普通力远远不能与之相比,因此这些普通力的冲量忽略不计;

(2) 由于碰撞过程非常短促,速度的变化为有限值,物体的位置变化很小,因此,物体的位移可以忽略不计。

16.2　用于碰撞过程的基本定理

由于碰撞的时间很短，而碰撞力的变化规律很复杂，因此不宜用力来度量碰撞的作用，也不宜用运动微分方程描述每一瞬时力与运动变化间的关系。常用的分析方法是只分析碰撞前、后运动的变化，一般采用动量定理和动量矩定理的积分形式。

1. 冲量定理

应用质点系动量定理的积分形式，即

$$\boldsymbol{p}_2-\boldsymbol{p}_1=\sum_{i=1}^{n}m_i\boldsymbol{v}_i'-\sum_{i=1}^{n}m_i\boldsymbol{v}_i=\sum_{i=1}^{n}\boldsymbol{I}_i^{(e)} \tag{16-1}$$

或

$$m\boldsymbol{v}_C'-m\boldsymbol{v}_C=\sum_{i=1}^{n}\boldsymbol{I}_i^{(e)} \tag{16-2}$$

式中：$\boldsymbol{v}_i$ 和 $\boldsymbol{v}_i'$ 为质点系中任一质点在碰撞前、后的速度；$\boldsymbol{v}_C$ 和 $\boldsymbol{v}_C'$ 为质点系的质心在碰撞前、后的速度；$\boldsymbol{I}$ 为碰撞冲量。

式(16-2)表明，质点系在碰撞开始和结束时动量的变化等于作用于质点系外碰撞冲量的主矢，这就是冲量定理。

2. 冲量矩定理

质点系动量矩定理的一般表达式为导数形式，即

$$\frac{\mathrm{d}\boldsymbol{L}_O}{\mathrm{d}t}=\sum_{i=1}^{n}\boldsymbol{M}_O(\boldsymbol{F}_i^{(e)})=\sum_{i=1}^{n}\boldsymbol{r}_i\times\boldsymbol{F}_i^{(e)} \tag{16-3}$$

式中：$\boldsymbol{L}_O$ 为质点系对定点 O 的动量矩；$\sum_{i=1}^{n}\boldsymbol{r}_i\times\boldsymbol{F}_i^{(e)}$ 为作用于质点系的外力对点 O 的主矩。

式(16-3)可写成

$$\mathrm{d}\boldsymbol{L}_O=\sum_{i=1}^{n}\boldsymbol{r}_i\times\boldsymbol{F}_i^{(e)}\mathrm{d}t=\sum_{i=1}^{n}\boldsymbol{r}_i\times\mathrm{d}\boldsymbol{I}_i^{(e)}$$

对其积分，得

$$\int_{\boldsymbol{L}_{O1}}^{\boldsymbol{L}_{O2}}\mathrm{d}\boldsymbol{L}_O=\sum_{i=1}^{n}\int_0^t\boldsymbol{r}_i\times\mathrm{d}\boldsymbol{I}_i^{(e)}$$

或

$$\boldsymbol{L}_{O2}-\boldsymbol{L}_{O1}=\sum_{i=1}^{n}\int_0^t\boldsymbol{r}_i\times\mathrm{d}\boldsymbol{I}_i^{(e)} \tag{16-4}$$

一般情况下，式(16-4)中 $\boldsymbol{r}_i$ 是未知的变量，式右端的积分较复杂。但在碰撞过程中，按基本假设，各质点的位置都是不变的，因此碰撞力作用点的矢径 r_i 是个衡量。不计普通力的冲量矩，可得

$$\boldsymbol{L}_{O2}-\boldsymbol{L}_{O1}=\sum_{i=1}^{n}\boldsymbol{r}_i\times\boldsymbol{I}_i^{(e)}=\sum_{i=1}^{n}\boldsymbol{M}_O(\boldsymbol{I}_i^{(e)}) \tag{16-5}$$

式中：$\boldsymbol{L}_{O1}$和$\boldsymbol{L}_{O2}$为碰撞前和碰撞后质点系对定点 O 的动量矩；$\boldsymbol{I}_i^{(e)}$ 为外碰撞冲量；$\sum_{i=1}^{n}\boldsymbol{M}_O(\boldsymbol{I}_i^{(e)})$ 为外碰撞冲量对点 O 的主矩。

式(16-5)表明，质点系在碰撞开始和结束时动量矩的变化等于作用于质点系外碰撞冲量对同一点的主矩，这就是冲量矩定理。

特别地，如果定轴转动刚体受到碰撞冲量$\boldsymbol{I}_i^{(e)}$ 的作用，其动力学方程为

$$J_z\omega_2-J_z\omega_1=\sum_{i=1}^{n}M_O(\boldsymbol{I}_i^{(e)}) \tag{16-6}$$

式中：J_z 是刚体对轴的转动惯量；ω_1 和 ω_2 分别是刚体碰撞前、后的角速度。

3. 刚体平面运动的碰撞方程

质点系相对于质心的动量矩定理与相对于固定点的动量矩定理具有相同的形式。以此类推，可以得到用于碰撞过程的质点系相对于质心的动量矩定理

$$\boldsymbol{L}_{C2}-\boldsymbol{L}_{C1}=\sum_{i=1}^{n}\boldsymbol{M}_C(\boldsymbol{I}_i^{(e)}) \tag{16-7}$$

式中：$\boldsymbol{L}_{C1}$和$\boldsymbol{L}_{C2}$为碰撞前和碰撞后质点系对质心 C 的动量矩；$\sum_{i=1}^{n}\boldsymbol{M}_C(\boldsymbol{I}_i^{(e)})$ 为外碰撞冲量对质心 C 的主矩。

对于平行于其对称面的平面运动刚体，相对于质心的动量矩在其平行平面内可视为代数量，且有

$$L_C=J_C\omega$$

式中：J_C 是刚体对通过质心 C 且与其对称面垂直的轴的转动惯量；ω 是刚体的角速度。

这样，式(16-7)可写成

$$J_C\omega_2-J_C\omega_1=\sum_{i=1}^{n}M_C(\boldsymbol{I}_i^{(e)}) \tag{16-8}$$

式中：ω_1 和 ω_2 分别是平面运动刚体碰撞前和碰撞后的角速度。

将式(16-2)和式(16-8)结合起来，可得平面运动刚体的碰撞方程

$$\left.\begin{aligned}mv'_{Cx}-mv_{Cx}&=\sum_{i=1}^{n}I_{ix}^{(e)}\\ mv'_{Cy}-mv_{Cy}&=\sum_{i=1}^{n}I_{iy}^{(e)}\\ J_C\omega_2-J_C\omega_1&=\sum_{i=1}^{n}M_C(\boldsymbol{I}_i^{(e)})\end{aligned}\right\} \tag{16-9}$$

式(16-9)可用来分析平面运动刚体的碰撞问题。

16.3　两平移物体的对心正碰撞　恢复因数

如前所述，若碰撞时两物体的质心都位于接触处的公法线上，且碰撞前两质心的速度亦沿这条公法线，这样的碰撞称为对心正碰撞。下面以两球为例，说明对心正碰撞问题。

设有质量为 m_1 和 m_2 的两球 M_1 和 M_2，各以平移速度 $\boldsymbol{v}_1$ 和 $\boldsymbol{v}_2$ 沿连接两球质心的直线运动，如图 16-1 所示。若 $v_1>v_2$，则在某一瞬时两球发生对心正碰撞，求碰撞后两球的速度 v_1' 和 v_2' 及碰撞冲量 $\boldsymbol{I}$。

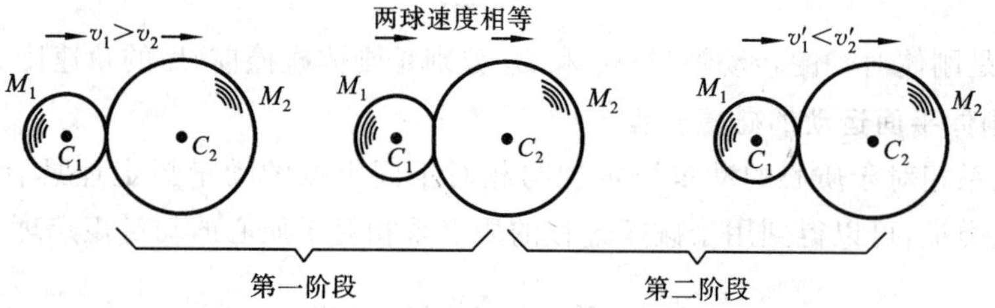

图 16-1

将两球视为一质点系，由于碰撞力为内力，而普通力又不必考虑，因此这个质点系在碰撞过程中满足动量守恒条件，于是有

$$m_1 v_1' + m_2 v_2' = m_1 v_1 + m_2 v_2 \tag{16-10}$$

或

$$m_1 v_1 - m_1 v_1' = m_2 v_2 - m_2 v_2' \tag{16-11}$$

式(16-11)表明，在碰撞过程中借助于相互作用的碰撞力发生了机械运动的传递，M_1 球所损失的动量正好等于 M_2 球所增加的动量，而质点系的总动量保持不变。式(16-11)只是两球速度的关系式，要求解 v_1' 和 v_2' 及碰撞冲量 $\boldsymbol{I}$，还必须研究材料的性质和物体的变形情况。

当两物体碰撞时，全部过程可分为两个阶段(见图 16-1)。第一阶段从两物体开始接触，受到压缩发生变形，到两物体的速度相等为止。第二阶段从第一阶段刚好结束开始，到两物体重新分离为止，在这个阶段中，物体的弹性作用使两物体逐渐恢复或部分恢复原状。由于物体本身材料不同，所以恢复的程度也不相同。牛顿在研究正碰撞的规律时发现恢复程度取决于碰撞后两物体的分离速度 $v_2'-v_1'$ 与碰撞前的趋近速度 v_1-v_2 的比值，即

$$e=\frac{v_2'-v_1'}{v_1-v_2} \tag{16-12}$$

这个比值称为**恢复因数**，其数值范围为 $0\leqslant e\leqslant 1$。

若将 M_2 球视为固定不变的平面，则上述问题变为小球 M 以速度 v_1 向已知固定

平面的正碰撞问题，而固定平面的 $v_2=0, v_2'=0, m_2=\infty$，则式(16-12)可写为

$$v_1'=-ev_1 \tag{16-13}$$

式中：负号表示反射速度与入射速度的方向相反。将式(16-13)改写为

$$e=\left|\frac{v_1'}{v_1}\right|$$

这就是说，此时恢复因数等于反射速度与入射速度之比的绝对值。

恢复因数可由下面简单的实验方法来确定。

用待测恢复因数的材料制成小球和质量比小球大许多倍的平板。将平板水平方向固定，令小球自高处 h 自由落下。在与固定平板碰撞后，小球反跳高度为 H，如图 16-2 所示。以 v 和 v' 表示小球碰撞前、后的速度，有

$$v=\sqrt{2gh},\quad v'=\sqrt{2gH}$$

于是得恢复因数

$$e=\frac{v'}{v}=\sqrt{\frac{H}{h}}$$

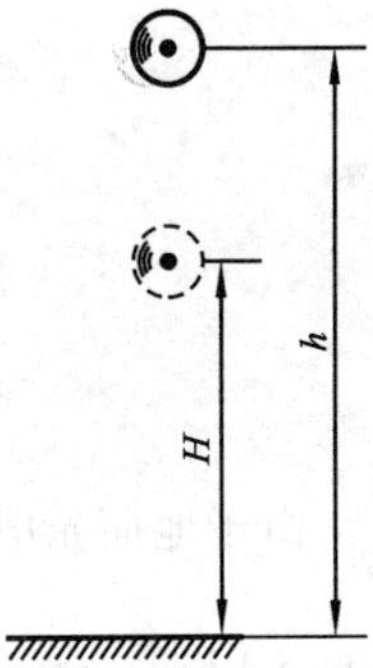

图 16-2

几种常见材料碰撞的恢复因数如表 16-1 所示。

表 16-1　恢复因数

碰撞物体的材料	铁对铅	木对胶木	木对木	钢对钢	玻璃对玻璃	铁对铁
恢复因数	0.14	0.26	0.50	0.56	0.94	0.66

当分离速度等于趋近速度时 $e=1$，表明两物体完全恢复原状，这就是**完全弹性碰撞**；当分离速度小于趋近速度时 $0<e<1$，表明两物体没有完全恢复原状，这就是**弹性碰撞**；当分离速度等于零时，$e=0$，表明两物体毫无弹性，没有分离，而是以相同的速度一起运动，这就是**非弹性碰撞或塑性碰撞**。

由式(16-10)和式(16-12)可以求得碰撞后两球的速度为

$$\left.\begin{aligned} v_1' &= v_1-(1+e)\frac{m_2}{m_1+m_2}(v_1-v_2) \\ v_2' &= v_2+(1+e)\frac{m_1}{m_1+m_2}(v_1-v_2) \end{aligned}\right\} \tag{16-14}$$

由有限形式的动量定理得两球间作用的碰撞冲量为

$$I=m_2v_2'-m_2v_2=(1+e)\frac{m_1m_2}{m_1+m_2}(v_1-v_2) \tag{16-15}$$

在完全弹性碰撞的情况下，$e=1$，由式(16-15)得

$$I=\frac{2m_1m_2}{m_1+m_2}(v_1-v_2) \tag{16-16}$$

在塑性碰撞的情况下，$e=0$，由式(16-15)得

$$I = \frac{m_1 m_2}{m_1 + m_2}(v_1 - v_2) \tag{16-17}$$

可见,完全弹性碰撞的碰撞冲量是塑性碰撞的碰撞冲量的两倍。

例 16-1　质量为 m、长为 l 的均质细长杆,沿杆以速度 $\boldsymbol{v}$ 斜撞于光滑的地面上,杆与地面成 θ 角,如图 16-3 所示。如为完全弹性碰撞,求撞击后杆的角速度。

解　杆在碰撞过程中做平面运动,$\omega_1=0$,由刚体平面运动碰撞方程

$$mv'_{Cx} - mv_{Cx} = \sum_{i=1}^{n} I_{ix}^{(e)} \quad ①$$

$$mv'_{Cy} - mv_{Cy} = \sum_{i=1}^{n} I_{iy}^{(e)} \quad ②$$

$$J_C\omega_2 - J_C\omega_1 = \sum_{i=1}^{n} M_C(\boldsymbol{I}_i^{(e)}) \quad ③$$

由于地面光滑,$\sum_{i=1}^{n} I_{ix}^{(e)} = I_x = 0$,有 $v'_{Cx} = v_{Cx} = v\sin\theta$,杆只受到 y 方向的碰撞冲量 $\sum_{i=1}^{n} I_{iy}^{(e)} = I_y$。选质心为基点,有

$$\boldsymbol{v}'_A = \boldsymbol{v}'_C + \boldsymbol{v}'_{AC}$$

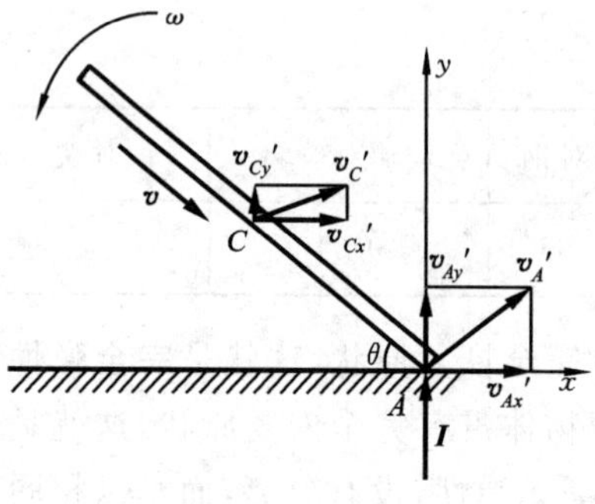

图 16-3

沿 y 轴投影,有

$$v'_{Ay} = v'_{Cy} + \frac{l}{2}\cos\theta \cdot \omega_2 \quad ④$$

由恢复因数

$$e = \frac{v'_{Ay}}{v_{Ay}} = \frac{v'_{Ay}}{v\sin\theta} = 1$$

得

$$v'_{Ay} = v\sin\theta$$

代入式④中,得

$$v\sin\theta = v'_{Cy} + \frac{l}{2}\cos\theta \cdot \omega_2 \quad ⑤$$

由式⑤、式②和式③得

$$mv'_{Cy} + mv\sin\theta = I_y \quad ⑥$$

$$\frac{1}{12}ml^2\omega_2 = I_y \frac{l}{2}\cos\theta \quad ⑦$$

由式⑥和式⑦中消去 I_y,得

$$v'_{Cy} = \frac{l\omega_2}{6\cos\theta} - v\sin\theta$$

代入式⑤得

$$\omega_2 = \frac{6v\sin 2\theta}{(1 + 3\cos^2\theta)l}$$

16.4　碰撞对定轴转动刚体的作用　撞击中心

设有绕定轴转动的刚体(见图 16-4)受到外碰撞冲量 **I** 作用,碰撞前角速度为 ω_1,求碰撞后刚体的角速度和轴承处引起的反碰撞冲量。

这里只讨论刚体具有对称平面,转轴与之垂直,若设图形是刚体的质量对称平面,则刚体的质心必在图形内,且外碰撞冲量也在此平面内的情形。

根据冲量矩定理在定轴转动刚体上的应用,得

$$J_z\omega_2 - J_z\omega_1 = Ih\cos\theta$$

由此求得碰撞后的角速度为

$$\omega_2 = \omega_1 + \frac{Ih}{J_z}\cos\theta$$

应用冲量定理有

$$mv'_{Cx} - mv_{Cx} = I\sin\theta + I_{Ox} = 0$$

$$mv'_{Cy} - mv_{Cy} = ma(\omega_2 - \omega_1) = I\cos\theta + I_{Oy}$$

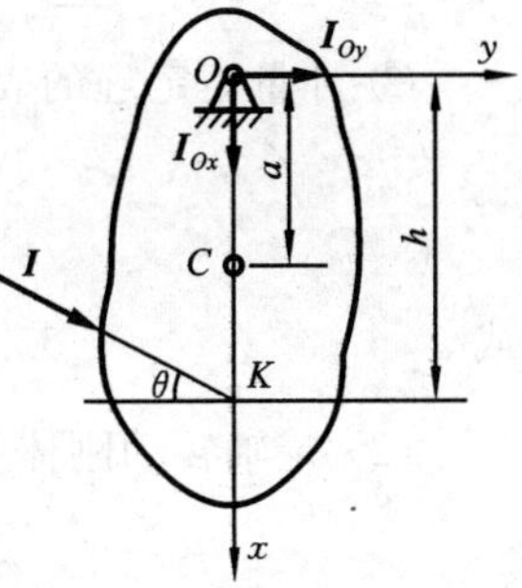

图 16-4

式中:m 为刚体质量;I_{Ox}、I_{Oy} 分别为轴承的反碰撞冲量在 x、y 轴上的投影;v_{Cx}、v'_{Cx} 和 v_{Cy}、v'_{Cy} 分别为碰撞前、后质心速度沿 x、y 轴的投影,且有

$$v_{Cx} = 0,\quad v_{Cy} = a\omega_1$$

$$v'_{Cx} = 0,\quad v'_{Cy} = a\omega_2 = a\left(\omega_1 + \frac{Ih}{J_z}\cos\theta\right)$$

由此求得

$$I_{Ox} = -I\sin\theta,\quad I_{Oy} = I\left(\frac{mah}{J_z} - 1\right)\cos\theta$$

要使轴承不受到碰撞冲量的作用,即

$$I_{Ox} = 0,\quad I_{Oy} = 0$$

由上述结果可知,必须有

$$\theta = 0$$

$$h = \frac{J_z}{ma} = \frac{\rho_z^2}{a}$$

式中:ρ_z 为刚体对转轴的回转半径。

由碰撞冲量 **I** 的作用线与转动轴和重心连线的交点 K 称为**撞击中心**。于是可得如下结论:如撞击冲量作用于物体质量对称平面内的撞击中心,且垂直于轴承中心与质心的连线,则在轴承处不引起碰撞冲量。

撞击中心概念在工程和生活中具有实际意义。例如,在材料试验的摆式撞击机的设计中,要让撞击点正好位于摆的撞击中心,这样可以避免轴承处引起碰撞反力。棒杆击球时,若击球点不是撞击中心,则手会受到强烈的冲击。

小 结

本章主要讨论了碰撞的特征、对心正碰撞以及撞击中心的概念。

(1) 用于碰撞过程的基本定理如下。

① 冲量定理的表达式为

$$\boldsymbol{p}_2-\boldsymbol{p}_1=\sum_{i=1}^{n}m_i\boldsymbol{v}_i'-\sum_{i=1}^{n}m_i\boldsymbol{v}_i=\sum_{i=1}^{n}\boldsymbol{I}_i^{(e)}\quad 或\quad m\boldsymbol{v}_C'-m\boldsymbol{v}_C=\sum_{i=1}^{n}\boldsymbol{I}_i^{(e)}$$

② 冲量矩定理的表达式为

$$\frac{\mathrm{d}\boldsymbol{L}_O}{\mathrm{d}t}=\sum_{i=1}^{n}\boldsymbol{M}_O(\boldsymbol{F}_i^{(e)})=\sum_{i=1}^{n}\boldsymbol{r}_i\times\boldsymbol{F}_i^{(e)}$$

或

$$\boldsymbol{L}_{O2}-\boldsymbol{L}_{O1}=\sum_{i=1}^{n}\boldsymbol{r}_i\times\boldsymbol{I}_i^{(e)}=\sum_{i=1}^{n}\boldsymbol{M}_O(\boldsymbol{I}_i^{(e)})$$

(2) 定轴转动刚体受到碰撞时,其碰撞方程为

$$J_z\omega_2-J_z\omega_1=\sum_{i=1}^{n}M_O(\boldsymbol{I}_i^{(e)})$$

(3) 刚体平面运动的碰撞方程为

$$mv_{Cx}'-mv_{Cx}=\sum_{i=1}^{n}I_{ix}^{(e)},\ mv_{Cy}'-mv_{Cy}=\sum_{i=1}^{n}I_{iy}^{(e)},\quad J_C\omega_2-J_C\omega_1=\sum_{i=1}^{n}M_C(\boldsymbol{I}_i^{(e)})$$

(4) 恢复因数

$$e=\frac{v_2'-v_1'}{v_1-v_2}$$

数值范围为 $0\leqslant e\leqslant 1$。

(5) 撞击中心 由碰撞冲量 $\boldsymbol{I}$ 的作用线与转动轴和重心连线的交点称为撞击中心。撞击中心到转轴的距离 h 计算公式为

$$h=\frac{J_z}{ma}=\frac{\rho_z^2}{a}$$

当撞击冲量作用于物体质量对称平面内的撞击中心,且垂直于轴承中心与质心的连线时,轴承不受碰撞冲量作用。

思 考 题

16-1 两球 M_1 和 M_2 的质量分别为 m_1 和 m_2。开始时 M_2 不动,M_1 以速度 v_1 撞击 M_2。设恢复因数 $e=1$,问在 $m_1\leqslant m_2$、$m_1=m_2$ 和 $m_1\geqslant m_2$ 三种情况下,两球碰撞后将如何运动?

16-2 在不同的碰撞过程中恢复因数是如何定义的?在分析碰撞问题中,恢复因数起什么作用?

16-3 握住榔头手柄的不同部位,打击同一颗钉子,在哪一个部位不会有震手的感觉?

16-4 如果定轴转动刚体的质心恰好在转轴上,能否找到撞击中心?

习　题

16-1　图示半径相同，质量分别为 m_1、m_2 的 A、B 两球发生正碰撞。(1) 若碰撞前 B 球静止，A 球的速度 $v_1=20$ cm/s，碰撞后 A 球静止，求恢复因数 e。(2) 若 $m_1=m_2$，两球用完全弹性的材料做成，A 球以速度 $v_1=10$ cm/s 向右运动，B 球以速度 $v_2=20$ cm/s 向左运动，求碰撞后两球的速度。(3) 若 $v_1=v_2$，且方向相反，$m_1=m_2$，两球做完全弹性碰撞，求碰撞后两球的速度。

16-2　钢球在光滑的水平面上以速度 $\boldsymbol{v}_1$ 撞击直角形的光滑挡板，经过二次撞击后，钢球回弹的速度为 $\boldsymbol{v}_2$。(1) 求证 $\boldsymbol{v}_2=-e\boldsymbol{v}_1$（即 $\boldsymbol{v}_2$ 的大小等于 ev_1，方向则与 $\boldsymbol{v}_1$ 的方向相反）；(2) 当 $e=0$ 时，钢球的运动如何变化？

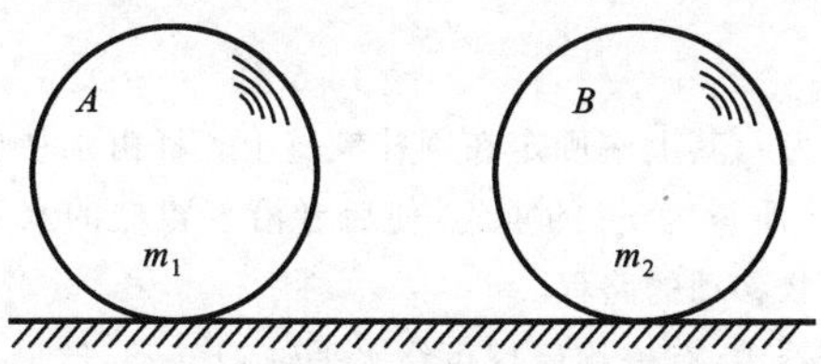

题 16-1 图

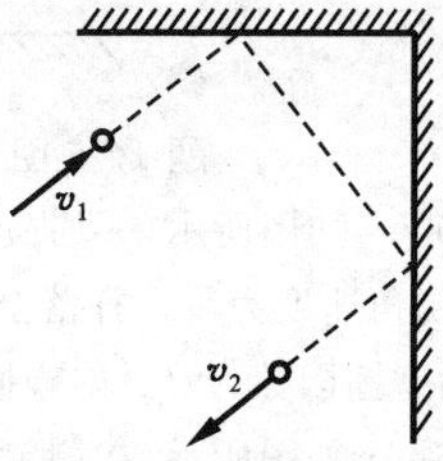

题 16-2 图

16-3　图示自动装载罐笼，重矿车的质量为 1 800 kg，空矿车的质量为 600 kg。设重矿车碰到空矿车时，重矿车的速度为 $v_1=1.9$ m/s，空矿车静止不动。若恢复因数 $e=0.5$，求碰撞后两矿车的速度。

16-4　两复摆可分别绕水平轴 O_1 及 O_2 转动，两摆对此转轴的转动惯量分别为 J_1 和 J_2，今将摆 A 拉至某一角度后释放，当撞及静止的摆 B 时的角速度为 ω_0。设恢复因数为 e，转轴 O_1 及 O_2 至碰撞直线的距离相等，求碰撞后两摆的角速度。

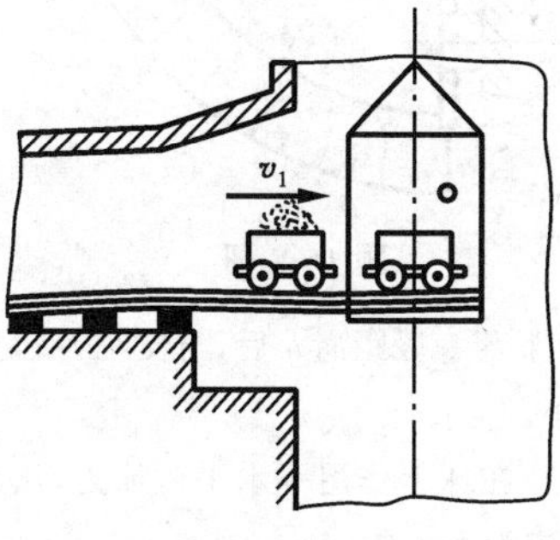

题 16-3 图

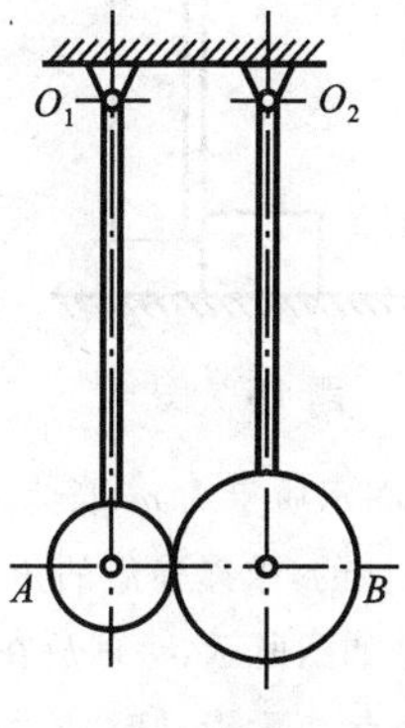

题 16-4 图

16-5　如图所示，带有几个齿的凸轮绕水平轴 O 转动，并使桩锤运动。设桩锤初始静止，凸轮的角速度为 ω_0。若凸轮对轴的转动惯量各为 J_O，锤的质量为 m，并且碰撞是非弹性的，碰撞点到轴 O 的距离是 r。求碰撞后凸轮的角速度、锤的速度和碰撞时凸轮与锤间的碰撞冲量。

16-6　图示球 1 速度 $v_1=6$ m/s，方向与静止球 2 相切，两球半径相同，质量相等，不计摩擦。

碰撞的恢复因数 $e=0.6$。求碰撞后两球的速度。

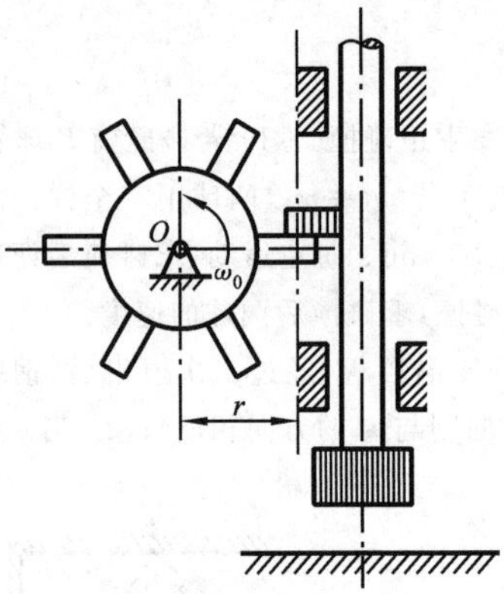

题 16-5 图

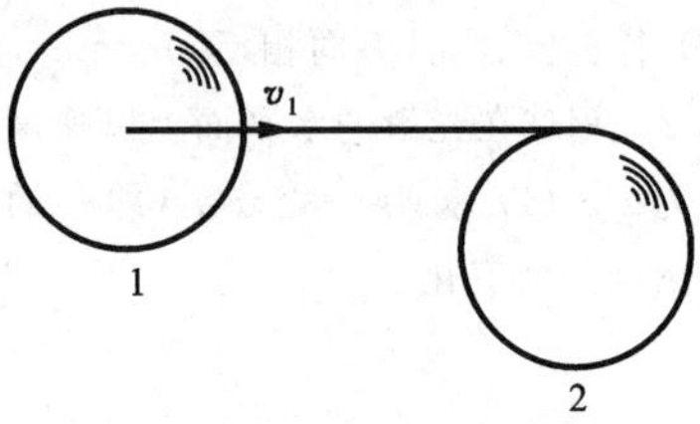

题 16-6 图

16-7　如图所示,一均质杆的质量为 m_1,长为 l,其上端固定在圆柱铰链上。杆由水平位置落下,其初角速度为零。杆落至竖直位置时撞到一质量为 m_2 的重物,使后者沿着粗糙的水平面滑动。动摩擦因数为 f。如碰撞是非弹性的,求重物移动的路程。

16-8　如图所示,在测定碰撞恢复因数的仪器中,有一均质杆可绕水平轴 O 转动,质量为 m_1,杆长为 l。杆上带有用试验材料所制的样块,质量为 m。杆受重力作用由水平位置落下,其初角速度为零,在竖直位置时与障碍物相碰。如碰撞后杆回到与竖直线成 φ 角处,求恢复因数 e。在碰撞时欲使轴承不受附加压力,样块到转动轴的距离 x 应为多大?

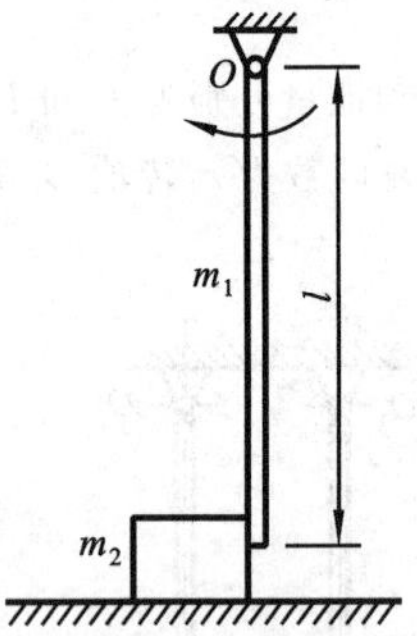

题 16-7 图

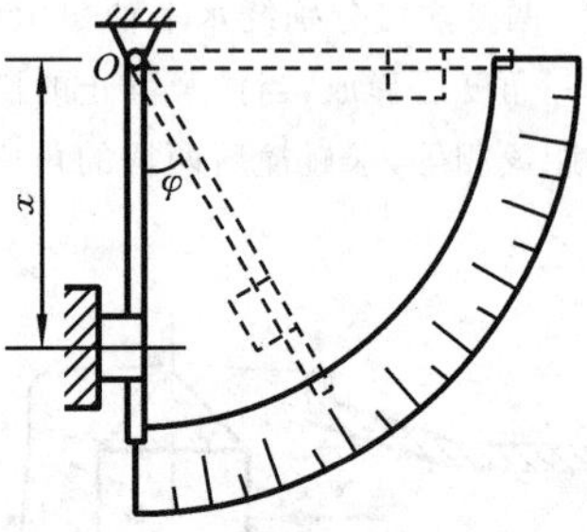

题 16-8 图

16-9　图示质量为 m,长为 l 的均质杆 AB,水平地自由下落一段距离 h 后,与支座 D 碰撞。假定碰撞是塑性的,求碰撞后的角速度 ω 和碰撞冲量 $\boldsymbol{I}$ 的大小。

16-10　如图所示,一球放在光滑水平面上,其半径为 r。在球上作用一水平碰撞力,该力冲量为 $\boldsymbol{I}$,当接触点 A 无滑动时,该力作用线距水平线的高度 h 应为多少?

16-11　光滑均质的细杆 AB 长 l,质量为 m,竖直靠在墙面上,如图所示。当受扰动后,杆的上端沿墙上的竖直槽滑下,下端 B 则在水平地面上滑动,杆端 A 卡在槽内不能脱离,而杆落地时在 A 处发生完全弹性碰撞。求杆端 A 处的碰撞冲量。

16-12　两根相同的均质直杆在 B 处铰接并竖直静止悬挂在铰链 C 处,如图所示。设每杆长 $l=1.2$ m,质量 $m=4$ kg。现在下端 A 处作用一个水平冲量 $I=14$ N·s,求碰撞后杆 BC 的角速度。

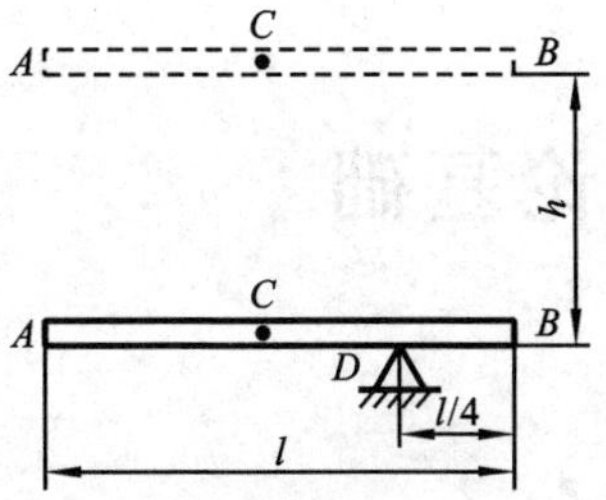

题 16-9 图

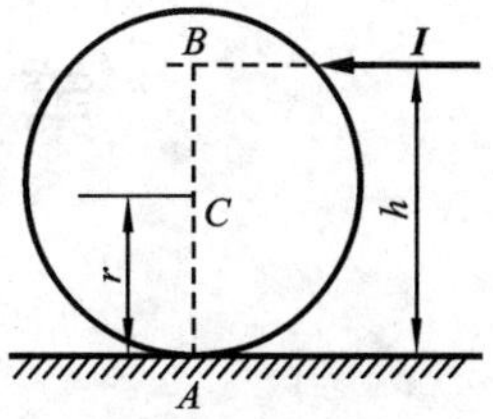

题 16-10 图

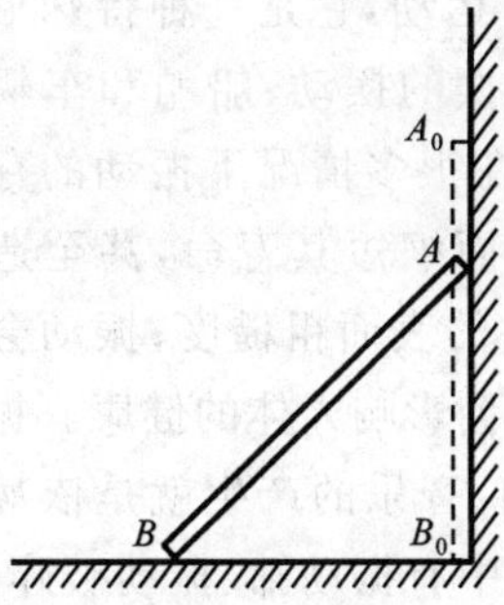

题 16-11 图

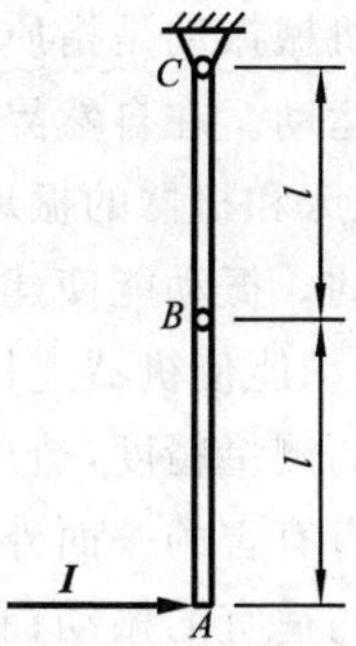

题 16-12 图

16-13　均质细杆 AB 置于光滑的水平面上并绕其重心 C 以角速度 ω_0 转动，如图所示。如突然将 B 固定（作为转轴），问：杆将以多大的角速度绕点 B 转动？

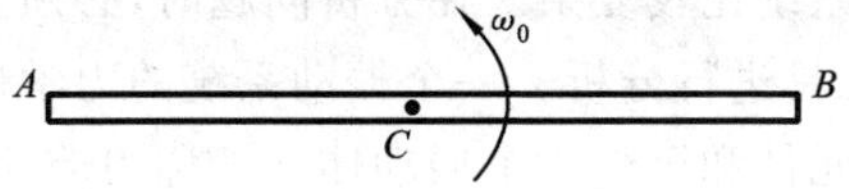

题 16-13 图

*第 17 章　振动理论基础

17.1　振动的概念

机械振动是指质点或系统在其平衡位置附近的往复运动，它是一种特殊形式的机械运动。在自然界和工程中经常遇到振动现象，如钟摆的摆动、船舶和车辆的颠簸、机床和机器的振动、地震引起建筑物的摇晃，等等。在很多情况下振动的存在是有害的。振动能使建筑物或机器的构件产生动应力，因而缩短其寿命，甚至造成破坏；振动能使机器连接件松动，从而影响加工精度和工件的表面粗糙度；振动会影响仪表的测量精度，造成控制系统失灵；振动引起的噪声还会影响人体的健康。振动除了具有有害的一面外，如运用合理，亦能造福人类。例如：音乐的产生就是依赖各种乐器的适宜的振动；利用摆振动的等时性制造钟；在工程中有振动筛、振动破碎、振动夯土；等等。此外，振动理论还广泛地应用在一些测量仪器的设计和调试上。研究振动理论的目的，就是要尽可能地避免或消除振动不利的一面，充分利用振动有利的一面，为生产和建设服务，更好地造福人类。

实际问题中的振动系统比较复杂。在分析问题时，必须忽略一些次要因素，建立力学模型，然后用数学工具进行分析。一个振动系统的力学模型，一般应包括不计质量的弹簧——称为弹性元件和至少一个振动体——称为惯性元件。

按振动系统的自由度，可把振动分为单自由度系统的振动、多自由度系统的振动和弹性体的振动；按描述振动的运动微分方程，可把振动分为线性振动和非线性振动；按振动产生的原因可把振动分为自由振动、衰减振动和强迫振动；按振动规律，可把振动分为谐振动、周期性振动和随机振动。

本章将讨论单自由度系统的线性振动问题，包括单自由度系统的自由振动、衰减振动和强迫振动，此外还将介绍减振、隔振的有关知识。由于单自由度系统的振动具有振动的重要特征，而且是进一步研究复杂系统振动问题的基础，同时，工程问题中的许多振动问题可以按单自由度问题来处理，所以对单自由度系统的振动问题进行研究具有重要的意义。

17.2　自 由 振 动

如图 17-1 所示的质量弹簧系统。设弹簧原长为 l_0，刚度系数为 k，振体的质量为 m，O 为振体的平衡位置。以 O 为原点，x 轴竖直向下。当振体位于平衡位置时，弹

簧的静变形为 δ_{st}。由胡克定律和振体的平衡条件，有

$$k\delta_{st} = mg \tag{17-1}$$

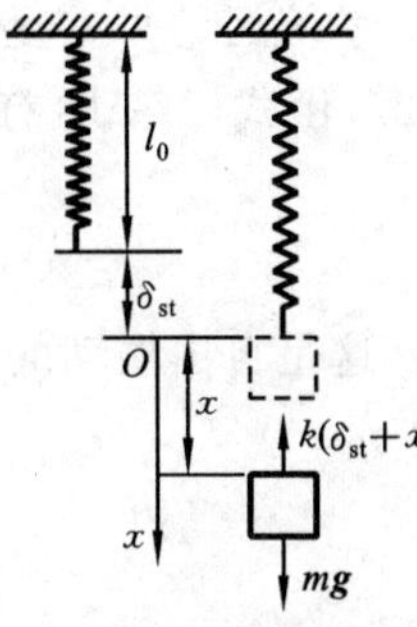

图 17-1

在受到外界干扰后，振体开始振动。在任一瞬时，振体的坐标为 x。此时振体受重力和弹性力作用，它们的合力在 x 轴上的投影为

$$F_x = mg - k(\delta_{st} + x) = -kx \tag{17-2}$$

式中：负号表示 F_x 的符号总是与 x 的符号相反，即合力的方向恒指向 $x=0$ 的平衡位置。这种始终企图使振体恢复到平衡位置的力称为**恢复力**。式(17-2)表明合力的大小与振体离开平衡位置的距离 x 成正比。振动系统受到初始干扰后，仅在恢复力作用下的振动称为自由振动。

若不计阻力，由动力学基本方程可列出振体的运动微分方程为

$$m\frac{\mathrm{d}^2x}{\mathrm{d}t^2} = mg - k(\delta_{st} + x) = -kx$$

令

$$\omega_n^2 = \frac{k}{m} \tag{17-3}$$

则自由振动微分方程的标准形式为

$$\frac{\mathrm{d}^2x}{\mathrm{d}t^2} + \omega_n^2 x = 0 \tag{17-4}$$

这是一个二阶常系数齐次微分方程。由微分方程理论可知其解为

$$x = C_1\cos\omega_n t + C_2\sin\omega_n t \tag{17-5a}$$

或

$$x = A\sin(\omega_n t + \alpha) \tag{17-5b}$$

其中 C_1、C_2 和 A、α 为积分常数，可由初始条件确定。

设 $t=0, x=x_0, \dfrac{\mathrm{d}x}{\mathrm{d}t}=v_0$，代入式(17-5)，可得

$$C_1 = x_0,\quad C_2 = \frac{v_0}{\omega_n} \tag{17-6a}$$

或

$$A = \sqrt{x_0^2 + \frac{v_0^2}{\omega_n^2}},\quad \alpha = \arctan\frac{\omega_n x_0}{v_0} \tag{17-6b}$$

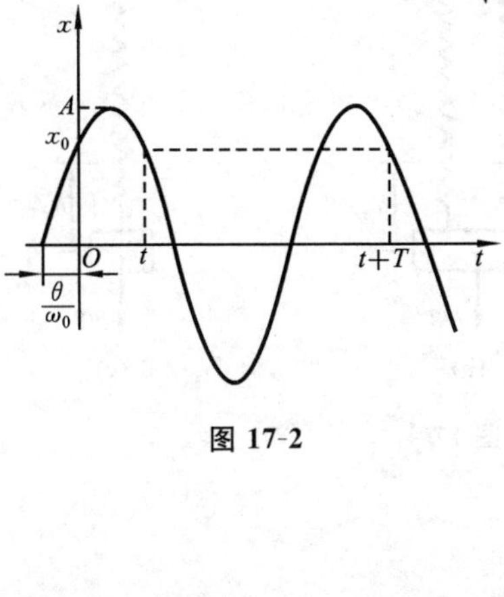

图 17-2

式(17-5)就是自由振动的振动方程。可见，在恢复力作用下的自由振动是在平衡位置附近的简谐运动，如图 17-2 所示。式(17-5b)中的 A 是振体偏离平衡位置的最大距离，称为**振幅**，它描述了自由振动的强弱与范围。$\omega_n t+\alpha$ 称为自由振动的**相位**，其单位是 rad(弧度)，相位决定了振体在瞬时 t 的位置；α 是 $t=0$ 时的相位，称为**初相位**，它决定了振体的初始位置。振幅 A 和初相位 α 与初始条件

以及系统参数 ω_n 有关。

系统运动每重复一次所需时间称为振动的**周期**,用 T 表示。因正弦函数的周期为 2π,由式(17-5b)有

$$T=\frac{2\pi}{\omega_n}=2\pi\sqrt{\frac{m}{k}} \tag{17-7}$$

这是自由振动的周期,其单位为 s。振体在单位时间内振动的次数称为**频率**,用 f 表示。

$$f=\frac{1}{T}=\frac{\omega_n}{2\pi}=\frac{1}{2\pi}\sqrt{\frac{k}{m}} \tag{17-8}$$

频率的单位是 1/s(次/秒)或 Hz(赫兹)。

由式(17-3)、式(17-7)和式(17-8)知,ω_n、T 和 f 都与初始条件无关,它们完全取决于系统本身的参数,即振体的质量 m 和弹簧刚度 k。因此称 ω_n 为系统的**固有频率**,又称为**圆频率**。由式(17-3)、式(17-7)和式(17-8)知

$$\omega_n=\sqrt{\frac{k}{m}}=\frac{2\pi}{T}=2\pi f \tag{17-9}$$

式(17-9)表明,ω_n 表示振体在 2π s 内振动的次数。固有频率是描述振动系统动力特性的一个重要物理量,在解决工程中的振动问题时常常需要知道系统的固有频率。因此固有频率的计算是振动理论中的重要课题之一。下面介绍三种计算振动系统固有频率的常用方法。

1) 静变形法

如图 17-3 所示的质量弹簧系统,设弹簧原长为 l_0,刚度系数为 k,振体的质量为 m,该系统的固有频率 $\omega_n=\sqrt{\frac{k}{m}}$。若弹簧在重力 $m\boldsymbol{g}$ 作用下产生的静变形为 δ_{st},则由静力平衡可得 $mg=k\delta_{st}$,所以

$$\omega_n=\sqrt{\frac{k}{m}}=\sqrt{\frac{g}{\delta_{st}}} \tag{17-10}$$

可见,只要通过计算或测量得到振动系统在重力作用下弹簧的静变形,便可由式

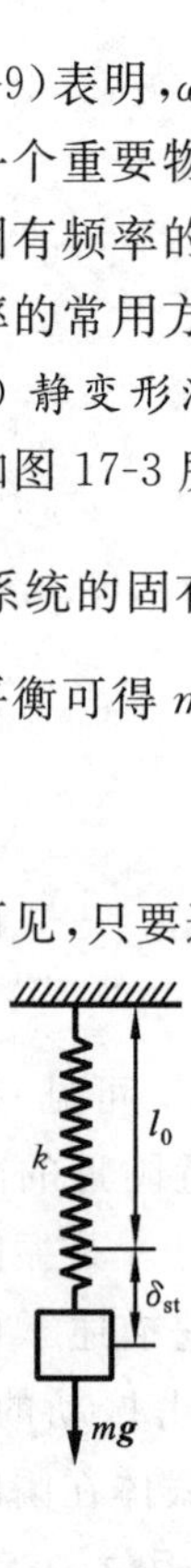

图 17-3

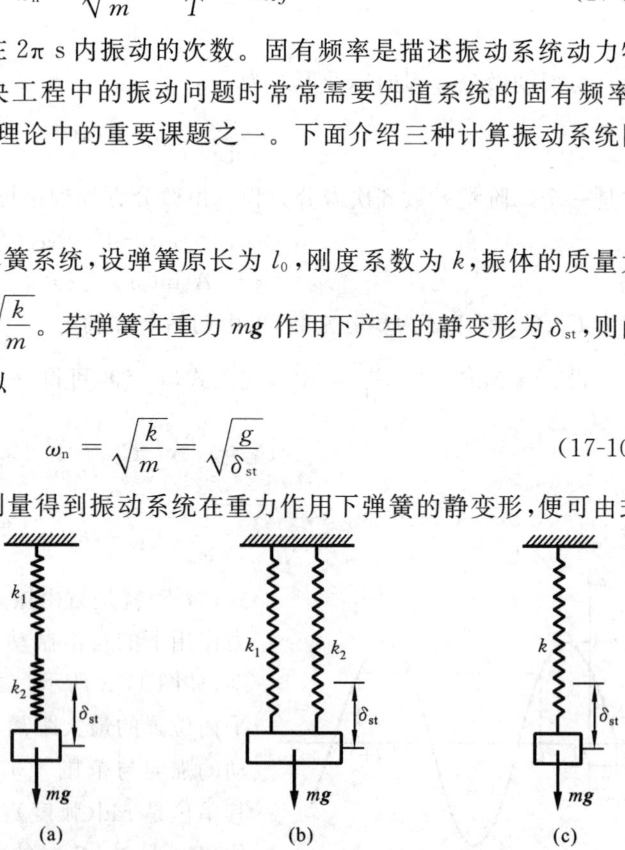

图 17-4

(17-10)确定其固有频率,这种方法称为静变形法。

例 17-1　两弹簧刚度分别为 k_1 和 k_2,试分别求两弹簧串联和并联时,系统的固有频率。

解　将串联弹簧质量系统(见图 17-4(a))和并联弹簧质量系统(见图 17-4(b))分别简化为图 17-4(c)所示等效弹簧刚度为 k 的弹簧质量系统。所谓等效弹簧是指在等值的力作用下,质点产生的静位移(即弹簧的静变形)应该与原系统相等。

弹簧串联时,两弹簧所受之力都等于振体的重力,因而两弹簧的变形分别为

$$\delta_{st1} = \frac{mg}{k_1}, \quad \delta_{st2} = \frac{mg}{k_2}$$

两串联弹簧的总变形为

$$\delta_{st} = \delta_{st1} + \delta_{st2} = mg\left(\frac{1}{k_1} + \frac{1}{k_2}\right)$$

若令等效弹簧的静变形等于 δ_{st},则有

$$\delta_{st} = \frac{mg}{k} = mg\left(\frac{1}{k_1} + \frac{1}{k_2}\right)$$

因此

$$\frac{1}{k} = \frac{1}{k_1} + \frac{1}{k_2} \quad \text{或} \quad k = \frac{k_1 k_2}{k_1 + k_2}$$

即两弹簧串联时,其等效弹簧刚度的倒数等于两串联弹簧刚度的倒数之和。串联弹簧质量系统的固有频率为

$$\omega_n = \sqrt{\frac{k}{m}} = \sqrt{\frac{k_1 k_2}{m(k_1 + k_2)}}$$

弹簧并联时,两弹簧的静变形均为 δ_{st},其受力分别为 F_1 和 F_2。由振体的平衡可知

$$mg = F_1 + F_2 = k_1\delta_{st} + k_2\delta_{st} = (k_1 + k_2)\delta_{st}$$

若令等效弹簧的静变形等于 δ_{st},则有

$$\delta_{st} = \frac{mg}{k} = \frac{mg}{k_1 + k_2}$$

因此

$$k = k_1 + k_2$$

即两弹簧并联时,其等效弹簧刚度等于并联弹簧刚度之和。并联弹簧质量系统的固有频率为

$$\omega_n = \sqrt{\frac{k}{m}} = \sqrt{\frac{k_1 + k_2}{m}}$$

上述结论可以推广到更多的弹簧串联或并联的情形。

2) 解微分方程法

解微分方程法是求振动系统固有频率的基本方法。此方法以振体为研究对象,

分析其在任一位置的受力。根据动力学基本方程,列出振体的运动微分方程,并将其化为标准形式,于是可以直接求得固有频率 ω_n。

例 17-2 如图 17-5(a)所示,矿井提升设备的轿厢质量 $m=5\ 100$ kg,以速度 $v_0=3$ m/s 匀速下降,钢索的刚度系数 $k=4\ 000$ kN/m,钢索重量不计。试求钢索上端突然被卡住时,系统的固有频率及轿厢的运动方程。

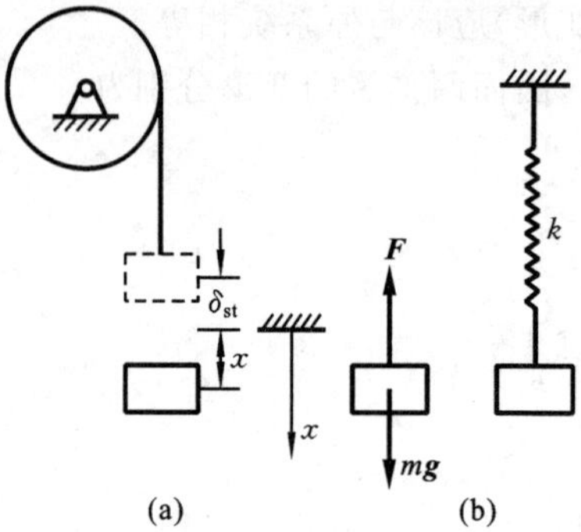

图 17-5

解 轿厢匀速下降,钢索上部突然被卡住时,由于惯性和钢索的弹性,系统做自由振动。以轿厢为研究对象,其简化后的力学模型如图 17-5(b)所示。在任一瞬时 t,振体受重力 $m\boldsymbol{g}$ 和弹性力 $\boldsymbol{F}$($F=k(\delta_{st}+x)$)作用,在平衡时 $mg=k\delta_{st}$。

以钢索卡住瞬时轿厢所在位置(即静平衡位置)O 为原点,取坐标轴 Ox 竖直向下,在初瞬时有

$$t=0\text{ 时},\quad x_0=0,\quad v_0=3\ \text{m/s}$$

由质点运动微分方程,有

$$m\frac{\mathrm{d}^2x}{\mathrm{d}t^2}=mg-k(\delta_{st}+x)=-kx$$

化成标准形式为

$$\frac{\mathrm{d}^2x}{\mathrm{d}t^2}+\omega_n^2x=0$$

其中

$$\omega_n=\sqrt{\frac{k}{m}}=\sqrt{\frac{4\ 000\times10^3}{5\ 100}}\ \text{s}^{-1}=28\ \text{s}^{-1}$$

由式(17-6b)可解得振幅和初相位分别为

$$A=\sqrt{x_0^2+\frac{v_0^2}{\omega_n^2}}\ \text{m}=\sqrt{\frac{3^2}{28^2}}\ \text{m}=0.107\ 1\ \text{m}=10.71\ \text{cm}$$

$$\alpha=\arctan\frac{\omega_n x_0}{v_0}=\arctan\frac{28x_0}{3}=0^\circ$$

所以,轿厢的运动方程为

$$x=10.71\sin 28t\ \text{cm}$$

可见,轿厢做简谐运动,其周期为

$$T=\frac{2\pi}{\omega_0}=0.224\ \text{s}$$

3) 能量法

对于简单的振动系统,用静变形法或解微分方程法,可求得系统的固有频率,但是,对于复杂的振动系统,用上述方法求固有频率十分困难。

用能量法求解复杂振动系统的固有频率十分有效。它从机械能守恒定律出发,利用自由振动中最大动能和最大势能相等的关系来建立方程,从而求得 ω_n。

对于保守系统的振动，系统的机械能应保持不变，即

$$T+V=\text{常数} \tag{17-11}$$

取系统的静平衡位置为零势能位置（即 $V=0$），则系统在此位置的最大动能 $T_{\max}$ 就是其全部机械能；当系统离开平衡位置最远时，系统的动能 $T=0$，系统在此位置的最大势能 $V_{\max}$ 就是其全部机械能。所以 $T_{\max}=V_{\max}$，由该式可直接求得系统的固有频率。

例 17-3　如图 17-6 所示，质量为 m，半径为 r 的圆盘，在一半径为 R 的圆弧槽上做纯滚动。求圆盘在平衡位置附近做微小振动的固有频率。

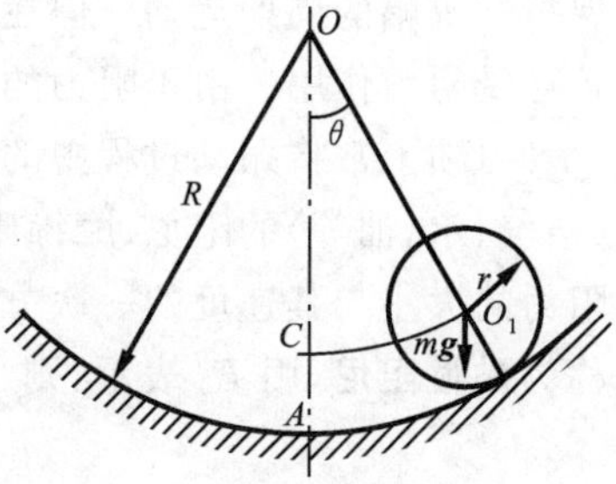

图 17-6

解　设在振动过程中，圆盘中心与圆弧槽中心的连线 OO_1 与竖直线 OA 的夹角为 θ。盘心 O_1 的速度 $v_{O_1}=(R-r)\dfrac{\mathrm{d}\theta}{\mathrm{d}t}$，由于圆盘做纯滚动，其角速度 $\omega=\dfrac{(R-r)}{r}\dfrac{\mathrm{d}\theta}{\mathrm{d}t}$。于是，系统的动能为

$$\begin{aligned} T &= \frac{1}{2}mv_{O_1}^2+\frac{1}{2}J_{O_1}\omega^2 \\ &= \frac{1}{2}m\left[(R-r)\frac{\mathrm{d}\theta}{\mathrm{d}t}\right]^2+\frac{1}{2}\cdot\frac{1}{2}mr^2\left[\frac{R-r}{r}\frac{\mathrm{d}\theta}{\mathrm{d}t}\right]^2 \\ &= \frac{3}{4}m(R-r)^2\left(\frac{\mathrm{d}\theta}{\mathrm{d}t}\right)^2 \end{aligned}$$

取圆盘中心 O_1 在运动过程中的最低点 C 为零势能位置，则系统的势能

$$V=mg(R-r)(1-\cos\theta)=2mg(R-r)\sin^2\frac{\theta}{2}$$

当系统做微振动时，θ 很小，$\sin\dfrac{\theta}{2}\approx\dfrac{\theta}{2}$，因此，系统的势能改写为

$$V=\frac{1}{2}mg(R-r)\theta^2$$

设系统做自由振动时的运动规律为

$$\theta=A\sin(\omega_{\mathrm{n}}t+\alpha)$$

则系统的最大动能和最大势能分别为

$$T_{\max}=\frac{3}{4}m(R-r)^2\omega_{\mathrm{n}}^2A^2$$

$$V_{\max}=\frac{1}{2}mg(R-r)A^2$$

由机械能守恒定律，$T_{\max}=V_{\max}$，于是可解得系统的固有频率为

$$\omega_{\mathrm{n}}=\sqrt{\frac{2g}{3(R-r)}}$$

17.3　衰减振动

在 17.2 节讨论的自由振动中没有考虑阻力,因此自由振动一经产生,便将持续保持其等幅的周期运动。但在工程实际中,振动物体在振动中不但受恢复力作用,而且还受阻力作用。由于阻力的存在,系统的振幅将不断减小,直至停止。

习惯上常将振动过程中的阻力称为**阻尼**。阻尼的种类很多,常见的有流体介质(空气、水、油等)的阻尼、摩擦阻尼等。由试验知,当振动物体的速度较小时,其所受阻力的大小与其速度的一次方成正比,阻力的方向恒与速度的方向相反,这样的阻尼称为**黏性阻尼**,用 $\boldsymbol{F}_{\mathrm{d}}$ 表示,则

$$\boldsymbol{F}_{\mathrm{d}} = -c\,\boldsymbol{v}$$

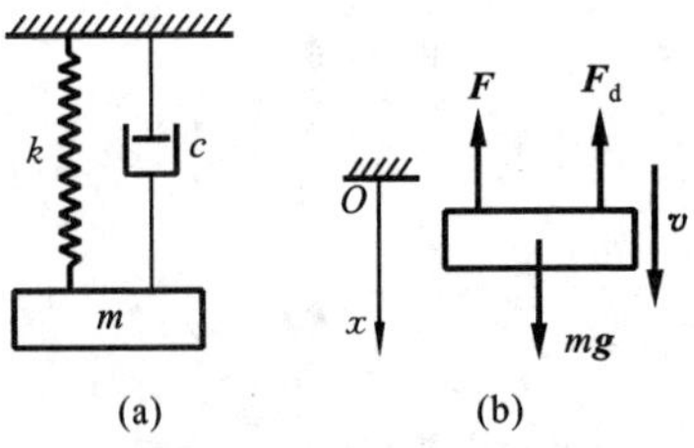

图 17-7

式中:c 称为**黏性阻尼系数**。下面研究黏性阻尼对自由振动的影响。

如图 17-7(a)所示具有黏性阻尼的质量弹簧系统,c 为黏性阻尼系数,取振体的平衡位置 O 为原点,坐标轴竖直向下。在任一瞬时,振体受重力 $m\boldsymbol{g}$、弹性力 $\boldsymbol{F}$ 和黏性阻尼 $\boldsymbol{F}_{\mathrm{d}}$ 作用,如图 17-7(b)所示。其中,$F=-k(\delta_{\mathrm{st}}+x)$,$F_{\mathrm{d}}=-c\dfrac{\mathrm{d}x}{\mathrm{d}t}$,当物体平衡时,有 $mg=k\delta_{\mathrm{st}}$,因此,系统的振动微分方程为

$$m\frac{\mathrm{d}^2x}{\mathrm{d}t^2} = mg - k(\delta_{\mathrm{st}}+x) - c\frac{\mathrm{d}x}{\mathrm{d}t} = -kx - c\frac{\mathrm{d}x}{\mathrm{d}t} \tag{17-12}$$

令

$$\omega_{\mathrm{n}}^2 = \frac{k}{m},\quad \delta = \frac{c}{2m}$$

式中:δ 称为**阻尼系数**。式(17-12)经整理得

$$\frac{\mathrm{d}^2x}{\mathrm{d}t^2} + 2\delta\frac{\mathrm{d}x}{\mathrm{d}t} + \omega_{\mathrm{n}}^2x = 0 \tag{17-13}$$

式(17-13)为衰减振动微分方程的标准形式,它仍是一个二阶齐次常系数线性微分方程,其通解为 $x=\mathrm{e}^{rt}$,代入式(17-13),得系统的特征方程

$$r^2 + 2\delta r + \omega_{\mathrm{n}}^2 = 0$$

特征根为

$$r_1 = -\delta + \sqrt{\delta^2 - \omega_{\mathrm{n}}^2},\quad r_2 = -\delta - \sqrt{\delta^2 - \omega_{\mathrm{n}}^2}$$

因此微分方程的通解为

$$x = C_1\mathrm{e}^{r_1t} + C_2\mathrm{e}^{r_2t} \tag{17-14}$$

上述解中,特征根分别为实数或复数时,运动规律有很大的不同。下面分别加以讨论。

1）小阻尼（$\delta<\omega_n$）

当 $\delta<\omega_n$ 时，特征根为一对共轭复数

$$r_{1,2}=-\delta\pm i\sqrt{\omega_n^2-\delta^2}$$

式中：$i=\sqrt{-1}$。

根据欧拉公式，可将式（17-14）整理简化为

$$x=Ae^{-\delta t}\sin(\sqrt{\omega_n^2-\delta^2}\,t+\theta) \tag{17-15}$$

其中 A 和 θ 为积分常数，可由初始条件确定。设 $t=0$ 时，$x=x_0$，$\dfrac{dx}{dt}=v_0$，代入式（17-15），可得

$$\left.\begin{aligned}A&=\sqrt{x_0^2+\frac{(v_0+\delta x_0)^2}{\omega_n^2-\delta^2}}\\ \theta&=\arctan\frac{x_0\sqrt{\omega_n^2-\delta^2}}{v_0+\delta x_0}\end{aligned}\right\} \tag{17-16}$$

式（17-15）就是系统在小阻尼条件下的运动方程，将其与 17.2 节中的简谐运动方程（17-5b）相比，可以看出，两者在形式上多了一个比例因子 $e^{-\delta t}$。这个比例因子使振动物体的振幅 $Ae^{-\delta t}$ 随时间的增加而减小，所以称这种振动为**衰减振动**，如图 17-8 所示。由图 17-8 可知，振体的运动已不再是等幅的简谐运动了。严格地说，衰减振动也不是周期运动，但这种运动仍是平衡位置附近的往复运动，且相邻两次到达同侧最大偏离位置所需时间是一个与初始条件无关的常数，称为衰减振动的周期，用 T_d 表示。由式（17-15）知

$$T_d=\frac{2\pi}{\sqrt{\omega_n^2-\delta^2}} \tag{17-17}$$

将式（17-17）改写为

$$T_d=\frac{2\pi}{\omega_n\sqrt{1-\left(\dfrac{\delta}{\omega_n}\right)^2}}=\frac{2\pi}{\omega_n\sqrt{1-\xi^2}}=\frac{T}{\sqrt{1-\xi^2}} \tag{17-18}$$

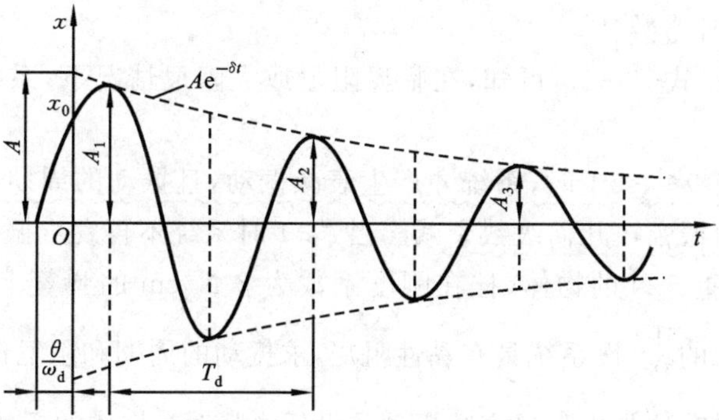

图 17-8

其中

$$\xi = \frac{\delta}{\omega_n} = \frac{c}{2\sqrt{mk}} \tag{17-19}$$

ξ 称为**阻尼比**。阻尼比是振动系统中反映阻尼特性的重要参数，在小阻尼状态下，$\xi<1$。由式(17-18)可见，阻尼的存在，使系统自由振动的周期增大。在空气中的振动系统阻尼比都比较小，对振动周期影响不大，一般可以认为 $T_d=T$。

由振动系统在小阻尼条件下的运动方程即式(17-15)可见，其中 $Ae^{-\delta t}$ 相当于振幅。同侧的任意相邻两个振幅之比

$$\eta = \frac{A_i}{A_{i+1}} = \frac{Ae^{-\delta t}}{Ae^{-\delta(t+T_d)}} = e^{\delta T_d} \tag{17-20}$$

η 称为**减幅系数**。由式(17-20)可见，任意两个相邻振幅之比为一常数。所以系统的振幅按几何级数衰减，而且阻尼系数越大，振幅衰减越快。

减幅系数的自然对数称为对数减幅系数，用 Λ 表示，即

$$\Lambda = \ln\frac{A_i}{A_{i+1}} = \delta T_d \tag{17-21}$$

注意到式(17-18)和式(17-19)，可由式(17-21)导出对数减幅系数与阻尼比的关系为

$$\Lambda = \frac{2\pi\xi}{\sqrt{1-\xi^2}} \approx 2\pi\xi \tag{17-22}$$

式(17-22)表明，对数减幅系数 Λ 与阻尼比 ξ 之间只差 2π 倍，因此对数减幅系数也是反映阻尼特性的一个参数。

2) 临界阻尼($\delta=\omega_n$)和大阻尼($\delta>\omega_n$)

当 $\delta=\omega_n$ 时，特征根为两个相等实根，式(17-13)的解为

$$x = e^{-\delta t}(C_1 + C_2 t) \tag{17-23}$$

当 $\delta>\omega_n$ 时，特征根为两个不等实根，式(17-13)的解为

$$x = e^{-\delta t}\left(C_1 e^{\sqrt{\delta^2-\omega_n^2}\,t} + C_2 e^{-\sqrt{\delta^2-\omega_n^2}\,t}\right) \tag{17-24}$$

其中 C_1、C_2 为积分常数。

由式(17-23)、式(17-24)可知，在临界阻尼或大阻尼情况下，系统的运动为非周期运动。

总之，只有当 $0\leqslant\xi\leqslant1$ 时，系统才产生衰减振动，且振动的周期较无阻尼自由振动的周期略长，而振幅按几何级数衰减。当 $\xi\geqslant1$ 时系统不再发生振动。

例 17-4　一重 5 N 的物体，挂在刚度系数为 2 N/cm 的弹簧上，经过 4 次振动后，振幅减为原来的 $\frac{1}{12}$，设系统具有黏性阻尼，求振动的周期和阻尼比。

解　由题意知，这是小阻尼衰减振动。设任意瞬时 t 物体的振幅为 $A_1=e^{-\delta t}$，经过 4 个周期后，物体的振幅为 $A_5=e^{-\delta(t+4T_d)}$。于是有

$$\frac{A_1}{A_5}=e^{4\delta T_d}=12$$

两边取自然对数，得

$$4\delta T_d=\ln 12$$

因此，对数减幅系数

$$\Lambda=\delta T_d=\frac{1}{4}\ln 12=0.6212$$

阻尼比

$$\xi=\frac{\Lambda}{2\pi}=0.1$$

衰减振动的周期为

$$T_d=\frac{T}{\sqrt{1-\xi^2}}=\frac{2\pi}{\sqrt{1-\xi^2}}\sqrt{\frac{m}{k}}=\frac{2\pi}{\sqrt{1-0.1^2}}\sqrt{\frac{5}{9.8\times 200}}\ \text{s}=0.319\ \text{s}$$

17.4　强 迫 振 动

由 17.3 节知，由于阻尼的存在，系统的自由振动不会持续下去，经过一段时间后，振动将停止。但是工程上有很多系统的振动并不逐渐衰减，而是不停地持续下去。例如柴油机、汽轮机在运转时产生的振动。这是由于系统除受恢复力外，还受外来干扰力的作用。干扰力对系统做正功，以弥补阻尼消耗的能量，从而使系统的振动能持续下去。通常称系统所受干扰力为**激振力**，而将强迫振动称为系统对激振力的响应。

激振力一般可以分为简谐激振力、非简谐周期激振力、非周期激振力和随机激振力。由于简谐激振力在工程上比较常见，而且研究系统对简谐激振力的响应是研究系统对其他类型的激振力的响应的基础。因此，本节研究系统在简谐激振力作用下的强迫振动。设激振力为

$$F_S=H\sin\omega t \tag{17-25}$$

式中：H 为激振力的最大值，称为**力幅**；ω 为激振力的固有频率。

如图 17-9(a)所示的质量弹簧系统，振体的质量为 m，弹簧刚度系数为 k，黏性阻力系数为 c，取振体的平衡位置 O 为原点，坐标轴竖直向下。在任一瞬时 t，振体的坐标为 x，此时其受力情况如图 17-9(b)所示。于是系统的振动微分方程为

$$m\frac{d^2x}{dt^2}=mg-k(\delta_{st}+x)-c\frac{dx}{dt}+H\sin\omega t$$

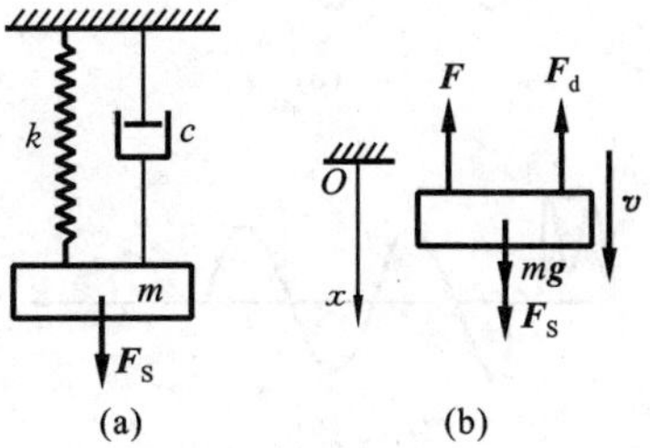

图 17-9

设 $\omega_n^2=\frac{k}{m}$，$\delta=\frac{c}{2m}$，并令

$$h=\frac{H}{m} \tag{17-26}$$

则式(17-26)写成强迫振动微分方程的标准形式

$$\frac{d^2x}{dt^2}+2\delta\frac{dx}{dt}+\omega_n^2x=h\sin\omega t \tag{17-27}$$

这是一个二阶常系数非齐次常微分方程。

由微分方程的理论可知,式(17-27)的解由该齐次方程的通解 x_1 和其原方程的特解 x_2 两部分叠加而成。在小阻尼($\xi<1$)的条件下,对应于式(17-27)的通解 x_1 由式(17-15)和式(17-16)确定,即

$$x_1=Ae^{-\delta t}\sin(\sqrt{\omega_n^2-\delta^2}t+\theta) \tag{17-28}$$

而特解 x_2 则可设为

$$x_2=B\sin(\omega t-\varphi) \tag{17-29}$$

代入式(17-27),得

$$-B\omega^2\sin(\omega t-\varphi)+2B\omega\delta\cos(\omega t-\varphi)+B\omega_n^2\sin(\omega t-\varphi)=h\sin\omega t \tag{17-30}$$

因

$$h\sin\omega t=h\sin[(\omega t-\varphi)+\varphi]=h[\sin(\omega t-\varphi)\cos\varphi+\cos(\omega t-\varphi)\sin\varphi] \tag{17-31}$$

将式(17-31)代入式(17-30),并整理可得

$$[B(\omega_n^2-\omega^2)-h\cos\varphi]\sin(\omega t-\varphi)+(2B\omega\delta-h\sin\varphi)\cos(\omega t-\varphi)=0 \tag{17-32}$$

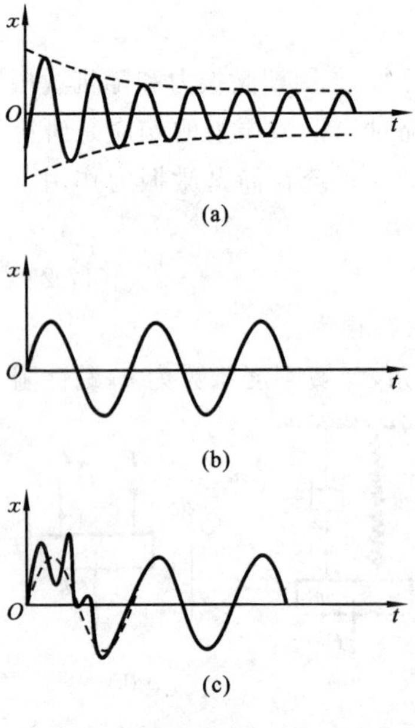

图 17-10

由于在任意时刻 t 式(17-32)都成立,于是有

$$\left.\begin{aligned}B(\omega_n^2-\omega^2)-h\cos\varphi=0\\2B\omega\delta-h\sin\varphi=0\end{aligned}\right\} \tag{17-33}$$

解该方程组可得

$$B=\frac{h}{\sqrt{(\omega_n^2-\omega^2)^2+4\delta^2\omega^2}} \tag{17-34}$$

$$\tan\varphi=\frac{2\delta\omega}{\omega_n^2-\omega^2} \tag{17-35}$$

于是,式(17-27)的解为

$$x=Ae^{-\delta t}\sin(\sqrt{\omega_n^2-\delta^2}t+\theta)+B\sin(\omega t-\varphi) \tag{17-36}$$

式中:A、α 为积分常数,由运动初始条件确定。

系统的 x-t 曲线如图 17-10(c)所示。由式(17-36)可知,在恢复力、黏性阻尼和简谐激振力作用下,振体的振动由两部分组成。第一部分是衰减振动,如图 17-10(a)所示,第二部分是简谐振动,如

图 17-10(b)所示。由于阻尼的存在，随着时间的增加，第一部分迅速衰减，最终消失。在衰减振动消失前，物体的这段振动过程称为瞬态过程（或瞬态响应）；在衰减振动消失后的振动过程称为稳态过程（或稳态响应）。通常所说的强迫振动是指稳态过程。由于瞬态过程时间短暂，所以本节研究的重点是稳态过程。

在稳态过程中，振体的运动方程为

$$x=B\sin(\omega t-\varphi) \tag{17-37}$$

由式(17-37)可知，尽管有阻尼存在，系统对简谐激振力的稳态响应仍是简谐振动，而且该简谐振动不因阻尼的存在而随时间衰减，振动频率与激振力的频率相同，不受阻尼的影响；其相位比激振力滞后一个相角 φ，φ 称为**相位差**。由式(17-34)和式(17-35)可以看出，强迫振动的振幅 B 和相位差 φ 不仅与系统的参数有关，而且还与激振力的力幅和频率有关，与物体运动的初始条件无关。

下面分别讨论振幅 B、相位差 φ 与各参量的关系。将式(17-34)量纲化为 1，有

$$\beta=\frac{B}{B_0}=\frac{1}{\sqrt{(1-\lambda^2)^2+(2\lambda\xi)^2}} \tag{17-38}$$

式中：$B_0=\dfrac{h}{\omega_n^2}=\dfrac{H}{k}$ 为静力偏移，表示在激振力（最大值为 H）的作用下，弹簧产生的静变形量；β 为动力放大系数，它表示强迫振动的幅值 B 与静力偏移 B_0 的比值；$\lambda=\dfrac{\omega}{\omega_n}$ 为频率比，它表示激振力固有频率与系统固有频率的比值；$\xi=\dfrac{\delta}{\omega_n}$ 为阻尼比。式(17-38)描述了动力放大系数与频率比及阻尼比之间的关系。对于不同的阻尼比 ξ，可绘制 β-λ 关系曲线族，如图 17-11 所示。这族曲线称为幅频特性曲线，它是表征系统动力特性的重要曲线。

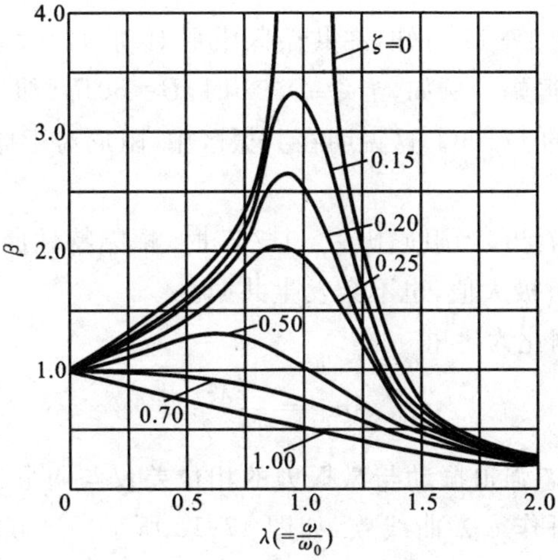

图 17-11

下面按不同频率范围来说明曲线的主要特征。

1）低频区($\lambda \ll 1$)

不论阻尼比 ξ 为何值，都有 $\beta \approx 1$，即稳态强迫振动的幅值 B 几乎等于静力偏移 B_0。此时阻尼对振幅的影响很小。当 λ 很小时，可完全忽略阻尼对振幅的影响。

2）高频区($\lambda \gg 1$)

随着频率比 λ 的增加，均有 $\beta \to 0$，且与阻尼比 ξ 的取值无关。此时系统做高频低幅振动，这是由于激振力的大小及方向变化太快，而系统由于惯性，几乎来不及响应。

3）共振区($0.75 \leqslant \lambda \leqslant 1.25$)

由图 17-11 可看到，各条曲线在 $\lambda=1$ 附近的变化规律基本上是先单调上升，出现峰值，而后单调下降。对于一个确定的 ξ 值，β 就有一个确定的极大值。为了求出 β 的极大值，令 $\frac{d\beta}{d\lambda}=0$，由式(17-38)，可以证明在 $\xi<\frac{1}{\sqrt{2}}=0.707$ 的条件下，当

$$\lambda=\sqrt{1-2\xi^2}$$

时，动力放大系数 β 有极大值

$$\beta_{\max}=\frac{1}{2\xi\sqrt{1-\xi^2}} \tag{17-39}$$

在许多实际问题中，阻尼比 ξ 的值很小($\xi^2 \ll 1$)，因此，可以近似认为当频率比 $\lambda=1$ 时，β 取极大值 $\beta_{\max}$，且有

$$\beta_{\max}=\frac{1}{2\xi} \tag{17-40}$$

这说明，当激振力的固有频率等于系统的固有频率($\omega=\omega_n$)时，稳态强迫振动的振幅达到最大，这种现象称为共振。在小阻尼条件下，通常认为 $0.75 \leqslant \lambda \leqslant 1.25$ 是共振区。

由式(17-40)和图 17-11 可知，在共振区阻尼对动力放大系数的影响很大，加大阻尼可减小共振时的振幅。例如，当 $\xi=0.01$ 时，$B=50B_0$（即 $\beta=50$），而当 $\xi=1$ 时，$B=0.5B_0$，仅为前者的 1/100。这说明在共振区中，阻尼对于抑制强迫振动的振幅有着显著的作用。

由图 17-11 还可看出，当阻尼比 $\xi>0.707$ 时，幅频特性曲线将随 λ 的增加而单调下降，振幅 B 不再有极大值，也不会发生共振。

将式(17-35)量纲化为 1，得

$$\tan\varphi=\frac{2\lambda\xi}{1-\lambda^2} \tag{17-41}$$

由式(17-41)可知，稳态强迫振动与激振力的相位差仅与阻尼比 ξ 及频率比 λ 有关。对于不同的 ξ 值，仍可作 φ-λ 曲线族，如图 17-12 所示。这族曲线称为相频特性曲线。由图可知，相位差 φ 随频率比的增加而单调上升。

1）低频区($\lambda \ll 1$)

此时 $\varphi \to 0$，稳态强迫振动几乎与激振力同相位。

2）高频区（$\lambda \gg 1$）

此时 $\varphi \to \pi$，稳态强迫振动与激振力反相位。

3）共振区（$0.75 \leqslant \lambda \leqslant 1.25$）

当 $\lambda=1$，即共振时，$\varphi=\frac{\pi}{2}$，表明共振时系统的相位比激振力的相位滞后 $\frac{\pi}{2}$，由图 17-12 可知，在共振时，阻尼对相位差无影响。这是共振的主要特征之一。

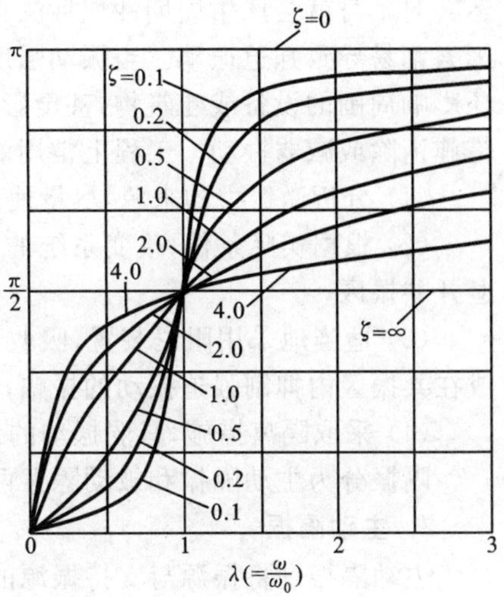

图 17-12

例 17-5　如图 17-13 所示系统中，已知 $k=43.8$ kN/cm，$m=18.2$ kg，$c=1.49$ N · s/cm，$H=44.5$ kN，$\omega=15$ rad/s，求系统的稳态强迫振动。

解　系统的固有频率为

$$\omega_n=\sqrt{\frac{k}{m}}=15.5\ \mathrm{s}^{-1}$$

弹簧静力偏移

$$B_0=\frac{H}{k}=\frac{44.5}{43.8}\ \mathrm{cm}=1.016\ \mathrm{cm}$$

阻尼比

$$\xi=\frac{\delta}{\omega_n}=\frac{c/2m}{\sqrt{k/m}}=\frac{c}{2\sqrt{km}}=\frac{1.49\times 10^2}{2\sqrt{43.8\times 10^2\times 18.2}}=0.264$$

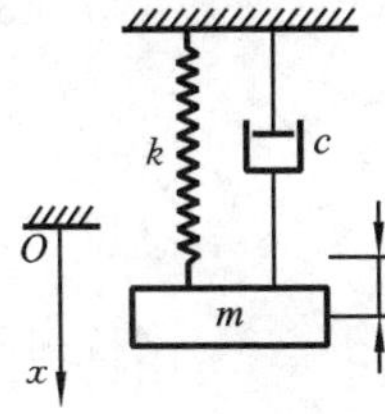

图 17-13

频率比

$$\lambda=\frac{\omega}{\omega_n}=0.967$$

动力放大系数

$$\beta=\frac{B}{B_0}=\frac{1}{\sqrt{(1-\lambda^2)^2+(2\lambda\xi)^2}}=1.943$$

强迫振动振幅

$$B=\beta B_0=1.974$$

相位差

$$\varphi=\arctan\frac{2\lambda\xi}{1-\lambda^2}=82.755^\circ=1.444\ \mathrm{rad}$$

所以，系统稳态强迫振动方程为

$$x=B\sin(\omega t-\varphi)=1.974\sin(15t-1.444)$$

17.5　隔振理论简介

在实际工程中振动现象是难以避免的，因为转动机械由于加工和安装的误差，在运转时本身就会产生周期性惯性激振力,此外其所处环境也可能受到外界作用,这些因素都易导致强迫振动。当振动强度超过一定限度时,不仅影响机器正常工作,而且还影响周围的设备或建筑物,甚至影响人的工作和生活环境。因此,需要采取必要的措施消除或减弱振动。工程上常用的方法大致有以下几种:

(1) 分析激振力的来源,尽量使之消失或减弱,这是一项积极的措施;

(2) 根据实际条件,改变系统的固有频率,使系统的固有频率远离工作频率,以避开共振区;

(3) 适当地采用阻尼装置,吸收振动系统的能量,使自由振动的振幅迅速衰减,或在共振区内抑制强迫振动的振幅;

(4) 采取隔离措施,减弱振动的传递。

隔振分为主动隔振和被动隔振两类,下面分别加以讨论。

1. 主动隔振

主动隔振是将振源与支持振源的基础隔离开来。例如在大型锻压机械的基础与地基之间垫以隔振材料(相当于弹簧及阻尼),这样就可以减弱振源传递到周围物体上的振动。

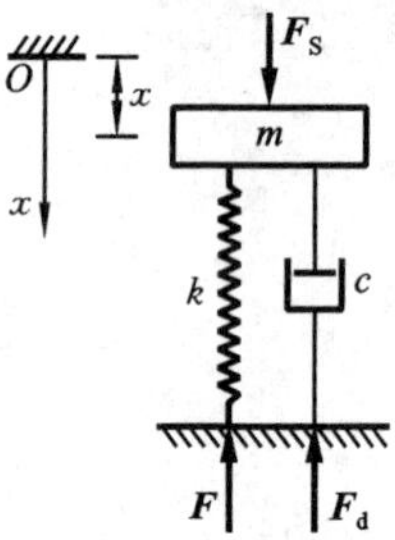

图 17-14

如图 17-14 所示为主动隔振的力学模型。设物体的质量为 m,隔振弹簧的刚度系数为 k,阻尼器的黏性阻尼系数为 c,激振力为 $F_S=H\sin(\omega t-\varphi)$,则物体的运动方程为

$$x = B\sin(\omega t-\varphi) \tag{17-42}$$

其振幅

$$B = \frac{B_0}{\sqrt{(1-\lambda^2)^2+(2\lambda\xi)^2}} \tag{17-43}$$

物体通过弹簧和阻尼器传给地基的交变力分别为

$$F = kx = kB\sin(\omega t-\varphi) \tag{17-44}$$

$$F_d = c\frac{dx}{dt} = c\omega B\cos(\omega t-\varphi) \tag{17-45}$$

这两个力按简谐规律变化,且频率相同,相位差为$\frac{\pi}{2}$。因此,可将它们合成为一个合力 $\boldsymbol{F}'$,即

$$F' = F+F_d = kB\sin(\omega t-\varphi)+c\omega B\cos(\omega t-\varphi) = F_{max}\sin(\omega t-\varphi-\psi) \tag{17-46}$$

其中

$$F_{max} = \sqrt{(kB)^2+(c\omega B)^2} = kB\sqrt{1+(2\lambda\xi)^2} \tag{17-47}$$

$$\tan\psi = \frac{c\omega}{k} = 2\lambda\xi \tag{17-48}$$

在式(17-47)和式(17-48)中用到了关系式 $c=2m\delta$,$k=m\omega_n^2$ 和$\frac{c\omega}{k}=\frac{2\delta\omega}{\omega_n^2}=2\lambda\xi$。

F_{max}是安装隔振装置后传递到基础的动反力的最大值，由式(17-46)可知，F_{max}不仅与系统的激振力有关，还与系统隔振装置有关，F_{max}与激振力最大值(即力幅)H之比为

$$\eta=\frac{F_{max}}{H}=\frac{kB\sqrt{1+(2\lambda\xi)^2}}{H}=\frac{B}{B_0}\sqrt{1+(2\lambda\xi)^2} \tag{17-49}$$

将式(17-38)代入式(17-49)，于是有

$$\eta=\frac{\sqrt{1+(2\lambda\xi)^2}}{\sqrt{(1-\lambda^2)^2+(2\lambda\xi)^2}} \tag{17-50}$$

式中：η 为隔振系数，是一无量纲量，它是由激振力的单位幅值与传给地基的交变力的幅值之比。η 只与参数 λ 和 ξ 有关。显然，只有当 $\eta<1$ 时，才有隔振效果，且 η 值越小，隔振效果越好。当 $\eta>1$ 时，隔振装置不但不隔振，反而使地基受到比激振力还大的力的作用。因此，可以用 η 作为评价隔振效果的指标。

2. 被动隔振

将需要防振的物体与振源隔开称为被动隔振，其目的是为了减小振动环境对需要防振物体的影响。例如，在精密仪器的底座下垫上橡胶或泡沫塑料，将放置在汽车上的测量仪器用橡皮绳吊起来等。

如图 17-15 所示为被动隔振的力学模型。设物体的质量为 m，隔振弹簧的刚度系数为 k，阻尼器的黏性阻尼系数为 c。设地基的振动规律为

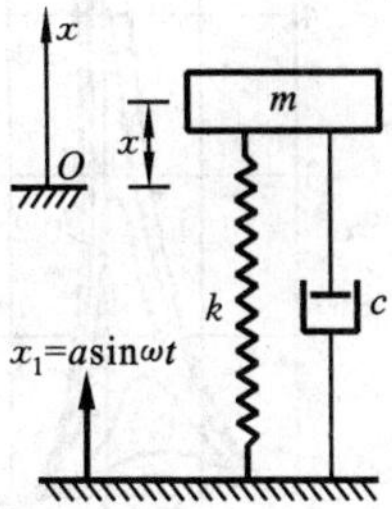

图 17-15

$$x_1=a\sin\omega t \tag{17-51}$$

则系统的运动微分方程为

$$m\frac{d^2x}{dt^2}=-k(x-x_1)-c\left(\frac{dx}{dt}-\frac{dx_1}{dt}\right) \tag{17-52}$$

或

$$m\frac{d^2x}{dt^2}+c\frac{dx}{dt}+kx=c\frac{dx_1}{dt}+kx_1$$

设 $\omega_n^2=\frac{k}{m}$，$\delta=\frac{c}{2m}$，则有

$$\frac{d^2x}{dt^2}+2\delta\frac{dx}{dt}+\omega_n^2x=2\delta\frac{dx_1}{dt}+\omega_n^2x_1 \tag{17-53}$$

将式(17-51)代入式(17-53)，得

$$\frac{d^2x}{dt^2}+2\delta\frac{dx}{dt}+\omega_n^2x=2\delta a\omega\cos\omega t+\omega_n^2a\sin\omega t=h\sin(\omega t+\alpha) \tag{17-54}$$

其中

$$h=a\sqrt{\omega_n^2+(2\delta\omega)^2}=a\omega_n^2\sqrt{1+4\lambda^2\xi^2}$$

$$\tan\alpha=\frac{2\delta\omega}{\omega_n^2}=2\lambda\xi$$

由式(17-37)知，式(17-54)的解为

$$x=B\sin(\omega t+\alpha-\varphi)$$

式中：

$$B=\frac{h}{\sqrt{(\omega_n^2-\omega^2)^2+4\delta^2\omega^2}}=\frac{a\sqrt{1+(2\lambda\xi)^2}}{\sqrt{(1-\lambda^2)^2+(2\lambda\xi)^2}}$$

$$\tan\varphi=\frac{2\delta\omega}{\omega_n^2-\omega^2}=\frac{2\lambda\xi}{1-\lambda^2}$$

如果物体直接放在地基上，物体的振幅为 B，B 与 a 之比 η' 称为被动隔振系数，用来表示被动隔振装置的隔振效果，则有

$$\eta'=\frac{B}{a}=\frac{\sqrt{1+(2\lambda\xi)^2}}{\sqrt{(1-\lambda^2)^2+(2\lambda\xi)^2}} \tag{17-55}$$

由式(17-50)和式(17-55)可知，主动隔振和被动隔振的隔振系数的表达式完全相同。主动隔振和被动隔振的含义虽然不同，但隔振系数 $\eta(\eta')$ 随频率比 λ 和阻尼比 ξ 变化的规律完全相同。对于不同的 ξ，可作 η-λ 曲线族，如图 17-16 所示。由图可知，只有在频率比 $\lambda>\sqrt{2}$ 时，才能保证 $\eta<1$，即在 $\lambda>\sqrt{2}$ 时才能起到隔振的作用。$\lambda>\sqrt{2}$，也就是 $\omega>\sqrt{2}\omega_n$，所以，为了取得较好的隔振效果，要求系统的固有频率 ω_n 尽可能小。而要降低 ω_n，必须选用刚度系数 k 小的隔振弹簧。当 $\lambda>\sqrt{2}$ 时，随着 λ 的增加，隔振系数 η 逐渐趋于零。但当 $\lambda>5$ 时，η-λ 曲线几乎为水平线，此时即便采用更好的隔振装置，隔振效果也难以提高。因此为了不使隔振装置复杂化，一般取 λ 为 2.5～5。

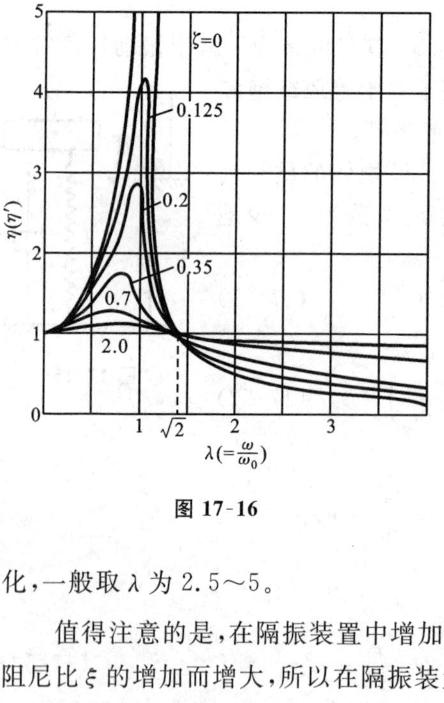

图 17-16

值得注意的是，在隔振装置中增加阻尼不利于隔振。因为当 $\lambda>\sqrt{2}$ 时，η 值随着阻尼比 ξ 的增加而增大，所以在隔振装置中一般采用小阻尼。但是，为了便于机器在启动或停车的过程中顺利通过共振区，也不能完全没有阻尼。

小　　结

(1) 自由振动微分方程的标准形式为 $\frac{d^2x}{dt^2}+\omega_n^2x=0$

运动方程为 $x=A\sin(\omega_n t+\alpha)$

自由振动的特征如下。

① 自由振动是在恢复力作用下以平衡位置为中心的简谐运动。

② 固有频率、振动周期和振动频率是振动系统的重要物理参数，其大小完全取决于系统本身，而与运动的初始条件无关。对于质量弹簧系统

固有频率
$$\omega_n=\sqrt{\frac{k}{m}}$$

振动周期
$$T=\frac{2\pi}{\omega_n}=2\pi\sqrt{\frac{m}{k}}$$

振动频率
$$f=\frac{1}{T}=\frac{\omega_n}{2\pi}=\frac{1}{2\pi}\sqrt{\frac{k}{m}}$$

③ 自由振动的振幅 A 和初相位 α 与初始条件有关，也与系统的固有频率 ω_n 有关。

振幅
$$A=\sqrt{x_0^2+\frac{v_0^2}{\omega_n^2}}$$

初相位
$$\alpha=\arctan\frac{\omega_n x_0}{v_0}$$

(2) 计算振动系统固有频率的方法有三种。

① 静变形法，已知力学模型中弹性体的静变形 δ_{st}，则 $\omega_n=\sqrt{\dfrac{g}{\delta_{st}}}$。

② 列出振动系统的运动微分方程，化为标准形式的微分方程后，x 项的系数即为 ω_n^2。

③ 若振动系统为保守系统，采用能量法计算振动系统的固有频率，即根据 $T_{max}=V_{max}$ 求 ω_n。

(3) 衰减振动微分方程的标准形式为 $\dfrac{d^2x}{dt^2}+2\delta\dfrac{dx}{dt}+\omega_n^2x=0$

对于小阻尼情形($\delta<\omega_n$)，运动方程为 $x=Ae^{-\delta t}\sin(\sqrt{\omega_n^2-\delta^2}\,t+\theta)$

衰减振动的特征如下：

① 振动系统做衰减振动，运动仍具有往复性；

② 衰减振动的周期受阻尼影响不大，其周期略大于相同系统无阻尼自由振动的周期，即

$$T_d=\frac{2\pi}{\omega_n\sqrt{1-(\delta/\omega_n)^2}}=\frac{2\pi}{\omega_n\sqrt{1-\xi^2}}=\frac{T}{\sqrt{1-\xi^2}}>T$$

③ 衰减振动振幅按几何级数衰减，衰减的快慢程度用减幅系数 η 和对数减幅系数 Λ 来描述，即

$$\eta=\frac{A_i}{A_{i+1}}=\frac{Ae^{-\delta t}}{Ae^{-\delta(t+T_d)}}=e^{\delta T_d},\quad \Lambda=\ln\frac{A_i}{A_{i+1}}=\delta T_d$$

④ 在临界阻尼($\delta=\omega_n$)和大阻尼($\delta>\omega_n$)的情形下，系统的运动已不属于振动。

(4) 强迫振动微分方程的标准形式为 $\frac{d^2x}{dt^2}+2\delta\frac{dx}{dt}+\omega_n^2x=h\sin\omega t$

对于小阻尼情形($\delta<\omega_n$),运动方程为

$$x=x_1+x_2$$

瞬态响应 $$x_1=Ae^{-\delta t}\sin(\sqrt{\omega_n^2-\delta^2}t+\theta)$$

稳态响应 $$x_2=B\sin(\omega t-\varphi)$$

在激振力作用下有阻尼系统的稳态响应一般称为强迫振动。

强迫振动 $$x_2=B\sin(\omega t-\varphi)$$

振幅 $$B=\frac{h}{\sqrt{(\omega_n^2-\omega^2)^2+4\delta^2\omega^2}}=\frac{B_0}{\sqrt{(1-\lambda^2)^2+(2\lambda\xi)^2}}$$

相位差 $$\tan\varphi=\frac{2\delta\omega}{\omega_n^2-\omega^2}=\frac{2\lambda\xi}{1-\lambda^2}$$

放大系数 $$\beta=\frac{B}{B_0}=\frac{1}{\sqrt{(1-\lambda^2)^2+(2\lambda\xi)^2}}$$

强迫振动的特点如下:

① 强迫振动的频率与激振力的频率相同,阻尼不影响频率;

② 强迫振动的振幅 B 和相位差 φ 只与振动系统的固有频率 ω_n、阻尼系数 δ 及激振力的幅值 H 和频率 ω 有关,而与初始条件无关;

③ 强迫振动的振幅随频率的变化关系可由幅频特性曲线清楚地描绘出来;

④ 强迫振动的相位差随频率的变化关系可由相频特性曲线清楚地描绘出来。

思 考 题

17-1 自由振动系统的固有频率与哪些因素有关?要提高或降低固有频率可采取哪些措施?

17-2 确定系统固有频率的方法有几种?它们各用于什么情况下?

17-3 阻尼对自由振动的主要影响是什么?

17-4 共振的两个主要特征是什么?

17-5 阻尼对强迫振动有何影响?对共振振幅有无影响?对相位差有无影响?

习 题

17-1 试求图示各系统的固有频率。

17-2 如图所示,三弹簧与质量为 m 的物体以三种方式连接,设物体沿竖直线运动,弹簧刚度系数分别为 k_1 和 k_2。试求各系统自由振动的周期。

17-3 如图所示,已知均质圆盘及悬吊的重物的质量均为 m,弹簧刚度系数为 k,求系统的固有频率。

17-4 如图所示,一直角尺由长度为 l 和 $2l$ 的两均质杆组成,此角尺可绕水平轴 O 转动,求角

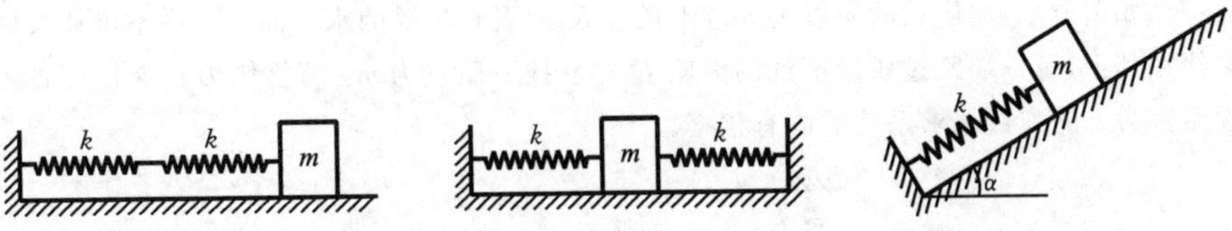

题 17-1 图

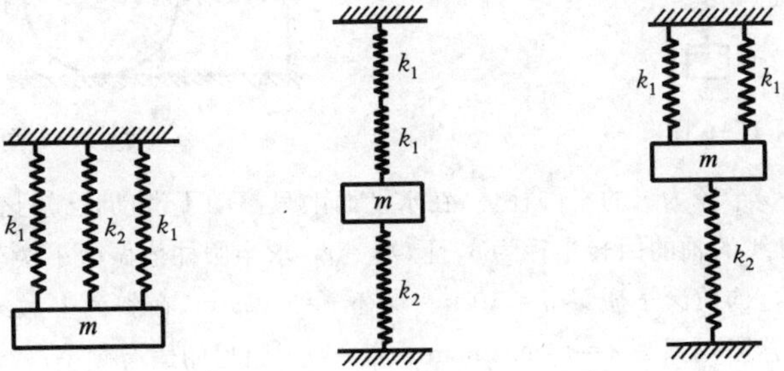

题 17-2 图

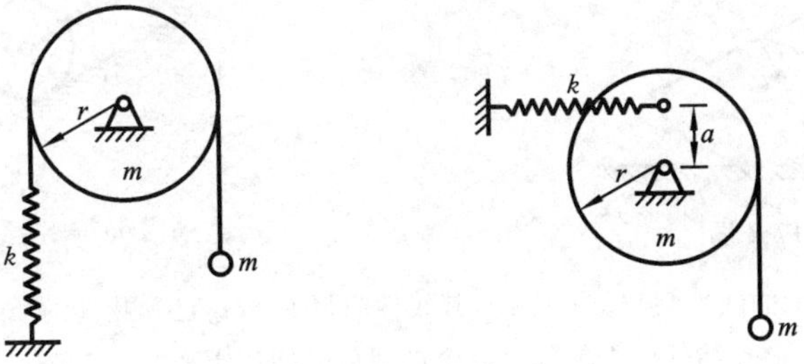

题 17-3 图

尺在其平衡位置附近做微小摆动的周期。

17-5　如图所示，均质杆 AB，质量为 m_1，长为 $3l$，B 端刚性连接一质量为 m_2 的小球，其大小不计。杆 AB 在 O 处为铰支，两弹簧刚度系数均为 k。求系统的固有频率。

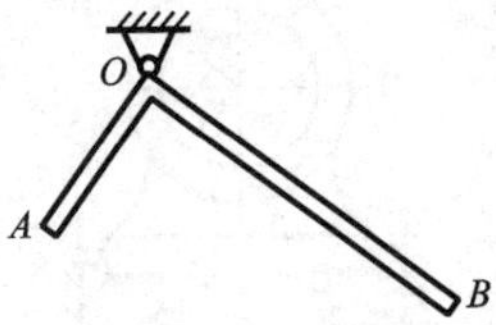

题 17-4 图

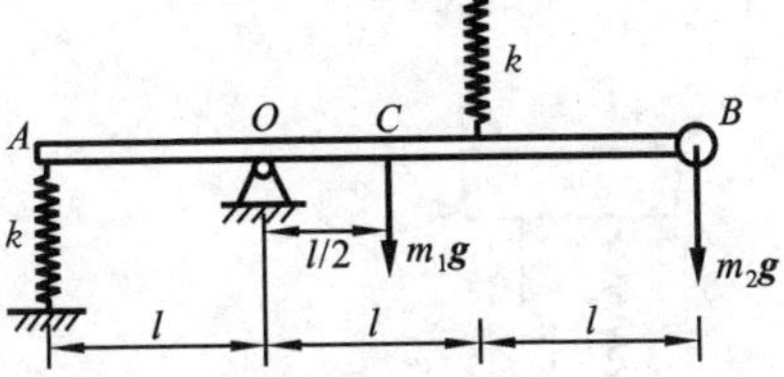

题 17-5 图

17-6　如图所示，质量为 m 的物体通过弹簧悬挂于杆 AB 上，如杆 AB 的质量不计，两弹簧的刚度系数分别为 k_1 和 k_2，且 $AC=a$，$AB=b$，求物体自由振动的频率。

17-7　如图所示，均质轮的质量为 m_1，半径为 R，放置在粗糙的水平面上。一不可伸长的细绳的一端绕在其上，另一端跨过质量不计的滑轮 D 并悬挂一质量为 m_2 的物块 B。轮心与墙之间连一刚度系数为 k 的弹簧。求系统的固有频率。

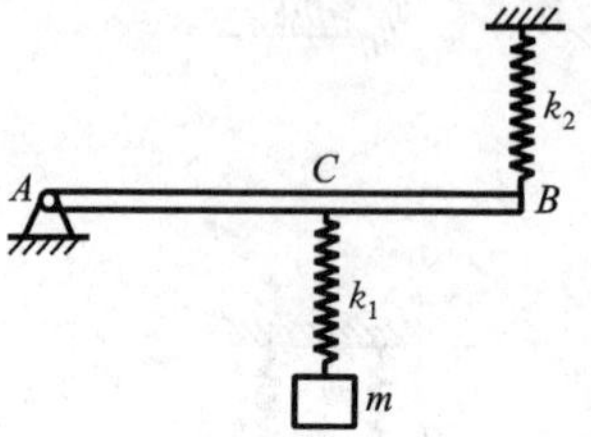

题 17-6 图

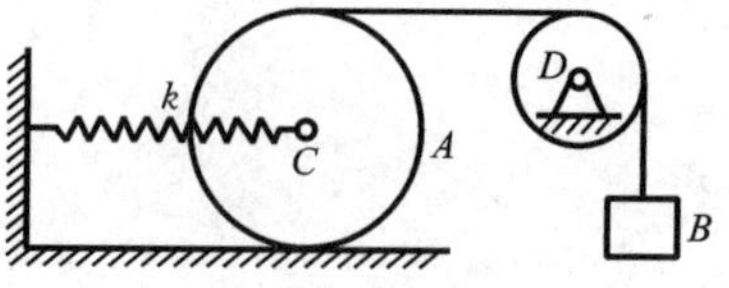

题 17-7 图

17-8　如图所示，半径为 r 的半圆柱体，在水平面上只滚动不滑动，已知该圆柱体对通过质心 C 且平行于半圆柱母线的轴的回转半径为 ρ，且 $OC=a$。求半圆柱体做微小摆动的频率。

17-9　如图所示，均质滚子质量 $m=10$ kg，半径 $r=0.25$ m，在斜面上做纯滚动，弹簧刚度系数 $k=20$ N/m，阻尼器阻尼系数 $c=10$ N·s/m。求：(1)无阻尼的固有频率；(2)阻尼比；(3)有阻尼的固有频率；(4)此阻尼系统自由振动的周期。

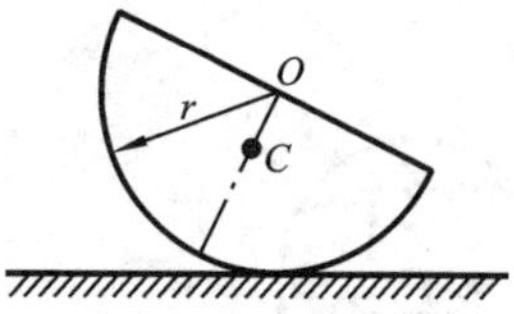

题 17-8 图

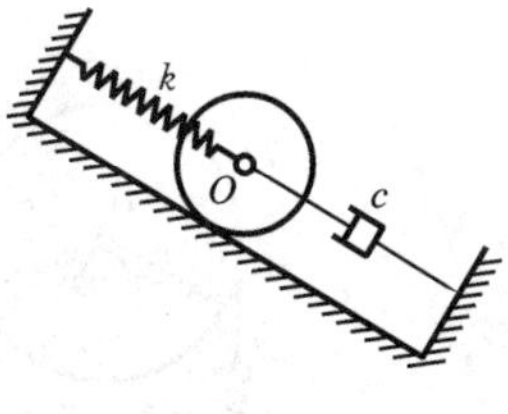

题 17-9 图

17-10　如图所示的线性阻尼减振系统，其线性阻尼 $R=cv$，已知物体的质量 $m=20$ kg，弹簧刚度系数 $k=20$ N/m。欲使物体的振幅经过 8 个周期后降低为原来的 1/100，则阻尼器的阻尼系数 c 应为多少？

17-11　如图所示，电动机质量 $m_1=250$ kg，由 4 个刚度系数为 $k=30$ kN/m 的弹簧支承。在电动机转子上装有一质量 $m_2=0.2$ kg 的物体，距转轴 $e=10$ mm。已知电动机被限制在竖直方向运动，求：(1)发生共振时的转速；(2)当转速为 1 000 r/min 时，稳定振动的振幅。

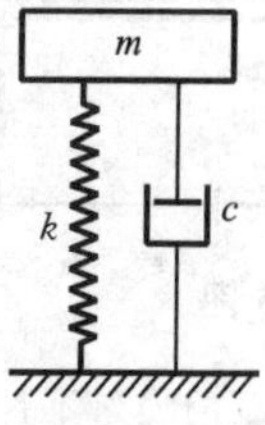

题 17-10 图

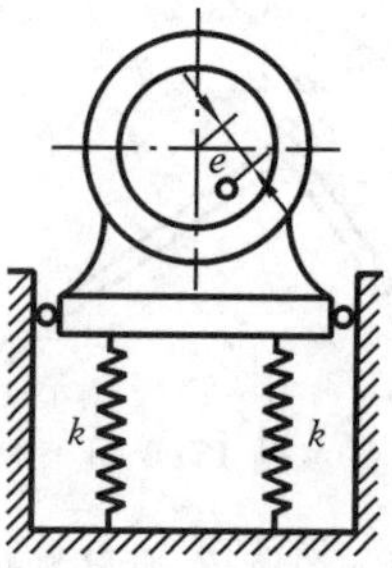

题 17-11 图

附 录 A

附表 1 常用材料的滑动摩擦因数

材 料	静摩擦因数		动摩擦因数	
	干摩擦	润 滑	干摩擦	润 滑
钢—钢	0.15	0.1～0.12	0.15	0.05～0.1
钢—软钢			0.2	0.1～0.2
钢—铸铁	0.3		0.18	0.05～0.15
钢—青铜	0.15	0.1～0.15	0.15	0.1～0.15
软钢—铸铁	0.2		0.18	0.05～0.15
软钢—青铜	0.2		0.18	0.07～0.15
铸铁—铸铁		0.18	0.15	0.07～0.12
铸铁—青铜			0.15～0.2	0.07～0.15
青铜—青铜		0.1	0.2	0.07～0.1
皮革—铸铁	0.3～0.5	0.15	0.6	0.15
橡胶—铸铁			0.8	0.5
木材—木材	0.4～0.6	0.1	0.2～0.5	0.07～0.15

附表 2 常用材料的滚动摩擦系数 δ

材 料	δ/mm	材 料	δ/mm
铸铁—铸铁	0.5	软钢—钢	0.5
钢轮—钢轨	0.05	有滚珠轴承的料车—钢轨	0.09
木材—钢	0.3～0.4	无滚珠轴承的料车—钢轨	0.21
木材—木材	0.5～0.8	钢轮—木轨	1.5～2.5
软木—软木	1.5	轮胎—路面	2～10
淬火钢珠—钢	0.01		

习题参考答案

第 1 章

网上习题

1-1～1-2　受力图略

第 2 章

2-1　(a) $F_{AC}=1.55F$(压),$F_{AB}=0.5774F$(拉)

(b) $F_{AC}=1.55F$(拉),$F_{AB}=0.5774F$(压)

(c) $F_{AC}=0.5F$(压),$F_{AB}=0.866F$(拉)

(d) $F_{AC}=F_{AB}=0.5774F$(拉)

2-2　$F_{AB}=54.64$ kN(拉),$F_{BC}=74.64$ kN(压)

2-3　$F_{AB}=71$ kN(拉),$F_{OB}=394$ kN(压)

2-4　$F_A=\sqrt{2}/2F, F_B=\sqrt{2}/2F, F_C=\sqrt{2}/2F$

2-5　$F_{BC}=5$ kN(压),$F_A=5$ kN(拉)

2-6　$F_2/F_1=0.61$

2-7　$F_{BC}=1.155W$,$F_{Ax}=1.577W$(水平向左),$F_{Ay}=W$(竖直向上)

2-8　$F_2=\dfrac{F_1}{2}\cot\varphi, \dfrac{F_2}{F_1}=2.84$

2-9　(a)0;(b)Fl;(c)$\sqrt{3}Fl/2$;(d)Fa;(e)$F(l+r)$;(f)$Fl\sin(\varphi-\beta)$

2-10　$M_q=144$ kN·m,$M_w=322.5$ kN·m

2-11　$F_A=10$ kN(方向向下),$F_B=10$ kN(方向向上)

2-12　$F_A=\dfrac{\sqrt{3}a}{2l}F$(方向向下),$F_B=\dfrac{\sqrt{3}a}{2l}F$(方向向上)

2-13　$M_2=3$ N·m,$F_{AB}=5$ N(受拉)

2-14　$F_A=\dfrac{\sqrt{2}M}{l}$

2-15　$\dfrac{M_1}{M_2}=2$

2-16　略

第 3 章

3-1　$F'_R=363.27$ N,$(\boldsymbol{F}'_R,\boldsymbol{i})=7.92°$,$M_O=500$ N·m

3-2　$F'_R=379.83$ N,$(\boldsymbol{F}'_R,\boldsymbol{i})=145°$,$M_O=523.07$ N·m,$d=1.38$ m

3-3　(a)$F_R=12$ kN,$M_A=-40$ kN·m;(b)$F_R=7.5$ kN,$M_A=-36$ kN·m

3-4　(a) $F_{Ax}=0, F_{Ay}=3.75$ kN,$F_B=-0.25$ kN

(b) $F_{Ax}=-1.41\ \text{kN}, F_{Ay}=-1.09\ \text{kN}, F_B=2.5\ \text{kN}$

(c) $F_{Ax}=2.12\ \text{kN}, F_{Ay}=0.33\ \text{kN}, F_B=4.23\ \text{kN}$

(d) $F_{Ax}=0, F_{Ay}=4\ \text{kN}, M_A=10\ \text{kN}\cdot\text{m}$

(e) $F_{Ax}=-8.6\ \text{kN}, F_{Ay}=5\ \text{kN}, M_A=45.32\ \text{kN}\cdot\text{m}$

(f) $F_{Ax}=4\ \text{kN}, F_{Ay}=2.31\ \text{kN}, M_A=5.68\ \text{kN}\cdot\text{m}$

3-5 $F_{Ax}=-4.661\ \text{kN}, F_{Ay}=-47.62\ \text{kN}, F_B=22.4\ \text{kN}$

3-6 $F_{Ax}=2.475\ \text{kN}, F_{Ay}=1.125\ \text{kN}, F_{BC}=954.6\ \text{kN}$(受拉)

3-7 (a) $F_{Ax}=34.6\ \text{kN}, F_{Ay}=60\ \text{kN}, M_A=220\ \text{kN}\cdot\text{m}, F_{Bx}=-34.6\ \text{kN}$,
$F_{By}=60\ \text{kN}, F_C=69.3\ \text{kN}$

(b) $F_{Ax}=0, F_{Ay}=-51.25\ \text{kN}, F_B=105\ \text{kN}, F_{Cx}=0, F_{Cy}=43.75\ \text{kN}$,
$F_D=6.25\ \text{kN}$

(c) $F_{Ax}=0, F_{Ay}=20\ \text{kN}, M_A=70\ \text{kN}\cdot\text{m}, F_{Bx}=0, F_{By}=10\ \text{kN}, F_C=0$

(d) $F_{Ax}=0, F_{Ay}=-2.5\ \text{kN}, F_B=15\ \text{kN}, F_{Cx}=0, F_{Cy}=2.5\ \text{kN}, F_D=2.5\ \text{kN}$

(e) $F_{Ax}=0, F_{Ay}=3\ \text{kN}, M_A=9\ \text{kN}\cdot\text{m}, F_{ABy}=3\ \text{kN}, F_{CBy}=5\ \text{kN}, F_C=5\ \text{kN}$

(f) $F_{Ax}=-3\ \text{kN}, F_{Ay}=-8.53\ \text{kN}, F_B=17.06\ \text{kN}, F_{ACx}=-3\ \text{kN}$,
$F_{ACy}=8.53\ \text{kN}, F_{DCy}=-3.33\ \text{kN}, F_D=6.67\ \text{kN}$

3-8 $F_{BC}=\dfrac{WR}{2l\sin^2\dfrac{\theta}{2}\cdot\cos\theta}$,当 $\theta=60^\circ$ 时,$F_{BC\min}=\dfrac{4WR}{l}$

3-9 $F_{DE}=\dfrac{Fa\cos\theta}{2h}$

3-10 $M=70.36\ \text{N}\cdot\text{m}$

3-11 $M=Wrr_1/r_2$

3-12 (a) $F_{Ax}=F_{Ay}=15\ \text{kN}, F_{Bx}=-25\ \text{kN}, F_{By}=65\ \text{kN}$

(b) $F_{Ax}=40\ \text{kN}, F_{Ay}=80\ \text{kN}, F_{Bx}=-40\ \text{kN}, F_{By}=80\ \text{kN}$

(c) $F_{Ax}=-7\ \text{kN}, F_{Ay}=6\ \text{kN}, M_A=8\ \text{kN}\cdot\text{m}, F_{Dx}=-3\ \text{kN}, F_{Dy}=6\ \text{kN}$

(d) $F_{Ax}=0, F_{Ay}=5\ \text{kN}, M_A=19.55\ \text{kN}\cdot\text{m}, F_{Ex}=0, F_{Ey}=5\ \text{kN}, M_E=-10\ \text{kN}\cdot\text{m}$

3-13 $F_{Cx}=F_{Cy}=F$

3-14 $F_{Bx}=0, F_{By}=1\ \text{kN}$

3-15 $F_{Bx}=-1800\ \text{N}, F_{By}=-1\,920\ \text{N}$

3-16 $F_{Ax}=487.5\ \text{N}, F_{Ay}=518.5\ \text{N}, F_{DE}=1\,378.9\ \text{N}$

3-17 $F_{Ax}=1\,200\ \text{N}, F_{Ay}=150\ \text{N}, F_B=1\,050\ \text{N}$

3-18 $F_{Ax}=5\ \text{kN}, F_{Ay}=8.66\ \text{kN}, M_A=3.66\ \text{kN}\cdot\text{m}, F_{BD}=21.65\ \text{kN}$

3-19 $F_A=80\ \text{N}, F_H=100\ \text{N}, F_{Dx}=60\ \text{N}, F_{Dy}=-10\ \text{N}$

*3-20 $F_{Ax}=2\,075\ \text{N}, F_{Ay}=-1\,000\ \text{N}, F_{Ex}=-2\,075\ \text{N}, F_{Ey}=2\,000\ \text{N}$

*3-21 $F_{Ax}=-9.75\ \text{kN}, F_{Ay}=-3.5\ \text{kN}, F_{Bx}=-3.75\ \text{kN}, F_{By}=3.83\ \text{kN}, F_E=4\ \text{kN}$

*3-22 $F_{Ax}=-1\ \text{kN}, F_{Ay}=4\ \text{kN}, M_A=2.67\ \text{kN}\cdot\text{m}, F_{BCx}=1\ \text{kN}, F_{BCy}=0, F_{ABx}=-1\ \text{kN}$,
$F_{ABy}=-4\ \text{kN}$

3-23 $F_{Ax}=-9.6\ \text{kN}, F_{Ay}=9.6\ \text{kN}, F_{Dx}=9.6\ \text{kN}, F_{Dy}=0, F_1=-9.6\ \text{kN}$(压),$F_2=9.6\ \text{kN}$(拉),$F_3=-13.58\ \text{kN}$(压)

3-24 $F_1=18.03$ kN(拉),$F_2=-15$ kN(压),$F_3=10$ kN(拉),$F_4=-15$ kN(压)

3-25 $F_1=-11.55$ kN(压),$F_2=0$,$F_3=11.55$(拉)

3-26 $F_{CD}=-0.866\ F$(压)

3-27 $F_1=-0.444\ F$(压),$F_2=-0.667\ F$(压),$F_3=0$

第 4 章

4-1 33.83 N$\leqslant F\leqslant$87.88 N

4-2 $F_s=98$ N

4-3 $F_1=26.1$ kN,$F_2=20.9$ kN

4-4 $M_{max}=40.6$ N·m

4-5 $f_s=0.223$

4-6 0.335 kN$\leqslant W_B\leqslant$4.665 kN

4-7 $W_C=20.8$N

4-8 $b_{min}=\frac{f_s h}{3}$,与门重无关

4-9 $\frac{M\sin(\theta-\varphi)}{l\cos\theta\cos(\beta-\varphi)}\leqslant F\leqslant\frac{M\sin(\theta+\varphi)}{l\cos\theta\cos(\beta+\varphi)}$

4-10 $b<7.5$ mm

4-11 $M=300$ N·m

4-12 $\varphi_A=16°6'$,$\varphi_B=\varphi_C=30°$

4-13 $\frac{\sin\theta-f_s\cos\theta}{\cos\theta+f_s\sin\theta}F_1\leqslant F_2\leqslant\frac{\sin\theta+f_s\cos\theta}{\cos\theta-f_s\sin\theta}F_1$

4-14 50 N,57.2 N

4-15 $M=W_2(R\sin\theta-r)$,$F_d=W_2\sin\theta$,$F_N=W_1-W_2\cos\theta$

第 5 章

5-1 $F_1=F$,$F_2=-\sqrt{2}F$,$F_3=-F$,$F_4=F_5=\sqrt{2}F$,$F_6=-F$

5-2 $F=71.0$ N,$F_{Ax}=-68.4$ N,$F_{Ay}=-47.6$N,$F_{Bx}=-207$ N,$F_{By}=-19.0$ N

5-3 $F=800$ N,$F_{Ax}=320$ N,$F_{Az}=-480$ N,$F_{Bx}=-1\ 120$ N,$F_{Bz}=-320$N

5-4 $M_1=\frac{b}{a}M_2+\frac{c}{a}M_3$,$F_{Ay}=\frac{M_3}{a}$,$F_{Az}=\frac{M_2}{a}$,$F_{Dx}=0$,$F_{Dy}=\frac{M_3}{a}$,$F_{Dz}=-\frac{M_2}{a}$

5-5 $F_R=20$ N,沿 z 轴正向,作用点的坐标为(60mm,32.5mm)

5-6 $F_{Rx}=-143.9$ N,$F_{Ry}=1\ 011$ N,$F_{Rz}=-516.9$ N,$M_x=-48$ N·m,$M_y=21.07$ N·m,$M_z=-19.4$ N·m

5-7 $M_z=-101.4$ N·m

5-8 $M_x=\frac{F}{4}(h-3r)$,$M_y=\frac{\sqrt{3}}{4}F(r+h)$,$M_z=-\frac{Fr}{2}$

5-9 $F_A=F_B=-26.39$ kN,$F_C=33.46$ kN

5-10 $F_{T1}=10$ kN,$F_{T2}=5$ kN,$F_{Ax}=-5.2$ kN,$F_{Az}=8$ kN,$F_{Bx}=-7.8$ kN,$F_{Bz}=4.5$ kN

5-11 $F_1=-5$ kN,$F_2=-5$ kN,$F_3=-7.07$ kN,$F_4=5$ kN,$F_5=5$ kN,$F_6=-10$ kN

5-12 $a_{max}=350$ mm

5-13 $F=50$ N,$\theta=143°8'$

5-14 (1) $M=22.5$ N · m;(2) $F_{Ax}=75$ N,$F_{Ay}=0$,$F_{Az}=50$ N;(3) $F_x=75$ N,$F_y=0$

5-15 $F_{Cx}=-666.7$ N,$F_{Cy}=-14.7$ N,$F_{Cz}=12\ 640$ N,$F_{Ax}=2\ 667$ N,$F_{Ay}=-325.3$ N

5-16 $F_{Bx}=1.03$ kN,$F_{Bz}=15.9$ kN,$F_{Ax}=5.63$ kN,$F_{Az}=19.8$ kN

5-17 (a) 取图形下边缘中点为坐标原点,并取下边缘为 x 轴,垂直方向为 y 轴,重心坐标为(0,105);

(b) 取图形上边缘中点为坐标原点,并取上边缘为 x 轴,垂直方向为 y 轴,重心坐标为(0,−904);

(c) 取图形下边缘最左端一点为坐标原点,并取下边缘为 x 轴,垂直方向为 y 轴,重心坐标为(220,250);

(d) 取圆心为坐标原点,并取水平线为 x 轴,竖直线为 y 轴,重心坐标为(0,40.01)

5-18 (a) (2.02,1.15,0.716);(b) (0.511,1.41,0.717)

第6章

6-1 $x^2+4y^2=40\ 000$

6-2 $x=r\cos\omega t+b\sqrt{1-\frac{r^2}{l^2}\sin^2\omega t}$,$y=r\left(1-\frac{b}{l}\right)\sin\omega t$

$v=\left(1-\frac{b}{l}\right)r\omega$,$\arccos(\boldsymbol{v},\ \boldsymbol{i})=\frac{\pi}{2}$

$a=r\omega^2+b\left(\frac{r\omega}{l}\right)^2$,$\arccos\ (\boldsymbol{a},\ \boldsymbol{i})=\pi$

6-3 (1) 当 $\theta=\frac{\pi}{6}$时,$v=\frac{4}{3}lk$,$a=\frac{8\sqrt{3}}{9}lk^2$;

(2) 当 $\theta=\frac{\pi}{3}$时,$v=4lk$,$a=8\sqrt{3}lk^2$

6-4 $v=-\frac{v_0\ \sqrt{l^2+x^2}}{x}$,$a=-\frac{v_0^2l^2}{x^3}$

6-5 $v=ak$,$v_r=-ak\sin kt$

6-6 $t=0$ 时,$a_t=0$,$a_n=10\text{m/s}^2$,$\rho=250$ m

6-7 $v_M=v\sqrt{1+\frac{p}{2x}}$,$a_M=\frac{d^2y}{dt^2}=-\frac{v^2}{4x}\sqrt{\frac{2p}{x}}$

6-8 $\rho=5$ m,$a_t=8.66$ m/s^2

6-9 $r=\frac{v_0}{\omega_0}\varphi$

6-10 略

6-11 $x=10(2n-1)$ m,$n=1,\ 2,\ \cdots$;$a_{max}=0.04\pi^2$ m/s^2

第7章

7-1 $v_D=15\sqrt{3}$ cm/s

7-2 $v_C=9.948\ \text{m/s}$,轨迹为半径为 0.25 m 的圆

7-3 $\omega=\dfrac{v}{2l}$,$\alpha=-\dfrac{v^2}{2l^2}$

7-4 $\theta_{OA}=\arctan\dfrac{\sin\omega_0 t}{\dfrac{h}{r}-\cos\omega_0 t}$

7-5 $x=0.2\cos 4t\ \text{m}$,$v=-0.4\ \text{m/s}$,$a=-2.771\ \text{m/s}^2$

7-6 (1) $\alpha_2=\dfrac{5\ 000\pi}{d^2}\text{rad/s}^2$;(2) $a=592.2\ \text{m/s}^2$

7-7 $\omega=80\ \text{rad/s}$,$\alpha=120\ \text{rad/s}^2$,$r=0.05\ \text{m}$

7-8 $\alpha=\dfrac{av^2}{2\pi r^3}$

7-9 $\omega_2=0$,$\alpha_2=-\dfrac{lb\omega^2}{r_2}$

7-10 $\varphi=\dfrac{r_2\alpha_2}{2l}t^2$

7-11 $\varphi=4\text{rad}$

*7-12 $\boldsymbol{\omega}=2\boldsymbol{k}$,$\boldsymbol{\alpha}=-1.5\boldsymbol{k}$,$\boldsymbol{a}_C=(-388.9\boldsymbol{i}+176.8\boldsymbol{j})\ \text{mm/s}^2$

*7-13 $\boldsymbol{v}=(-8\boldsymbol{i}+4.8\boldsymbol{j}-3.6\boldsymbol{k})\ \text{m/s}$,$\boldsymbol{a}=(-240\boldsymbol{i}-256\boldsymbol{j}+192\boldsymbol{k})\ \text{m/s}^2$

第 8 章

8-1 $y'=a(\cos\dfrac{k}{v_e}x'+\beta)$

8-2 $v_r=10.06\ \text{m/s}$,$\theta=41.8°$

8-3 $\omega=\dfrac{v}{h}\sin^2\theta$

8-4 $v_r=63.6\ \text{mm/s}$,$\varphi=80.95°$

8-5 $\omega_{O_2A}=2.0\ \text{rad/s}$(逆时针)

8-6 $v_C=\dfrac{av}{2l}$

8-7 杆 BC 的速度为 $v_e=2\sin\varphi$ (m/s)

当 $\varphi=0°$时,$v_e=0$;当 $\varphi=30°$时,$v_e=1\ \text{m/s}$;当 $\varphi=90°$时,$v_e=2\ \text{m/s}$

8-8 $v_{AB}=e\omega$

8-9 $v_a=0.529\ \text{m/s}$,$\theta=40.89°$

8-10 $v_{CD}=0.10\ \text{m/s}(\uparrow)$,$a_{CD}=0.35\ \text{m/s}^2(\uparrow)$

8-11 $\boldsymbol{v}_M=\dfrac{v_1\cos\theta-v_2}{\sin\theta}\boldsymbol{i}+v_1\boldsymbol{j}$

8-12 $a_a=0.746\ \text{m/s}^2$

8-13 $v_C=0.173\ \text{m/s}(\uparrow)$,$a_C=0.050\ \text{m/s}^2(\downarrow)$

8-14 $\boldsymbol{v}_A=(\sqrt{3}-1)v_0\boldsymbol{t}$,$\boldsymbol{a}_A=\sqrt{2}(2-\sqrt{3})\dfrac{v_0^2}{r}(\boldsymbol{t}+\boldsymbol{n})$

$\omega=\dfrac{\sqrt{6}-\sqrt{2}}{2}\dfrac{v_0}{r}$,$\alpha=(2-\sqrt{3})\dfrac{v_0^2}{r^2}$

8-15 $v_M=6.32\ \text{cm/s}, a_M=24.1\ \text{cm/s}^2$

8-16 $a_M=0.356\ \text{m/s}^2$

*8-17 $v_{DC}=\frac{2}{3}r\omega, a_{DC}=\frac{10}{9}\sqrt{3}r\omega^2$

*8-18 $\omega_1=1.89\ \text{rad/s}, \alpha_1=12\ \text{rad/s}^2$

*8-19 $v=0.325\ \text{m/s}, a=0.657\ \text{m/s}^2$

第 9 章

9-1 $x_C=r\cos\omega_O t, y_C=r\sin\omega_O t, \varphi=\omega_O t$

9-2 $\omega_{AB}=3\ \text{rad/s}$(逆时针)，$\omega_{O_1B}=5.2\ \text{rad/s}$(逆时针)

9-3 $\omega_A=\frac{v}{r}$(顺时针)，$\omega_B=\frac{v}{2r}$(顺时针)

9-4 $v_{BC}=0.9\ \text{m/s}, v_D=0.59\ \text{m/s}$

9-5 $\omega_{OB}=3.75\ \text{rad/s}$(逆时针)，$\omega_{\text{I}}=6\ \text{rad/s}$(逆时针)

9-6 $\omega_{AB}=8\ \text{rad/s}$(顺时针)，$v_B=187.06\ \text{cm/s}$

9-7 $v_A=0.15\ \text{m/s}$

9-8 $v_C=0, \omega_{BC}=\frac{\sqrt{3}}{4}\omega$(逆时针)

9-9 $\omega_{AD}=\frac{v_A}{R}\sin\theta\tan\theta$(逆时针)，$\omega_{\text{I}}=\frac{v_A}{R}\cos\theta$(顺时针)

9-10 $v_B=2\omega_1(r_1+r_2)$

9-11 (1) $\omega_B=8\ \text{rad/s}, a_B=0$；(2) $\alpha_{AB}=4\ \text{rad/s}^2$

9-12 $v_O=\frac{R}{R-r}v, a_O=\frac{R}{R-r}a$

9-13 $a_{O_1}=\frac{\sqrt{3}}{9}r\omega_O^2$(朝左)，$\omega_{O_1}=\frac{\sqrt{3}}{3}\omega_O$(逆时针)，$\alpha_{O_1}=\frac{\sqrt{3}}{9}\omega_O^2$(顺时针)

9-14 $a_B^{\text{t}}=r(\sqrt{3}\omega_O^2-2\alpha_O), a_B^{\text{n}}=2r\omega_O^2$

9-15 $\omega_O=2\ \text{rad/s}$(顺时针)，$\alpha_O=3.25\ \text{rad/s}^2$(逆时针)

*9-16 $a_A=40\ \text{m/s}^2, \alpha_A=200\ \text{rad/s}^2, \alpha_{AB}=43.3\ \text{rad/s}^2$

9-17 $\omega=\frac{v}{r}$(逆时针)，$\alpha=\frac{1}{r}\left(a+\frac{v^2}{\sqrt{l^2-r^2}}\right)$(逆时针)

*9-18 $\omega_{OA}=\frac{v}{l}$(逆时针)，$\alpha_O=\frac{2v^2}{l^2}$(顺时针)

9-19 $\omega_{AB}=\omega$(逆时针)，$\alpha_{AB}=3\sqrt{3}\omega^2$(逆时针)

第 10 章

10-1 $F_{\text{T}}=12.43\ \text{N}, F_{\text{N}}=60.72\ \text{N}; a=0.577\ g$

10-2 (1) $t\geqslant 3.59\ \text{s}$；(2) $F=2.236\ \text{N}$

10-3 $t=\sqrt{\frac{h(m_1+m_2)}{g(m_1-m_2)}}$

10-4 $F_{\text{Nmax}}=714\ \text{N}, F_{\text{Nmin}}=462\ \text{N}$

10-5　(1) $F_{max}=m(g+e\omega^2)$;(2) $\omega_{max}=\sqrt{\frac{g}{e}}$

10-6　$F_{AM}=\frac{ml}{2a}(\omega^2 a+g),F_{BM}=\frac{ml}{2a}(\omega^2 a-g)$

10-7　$x=\frac{mg}{\mu}[t-\frac{m}{\mu}(1-e^{-mt/\mu})]$

10-8　$v=53.17$ m/s,比极限速度小6%;稳定降落的速度为5.04 m/s

10-9　$x=v_0 t\cos\theta,y=\frac{eA}{mk}(t-\frac{1}{k}\sin kt)-v_0 t\sin\theta$

10-10　$a_3=\frac{1}{17}g,F_{T1}=F_{T2}=\frac{24}{17}g\ ,F_{T3}=\frac{48}{17}g$

10-11　$F_T=mr^4\omega^2 x^2\ (x^2-r^2)^{-2.5}$

*10-12　$l\frac{d^2\varphi}{dt^2}+g\sin\varphi=ap^2\sin pt\cos\varphi$

*10-13　$x=e\cosh\omega t,F_N=2me\omega^2\sinh\omega t$

第11章

11-1　(1) $p=\frac{Wl}{2g}\omega$;(2) $p=0$;(3) $p=\frac{W}{g}e\omega$;(4) $p=\frac{W_1+W_2}{g}v$

11-2　$f=0.17$

11-3　$I=5.66$ N·s

11-4　$I_x=200.2$ N·s,向右;$I_y=246.7$ N·s,向下

11-5　2 215 N

11-6　$F_x=-138.6$ N,$F_y=0$

11-7　$v=1.29$ m/s

11-8　$F=1\ 068$ N

11-9　$\frac{(W_1+W_2)v_1+0.5W_2 v_2}{W_1+W_2}$

11-10　$\Delta s=\frac{W_1 v}{W+W_1}\frac{v_0\sin\alpha}{g}$

11-11　$F_x=30$ N

11-12　$F_x=-(m_1+m_2)e\omega^2\cos\omega t,F_y=-m_2 e\omega^2\sin\omega t$

11-13　$F_{Ox}=m_3\frac{R}{r}a\cos\theta+m_3 g\cos\theta\sin\theta$

$F_{Oy}=(m_1+m_2+m_3)g-m_3 g\cos^2\theta+m_3\frac{R}{r}a\sin\theta-m_2 a$

11-14　$a=\frac{m_2 b-f(m_1+m_2)g}{m_1+m_2}$

11-15　$\Delta x=\frac{m_2 l}{m_1+m_2}(\sin\varphi_0-\sin\varphi)$

11-16　A点的轨迹为椭圆,轨迹方程为$(x-l\cos\varphi)^2+\frac{y^2}{4}=l^2$

*11-17　$\frac{d^2x}{dt^2}+\frac{k}{m+m_1}x=\frac{m_1 l\omega^2}{m+m_1}\sin\varphi$

*11-18 $\dfrac{d^2x}{dt^2}=m_A g\sin\theta\cos\theta/(m_A\sin^2\theta+m_B)$

$\dfrac{d^2s}{dt^2}=(m_A+m_B)g\sin\theta/(m_A\sin^2\theta+m_B)$

$F_N=m_B(m_A+m_B)g/(m_A\sin^2\theta+m_B)$

第12章

12-1 $L_O=ms^2\omega+mr^2\omega$(逆时针)

12-2 $L_O=(m_AR^2+m_Br^2+J_O)\omega$(逆时针)

12-3 (a) $2mr^2\omega$;(b) $\frac{3}{2}mr^2\omega$;(c) $(\frac{1}{2}r^2+\frac{4}{3}l^2)m\omega$;(d) $(r^2+\frac{4}{3}l^2)m\omega$

12-4 $a=\dfrac{(Mk-WR)R}{WR^2/g+J_1k^2+J_2}$

12-5 $t=\dfrac{r_1\omega}{2g(1+m_1/m_2)}$

12-6 $F=269.3$ N

12-7 $t=\dfrac{1+f^2}{2gf(1+f)}\omega_0 r$

12-8 $\omega_2=\dfrac{4}{3}\omega_1$

12-9 (1) $L_O=mv_0(l+r)$;(2) $\omega=\dfrac{mv_0l(1-\cos\varphi)}{J_O+m(r^2+l^2+2rl\cos\varphi)}$

12-10 $t=\dfrac{J}{k}\ln 2, n=\dfrac{J\omega_0}{4\pi k}$

12-11 $a=\dfrac{M+m_1gR-m_2gr\sin\theta}{m_1R^2+m_2r^2+m\rho_O^2}r$

12-12 (1) $\alpha=\dfrac{m_1r_1-m_2r_2}{m_1r_1^2+m_2r_2^2+J_O}g$(逆时针);

(2) $F_A=m_1g\left[1-\dfrac{(m_1r_1-m_2r_2)r_1}{m_1r_1^2+m_2r_2^2+J_O}\right], F_B=m_2g\left[1+\dfrac{(m_1r_1-m_2r_2)r_2}{m_1r_1^2+m_2r_2^2+J_O}\right]$;

(3) $F_O=(m_1+m_2+m)g-\dfrac{(m_1r_1-m_2r_2)^2}{m_1r_1^2+m_2r_2^2+J_O}g$

12-13 $\omega=\dfrac{(M_1-M_F)\omega_1}{M_1}\left[1-\exp(-\dfrac{M_1t}{\omega_1J_O})\right]$

12-14 $\alpha=-0.25$ rad · s^2(顺时针),$F_T=0.1$ N

12-15 $\alpha_1=\dfrac{2(MR_2-M'R_1)}{(m_1+m_2)R_1^2R_2+J_O}$

12-16 $a_O=1.03$ m · s^{-2},$F_s=24.35$ N

12-17 $F_s=F(1-\dfrac{Fh}{R^2+\rho^2})$

12-18 $a=\dfrac{m_1g(R+r)^2}{m_1(R+r)^2+m_2(\rho^2+R^2)}$

*12-19 $v_C=2\sqrt{\dfrac{(M-R_1m_2g\sin\theta)s}{R_1(2m_1+3m_2)}}, a_C=\dfrac{2(M-R_1m_2g\sin\theta)}{R_1(2m_1+3m_2)}$

$$F_{T}=\frac{m_2(3M+2R_1 m_1 g\sin\theta)}{(2m_1+3m_2)R_1},F_{Ox}=\frac{m_2\cos\theta(3M+2R_1 m_1 g\sin\theta)}{(2m_1+3m_2)R_1}$$

$$F_{Oy}=m_1 g+\frac{m_2\sin\theta(3M+2R_1 m_1 g\sin\theta)}{(2m_1+3m_2)R_1}$$

*12-20　$a_O=\frac{6}{25}g$

*12-21　$a=\frac{(2\sin\theta-f\cos\theta)g}{3},F=\frac{(\sin\theta-2f\cos\theta)}{3}mg$

*12-22　$\omega=\sqrt{\frac{3g}{l}(\sin\varphi_0-\sin\varphi)},\alpha=\frac{3g}{2l}\cos\varphi$

第 13 章

13-1　$W=66\ \text{J}$

13-2　$A\to B:W=-\frac{k}{2}(2-\sqrt{2})^2R^2$

$B\to D:W=\frac{k}{2}\left[(2-\sqrt{2})^2-(\cos 22.5°-\sqrt{2})^2\right]R^2$

13-3　$W=6.29\ \text{J}$

13-4　$T=\frac{1}{6}ml^2\omega^2\sin^2\theta$

13-5　$T=\frac{1}{2}m_1 v_1^2+\frac{1}{2}m_2(v_1^2+v^2-\sqrt{3}v_1 v_2)$

13-6　$T=2.345\ \text{mN}\cdot\text{m}$

13-7　$v=8.16\ \text{m/s}$

13-8　$k_2=2.76\ \text{N/cm}$

13-9　$v=0.7\ \text{m/s}$

13-10　$v=2.36\ \text{m/s}$

13-11　(1) $F=98\ \text{N}$;(2) $v_{max}=0.8\ \text{m/s}$

13-12　$v=2.512\ \text{m/s}$

13-13　$v_2=\sqrt{\frac{4gh(m_2-2m_1+m_4)}{8m_1+2m_2+4m_3+3m_4}}$

13-14　$v_A=\sqrt{\frac{3}{m}[M\theta-mgl(1-\cos\theta)]}$

13-15　$\omega=3.67\ \text{rad/s}$

13-16　$v_C=\sqrt{3gh}$

13-17　$a=\frac{93}{338}g$

13-18　$a=\frac{g}{m_1 g+m_2 g+m_3 g}(\frac{M}{r}+m_2 g-m_1 g)$

13-19　$\omega=\frac{2}{r}\sqrt{\frac{3g(\pi M-2Fr)}{m_1 g+3m_2 g}}$

13-20　$\omega=\sqrt{\frac{8m_2 eg}{3m_1 r^2+2m_2(r-e)^2}}$

13-21 $v=\sqrt{\dfrac{4m_3gh}{3m_1+m_2+2m_3}}, a=\dfrac{2m_3g}{3m_1+m_2+2m_3}$

13-22 (a) $\omega=\dfrac{2.47}{\sqrt{a}}$ rad/s;(b)$\omega=\dfrac{3.12}{\sqrt{a}}$ rad/s

13-23 $\omega=\dfrac{2}{R+r}\sqrt{\dfrac{3gM\varphi}{2m_2g+9m_1g}}$

13-24 $a_{AB}=\dfrac{m_1\tan^2\theta}{m_1\tan^2\theta+m_2}g, a_C=\dfrac{m_1\tan\theta}{m_1\tan^2\theta+m_2}g$

13-25 $a=\dfrac{m_1(R+r)^2g}{m_2(\rho^2+R^2)+m_1(R+r)^2}$

13-26 $\omega=\sqrt{\dfrac{2M\varphi}{(3m_1+4m_2)l^2}}, \alpha=\dfrac{M}{(3m_1+4m_2)l^2}$

*13-27 $v_B=2.1\sqrt{\dfrac{m_1gl}{7m_1+9m_2}}$

13-28 $a_A=\dfrac{3m_1g}{4m_1+9m_2}$

13-29 $\dfrac{d^2\varphi}{dt^2}+\dfrac{3ke^2}{(m_1+2m_2)r^2}\varphi=0$

*13-30 $v=\sqrt{\dfrac{8}{5}gh}, a=\dfrac{4}{5}g$

13-31 $a=\dfrac{m_1\sin2\varphi}{2(m_2+m_1\sin^2\varphi)}g$

13-32 $F_x=\dfrac{m_1\sin\alpha-m_2}{m_1+m_2}m_1g\cos\alpha$

*13-33 $\omega=\sqrt{\dfrac{3m_1+6m_2}{m_1+3m_2}\cdot\dfrac{g}{l}\sin\theta}, \alpha=\dfrac{3m_1+6m_2}{m_1+3m_2}\cdot\dfrac{g}{2l}\cos\theta$

*13-34 $\omega=\sqrt{\dfrac{3g}{l}(1-\sin\varphi)}, \alpha=\dfrac{3g}{2l}\cos\varphi$

$F_A=\dfrac{9}{4}mg\cos\varphi(\sin\varphi-\dfrac{2}{3}), F_B=\dfrac{mg}{4}\left[1+9\sin\varphi(\sin\varphi-\dfrac{2}{3})\right]$

第 14 章

14-1 $f\geqslant\dfrac{a}{g\cos\theta}+\tan\theta$

14-2 (1) 不打滑的极限速度 $v_{max}=\sqrt{fg\rho}$,不倾倒的极限速度 $v_{max}=\sqrt{\dfrac{bg\rho}{2h}}$;(2) $h<\dfrac{b}{2f}$;

(3) $v_{max}=17$ km/h

14-3 $F_{Nmax}=W_0+2W(1+\dfrac{e\omega^2}{g})$

14-4 (1) $F_{NA}=m\dfrac{bg-ba}{c+b}, F_{NB}=m\dfrac{cg+ha}{c+b}$;(2) 当 $a=\dfrac{(b-c)g}{2h}$时,$F_{NA}=F_{NB}$

14-5 $m_3=50$ kg,$a=2.5$ m/s^2

14-6 $\omega^2=g\dfrac{2m_1+m_2}{2m_1(a+l\sin\varphi)}\tan\varphi$

14-7 $(J+mr^2\sin^2\varphi)\frac{d^2\varphi}{dt^2}+mr^2(\frac{d^2\varphi}{dt})^2\cos\varphi\cdot\sin\varphi=M$

14-8 $F_{Nt}=-\frac{W}{4}\cos\alpha, F_{Nn}=-W\sin\alpha$

14-9 (1) $\omega=\sqrt{\frac{k(\varphi-\varphi_0)}{ml^2\sin 2\varphi}}$;(2) $F_{Bx}=0, F_{By}=-\frac{ml^2\omega^2\sin2\varphi}{2b}, F_{Ax}=0, F_{Ay}=\frac{ml^2\omega^2\sin 2\varphi}{2b}$,

$F_{Az}=2mg$

14-10 $\alpha=\frac{m_2r-m_1R}{J+m_1R^2+m_2r^2}g; F'_{Ox}=0, F'_{Oy}=\frac{-g(m_2r-m_1R)^2}{J_O+m_1R^2+m_2r^2}$

14-11 $F_{Cx}=0, F_{Cy}=\frac{3m_1+m_2}{2m_1+m_2}m_2g, M_C=\frac{3m_1+m_2}{2m_1+m_2}m_2ga$

14-12 $a=\frac{(iM-mgR)R}{mR^2+J_1i^2+J_2}$

14-13 $F_B=9.8$ kN

14-14 $\omega=\frac{\sqrt{2ra}}{\rho}$

14-15 $M=\frac{\sqrt{3}}{4}(m_1+2m_2)gr-\frac{\sqrt{3}}{4}m_2r^2\omega^2$

$F_{Ox}=-\frac{\sqrt{3}}{4}m_1r\omega^2, F_{Oy}=(m_1+m_2)g-(m_1+2m_2)\frac{r\omega^2}{4}$

14-16 $F_{Ox}=\frac{11}{4}mr\omega_O^2+\frac{3\sqrt{3}}{2}mg, F_{Oy}=\frac{3\sqrt{3}}{4}mr\omega_O^2+\frac{5}{2}mg, M=\frac{3\sqrt{3}}{4}mr^2\omega_O^2+2mgr$

14-17 $F_{NA}=-F_{NB}=74$ N

14-18 $y_B=0, z_B=-120$ mm; $y_C=0, z_C=60$ mm

第 15 章

15-1 $\sqrt{x^2+y^2}+\sqrt{(a-x)^2+y^2}=l$

15-2 $x_B^2+y_B^2=a^2, (x_C-d)^2+y_C^2=c^2, (x_B-x_C)^2+(y_B-y_C)^2=b^2$

15-3 $\delta r_C : \delta r_D : \delta r_B=1:2:2$

15-4 $\delta r_A : \delta r_C=\sqrt{3}:2$

15-5 $W_A=6W_B$

15-6 $FR=\sqrt{3}M$

15-7 $F_1 : F_2=\frac{b}{a}\cos^2\theta : 1$

15-8 $M=Fa\tan2\theta$

15-9 $F_N=\pi\frac{M}{h}\cot\theta$

15-10 $F_N=\frac{F}{2}\frac{e(d+c)}{bc}$

15-11 $\varphi=\arcsin\frac{F+2kl_0}{4kl}$

15-12 $F=\frac{2}{3}kl(2\sin\varphi-1)$

15-13 $\varphi=\arctan\left[\dfrac{W_1}{2(W_1+W_2)}\cot\theta\right]$

15-14 $\theta=2\arcsin\dfrac{3mg}{4ak}$或 π

15-15 (a) $F_{Ax}=0, F_{Ay}=-3\ \text{kN}, F_B=25\ \text{kN}, F_E=4\ \text{kN}$

(b) $F_{Ax}=0, F_{Ay}=13\ \text{kN}, M_A=21\ \text{kN}\cdot\text{m}, F_C=9\ \text{kN}$

15-16 $F_{Dx}=0.5F, F_{Dy}=F$

*15-17 $\varphi_1=\arccos\dfrac{2M_1}{3Wl}, \varphi_2=\arccos\dfrac{2M_1}{Wl}$

*15-18 $M=2FR, F_s=F$

*15-19 $\delta=-\dfrac{ql}{6k_1}, \varphi=\dfrac{Wl}{2k_2}$

15-20 $F_3=F$

15-21 $F_1=-\dfrac{2}{\sqrt{3}}F, F_2=-\dfrac{2}{\sqrt{3}}F$

第 16 章

16-1 (1) $e=\dfrac{m_1}{m_2}$;(2) $v_1'=-20\ \text{cm/s}, v_2'=10\ \text{cm/s}$;(3) $v_1'=-v_1, v_2'=v_1$

16-2 (1) 略;(2) 钢球沿水平方向运动

16-3 $v_1'=1.18\ \text{m/s}, v_2'=2.13\ \text{m/s}$

16-4 $\omega_1=\dfrac{J_1-eJ_2}{J_1+J_2}\omega_0, \omega_2=\dfrac{(1+e)J_1}{J_1+J_2}\omega_0$

16-5 $\omega_1=\dfrac{J_o\omega}{J_o+mr^2}, v=r\omega_1, I=m\dfrac{J_or\omega}{J_o+mr^2}$

16-6 $v_1=3.175\ \text{m/s}, \theta=\arctan\dfrac{v_{1n}}{v_{1t}}=19.1°$;$v_2=4.157\ \text{m/s}$,沿撞击点法线方向

16-7 $s=\dfrac{3l}{2f}\dfrac{m_1^2}{(m_1+3m_2)^2}$

16-8 $e=\sqrt{2}\sin\dfrac{\varphi}{2}, x=\dfrac{2}{3}l$

16-9 $\omega=\dfrac{12}{7l}\sqrt{2gh}, I=\dfrac{4m}{7}\sqrt{2gh}$

16-10 $h=\dfrac{7}{5}r$

16-11 $I_A=m\sqrt{\dfrac{gl}{3}}$

16-12 $\omega_{BC}=2.50\ \text{rad/s}$,顺时针方向

16-13 $\omega=\dfrac{1}{4}\omega_0$

第 17 章

17-1 (a) $\omega_n=\sqrt{\dfrac{k}{2m}}$;(b) $\omega_n=\sqrt{\dfrac{2k}{m}}$;(c) $\omega_n=\sqrt{\dfrac{k}{m}}$

17-2　(a) $T=2\pi\sqrt{\frac{m}{2k_1+k_2}}$；(b) $T=2\pi\sqrt{\frac{2m}{k_1+2k_2}}$；(c) $T=2\pi\sqrt{\frac{m}{2k_1+k_2}}$

17-3　(a) $\omega_n=\sqrt{\frac{2k}{3m}}$；(b) $\omega_n=\sqrt{\frac{2ka^2}{3mr^2}}$

17-4　$T=7.57\sqrt{\frac{l}{g}}$

17-5　$\omega_n=\sqrt{\frac{2k}{m_1+4m_2}}$

17-6　$f=\frac{b}{2\pi}\sqrt{\frac{k_1k_2}{m(a^2k_1+b^2k_2)}}$

17-7　$f=\frac{1}{2\pi}\sqrt{\frac{2k}{3m_1+8m_2}}$

17-8　$f=\frac{1}{2\pi}\sqrt{\frac{ag}{\rho^2+(r-a)^2}}$

17-9　(1) $f_0=0.184$ Hz；(2) $\xi=0.289$；(3) $f_d=0.176$ Hz；(4) $T_d=5.677$ s

17-10　$c=11.5$ N·s/m

17-11　(1) $n=209$ r/min；(2) $B=8.4\times10^{-3}$ mm

参考文献

[1] 哈尔滨工业大学理论力学教研室. 理论力学(Ⅰ)(Ⅱ)[M]. 6 版. 北京：高等教育出版社，2003.

[2] 郝桐生. 理论力学[M]. 3 版. 北京：高等教育出版社，2003.

[3] 刘延柱，杨梅兴，朱本华. 理论力学[M]. 2 版. 北京：高等教育出版社，2001.

[4] 朱照宣，周起钊，殷金生. 理论力学(上)(下)[M]. 北京：北京大学出版社，1982.

[5] 范钦珊，薛克宗，程保荣. 理论力学[M]. 北京：高等教育出版社，2000.

[6] 洪嘉振，杨长俊. 理论力学[M]. 2 版. 北京：高等教育出版社，2002.

[7] 贾书惠，李万琼. 理论力学[M]. 北京：高等教育出版社，2002.

[8] 李俊峰，张雄，任革学，等. 理论力学[M]. 北京：清华大学出版社，2001.

[9] 浙江大学理论力学教研室. 理论力学[M]. 4 版. 北京：高等教育出版社，2009.

二维码资源使用说明

本书部分课程资源以二维码的形式在书中呈现。读者第一次利用智能手机在微信下扫码成功后提示微信登录,授权后进入注册页面,填写注册信息。按照提示输入手机号后点击获取手机验证码,稍等片刻收到4位数的验证码短信,在提示位置输入验证码成功后,重复输入两遍设置密码,选择相应专业,点击“立即注册”,注册成功。(若手机已经注册,则在“注册”页面底部选择“已有账号?立即注册”,进入“账号绑定”页面,直接输入手机号和密码,提示登录成功。)接着提示输入学习码,需刮开教材封底防伪涂层,输入13位学习码(正版图书拥有的一次性使用学习码),输入正确后提示绑定成功,即可查看二维码数字资源。手机第一次登录查看资源成功,以后便可直接在微信端扫码登录,重复查看资源。